KB263263

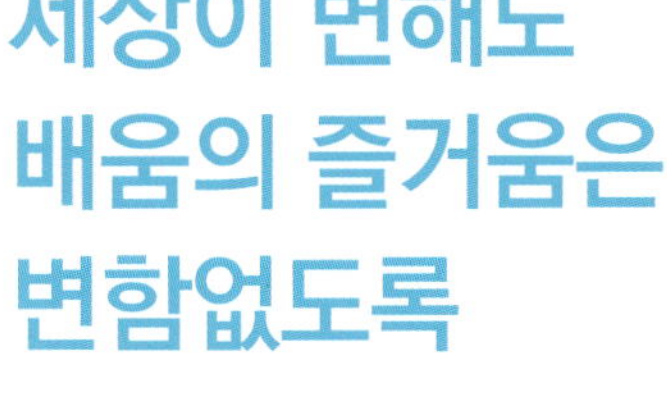

세상이 변해도
배움의 즐거움은
변함없도록

시대는 빠르게 변해도
배움의 즐거움은
변함없어야 하기에

어제의 비상은
남다른 교재부터
결이 다른 콘텐츠
전에 없던 교육 플랫폼까지

변함없는 혁신으로
교육 문화 환경의 새로운 전형을
실현해왔습니다.

비상은 오늘, 다시 한번
새로운 교육 문화 환경을 실현하기 위한
또 하나의 혁신을 시작합니다.

오늘의 내가 어제의 나를 초월하고
오늘의 교육이 어제의 교육을 초월하여
배움의 즐거움을 지속하는 혁신,

바로, 메타인지 기반 완전 학습을.

상상을 실현하는 교육 문화 기업 비상

메타인지 기반 완전 학습

초월을 뜻하는 meta와 생각을 뜻하는 인지가 결합한 메타인지는
자신이 알고 모르는 것을 스스로 구분하고 학습계획을 세우도록 하는
궁극의 학습 능력입니다. 비상의 메타인지 기반 완전 학습 시스템은
잠들어 있는 메타인지를 깨워 공부를 100% 내 것으로 만들도록 합니다.

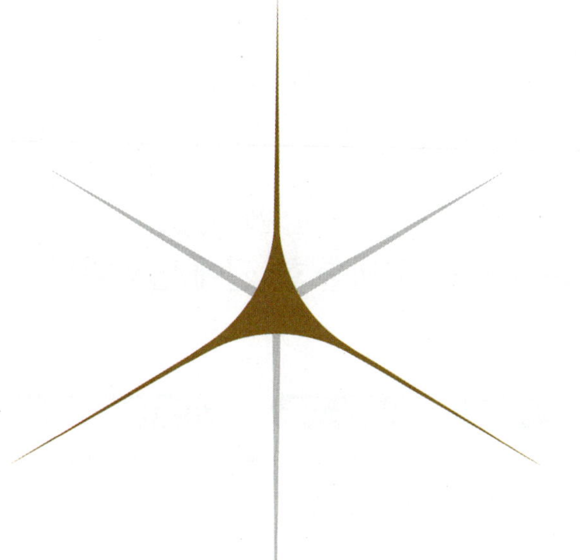

수학의 신

구성

개념 핵심 개념과 문제 풀이에 필요한 실전 개념만 권두에 수록

문제 적중률이 높은 STEP별 문제로 최상위 1등급 실력을 쌓고,
틀리기 쉬운 수능형 문제는 변형 문제까지 한 번 더 풀어 완벽 마스터!

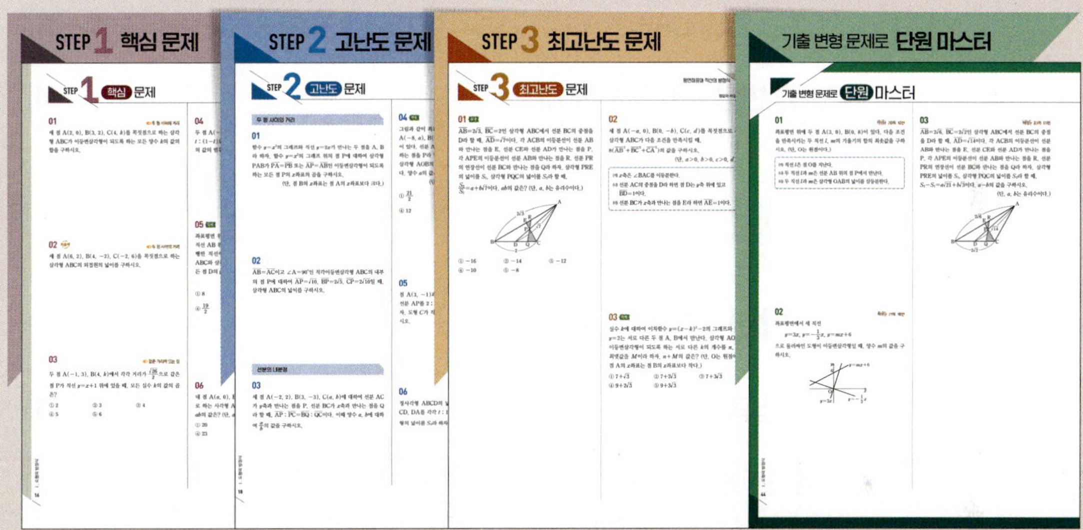

정답 고난도 문제 해결을 위한 다양한 풀이와 전략 제시!

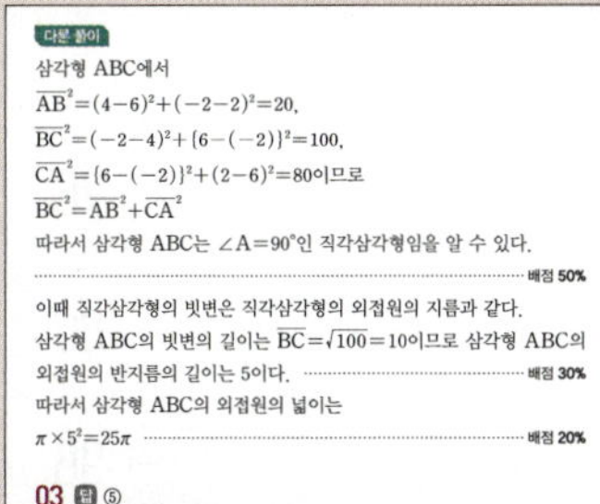

| 다른 풀이
다양한 방법으로 제공된 풀이를 통해 문제에 접근하는 사고력 향상

| 비법 노트
고난도 문제 해결에 꼭 필요한 풀이 비법과 해결 전략 제시

| 개념 노트
문제 풀이에 필요한 하위 개념 제시

차례

실전 개념

01

평면좌표와 직선의 방정식

1 두 점 사이의 거리

(1) 수직선 위의 두 점 $A(x_1)$, $B(x_2)$ 사이의 거리 $\overline{AB}$는
$$\overline{AB}=|x_2-x_1|$$

(2) 좌표평면 위의 두 점 $A(x_1,\ y_1)$, $B(x_2,\ y_2)$ 사이의 거리 $\overline{AB}$는
$$\overline{AB}=\sqrt{(x_2-x_1)^2+(y_2-y_1)^2}$$

2 선분의 내분점

좌표평면 위의 두 점 $A(x_1,\ y_1)$, $B(x_2,\ y_2)$에 대하여 선분 AB를 $m:n\,(m>0,\ n>0,\ m\neq n)$으로 내분하는 점을 P라 하면

$$P\left(\dfrac{mx_2+nx_1}{m+n},\ \dfrac{my_2+ny_1}{m+n}\right)$$ 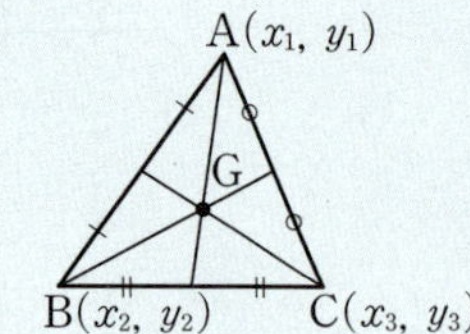$m=n$일 때, 선분 AB의 중점을 M이라 하면 $M\left(\dfrac{x_1+x_2}{2},\ \dfrac{y_1+y_2}{2}\right)$

3 삼각형의 무게중심

삼각형의 세 중선의 교점을 무게중심이라 하고, 삼각형의 무게중심은 세 중선을 각 꼭짓점으로부터 각각 $2:1$로 내분한다.

좌표평면 위의 세 점 $A(x_1,\ y_1)$, $B(x_2,\ y_2)$, $C(x_3,\ y_3)$을 꼭짓점으로 하는 삼각형 ABC의 무게중심을 G라 하면
$$G\left(\dfrac{x_1+x_2+x_3}{3},\ \dfrac{y_1+y_2+y_3}{3}\right)$$

4 직선의 방정식

(1) 한 점과 기울기가 주어진 직선의 방정식

점 $(x_1,\ y_1)$을 지나고 기울기가 m인 직선의 방정식은 $y-y_1=m(x-x_1)$

(2) 서로 다른 두 점을 지나는 직선의 방정식

서로 다른 두 점 $A(x_1,\ y_1)$, $B(x_2,\ y_2)$를 지나는 직선의 방정식은

① $x_1\neq x_2$일 때, $y-y_1=\dfrac{y_2-y_1}{x_2-x_1}(x-x_1)$　　② $x_1=x_2$일 때, $\underline{x=x_1}$
y축에 평행한(x축에 수직인) 직선

(3) x절편이 a이고 y절편이 b인 직선의 방정식
$$\dfrac{x}{a}+\dfrac{y}{b}=1\ (단,\ a\neq0,\ b\neq0)$$

(4) 좌표축에 평행 또는 수직인 직선의 방정식

① x절편이 a이고 y축에 평행한(x축에 수직인) 직선의 방정식은 $x=a$

② y절편이 b이고 x축에 평행한(y축에 수직인) 직선의 방정식은 $y=b$

5 두 직선의 교점을 지나는 직선의 방정식

두 직선 $ax+by+c=0$, $a'x+b'y+c'=0$의 교점을 지나는 직선 중 $a'x+b'y+c'=0$을 제외한 직선의 방정식은
$$ax+by+c+k(a'x+b'y+c')=0\ (단,\ k는\ 실수)$$

6 두 직선의 위치 관계

두 직선	한 점에서 만난다.	평행하다.	일치한다.	수직이다.
$y=mx+n,$ $y=m'x+n'$	$m\neq m'$	$m=m',\ n\neq n'$	$m=m',\ n=n'$	$mm'=-1$
$ax+by+c=0,$ $a'x+b'y+c'=0$	$\dfrac{a}{a'}\neq\dfrac{b}{b'}$	$\dfrac{a}{a'}=\dfrac{b}{b'}\neq\dfrac{c}{c'}$	$\dfrac{a}{a'}=\dfrac{b}{b'}=\dfrac{c}{c'}$	$aa'+bb'=0$

7 점과 직선 사이의 거리

원점과 직선 $ax+by+c=0$ 사이의 거리 d는 $d=\dfrac{|c|}{\sqrt{a^2+b^2}}$

점 $P(x_1,\ y_1)$과 직선 $ax+by+c=0\,(a\neq0$ 또는 $b\neq0)$ 사이의 거리 d는 $d=\dfrac{|ax_1+by_1+c|}{\sqrt{a^2+b^2}}$

참고 평행한 두 직선 l, l' 사이의 거리는 직선 l 위의 임의의 한 점과 직선 l' 사이의 거리와 같다.

02 원의 방정식

1 원의 방정식

(1) 원의 방정식의 표준형

중심이 점 (a, b)이고 반지름의 길이가 r인 원의 방정식은
$$(x-a)^2+(y-b)^2=r^2$$

(2) 원의 방정식의 일반형

$$\left(x+\frac{A}{2}\right)^2+\left(y+\frac{B}{2}\right)^2=\frac{A^2+B^2-4C}{4}$$

x, y에 대한 이차방정식 $x^2+y^2+Ax+By+C=0\,(A^2+B^2-4C>0)$은 중심이

점 $\left(-\dfrac{A}{2},\ -\dfrac{B}{2}\right)$, 반지름의 길이가 $\dfrac{\sqrt{A^2+B^2-4C}}{2}$인 원을 나타낸다.

→ $A^2+B^2-4C<0$이면 이 이차방정식을 만족시키는 실수 x, y가 존재하지 않는다.

> **참고** 좌표축에 접하는 원의 방정식
> ① x축에 접하는 원의 방정식: $(x-a)^2+(y\pm b)^2=b^2$
> ② y축에 접하는 원의 방정식: $(x\pm a)^2+(y-b)^2=a^2$
> ③ x축과 y축에 동시에 접하는 원의 방정식: $(x\pm a)^2+(y\pm a)^2=a^2$ → 이때 원의 중심이 직선 $y=x$ 또는 $y=-x$ 위에 있다.

2 두 원의 교점을 지나는 도형의 방정식

서로 다른 두 점에서 만나는 두 원 $x^2+y^2+Ax+By+C=0$, $x^2+y^2+A'x+B'y+C'=0$에 대하여 두 원의 교점을 지나는 도형의 방정식은

$$x^2+y^2+Ax+By+C+k(x^2+y^2+A'x+B'y+C')=0 \quad\cdots\cdots\ \bigcirc$$

(1) $k\neq -1$일 때, $\bigcirc$은 두 원의 교점을 지나는 원의 방정식이다.

(단, 원 $x^2+y^2+A'x+B'y+C'=0$은 제외한다.)

(2) $k=-1$일 때, $\bigcirc$은 두 원의 교점을 지나는 직선의 방정식이다.

→ $\bigcirc$에 $k=-1$을 대입하여 정리하면 $(A-A')x+(B-B')y+C-C'=0$

3 원과 직선의 위치 관계

(1) 원의 방정식과 직선의 방정식을 연립하여 얻은 이차방정식의 판별식을 D라 할 때, 원과 직선의 위치 관계는

① $D>0$이면 서로 다른 두 점에서 만난다.

② $D=0$이면 한 점에서 만난다(접한다).

③ $D<0$이면 만나지 않는다.

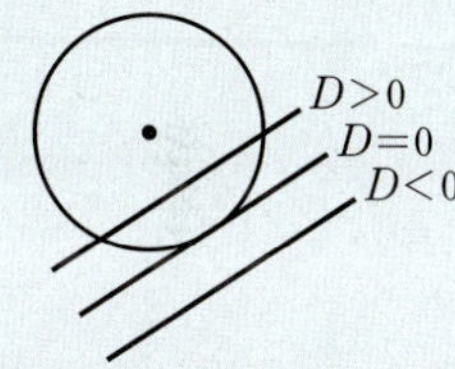

(2) 반지름의 길이가 r인 원의 중심과 직선 사이의 거리를 d라 할 때, 원과 직선의 위치 관계는

① $d<r$이면 서로 다른 두 점에서 만난다.

② $d=r$이면 한 점에서 만난다(접한다).

③ $d>r$이면 만나지 않는다.

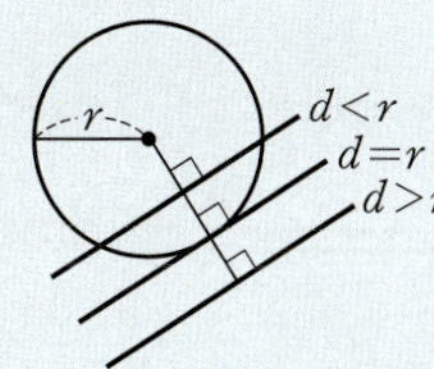

4 원의 접선의 방정식

(1) 기울기가 주어진 원의 접선의 방정식

원 $x^2+y^2=r^2$에 접하고 기울기가 m인 직선의 방정식은
$$y=mx\pm r\sqrt{m^2+1}$$

(2) 원 위의 점에서의 접선의 방정식

원 $x^2+y^2=r^2$ 위의 점 (x_1, y_1)에서의 접선의 방정식은
$$x_1x+y_1y=r^2$$

> **참고** 원 밖의 한 점 P에서 원에 그은 접선의 방정식은 접점의 좌표를 (x_1, y_1)로 놓고, 이 점에서의 접선이 점 P를 지남을 이용하여 구한다.

도형의 이동

1 평행이동 — 어떤 도형을 모양과 크기를 바꾸지 않고 일정한 방향으로 일정한 거리만큼 옮기는 것

(1) 점의 평행이동

점 $P(x, y)$를 x축의 방향으로 a만큼, y축의 방향으로 b만큼 평행이동한 점을 P'이라 하면
$$P'(x+a, y+b)$$

(2) 도형의 평행이동

방정식 $f(x, y)=0$이 나타내는 도형을 x축의 방향으로 a만큼, y축의 방향으로 b만큼 평행이동한 도형의 방정식은
$$f(x-a, y-b)=0$$

참고 직선은 평행이동하여도 기울기가 변하지 않고, 원은 평행이동하여도 반지름의 길이가 변하지 않는다.

2 대칭이동 — 어떤 도형을 한 직선 또는 한 점에 대하여 대칭인 도형으로 이동하는 것

(1) 점의 대칭이동

점 (x, y)를 x축, y축, 원점, 직선 $y=x$에 대하여 대칭이동한 점의 좌표는 다음과 같다.

① x축: $(x, -y)$ — y좌표의 부호가 바뀐다.

② y축: $(-x, y)$ — x좌표의 부호가 바뀐다.

③ 원점: $(-x, -y)$ — x좌표, y좌표의 부호가 바뀐다.

④ 직선 $y=x$: (y, x) — x좌표와 y좌표가 서로 바뀐다.

(2) 도형의 대칭이동

방정식 $f(x, y)=0$이 나타내는 도형을 x축, y축, 원점, 직선 $y=x$에 대하여 대칭이동한 도형의 방정식은 다음과 같다.

① x축: $f(x, -y)=0$ — y 대신 $-y$를 대입한다.

② y축: $f(-x, y)=0$ — x 대신 $-x$를 대입한다.

③ 원점: $f(-x, -y)=0$ — x 대신 $-x$, y 대신 $-y$를 대입한다.

④ 직선 $y=x$: $f(y, x)=0$ — x 대신 y, y 대신 x를 대입한다.

3 점과 직선에 대한 대칭이동

(1) 점에 대한 대칭이동

① 점 $P(x, y)$를 점 (a, b)에 대하여 대칭이동한 점을 $P'(x', y')$이라 하면 $\dfrac{x+x'}{2}=a,\ \dfrac{y+y'}{2}=b$이므로
$$x'=2a-x,\ y'=2b-y$$
$$\therefore P'(2a-x, 2b-y)$$ — 점 (a, b)는 선분 PP'의 중점이다.

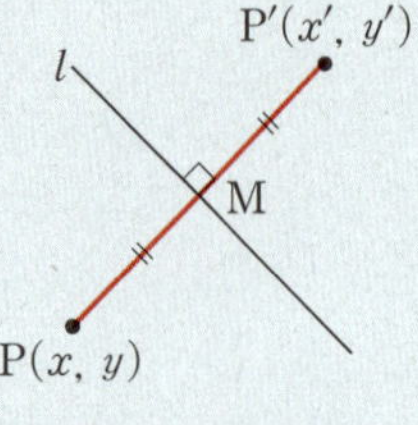

② 방정식 $f(x, y)=0$이 나타내는 도형을 점 (a, b)에 대하여 대칭이동한 도형의 방정식은
$$f(2a-x, 2b-y)=0$$

(2) 직선에 대한 대칭이동

점 $P(x, y)$를 직선 $l: ax+by+c=0$에 대하여 대칭이동한 점을 $P'(x', y')$이라 할 때, 점 P'의 좌표는 다음 두 조건을 이용하여 구한다.

① 중점 조건: 선분 PP'의 중점 $M\left(\dfrac{x+x'}{2}, \dfrac{y+y'}{2}\right)$이 직선 l 위의 점이므로
$$a\times\dfrac{x+x'}{2}+b\times\dfrac{y+y'}{2}+c=0$$

② 수직 조건: 직선 PP'은 직선 l과 수직이므로
$$\dfrac{y'-y}{x'-x}\times\left(-\dfrac{a}{b}\right)=-1$$

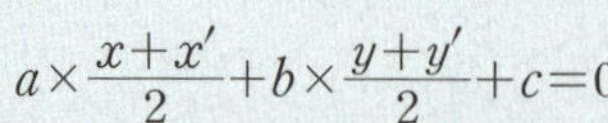

04 집합

1 집합과 원소

(1) 집합과 원소 사이의 관계

    ① a가 집합 A의 원소이다. ➡ $a \in A$　　　② a가 집합 A의 원소가 아니다. ➡ $a \notin A$

(2) 원소가 하나도 없는 집합을 공집합이라 하고, 기호로 $\varnothing$과 같이 나타낸다.

(3) 집합 A가 유한집합일 때, A의 원소의 개수를 기호로 $n(A)$와 같이 나타낸다. $\longrightarrow n(\varnothing)=0$

2 부분집합

(1) 집합 A의 모든 원소가 집합 B에 속할 때, A를 B의 부분집합이라 하고,

    기호로 $A \subset B$와 같이 나타낸다.

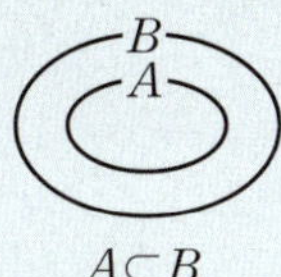

(2) 부분집합의 성질: 세 집합 A, B, C에 대하여

    ① $\varnothing \subset A$, $A \subset A$, $A \subset U$ (단, U는 전체집합)

    ② $A \subset B$이고 $B \subset C$이면 $A \subset C$

    ③ $A \subset B$이고 $B \subset A$이면 $A = B$ $\longrightarrow$ 두 집합 A, B가 서로 같으면 두 집합 A, B의 원소가 같다.

    ④ $A \subset B$이고 $A \neq B$일 때, A를 B의 진부분집합이라 한다.

(3) 부분집합의 개수: 집합 $A = \{a_1, a_2, a_3, \dots, a_n\}$에 대하여

    ① 집합 A의 부분집합의 개수 ➡ 2^n　　　② 집합 A의 진부분집합의 개수 ➡ $2^n - 1$

    ③ 집합 A의 부분집합 중 특정한 k개의 원소를 포함하는 부분집합의 개수 ➡ 2^{n-k}

    $\longrightarrow$ 특정한 k개의 원소를 포함하지 않는 부분집합의 개수 ➡ 2^{n-k}

3 집합의 연산

(1) 집합의 연산: 두 집합 A, B에 대하여

    ① 합집합: $A \cup B = \{x \,|\, x \in A \text{ 또는 } x \in B\}$

    ② 교집합: $A \cap B = \{x \,|\, x \in A \text{ 그리고 } x \in B\}$

    ③ 여집합: $A^C = \{x \,|\, x \in U \text{ 그리고 } x \notin A\}$ (단, U는 전체집합)

    ④ 차집합: $A - B = \{x \,|\, x \in A \text{ 그리고 } x \notin B\}$

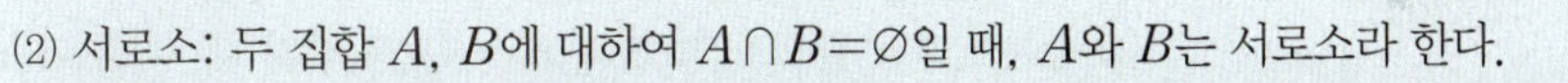

(2) 서로소: 두 집합 A, B에 대하여 $A \cap B = \varnothing$일 때, A와 B는 서로소라 한다.

  참고 $A \cap B = \varnothing$과 같은 표현: ① $A - B = A$, $B - A = B$　② $A \subset B^C$, $B \subset A^C$　③ $n(A \cap B)=0$

(3) 집합의 연산에 대한 성질: 전체집합 U의 두 부분집합 A, B에 대하여

    ① $A \cup \varnothing = A$, $A \cap \varnothing = \varnothing$, $A \cup U = U$, $A \cap U = A$, $A \cup (A \cap B) = A$, $A \cap (A \cup B) = A$

    ② $(A^C)^C = A$, $\varnothing^C = U$, $U^C = \varnothing$

    ③ $A \cup A^C = U$, $A \cap A^C = \varnothing$, $U - A = A^C$

    ④ $A - B = A \cap B^C = A - (A \cap B) = (A \cup B) - B = B^C - A^C$

    참고 $A \subset B$와 같은 표현: ① $A \cup B = B$　② $A \cap B = A$　③ $A - B = \varnothing$　④ $B^C \subset A^C$

(4) 집합의 연산 법칙: 전체집합 U의 세 부분집합 A, B, C에 대하여

    ① 교환법칙: $A \cup B = B \cup A$, $A \cap B = B \cap A$

    ② 결합법칙: $(A \cup B) \cup C = A \cup (B \cup C)$, $(A \cap B) \cap C = A \cap (B \cap C)$

    ③ 분배법칙: $A \cap (B \cup C) = (A \cap B) \cup (A \cap C)$, $A \cup (B \cap C) = (A \cup B) \cap (A \cup C)$

    ④ 드모르간 법칙: $(A \cup B)^C = A^C \cap B^C$, $(A \cap B)^C = A^C \cup B^C$

4 유한집합의 원소의 개수

전체집합 U의 세 부분집합 A, B, C가 유한집합일 때

(1) $n(A \cup B) = n(A) + n(B) - n(A \cap B)$

(2) $n(A \cup B \cup C) = n(A) + n(B) + n(C) - n(A \cap B) - n(B \cap C) - n(C \cap A) + n(A \cap B \cap C)$

(3) $n(A^C) = n(U) - n(A)$

(4) $n(A - B) = n(A) - n(A \cap B) = n(A \cup B) - n(B)$ $\longrightarrow$ $B \subset A$이면 $n(A - B) = n(A) - n(B)$

05 명제

1 명제와 조건

(1) 명제: 참 또는 거짓을 명확하게 판별할 수 있는 문장이나 식

(2) 조건: 변수를 포함한 문장이나 식 중에서 변수의 값에 따라 참, 거짓이 판별되는 것

(3) 진리집합: 전체집합의 원소 중에서 조건이 참이 되도록 하는 모든 원소의 집합

(4) 명제와 조건의 부정: 명제 또는 조건 p에 대하여 'p가 아니다.'를 p의 부정이라 한다.

2 명제 $p \longrightarrow q$의 참, 거짓

기호로 $\sim p$와 같이 나타내고, 조건 p의 진리집합을 P라 할 때, $\sim p$의 진리집합은 P^C이다.

(1) 가정과 결론: 두 조건 p, q로 이루어진 명제 'p이면 q이다.'를 기호로 $p \longrightarrow q$와 같이 나타낸다.

가정 결론

(2) 두 조건 p, q의 진리집합을 각각 P, Q라 할 때,

① 명제 $p \longrightarrow q$가 참이면 $P \subset Q$이고, $P \subset Q$이면 명제 $p \longrightarrow q$는 참이다.

② 명제 $p \longrightarrow q$가 거짓이면 $P \not\subset Q$이고, $P \not\subset Q$이면 명제 $p \longrightarrow q$는 거짓이다.

3 '모든'이나 '어떤'을 포함한 명제

(1) 전체집합 U에 대하여 조건 p의 진리집합을 P라 할 때,

① 명제 '모든 x에 대하여 p이다.'는 $P=U$이면 참, $P \neq U$이면 거짓이다.

② 명제 '어떤 x에 대하여 p이다.'는 $P \neq \varnothing$이면 참, $P=\varnothing$이면 거짓이다. ← 하나라도 거짓이면 거짓이다.

← 하나라도 참이면 참이다.

(2) '모든'이나 '어떤'을 포함한 명제의 부정

① 명제 '모든 x에 대하여 p이다.'의 부정은 '어떤 x에 대하여 $\sim p$이다.'이다.

② 명제 '어떤 x에 대하여 p이다.'의 부정은 '모든 x에 대하여 $\sim p$이다.'이다.

4 명제의 역, 대우

명제 $p \longrightarrow q$에 대하여

역: $q \longrightarrow p$ → 명제와 그 역의 참, 거짓은 항상 일치하는 것은 아니다.

대우: $\sim q \longrightarrow \sim p$ → 명제와 그 대우의 참, 거짓은 항상 일치한다.

참고 세 조건 p, q, r에 대하여 두 명제 $p \longrightarrow q$, $q \longrightarrow r$가 모두 참이면 명제 $p \longrightarrow r$도 참이다.

5 충분조건과 필요조건

(1) 충분조건과 필요조건: 명제 $p \longrightarrow q$가 참일 때, 기호로 $p \Longrightarrow q$와 같이 나타낸다. 이때 p는 q이기 위한 충분조건, q는 p이기 위한 필요조건이라 한다.

(2) 필요충분조건: 명제 $p \longrightarrow q$에 대하여 $p \Longrightarrow q$, $q \Longrightarrow p$일 때, 기호로 $p \Longleftrightarrow q$와 같이 나타낸다. 이때 p는 q이기 위한 필요충분조건이라 한다. → q도 p이기 위한 필요충분조건이다.

6 명제의 증명

(1) 대우를 이용한 증명: 명제 $p \longrightarrow q$가 참임을 증명할 때, 그 대우 $\sim q \longrightarrow \sim p$가 참임을 보이는 방법

(2) 귀류법: 명제를 증명하는 과정에서 주어진 명제의 부정이 참이라고 가정할 때, 이미 알려진 사실에 모순됨을 보여서 명제가 참임을 증명하는 방법

7 절대부등식

(1) 절대부등식: 부등식의 문자에 어떤 실수를 대입하여도 항상 성립하는 부등식

(2) 부등식의 증명에 이용되는 실수의 성질: a, b가 실수일 때,

① $a>b \Longleftrightarrow a-b>0$

② $a^2 \geq 0$, $a^2+b^2 \geq 0$

③ $a^2+b^2=0 \Longleftrightarrow a=b=0$

④ $a>0$, $b>0$일 때, $a>b \Longleftrightarrow a^2>b^2$

⑤ $|a| \geq a$, $|a|^2=a^2$, $|ab|=|a||b|$

두 양수 a, b에 대하여 $a>b$임을 보일 때, $a^2>b^2$에서 $a^2-b^2>0$임을 보인다.

(3) 산술평균과 기하평균의 관계

$a>0$, $b>0$일 때, $\dfrac{a+b}{2} \geq \sqrt{ab}$ (단, 등호는 $a=b$일 때 성립) → $\dfrac{a+b}{2}$를 산술평균, $\sqrt{ab}$를 기하평균이라 한다.

(4) 코시-슈바르츠의 부등식

a, b, x, y가 실수일 때, $(a^2+b^2)(x^2+y^2) \geq (ax+by)^2$ (단, 등호는 $ay=bx$일 때 성립)

06 함수

1 함수

공집합이 아닌 두 집합 X, Y에 대하여 X의 각 원소에 Y의 원소가 오직 하나씩 대응할 때, 이 대응을 집합 X에서 집합 Y로의 함수라 하고, 이 함수 f를 기호로 $f : X \longrightarrow Y$와 같이 나타낸다.

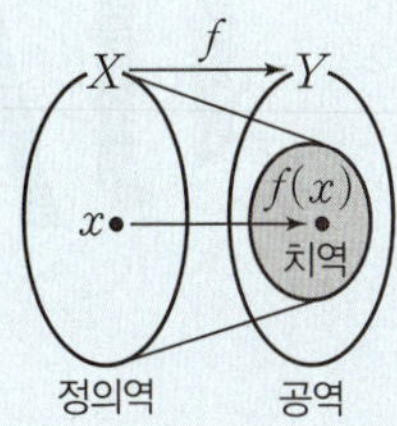

(1) 정의역: 집합 X
(2) 공역: 집합 Y
(3) 치역: 함숫값 전체의 집합, 즉 $\{f(x)\,|\,x \in X\}$ → 치역은 공역의 부분집합이다.

2 서로 같은 함수

두 함수 f, g의 정의역과 공역이 각각 같고 정의역의 모든 원소 x에 대하여 $f(x) = g(x)$일 때, 두 함수 f와 g는 서로 같다고 하고, 기호로 $f = g$와 같이 나타낸다. → 두 함수 f, g가 서로 같지 않을 때, 기호로 $f \neq g$와 같이 나타낸다.

3 함수의 그래프

함수 $f : X \longrightarrow Y$에서 정의역 X의 각 원소 x와 이에 대응하는 함숫값 $f(x)$의 순서쌍 $(x, f(x))$ 전체의 집합, 즉 $\{(x, f(x))\,|\,x \in X\}$를 함수 f의 그래프라 한다.

4 여러 가지 함수

(1) 일대일함수: 함수 $f : X \longrightarrow Y$에서 정의역 X의 임의의 두 원소 x_1, x_2에 대하여 $x_1 \neq x_2$이면 $f(x_1) \neq f(x_2)$인 함수 → $f(x_1) = f(x_2)$이면 $x_1 = x_2$

(2) 일대일대응: 함수 $f : X \longrightarrow Y$가 일대일함수이고 치역과 공역이 같은 함수 → 일대일대응이면 일대일함수이다.

(3) 항등함수: 함수 $f : X \longrightarrow X$에서 정의역 X의 임의의 원소 x에 대하여 $f(x) = x$인 함수 → 항등함수는 일대일대응이다.

(4) 상수함수: 함수 $f : X \longrightarrow Y$에서 정의역 X의 모든 원소 x에 공역 Y의 오직 하나의 원소 c가 대응하는 함수, 즉 $f(x) = c$ (c는 상수)인 함수

5 합성함수

(1) 합성함수: 세 집합 X, Y, Z에 대하여 두 함수 f, g가 $f : X \longrightarrow Z$, $g : Z \longrightarrow Y$일 때, 집합 X의 각 원소 x에 집합 Y의 원소 $g(f(x))$를 대응시키는 함수를 f와 g의 합성함수라 하고, 기호로 $g \circ f$와 같이 나타낸다. 즉,
$$g \circ f : X \longrightarrow Y, \ (g \circ f)(x) = g(f(x))$$

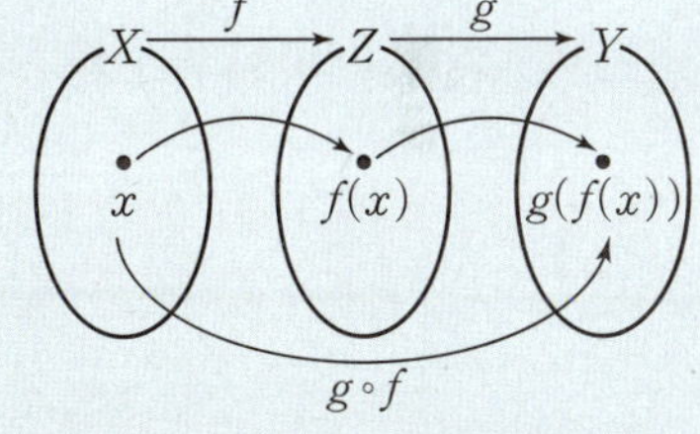

(2) 합성함수의 성질: 세 함수 f, g, h에 대하여
① $g \circ f \neq f \circ g$ → 일반적으로 교환법칙이 성립하지 않는다.   ② $h \circ (g \circ f) = (h \circ g) \circ f$ → 결합법칙이 성립한다.
③ $f \circ I = I \circ f = f$ (단, I는 항등함수)

6 역함수

(1) 역함수: 함수 $f : X \longrightarrow Y$가 일대일대응일 때, 집합 Y의 각 원소 y에 대하여 $y = f(x)$인 집합 X의 원소 x를 대응시키는 함수를 함수 f의 역함수라 하고, 기호로 f^{-1}와 같이 나타낸다. 즉,
$$f^{-1} : Y \longrightarrow X, \ x = f^{-1}(y)$$ → $f(a) = b$이면 $f^{-1}(b) = a$

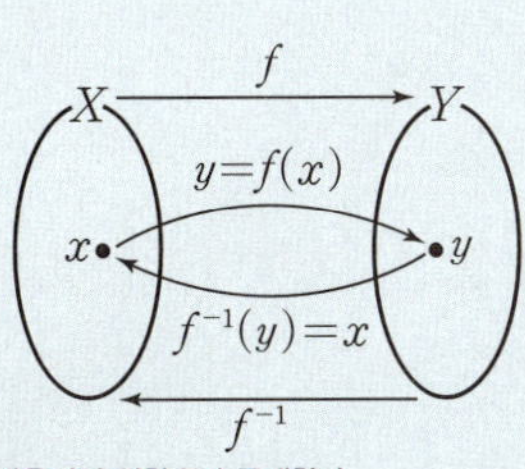

(2) 역함수의 성질: 두 함수 $f : X \longrightarrow Y$, $g : Y \longrightarrow Z$가 일대일대응일 때, 그 역함수 $f^{-1} : Y \longrightarrow X$, $g^{-1} : Z \longrightarrow Y$에 대하여 → 일대일대응이면 역함수가 존재한다.
① $(f^{-1})^{-1} = f$ ② $(g \circ f)^{-1} = f^{-1} \circ g^{-1}$
③ $(f^{-1} \circ f)(x) = x$ (단, $x \in X$), $(f \circ f^{-1})(y) = y$ (단, $y \in Y$)

(3) 함수와 그 역함수의 그래프의 성질
함수 $y = f(x)$의 그래프와 그 역함수 $y = f^{-1}(x)$의 그래프는 직선 $y = x$에 대하여 대칭이다.

유리함수

1 유리식

(1) 유리식: 두 다항식 A, $B(B \neq 0)$에 대하여 $\dfrac{A}{B}$ 꼴로 나타내어지는 식

> **참고** B가 0이 아닌 상수이면 $\dfrac{A}{B}$ 는 다항식이 되므로 다항식도 유리식이다.

(2) 유리식의 사칙연산: 다항식 A, B, C, $D(C \neq 0, D \neq 0)$에 대하여

① $\dfrac{A}{C} \pm \dfrac{B}{C} = \dfrac{A \pm B}{C}$, $\dfrac{A}{C} \pm \dfrac{B}{D} = \dfrac{AD \pm BC}{CD}$ (복부호 동순)

② $\dfrac{A}{C} \times \dfrac{B}{D} = \dfrac{AB}{CD}$, $\dfrac{A}{C} \div \dfrac{B}{D} = \dfrac{A}{C} \times \dfrac{D}{B} = \dfrac{AD}{BC}$ (단, $B \neq 0$)

> **참고**
> · $\dfrac{\frac{A}{C}}{\frac{B}{D}} = \dfrac{A}{C} \div \dfrac{B}{D} = \dfrac{A}{C} \times \dfrac{D}{B} = \dfrac{AD}{BC}$ (단, $B \neq 0$)
>
> · $\dfrac{1}{AB} = \dfrac{1}{B-A}\left(\dfrac{1}{A} - \dfrac{1}{B}\right)$ (단, $A \neq B$, $AB \neq 0$)

2 유리함수

(1) 유리함수

함수 $y = f(x)$에서 $f(x)$가 x에 대한 유리식일 때, 이 함수를 유리함수라 한다.

특히 $f(x)$가 x에 대한 다항식일 때, 이 함수를 다항함수라 한다.

(2) 유리함수에서 정의역이 주어져 있지 않은 경우에는 분모가 0이 되지 않도록 하는 실수 전체의 집합을 정의역으로 한다.

> **예** 함수 $y = \dfrac{1}{x-1}$ 의 정의역은 $\{x \,|\, x \neq 1$인 실수$\}$이다.

3 유리함수 $y = \dfrac{k}{x}(k \neq 0)$의 그래프

(1) 정의역은 $\{x \,|\, x \neq 0$인 실수$\}$, 치역은 $\{y \,|\, y \neq 0$인 실수$\}$이다.

(2) $k > 0$이면 그래프는 제1사분면, 제3사분면에 있고,

$k < 0$이면 그래프는 제2사분면, 제4사분면에 있다.

(3) 점근선은 x축, y축이다.

(4) 원점에 대하여 대칭이고, 두 직선 $y = x$, $y = -x$에 대하여 대칭이다.

(5) k의 절댓값이 커질수록 그래프는 원점에서 멀어진다.

4 유리함수 $y = \dfrac{k}{x-p} + q\,(k \neq 0)$의 그래프

(1) 유리함수 $y = \dfrac{k}{x}$의 그래프를 x축의 방향으로 p만큼, y축의 방향으로 q만큼 평행이동한 것이다.

(2) 정의역은 $\{x \,|\, x \neq p$인 실수$\}$, 치역은 $\{y \,|\, y \neq q$인 실수$\}$이다.

(3) 점근선은 두 직선 $x = p$, $y = q$이다.

(4) 점 (p, q)에 대하여 대칭이고, 두 직선 $y = (x-p) + q$,

$y = -(x-p) + q$에 대하여 대칭이다.

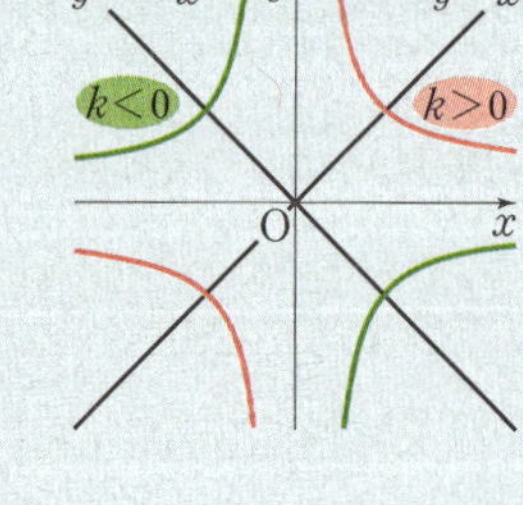

5 유리함수 $y = \dfrac{ax+b}{cx+d}\,(c \neq 0,\ ad-bc \neq 0)$의 그래프

유리함수 $y = \dfrac{ax+b}{cx+d}$의 그래프는 $y = \dfrac{k}{x-p} + q\,(k \neq 0)$ 꼴로 변형하여 그린다.

> **예** $y = \dfrac{3x-2}{x-1} = \dfrac{3(x-1)+1}{x-1} = \dfrac{1}{x-1} + 3$이므로 $y = \dfrac{3x-2}{x-1}$의 그래프는 $y = \dfrac{1}{x}$의 그래프를 x축의 방향으로 1만큼, y축의 방향으로 3만큼 평행이동한 것이다.

08 무리함수

1 무리식

(1) 무리식: 근호 안에 문자가 포함된 식 중에서 유리식으로 나타낼 수 없는 식
(2) 무리식의 값이 실수가 되기 위한 조건
　무리식의 값이 실수가 되려면 (근호 안의 식의 값)≥ 0, (분모)$\neq 0$이어야 한다.
(3) 무리식의 연산
　① 제곱근의 성질
　　• a가 실수일 때, $\sqrt{a^2}=|a|=\begin{cases} a & (a\geq 0) \\ -a & (a<0) \end{cases}$

　　• $a>0$, $b>0$일 때, $\sqrt{a}\sqrt{b}=\sqrt{ab}$, $\dfrac{\sqrt{a}}{\sqrt{b}}=\sqrt{\dfrac{a}{b}}$

　　참고 음수의 제곱근의 성질

　　　(1) $a<0$, $b<0$일 때, $\sqrt{a}\sqrt{b}=-\sqrt{ab}$　　(2) $a>0$, $b<0$일 때, $\dfrac{\sqrt{a}}{\sqrt{b}}=-\sqrt{\dfrac{a}{b}}$

　② 분모의 유리화

　　• $\dfrac{a}{\sqrt{b}}=\dfrac{a\sqrt{b}}{\sqrt{b}\sqrt{b}}=\dfrac{a\sqrt{b}}{b}$ (단, $b>0$)

　　• $\dfrac{1}{\sqrt{a}+\sqrt{b}}=\dfrac{\sqrt{a}-\sqrt{b}}{(\sqrt{a}+\sqrt{b})(\sqrt{a}-\sqrt{b})}=\dfrac{\sqrt{a}-\sqrt{b}}{a-b}$ (단, $a>0$, $b>0$, $a\neq b$)

　　• $\dfrac{1}{\sqrt{a}-\sqrt{b}}=\dfrac{\sqrt{a}+\sqrt{b}}{(\sqrt{a}-\sqrt{b})(\sqrt{a}+\sqrt{b})}=\dfrac{\sqrt{a}+\sqrt{b}}{a-b}$ (단, $a>0$, $b>0$, $a\neq b$)

2 무리함수

(1) 무리함수
　함수 $y=f(x)$에서 $f(x)$가 x에 대한 무리식일 때, 이 함수를 무리함수라 한다.
(2) 무리함수에서 정의역이 주어져 있지 않은 경우에는 근호 안의 식의 값이 0 이상이 되도록 하는
　실수 전체의 집합을 정의역으로 한다.
　예 함수 $y=\sqrt{x-1}$의 정의역은 $\{x\,|\,x\geq 1\}$이다.

3 무리함수 $y=\sqrt{ax}\,(a\neq 0)$의 그래프

(1) $a>0$일 때, 정의역은 $\{x\,|\,x\geq 0\}$, 치역은 $\{y\,|\,y\geq 0\}$이다.
(2) $a<0$일 때, 정의역은 $\{x\,|\,x\leq 0\}$, 치역은 $\{y\,|\,y\geq 0\}$이다.
(3) 무리함수 $y=-\sqrt{ax}$의 그래프는 무리함수 $y=\sqrt{ax}$의 그래
　프를 x축에 대하여 대칭이동한 것이다.
(4) a의 절댓값이 커질수록 그래프는 x축에서 멀어진다.

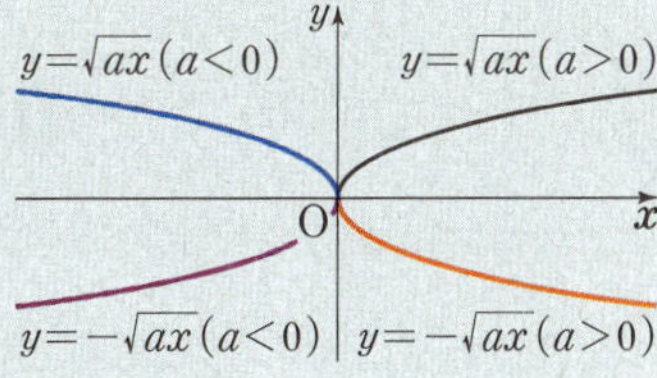

4 무리함수 $y=\sqrt{a(x-p)}+q\,(a\neq 0)$의 그래프

(1) 무리함수 $y=\sqrt{ax}$의 그래프를 x축의 방향으로 p만큼, y축의 방향으로 q만큼 평행이동한 것이다.
(2) $a>0$일 때, 정의역은 $\{x\,|\,x\geq p\}$, 치역은 $\{y\,|\,y\geq q\}$이다.
(3) $a<0$일 때, 정의역은 $\{x\,|\,x\leq p\}$, 치역은 $\{y\,|\,y\geq q\}$이다.

5 무리함수 $y=\sqrt{ax+b}+c\,(a\neq 0)$의 그래프

무리함수 $y=\sqrt{ax+b}+c\,(a\neq 0)$의 그래프는 $y=\sqrt{a(x-p)}+q$ 꼴로 변형하여 그린다.
예 $y=\sqrt{2x+4}-5=\sqrt{2(x+2)}-5$이므로 $y=\sqrt{2x+4}-5$의 그래프는 $y=\sqrt{2x}$의 그래프를 x축의 방향으로
　-2만큼, y축의 방향으로 -5만큼 평행이동한 것이다.

도형의
방정식

01
◗ 두 점 사이의 거리

세 점 A$(2, 0)$, B$(3, 2)$, C$(4, k)$를 꼭짓점으로 하는 삼각형 ABC가 이등변삼각형이 되도록 하는 모든 양수 k의 값의 합을 구하시오.

02 서술형
◗ 두 점 사이의 거리

세 점 A$(6, 2)$, B$(4, -2)$, C$(-2, 6)$을 꼭짓점으로 하는 삼각형 ABC의 외접원의 넓이를 구하시오.

03
◗ 같은 거리에 있는 점

두 점 A$(-1, 3)$, B$(4, k)$에서 각각 거리가 $\dfrac{\sqrt{26}}{2}$으로 같은 점 P가 직선 $y = x + 1$ 위에 있을 때, 모든 실수 k의 값의 곱은?

① 2   ② 3   ③ 4
④ 5   ⑤ 6

04
◗ 선분의 내분점

두 점 A$(-2, 3)$, B$(6, -2)$에 대하여 선분 AB를 $t : (1-t)$로 내분하는 점이 제4사분면 위에 있을 때, 실수 t의 값의 범위를 구하시오. (단, $0 < t < 1$)

05 학평
◗ 선분의 내분점

좌표평면 위에 세 점 A$(2, 3)$, B$(7, 1)$, C$(4, 5)$가 있다. 직선 AB 위의 점 D에 대하여 점 D를 지나고 직선 BC와 평행한 직선이 직선 AC와 만나는 점을 E라 하자. 삼각형 ABC와 삼각형 ADE의 넓이의 비가 $4 : 1$이 되도록 하는 모든 점 D의 y좌표의 곱은?

(단, 점 D는 점 A도 아니고 점 B도 아니다.)

① 8   ② $\dfrac{17}{2}$ ③ 9
④ $\dfrac{19}{2}$ ⑤ 10

06
◗ 선분의 중점

네 점 A$(a, 0)$, B$(b, -2)$, C$(5, 2)$, D$(1, 4)$를 꼭짓점으로 하는 사각형 ABCD가 마름모일 때, 상수 a, b에 대하여 ab의 값은? (단, $a > 0$)

① 20   ② 21   ③ 22
④ 23   ⑤ 24

07
● 삼각형의 무게중심

점 $A(-3, 0)$과 두 점 B, C에 대하여 삼각형 ABC의 무게중심을 G라 하자. 직선 GB의 방정식은 $x=1$, 직선 GC의 방정식은 $y=x-1$일 때, 직선 AC의 기울기를 구하시오.

08
● 직선의 방정식

함수 $y=x^2$의 그래프와 직선 $y=2\sqrt{3}x+1$이 만나는 두 점을 A, B라 하자. x축 위의 점 P에서 선분 AB에 내린 수선의 발이 선분 AB의 중점일 때, 점 P의 좌표를 구하시오.

09 학평
● 두 직선의 교점을 지나는 직선의 방정식

좌표평면에서 두 직선 $x-2y+2=0$, $2x+y-6=0$이 만나는 점과 점 $(4, 0)$을 지나는 직선의 y절편은?

① $\dfrac{5}{2}$ ② 3 ③ $\dfrac{7}{2}$

④ 4 ⑤ $\dfrac{9}{2}$

10 학평
● 두 직선의 위치 관계

좌표평면 위의 네 점
$$A(0, 1), \ B(0, 4), \ C(\sqrt{2}, p), \ D(3\sqrt{2}, q)$$
가 다음 조건을 만족시킬 때, $p+q$의 값을 구하시오.

> (개) 직선 CD의 기울기는 음수이다.
> (내) $\overline{AB}=\overline{CD}$이고 $\overline{AD}/\!/\overline{BC}$이다.

11
● 세 직선의 위치 관계

세 직선 $2x-y-2=0$, $x+2y-6=0$, $ax+(a-1)y+1=0$이 삼각형을 이루지 않도록 하는 모든 상수 a의 값의 합을 구하시오.

12
● 점과 직선 사이의 거리

점 $(-3, 2)$를 지나는 직선 l과 점 $(1, 0)$ 사이의 거리가 4일 때, 직선 l의 방정식을 모두 구하시오.

두 점 사이의 거리

01

함수 $y=x^2$의 그래프와 직선 $y=2x$가 만나는 두 점을 A, B라 하자. 함수 $y=x^2$의 그래프 위의 점 P에 대하여 삼각형 PAB가 $\overline{PA}=\overline{PB}$ 또는 $\overline{AP}=\overline{AB}$인 이등변삼각형이 되도록 하는 모든 점 P의 x좌표의 곱을 구하시오.

(단, 점 B의 x좌표는 점 A의 x좌표보다 크다.)

02

$\overline{AB}=\overline{AC}$이고 $\angle A=90°$인 직각이등변삼각형 ABC의 내부의 점 P에 대하여 $\overline{AP}=\sqrt{10}$, $\overline{BP}=2\sqrt{5}$, $\overline{CP}=2\sqrt{10}$일 때, 삼각형 ABC의 넓이를 구하시오.

선분의 내분점

03

세 점 A$(-2, 2)$, B$(3, -3)$, C(a, b)에 대하여 선분 AC가 y축과 만나는 점을 P, 선분 BC가 x축과 만나는 점을 Q라 할 때, $\overline{AP}:\overline{PC}=\overline{BQ}:\overline{QC}$이다. 이때 양수 a, b에 대하여 $\dfrac{a}{b}$의 값을 구하시오.

04 학평

그림과 같이 좌표평면 위에 세 점 A$(-8, a)$, B$(7, 3)$, C$(-6, 0)$이 있다. 선분 AB를 $2 : 1$로 내분하는 점을 P라 할 때, 직선 PC가 삼각형 AOB의 넓이를 이등분한다. 양수 a의 값은?

(단, O는 원점이다.)

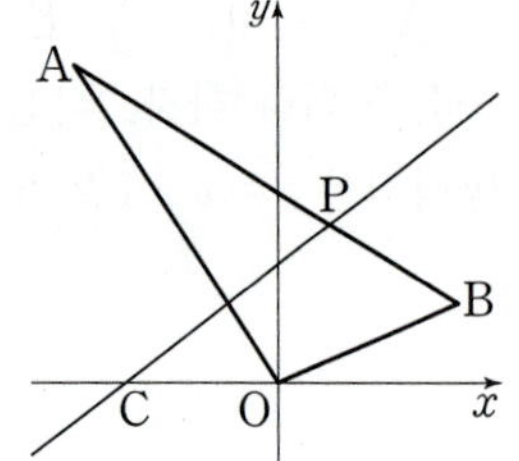

① $\dfrac{21}{2}$　　② 11　　③ $\dfrac{23}{2}$

④ 12　　⑤ $\dfrac{25}{2}$

05

점 A$(3, -1)$과 함수 $y=x^2$의 그래프 위의 점 P에 대하여 선분 AP를 $2 : 1$로 내분하는 점이 나타내는 도형을 C라 하자. 도형 C가 직선 $y=x-k$에 접할 때, 상수 k의 값을 구하시오.

06

정사각형 ABCD의 넓이를 S_1이라 하고, 네 변 AB, BC, CD, DA를 각각 $t : 1$로 내분하는 점을 연결하여 만든 사각형의 넓이를 S_2라 하자. $\dfrac{S_1}{S_2}=\dfrac{9}{5}$일 때, t의 값을 구하시오.

(단, $0 < t < 1$)

07 학평

그림과 같이 ∠A＝∠B＝90°, $\overline{AB}$＝4, $\overline{BC}$＝8인 사다리꼴 ABCD에 대하여 선분 AD를 2 : 1로 내분하는 점을 P라 하자. 두 직선 AC, BP가 점 Q에서 서로 수직으로 만날 때, 삼각형 AQD의 넓이는?

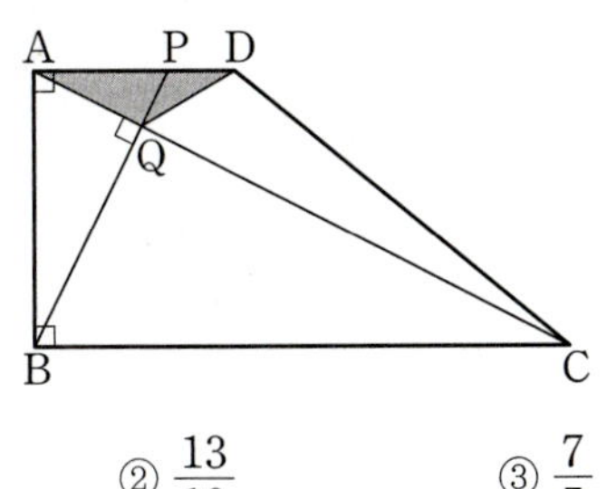

① $\dfrac{6}{5}$ ② $\dfrac{13}{10}$ ③ $\dfrac{7}{5}$

④ $\dfrac{3}{2}$ ⑤ $\dfrac{8}{5}$

삼각형의 무게중심

08

그림과 같이 한 변의 길이가 2인 정사각형 모양의 종이 ABCD에서 선분 AB의 중점을 M, 선분 CD의 중점을 N이라 하자. 선분 AD 위의 점 E에 대하여 선분 EB를 접는 선으로 하여 종이를 접었더니 점 A가 선분 MN 위의 점 A′으로 옮겨졌다. 이때 점 A′에서 삼각형 A′EB의 무게중심까지의 거리를 구하시오.

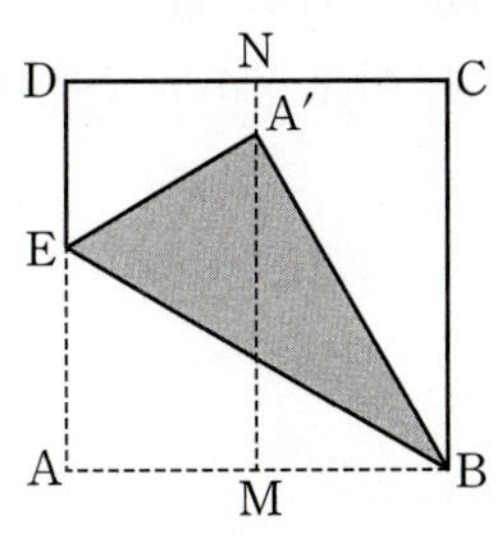

09

그림과 같이 $\overline{AB}$＝8, $\overline{BC}$＝6, ∠B＝90°인 직각삼각형 ABC에서 선분 AB를 3 : 1로 내분하는 점을 P라 하자. 선분 BC 위의 점 Q와 선분 CA 위의 점 R에 대하여 삼각형 PQR의 무게중심이 삼각형 ABC의 무게중심과 같을 때, 삼각형 PQR의 넓이를 구하시오.

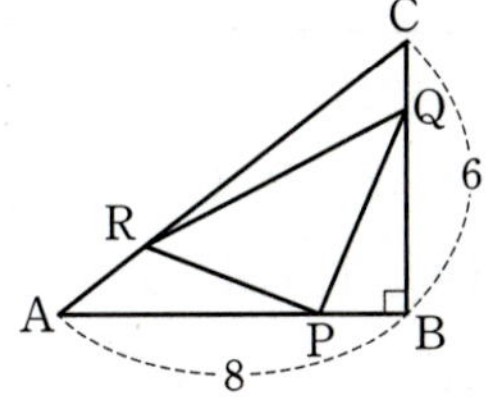

10 idea

세 점 P(3, 2), Q(6, 1), R(3, 6)을 꼭짓점으로 하는 삼각형 PQR와 합동인 삼각형 ABC가 다음 조건을 만족시킨다. 점 C의 좌표를 (a, b)라 할 때, ab의 값은?

> ㈎ 삼각형 ABC의 무게중심은 원점이다.
> ㈏ 점 A는 x축 위에 있고, 점 C는 제3사분면 위에 있다.

① 2   ② 4   ③ 6

④ 8   ⑤ 10

11

그림과 같이 삼각형 ABC의 무게중심을 G, 세 변 AB, BC, CA의 중점을 각각 P, Q, R라 할 때, $\overline{GP}=7$, $\overline{GQ}=6$, $\overline{GR}=5$이다. 이때 $\overline{AP}^2+\overline{BQ}^2+\overline{CR}^2$의 값을 구하시오.

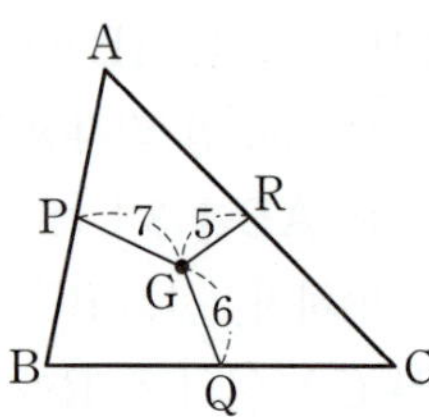

직선의 방정식

12 학평

좌표평면 위에 두 점 $A(2, 0)$, $B(0, 6)$이 있다. 다음 조건을 만족시키는 두 직선 l, m의 기울기의 합의 최댓값은? (단, O는 원점이다.)

> (개) 직선 l은 점 O를 지난다.
> (내) 두 직선 l과 m은 선분 AB 위의 점 P에서 만난다.
> (대) 두 직선 l과 m은 삼각형 OAB의 넓이를 삼등분한다.

① $\dfrac{3}{4}$　　② $\dfrac{4}{5}$　　③ $\dfrac{5}{6}$

④ $\dfrac{6}{7}$　　⑤ $\dfrac{7}{8}$

13

그림과 같은 직각삼각형 OAB와 직사각형 OCDE의 넓이를 동시에 이등분하는 직선 l의 기울기를 구하시오.

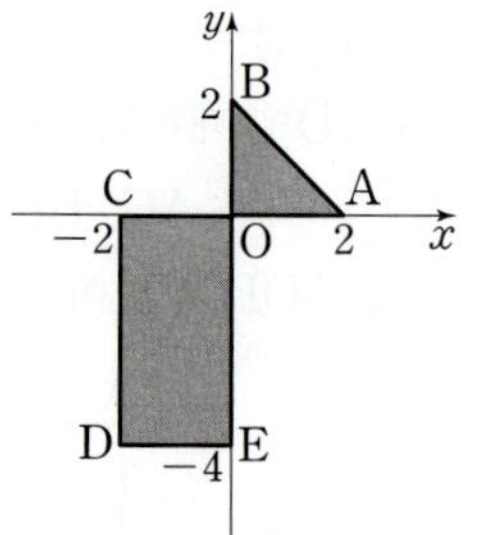

14

두 점 $A(-1, 2)$, $B(2, 5)$와 x축 위의 점 P에 대하여 $\overline{BP}-\overline{AP}$의 값은 점 P의 x좌표가 a일 때, 최댓값 b를 갖는다. 이때 상수 a, b에 대하여 ab의 값을 구하시오.

직선의 위치 관계

15

직선 $y=ax\,(a>0)$와 x축이 이루는 예각을 이등분하는 직선 $y=bx$가 있다. 직선 $y=ax$와 직선 $y=1$의 교점을 A, 직선 $y=bx$와 직선 $x=1$의 교점을 B라 하면 두 점 A, B를 지나는 직선 l은 직선 $y=bx$와 수직이다. 이때 상수 a, b에 대하여 $a+b$의 값을 구하시오.

16 학평

좌표평면에서 세 직선

$$y=2x, \; y=-\frac{1}{2}x, \; y=mx+5\,(m>0)$$

로 둘러싸인 도형이 이등변삼각형일 때, m의 값은?

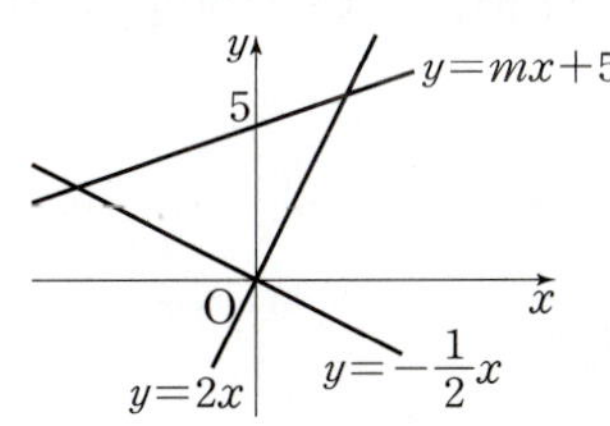

① $\dfrac{1}{3}$ ② $\dfrac{2}{5}$ ③ $\dfrac{7}{15}$

④ $\dfrac{8}{15}$ ⑤ $\dfrac{3}{5}$

17

직선 l: $(2k+1)x+(k-1)y-5k+2=0$과 두 점 A$(-2, -1)$, B$(4, 2)$에 대하여 보기에서 옳은 것만을 있는 대로 고른 것은? (단, k는 상수이다.)

> **보기**
>
> ㄱ. 직선 AB와 평행한 직선 l이 존재한다.
>
> ㄴ. $k=-\dfrac{2}{3}$일 때, 선분 AB와 직선 l은 한 점에서 만난다.
>
> ㄷ. 선분 AB 위의 점 중에서 직선 l이 지날 수 없는 점은 1개이다.

① ㄱ   ② ㄷ   ③ ㄱ, ㄴ

④ ㄱ, ㄷ   ⑤ ㄱ, ㄴ, ㄷ

18 서술형

그림과 같이 직사각형 OABC와 세 점 P$(3, 0)$, Q$(8, 5)$, R$(2, 1)$이 있다. 선분 PR와 선분 RQ는 직사각형 OABC를 두 부분으로 나누는 경계선이다. 두 부분의 넓이가 변하지 않도록 점 P 또는 점 Q를 지나는 직선으로 경계선을 바꿀 때, 점 P를 지나는 새로운 경계선과 점 Q를 지나는 새로운 경계선의 교점의 좌표를 구하시오.

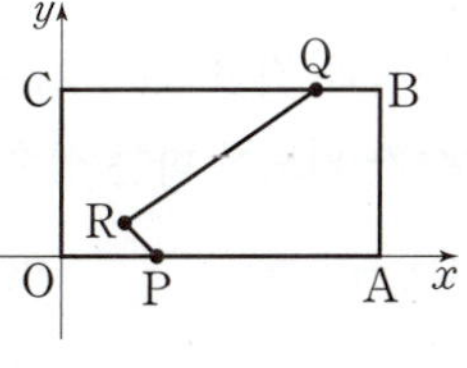

19

직선 $a\{x-(a^2+a-2)\}+y+2=0$이 x축 및 직선 $y=\dfrac{1}{2}x$ 와 만나는 점을 각각 A, B라 할 때, 다음 조건을 만족시키는 양수 a의 값의 범위를 구하시오. (단, O는 원점이다.)

> (개) 점 A의 x좌표는 양수이다.
> (내) 삼각형 OAB는 둔각삼각형이다.

점과 직선 사이의 거리

20

원점과 직선 $3x+2y-5+a(y-1)=0$ 사이의 거리가 자연수가 되도록 하는 상수 a의 값은?

① -2 ② -1 ③ 0
④ 1 ⑤ 2

21 학평

그림과 같이 좌표평면 위에 직선 $l_1: x-2y-2=0$과 평행하고 y절편이 양수인 직선 l_2가 있다. 직선 l_1이 x축, y축과 만나는 점을 각각 A, B라 하고 직선 l_2가 x축, y축과 만나는 점을 각각 C, D라 할 때, 사각형 ADCB의 넓이가 25이다. 두 직선 l_1과 l_2 사이의 거리를 d라 할 때, d^2의 값을 구하시오.

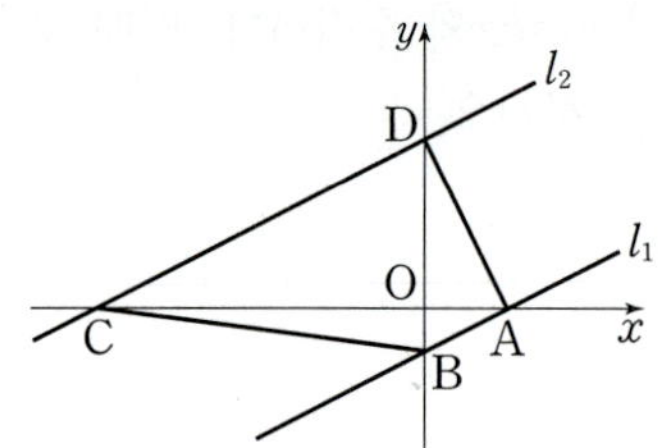

22 학평

최고차항의 계수가 양수인 이차함수 $y=f(x)$의 그래프가 x축과 두 점 A$(2, 0)$, B$(a, 0)$ $(a>2)$에서 만나고 y축과 점 C에서 만난다. 이차함수 $y=f(x)$의 그래프의 꼭짓점을 P, 두 점 A, P에서 직선 BC에 내린 수선의 발을 각각 Q, R이라 하자. 사각형 APRQ가 정사각형일 때, $f(12)$의 값을 구하시오.

23

두 점 P(a, a), Q$(b, b+1)$과 두 점 R, S에 대하여 사각형 PQRS는 평행사변형이다. 평행사변형 PQRS의 두 대각선의 교점의 좌표는 $(0, 0)$이고 넓이는 8일 때, 양수 a의 값을 구하시오.

01 [학평]

$\overline{AB}=2\sqrt{3}$, $\overline{BC}=2$인 삼각형 ABC에서 선분 BC의 중점을 D라 할 때, $\overline{AD}=\sqrt{7}$이다. 각 ACB의 이등분선이 선분 AB와 만나는 점을 E, 선분 CE와 선분 AD가 만나는 점을 P, 각 APE의 이등분선이 선분 AB와 만나는 점을 R, 선분 PR의 연장선이 선분 BC와 만나는 점을 Q라 하자. 삼각형 PRE의 넓이를 S_1, 삼각형 PQC의 넓이를 S_2라 할 때, $\dfrac{S_2}{S_1}=a+b\sqrt{7}$이다. ab의 값은? (단, a, b는 유리수이다.)

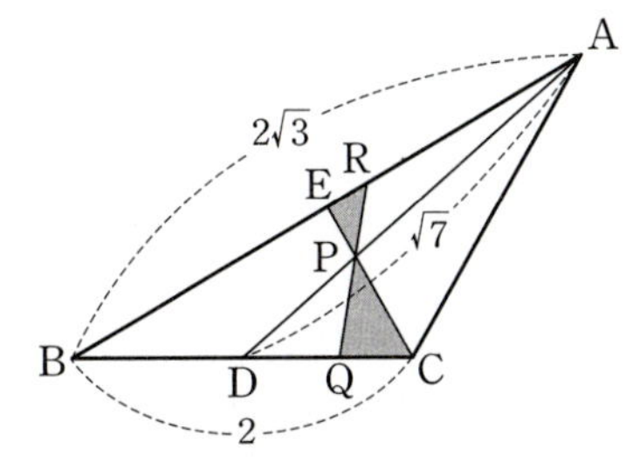

① -16　　② -14　　③ -12
④ -10　　⑤ -8

02

세 점 A$(-a,\ 0)$, B$(0,\ -b)$, C$(c,\ d)$를 꼭짓점으로 하는 삼각형 ABC가 다음 조건을 만족시킬 때, $8(\overline{AB}^2+\overline{BC}^2+\overline{CA}^2)$의 값을 구하시오.

(단, $a>0$, $b>0$, $c>0$, $d>0$)

(가) x축은 $\angle$BAC를 이등분한다.

(나) 선분 AC의 중점을 D라 하면 점 D는 y축 위에 있고 $\overline{BD}=1$이다.

(다) 선분 BC가 x축과 만나는 점을 E라 하면 $\overline{AE}=1$이다.

03 [학평]

실수 k에 대하여 이차함수 $y=(x-k)^2-2$의 그래프와 직선 $y=2$는 서로 다른 두 점 A, B에서 만난다. 삼각형 AOB가 이등변삼각형이 되도록 하는 서로 다른 k의 개수를 n, k의 최댓값을 M이라 하자. $n+M$의 값은? (단, O는 원점이고, 점 A의 x좌표는 점 B의 x좌표보다 작다.)

① $7+\sqrt{3}$　　② $7+2\sqrt{3}$　　③ $7+3\sqrt{3}$
④ $9+2\sqrt{3}$　　⑤ $9+3\sqrt{3}$

04 

두 직선 l_1: $2x+y+2=0$, l_2: $x-2y-4=0$의 교점을 A, 두 직선 l_1, l_2가 x축과 만나는 점을 각각 B, C라 하자. 제1사분면에 있는 점 P와 삼각형 ABC의 외접원 위의 점 Q가 다음 조건을 만족시킨다.

> ㈎ 점 Q는 삼각형 PBC의 무게중심이다.
> ㈏ 삼각형 PBC의 넓이는 삼각형 ABC의 넓이의 3배이다.

보기에서 옳은 것만을 있는 대로 고른 것은?

> **보기**
> ㄱ. 두 직선 l_1, l_2는 서로 수직이다.
> ㄴ. 점 Q의 y좌표는 2이다.
> ㄷ. 점 P의 x좌표와 y좌표의 합은 10이다.

① ㄱ   ② ㄴ   ③ ㄱ, ㄴ
④ ㄱ, ㄷ   ⑤ ㄱ, ㄴ, ㄷ

05

네 점 O(0, 0), A(6, 0), B(6, 12), C(0, 12)를 꼭짓점으로 하는 직사각형 OABC에 대하여 두 직선 $y=mx+a$, $y=mx+b$가 직사각형 OABC의 넓이를 삼등분한다. 직선 $y=mx+a$가 y축과 만나는 점을 P, 직선 $y=mx+b$가 직선 $x=6$과 만나는 점을 Q라 할 때, 두 점 P, Q를 지나는 직선의 x절편이 $3m+5(a-b)$이다. 이때 상수 m의 값을 구하시오. (단, $a>b$, $0<m<1$)

06

예각삼각형 ABC의 세 꼭짓점 A, B, C에서 각 대변에 내린 세 수선의 교점을 D라 하자. 두 점 A, D를 지나는 직선의 방정식이 $y=\dfrac{5}{2}x-1$이고, 세 꼭짓점 A, B, C를 지나는 중선이 각각 직선 $y=2x-1$, $y=1$, $y=-x+2$일 때, 점 D의 좌표를 구하시오.

07

세 점 $A\left(-1, \dfrac{9}{4}\right)$, $B(-1, -4)$, $C(2, 0)$에 대하여 삼각형 ABC의 내심을 $I(a, b)$라 할 때, $36(a-b)$의 값을 구하시오.

08 idea

두 실수 a, b에 대하여 $(a-b)^2+(2a-2b^2-3)^2$의 최솟값이 $\dfrac{q}{p}$일 때, $p+q$의 값은? (단, p, q는 서로소인 자연수이다.)

① 6   ② 7   ③ 8
④ 9   ⑤ 10

09 학평

그림과 같이 세 점 $A(0, 4)$, $B(-3, 0)$, $C(4, -3)$을 꼭짓점으로 하는 삼각형 ABC가 있다. 선분 AC 위를 움직이는 점 P를 지나고 직선 AB에 평행한 직선이 선분 BC와 만나는 점을 Q, 점 P를 지나고 직선 BC에 평행한 직선이 선분 AB와 만나는 점을 R, 점 Q를 지나고 직선 AC에 평행한 직선이 선분 AB와 만나는 점을 S라 하자. 사다리꼴 PRSQ의 넓이의 최댓값이 $\dfrac{q}{p}$일 때, $p+q$의 값을 구하시오.

(단, $\overline{AP}<\overline{PC}$이고, p와 q는 서로소인 자연수이다.)

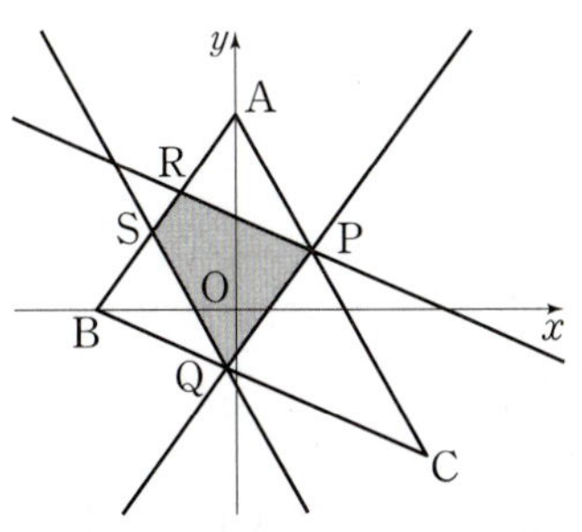

01
● 원의 방정식

원 $x^2+y^2-8kx+4ky-20k-7=0$의 넓이가 최소일 때, 원점과 원의 중심 사이의 거리는? (단, k는 상수이다.)

① 1 ② $\sqrt{2}$ ③ $\sqrt{5}$
④ $2\sqrt{2}$ ⑤ $\sqrt{10}$

02
● 세 점을 지나는 원의 방정식

세 점 $A(1, -1)$, $B(7, -1)$, $C(-3, 3)$을 지나는 원이 직선 $y=9$와 만나는 두 점 사이의 거리를 구하시오.

03
● 좌표축에 접하는 원의 방정식

중심이 직선 $y=x+1$ 위에 있고 점 $(1, 3)$을 지나면서 y축에 접하는 원은 2개이다. 두 원의 중심을 각각 P, Q라 할 때, 삼각형 POQ의 넓이는? (단, O는 원점이다.)

① $\sqrt{2}$ ② 2 ③ $2\sqrt{2}$
④ 4 ⑤ $4\sqrt{2}$

04
● 두 원의 교점을 지나는 원의 방정식

두 원 $x^2+y^2+ax-2y-7=0$, $x^2+y^2-8x+8y-9=0$의 교점과 두 점 $(1, 2)$, $(2, 2)$를 지나는 원의 반지름의 길이를 구하시오. (단, a는 상수이다.)

05
● 두 원의 교점을 지나는 직선의 방정식

두 원
$$C_1: x^2+y^2+4x-6y+9=0,$$
$$C_2: x^2+y^2+2x-8y+a=0$$
의 교점을 지나는 직선이 원 C_1의 넓이를 이등분할 때, 상수 a의 값은?

① 10 ② 11 ③ 12
④ 13 ⑤ 14

06 서술형
● 두 원의 공통인 현의 길이

두 원 $x^2+y^2+4x-2y-4=0$, $x^2+y^2-4x-8y+6=0$의 공통인 현의 길이를 구하시오.

07
⬤ 조건을 만족시키는 점이 나타내는 도형의 방정식

두 점 $O(0, 0)$, $A(6, 3)$에 대하여 $\overline{OP} : \overline{AP} = 2 : 1$을 만족시키는 점 P가 나타내는 도형의 넓이는?

① 16π ② 18π ③ 20π
④ 22π ⑤ 24π

08 학평
⬤ 원과 직선의 위치 관계 - 두 점에서 만나는 경우

그림과 같이 중심이 제1사분면 위에 있고 x축과 점 P에서 접하며 y축과 두 점 Q, R에서 만나는 원이 있다. 점 P를 지나고 기울기가 2인 직선이 원과 만나는 점 중 P가 아닌 점을 S라 할 때, $\overline{QR} = \overline{PS} = 4$를 만족시킨다. 원점 O와 원의 중심 사이의 거리는?

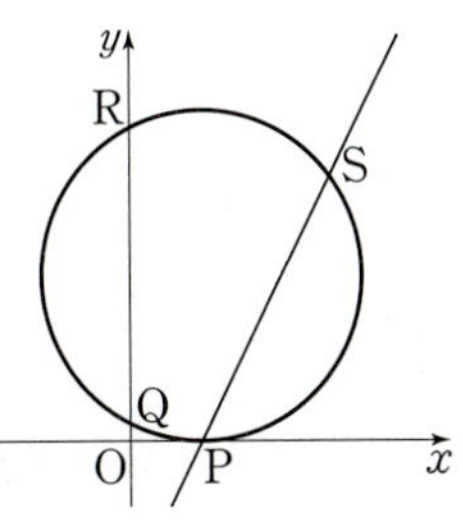

① $\sqrt{6}$ ② $\sqrt{7}$ ③ $2\sqrt{2}$
④ 3 ⑤ $\sqrt{10}$

09 학평
⬤ 원과 직선의 위치 관계 - 접하는 경우

그림과 같이 좌표평면 위에 원 $C : (x-a)^2 + (y-a)^2 = 10$이 있다. 원 C의 중심과 직선 $y = 2x$ 사이의 거리가 $\sqrt{5}$이고 직선 $y = kx$가 원 C에 접할 때, 상수 k의 값은? (단, $a > 0$, $0 < k < 1$)

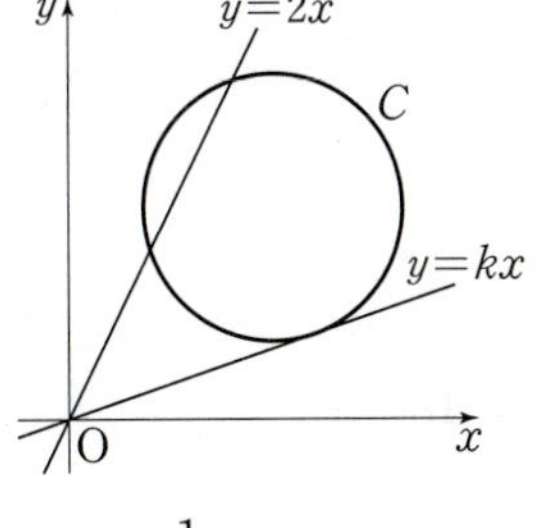

① $\dfrac{2}{9}$ ② $\dfrac{5}{18}$ ③ $\dfrac{1}{3}$
④ $\dfrac{7}{18}$ ⑤ $\dfrac{4}{9}$

10
⬤ 원 위의 점과 직선 사이의 거리

원 $(x+3)^2 + (y-2)^2 = 4$ 위의 점 중 직선 $5x - 12y - 26 = 0$까지의 거리가 자연수인 점의 개수는?

① 5 ② 6 ③ 7
④ 8 ⑤ 9

11
⬤ 원의 접선의 방정식

원 $x^2 + y^2 = 25$ 위의 점 중 좌표가 $(a, a-1)$인 점은 2개이다. 이 두 점 각각에서의 접선이 서로 만나는 점의 좌표를 구하시오. (단, a는 상수이다.)

12
⬤ 공통인 접선

점 $(0, 4)$를 지나는 직선이 두 원 $x^2 + y^2 = 4$, $x^2 + (y-a)^2 = 9$에 동시에 접하도록 하는 모든 상수 a의 값의 합은?

① 6 ② 7 ③ 8
④ 9 ⑤ 10

원의 방정식

01

원 $x^2+y^2-6x-4y+1=0$의 넓이가 두 직선 $y=ax$, $y=bx+c$에 의하여 4등분 될 때, 상수 a, b, c에 대하여 $a+b+c$의 값은?

① $\dfrac{11}{2}$ ② $\dfrac{17}{3}$ ③ 6

④ $\dfrac{19}{3}$ ⑤ $\dfrac{13}{2}$

02

그림과 같이 반원 $x^2+y^2=64\,(y\geq0)$가 x축과 만나는 두 점을 A, B라 하고 직선 $x=1$이 x축 및 반원과 만나는 점을 각각 P, Q라 하자. 호 BQ와 두 선분 PB, PQ에 접하는 원의 방정식이 $x^2+y^2+ax+by+c=0$일 때, 상수 a, b, c에 대하여 $a+b+c$의 값은?

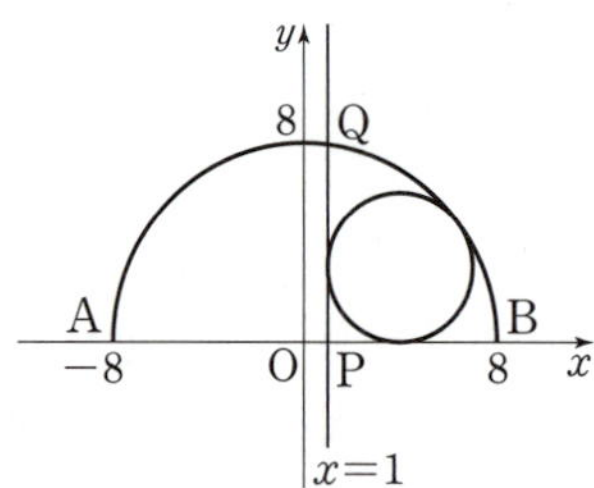

① -2 ② -1 ③ 0

④ 1 ⑤ 2

두 원의 교점을 지나는 도형의 방정식

03

두 원 $x^2+y^2-8=0$, $x^2+y^2+3x-4y-k=0$의 교점을 지나는 원의 넓이의 최솟값이 4π가 되도록 하는 모든 상수 k의 값의 합을 구하시오.

04

원 C: $x^2+y^2=36$은 원 C_1: $(x-7)^2+(y-a)^2=4$와 외접하고, 원 C_2: $(x-3)^2+(y-b)^2=1$과 내접한다. 그림과 같이 두 원 C, C_1의 접점에서의 접선이 y축과 만나는 점을 A, 두 원 C, C_2의 접점에서의 접선이 x축과 만나는 점을 B라 할 때, 삼각형 AOB의 넓이는?

(단, O는 원점이고, $a>0$, $b>0$이다.)

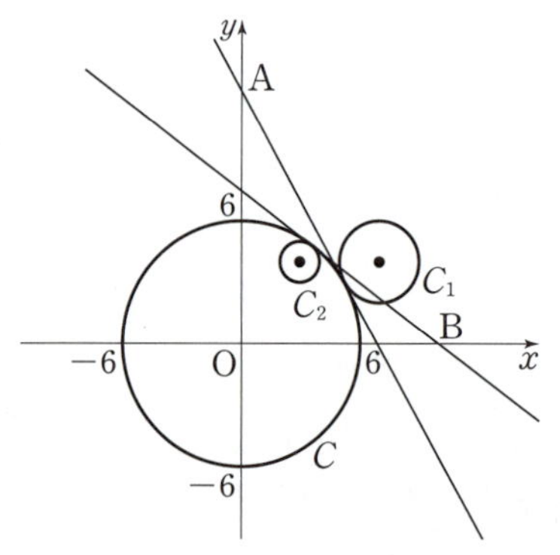

① $12\sqrt{15}$ ② $14\sqrt{15}$ ③ $16\sqrt{15}$

④ $18\sqrt{15}$ ⑤ $20\sqrt{15}$

05 서술형

그림과 같이 원 $x^2+y^2=36$을 선분 AB를 접는 선으로 하여 접어 점 $(3,\ 0)$에서 x축과 접하도록 하였을 때, 직선 AB의 y절편을 구하시오.

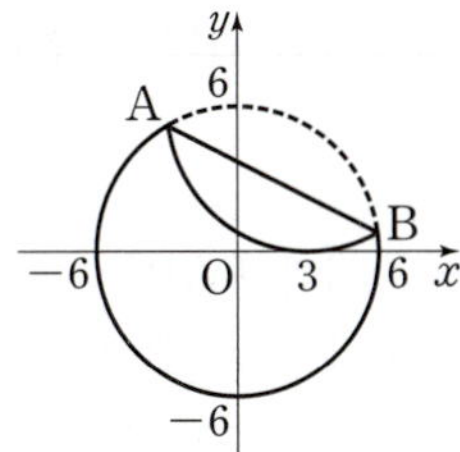

06 idea

반지름의 길이가 1인 원 C_1의 중심 $(-5,\ 0)$은 x축 위를 양의 방향으로 매초 1의 속력으로 움직이고, 반지름의 길이가 2인 원 C_2의 중심 $(0,\ 5)$는 y축 위를 음의 방향으로 매초 2의 속력으로 움직인다. 두 원 $C_1,\ C_2$의 내부의 공통부분의 넓이가 최대일 때의 두 원 $C_1,\ C_2$의 교점과 점 $(0,\ -1)$을 지나는 원의 둘레의 길이를 구하시오.

조건을 만족시키는 점이 나타내는 도형의 방정식

07

세 점 $A(5,\ 0)$, $B(1,\ 0)$, $C(0,\ \sqrt{3})$에 대하여 점 $P(x,\ y)$가 $\overline{PA}^2+\overline{PB}^2=\overline{PC}^2$을 만족시킨다. 세 점 A, C, P를 꼭짓점으로 하는 삼각형 ACP의 넓이의 최댓값이 $\sqrt{a}+\sqrt{b}$일 때, $a+b$의 값을 구하시오. (단, $a,\ b$는 유리수이다.)

08 학평

좌표평면 위의 두 점 $A(5,\ 12)$, $B(a,\ b)$에 대하여 선분 AB의 길이가 3일 때, a^2+b^2의 최댓값을 구하시오.

09 학평

좌표평면 위에 원 $C: (x-1)^2+(y-2)^2=4$와 두 점 $A(4,\ 3)$, $B(1,\ 7)$이 있다. 원 C 위를 움직이는 점 P에 대하여 삼각형 PAB의 무게중심과 직선 AB 사이의 거리의 최솟값은?

① $\dfrac{1}{15}$ ② $\dfrac{2}{15}$ ③ $\dfrac{1}{5}$

④ $\dfrac{4}{15}$ ⑤ $\dfrac{1}{3}$

원과 직선의 위치 관계 – 두 점에서 만나는 경우

10

점 $(4,\ 6)$을 지나는 직선이 원 $x^2+y^2-2x-4y-31=0$과 만나는 두 점을 A, B 할 때, 선분 AB의 길이가 될 수 있는 모든 자연수의 합은?

① 54 ② 55 ③ 56

④ 57 ⑤ 58

11 학평

그림과 같이 기울기가 2인 직선 l이 원 $x^2+y^2=10$과 제2사분면 위의 점 A, 제3사분면 위의 점 B에서 만나고 $\overline{AB}=2\sqrt{5}$이다. 직선 OA와 원이 만나는 점 중 A가 아닌 점을 C라 하자. 점 C를 지나고 x축과 평행한 직선이 직선 l과 만나는 점을 D$(a,\ b)$라 할 때, 두 상수 a, b에 대하여 $a+b$의 값은? (단, O는 원점이다.)

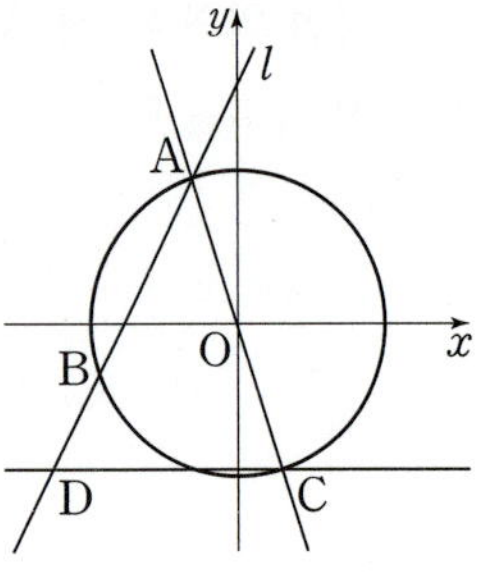

① -8 　② $-\dfrac{15}{2}$ 　③ -7

④ $-\dfrac{13}{2}$ 　⑤ -6

12

두 점 A$(-1,\ -\sqrt{5})$, B$(3,\ \sqrt{5})$와 직선 $y=x+2$ 위의 점 P에 대하여 $\angle APB=90°$일 때, 삼각형 APB의 넓이를 구하시오. (단, 점 P의 x좌표는 양수이다.)

13 학평

좌표평면 위의 세 점 A$(-5,\ -1)$, B, C가 다음 조건을 만족시킨다.

> (개) 삼각형 ABC의 무게중심의 좌표는 $(-1,\ 1)$이다.
> (내) 세 점 A, B, C를 지나는 원의 중심은 원점이다.

삼각형 ABC의 넓이가 $\dfrac{q}{p}\sqrt{105}$일 때, $p+q$의 값을 구하시오.
(단, p와 q는 서로소인 자연수이다.)

원과 직선의 위치 관계 – 접하는 경우

14 서술형

함수 $y=k|x|$의 그래프가 두 원 $x^2+(y-8)^2=4$, $(x-1)^2+(y-3)^2=2$와 만나는 점의 개수가 6일 때, 양수 k의 값의 범위를 구하시오.

15 idea

그림과 같이 원 $(x-3)^2+(y-4)^2=8$의 중심을 A라 하고, 이 원이 직선 $x+y=7$과 만나는 점 중에서 y축에 가까운 점을 B, 직선 $x=3$과 만나는 점 중에서 x축에 가까운 점을 C라 하자. 호 BC 중 긴 호와 두 선분 AB, AC로 둘러싸인 도형 위의 점 P$(a,\ b)$에 대하여 $(a-1)^2+(b-2)^2$의 최댓값과 최솟값의 합을 구하시오.

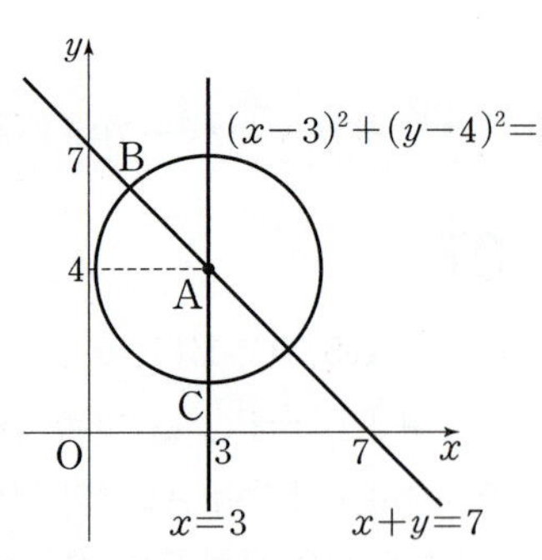

16 학평

곡선 $y=-x^2+6x$ 위의 서로 다른 두 점 A, B에 대하여 선분 AB를 지름으로 하는 원을 C라 하자. 원 C의 넓이가 8π이고, 점 A를 지나고 기울기가 1인 직선이 원 C에 접할 때, 직선 AB의 y절편은?

① $\dfrac{27}{4}$ 　② $\dfrac{29}{4}$ 　③ $\dfrac{31}{4}$

④ $\dfrac{33}{4}$ 　⑤ $\dfrac{35}{4}$

17 학평

그림과 같이 좌표평면에서 두 직선 $x-3y=0$, $3x-y=0$에 모두 접하고 반지름의 길이가 4인 네 원의 중심을 각각 A, B, C, D라 할 때, 사각형 ABCD의 넓이를 구하시오.

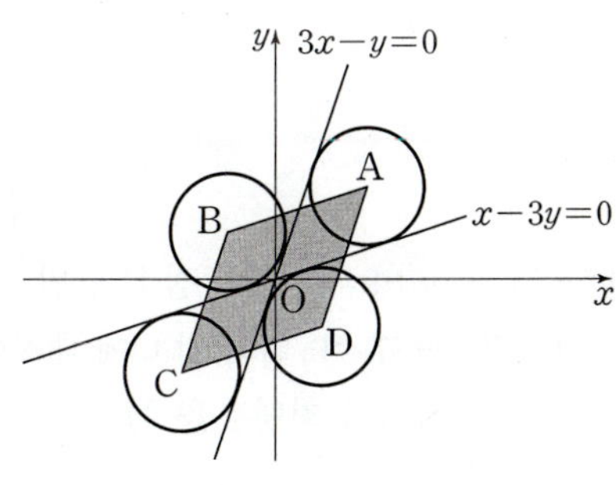

18

그림과 같이 원 $x^2+y^2=5$ 위의 두 점 A$(-2,\ -1)$, B$(1,\ -2)$와 원 위의 점 P를 꼭짓점으로 하는 삼각형 ABP의 넓이의 최댓값이 $\dfrac{q}{p}(1+\sqrt{2})$일 때, pq의 값은?

(단, p, q는 서로소인 자연수이다.)

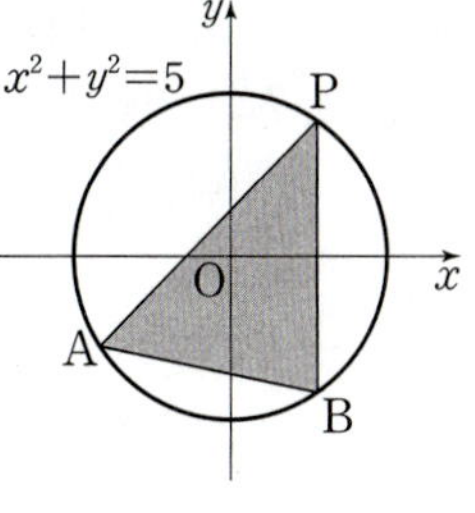

① 6 　② 10 　③ 12

④ 14 　⑤ 15

19

그림과 같이 원 $x^2+y^2=1$ 위의 점 $(0,\ 1)$과 x축 위의 점 $(a,\ 0)$을 지나는 직선이 원과 만나는 점을 P라 하고, 원 위의 점 P에서의 접선이 x축과 만나는 점을 Q라 하자. 삼각형 POQ의 넓이가 $\dfrac{3}{8}$일 때, a의 값을 구하시오.

(단, O는 원점이고, $a>1$이다.)

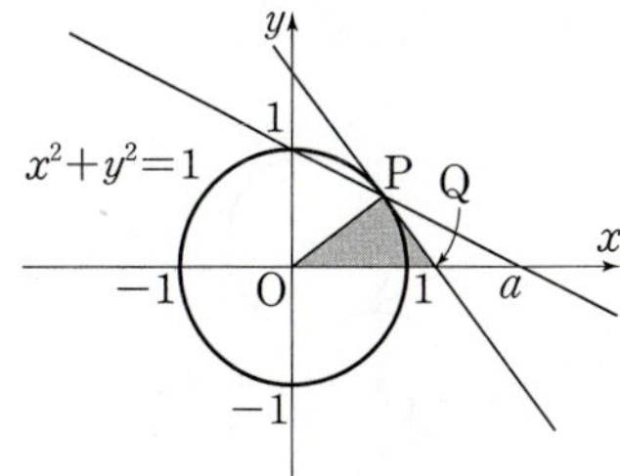

20 학평

좌표평면에 원 C_1: $(x+7)^2+(y-2)^2=20$이 있다. 그림과 같이 점 $\mathrm{P}(a,\ 0)$에서 원 C_1에 그은 두 접선을 l_1, l_2라 하자. 두 직선 l_1, l_2가 원 C_2: $x^2+(y-b)^2=5$에 모두 접할 때, 두 직선 l_1, l_2의 기울기의 곱을 c라 하자. $11(a+b+c)$의 값을 구하시오. (단, a, b는 양의 상수이다.)

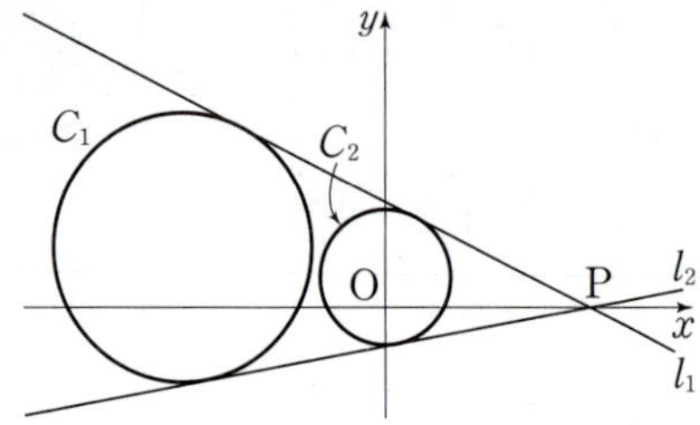

21 서술형

중심이 점 $(1,\ 2)$인 원 C_1이 원 C_2: $x^2+y^2=1$과 외접한다. 그림과 같이 두 원 C_1, C_2의 접점에서의 접선을 l이라 하고, 직선 l과 평행하고 두 원 C_1, C_2에 접하는 직선을 각각 l_1, l_2라 하자. 직선 l_1 위의 한 점을 $\mathrm{P}(x_1,\ y_1)$, 직선 l_2 위의 한 점을 $\mathrm{Q}(x_2,\ y_2)$라 할 때, $(x_1+2y_1-5)(x_2+2y_2-5)$의 값을 구하시오. (단, 두 직선 l_1, l_2는 직선 l과 다르다.)

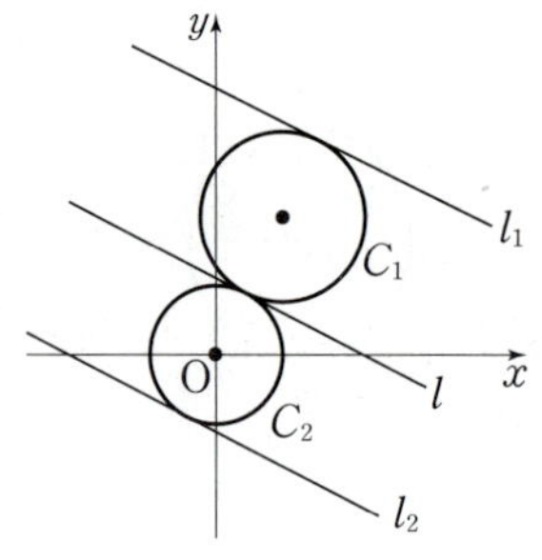

22

원 $x^2+y^2=1$ 위의 두 점 A, B에서의 접선의 교점을 P라 하자. 삼각형 APB가 정삼각형일 때, 점 P가 나타내는 도형의 방정식을 구하시오. (단, 점 P는 제1사분면 위의 점이다.)

23

점 $\mathrm{P}(-1,\ -3)$에서 원 $x^2+y^2=2$에 그은 두 접선 중 기울기가 양수인 직선을 l이라 하자. 직선 l과 x축, y축에 동시에 접하면서 중심이 제4사분면 위에 있는 두 원의 중심 사이의 거리를 구하시오.

24 idea

원 C_1: $x^2+y^2+6x+4y+9=0$ 위의 점 P와 원 C_2: $x^2+y^2-10x-8y+37=0$ 위의 점 Q에 대하여 두 점 P, Q를 지나는 직선의 기울기의 최댓값을 M, 최솟값을 m이라 할 때, $M+m$의 값은?

① 2   ② 3   ③ 4
④ 5   ⑤ 6

STEP 3 최고난도 문제

01

원 $x^2+y^2=1$의 제1사분면 위의 점 P에 대하여 선분 OP의 수직이등분선이 함수 $y=x^2-\dfrac{11}{4}$ $(x\geq 0)$의 그래프와 만나는 점을 Q라 하자. 삼각형 OPQ의 넓이가 최소일 때, 점 P의 x 좌표를 구하시오. (단, O는 원점이다.)

02 학평

원 $(x-a)^2+(y+a)^2=9a^2$ $(a>0)$과 x축이 만나는 두 점을 각각 A, B라 하자. 삼각형 ABP의 넓이가 $8\sqrt{2}$가 되도록 하는 원 위의 점 P의 개수가 3일 때, 이 3개의 점을 각각 P_1, P_2, P_3이라 하자. 삼각형 $P_1P_2P_3$의 넓이를 S라 할 때, $a\times S$의 값을 구하시오. (단, a는 상수이다.)

03

두 점 A(2, 1), B(-4, -2)로부터의 거리의 비가 $1:2$인 점 C가 나타내는 도형이 직선 AB와 만나는 점을 P, y축과 만나는 점을 Q라 하자. 점 C가 나타내는 도형 위의 점 R에 대하여 $\overline{PQ}=\overline{PR}$일 때, 점 R의 좌표를 구하시오.

(단, 두 점 P, Q는 원점이 아니다.)

04

점 $(2, t)$를 중심으로 하고 원점과 점 $(4, 0)$을 지나는 원이 원 $x^2+y^2=4$와 만나는 두 점을 P, Q라 하자. 선분 PQ의 중점이 나타내는 도형의 방정식이 $(x-a)^2+(y-b)^2=r^2$일 때, 상수 a, b, r에 대하여 $a+b+r^2$의 값을 구하시오.

05

서로 만나지 않는 두 원 C_1: $(x-a)^2+(y-b)^2=1$, C_2: $(x-2)^2+(y+3)^2=4$에 동시에 접하는 직선 l과 수직이면서 원 C_2에 접하는 직선 m이 원 C_1의 중심을 지날 때, 점 (a, b)가 나타내는 도형의 넓이를 구하시오.

06 idea

그림과 같이 원 $(x-2)^2+y^2=1$ 위의 점 $P(a, b)$와 직선 $y=x+1$ 위의 점 $Q(c, d)$에 대하여 $\dfrac{b}{a}\times\dfrac{d}{c}=-1$을 만족시킬 때, $c+d$의 최솟값과 최댓값을 각각 구하시오.

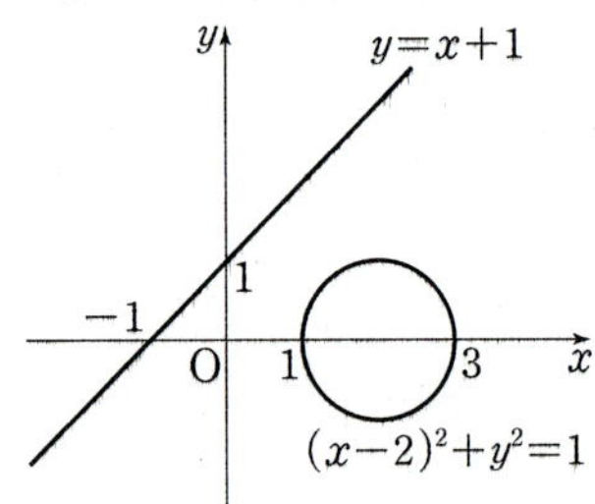

07 학평

두 양수 a, m에 대하여 두 함수 $f(x)$, $g(x)$를
$$f(x)=ax^2,$$
$$g(x)=mx+4a$$
라 하자. 그림과 같이 곡선 $y=f(x)$와 직선 $y=g(x)$가 만나는 두 점을 A, B라 할 때, 선분 AB를 지름으로 하고 원점 O를 지나는 원 C가 있다. 원 C와 곡선 $y=f(x)$는 서로 다른 네 점에서 만나고, 원 C와 곡선 $y=f(x)$가 만나는 네 점 중 O, A, B가 아닌 점을 $P(k, f(k))$라 하자. 삼각형 ABP의 넓이가 삼각형 AOB의 넓이의 5배일 때, $f(k)\times g(-k)$의 값을 구하시오.

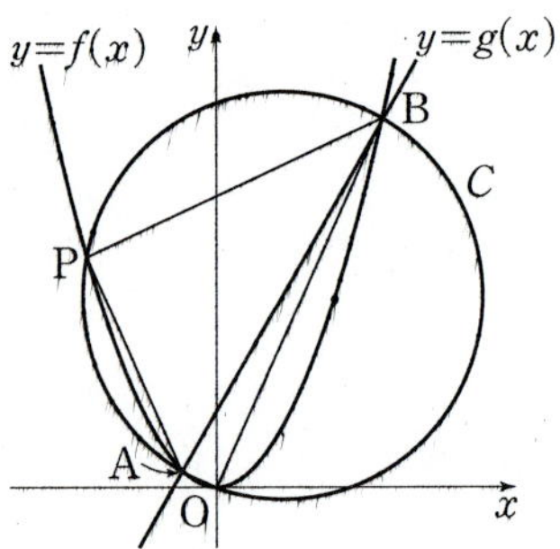

08

그림과 같이 두 직선 $y=mx$, $y=4mx$에 동시에 접하는 두 원 C_1, C_2가 두 점 A(5, 7), B(7, 5)에서 만난다. 두 원 C_1, C_2의 중심의 x좌표를 각각 a, b라 할 때, $\dfrac{3(a+b)}{m}$의 값은?

(단, $m>0$)

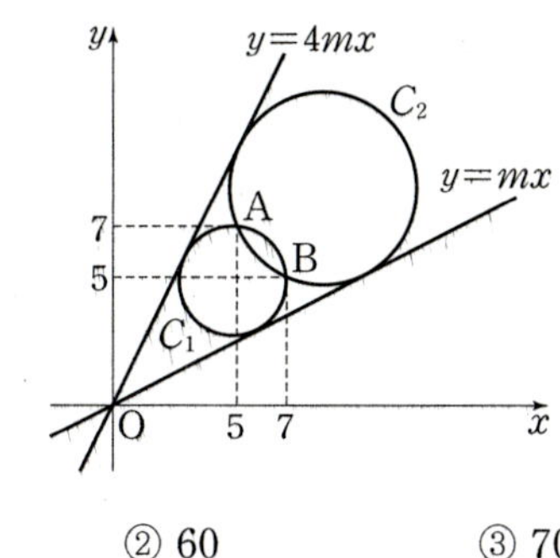

① 50   ② 60   ③ 70
④ 80   ⑤ 90

09

원 $(x-3\sqrt{3})^2+(y-3)^2=64$ 위의 점 P에 대하여 점 P를 중심으로 하는 원 C가 두 직선 $y=0$, $y=\sqrt{3}x$와 동시에 접한다. 원 C의 반지름의 길이를 r라 할 때, 서로 다른 모든 r의 값의 곱을 구하시오.

10 학평

그림과 같이 두 직선 l_1: $y=mx\,(m>1)$과 l_2: $y=\dfrac{1}{m}x$에 동시에 접하는 원의 중심을 A라 하자. 직선 l_1과 원의 접점을 P, 직선 l_2와 원의 접점을 Q, 직선 PQ가 x축과 만나는 점을 R이라 할 때, 세 점 P, Q, R이 다음 조건을 만족시킨다.

> (가) $\overline{PQ}=\overline{QR}$
> (나) 삼각형 OPQ의 넓이는 24이다.

직선 l_1과 직선 AQ의 교점을 B라 할 때, 선분 BQ의 길이는?

(단, 원의 중심 A는 제1사분면 위에 있고, O는 원점이다.)

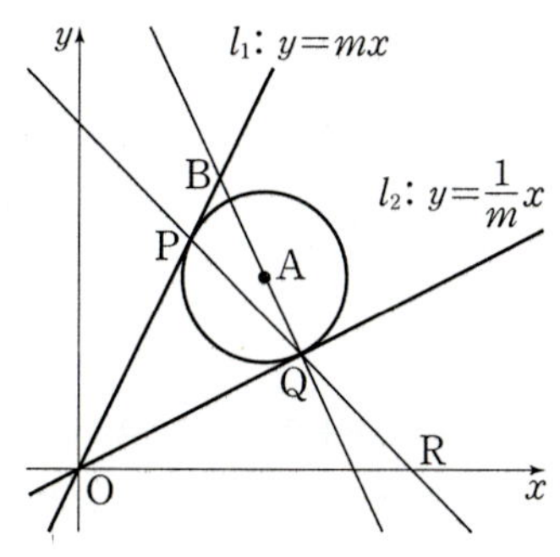

① $\dfrac{3}{2}\sqrt{5}$ ② $2\sqrt{5}$ ③ $\dfrac{5}{2}\sqrt{5}$
④ $3\sqrt{5}$ ⑤ $\dfrac{7}{2}\sqrt{5}$

01
◯ 점의 평행이동

세 점 $A(1, 1)$, $B(3, 1)$, $C(a, b)$를 x축의 방향으로 m만큼, y축의 방향으로 n만큼 평행이동한 점을 각각 P, Q, R라 하자. $R(3, 4)$이고 삼각형 PQR가 다음 조건을 만족시킬 때, m^2+n^2의 값을 구하시오. (단, $b>0$)

> (가) 삼각형 PQR는 $\overline{PR}=\overline{QR}$인 이등변삼각형이다.
> (나) 삼각형 PQR의 넓이는 5이다.

02
◯ 도형의 평행이동 - 직선

두 직선 $y=2x+3$, $y=3x+2$를 각각 두 직선 $y=2x$, $y=3x-2$로 옮기는 평행이동에 의하여 직선 $2x-3y-1=0$이 옮겨지는 직선을 l이라 하자. 직선 l이 원 $(x-a)^2+(y-2a+1)^2=1$의 넓이를 이등분할 때, 상수 a의 값을 구하시오.

03 학평
◯ 도형의 평행이동 - 원

두 양수 a, b에 대하여 원 $C: (x-1)^2+y^2=r^2$을 x축의 방향으로 a만큼, y축의 방향으로 b만큼 평행이동한 원을 C'이라 할 때, 두 원 C, C'이 다음 조건을 만족시킨다.

> (가) 원 C'은 원 C의 중심을 지난다.
> (나) 직선 $4x-3y+21=0$은 두 원 C, C'에 모두 접한다.

$a+b+r$의 값을 구하시오. (단, r는 양수이다.)

04
◯ 점의 대칭이동

직선 $y=x+3$ 위의 점 A를 직선 $y=x$에 대하여 대칭이동한 점을 B, 점 B를 원점에 대하여 대칭이동한 점을 C라 하자. 삼각형 ABC의 넓이가 21일 때, 점 A의 좌표를 구하시오.
(단, 점 A는 제1사분면 위의 점이다.)

05
◯ 도형의 대칭이동 - 직선

직선 $l: y=ax+2$를 x축, y축, 원점에 대하여 대칭이동한 직선을 각각 l_1, l_2, l_3이라 하자. 네 직선 l, l_1, l_2, l_3으로 둘러싸인 도형의 둘레의 길이가 10일 때, 양수 a의 값은?

① $\dfrac{3}{4}$ ② $\dfrac{4}{3}$ ③ $\dfrac{3}{2}$

④ $\dfrac{5}{3}$ ⑤ $\dfrac{16}{9}$

06 서술형
◯ 도형의 대칭이동 - 원

원 $x^2+y^2-4x+8y+19=0$을 x축에 대하여 대칭이동한 원을 C_1, 직선 $y=x$에 대하여 대칭이동한 원을 C_2라 하자. 원 C_1 위의 점 P와 원 C_2 위의 점 Q에 대하여 선분 PQ의 길이의 최댓값을 M, 최솟값을 m이라 할 때, Mm의 값을 구하시오.

07

포물선 $y=x^2-ax+3$을 x축의 방향으로 2만큼, y축의 방향으로 1만큼 평행이동한 후 x축에 대하여 대칭이동하였더니 직선 $y=4x-12$와 접할 때, 상수 a의 값을 구하시오.

08

방정식 $f(x, y)=0$이 나타내는 도형이 그림과 같을 때, 다음 중 방정식 $f(y+1, x)=0$이 나타내는 도형은?

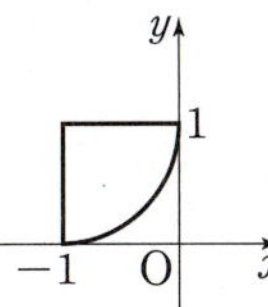

① 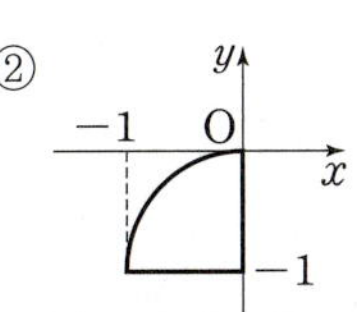

② (그림)

③ 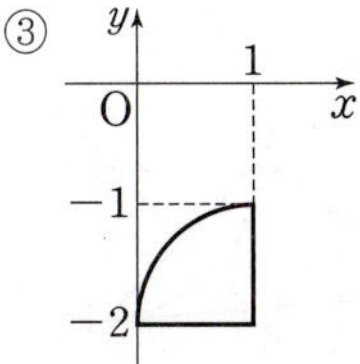

④ 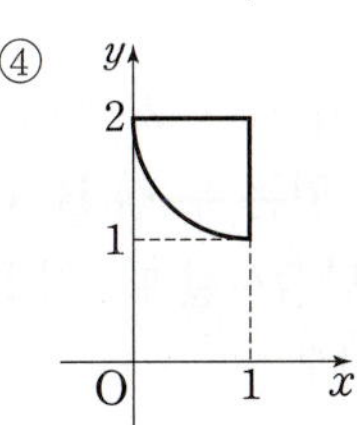

⑤ 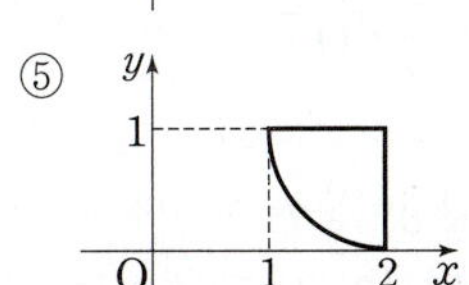

09

세 점 A$(0, 1)$, B$(-1, 2)$, C$(1, 6)$을 꼭짓점으로 하는 삼각형 ABC의 무게중심을 G라 하자. 세 꼭짓점 A, B, C를 점 G에 대하여 대칭이동한 점을 각각 A′, B′, C′이라 할 때, 삼각형 A′B′C′이 y축과 만나는 두 점 사이의 거리를 구하시오.

10

점 P$(0, 1)$을 점 $(-2, 3)$에 대하여 대칭이동한 후 다시 점 $(1, 2)$에 대하여 대칭이동한 점을 Q라 하자. 두 점 P, Q가 직선 $y=mx+n$에 대하여 대칭일 때, $m+n$의 값을 구하시오. (단, m, n은 상수이다.)

11 학평

그림과 같이 좌표평면 위에 두 점 A$(2, 3)$, B$(-3, 1)$이 있다. 서로 다른 두 점 C와 D가 각각 x축과 직선 $y=x$ 위에 있을 때, $\overline{AD}+\overline{CD}+\overline{BC}$의 최솟값은?

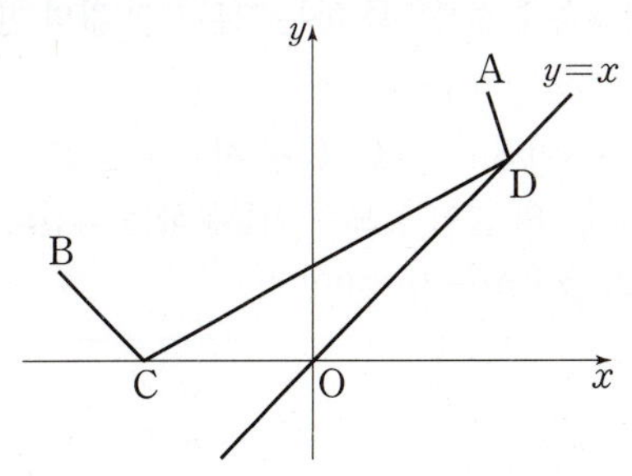

① $\sqrt{42}$　　② $\sqrt{43}$　　③ $2\sqrt{11}$

④ $3\sqrt{5}$　　⑤ $\sqrt{46}$

평행이동

01 [학평]

두 자연수 m, n에 대하여 원 C: $(x-2)^2+(y-3)^2=9$를 x축의 방향으로 m만큼 평행이동한 원을 C_1, 원 C_1을 y축의 방향으로 n만큼 평행이동한 원을 C_2라 하자. 두 원 C_1, C_2와 직선 l: $4x-3y=0$은 다음 조건을 만족시킨다.

> (가) 원 C_1은 직선 l과 서로 다른 두 점에서 만난다.
> (나) 원 C_2는 직선 l과 서로 다른 두 점에서 만난다.

$m+n$의 최댓값을 구하시오.

02

원점과 두 점 $(2, 0)$, $(0, 1)$을 지나는 원 C의 방정식을 $f(x, y)=0$이라 할 때, 방정식 $f(x-m, y-n)=0$이 나타내는 도형을 C'이라 하자. 보기에서 옳은 것만을 있는 대로 고르시오. (단, $m \neq 0$ 또는 $n \neq 0$)

> **보기**
> ㄱ. 원 C'이 x축에 접하도록 하는 모든 n의 값의 합은 -2이다.
> ㄴ. $m^2+n^2=5$이면 두 원 C, C'은 서로 외접한다.
> ㄷ. 두 원 C, C'의 넓이를 모두 이등분하는 직선의 방정식은 $2nx-2my+m-2n=0$이다.

대칭이동

03 [학평]

그림과 같이 좌표평면 위의 점 $A(a, 2)$ $(a>2)$를 직선 $y=x$에 대하여 대칭이동한 점을 B, 점 B를 x축에 대하여 대칭이동한 점을 C라 하자. 두 삼각형 ABC, AOC의 외접원의 반지름의 길이를 각각 r_1, r_2라 할 때, $r_1 \times r_2 = 18\sqrt{2}$이다. 상수 a에 대하여 a^2의 값을 구하시오. (단, O는 원점이다.)

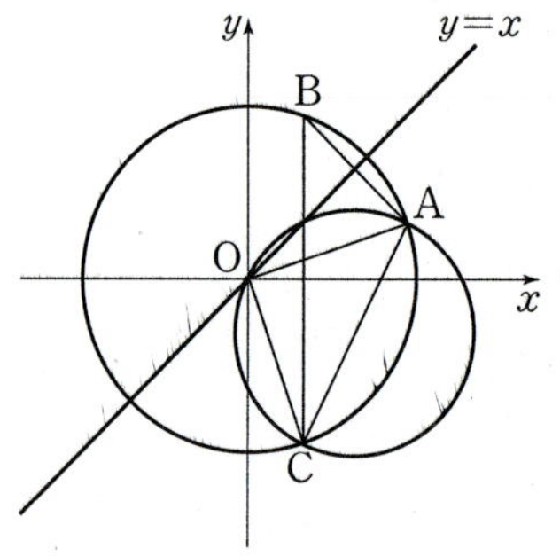

04

그림과 같이 점 $A(-2, 2)$와 제1사분면 위에 있는 두 점 B, C가 다음 조건을 만족시킬 때, 점 B의 좌표를 구하시오.

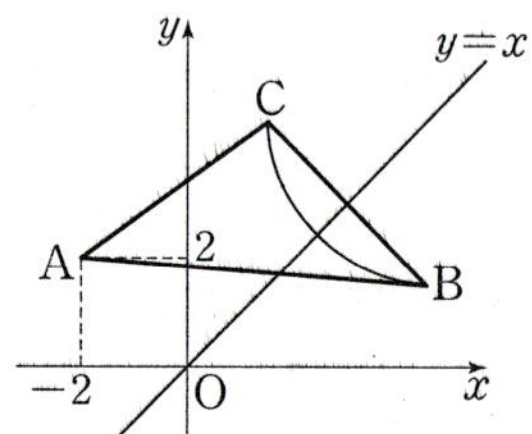

> (가) 점 C는 점 B를 직선 $y=x$에 대하여 대칭이동한 점이다.
> (나) 호 BC는 반지름의 길이가 3인 원의 일부이고, 그 길이는 $\dfrac{3}{2}\pi$이다.
> (다) 삼각형 ABC의 넓이는 9이다.

평행이동과 대칭이동

05 idea

원 $x^2+y^2=9$를 x축의 방향으로 3만큼, y축의 방향으로 3만큼 평행이동한 원을 C라 하고, 원 C 위의 점 P를 직선 $y=x$에 대하여 대칭이동한 점을 Q라 하자. 두 점 P, Q에서 y축에 내린 수선의 발을 각각 H, T라 할 때, $|\overline{PH}-\overline{QT}|$의 최댓값을 구하시오.

06

그림과 같이 방정식 $f(x, y)=0$이 나타내는 도형을 평행이동과 대칭이동을 이용하여 방정식 $g(x, y)=0$이 나타내는 도형으로 이동시켰을 때, 보기에서 방정식 $g(x, y)=0$과 같은 것만을 있는 대로 고르시오.

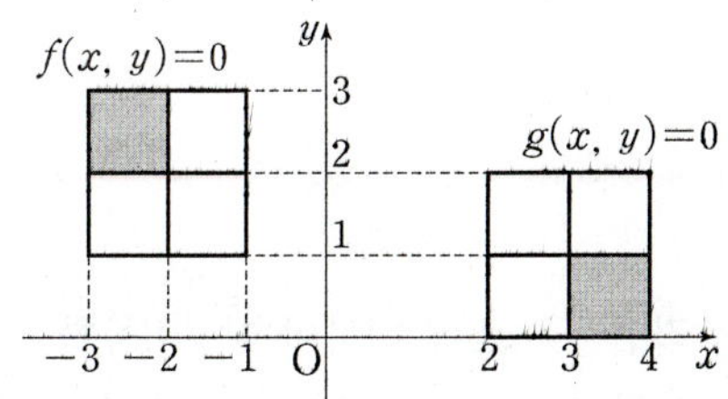

┌ 보기 ┐
ㄱ. $f(-x+1, y-3)=0$ ㄴ. $f(-x+1, -y+3)=0$
ㄷ. $f(y-3, x-1)=0$ ㄹ. $f(y-3, -x+1)=0$

07 학평

그림과 같이 두 대각선 AC, BD의 교점이 원점이고 네 변이 각각 x축 또는 y축에 평행한 직사각형 ABCD가 다음 조건을 만족시킨다.

┌───┐
(가) $\overline{AD}>\overline{AB}>2$
(나) 직사각형 ABCD를 y축의 방향으로 2만큼 평행이동한 직사각형 ABCD의 내부와 직사각형 ABCD 내부와의 공통부분의 넓이는 18이다.
(다) 직사각형 ABCD를 직선 $y=x$에 대하여 대칭이동한 직사각형의 내부와 직사각형 ABCD 내부와의 공통부분의 넓이는 16이다.
└───┘

직사각형 ABCD의 넓이는?

(단, 점 A는 제2사분면 위의 점이다.)

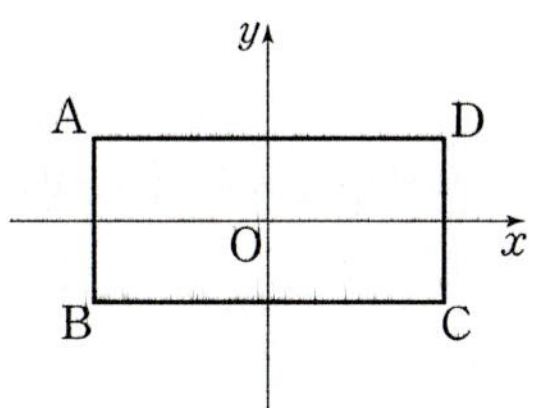

① 32 ② 36 ③ 40
④ 44 ⑤ 48

점에 대한 대칭이동

08

포물선 P_1: $y=x^2+x$를 점 $(1, a)$에 대하여 대칭이동한 포물선을 P_2라 하자. 두 포물선 P_1, P_2가 한 점 A에서 만날 때, 점 A의 좌표를 구하시오.

09

방정식 $f(x+1, y-2)=0$이 나타내는 도형은 세 점 $(0, 0)$, $(2, 0)$, $(1, 2)$를 꼭짓점으로 하는 삼각형이다. 방정식 $f(x, y)=0$이 나타내는 도형을 점 $(-1, 2)$에 대하여 대칭이동한 도형을 T라 하자. 직선 $ax-y+3a+6=0$이 도형 T의 넓이를 이등분할 때, 상수 a의 값을 구하시오.

10 idea

그림과 같이 좌표평면 위에 직각이등변삼각형 A와 정사각형 B가 있다. 직각이등변삼각형 A를 점 $(a, 2a)$에 대하여 대칭이동한 도형을 T라 하자. $0 \le a \le 1$일 때, 도형 T가 움직이는 영역의 내부와 정사각형 B의 내부의 공통부분의 넓이를 구하시오.

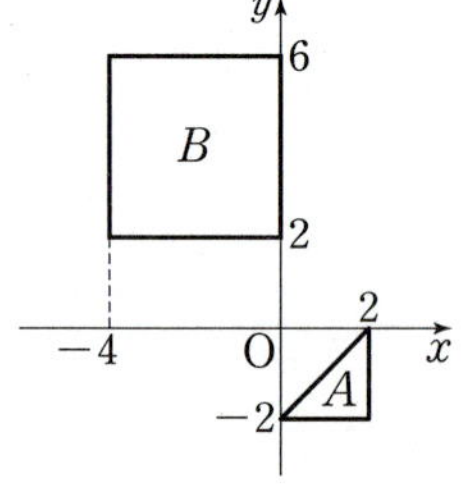

직선에 대한 대칭이동

11

점 $P(0, a)$를 직선 $x-2y+1=0$에 대하여 대칭이동한 점을 $Q(c, d)$라 하자. $\overline{PQ}=2\sqrt{5}$일 때, $c+d$의 값을 구하시오.

(단, $a>0$)

12 서술형

포물선 $y=x^2+6x+8$을 y축에 대하여 대칭이동한 포물선 위의 서로 다른 두 점 A, B가 직선 $y=x+1$에 대하여 대칭일 때, 선분 AB의 길이를 구하시오.

13

직선 $y=0$을 직선 $y=ax$에 대하여 대칭이동한 직선을 l이라 하자. 직선 l이 직선 $3x+4y+12=0$과 만나는 점을 P라 할 때, 선분 OP의 길이가 최소가 되도록 하는 양수 a의 값은?

(단, O는 원점이다.)

① $\dfrac{1}{2}$ ② 1 ③ $\dfrac{3}{2}$

④ 2 ⑤ $\dfrac{5}{2}$

14

원 C: $(x-a)^2+(y-b)^2=1$을 직선 $y=2x-2$에 대하여 대칭이동한 후 x축의 방향으로 1만큼 평행이동한 원을 C'이라 하자. 두 원 C, C'이 직선 $y=x$에 대하여 서로 대칭일 때, 상수 a, b에 대하여 $4b-2a$의 값을 구하시오.

대칭이동을 이용한 최단 거리

15

실수 x에 대하여 $\sqrt{(x-1)^2+1}+\sqrt{(x-5)^2+9}$의 최솟값을 구하시오.

16 학평

좌표평면 위에 두 점 $A(-4, 4)$, $B(5, 3)$이 있다. x축 위의 두 점 P, Q와 직선 $y=1$ 위의 점 R에 대하여 $\overline{AP}+\overline{PR}+\overline{RQ}+\overline{QB}$의 최솟값은?

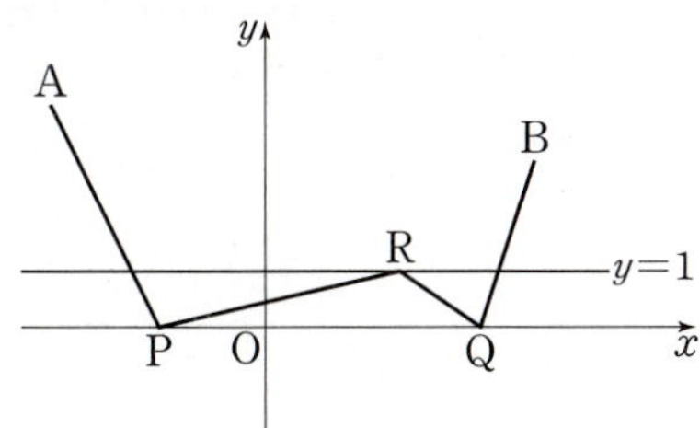

① 12   ② $5\sqrt{6}$ ③ $2\sqrt{39}$
④ $9\sqrt{2}$ ⑤ $2\sqrt{42}$

17 학평

그림과 같이 좌표평면 위에 두 원
$$C_1: (x-8)^2+(y-2)^2=4,$$
$$C_2: (x-3)^2+(y+4)^2=4$$
와 직선 $y=x$가 있다. 점 A는 원 C_1 위에 있고, 점 B는 원 C_2 위에 있다. 점 P는 x축 위에 있고, 점 Q는 직선 $y=x$ 위에 있을 때, $\overline{AP}+\overline{PQ}+\overline{QB}$의 최솟값은?

(단, 세 점 A, P, Q는 서로 다른 점이다.)

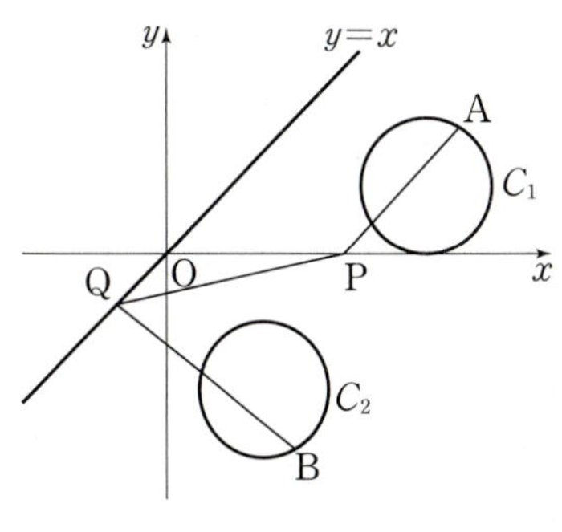

① 7   ② 8   ③ 9
④ 10   ⑤ 11

18

두 점 $A(9, 1)$, $B(5, 4)$와 직선 $y=x$ 위의 점 P, x축 위의 점 Q에 대하여 네 점 A, B, P, Q를 꼭짓점으로 하는 사각형 $ABPQ$의 둘레의 길이의 최솟값이 $a+\sqrt{b}$일 때, 유리수 a, b에 대하여 $a+b$의 값을 구하시오.

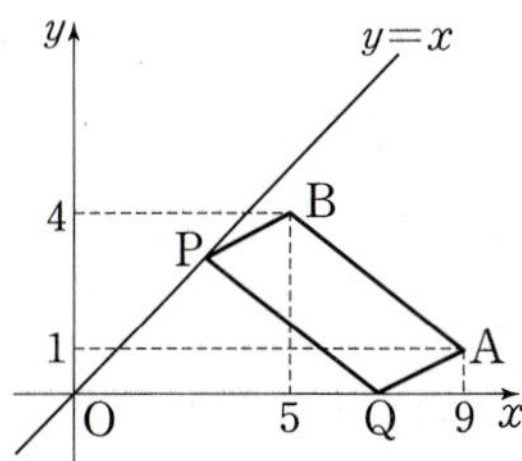

01 학평

좌표평면 위에 세 점 $O(0, 0)$, $A(0, 1)$, $B(-1, 0)$을 꼭짓점으로 하는 삼각형 OAB와 세 점 $O(0, 0)$, $C(0, -1)$, $D(1, 0)$을 꼭짓점으로 하는 삼각형 OCD가 있다. 양의 실수 t에 대하여 삼각형 OAB를 x축의 방향으로 t만큼 평행이동한 삼각형을 T_1, 삼각형 OCD를 y축의 방향으로 $2t$만큼 평행이동한 삼각형을 T_2라 하자. 두 삼각형 T_1, T_2의 내부의 공통부분이 육각형 모양이 되도록 하는 모든 t의 값의 범위는 $\dfrac{1}{3} < t < a$이고, 이때 육각형의 넓이의 최댓값은 M이다. $a + M$의 값은?

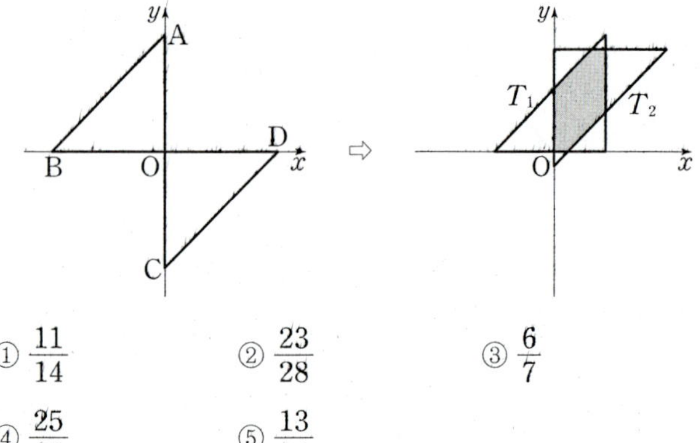

① $\dfrac{11}{14}$ ② $\dfrac{23}{28}$ ③ $\dfrac{6}{7}$

④ $\dfrac{25}{28}$ ⑤ $\dfrac{13}{14}$

02

함수 $y = |x-1| + 2$의 그래프를 x축의 방향으로 $3a$만큼, y축의 방향으로 $-a$만큼 평행이동한 도형을 P_1, x축의 방향으로 $-2b$만큼, y축의 방향으로 b만큼 평행이동한 도형을 P_2라 할 때, 함수 $y = |x-1| + 2$의 그래프와 두 도형 P_1, P_2가 만나는 점을 각각 A, B라 하자. 점 $C(1, 2)$에 대하여 세 점 A, B, C를 지나는 원의 방정식이 $x^2 + y^2 + 2x - 10y + 13 = 0$일 때, 양수 a, b의 값을 구하시오.

03 학평

원 $(x-6)^2 + y^2 = r^2$ 위를 움직이는 두 점 P, Q가 있다. 점 P를 직선 $y = x$에 대하여 대칭이동한 점의 좌표를 (x_1, y_1)이라 하고, 점 Q를 x축의 방향으로 k만큼 평행이동한 점의 좌표를 (x_2, y_2)라 하자. $\dfrac{y_2 - y_1}{x_2 - x_1}$의 최솟값이 0이고 최댓값이 $\dfrac{4}{3}$일 때, $|r+k|$의 값을 구하시오.

(단, $x_1 \neq x_2$이고, r는 양수이다.)

04 idea

원 $x^2+y^2-8x-8y+28=0$ 위의 임의의 두 점 $A(a, b)$, $B(c, d)$에 대하여 $\dfrac{b+d+2}{a+c+4}$의 최댓값을 M, 최솟값을 m이라 할 때, Mm의 값을 구하시오.

05 idea

그림과 같이 네 점 $O(0, 0)$, $A(18, 0)$, $B(18, 14)$, $C(0, 14)$를 꼭짓점으로 하는 직사각형 OABC가 있다. 직사각형 OABC 내부의 점 $P(3, 5)$와 점 Q에 대하여 선분

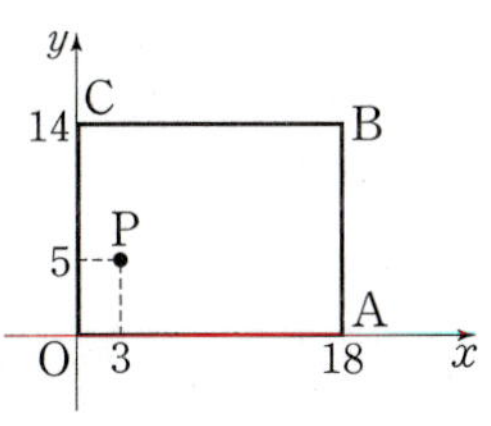

OA 위에 $\angle PR_1O = \angle QR_1A$가 되는 점 R_1을 잡고, 선분 AB 위에 $\angle PR_2A = \angle QR_2B$가 되는 점 R_2를 잡는다. 또 선분 BC 위에 $\angle QR_3B = \angle PR_3C$가 되는 점 R_3을 잡고, 선분 CO 위에 $\angle PR_4O = \angle QR_4C$가 되는 점 R_4를 잡는다. 두 선분 PR_i, R_iQ $(i=1, 2, 3, 4)$의 길이의 합이 일정할 때, 점 Q의 좌표를 구하시오.

06 학평

좌표평면 위의 두 원

$$C_1: (x-2)^2+(y-6)^2=1,$$
$$C_2: (x-6)^2+(y-4)^2=9$$

에 대하여 원 C_1 위를 움직이는 점 P, 원 C_2 위를 움직이는 점 Q, y축 위를 움직이는 두 점 R, S가 있다. 두 점 R, S를 x축에 대하여 대칭이동한 점을 각각 R', S'이라 할 때, 보기에서 옳은 것만을 있는 대로 고른 것은? (단, O는 원점이다.)

> **보기**
>
> ㄱ. 두 점 $A(4, 2)$, $A'(4, -2)$에 대하여 $\overline{AR}=\overline{A'R'}$이다.
>
> ㄴ. 점 $A(4, 2)$에 대하여 $\overline{AR}+\overline{PR'}$의 최솟값은 9이다.
>
> ㄷ. 점 $B(a, 6a+1)$ (a는 양의 상수)에 대하여
> $(\overline{BR}+\overline{PR'}$의 최솟값$)=(\overline{BS}+\overline{QS'}$의 최솟값$)+2$
> 일 때, $\overline{OB}$의 값은 $\dfrac{\sqrt{65}}{2}$이다.

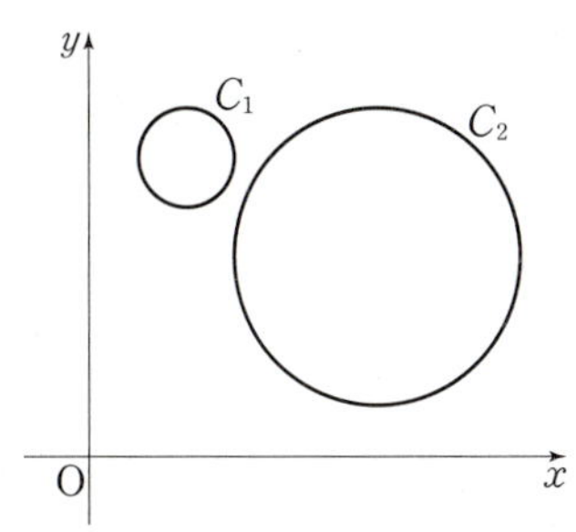

① ㄱ   ② ㄱ, ㄴ   ③ ㄱ, ㄷ
④ ㄴ, ㄷ   ⑤ ㄱ, ㄴ, ㄷ

01

학평▶ 20쪽 12번

좌표평면 위에 두 점 $A(3, 0)$, $B(0, 8)$이 있다. 다음 조건을 만족시키는 두 직선 l, m의 기울기의 합의 최솟값을 구하시오. (단, O는 원점이다.)

> (가) 직선 l은 점 O를 지난다.
> (나) 두 직선 l과 m은 선분 AB 위의 점 P에서 만난다.
> (다) 두 직선 l과 m은 삼각형 OAB의 넓이를 삼등분한다.

02

학평▶ 21쪽 16번

좌표평면에서 세 직선

$$y=3x, \quad y=-\frac{1}{3}x, \quad y=mx+6$$

으로 둘러싸인 도형이 이등변삼각형일 때, 양수 m의 값을 구하시오.

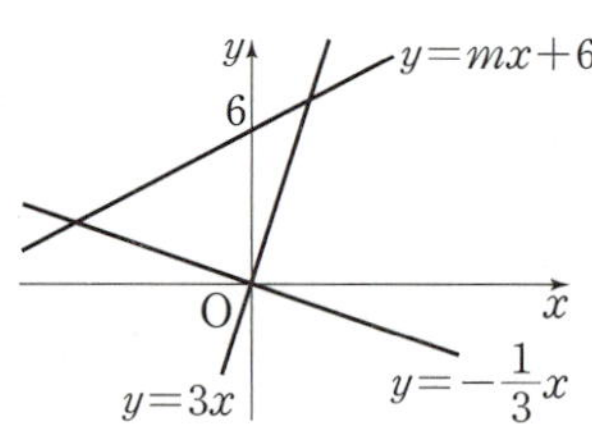

03

학평▶ 23쪽 01번

$\overline{AB}=2\sqrt{6}$, $\overline{BC}=2\sqrt{2}$인 삼각형 ABC에서 선분 BC의 중점을 D라 할 때, $\overline{AD}=\sqrt{14}$이다. 각 ACB의 이등분선이 선분 AB와 만나는 점을 E, 선분 CE와 선분 AD가 만나는 점을 P, 각 APE의 이등분선이 선분 AB와 만나는 점을 R, 선분 PR의 연장선이 선분 BC와 만나는 점을 Q라 하자. 삼각형 PRE의 넓이를 S_1, 삼각형 PQC의 넓이를 S_2라 할 때, $S_2-S_1=a\sqrt{21}+b\sqrt{3}$이다. $a-b$의 값을 구하시오.

(단, a, b는 유리수이다.)

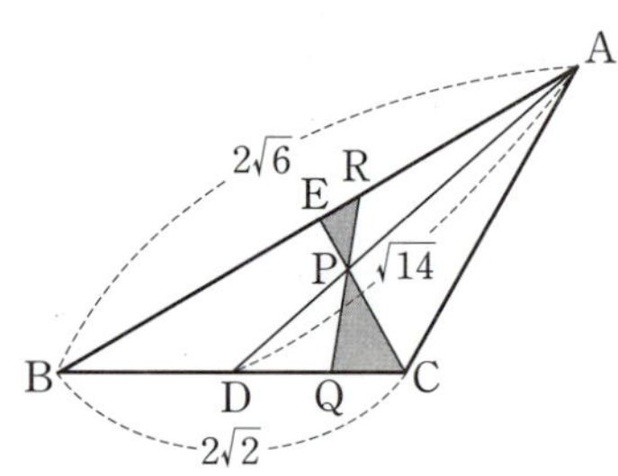

04

학평▶ 24쪽 04번

두 직선 $l_1: 3x+y+3=0$, $l_2: x-3y-9=0$의 교점을 A, 두 직선 l_1, l_2가 x축과 만나는 점을 각각 B, C라 하자. 제1사분면 위에 있는 점 P와 삼각형 ABC의 외접원 위의 점 Q가 다음 조건을 만족시킨다.

> (가) 점 Q는 삼각형 PBC의 무게중심이다.
> (나) 삼각형 PBC의 넓이는 삼각형 ABC의 넓이의 3배이다.

보기에서 옳은 것만을 있는 대로 고르시오.

> ┌ 보기 ┐
> ㄱ. 두 직선 l_1, l_2는 서로 수직이다.
> ㄴ. 점 Q의 y좌표는 3이다.
> ㄷ. 점 P의 x좌표와 y좌표의 합은 25이다.

05

학평▶ 30쪽 11번

그림과 같이 기울기가 3인 직선 l이 원 $x^2+y^2=10$과 제2사분면 위의 점 A, 제3사분면 위의 점 B에서 만나고 $\overline{AB}=\dfrac{8\sqrt{10}}{5}$이다. 직선 OB와 원이 만나는 점 중 B가 아닌 점을 C라 하자. 점 C를 지나

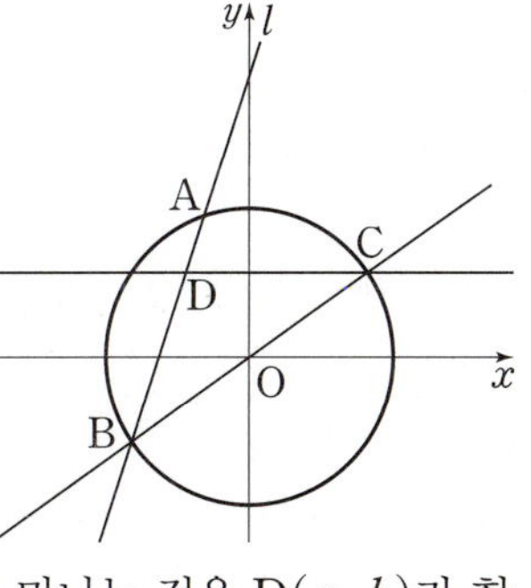

고 x축과 평행한 직선이 직선 l과 만나는 점을 $\mathrm{D}(a,\,b)$라 할 때, 두 상수 a, b에 대하여 $a+b$의 값을 구하시오.

(단, O는 원점이다.)

06

학평▶ 31쪽 17번

그림과 같이 좌표평면에서 두 직선 $x-2y=0$, $2x-y=0$에 모두 접하고 반지름의 길이가 3인 네 원의 중심을 각각 A, B, C, D라 할 때, 사각형 ABCD의 넓이를 구하시오.

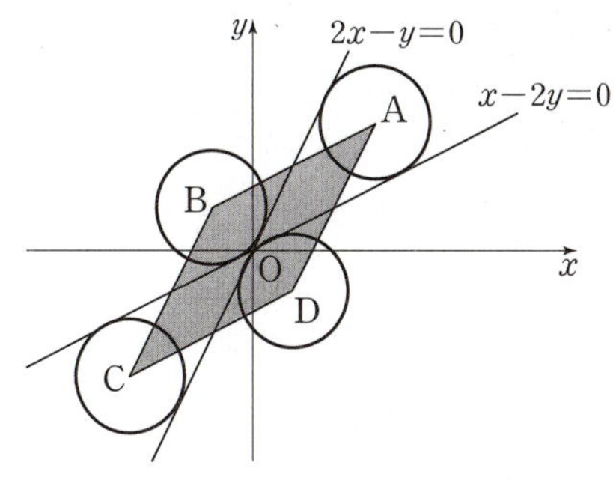

07

학평▶ 33쪽 02번

원 $(x-a)^2+(y+2a)^2=16a^2\,(a>0)$과 x축이 만나는 두 점을 각각 A, B라 하자. 삼각형 ABP의 넓이가 $12\sqrt{3}$이 되도록 하는 원 위의 점 P의 개수가 3일 때, 이 3개의 점을 각각 $\mathrm{P_1}$, $\mathrm{P_2}$, $\mathrm{P_3}$이라 하자. 삼각형 $\mathrm{P_1P_2P_3}$의 넓이를 S라 할 때, a^2+S의 값을 구하시오. (단, a는 상수이다.)

08

학평▶ 34쪽 07번

두 양수 a, m에 대하여 두 함수 $f(x)$, $g(x)$를 $f(x)=ax^2$, $g(x)=-mx+a$라 하자. 그림과 같이 곡선 $y=f(x)$와 직선 $y=g(x)$가 만나는 두 점을 A, B라 할 때, 선분 AB를 지름으로 하고 원점 O를 지나는 원 C가 있다. 원 C와

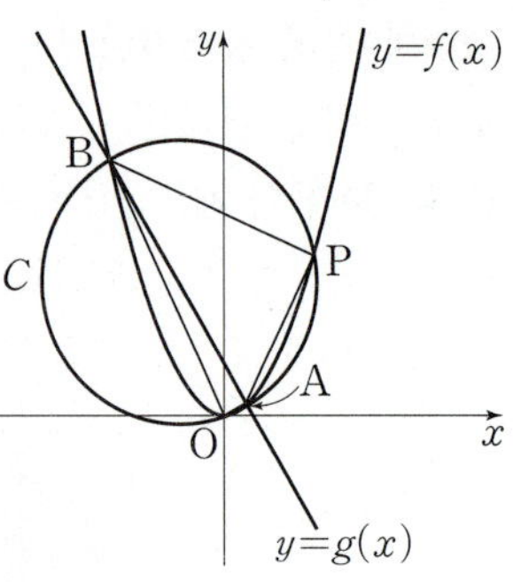

곡선 $y=f(x)$는 서로 다른 네 점에서 만나고, 원 C와 곡선 $y=f(x)$가 만나는 네 점 중 O, A, B가 아닌 점을 $P(k, f(k))$라 하자. 삼각형 ABP의 넓이가 삼각형 AOB의 넓이의 5배일 때, $\{f(k)\}^2+\{g(k)\}^2$의 값을 구하시오.

09

학평▶ 35쪽 10번

그림과 같이 두 직선 $l_1: y=mx\,(m>1)$과 $l_2: y=\dfrac{1}{m}x$에 동시에 접하는 원의 중심을 A라 하자. 직선 l_1과 원의 접점을 P, 직선 l_2와 원의 접점을 Q, 직선 PQ가 x축과 만나는 점을 R이라 할 때, 세 점 P, Q, R이 다음 조건을 만족시킨다.

> (가) $\overline{PQ}=2\overline{QR}$
> (나) 삼각형 OPQ의 넓이는 16이다.

직선 l_1과 직선 AQ의 교점을 B라 할 때, 선분 BQ의 길이를 구하시오. (단, 원의 중심 A는 제1사분면 위에 있고, O는 원점이다.)

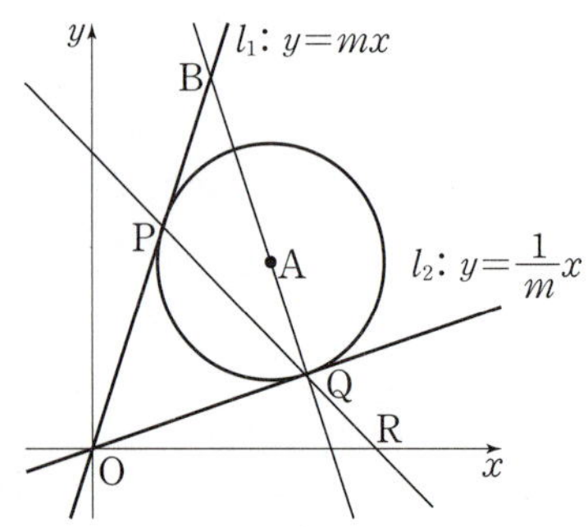

10

학평▶ 38쪽 01번

두 자연수 m, n에 대하여 원 $C: (x-3)^2+(y-4)^2=16$을 x축의 방향으로 m만큼 평행이동한 원을 C_1, 원 C_1을 y축의 방향으로 n만큼 평행이동한 원을 C_2라 하자. 두 원 C_1, C_2와 직선 $l: 12x-5y=0$이 다음 조건을 만족시킨다.

> (가) 원 C_1은 직선 l과 적어도 한 점에서 만난다.
> (나) 원 C_2는 직선 l과 적어도 한 점에서 만난다.

$m+n$의 최댓값은?

① 3   ② 12   ③ 17
④ 23   ⑤ 36

11

학평▶ 38쪽 03번

그림과 같이 좌표평면 위의 점 $A(a, 3)\,(a>3)$을 직선 $y=x$ 에 대하여 대칭이동한 점을 B, 점 B를 x축에 대하여 대칭이 동한 점을 C라 하자. 두 삼각형 ABC, AOC의 외접원의 반지름의 길이를 각각 r_1, r_2라 할 때, $r_1 \times r_2 = 32\sqrt{2}$이다. 상수 a에 대하여 a^2의 값을 구하시오. (단, O는 원점이다.)

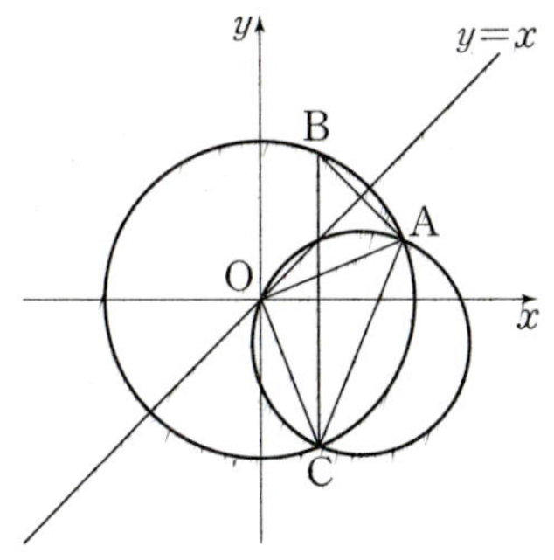

12

학평▶ 39쪽 07번

그림과 같이 두 대각선 AC, BD의 교점이 원점이고 네 변이 각각 x축 또는 y축에 평행한 직사각형 ABCD가 다음 조건 을 만족시킬 때, 직사각형 ABCD의 넓이를 구하시오.

(단, 점 A는 제2사분면 위의 점이다.)

㉮ $\overline{AD} > \overline{AB} > 3$

㉯ 직사각형 ABCD를 y축의 방향으로 3만큼 평행이동한 직 사각형의 내부와 직사각형 ABCD 내부와의 공통부분의 넓이는 22이다.

㉰ 직사각형 ABCD를 직선 $y=x$에 대하여 대칭이동한 직사 각형의 내부와 직사각형 ABCD 내부와의 공통부분의 넓 이는 25이다.

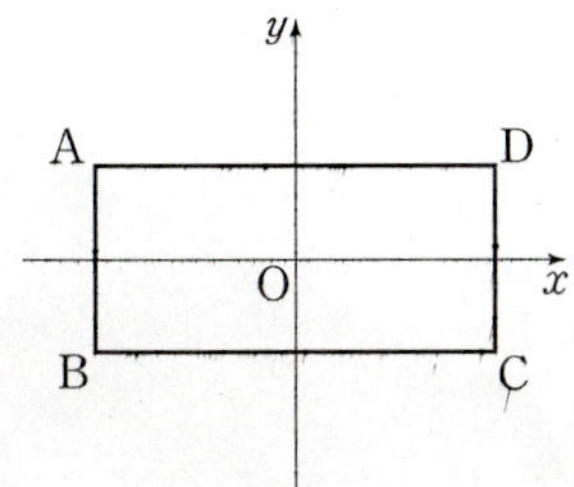

13

학평▶ 42쪽 01번

좌표평면 위에 세 점 $O(0, 0)$, $A(0, 2)$, $B(-2, 0)$을 꼭짓 점으로 하는 삼각형 OAB와 세 점 $O(0, 0)$, $C(0, -2)$, $D(2, 0)$을 꼭짓점으로 하는 삼각형 OCD가 있다. 양의 실수 t에 대하여 삼각형 OAB를 x축의 방향으로 t만큼 평행이동 한 삼각형을 T_1, 삼각형 OCD를 y축의 방향으로 $3t$만큼 평 행이동한 삼각형을 T_2라 하자. 두 삼각형 T_1, T_2의 내부의 공통부분이 육각형 모양이 되도록 하는 모든 t의 값의 범위는 $\dfrac{1}{2} < t < a$이고, 이때 육각형의 넓이의 최댓값은 M이다.

$M - a = \dfrac{q}{p}$일 때, $p+q$의 값은?

(단, p, q는 서로소인 자연수이다.)

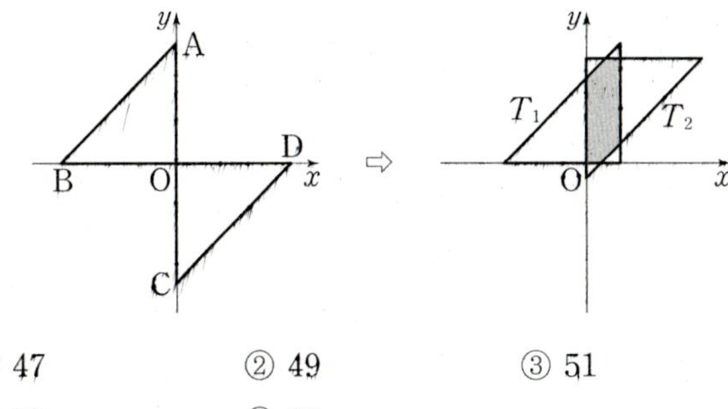

① 47　　　　② 49　　　　③ 51

④ 53　　　　⑤ 55

II

집합과 명제

01

● 집합과 원소

집합 $A=\{\{1\}, \{1, 2\}, \varnothing\}$의 모든 부분집합을 원소로 갖는 집합을 B라 할 때, 보기에서 옳은 것만을 있는 대로 고른 것은?

보기

ㄱ. $1 \in A$ ㄴ. $\{1, 2\} \subset A$
ㄷ. $\{\{1, 2\}\} \in B$ ㄹ. $\{\{\varnothing\}\} \subset B$

① ㄱ   ② ㄷ   ③ ㄷ, ㄹ
④ ㄱ, ㄴ, ㄷ   ⑤ ㄴ, ㄷ, ㄹ

02 학평

● 부분집합

자연수 n에 대하여 자연수 전체의 집합의 부분집합 A_n을 다음과 같이 정의하자.

$$A_n=\{x \mid x는 \sqrt{n} \text{ 이하의 홀수}\}$$

$A_n \subset A_{25}$를 만족시키는 n의 최댓값을 구하시오.

03

● 집합의 연산

두 집합 A, B에 대하여 $A \cup B=\{-6, 8, 10, 12, 20\}$이고 $A \cap B=\{-6, 10\}$이다. 집합 X의 모든 원소의 합을 $S(X)$라 할 때, $S(A)=2S(B)$를 만족시킨다. 이때 집합 $A-B$의 모든 원소의 곱을 구하시오.

04

● 집합의 연산

전체집합 U의 두 부분집합 A, B에 대하여
$$A=\{1, 2, 3, 4\},$$
$$(A \cup B^c) \cap (A^c \cup B)=\{1, 3, 5, 7, 9\}$$
일 때, 집합 B^c의 모든 원소의 합을 구하시오.

05

● 집합의 연산에 대한 성질

전체집합 U의 두 부분집합 A, B에 대하여
$$(A-B^c) \cup (B^c-A^c)=A \cap B$$
일 때, 보기에서 항상 옳은 것만을 있는 대로 고른 것은?

보기

ㄱ. $A \cap B^c=A$ ㄴ. $A^c \cap B^c=\varnothing$
ㄷ. $A^c \cup B=U$ ㄹ. $A \cap (A-B)^c=A$

① ㄱ, ㄴ   ② ㄱ, ㄹ   ③ ㄴ, ㄷ
④ ㄷ, ㄹ   ⑤ ㄴ, ㄷ, ㄹ

06

● 집합의 연산 법칙

전체집합 U의 공집합이 아닌 두 부분집합 A, B에 대하여 보기에서 항상 옳은 것만을 있는 대로 고르시오.

보기

ㄱ. $(A \cap B)^c \cap B=B-A$
ㄴ. $\{A \cap (A \cup B)\} \cap \{A \cup (A^c \cap B)\}=A$
ㄷ. $(A \cup B)-(A \cap B)=\varnothing$이면 $A=B$이다.

07 학평
◯ 부분집합의 개수

두 집합 $A=\{1,\ 3,\ 4\}$, $B=\left\{\dfrac{x+k}{2}\,\middle|\,x\in A\right\}$ 에 대하여 $(A\cap B)\subset X\subset A$를 만족시키는 집합 X의 개수가 2일 때, 상수 k의 값은?

① 1 ② 2 ③ 3
④ 4 ⑤ 5

08
◯ 부분집합의 개수

전체집합 $U=\{x\,|\,x$는 n 이하의 자연수, n은 자연수$\}$의 두 부분집합

$$A=\{1,\ 2,\ 3\},\ B=\{5,\ 6\}$$

에 대하여 $X\cap(A\cup B)=\varnothing$, $X\cup B=A^c$을 만족시키는 집합 X의 부분집합의 개수가 128일 때, n의 값을 구하시오.

(단, $n\geq6$)

09
◯ 유한집합의 원소의 개수

세 집합 A, B, C에 대하여 A와 B가 서로소이고, $n(A)=16$, $n(B)=15$, $n(C)=23$, $n(A\cup C)=30$, $n(B\cup C)=28$일 때, $n(A\cup B\cup C)$의 값은?

① 33 ② 35 ③ 37
④ 39 ⑤ 41

10 서술형
◯ 유한집합의 원소의 개수

어느 학급의 학생 30명을 대상으로 모바일 채팅앱의 가입 여부를 조사하였더니 A 모바일 채팅앱에 가입한 학생이 24명, B 모바일 채팅앱에 가입한 학생이 19명이었다. A 모바일 채팅앱과 B 모바일 채팅앱에 모두 가입한 학생 수의 최댓값과 최솟값의 합을 구하시오.

11
◯ 유한집합의 원소의 개수

전체집합 U의 두 부분집합 A, B에 대하여

$$n(U)=50,\ n(B)=28,\ n(A^c\cup B^c)=45$$

일 때, $n(A\cup B^c)$의 값은?

① 24 ② 25 ③ 26
④ 27 ⑤ 28

12 서술형
◯ 유한집합의 원소의 개수

자연수 k에 대하여 전체집합 $U=\{x\,|\,x$는 100 이하의 자연수$\}$의 부분집합 A_k를

$$A_k=\{x\,|\,x$는 k의 배수$\}$$

라 할 때, 집합 $(A_3\cup A_5)\cap A_2$의 원소의 개수를 구하시오.

부분집합

01

두 집합
$$A=\{2,\ a,\ b\},\ B=\{2,\ \sqrt{a},\ \sqrt{b},\ 9\}$$
에 대하여 $A\subset B$일 때, 집합 B의 모든 원소의 합의 최댓값은? (단, a, b는 자연수이고, $a<b$이다.)

① 14 　　② 15 　　③ $14+\sqrt{2}$
④ $14+\sqrt{3}$ 　　⑤ $15+\sqrt{3}$

02

집합 $S=\{1,\ 2,\ 3,\ \cdots,\ 12\}$의 부분집합 A가 다음 조건을 만족시킬 때, 집합 A의 모든 원소의 곱의 최댓값을 구하시오.
(단, 집합 A의 원소의 개수는 2 이상이다.)

(가) a가 집합 A의 원소이면 $12-a$도 집합 A의 원소이다.
(나) 집합 A의 모든 원소의 곱을 5로 나누었을 때의 나머지는 0이 아니다.
(다) 집합 A의 모든 원소의 합은 20보다 크고 30보다 작은 짝수이다.

03

공집합이 아닌 세 집합 A, B, C가 다음 조건을 만족시킬 때, 순서쌍 $(A,\ B,\ C)$의 개수를 구하시오.

(가) $A\subset\{a,\ b\}$
(나) $B\cup C=\{a,\ b,\ c,\ d\}$
(다) $(A-B)\cup(A-C)=\varnothing$

집합의 연산

04

함수 $f(x)=x-[x]$에 대하여 자연수 k에 대한 집합 A_k를
$$A_k=\{x\,|\,f(kx)=0,\ 0\le x\le 1\}$$
이라 할 때, $n(A_4\cup A_6)$의 값은?
(단, $[x]$는 x보다 크지 않은 최대의 정수이다.)

① 5 　　② 6 　　③ 7
④ 8 　　⑤ 9

05

전체집합 $U=\{x\,|\,x$는 100 이하의 자연수$\}$의 두 부분집합
$$A=\{a,\ b,\ c\},\ B=\{\sqrt{a},\ \sqrt{b},\ \sqrt{c}\}$$
가 다음 조건을 만족시킬 때, 집합 B의 모든 원소의 합을 구하시오.

(가) $n(A\cap B^C)=1$ 　　(나) $4\in A\cap B$

06

복소수 $z=a+bi\,(a,\ b$는 0이 아닌 실수)에 대하여 집합 A를
$$A=\left\{z+\overline{z},\ z-\overline{z},\ z\overline{z},\ \frac{z}{\overline{z}}\right\}$$
라 하자. 실수 전체의 집합 R에 대하여 $A\cap R=\{6,\ 13\}$일 때, $a+b$의 최댓값은?
(단, $i=\sqrt{-1}$이고, $\overline{z}$는 z의 켤레복소수이다.)

① 3 　　② 4 　　③ 5
④ 6 　　⑤ 7

07

자연수 n에 대하여 집합 A_n을
$$A_n=\{x\,|\,4n-1\leq x\leq 5n-2\}$$
라 할 때, $A_n\cap A_{n+1}\cap A_{n+2}=\varnothing$을 만족시키는 n의 최댓값을 구하시오.

08 학평

집합 $S=\{a,\,b,\,c\}$의 부분집합을 원소로 갖는 집합 X가 다음 조건을 만족시킨다.

> (가) $A\in X$이면 $S-A\in X$
> (나) $A\in X$, $B\in X$이면 $A\cup B\in X$

이때 집합 X의 개수는? (단, $X\neq\varnothing$)

① 2 　　　　② 3 　　　　③ 4
④ 5 　　　　⑤ 6

09

집합 X의 모든 원소의 합을 $f(X)$라 하자. 전체집합 $U=\{x\,|\,x는\ 8\ 이하의\ 자연수\}$의 두 부분집합
$$A=\{1,\,2,\,3,\,4\},\ B=\{1,\,2,\,3,\,5\}$$
에 대하여 다음 조건을 만족시키는 U의 부분집합 C의 개수는?
(단, $f(\varnothing)=0$)

> (가) $n(A\cap C)=2$
> (나) $f(A-B)<f(C)<f(B)$

① 11 　　　　② 12 　　　　③ 13
④ 14 　　　　⑤ 15

10 학평

두 자연수 a, $b\,(b\leq20)$에 대하여
전체집합 $U=\{x\,|\,x는\ 20\ 이하의\ 자연수\}$의 두 부분집합
$$A=\{x\,|\,x는\ a의\ 배수,\ x\in U\},$$
$$B=\{x\,|\,x는\ b의\ 약수,\ x\in U\}$$
가 다음 조건을 만족시킨다.

> (가) $\{3,\,6\}\subset A\cap B$
> (나) $n(B-A)=2$

집합 $A-B$의 모든 원소의 합의 최솟값을 구하시오.

11 서술형

전체집합 $U=\{x\,|\,x는\ 10\ 이하의\ 자연수\}$의 두 부분집합
$$A=\{1,\,2,\,3,\,4,\,5,\,6\},\ B=\{4,\,5,\,6,\,7,\,8\}$$
에 대하여 U의 부분집합 X가 다음 조건을 만족시킨다. 집합 X의 모든 원소의 합을 S라 할 때, S의 최댓값과 최솟값의 합을 구하시오.

> (가) $X\cup A^C=X\cup B^C$ 　　　　(나) $n(X)\geq6$

12

2 이상의 자연수 k에 대하여 두 집합
$$A=\{x\,|\,(x-1)(x-k)>0\},$$
$$B=\{x\,|\,x^2-(a^2+2a)x+2a^3\leq0\}$$
이 있다. $A\cap B=\varnothing$이 되도록 하는 자연수 a의 개수를 $f(k)$라 할 때, $f(k)<10$을 만족시키는 k의 개수를 구하시오.

집합의 연산 법칙

13

실수 전체의 집합 U의 두 부분집합
$$A=\{a,\ a+1\},\ B=\{x\,|\,x^2+mx+2=0\}$$
에 대하여 $A\cup B^c=U$가 되도록 하는 정수 m의 개수는?

(단, $a>0$)

① 3 　　　② 4 　　　③ 5
④ 6 　　　⑤ 7

14

전체집합 U의 세 부분집합 A, B, C에 대하여 보기에서 항상 옳은 것만을 있는 대로 고른 것은?

> **보기**
> ㄱ. $(A-B)-C=A\cap(B\cup C)^c$
> ㄴ. $(A\cap B)-(A\cap C)=(A\cap B)-C$
> ㄷ. $(A\cup C)\subset(B\cup C)$이고 $(B\cap C)\subset(A\cap C)$이면
> 　$A=B$이다.

① ㄱ 　　　② ㄱ, ㄴ 　　　③ ㄱ, ㄷ
④ ㄴ, ㄷ 　　　⑤ ㄱ, ㄴ, ㄷ

15

두 집합 X, Y에 대하여
$$X*Y=X\cap(X^c\cup Y)$$
로 정의하자. 전체집합 $U=\{x\,|\,x$는 10 이하의 자연수$\}$의 세 부분집합 A, B, C에 대하여
$$(A\cap C)-B=\{4,\ 5\},$$
$$(A*B)\cup C=A\cup(B*C)=\{1,\ 2,\ 3,\ 4,\ 5,\ 6\}$$
일 때, 집합 $B\cap(A\cup C)$의 모든 원소의 합을 구하시오.

16

전체집합 U의 두 부분집합 A, B에 대하여
$$A\triangle B=(A\cup B)\cap(A^c\cup B^c)$$
으로 정의할 때, 보기에서 항상 옳은 것만을 있는 대로 고르시오. (단, 집합 C는 전체집합 U의 부분집합이다.)

> **보기**
> ㄱ. $A^c\triangle B^c=A\triangle B$
> ㄴ. $(A\triangle B)\triangle A=(A\triangle B)\triangle B$
> ㄷ. $(A\triangle B)\triangle C=A\triangle(B\triangle C)$

17 학평

전체집합 U의 두 부분집합 A, B가 다음 조건을 만족시킬 때, 집합 B의 모든 원소의 합을 구하시오.

> (개) $A=\{3,4,5\}$, $A^c\cup B^c=\{1,2,4\}$
> (내) $X\subset U$이고 $n(X)=1$인 모든 집합 X에 대하여 집합 $(A\cup X)-B$의 원소의 개수는 1이다.

18 학평

두 자연수 k, $m\,(k \geq m)$에 대하여 전체집합
$$U = \{x \mid x \text{는 } k \text{ 이하의 자연수}\}$$
의 두 부분집합 $A = \{x \mid x \text{는 } m \text{의 약수}\}$, B가 다음 조건을 만족시킨다.

> (가) $B - A = \{4, 7\}$, $n(A \cup B^C) = 7$
> (나) 집합 A의 모든 원소의 합과 집합 B의 모든 원소의 합은 서로 같다.

집합 $A^C \cap B^C$의 모든 원소의 합은?

① 18 ② 19 ③ 20
④ 21 ⑤ 22

부분집합의 개수

19 idea

두 집합
$$A = \{x \mid x \text{는 } 10 \text{ 이하의 자연수}\},$$
$$B = \{7, 8, 9, 10, 11, 12\}$$
에 대하여 $(A \cap B) \cup X = A \cap X$를 만족시키는 집합 X의 개수를 구하시오.

20 학평

전체집합 $U = \{x \mid x \text{는 } 10 \text{ 이하의 자연수}\}$의 부분집합 $A = \{x \mid x \text{는 } 10 \text{의 약수}\}$에 대하여
$$(X - A) \subset (A - X)$$
를 만족시키는 U의 부분집합 X의 개수를 구하시오.

21

자연수 n에 대하여 전체집합 $U = \left\{ \dfrac{1}{2^k} \,\middle|\, k = 1, 2, 3, \ldots, n \right\}$의 공집합이 아닌 모든 부분집합을 A_1, A_2, A_3, $\ldots$, $A_{2^n - 1}$이라 하고, 집합 $A_i\,(i = 1, 2, 3, \ldots, 2^n - 1)$의 원소 중에서 최솟값을 a_i라 하자. $a_1 + a_2 + a_3 + \cdots + a_{2^n - 1} = 16$일 때, n의 값을 구하시오.

22 학평

전체집합 $U = \{x \mid x \text{는 } 5 \text{ 이하의 자연수}\}$의 두 부분집합
$$A = \{1, 2\}, \quad B = \{2, 3, 4\}$$
에 대하여 $X \cap A \neq \varnothing$, $X \cap B \neq \varnothing$을 만족시키는 U의 부분집합 X의 개수를 구하시오.

23 학평

집합 $X = \{x \mid x \text{는 } 10 \text{ 이하의 자연수}\}$의 원소 n에 대하여 X의 부분집합 중 n을 최소의 원소로 갖는 모든 집합의 개수를 $f(n)$이라 하자. 보기에서 옳은 것만을 있는 대로 고른 것은?

> **보기**
> ㄱ. $f(8) = 4$
> ㄴ. $a \in X$, $b \in X$일 때, $a < b$이면 $f(a) < f(b)$
> ㄷ. $f(1) + f(3) + f(5) + f(7) + f(9) = 682$

① ㄱ ② ㄱ, ㄴ ③ ㄱ, ㄷ
④ ㄴ, ㄷ ⑤ ㄱ, ㄴ, ㄷ

유한집합의 원소의 개수

24

전체집합 $U=\{1,\ 2,\ 3,\ ...,\ 100\}$의 두 부분집합
$$A=\{x\,|\,x=2l-1,\ l\text{은 자연수}\},$$
$$B=\{x\,|\,x=3m-1,\ m\text{은 자연수}\}$$
에 대하여 $n((A-B)\cup(B-A))$의 값은?

① 48 　　　② 49 　　　③ 50
④ 51 　　　⑤ 52

25

전체집합 U의 세 부분집합 A, B, C에 대하여
$$n(A)=23,\ n(B)=15,\ n(C)=18,$$
$$n(B\cap C)=10,\ n(A\cap B\cap C)=6$$
일 때, $n(A\cap B^{C}\cap C^{C})$의 최솟값을 구하시오.

26

어느 고등학교 1학년 학생 전체를 대상으로 두 동아리 A, B에 대한 가입 여부를 조사하였다. 그 결과 동아리 A와 동아리 B에 가입한 학생은 각각 1학년 전체 학생의 $\dfrac{2}{5}$, $\dfrac{3}{4}$이었고 동아리 A와 동아리 B에 모두 가입한 학생은 1학년 전체 학생의 $\dfrac{1}{3}$이었다. 동아리 A와 동아리 B 중 어느 동아리에도 가입하지 않은 학생이 55명일 때, 이 고등학교 1학년 학생 중 동아리 B에 가입한 학생 수를 구하시오.

27 학평

은행 A 또는 은행 B를 이용하는 고객 중 남자 35명과 여자 30명을 대상으로 두 은행 A, B의 이용 실태를 조사한 결과가 다음과 같다.

> ㈎ 은행 A를 이용하는 고객의 수와 은행 B를 이용하는 고객의 수의 합은 82이다.
> ㈏ 두 은행 A, B 중 한 은행만 이용하는 남자 고객의 수와 두 은행 A, B 중 한 은행만 이용하는 여자 고객의 수는 같다.

이 고객 중 은행 A와 은행 B를 모두 이용하는 여자 고객의 수는?

① 5 　　　② 6 　　　③ 7
④ 8 　　　⑤ 9

28 서술형

어느 고등학교 학생 35명을 대상으로 세 종류의 책 A, B, C를 읽었는지 조사하였더니 A를 읽은 학생이 14명, B를 읽은 학생이 16명, C를 읽은 학생이 15명이었다. 또 A와 B 중에서 적어도 하나를 읽은 학생이 22명이고 A와 C를 모두 읽은 학생은 한 명도 없었으며, A, B, C 중에서 어느 책도 읽지 않은 학생이 3명이었다. 이때 A, B, C 중에서 두 종류의 책만 읽은 학생 수를 구하시오.

STEP **3** 최고난도 문제

01

자연수 n에 대하여 자연수 전체의 집합의 부분집합 A_n을
$$A_n = \{x \mid x는\ n의\ 배수\}$$
라 하자. $A_3 \cap A_n = A_{3n}$, $147 \notin A_3{}^C \cup A_n$을 만족시키는 200 이하의 자연수 n의 개수를 구하시오.

02

전체집합 $U = \{1,\ 2,\ 3,\ \dots,\ 10\}$의 부분집합 X에 대하여 다음 조건을 만족시키는 집합 X의 개수를 구하시오.

> (가) $n(X) \geq 3$
>
> (나) $x \in X$, $y \in X$일 때, $\dfrac{x}{y}$ 또는 $\dfrac{y}{x}$의 값은 자연수이다.

03

자연수 k에 대하여 집합 A_k를
$$A_k = \{x \mid x는\ k의\ 거듭제곱을\ 10으로\ 나누었을\ 때의\ 나머지\}$$
라 하자. 예를 들어 $k=2$이면 $2^1=2$, $2^2=4$, $2^3=8$, $2^4=16$, $2^5=32$, $\dots$이므로 $A_2 = \{2,\ 4,\ 6,\ 8\}$이다. 자연수 n에 대하여 $n \neq m$, $A_n = A_m$을 만족시키는 자연수 m의 최솟값을 $f(n)$이라 할 때, $f(1) + f(2) + f(3) + \cdots + f(9)$의 값은?

① 91   ② 92   ③ 93

④ 94   ⑤ 95

04 학평

$n(U) = 5$인 전체집합 U의 세 부분집합 A, B, C에 대하여
$$n(B \cap C) = 2,\quad n(B-A) = 1,\quad n(C-A) = 2$$
일 때, 보기에서 옳은 것만을 있는 대로 고른 것은?

> **보기**
>
> ㄱ. $n(A \cap B \cap C) \neq 0$
>
> ㄴ. $n(A \cap B \cap C) = 2$이면 $n(C) = 4$이다.
>
> ㄷ. $n(A) \times n(B) \times n(C)$의 최댓값과 최솟값의 합은 42이다.

① ㄱ   ② ㄱ, ㄴ   ③ ㄱ, ㄷ

④ ㄴ, ㄷ   ⑤ ㄱ, ㄴ, ㄷ

05 idea

두 자연수 m, n에 대하여 자연수 전체의 집합의 두 부분집합 A_m, B_n을

$$A_m=\{x\,|\,x\text{는 }m\text{의 배수}\},$$
$$B_n=\{x\,|\,x\text{는 }n\text{의 약수}\}$$

라 하자. 다음 조건을 만족시키는 자연수 p, q에 대하여 $p+q$ 의 최솟값을 구하시오.

> (가) 집합 $A_2\cap A_3$의 원소 중 가장 작은 원소를 k라 할 때, $A_p\subset A_k$이다.
> (나) 집합 $B_q\cup B_{20}$의 모든 원소의 합은 $q+50$이다.

06

집합 $A=\{2,\ 4,\ 6\}$의 공집합이 아닌 두 부분집합 B, C의 원소 m, $n\,(m\in B,\ n\in C)$에 대하여 집합 D를

$$D=\{a\,|\,a=i^m+(-i)^n\}$$

이라 하자. 보기에서 옳은 것만을 있는 대로 고른 것은?

(단, $i=\sqrt{-1}$)

> **보기**
> ㄱ. $B=\{2\}$, $C=\{2,4\}$이면 $n(D)=2$이다.
> ㄴ. $n(B\cup C)=3$이고 $n(B\cap C)=1$이면 $n(D)=3$이다.
> ㄷ. $n(B\cup C)=3$이고 $n(B\cap C)=0$이면 $0\in D$이다.

① ㄱ   ② ㄴ   ③ ㄷ
④ ㄱ, ㄷ   ⑤ ㄴ, ㄷ

07 학평

전체집합 $U=\{x\,|\,x\text{는 }20\text{ 이하의 자연수}\}$의 부분집합

$$A_k=\{x\,|\,x(y-k)=30,\ y\in U\},$$
$$B=\left\{x\,\middle|\,\frac{30-x}{5}\in U\right\}$$

에 대하여 $n(A_k\cap B^C)=1$이 되도록 하는 자연수 k의 개수 는?

① 3   ② 5   ③ 7
④ 9   ⑤ 11

08 idea

집합 $A=\{a,\ a+1,\ a+2,\ a+3\}$의 모든 부분집합을 $\varnothing$, A_1, A_2, A_3, $\ldots$, A_n, A라 하고, 집합 A_i의 모든 원소의 합을 $S_i\,(i=1, 2, 3, \ldots, n)$라 하자. $S_1+S_2+S_3+\cdots+S_n=98$일 때, $n\times a$의 값을 구하시오.

(단, a는 실수이고, n은 자연수이다.)

09

공집합이 아닌 집합 X의 모든 원소의 합을 $S(X)$라 하자.
집합 $A=\{1,\ 2,\ 3,\ 4\}$의 공집합이 아닌 두 부분집합 B, C가
다음 조건을 만족시킬 때, 순서쌍 $(B,\ C)$의 개수는?

> (가) $B \subset C$
> (나) $S(B)+S(C)$의 값은 홀수이다.

① 16 　　　　② 22 　　　　③ 28
④ 34 　　　　⑤ 40

10 학평

9 이하의 자연수 k에 대하여 집합 A_k를
$$A_k=\{x\,|\,k-1 \leq x \leq k+1,\ x\text{는 실수}\}$$
라 하자. 보기에서 옳은 것만을 있는 대로 고른 것은?

> **보기**
>
> ㄱ. $A_1 \cap A_2 \cap A_3 = \{2\}$
> ㄴ. 9 이하의 두 자연수 l, m에 대하여 $|l-m| \leq 2$이면 두 집
> 　합 A_l과 A_m은 서로소가 아니다.
> ㄷ. 모든 A_k와 서로소가 아니고 원소가 유한개인 집합 중 원
> 　소의 개수가 최소인 집합의 원소의 개수는 4이다.

① ㄱ 　　　　② ㄴ 　　　　③ ㄱ, ㄴ
④ ㄴ, ㄷ 　　　　⑤ ㄱ, ㄴ, ㄷ

11

전체집합 $U=\{x\,|\,x$는 100 이하의 자연수$\}$의 두 부분집합
A, B가 다음 조건을 만족시킬 때, $n(A)+n(B)$의 최댓값
을 구하시오. (단, $n(A) \geq 2$, $n(B) \geq 2$)

> (가) 집합 A의 임의의 서로 다른 두 원소 a_1, a_2에 대하여
> 　a_1+a_2의 값은 5의 배수이다.
> (나) 집합 B의 임의의 서로 다른 두 원소 b_1, b_2에 대하여
> 　b_1+b_2의 값은 5의 배수가 아니다.

12

자연수 n에 대하여 자연수 전체의 집합의 부분집합 A_n을
$$A_n=\{x\,|\,x\text{는 } n\text{의 약수}\}$$
라 하자. 서로 다른 세 자연수 p, q, r가 다음 조건을 만족시
킬 때, $p+q+r$의 값을 구하시오.

> (가) $n(A_p)=n(A_q)=\dfrac{1}{2}n(A_r)=3$
> (나) 집합 $A_p \cup A_q \cup A_r$의 모든 원소의 합은 40보다 크고 50보
> 　다 작다.

01

전체집합 U에 대하여 세 조건 p, q, r의 진리집합을 각각 P, Q, R라 할 때, 그림은 세 집합 P, Q, R 사이의 포함 관계를 벤 다이어그램으로 나타낸 것이다. 보기에서 항상 참인 명제만을 있는 대로 고른 것은?

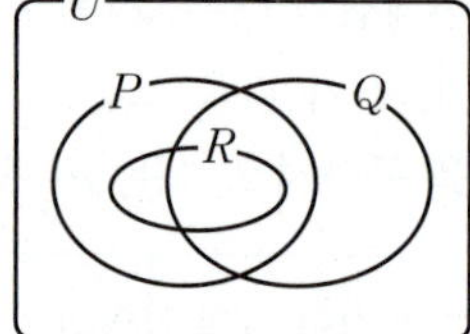

보기

ㄱ. $p \longrightarrow q$ ㄴ. $r \longrightarrow q$
ㄷ. $q \longrightarrow \sim p$ ㄹ. $\sim p \longrightarrow \sim r$

① ㄱ   ② ㄹ   ③ ㄱ, ㄴ
④ ㄴ, ㄷ   ⑤ ㄷ, ㄹ

02 한평

'모든'이나 '어떤'을 포함한 명제

자연수 n에 대한 조건

　'$2 \leq x \leq 5$인 어떤 실수 x에 대하여 $x^2 - 8x + n \geq 0$이다.'

가 참인 명제가 되도록 하는 n의 최솟값은?

① 12   ② 13   ③ 14
④ 15   ⑤ 16

03

'모든'이나 '어떤'을 포함한 명제

다음 두 명제 ㈎, ㈏가 모두 참이 되도록 하는 정수 k의 개수를 구하시오.

㈎ $x > 0$인 모든 실수 x에 대하여 $x + k > 1$이다.
㈏ $x < 0$인 어떤 실수 x에 대하여 $x + 5 \geq k$이다.

04

명제의 역, 대우

두 실수 a, b에 대하여 보기에서 역은 거짓이지만 대우는 참인 명제만을 있는 대로 고른 것은?

보기

ㄱ. $a + b > 0$, $ab > 0$이면 $a > 0$, $b > 0$이다.
ㄴ. $a^2 + b^2 = 2ab$이면 $ab = 0$이다.
ㄷ. a, b가 자연수일 때, $a + b$가 홀수이면 ab는 짝수이다.

① ㄱ   ② ㄴ   ③ ㄷ
④ ㄱ, ㄷ   ⑤ ㄴ, ㄷ

05

명제의 역, 대우

세 조건 p, q, r에 대하여 명제 $p \longrightarrow \sim r$의 역은 참이고, 명제 $r \longrightarrow q$의 대우는 참일 때, 다음 중 항상 참인 명제는?

① $p \longrightarrow q$ ② $p \longrightarrow r$ ③ $r \longrightarrow \sim p$
④ $\sim p \longrightarrow q$ ⑤ $\sim r \longrightarrow \sim q$

06

충분조건과 필요조건

두 조건 p, q에 대하여 보기에서 p가 q이기 위한 충분조건이지만 필요조건이 아닌 것만을 있는 대로 고르시오.

(단, a, b, c는 실수이다.)

보기

ㄱ. p: $ab \leq 0$ q: $|a| + |b| \geq |a + b|$
ㄴ. p: $a^2 + b^2 = 0$ q: $a^3 - b^3 = 0$
ㄷ. p: $a^2 + b^2 + c^2 \neq ab + bc + ca$
　　q: $(a - b)(b - c)(c - a) \neq 0$

07
명제의 증명

다음은 n이 자연수일 때, 명제

    '$7n^2-1$이 3의 배수가 아니면 n은 3의 배수이다.'

가 참임을 증명하는 과정이다.

> 주어진 명제의 대우는
>
> '   '
>
> 이다.
>
> n이 자연수이고 3의 배수가 아니면
>
> $n=3k-1$ 또는 $n=$ (가) (k는 자연수)로 놓을 수 있다.
>
> (i) $n=3k-1$일 때,
>
> $7n^2-1=3($ (나) $)$이고 (나) 는 자연수이므
>
> 로 $7n^2-1$은 3의 배수이다.
>
> (ii) $n=$ (가) 일 때,
>
> $7n^2-1=3($ (다) $)$이고 (다) 는 자연수이므
>
> 로 $7n^2-1$은 3의 배수이다.
>
> (i), (ii)에서 주어진 명제의 대우가 참이므로 주어진 명제도 참
>
> 이다.

위의 (가), (나), (다)에 알맞은 식을 각각 $f(k)$, $g(k)$, $h(k)$라 할 때, $f(5)+g(5)-h(5)$의 값은?

① 72   ② 74   ③ 76

④ 78   ⑤ 80

08 서술형
명제의 증명

명제 '방정식 $3m^2-n^2=1$을 만족시키는 m, n이 모두 자연수인 해는 없다'가 참임을 귀류법을 이용하여 증명하시오.

09
절대부등식

두 양수 a, b에 대하여 보기에서 절대부등식인 것만을 있는 대로 고른 것은?

> **보기**
>
> ㄱ. $a^2+b^2>ab$
>
> ㄴ. $|a-b|<|a|+|b|$
>
> ㄷ. $\sqrt{a}+\sqrt{b}\leq\sqrt{2a+2b}$

① ㄱ   ② ㄴ   ③ ㄱ, ㄴ

④ ㄴ, ㄷ   ⑤ ㄱ, ㄴ, ㄷ

10
산술평균과 기하평균의 관계

두 양수 a, b에 대하여 $(2a-3b)\left(\dfrac{2}{a}-\dfrac{3}{b}\right)\leq c$를 만족시키는 실수 c의 최솟값은?

① 1   ② 2   ③ 3

④ 4   ⑤ 5

11 서술형
코시 – 슈바르츠의 부등식

두 실수 x, y에 대하여 $x^2+4y^2=8$일 때, $2x+y$의 최댓값과 최솟값을 각각 M, m이라 하자. 이때 M^2+m^2의 값을 구하시오.

명제 $p \longrightarrow q$의 참, 거짓

01

전체집합 U의 세 부분집합 P, Q, R가 각각 세 조건 p, q, r의 진리집합이고, 두 명제 $p \longrightarrow \sim q$, $q \longrightarrow \sim r$가 모두 참일 때, 보기에서 항상 옳은 것만을 있는 대로 고른 것은?

> **보기**
> ㄱ. $P \cap Q = \varnothing$
> ㄴ. $Q \subset (P \cup R)^c$
> ㄷ. $P \cup Q \cup R = U$

① ㄱ   ② ㄷ   ③ ㄱ, ㄴ
④ ㄴ, ㄷ   ⑤ ㄱ, ㄴ, ㄷ

02 학평

실수 x에 대한 두 조건
$$p: 2x - a = 0,$$
$$q: x^2 - bx + 9 > 0$$
이 있다. 명제 $p \longrightarrow \sim q$와 명제 $\sim p \longrightarrow q$가 모두 참이 되도록 하는 두 양수 a, b의 값의 합을 구하시오.

03 학평

전체집합 $U = \{x \,|\, x$는 8 이하의 자연수$\}$에 대하여 조건 '$p: x^2 \leq 2x + 8$'의 진리집합을 P, 두 조건 q, r의 진리집합을 각각 Q, R라 하자. 두 명제 $p \longrightarrow q$, $\sim p \longrightarrow r$가 모두 참일 때, 두 집합 Q, R의 순서쌍 (Q, R)의 개수를 구하시오.

04 학평

두 자연수 a, b에 대하여 실수 x에 대한 두 조건
$$p: x^2 - 4x + a + 2 \leq 0,$$
$$q: 0 < |x - b| \leq 4$$
의 진리집합을 각각 P, Q라 하자.
$$P \neq \varnothing, \quad P \subset Q$$
가 되도록 하는 a, b의 모든 순서쌍 (a, b)의 개수는?

① 5   ② 6   ③ 7
④ 8   ⑤ 9

05

P별에 사는 외계인은 오직 진실만을 말하고, Q별에 사는 외계인은 오직 거짓만을 말한다. 세 외계인 A, B, C가 각각 두 별 P, Q 중 어느 한 별에 살 때, 두 외계인 A, B는 다음과 같이 말하였다.

> A: 우리 중 P별에 사는 외계인은 없다.
> B: 우리 중 Q별에 사는 외계인은 둘뿐이다.

세 외계인 A, B, C에 대하여 보기에서 옳은 것만을 있는 대로 고른 것은?

> **보기**
> ㄱ. A, B, C는 모두 같은 별에 산다.
> ㄴ. C는 P별에 산다.
> ㄷ. Q별에 사는 외계인의 수는 2 이상이다.

① ㄱ   ② ㄴ   ③ ㄷ
④ ㄱ, ㄴ   ⑤ ㄴ, ㄷ

'모든'이나 '어떤'을 포함한 명제

06

전체집합 U의 공집합이 아닌 세 부분집합 P, Q, R가 각각
세 조건 p, q, r의 진리집합이고
$$P{\subset}Q,\ Q^C{\subset}P,\ R^C{\subset}P$$
일 때, 보기에서 항상 참인 명제만을 있는 대로 고르시오.

> 보기
>
> ㄱ. $p \longrightarrow r$
> ㄴ. $\sim r \longrightarrow q$
> ㄷ. $x \in U$인 모든 x에 대하여 q이다.

07 

명제
    '어떤 실수 x에 대하여 $ax^2+10ax+5b \leq 0$이다.'
가 거짓이 되도록 하는 10 이하의 정수 a, b의 모든 순서쌍
$(a,\ b)$의 개수를 구하시오.

08

전체집합 $U=\{x\,|\,x$는 10 이하의 소수$\}$의 공집합이 아닌 두
부분집합 A, B에 대하여 다음 두 명제 ㈎, ㈏가 모두 참이
되도록 하는 집합 A, B의 모든 순서쌍 $(A,\ B)$의 개수는?

> ㈎ 집합 A의 모든 원소 x에 대하여 $|x-4|<3$이다.
> ㈏ 두 집합 A, B에 대하여 $A \cap B \neq \varnothing$이다.

① 66   ② 68   ③ 70
④ 72   ⑤ 74

명제의 역, 대우

09

두 실수 x, y에 대하여 보기에서 그 역이 참인 명제만을 있는
대로 고른 것은?

> 보기
>
> ㄱ. $|x|>|y|$이면 $x^2>y^2$이다.
> ㄴ. $(x-1)^2+y^2 \neq 0$이면 $3x+2y \neq 3$이다.
> ㄷ. $x^3y^2<x^2y^3$이면 $x<y<0$이다.

① ㄱ   ② ㄴ   ③ ㄱ, ㄴ
④ ㄴ, ㄷ   ⑤ ㄱ, ㄴ, ㄷ

10

두 조건 p, q의 진리집합이 각각
$$P=\{x\,|\,(x^2-2kx-3k)(x^2-4x-5)<0\},$$
$$Q=\{x\,|\,x^2-4x-5 \geq 0\}$$
일 때, 명제 $p \longrightarrow \sim q$가 참이 되도록 하는 모든 정수 k의 값
의 합을 구하시오.

11

전체집합 $U=\{x|x$는 10 이하의 자연수$\}$의 부분집합 A에 대하여 명제

$$\text{'}2a+1\in A\text{이면 }a\notin A\text{이다.'}$$

가 참일 때, 집합 A의 모든 원소의 합의 최댓값은?

① 44   ② 45   ③ 46

④ 47   ⑤ 48

12 학평

어느 휴대폰 제조 회사에서 휴대폰 판매량과 사용자 선호도에 대한 시장 조사를 하여 다음과 같은 결과를 얻었다.

> (가) 10대, 20대에게 선호도가 높은 제품은 판매량이 많다.
> (나) 가격이 싼 제품은 판매량이 많다.
> (다) 기능이 많은 제품은 10대, 20대에게 선호도가 높다.

다음 중 위의 결과로부터 추론한 내용으로 항상 옳은 것은?

① 기능이 많은 제품은 가격이 싸지 않다.
② 가격이 싸지 않은 제품은 판매량이 많지 않다.
③ 판매량이 많지 않은 제품은 기능이 많지 않다.
④ 10대, 20대에게 선호도가 높은 제품은 기능이 많다.
⑤ 10대, 20대에게 선호도가 높은 제품은 가격이 싸지 않다.

충분조건과 필요조건

13

두 자연수 a, b에 대하여 세 조건 p, q, r의 진리집합이 각각

$$P=\{3\}, \quad Q=\{a,\ a+b^2\}, \quad R=\{a+1,\ b+1,\ a^2b\}$$

이다. p는 q이기 위한 충분조건이고, r는 q이기 위한 필요조건일 때, $a+b$의 값은?

① 3   ② 4   ③ 5

④ 6   ⑤ 7

14

전체집합 U의 공집합이 아닌 두 부분집합 A, B에 대하여 보기에서 조건 q가 조건 p이기 위한 필요조건이지만 충분조건은 아닌 것만을 있는 대로 고른 것은?

> **보기**
>
> ㄱ. $p: A\cap B=U$ $q: A=B$
> ㄴ. $p: A\cup B^c=U$ $q: A^c-B^c=\varnothing$
> ㄷ. $p: (A^c\cup B)-(A^c\cap B)=\varnothing$ $q: A\cap B=\varnothing$

① ㄱ   ② ㄴ   ③ ㄷ

④ ㄱ, ㄷ   ⑤ ㄴ, ㄷ

15 학평

실수 x에 대한 두 조건

$p:\ x^2+2ax+1\geq 0,$

$q:\ x^2+2bx+9\leq 0$

이 있다. 다음 두 문장이 모두 참인 명제가 되도록 하는 정수 a, b의 순서쌍 $(a,\ b)$의 개수는?

- 모든 실수 x에 대하여 p이다.
- p는 $\sim q$이기 위한 충분조건이다.

① 15 ② 18 ③ 21
④ 24 ⑤ 27

16 학평

두 실수 a, b에 대하여 세 조건 p, q, r는

$p:\ |a|+|b|=0,$

$q:\ a^2-2ab+b^2=0,$

$r:\ |a+b|=|a-b|$

이다. 보기에서 옳은 것만을 있는 대로 고른 것은?

보기
ㄱ. p는 q이기 위한 충분조건이다.
ㄴ. $\sim p$는 $\sim r$이기 위한 필요조건이다.
ㄷ. (q이고 r)는 p이기 위한 필요충분조건이다.

① ㄱ ② ㄷ ③ ㄱ, ㄴ
④ ㄴ, ㄷ ⑤ ㄱ, ㄴ, ㄷ

17

두 양수 a, b에 대하여 두 집합 A, B가

$A=\{x\,|\,(x-a)(x+a)\leq 0\},$

$B=\{x\,|\,|x-4|<b\}$

일 때, 다음 중 $A\cap B=\varnothing$이기 위한 필요충분조건은?

① $a-b\leq 4$ ② $a-b\geq 4$ ③ $a+b=4$
④ $a+b\leq 4$ ⑤ $a+b\geq 4$

18

실수 x에 대하여 두 조건 p, q가

$p:\ x^2-6x+5\leq 0,$

$q:\ ||x|-4|\leq a$

일 때, p가 q이기 위한 충분조건이 되도록 하는 자연수 a의 최솟값을 구하시오.

절대부등식

19

보기에서 항상 옳은 것만을 있는 대로 고른 것은?

> **보기**
> ㄱ. 두 양수 a, b에 대하여
> $\quad a+4b+1\geq2(\sqrt{a}+2\sqrt{b}-2\sqrt{ab})$
> ㄴ. 두 실수 a, b에 대하여 $|a-1|+|b+1|\geq|a+b|$
> ㄷ. 세 양수 a, b, c에 대하여 $(a+b)(b+c)(c+a)\geq8abc$

① ㄱ　　　　　② ㄷ　　　　　③ ㄱ, ㄴ
④ ㄴ, ㄷ　　　　⑤ ㄱ, ㄴ, ㄷ

20

$x>-1$일 때, $\dfrac{x+1}{x^2-x+2}$의 최댓값을 a, 최댓값을 가질 때의 x의 값을 b라 하자. 이때 $a+b$의 값은?

① 1　　　　　② 2　　　　　③ 3
④ 4　　　　　⑤ 5

21

좌표평면 위의 점 P(3, 5)에 대하여 점 P를 x축의 방향으로 m만큼 평행이동한 점을 Q라 하고, 점 P를 y축의 방향으로 n만큼 평행이동한 점을 R라 하자. 원점 O와 두 점 Q, R를 꼭짓점으로 하는 삼각형 OQR의 넓이가 $\dfrac{21}{2}$일 때, $m+n$의 최솟값을 구하시오. (단, $m>0$, $n>0$)

22 idea

두 양수 x, y에 대하여 $\left(\dfrac{1}{x^2+3}+\dfrac{4}{y+1}\right)(x^2+y+4)$의 값이 최소가 될 때, x에 대한 y의 값을 $f(x)$라 하자. 다음 중 함수 $y=f(x)$의 그래프를 바르게 나타낸 것은?

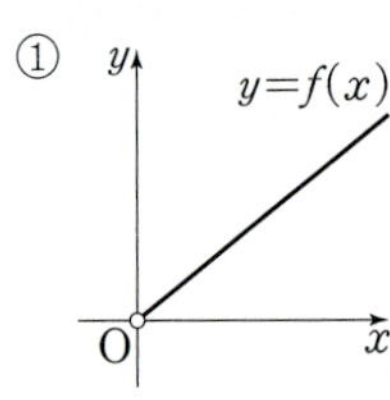

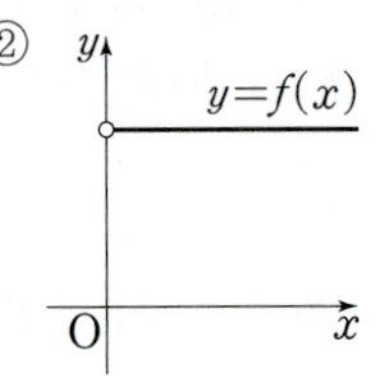

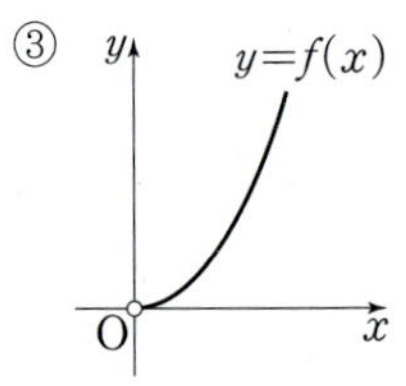

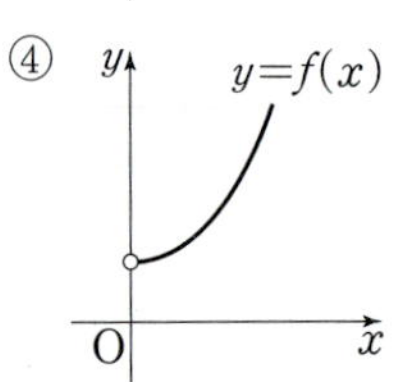

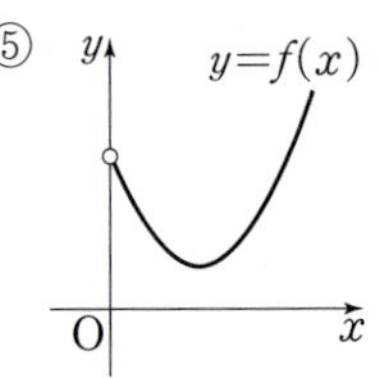

23 학평

두 양수 a, b에 대하여 좌표평면 위의 점 P(a, b)를 지나고 직선 OP에 수직인 직선이 y축과 만나는 점을 Q라 하자. 점 R$\left(-\dfrac{1}{a},\ 0\right)$에 대하여 삼각형 OQR의 넓이의 최솟값은?

(단, O는 원점이다.)

① $\dfrac{1}{2}$　　　　② 1　　　　③ $\dfrac{3}{2}$
④ 2　　　　⑤ $\dfrac{5}{2}$

24

전체집합 $U=\{1,\ 2,\ 3,\ 4,\ 5,\ 6,\ 7\}$의 공집합이 아닌 부분집합 X에 대하여 집합 X의 모든 원소의 곱을 $S(X)$라 하자. $A\cup B=U$, $A\cap B=\{5,\ 7\}$, $n(A)<n(B)$를 만족시키는 U의 두 부분집합 A, B에 대하여 $S(A)+S(B)$의 값이 최소일 때, 집합 A의 모든 원소의 합은 p 또는 q이다. 이때 $p+q$의 값을 구하시오.

25 _{학평}

좌표평면에서 기울기가 $a\,(0<a<3)$인 직선 l과 기울기가 b인 직선 m이 원 $(x-1)^2+(y-3)^2=1$의 넓이를 4등분 한다. 직선 l과 x축, y축으로 둘러싸인 삼각형의 넓이를 S_1, 직선 m과 x축, y축으로 둘러싸인 삼각형의 넓이를 S_2라 할 때, S_1+S_2의 최솟값을 구하시오.

26

세 실수 x, y, z에 대하여
$$x+y+z=2,\quad x^2+y^2+z^2=12$$
일 때, x의 최댓값과 최솟값의 합은?

① 1 ② $\dfrac{4}{3}$ ③ $\dfrac{5}{3}$

④ 2 ⑤ $\dfrac{7}{3}$

27

다음 조건을 만족시키는 삼각형 ABC에 대하여 $4\overline{BC}^2+\overline{CA}^2$의 값이 최소일 때, 삼각형 ABC의 넓이는?

(가) $\overline{AB}=8$	(나) $\overline{BC}+\overline{CA}=10$

① $2\sqrt{15}$ ② $\sqrt{61}$ ③ $\sqrt{62}$

④ $3\sqrt{7}$ ⑤ 8

01

실수 x에 대하여 세 조건 p, q, r가
$$p: x(x-b)<0,$$
$$q: (x-a)(x+5)>0,$$
$$r: (x+10)(x-c)<0$$
일 때, 세 명제 $p \longrightarrow q$, $p \longrightarrow r$, $\sim r \longrightarrow q$가 모두 참이 되도록 하는 정수 a, b, c에 대하여 $a+b+c$의 최솟값은?

① -15 ② -14 ③ -13
④ -12 ⑤ -11

02 학평

실수 x에 대한 두 조건
$$p: |x-k| \leq 2,$$
$$q: x^2-4x-5 \leq 0$$
이 있다. 명제 $p \longrightarrow q$와 명제 $p \longrightarrow \sim q$가 모두 거짓이 되도록 하는 모든 정수 k의 값의 합은?

① 14 ② 16 ③ 18
④ 20 ⑤ 22

03 idea

두 점 $A(6, 1)$, $B(2, 5)$와 직선 $y=-3x+k$에 대하여 명제
 '직선 $y=-3x+k$ 위의 어떤 점 C에 대하여 삼각형
 ABC의 외접원의 중심은 선분 AB의 중점이다.'
가 참이 되도록 하는 자연수 k의 개수를 구하시오.

04

다음 조건을 만족시키는 두 실수 a, b에 대하여 $2a^2-3b^2$의 최댓값을 M, 최솟값을 m이라 할 때, $M-m$의 값은?

> ㈎ 명제 '모든 실수 x에 대하여 $(|a|+|b|)x \leq 2x-a^2+b^2$ 이다.'는 참이다.
> ㈏ 명제 '어떤 실수 x에 대하여 $x^2-b^2<a^2-4$이다.'는 거짓이다.

① 8 ② 9 ③ 10
④ 11 ⑤ 12

05 학평

두 함수
$$f(x)=x^2-2x+6, \quad g(x)=-|x-t|+11 \ (t\text{는 실수})$$
가 있다. 함수 $h(x)$를
$$h(x)=\begin{cases} f(x) & (f(x)<g(x)) \\ g(x) & (f(x)\geq g(x)) \end{cases}$$
라 할 때, 명제 '어떤 실수 t에 대하여 함수 $y=h(x)$의 그래프와 직선 $y=k$는 서로 다른 세 점에서 만난다.'가 참이 되도록 하는 모든 자연수 k의 값의 합을 구하시오.

06

두 실수 x, y에 대하여 두 조건 p, q가
$$p: (x+2a)^2+(y-a)^2=0,$$
$$q: x^2+kxy+ky^2=0$$
일 때, 보기에서 옳은 것만을 있는 대로 고른 것은?
(단, a, k는 상수이다.)

> **보기**
>
> ㄱ. $a=0$, $k=2$이면 p는 q이기 위한 필요충분조건이다.
> ㄴ. $a\neq0$이고 $0<k<4$이면 p는 q이기 위한 충분조건이다.
> ㄷ. $a\neq0$일 때, p가 q이기 위한 충분조건이면 $k=4$이다.

① ㄱ　　　　② ㄴ　　　　③ ㄱ, ㄷ
④ ㄴ, ㄷ　　　⑤ ㄱ, ㄴ, ㄷ

07 학평

그림과 같이 $\overline{AB}=2$, $\overline{AC}=3$, $\angle A=30°$인 삼각형 ABC의 변 BC 위의 점 P에서 두 직선 AB, AC 위에 내린 수선의 발을 각각 M, N이라 하자. $\dfrac{\overline{AB}}{\overline{PM}}+\dfrac{\overline{AC}}{\overline{PN}}$의 최솟값이 $\dfrac{q}{p}$일 때, $p+q$의 값을 구하시오. (단, p와 q는 서로소인 자연수이다.)

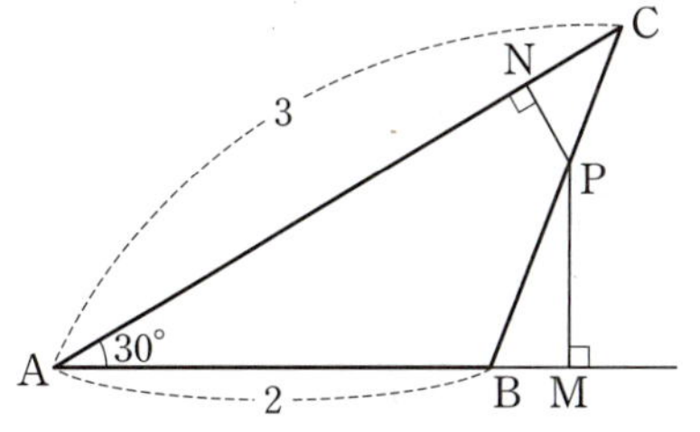

08 idea

$a+2b=1$을 만족시키는 두 양수 a, b에 대하여
$$\left(a+\frac{1}{a}\right)^2+\left(2b+\frac{1}{2b}\right)^2$$
의 최솟값은?

① $\dfrac{23}{2}$　　　　② 12　　　　③ $\dfrac{25}{2}$

④ 13　　　　⑤ $\dfrac{27}{2}$

01

학평▶ 53쪽 10번

두 자연수 a, b $(b \le 30)$에 대하여 전체집합
$U = \{x \mid x$는 30 이하의 자연수$\}$의 두 부분집합
$\quad A = \{x \mid x$는 a의 배수, $x \in U\}$,
$\quad B = \{x \mid x$는 b의 약수, $x \in U\}$
가 다음 조건을 만족시킨다.

> (가) $\{4, 8\} \subset A \cap B$　　　(나) $n(B-A) = 2$

집합 $A-B$의 모든 원소의 합의 최솟값을 구하시오.

02

학평▶ 55쪽 18번

두 자연수 k, m $(k \ge m)$에 대하여 전체집합
$\quad U = \{x \mid x$는 k 이하의 자연수$\}$
의 두 부분집합 $A = \{x \mid x$는 m의 약수$\}$, B가 다음 조건을
만족시킨다.

> (가) $B-A = \{3, 9\}$, $n((A \cap B) \cup B^c) = 8$
> (나) 집합 A의 모든 원소의 합과 집합 B의 모든 원소의 합
> 은 서로 같다.

집합 $A^c \cap B^c$의 모든 원소의 합의 최댓값은?

① 25　　　　② 26　　　　③ 27
④ 28　　　　⑤ 29

03

학평▶ 55쪽 20번

전체집합 $U = \{x \mid x$는 10 이하의 자연수$\}$의 부분집합
$A = \{x \mid x$는 10의 약수$\}$에 대하여
$\quad (X - A^c)^c \cup (A - X) = A^c$
을 만족시키는 U의 부분집합 X의 개수를 구하시오.

04

학평▶ 55쪽 22번

전체집합 $U = \{1, 2, 3, 4, 5, 6\}$의 두 부분집합
$\quad A = \{1, 2\}$, $B = \{2, 3, 4\}$
에 대하여 $X \cap A^c \ne \varnothing$, $X \cap B \ne \varnothing$을 만족시키는 U의 부분
집합 X의 개수는?

① 51　　　　② 52　　　　③ 53
④ 54　　　　⑤ 55

05

학평▶ 56쪽 27번

모바일 앱 A 또는 모바일 앱 B를 이용하는 남자 50명과 여자 40명을 대상으로 두 모바일 앱 A, B의 이용 실태를 조사한 결과가 다음과 같을 때, 두 모바일 앱 A, B를 모두 이용하는 여자의 수를 구하시오.

(개) 모바일 앱 A를 이용하는 사람의 수와 모바일 앱 B를 이용하는 사람의 수의 합은 105이다.

(내) 두 모바일 앱 A, B 중 한 가지만 이용하는 남자의 수는 두 모바일 앱 A, B 중 한 가지만 이용하는 여자의 수보다 5만큼 크다.

06

학평▶ 57쪽 04번

$n(U)=8$인 전체집합 U의 세 부분집합 A, B, C에 대하여
$$n(B\cap C)=3,\ n(B-A)=2,\ n(C-A)=3$$
일 때, 보기에서 옳은 것만을 있는 대로 고른 것은?

보기

ㄱ. $n(A\cap B\cap C)\neq 0$

ㄴ. $n(A\cap B\cap C)=3$이면 $n(C)=5$이다.

ㄷ. $n(A\cap B\cap C)=1$이면 $n(A)\times n(B)\times n(C)$의 최댓값과 최솟값의 합은 162이다.

① ㄱ
② ㄱ, ㄴ
③ ㄱ, ㄷ
④ ㄴ, ㄷ
⑤ ㄱ, ㄴ, ㄷ

07

학평▶ 58쪽 07번

전체집합 $U=\{x\,|\,x$는 30 이하의 자연수$\}$의 두 부분집합
$$A_k=\{x\,|\,x(y-k)=48,\ y\in U\},$$
$$B=\left\{x\,\middle|\,\frac{48-x}{6}\in U\right\}$$
에 대하여 $n(A_k\cap B^C)=2$가 되도록 하는 자연수 k의 개수는?

① 4
② 5
③ 6
④ 7
⑤ 8

08

학평▶ 59쪽 10번

자연수 k와 실수 a에 대하여 집합 A_k를
$$A_k=\{x\,|\,k\leq x\leq k+a,\ x$는 실수$\}$$
라 할 때, 보기에서 옳은 것만을 있는 대로 고른 것은?

보기

ㄱ. $a=2$이면 집합 $A_1\cup A_2\cup A_3$의 원소 중 자연수의 개수는 5이다.

ㄴ. 두 자연수 l, $m\,(l<m)$에 대하여 두 집합 A_l, A_m이 서로소이면 $m-l>a$이다.

ㄷ. $a=3$이면 $k\leq 16$인 모든 자연수 k에 대하여 모든 집합 A_k와 서로소가 아니고, 원소의 개수가 최소인 유한집합의 모든 원소의 합은 40이다.

① ㄱ
② ㄴ
③ ㄱ, ㄴ
④ ㄱ, ㄷ
⑤ ㄱ, ㄴ, ㄷ

09

학평▶ 64쪽 12번

다음은 블루투스 이어폰을 판매하는 회사에서 실시한 시장 조사의 결과이다. 이 결과로부터 추론한 내용으로 항상 옳은 것은?

> (가) 가격이 비싼 제품은 선호도가 높지 않다.
> (나) 선호도가 높은 제품은 가성비가 높다.
> (다) 가성비가 높은 제품은 판매량이 많다.

① 가격이 비싼 제품은 가성비가 높지 않다.
② 가성비가 높은 제품은 선호도가 높다.
③ 판매량이 많은 제품은 선호도가 높다.
④ 가성비가 높지 않은 제품은 판매량이 많지 않다.
⑤ 선호도가 높은 제품은 판매량도 많고 가격도 비싸지 않다.

10

학평▶ 65쪽 15번

실수 x에 대한 두 조건
$$p: x^2+2ax+9>0,$$
$$q: x^2+2bx+25<0$$
이 있다. 다음 두 문장이 모두 참인 명제가 되도록 하는 정수 a, b의 순서쌍 (a, b)의 개수는?

> • 모든 실수 x에 대하여 p이다.
> • $\sim p$는 q이기 위한 필요조건이다.

① 40 ② 45 ③ 50
④ 55 ⑤ 60

11

학평▶ 65쪽 16번

두 실수 a, b에 대하여 세 조건 p, q, r가
$$p: a^3b^2+ab^4=0,$$
$$q: a^2+ab+b^2\leq0,$$
$$r: |a+b|=|a|+|b|$$
일 때, 보기에서 옳은 것만을 있는 대로 고른 것은?

> **보기**
> ㄱ. q는 r이기 위한 충분조건이다.
> ㄴ. r는 p이기 위한 필요조건이다.
> ㄷ. (p이고 r)는 q이기 위한 필요조건이다.

① ㄱ ② ㄴ ③ ㄱ, ㄴ
④ ㄱ, ㄷ ⑤ ㄱ, ㄴ, ㄷ

12

학평▶ 66쪽 23번

두 양수 a, b에 대하여 두 점 $P\left(a, \dfrac{4}{a}\right)$, $Q\left(-b, -\dfrac{4}{b}\right)$를 지나는 직선과 평행하고 점 $R(-a, b)$를 지나는 직선이 y축과 만나는 점을 S, 점 P에서 x축, y축에 내린 수선의 발을 각각 H_1, H_2라 할 때, $\overline{OS}+\overline{OH_1}+\overline{OH_2}$의 최솟값은? (단, O는 원점이다.)

① 6 ② $\dfrac{13}{2}$ ③ 7
④ $\dfrac{15}{2}$ ⑤ 8

13

학평 ▶ 67쪽 25번

좌표평면에서 두 직선 l, m이 원 $(x-2)^2+(y-4)^2=4$의 넓이를 4등분 한다. 직선 l의 기울기가 $t\,(t>0)$일 때, 직선 m과 x축, y축으로 둘러싸인 삼각형의 넓이를 $f(t)$라 하자. $f(t)$가 $t=a$에서 최솟값 k를 가질 때, ak의 값을 구하시오.

14

학평 ▶ 69쪽 05번

두 함수
$$f(x)=-4x^2+\frac{5}{2},\ g(x)=|x-t|+1\ (t\text{는 실수})$$
가 있다. 함수 $h(x)$를
$$h(x)=\begin{cases} f(x)\ (g(x)<f(x)) \\ g(x)\ (g(x)\geq f(x)) \end{cases}$$
라 할 때, 명제 '어떤 실수 t에 대하여 함수 $y=h(x)$의 그래프와 직선 $y=k$의 교점의 개수는 3 이상이다.'가 참이 되도록 하는 자연수 k의 값은?

① 2 　　　　② 3 　　　　③ 4
④ 5 　　　　⑤ 6

15

학평 ▶ 69쪽 07번

그림과 같이 $\overline{AB}=8$, $\overline{AC}=6$인 삼각형 ABC가 있다. 선분 BC 위의 점 D에서 두 변 AB, AC에 내린 수선의 발을 각각 E, F라 하자. $\dfrac{4}{\overline{DE}}+\dfrac{3}{\overline{DF}}$의 최솟값이 $\dfrac{7}{3}$일 때, 삼각형 ABC의 넓이는?

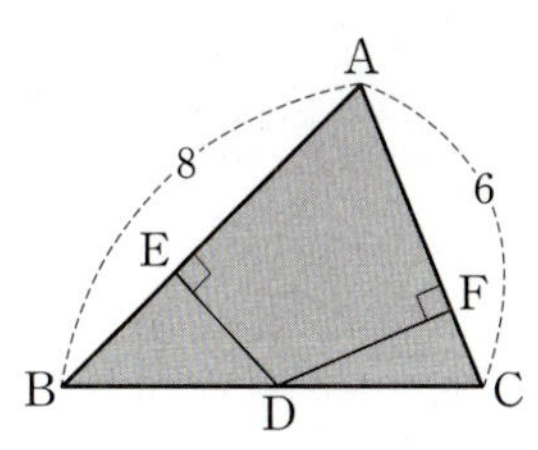

① 21 　　　　② 22 　　　　③ 23
④ 24 　　　　⑤ 25

III

함수와 그래프

01 ●함숫값

임의의 두 실수 x, y에 대하여 함수 f가
$$f(x+y)=f(x)+f(y)$$
를 만족시킨다. $f(1)+f(2)+f(3)=10$일 때, $f\left(\dfrac{1}{2}\right)$의 값을 구하시오.

02 ●서로 같은 함수

공집합이 아닌 집합 X를 정의역으로 하는 두 함수
$$f(x)=2x^2-x, \ g(x)=2x-1$$
에 대하여 $f=g$가 되도록 하는 집합 X의 개수는?

① 3 ② 4 ③ 5
④ 6 ⑤ 7

03 ●일대일대응

집합 $X=\{x\,|\,x\geq2\}$에서 집합 $Y=\{y\,|\,y\leq8\}$로의 함수
$f(x)=-x^2-4x+k$가 일대일대응이 되도록 하는 상수 k의 값은?

① 12 ② 16 ③ 20
④ 24 ⑤ 28

04 ●항등함수

집합 $X=\{a,\,b,\,c\}$에 대하여 함수
$$f(x)=\begin{cases} -1 & (x<0) \\ -x+4 & (0\leq x<4) \\ x^2-5x-16 & (x\geq4) \end{cases}$$
이 X에서 X로의 항등함수일 때, $a+b+c$의 값을 구하시오.
(단, a, b, c는 상수이다.)

05 ●여러 가지 함수의 함숫값

집합 $X=\{0,\,1,\,2,\,3\}$에 대하여 X에서 X로의 세 함수 f, g, h가 각각 상수함수, 일대일대응, 항등함수이고
$f(0)=g(1)=h(3)$, $g(0)g(1)+g(2)g(3)=f(3)$일 때, $f(1)+g(2)+g(3)$의 값을 구하시오.

06 ●합성함수

$1\leq x\leq5$에서 정의된 함수 $y=f(x)$의 그래프가 그림과 같을 때, $(f\circ f)(a)=4$를 만족시키는 모든 실수 a의 값의 합은?

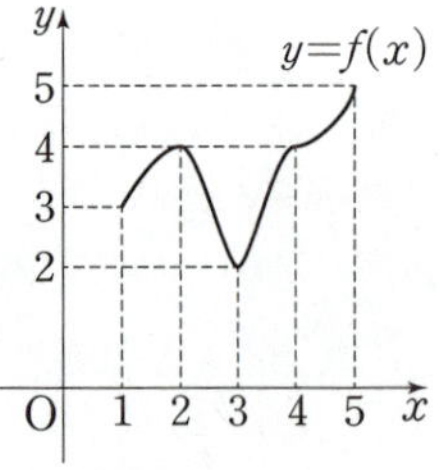

① 8 ② 9
③ 10 ④ 11
⑤ 12

07   ● 합성함수

두 함수 $f(x)=\begin{cases} -x^2+kx+3 & (x<0) \\ -2x+3 & (x\geq 0) \end{cases}$, $g(x)=-2x+10$

에 대하여 합성함수 $(g \circ f)(x)$의 치역이 $\{y|y\geq -3\}$일 때, 상수 k의 값을 구하시오.

08   ● f^n 꼴의 합성함수

함수 $f(x)=-x+2$에 대하여

$$f^1=f, \quad f^{n+1}=f \circ f^n \ (n\text{은 자연수})$$

으로 정의할 때, $f^{10}(2)+f^{11}(2)$의 값은?

① 2   ② 3   ③ 4

④ 5   ⑤ 6

09   ● f^n 꼴의 합성함수

$-2\leq x\leq 2$에서 정의된 함수 $y=f(x)$
의 그래프가 그림과 같을 때,

$$f(2)+f^2(2)+f^3(2)+\cdots+f^{16}(2)$$

값을 구하시오. (단, $f^1=f$이고, 모든
자연수 n에 대하여 $f^{n+1}=f \circ f^n$이다.)

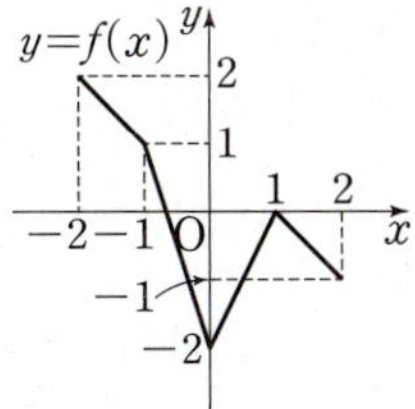

10 [학평]   ● 역함수가 존재할 조건

실수 전체의 집합에서 정의된 함수

$$f(x)=\begin{cases} (a+7)x-1 & (x<1) \\ (-a+5)x+2a+1 & (x\geq 1) \end{cases}$$

의 역함수가 존재하도록 하는 모든 정수 a의 개수는?

① 10   ② 11   ③ 12

④ 13   ⑤ 14

11   ● 역함수와 합성함수

실수 전체의 집합에서 정의된 함수

$$f(x)=\begin{cases} 2x-1 & (x\leq 4) \\ x+3 & (x>4) \end{cases}$$

에 대하여 $(f \circ f)^{-1}(10)$의 값을 구하시오.

12 [학평]   ● 역함수와 합성함수

집합 $X=\{-2,\ -1,\ 0,\ 1,\ 2\}$에 대하여 함수 $f : X \longrightarrow X$
가 역함수가 존재하고 다음 조건을 만족시킨다.

> (가) $(f \circ f)(-1)+f^{-1}(-2)=4$
> (나) $k=0,\ 1$일 때, $f(k)\times f(k-2)\leq 0$이다.

$6f(0)+5f(1)+2f(2)$의 값을 구하시오.

함수

01

실수 전체의 집합에서 정의된 두 함수

$$f(x)=\begin{cases} x^2 & (x\text{는 유리수}) \\ -x^2 & (x\text{는 무리수}) \end{cases}, \quad g(x)=kx$$

에 대하여 방정식 $f(x)=g(x)$의 서로 다른 실근의 개수를 A_k라 할 때, $A_0+A_1+A_{\sqrt{3}}$의 값을 구하시오.

(단, k는 상수이다.)

02

삼차방정식 $x^3+1=0$의 서로 다른 두 허근 α, β에 대하여 자연수 전체의 집합을 정의역으로 하는 함수 f를 $f(n)=\alpha^n+\beta^n$으로 정의할 때, 보기에서 옳은 것만을 있는 대로 고르시오.

> **보기**
> ㄱ. $f(1)+f(2)=0$
> ㄴ. 모든 자연수 n에 대하여 $f(n+3)+f(n)=0$이다.
> ㄷ. 함수 $f(n)$의 치역은 집합 $\{x \mid x^4-5x^2+4=0\}$과 같다.

여러 가지 함수

03 학평

집합 $X=\{-3, -2, -1, 0, 1, 2\}$에서 실수 전체의 집합으로의 일대일함수 $f(x)$가 다음 조건을 만족시킨다.

> (가) 집합 X의 모든 원소 x에 대하여
> $\{f(x)+x^2-5\} \times \{f(x)+4x\}=0$이다.
> (나) $f(0) \times f(1) \times f(2) < 0$

$f(-3)+f(-2)+f(-1)+f(0)+f(1)+f(2)$의 값을 구하시오.

04 학평

집합 $X=\{x \mid 0 \le x \le 4\}$에 대하여 X에서 X로의 함수

$$f(x)=\begin{cases} ax^2+b & (0 \le x < 3) \\ x-3 & (3 \le x \le 4) \end{cases}$$

가 일대일대응일 때, $f(1)$의 값은? (단, a, b는 상수이다.)

① $\dfrac{7}{3}$ ② $\dfrac{8}{3}$ ③ 3

④ $\dfrac{10}{3}$ ⑤ $\dfrac{11}{3}$

05 idea

집합 $X=\{1, 2, 3, \ldots, n\}$에 대하여 X에서 X로의 두 함수 f, g가 각각 항등함수, 상수함수이다.
$f(n) \times \{g(1)+g(2)+g(3)+\cdots+g(n)\}=768$일 때,
$g(n) \times \{f(1)-f(2)+f(3)-f(4)+\cdots+(-1)^{n+1}f(n)\}$
의 값은? (단, n은 자연수이다.)

① -24 ② -12 ③ 0

④ 12 ⑤ 24

06

두 집합 $A=\{1, 2, 3\}$, $B=\{3, 4, 5\}$에 대하여 함수 $f : A \longrightarrow B$가 다음 조건을 만족시킬 때, $a+b$의 값을 구하시오. (단, a, b는 상수이고, $a>0$이다.)

> (가) 집합 A의 임의의 두 원소 x_1, x_2에 대하여 $x_1 \ne x_2$이면
> $f(x_1) \ne f(x_2)$이다.
> (나) 집합 A의 임의의 원소 x에 대하여 $f(x)=ax^2-bx+10$
> 이다.

07 서술형

두 집합

$$X=\{x\,|\,x는 5 \text{ 이하의 자연수}\},$$
$$Y=\{y\,|\,y는 10 \text{ 이하의 홀수인 자연수}\}$$

에 대하여 함수 $f:X \longrightarrow Y$가 다음 조건을 만족시킨다.
$f(4)f(5)$의 최댓값을 M, 최솟값을 m이라 할 때, $M+m$의 값을 구하시오.

> (가) 집합 X의 임의의 두 원소 x_1, x_2에 대하여 $x_1 \neq x_2$이면
> $f(x_1) \neq f(x_2)$이다.
> (나) $f(1)=5$
> (다) $|f(4)-f(3)|=2$

합성함수

08

집합 $X=\{x\,|\,x는 10 \text{ 이하의 짝수인 자연수}\}$에 대하여 X에서 X로의 함수 f가 다음 조건을 만족시킬 때, $f(8)+f(10)$의 값은?

> (가) 집합 X의 임의의 원소 x에 대하여 $f(x)<2x$이다.
> (나) 집합 X의 임의의 두 원소 x_1, x_2에 대하여 $f(x_1)=f(x_2)$
>   이면 $x_1=x_2$이다.
> (다) $(f \circ f)(4)=8$

① 8   ② 10   ③ 12
④ 14   ⑤ 16

09

세 집합 $X=\{0,1\}$, $Y=\{1,2,3\}$, $Z=\{3,4,5,6\}$에 대하여 두 함수 f, g가 $f:X \longrightarrow Y$, $g:Y \longrightarrow Z$일 때, 함수 $g \circ f:X \longrightarrow Z$가 상수함수가 되도록 하는 두 함수 f, g의 모든 순서쌍 (f, g)의 개수는?

① 280   ② 282   ③ 284
④ 286   ⑤ 288

10 학평

집합 $X=\{1,2,3,4\}$에 대하여 함수 $f:X \longrightarrow X$가 다음 조건을 만족시킨다.

> (가) 집합 X의 모든 원소 x에 대하여 $x+f(f(x)) \leq 5$이다.
> (나) 함수 f의 치역은 $\{1,2,4\}$이다.

보기에서 옳은 것만을 있는 대로 고른 것은?

> **보기**
> ㄱ. $f(f(4))=1$
> ㄴ. $f(3)=4$
> ㄷ. 가능한 함수 f의 개수는 4이다.

① ㄱ   ② ㄱ, ㄴ   ③ ㄱ, ㄷ
④ ㄴ, ㄷ   ⑤ ㄱ, ㄴ, ㄷ

11 서술형

두 함수

$$f(x)=kx^2-2k^2x+k^3+k^2+4k-2,$$
$$g(x)=x^2-x-6$$

이 모든 실수 x에 대하여 $(g\circ f)(x)>0$이 되도록 하는 실수 k의 값의 범위를 구하시오.

12

함수 $y=f(x)$의 그래프가 그림과 같을 때, 직선 $mx-y-m+1=0$이 함수 $y=(f\circ f)(x)$의 그래프와 만나지 않도록 하는 양수 m의 값의 범위를 구하시오.

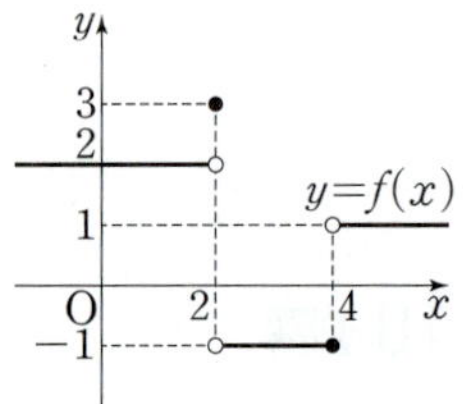

13

실수 전체의 집합에서 정의된 두 함수

$$f(x)=|x+2|+|x-2|,$$

$$g(x)=\begin{cases} x+3 & (x\leq-2) \\ -\dfrac{1}{2}x & (-2<x<2) \\ x-3 & (x\geq2) \end{cases}$$

에 대하여 $(f\circ g)(k)=4$를 만족시키는 정수 k의 개수를 구하시오.

14 학평

$0\leq x\leq2$에서 정의된 함수

$$f(x)=\begin{cases} 2x & (0\leq x<1) \\ -x+3 & (1\leq x\leq2) \end{cases}$$

에 대하여 합성함수 $y=(f\circ f)(x)$의 그래프와 직선 $y=\dfrac{1}{2}x+1$의 교점의 개수는?

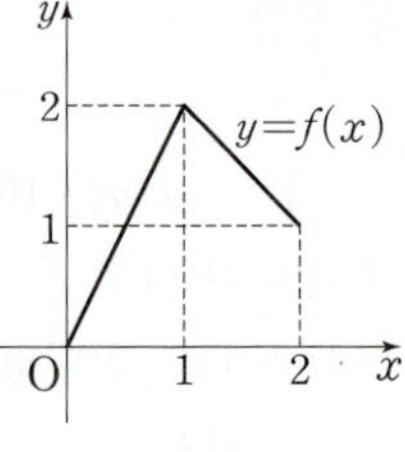

① 1   ② 2   ③ 3
④ 4   ⑤ 5

15 학평

실수 전체의 집합에서 정의된 함수

$$f(x)=\begin{cases} 2x+2 & (x<2) \\ x^2-7x+16 & (x\geq2) \end{cases}$$

에 대하여 $(f\circ f)(a)=f(a)$를 만족시키는 모든 실수 a의 값의 합을 구하시오.

16

그림과 같이 한 변의 길이가 4인 정사각형 ABCD가 있다. 정사각형 ABCD 위의 점 P는 점 B에서 출발하여 두 점 C, D를 거쳐 점 A까지 화살표 방향으로 변을 따라 움직인다. 점 P가 움직인 거리가

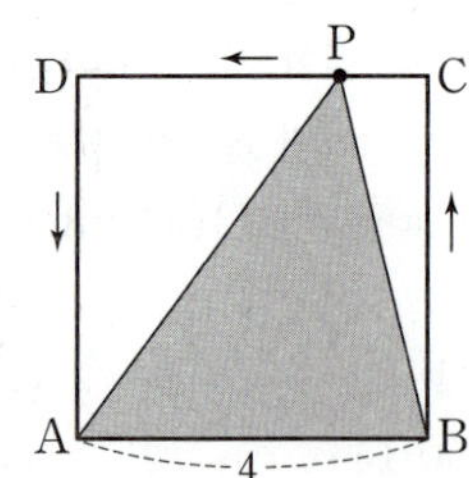

$x(0<x<12)$일 때, 삼각형 ABP의 넓이를 $f(x)$라 하자. 이때 방정식 $(f\circ f)(x)=f(x)+1$의 모든 실근의 합을 구하시오.

역함수

17

집합 $X=\{1,\ 2,\ 3,\ 4\}$에서 X로의 함수 f에 대하여 f의 역함수가 존재하고, $(f\circ f)(2)=1$, $f(3)=f^{-1}(3)$일 때, $f(1)-2f(2)+3f(3)$의 값을 구하시오.

18 학평

두 집합 $X=\{1,\ 2,\ 3,\ 4\}$, $Y=\{2,\ 4,\ 6,\ 8\}$에 대하여 함수 $f:X\longrightarrow Y$가 다음 조건을 만족시킨다.

> (가) 함수 f는 일대일대응이다.
> (나) $f(1)\neq2$
> (다) 등식 $\dfrac{1}{2}f(a)=(f\circ f^{-1})(a)$를 만족시키는 a의 개수는 2이다.

$f(2)\times f^{-1}(2)$의 값을 구하시오.

19

집합 $S=\{1,\ 2,\ 3,\ 4\}$의 공집합이 아닌 두 부분집합 X, Y에 대하여 $X\cap Y=\varnothing$일 때, 함수 $f:X\longrightarrow Y$ 중에서 역함수가 존재하는 함수 f의 개수는?

① 6   ② 12   ③ 18
④ 24   ⑤ 30

20 학평

집합 $X=\{1,\ 2,\ 3,\ 4,\ 5,\ 6\}$에 대하여 다음 조건을 만족시키는 함수 $f:X\longrightarrow X$의 개수를 구하시오.

> (가) $x_1\in X$, $x_2\in X$인 임의의 x_1, x_2에 대하여 $1\leq x_1<x_2\leq4$이면 $f(x_1)>f(x_2)$이다.
> (나) 함수 f의 역함수가 존재하지 않는다.

21 학평

세 집합
$$X=\{1,\ 2,\ 3,\ 4\},\ Y=\{2,\ 3,\ 4,\ 5\},\ Z=\{3,\ 4,\ 5\}$$
에 대하여 두 함수 $f:X\longrightarrow Y$, $g:Y\longrightarrow Z$가 다음 조건을 만족시킨다.

> (가) 함수 f는 일대일대응이다.
> (나) $x\in(X\cap Y)$이면 $g(x)-f(x)=1$이다.

보기에서 옳은 것만을 있는 대로 고른 것은?

> **보기**
> ㄱ. 함수 $g\circ f$의 치역은 Z이다.
> ㄴ. $f^{-1}(5)\geq2$
> ㄷ. $f(3)<g(2)<f(1)$이면 $f(4)+g(2)=6$이다.

① ㄱ   ② ㄱ, ㄴ   ③ ㄱ, ㄷ
④ ㄴ, ㄷ   ⑤ ㄱ, ㄴ, ㄷ

22

함수 f의 역함수 f^{-1}가 존재하고, 임의의 두 실수 x, y에 대하여

$$f(x+y)=f(x)+f(y)$$

를 만족시킬 때, 보기에서 옳은 것만을 있는 대로 고르시오.

[보기]
ㄱ. $f(2)=3$이면 $f^{-1}(9)=6$이다.
ㄴ. $f^{-1}(x+y)=f^{-1}(x)+f^{-1}(y)$
ㄷ. $f(f(2x+3y))=2f(f(x))+3f(f(y))$

23

두 함수 $f(x)$, $g(x)$에 대하여

$$f(x)=3x-2, \quad f^{-1}(x)=g\left(\frac{1}{6}x+2\right)$$

일 때, 함수 $y=g(x)$의 그래프와 x축 및 y축으로 둘러싸인 도형의 넓이는?

① $\dfrac{7}{3}$ ② $\dfrac{23}{9}$ ③ $\dfrac{25}{9}$

④ 3 ⑤ $\dfrac{29}{9}$

24 idea

함수 $f(x)=-x^2+12 \ (x\leq 0)$의 그래프와 역함수 $y=f^{-1}(x)$의 그래프의 교점을 A라 하고, 점 B$(8,\ -2)$를 지나고 기울기가 -1인 직선과 함수 $y=f(x)$의 그래프의 교점을 C라 할 때, 삼각형 ABC의 넓이를 구하시오.

25 서술형

실수 전체의 집합 R에서 R로의 함수

$$f(x)=\begin{cases} \dfrac{1}{2}x-2 & (x<2) \\ kx-7 & (x\geq 2) \end{cases}$$

의 역함수가 존재할 때, 집합 $\{x \mid \{f(x)\}^2=f(x)f^{-1}(x)\}$의 모든 원소의 곱을 구하시오.

26

함수 $f(x)=\begin{cases} -2x^2+8x+k-9 & (x<2) \\ x^2-4x+3+k & (x\geq 2) \end{cases}$의 역함수를 $g(x)$라 할 때, 집합 $\{x \mid f(x)=g(x)\}$의 원소의 개수가 3이 되도록 하는 실수 k의 값의 범위는 $p<k<q$이다. 이때 $p+q$의 값을 구하시오.

27 idea

함수 $f(x)=x^3-2x^2+6x$에 대하여 방정식

$$f^{-1}(x)-\frac{1}{k}x=0$$의 서로 다른 실근의 개수가 1이 되도록 하는 모든 자연수 k의 값의 합을 구하시오.

STEP 3 최고난도 문제

01

다항함수 f가 임의의 두 실수 x, y에 대하여
$$\{f(xy)\}^2 = f(x^2)f(y^2)$$
을 만족시킬 때, 보기에서 항상 옳은 것만을 있는 대로 고른 것은?

보기
ㄱ. $f(0)=0$
ㄴ. f가 일차함수이면 이 함수의 그래프는 원점을 지난다.
ㄷ. $f(1)=10^2$, $f(10)=10^5$이면 $f(100)=10^8$이다.

① ㄱ   ② ㄴ   ③ ㄱ, ㄴ
④ ㄴ, ㄷ   ⑤ ㄱ, ㄴ, ㄷ

02

자연수 전체의 집합에서 정의된 함수 $f(x)$가
$$f(x) = \begin{cases} f(f(x+2k)) & (x<20) \\ x-k & (x\ge 20) \end{cases}$$
일 때, $f(12)=18$을 만족시키는 모든 자연수 k의 값의 곱을 구하시오.

03 학평

집합 $X=\{1,\,2,\,3,\,4,\,5,\,6,\,7,\,8,\,9\}$에 대하여 두 함수 $f:X\longrightarrow X$, $g:X\longrightarrow X$가 다음 조건을 만족시킨다.

(가) $f(1)=8$, $f(3)\ne 6$
(나) 함수 $(g\circ f)(x)$는 항등함수이다.
(다) 집합 X의 모든 원소 x에 대하여 $f(x)+g(x)$의 값은 일정하다.

$(f\circ f\circ f)(7)$의 값은?

① 3   ② 4   ③ 5
④ 6   ⑤ 7

04 idea

두 함수
$$f(x)=x^3+3x^2+px+q, \quad g(x)=x^2+2x-2$$
에 대하여 두 집합 $A=\{x\,|\,(g\circ f)(x)=0\}$, $B=\{x\,|\,g(x)=0\}$이 있다. $B\subset A$일 때, 정수 p, q에 대하여 $p+q$의 최댓값은?

① -7 ② -5 ③ -3
④ -1 ⑤ 1

05

함수 $f(x)=|x-1|-2$에 대하여
$$f^1=f,\ f^{n+1}=f\circ f^n\ (n\text{은 자연수})$$
으로 정의할 때, 함수 $y=f^n(x)$의 그래프와 x축으로 둘러싸인 도형의 넓이를 $S(n)$이라 하자. $S(n)=199$일 때, n의 값을 구하시오.

06

함수 $f(x)=|x+1|-|x-4|+2|x-6|-k$에 대하여 두 함수 $y=f(x)$, $y=(f\circ f)(x)$의 그래프가 무수히 많은 점에서 만나도록 하는 모든 자연수 k의 값의 합은?

① 41   ② 42   ③ 43

④ 44   ⑤ 45

07 학평

실수 전체의 집합에서 정의된 함수 $f(x)$가 다음 조건을 만족시킨다.

(가) $f(x)=\begin{cases} 2 & (0\le x<2) \\ -2x+6 & (2\le x<3) \\ 0 & (3\le x\le 4) \end{cases}$

(나) 모든 실수 x에 대하여 $f(-x)=f(x)$이고 $f(x)=f(x-8)$이다.

실수 전체의 집합에서 정의된 함수
$$g(x)=\begin{cases} \dfrac{|x|}{x}+n & (x\ne 0) \\ n & (x=0) \end{cases}$$

에 대하여 함수 $(f\circ g)(x)$가 상수함수가 되도록 하는 60 이하의 자연수 n의 개수는?

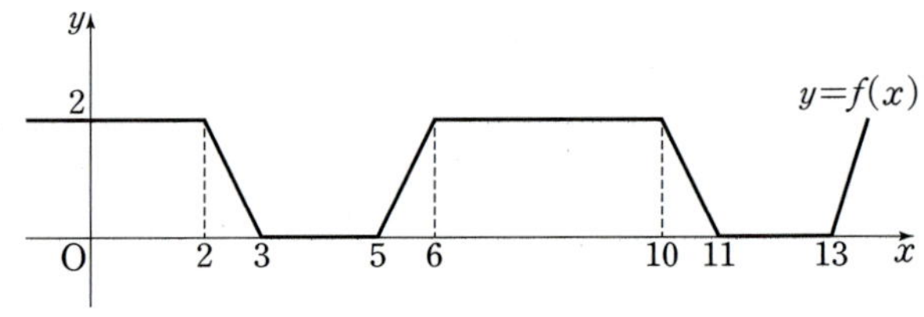

① 30   ② 32   ③ 34

④ 36   ⑤ 38

08

집합 $S=\{x\,|\,1\le x\le 65,\ x$는 7의 배수$\}$의 부분집합 X와
두 집합 $Y=\{x\,|\,0\le x\le 4,\ x$는 정수$\}$,
$Z=\{x\,|\,0\le x\le 3,\ x$는 정수$\}$에 대하여
두 함수 $f:X\longrightarrow Y,\ g:Y\longrightarrow Z$는 각각 다음과 같이 정의된다.

  '$f(x)$는 x를 5로 나눈 나머지'
  '$g(x)$는 x를 4로 나눈 나머지'

함수 $g\circ f$의 역함수가 존재하도록 하는 집합 X의 개수를 a, 집합 X의 원소의 합의 최솟값을 b라 할 때, $a+b$의 값은?

① 90 ② 92 ③ 94
④ 96 ⑤ 98

09 idea

함수 $f(x)=mx+n$의 그래프가 점 $(a,\ a)\,(a>0)$를 지나고, 함수 $g(x)$를

$$g(x)=\begin{cases} f^{-1}(x) & (x<a) \\ f(x) & (x\ge a) \end{cases}$$

로 정의할 때, 함수 $h(x)=x+a$에 대하여 방정식 $(g\circ h)(x)=(h\circ g)(x)$의 서로 다른 실근의 개수를 구하시오. (단, $m,\ n$은 상수이고, $0<m<1$이다.)

10 학평

최고차항의 계수가 양수인 이차함수 $f(x)$에 대하여 함수 $g(x)$를 다음과 같이 정의하자.

$$g(x)=\begin{cases} -x+4 & (x<-2) \\ f(x) & (-2\le x\le 1) \\ -x-2 & (x>1) \end{cases}$$

함수 $g(x)$의 치역이 실수 전체의 집합이고 함수 $g(x)$의 역함수가 존재할 때, 보기에서 옳은 것만을 있는 대로 고른 것은?

보기
> ㄱ. $f(-2)+f(1)=3$
> ㄴ. $g(0)=-1$, $g(1)=-3$이면 곡선 $y=f(x)$의 꼭짓점의 x좌표는 $\dfrac{5}{2}$이다.
> ㄷ. 곡선 $y=f(x)$의 꼭짓점의 x좌표가 -2이면 $g^{-1}(1)=0$이다.

① ㄱ ② ㄴ ③ ㄱ, ㄴ
④ ㄱ, ㄷ ⑤ ㄱ, ㄴ, ㄷ

01
○ 유리식

등식 $\dfrac{1}{2-\dfrac{1}{2-\dfrac{1}{x}}}=\dfrac{1}{ax+b}+c$를 만족시키는 유리수 a, b, c

에 대하여 $a+b+c$의 값은?

① $\dfrac{5}{3}$ ② $\dfrac{7}{3}$ ③ 3

④ $\dfrac{11}{3}$ ⑤ $\dfrac{13}{3}$

02
○ 유리식

자연수 n에 대하여 $f(n)=\dfrac{1}{4n^2-1}$일 때,

$f(1)+f(2)+f(3)+\cdots+f(50)=\dfrac{q}{p}$이다. 이때 서로소인

자연수 p, q에 대하여 $p+q$의 값을 구하시오.

03
○ 유리함수의 그래프

함수 $y=\dfrac{p}{x+4}-2$의 그래프가 모든 사분면을 지나도록 하는

정수 p의 최솟값은?

① 7   ② 8   ③ 9

④ 10   ⑤ 11

04 학평
○ 유리함수의 그래프의 점근선

유리함수 $f(x)=\dfrac{4}{x-a}-4\,(a>1)$에 대하여 좌표평면에서

함수 $y=f(x)$의 그래프가 x축, y축과 만나는 점을 각각 A, B라 하고 함수 $y=f(x)$의 그래프의 두 점근선이 만나는 점을 C라 하자. 사각형 OBCA의 넓이가 24일 때, 상수 a의 값은? (단, O는 원점이다.)

① 3   ② $\dfrac{7}{2}$ ③ 4

④ $\dfrac{9}{2}$ ⑤ 5

05
○ 유리함수의 그래프의 점근선

두 함수 $y=\dfrac{-ax+2}{x-3}$, $y=\dfrac{x-3}{x-a}$의 그래프의 점근선으로 둘러싸인 도형의 넓이가 21 이상일 때, 양수 a의 값의 범위를 구하시오.

06
○ 유리함수의 그래프의 대칭성

함수 $y=\dfrac{ax+b}{x+c}$의 그래프가 점 $(-1,\ 1)$을 지나고 두 직선 $y=x+9$, $y=-x-1$에 대하여 대칭일 때, $a+b-c$의 값은? (단, a, b, c는 상수이다.)

① 4   ② 5   ③ 6

④ 7   ⑤ 8

07 서술형 　　　●유리함수의 그래프와 직선의 위치 관계

함수 $y=\dfrac{2x+3}{x-1}$ 의 그래프와 직선 $y=mx+2$ 가 만나지 않도록 하는 상수 m 의 값의 범위를 구하시오.

08 　　　●유리함수의 그래프의 활용

함수 $y=\dfrac{3x-4}{x+2}$ 의 그래프와 직선 $y=-x+k$ 의 두 교점을 A, B라 할 때, $\overline{\mathrm{AB}}=4\sqrt{6}$ 이 되도록 하는 모든 상수 k 의 값의 곱은?

① -5 　　　② -6 　　　③ -7
④ -8 　　　⑤ -9

09 　　　●유리함수의 합성

함수 $f(x)=\dfrac{2x-4}{7x+4}$ 에 대하여

$$f^1=f,\ f^{n+1}=f\circ f^n\ (n\text{은 자연수})$$

으로 정의할 때, $f^{999}(-1)-f^{1000}(-1)$ 의 값은?

① -4 　　　② -3 　　　③ -2
④ -1 　　　⑤ 0

10 　　　●유리함수의 합성

함수 $f(x)=\dfrac{x-1}{x}$ 에 대하여

$$f^1=f,\ f^{n+1}=f\circ f^n\ (n\text{은 자연수})$$

으로 정의할 때, 보기에서 옳은 것만을 있는 대로 고르시오.

---보기---

ㄱ. 함수 $y=f^2(x)$ 의 그래프는 점 $(0, 1)$ 을 지난다.

ㄴ. $f^{11}(x)=\dfrac{px+q}{rx-1}$ 라 할 때, $p+q+r=0$ 이다.

　　　　　　　　 (단, $p,\ q,\ r$ 는 상수이다.)

ㄷ. 함수 $f^{24}(x)$ 는 항등함수이다.

11 　　　●유리함수의 역함수

함수 $f(x)=\dfrac{2x+k}{-3x-1}$ 에 대하여 $f^{-1}(x)=(f\circ f)(x)$ 일 때, 상수 k 의 값은?

① 1 　　　② $\dfrac{4}{3}$ 　　　③ $\dfrac{5}{3}$

④ 2 　　　⑤ $\dfrac{7}{3}$

12 　　　●유리함수의 역함수

함수 $f(x)=\dfrac{3x+n}{x+m}$ 이 다음 조건을 모두 만족시키도록 하는 상수 $m,\ n$ 에 대하여 $m+n$ 의 값을 구하시오.

⑦ 함수 $y=f(x)$ 의 그래프를 평행이동하면 함수 $y=-\dfrac{2}{x}$ 의 그래프와 일치한다.

⑭ 3 이 아닌 모든 실수 x 에 대하여 $f^{-1}(x)=f(x-4)-4$ 이다.

유리식

01

세 실수 a, b, c에 대하여 $\dfrac{a+2b}{3c}=\dfrac{2b+3c}{a}=\dfrac{3c+a}{2b}$일 때,

$\dfrac{a^3+8b^3+27c^3}{abc}$의 값은? (단, $a+2b+3c\neq0$)

① 18   ② 19   ③ 20

④ 21   ⑤ 22

02

$\dfrac{12m+36}{2m^2+3m}-\dfrac{12m+24}{2m^2+11m+15}+\dfrac{24}{4m^2+16m+15}$의 값이 자연수가 되도록 하는 모든 자연수 m의 값의 합은?

① 3   ② 4   ③ 5

④ 6   ⑤ 7

유리함수의 그래프

03

함수 $f(x)=\dfrac{bx+c}{x-a}$가 다음 조건을 만족시킨다. $2\leq x\leq4$에서 함수 $f(x)$의 최댓값을 M, 최솟값을 m이라 할 때, $M+3m$의 값을 구하시오. (단, a, b, c는 상수이다.)

> (가) 양의 실수 α에 대하여 두 점 $(1-\alpha, f(1-\alpha))$, $(1+\alpha, f(1+\alpha))$의 중점의 좌표는 $(1, 2)$이다.
> (나) 함수 $y=f(x)$의 그래프는 점 $(0, 1)$을 지난다.

04

정의역이 $\{x|2\leq x\leq3\}$인 함수 $f(x)=\dfrac{ax-b}{3x-1}$에 대하여 역함수 $f^{-1}(x)$의 정의역이 $\{x|2\leq x\leq5\}$이다. 이때 상수 a, b에 대하여 $a+b$의 값을 모두 구하시오.

05 서술형

정의역이 $\{x|x\geq1\}$인 함수 $f(x)=\dfrac{4x+k}{x+1}$의 치역을 집합 X라 할 때, X의 원소 중 정수의 개수가 8이 되도록 하는 모든 정수 k의 값의 합을 구하시오.

06 학평

두 양수 a, k에 대하여 함수 $f(x)=\dfrac{k}{x}$의 그래프 위의 두 점 $\mathrm{P}(a, f(a))$, $\mathrm{Q}(a+2, f(a+2))$가 다음 조건을 만족시킬 때, k의 값은?

> (가) 직선 PQ의 기울기는 -1이다.
> (나) 두 점 P, Q를 원점에 대하여 대칭이동한 점을 각각 R, S라 할 때, 사각형 PQRS의 넓이는 $8\sqrt{5}$이다.

① $\dfrac{5}{2}$ ② 3   ③ $\dfrac{7}{2}$

④ 4   ⑤ $\dfrac{9}{2}$

07

함수 $f(x) = \dfrac{cx+d}{ax+b}$의 그래프가 다음 조건을 만족시킬 때, -20 이상 20 이하의 정수 a, b, c, d에 대하여 $a+b+c+d$의 최솟값은? (단, $ad-bc \neq 0$, $a \neq 0$)

> (가) 점근선의 방정식은 $x=1$, $y=-3$이다.
> (나) 제1, 2, 3, 4사분면을 모두 지난다.

① -38 ② -36 ③ -34

④ -32 ⑤ -30

08

두 집합

$$A = \left\{ (x, y) \,\middle|\, y = \left| \frac{x+k}{x-5} \right| \right\}, \quad B = \{ (x, y) \mid y = x+1 \}$$

에 대하여 $n(A \cap B) = 3$이 되도록 하는 정수 k의 개수는?

(단, $k > -5$)

① 11   ② 12   ③ 13

④ 14   ⑤ 15

유리함수의 그래프의 활용

09 학평

$\overline{AB} = \overline{BC} = \overline{CD} = 2$, $\overline{AD} = 3$인 등변사다리꼴 ABCD에서 선분 BC 위를 움직이는 점을 E, 직선 AE와 직선 CD의 교점을 F라 하자. 점 C와 점 E 사이의 거리를 x $(0 \leq x \leq 2)$, 점 C와 점 F 사이의 거리를 $f(x)$라 할 때, 함수 $y = f(x)$의 그래프의 개형으로 알맞은 것은?

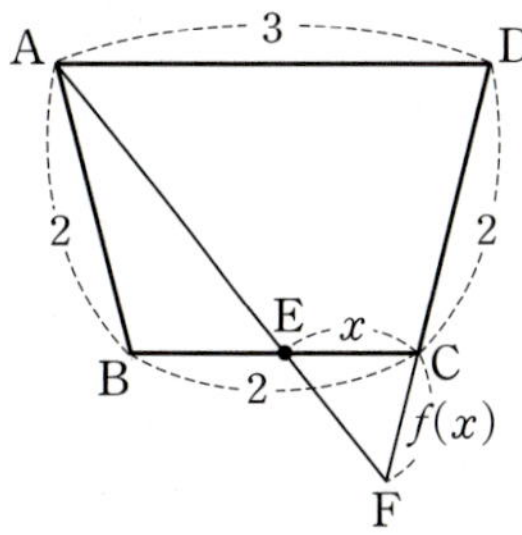

① 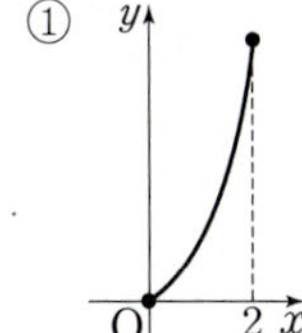 ② 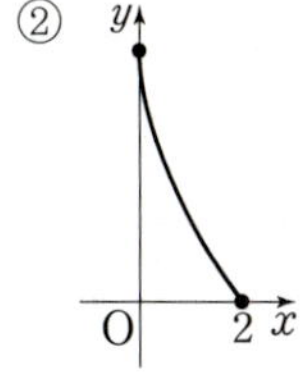 ③ 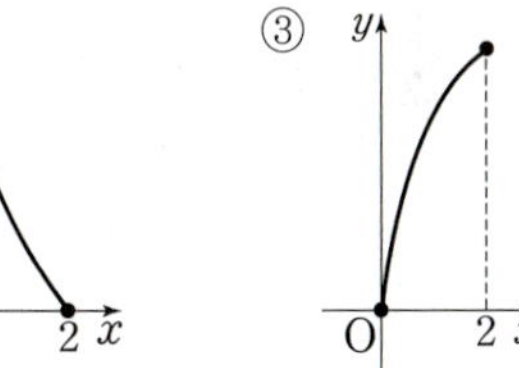

④ 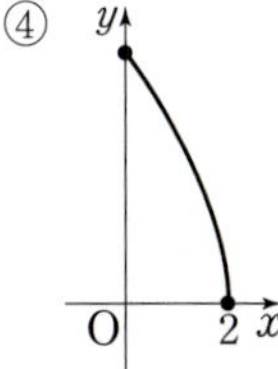 ⑤ 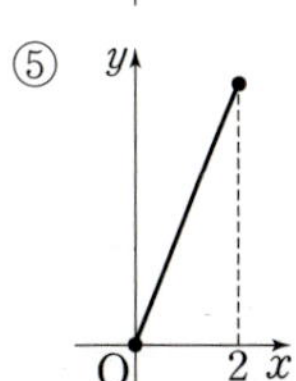

10

그림과 같이 함수 $y=\dfrac{3}{x}\,(x>0)$의 그래프 위의 한 점 P에 대하여 $\overline{\mathrm{OP}}=\overline{\mathrm{PQ}}$가 되도록 하는 제1사분면 위의 점을 Q라 하자. 점 Q를 지나고 x축에 평행한 직선이 함수 $y=\dfrac{3}{x}$의 그래프와 만나는 점을 A, y축과 만나는 점을 B라 하고, 점 Q를 지나고 y축에 평행한 직선이 함수 $y=\dfrac{3}{x}$의 그래프와 만나는 점을 C, x축과 만나는 점을 D라 할 때, 보기에서 옳은 것만을 있는 대로 고르시오.

(단, O는 원점이다.)

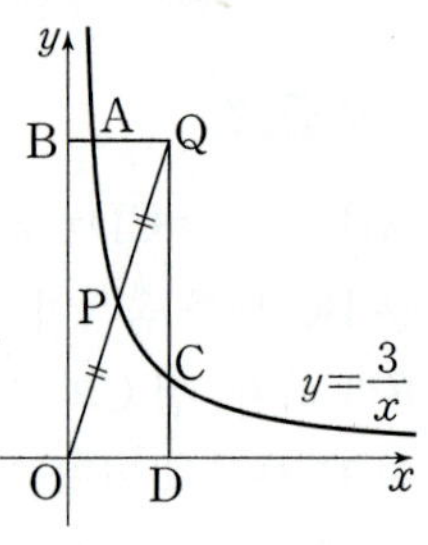

보기

ㄱ. 점 A는 선분 BQ를 1 : 3으로 내분한다.

ㄴ. 직선 AC의 기울기와 직선 BD의 기울기는 같다.

ㄷ. 직선 BD는 함수 $y=\dfrac{3}{x}\,(x>0)$의 그래프와 점 P에서 접한다.

11

함수 $f(x)=\dfrac{ax+b}{cx+d}$의 그래프가 두 직선 $y=x+\dfrac{5}{2}$, $y=-x+\dfrac{3}{2}$에 대하여 각각 대칭일 때, $f(-3)+f(-2)+f(-1)+f(0)+f(1)+f(2)$의 값을 구하시오. (단, a, b, c, d는 상수이고, $c\neq0$이다.)

12

정의역이 $\{x\,|\,x<0\}$인 함수 $y=-\dfrac{4}{x}$의 그래프 위의 한 점 P에서의 접선이 x축, y축과 만나는 점을 각각 A, B라 할 때, 보기에서 옳은 것만을 있는 대로 고른 것은?

(단, O는 원점이다.)

보기

ㄱ. $\overline{\mathrm{PA}}=\overline{\mathrm{PB}}$

ㄴ. 삼각형 OAB의 넓이는 4이다.

ㄷ. 선분 AB의 길이의 최솟값은 점 P의 x좌표가 -2일 때, $4\sqrt{2}$이다.

① ㄱ ② ㄱ, ㄴ ③ ㄱ, ㄷ

④ ㄴ, ㄷ ⑤ ㄱ, ㄴ, ㄷ

13

그림과 같이 함수 $f(x)=\dfrac{4x+k-8}{x-2}$의 그래프와 x축, y축이 만나는 점을 각각 A, B라 하고, 이 함수의 그래프의 두 점근선의 교점과 점 B를 지나는 직선이 함수 $y=f(x)$의 그래프와 만나는 점 B가 아닌 점을 P, 점 P에서 x축에 내린 수선의 발을 Q라 하자. 사각형 AQPB의 넓이가 자연수일 때, 상수 k의 값을 구하시오. (단, $3<k<8$)

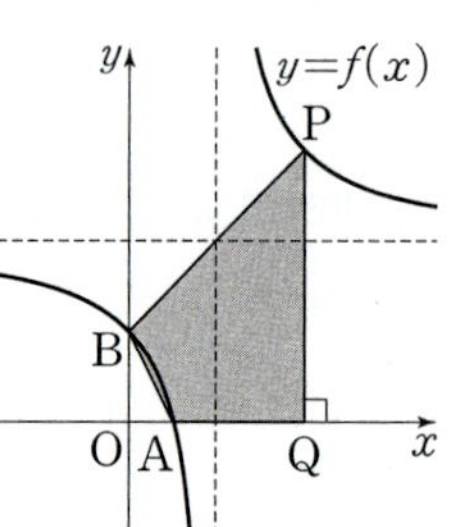

14

그림과 같이 함수 $y=\dfrac{2}{x}\,(x>0)$ 의 그래프 위의 한 점 P에서 x축, y축에 각각 평행한 직선을 그어 함수 $y=\dfrac{8}{x}\,(x>0)$ 의 그래프와 만나는 점을 각각 Q, R라 하자. 이때 점 P에서 직선 QR까지 거리의 최댓값을 구하시오.

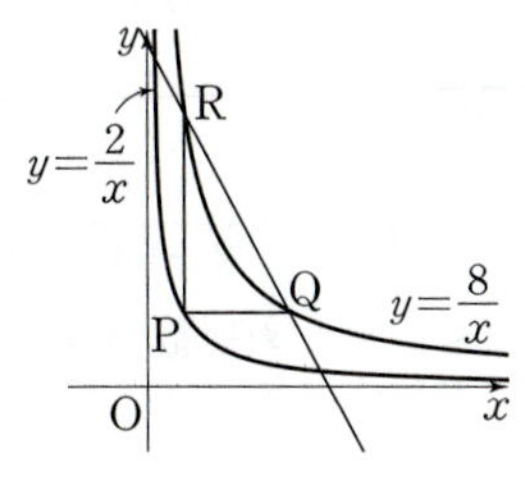

15

함수 $f(x)=\dfrac{k}{x-1}+9\,(k>0)$ 의 그래프 위의 점 중 x좌표가 1보다 큰 임의의 점 P에서 x축에 내린 수선의 발을 H라 하자. $\overline{\text{OH}}+\overline{\text{PH}}$ 의 최솟값이 삼각형 POH의 넓이의 최솟값의 $\dfrac{2}{3}$ 일 때, 양수 k의 값을 구하시오. (단, O는 원점이다.)

16

그림과 같이 점 A$(2, 3)$에 대하여 대칭인 유리함수 $y=f(x)$의 그래프가 점 A를 지나고 기울기가 $\dfrac{3}{2}$인 직선 l_1과 서로 다른 두 점 O, B에서 만난다. 유리함수 $y=f(x)$의 그래프가 점 A를 지나고 기울기가

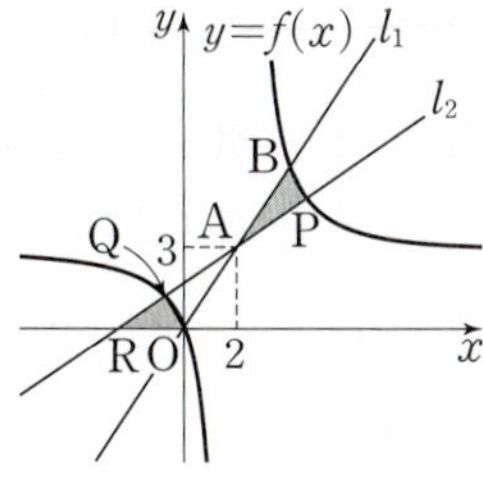

$m\left(0<m<\dfrac{3}{2}\right)$인 직선 l_2와 만나는 두 점을 P, Q라 하고, 직선 l_2와 x축이 만나는 점을 R라 하자. 삼각형 OQR의 넓이가 $\dfrac{5}{4}$이고 삼각형 APB의 넓이가 $\dfrac{5}{2}$일 때, 상수 m의 값을 구하시오. (단, O는 원점이고, 점 Q의 x좌표는 음수이다.)

17 학평

그림과 같이 점 A$(-2, 2)$와 곡선 $y=\dfrac{2}{x}$ 위의 두 점 B, C가 다음 조건을 만족시킨다.

> (가) 점 B와 점 C는 직선 $y=x$에 대하여 대칭이다.
> (나) 삼각형 ABC의 넓이는 $2\sqrt{3}$이다.

점 B의 좌표를 (α, β)라 할 때, $\alpha^2+\beta^2$의 값은? (단, $\alpha>\sqrt{2}$)

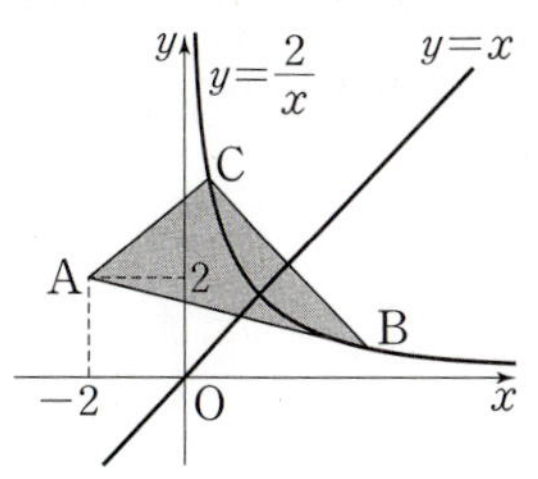

① 5   ② 6   ③ 7
④ 8   ⑤ 9

18

함수 $y=\dfrac{2}{x-3}+1\,(x>3)$의 그래프 위의 한 점 P와 두 점 A(3, 1), B(3, 0)에 대하여 직선 OA가 각 POB의 이등분선일 때, 선분 OP의 길이는? (단, O는 원점이다.)

① $\sqrt{21}$ ② $\sqrt{22}$ ③ $\sqrt{23}$

④ $2\sqrt{6}$ ⑤ 5

19 idea

그림과 같이 함수 $y=\dfrac{2}{x-3}$의 그래프 위의 한 점 P에서 x축과 평행한 직선을 그어 직선 $y=-x+3$과 만나는 점을 Q라 하고, 점 P에서 직선 $y=-x+3$에 내린 수선의 발을 R라 하자. 선분 PQ의 길이가 최소일 때, 삼각형 PQR의 넓이는?

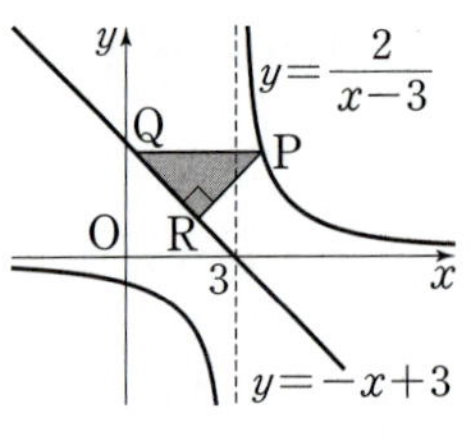

① $\sqrt{2}$ ② 2   ③ $2\sqrt{2}$

④ 4   ⑤ $4\sqrt{2}$

20

함수 $f(x)=\dfrac{3x}{2+|x-2|}$에 대하여 합성함수 $(f\circ f)(x)$가 $x\le a$에서 최댓값 3을 갖도록 하는 실수 a의 최솟값을 구하시오.

21

함수 $f(x)=\dfrac{ax+b}{2x+1}$에 대하여 $g(x)=f(x-3)+1$이고, $g(1)=4$, $g=g^{-1}$일 때, ab의 값을 구하시오.

(단, a, b는 상수이다.)

22 idea

함수 $f(x)$는 $x\neq\dfrac{1}{2}$인 실수 x에 대하여 $f\left(\dfrac{4x+3}{2x-1}\right)=2x$를 만족시킨다. 함수 $y=f(x)$의 그래프가 두 직선 $y=x+p$, $y=-x+q$에 대하여 대칭일 때, $p+q$의 값은?

(단, p, q는 상수이다.)

① -2 ② -1 ③ 0

④ 1   ⑤ 2

23 학평

함수 $f(x) = \dfrac{a}{x} + b\,(a \neq 0)$이 다음 조건을 만족시킨다.

> (가) 곡선 $y = |f(x)|$는 직선 $y = 2$와 한 점에서만 만난다.
> (나) $f^{-1}(2) = f(2) - 1$

$f(8)$의 값은? (단, a, b는 상수이다.)

① $-\dfrac{1}{2}$ ② $-\dfrac{1}{4}$ ③ 0

④ $\dfrac{1}{4}$ ⑤ $\dfrac{1}{2}$

24 idea

함수 $f(x) = \dfrac{2x-1}{x+1}$에 대하여

$$f^1 = f,\quad f^{n+1} = f \circ f^n \ (n\text{은 자연수})$$

으로 정의하자. $f^{30}(x) = f^6(x)$일 때, 함수 $y = f^{22}(x)$의 그래프의 점근선의 방정식은 $x = \alpha$, $y = \beta$이다. 이때 $\alpha + \beta$의 값을 구하시오.

25 서술형

$a < x \leq b$에서 함수 $f(x) = \dfrac{bx - 10a}{x - a}$의 최댓값이 $\dfrac{5}{3}$이다. 두 함수 $y = f(x)$, $y = f^{-1}(x)$의 그래프의 점근선으로 둘러싸인 도형의 넓이가 9일 때, $a + b$의 값을 구하시오. (단, $a < b$)

26

함수 $f(x) = \dfrac{3x}{2 + |x|}$에 대하여 보기에서 옳은 것만을 있는 대로 고른 것은?

> 보기
>
> ㄱ. 함수 $y = f(x)$의 그래프는 원점에 대하여 대칭이다.
> ㄴ. 모든 실수 x에 대하여 $|f(x)| > 3$이다.
> ㄷ. 두 함수 $y = f(x)$, $y = f^{-1}(x)$의 그래프로 둘러싸인 부분의 경계 및 내부에 포함되고, x좌표와 y좌표가 모두 정수인 점의 개수는 5이다.

① ㄱ ② ㄱ, ㄴ ③ ㄱ, ㄷ

④ ㄴ, ㄷ ⑤ ㄱ, ㄴ, ㄷ

27

함수 $f(x) = \dfrac{ax + b}{x + c}$의 역함수를 $g(x)$라 할 때, 함수 $y = g(x)$의 그래프의 두 점근선의 교점의 좌표는 $(4, -4)$이다. $g(3) = p$일 때, 두 함수 $y = f(x)$, $y = g(x)$의 그래프가 만나는 두 점 사이의 거리가 $4\sqrt{2}$가 되도록 하는 상수 p의 값을 구하시오. (단, a, b, c는 상수이다.)

28

함수 $f(x) = \dfrac{-3x - 2}{x + 2}$에 대하여 함수 $g(x)$를 $g(x) = |f^{-1}(x)|$라 하자. 방정식 $g(g(x)) = 1$의 서로 다른 실근의 개수를 n이라 할 때, 함수 $y = g(x)$의 그래프와 직선 $y = n + 1$이 만나는 모든 점의 x좌표의 합을 구하시오.

01 학평

두 함수

$$f(x)=-\frac{1}{x}+k, \quad g(x)=\frac{1}{x-1}-k$$

가 있다. 정수 k에 대하여 두 곡선 $y=f(x)$, $y=g(x)$의 교점 중 x좌표가 양수인 점의 개수를 $h(k)$라 하자. 등식 $h(k)+h(k+1)+h(k+2)=4$를 만족시키는 정수 k의 값은?

① -2 ② -1 ③ 0

④ 1 ⑤ 2

02

두 함수 $f(x)=\dfrac{|x+2|-1}{|x|}\ (x\neq0)$, $g(x)=mx-6m-3$의 그래프가 오직 한 점에서 만나도록 하는 음의 실수 m의 값의 집합이 $\{m\,|\,a<m<b$ 또는 $c<m<0\}$일 때, $48|a+b+c|$의 값을 구하시오. (단, a, b, c는 상수이다.)

03 idea

모든 실수 a에 대하여 함수 $f(x)=\dfrac{(12+a)x-a^2-12a+2}{x-a}$ 의 그래프와 중심이 $(a,\ a^2)$이고 반지름의 길이가 r인 원이 서로 다른 두 점에서 만날 때, r의 값은?

① 2 ② 4 ③ 6

④ 8 ⑤ 10

04

함수 $f(x)=\left|\dfrac{2x-5}{x-2}+a\right|$가 $2<x_1<x_2<3$인 어떤 실수 x_1, x_2에 대하여 $f(x_1)<4<f(x_2)$를 만족시킬 때, 정수 a의 최솟값은?

① 2 ② 3 ③ 4

④ 5 ⑤ 6

05 〔학평〕

함수 $f(x)$는 다음 조건을 만족시킨다.

> (가) $-2 \leq x \leq 2$에서 $f(x) = x^2 + 2$이다.
> (나) 모든 실수 x에 대하여 $f(x) = f(x+4)$이다.

두 함수 $y = f(x)$, $y = \dfrac{ax}{x+2}$의 그래프가 무수히 많은 점에서 만나도록 하는 정수 a의 값의 합은?

① 14 ② 16 ③ 18
④ 20 ⑤ 22

06

함수 $y = \dfrac{9}{x-1} + 2 \, (x > 1)$의 그래프 위의 한 점 P와 두 점 $A(-4, 0)$, $B(0, -2)$에 대하여 $\overline{PA}^2 + \overline{PB}^2$의 값이 최소일 때, 점 P의 x좌표와 y좌표의 합을 구하시오.

07

함수 $f(x) = \dfrac{x+19}{2x-p}$가 $f(2) < f(6) < f(4)$를 만족시키도록 하는 자연수 p의 최댓값을 M이라 하자. $p = M$일 때의 함수 $f(x)$와 함수 $g(x) = \dfrac{2x+6}{x+q}$에 대하여 $g(f(6)) < g(f(4)) < g(f(2))$를 만족시키는 자연수 q의 개수는?

① 3 ② 4 ③ 5
④ 6 ⑤ 7

08 〔학평〕

최고차항의 계수가 양수인 이차함수 $f(x)$와 $x < 5$에서 정의된 함수 $g(x) = 1 - \dfrac{2}{x-5}$가 있다. 3보다 작은 실수 t에 대하여 $t \leq x \leq t+2$에서 함수 $(f \circ g)(x)$의 최솟값을 $h(t)$라 할 때, $h(t)$는 다음 조건을 만족시킨다.

> (가) $h(t) = \begin{cases} f(g(t+2)) & (t < 1) \\ 6 & (1 \leq t < 3) \end{cases}$
> (나) $h(-1) = 7$

$f(5)$의 값을 구하시오.

01
● 무리식

$x=\dfrac{2}{\sqrt{3}-1}$일 때, $\dfrac{\sqrt{x}-1}{\sqrt{x}+1}+\dfrac{2\sqrt{x}}{\sqrt{x}-1}$의 값은?

① $\dfrac{9+2\sqrt{3}}{3}$　　② $3+\sqrt{3}$　　③ $\dfrac{9+4\sqrt{3}}{3}$

④ $\dfrac{9+5\sqrt{3}}{3}$　　⑤ $3+2\sqrt{3}$

02
● 무리함수의 그래프

함수 $y=\dfrac{cx+d}{ax+b}$의 그래프가 그림과 같을 때, 함수 $y=a\sqrt{bx+c}+d$의 그래프가 지나는 사분면은?

(단, $a,\ b,\ c,\ d$는 상수이고, $a<0$이다.)

① 제1사분면, 제2사분면
② 제1사분면, 제4사분면
③ 제2사분면, 제3사분면
④ 제2사분면, 제4사분면
⑤ 제1사분면, 제2사분면, 제4사분면

03
● 무리함수의 최대, 최소

$-5\le x\le -2$에서 정의된 두 함수
$$f(x)=a\sqrt{-x-2}+b,\ g(x)=-x+5$$
의 최댓값과 최솟값이 각각 같을 때, $f(k)=9$를 만족시키는 실수 k의 값을 구하시오. (단, $a,\ b$는 상수이고, $a>0$이다.)

04
학평
● 무리함수의 그래프와 직선의 위치 관계

함수 $y=5-2\sqrt{1-x}$의 그래프와 직선 $y=-x+k$가 제1사분면에서 만나도록 하는 모든 정수 k의 값의 합은?

① 11　　② 13　　③ 15
④ 17　　⑤ 19

05
● 무리함수의 그래프와 직선의 위치 관계

함수 $y=\sqrt{3x}$의 그래프와 직선 $y=3$의 교점을 P라 하고, 직선 $y=3$ 위의 한 점을 Q라 하자. 원점 O에 대하여 직선 OP와 x축의 양의 방향이 이루는 각을 직선 OQ가 이등분할 때, 삼각형 POQ의 넓이를 구하시오.

(단, 점 Q의 x좌표는 양수이다.)

06
학평
● 무리함수의 그래프의 활용

그림과 같이 $k>1$인 상수 k에 대하여 점 $\mathrm{A}(k,\ 0)$을 지나고 y축에 평행한 직선이 두 곡선 $y=\sqrt{x}$, $y=\sqrt{kx}$와 만나는 점을 각각 B, C라 하자. 삼각형 OBC의 넓이가 삼각형 OAB의 넓이의 2배일 때, 삼각형 OBC의 넓이는? (단, O는 원점이다.)

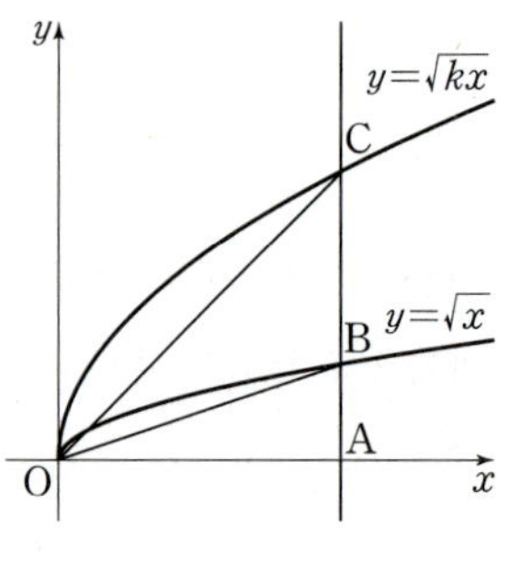

① 15　　② 18　　③ 21
④ 24　　⑤ 27

07
○ 무리함수의 그래프의 활용

함수 $f(x)=\sqrt{x+3}-3$에 대하여 좌표평면에 곡선 $y=f(x)$와 곡선 $y=f(x)$를 x축에 대하여 대칭이동한 곡선 $y=g(x)$가 있다. 두 곡선 $y=f(x)$, $y=g(x)$의 교점을 A, 직선 $x=k$가 두 곡선 $y=f(x)$, $y=g(x)$와 만나는 점을 각각 B, C라 하자. $\overline{BC}=4$일 때, 삼각형 ABC의 넓이는? (단, $k>6$)

① 28　　　　② 29　　　　③ 30
④ 31　　　　⑤ 32

08
○ 무리함수의 역함수

함수 $f(x)=\sqrt{-3x+a}+b$의 그래프와 역함수 $y=f^{-1}(x)$의 그래프가 점 $(2, 4)$에서 만날 때, $a+b$의 값을 구하시오.

(단, a, b는 상수이다.)

09
○ 무리함수의 역함수

함수 $f(x)=\sqrt{ax+4}-2$의 그래프와 역함수 $y=f^{-1}(x)$의 그래프가 두 점 P, Q에서 만난다. 선분 PQ의 중점의 x좌표가 $\dfrac{3}{2}$일 때, 양수 a의 값은?

① 7　　　　② 8　　　　③ 9
④ 10　　　　⑤ 11

10
○ 무리함수의 역함수

함수 $f(x)=\sqrt{2x-a}-b$의 그래프와 역함수 $y=f^{-1}(x)$의 그래프가 한 점에서 만날 때, 양수 a, b에 대하여 $32ab$의 최댓값은?

① 1　　　　② 2　　　　③ 3
④ 4　　　　⑤ 5

11 학평
○ 무리함수의 합성함수와 역함수

함수 $f(x)=\sqrt{3x-12}$가 있다. 함수 $g(x)$가 2 이상의 모든 실수 x에 대하여 $f^{-1}(g(x))=2x$를 만족시킬 때, $g(3)$의 값은?

① 2　　　　② $\sqrt{5}$　　　　③ $\sqrt{6}$
④ $\sqrt{7}$　　　　⑤ $2\sqrt{2}$

12
○ 무리함수의 합성함수와 역함수

$x>1$에서 정의된 두 함수

$$f(x)=\sqrt{2x-2}+1, \quad g(x)=\frac{2x-1}{x-1}$$

에 대하여 $(f \circ (g \circ f)^{-1} \circ f)(a)=\dfrac{4}{3}$를 만족시키는 실수 a의 값을 구하시오.

무리함수의 그래프

01

함수 $f(x)=\sqrt{|x-4|}$의 그래프와 직선 $g(x)=ax$가 서로 다른 두 점 P, Q에서 만난다. 두 점 P, Q의 x좌표를 각각 p, q라 할 때, $p+q$의 값을 구하시오. (단, a는 상수이다.)

02 학평

실수 전체의 집합에서 정의된 함수 f가

$$f(x)=\begin{cases} \dfrac{2x+3}{x-2} & (x>3) \\ \sqrt{3-x}+a & (x\leq3) \end{cases}$$

일 때, 함수 f는 다음 조건을 만족시킨다.

> (개) 함수 f의 치역은 $\{y|y>2\}$이다.
> (내) 임의의 두 실수 x_1, x_2에 대하여 $x_1\neq x_2$이면 $f(x_1)\neq f(x_2)$이다.

$f(2)f(k)=40$일 때, 상수 k의 값은? (단, a는 상수이다.)

① $\dfrac{3}{2}$ ② $\dfrac{5}{2}$ ③ $\dfrac{7}{2}$

④ $\dfrac{9}{2}$ ⑤ $\dfrac{11}{2}$

03 학평

좌표평면 위의 두 곡선
$$y=-\sqrt{kx+2k}+4, \quad y=\sqrt{-kx+2k}-4$$
에 대하여 보기에서 옳은 것만을 있는 대로 고른 것은?
(단, k는 0이 아닌 실수이다.)

> **보기**
> ㄱ. 두 곡선은 서로 원점에 대하여 대칭이다.
> ㄴ. $k<0$이면 두 곡선은 한 점에서 만난다.
> ㄷ. 두 곡선이 서로 다른 두 점에서 만나도록 하는 k의 최댓값은 16이다.

① ㄱ   ② ㄴ   ③ ㄱ, ㄴ

④ ㄱ, ㄷ   ⑤ ㄱ, ㄴ, ㄷ

04

함수 $f(x)=\begin{cases} \sqrt{-x-2}-5 & (x\leq-2) \\ 2x-1 & (-2<x<3) \\ -\sqrt{x-3}+5 & (x\geq3) \end{cases}$와 실수 t에 대하여

직선 $y=t$와 함수 $y=f(x)$의 그래프의 교점의 개수를 $g(t)$, 직선 $x=t$와 함수 $y=f(x)$의 그래프의 교점 중에서 y좌표가 양수인 점의 개수를 $h(t)$라 하자. 방정식 $g(t)+h(t)=4$를 만족시키는 정수 t의 개수는?

① 2   ② 4   ③ 6

④ 8   ⑤ 10

05

두 함수 $f(x)=\sqrt{-x+2}$, $g(x)=|x|$에 대하여 함수 $h(x)$를
$$h(x)=\frac{3}{2}\{f(x)+g(x)+|f(x)-g(x)|\}$$
라 하자. 함수 $y=h(x)$의 그래프와 직선 $y=k$의 교점의 개수를 $l(k)$라 할 때, $l(2)+l(3)+l(4)+l(5)$의 값은?

(단, k는 실수이다.)

① 3 ② 4 ③ 5
④ 6 ⑤ 7

06

함수 $f(x)=\sqrt{2x+4}-2$에 대하여 $g(x)$를
$g(x)=f(x-k)+k$라 할 때, 함수 $y=g(x)$의 그래프가 네 점 O(0, 0), A(3, 0), B(6, 3), C(3, 3)을 꼭짓점으로 하는 사각형 OABC의 네 변과 세 점에서 만나도록 하는 자연수 k의 값을 구하시오.

07 서술형

함수 $y=\sqrt{x-a}$의 그래프와 함수 $y=\dfrac{4x+13}{x+2}$의 그래프가 한 점에서 만나고, 함수 $y=\sqrt{x-a}$의 그래프와 직선 $y=\dfrac{1}{2}x+2$가 서로 다른 두 점에서 만나도록 하는 상수 a의 값의 범위를 구하시오.

08

두 함수 $y=\sqrt{2x+5}$, $y=x+|x-k|$의 그래프가 서로 다른 두 점에서 만나도록 하는 정수 k의 개수는?

① 3 ② 4 ③ 5
④ 6 ⑤ 7

09

실수 전체의 집합에서 정의된 함수 $f(x)$가 다음 조건을 만족시킬 때, 함수 $y=f(x)$의 그래프와 직선 $y=mx+2$의 교점의 개수가 6이 되도록 하는 양수 m의 값을 구하시오.

> (가) $-2\le x\le 2$에서 $f(x)=\sqrt{4-x^2}$이다.
> (나) 모든 실수 x에 대하여 $f(x)=f(-x)$, $f(x)=f(4-x)$이다.

무리함수의 그래프의 활용

10

두 함수 $y=\sqrt{x+3}-3$, $y=\sqrt{3-x}-3$의 그래프와 직선 $y=-3$으로 둘러싸인 부분에 내접하는 직사각형의 한 변이 직선 $y=-3$ 위에 있을 때, 이 직사각형의 둘레의 길이의 최댓값을 구하시오.

11

곡선 $y=\sqrt{-x+9}$가 x축과 만나는 점을 A, y축과 만나는 점을 B라 하고, 점 P가 제1사분면에서 곡선 $y=\sqrt{-x+9}$ 위를 움직일 때, 사각형 OAPB의 넓이의 최댓값을 구하시오.

(단, O는 원점이다.)

12 학평

함수 $f(x)=\begin{cases} \sqrt{x} & (x\geq0) \\ x^2 & (x<0) \end{cases}$의 그래프와 직선 $x+3y-10=0$

이 두 점 A$(-2,\ 4)$, B$(4,\ 2)$에서 만난다. 그림과 같이 주어진 함수 $y=f(x)$의 그래프와 직선으로 둘러싸인 부분의 넓이를 구하시오. (단, O는 원점이다.)

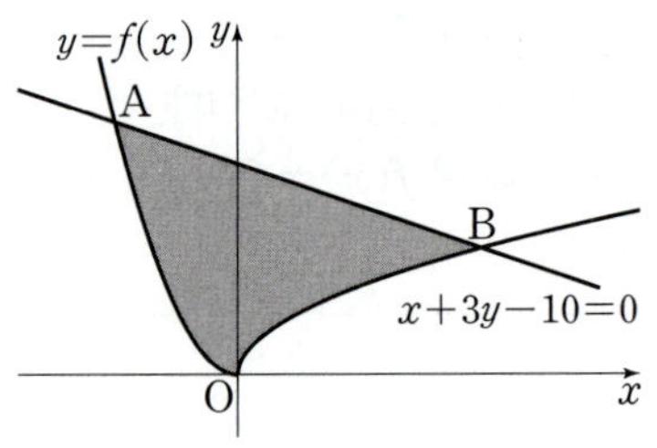

13

함수 $y=a\sqrt{|x|}\ (a>0)$의 그래프가 직선 $y=b\ (b>0)$와 만나는 두 점을 A, B라 하자. 삼각형 OAB가 정삼각형일 때, 이 정삼각형의 넓이는 ka^4이다. 이때 상수 k의 값은?

(단, O는 원점이다.)

① $\dfrac{\sqrt{3}}{18}$ ② $\dfrac{1}{9}$ ③ $\dfrac{\sqrt{2}}{9}$

④ $\dfrac{1}{6}$ ⑤ $\dfrac{\sqrt{3}}{9}$

14 idea

양수 t에 대하여 두 함수 $y=\sqrt{2x+t}-t$, $y=\sqrt{2x-t}+t$의 그래프에 동시에 접하는 직선을 l이라 하고, 접점을 각각 A, B라 하자. 삼각형 OAB의 넓이를 $S(t)$라 할 때, $S(t)=3$을 만족시키는 t의 값을 구하시오. (단, O는 원점이다.)

무리함수의 합성함수와 역함수

15

두 함수 $f(x)=\sqrt{3x+1}$, $g(x)=|x|$에 대하여 함수 $F(x)$는 다음 조건을 만족시킨다.

> ㈎ $-1\leq x\leq1$에서 $F(x)=(f\circ g)(x)$이다.
> ㈏ 모든 실수 x에 대하여 $F(x)=F(x+2)$이다.

$F^1(x)=F(x)$, $F^{n+1}(x)=(F\circ F^n)(x)$ $(n=1,\ 2,\ 3,\ \dots)$라 하자. $-4\leq a\leq4$인 정수 a와 자연수 k에 대하여 $F^1(a)+F^2(a)+F^3(a)+\cdots+F^k(a)$의 값이 11이 되도록 하는 a의 개수와 이때 k의 값의 합을 구하시오.

16

함수 $f(x)=\sqrt{2x-6}+\dfrac{k}{12}$ 의 그래프와 그 역함수 $y=f^{-1}(x)$ 의 그래프가 서로 다른 두 점에서 만나기 위한 정수 k의 개수는 m이고, 두 교점 사이의 거리의 최댓값은 n이다. 이때 m^2+n^2의 값을 구하시오.

17

그림과 같이 원 $(x-3)^2+(y-3)^2=8$이 함수 $f(x)=k\sqrt{x}\,(1\leq k<7)$의 그래프와 만나는 두 점을 A, B라 하고, 역함수 $y=f^{-1}(x)$의 그래프와 만나는 두 점을 C, D라 할 때, 보기에서 옳은 것만을 있는 대로 고른 것은?

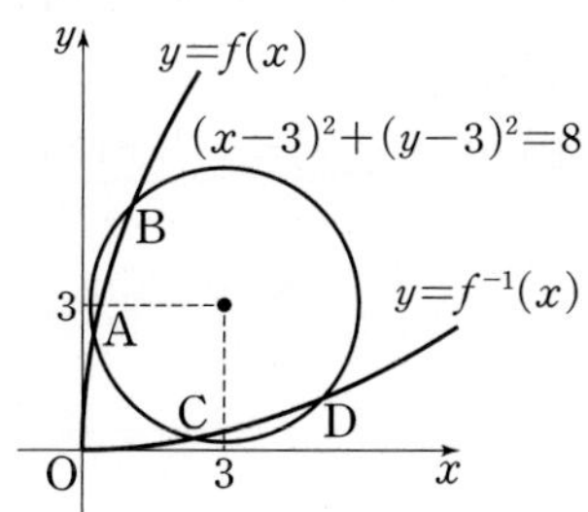

보기

ㄱ. 점 D의 좌표가 $(5, 1)$이면 $k=5$이다.

ㄴ. 점 A와 점 C가 일치하면 $k=1$이다.

ㄷ. 직선 AB의 기울기와 직선 CD의 기울기의 곱은 1이다.

① ㄱ   ② ㄴ   ③ ㄱ, ㄴ

④ ㄱ, ㄷ   ⑤ ㄱ, ㄴ, ㄷ

18

그림과 같이 함수 $f(x)=k\sqrt{x}\,(k>0)$의 그래프와 역함수 $y=f^{-1}(x)$의 그래프가 만나는 두 점 중 원점 O가 아닌 점을 P라 하자. 선분 OP를 3 : 1로 내분하는 점을 Q라 하고, 점 Q를 지나면서 x축에 평행한 직선이 함수 $y=f(x)$의 그래프와 만나는 점을 A, 점 Q를 지나면서 y축에 평행한 직선이 역함수 $y=f^{-1}(x)$의 그래프와 만나는 점을 B라 하자. 또 선분 OP를 1 : 3으로 내분하는 점을 R라 하고, 점 R를 지나면서 x축에 평행한 직선이 역함수 $y=f^{-1}(x)$의 그래프와 만나는 점을 C, 점 R를 지나면서 y축에 평행한 직선이 함수 $y=f(x)$의 그래프와 만나는 점을 D라 하자. 삼각형 ABQ와 삼각형 CDR의 넓이의 합이 $\dfrac{25}{2}$일 때, 양수 k의 값은?

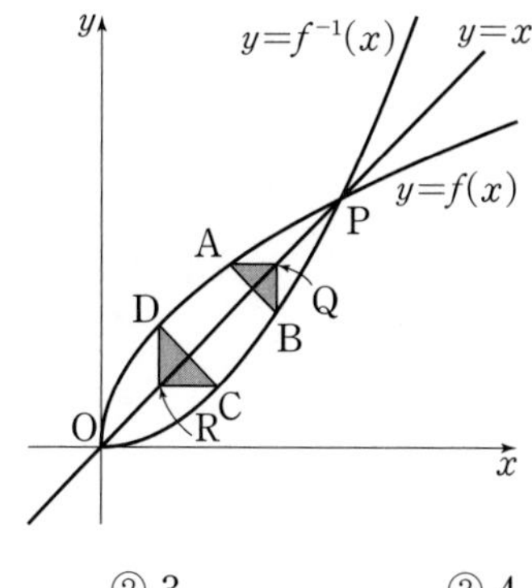

① 2   ② 3   ③ 4

④ 5   ⑤ 6

19 학평

무리함수 $f(x)=\sqrt{x-k}$에 대하여 좌표평면에 곡선 $y=f(x)$와 세 점 A(1, 6), B(7, 1), C(8, 9)를 꼭짓점으로 하는 삼각형 ABC가 있다. 곡선 $y=f(x)$와 함수 $f(x)$의 역함수의 그래프가 삼각형 ABC와 만나도록 하는 실수 k의 최댓값은?

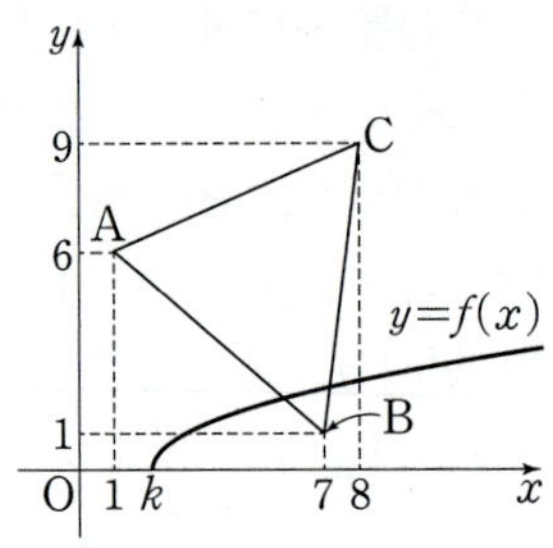

① 6　　　　② 5　　　　③ 4
④ 3　　　　⑤ 2

20 학평

그림과 같이 함수 $f(x)=\sqrt{2x+3}$의 그래프와 함수 $g(x)=\dfrac{1}{2}(x^2-3)\,(x\geq0)$의 그래프가 만나는 점을 A라 하자. 함수 $y=f(x)$의 그래프 위의 점 $\mathrm{B}\left(\dfrac{1}{2},\ 2\right)$를 지나고 기울기가 -1인 직선 l이 함수 $y=g(x)$의 그래프와 만나는 점을 C라 할 때, 삼각형 ABC의 넓이는?

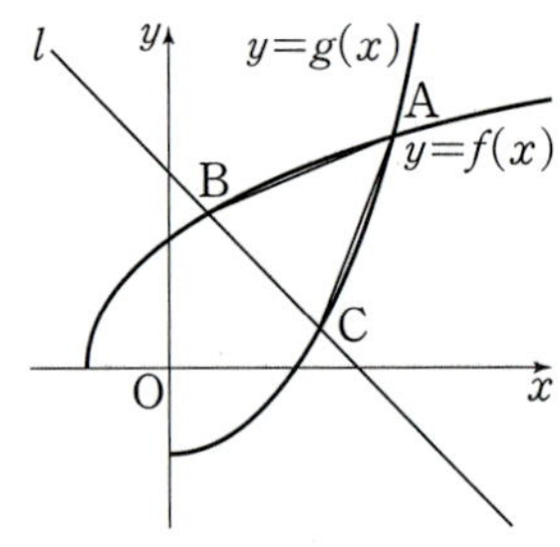

① $\dfrac{9}{4}$　　　　② $\dfrac{19}{8}$　　　　③ $\dfrac{5}{2}$
④ $\dfrac{21}{8}$　　　　⑤ $\dfrac{11}{4}$

21 서술형

그림과 같이 함수 $f(x)=-\sqrt{-x-3}$의 그래프 위의 점 A, 역함수 $y=f^{-1}(x)$의 그래프 위의 점 B, 직선 $y=x$ 위의 두 점 C, D에 대하여 사각형 ACBD가 정사각형이 될 때, 정사각형 ACBD의 넓이의 최솟값을 구하시오.

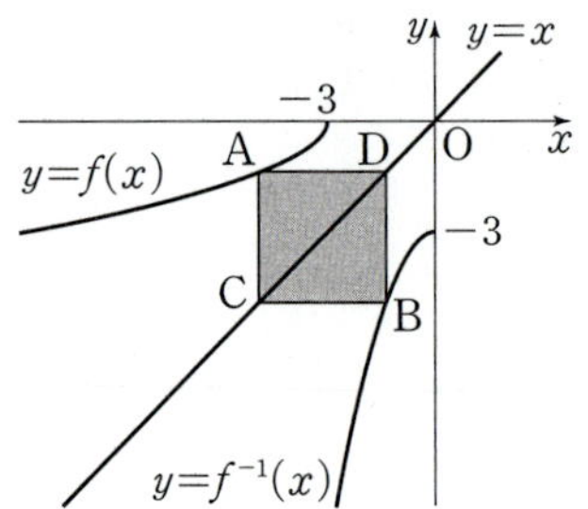

22

함수 $f(x)=\sqrt{-x+5}-1$의 그래프와 역함수 $y=f^{-1}(x)$의 그래프의 교점을 A라 하자. 점 A를 지나는 일차함수 $y=g(x)$의 그래프가 다음 조건을 만족시킬 때, 점 $\mathrm{B}(0,\ g(0))$에 대하여 삼각형 OAB의 넓이를 구하시오.
（단, O는 원점이다.）

> ㈎ 임의의 두 실수 x_1, x_2에 대하여 $x_1>x_2$이면 $g(x_1)<g(x_2)$이다.
> ㈏ 모든 실수 x에 대하여 $g(x)=g^{-1}(x)$이다.

23

두 함수 $f(x)=\sqrt{2x+2}$, $g(x)=\sqrt{x-3}+4$에 대하여 함수 $h(x)=(g\circ f^{-1})^{-1}(x)$라 하자. $6\leq x\leq9$에서 함수 $h(x)$의 최댓값을 M, 최솟값을 m이라 할 때, M^2-m^2의 값을 구하시오.

01 학평

함수

$$f(x)=\begin{cases} -(x-a)^2+b & (x\le a) \\ -\sqrt{x-a}+b & (x>a) \end{cases}$$

와 서로 다른 세 실수 α, β, γ가 다음 조건을 만족시킨다.

> (가) 방정식 $\{f(x)-\alpha\}\{f(x)-\beta\}=0$을 만족시키는 실수 x
> 의 값은 α, β, γ뿐이다.
> (나) $f(\alpha)=\alpha$, $f(\beta)=\beta$

$\alpha+\beta+\gamma=15$일 때, $f(\alpha+\beta)$의 값은?(단, a, b는 상수이다.)

① 1 ② 2 ③ 3

④ 4 ⑤ 5

02 모평

좌표평면에서 자연수 n에 대하여 x축과 직선 $x=n$, y축과 곡선 $y=\dfrac{\sqrt{x+3}}{2}$으로 둘러싸인 부분에 포함되는 정사각형 중에서 다음 조건을 만족시키는 모든 정사각형의 개수를 $f(n)$이라 하자.

> (가) 각 꼭짓점의 x좌표, y좌표가 모두 정수이다.
> (나) 한 변의 길이가 $\sqrt{5}$ 이하이다.

예를 들어 $f(14)=15$이다. $f(n)\le 400$을 만족시키는 자연수 n의 최댓값을 구하시오.

03

두 함수 $f(x)=\dfrac{ax+6}{x+2}$, $g(x)=\sqrt{bx+8}$에 대하여 방정식 $f(x)=g(x)$의 서로 다른 실근의 개수가 2이고 이때의 서로 다른 두 실근을 α, β라 할 때, $f(\alpha)\ne 0$, $g(\beta)\ne 0$이 되도록 하는 10보다 작은 자연수 a, b의 순서쌍 (a, b)의 개수는?

(단, $a\ne 3$)

① 48 ② 49 ③ 50

④ 51 ⑤ 52

04 학평

두 상수 a, b에 대하여 함수 $f(x)=\sqrt{-x+a}-b$라 하자. 함수

$$g(x)=\begin{cases} |f(x)|+b & (x\le a) \\ -f(-x+2a)+|b| & (x>a) \end{cases}$$

와 두 실수 α, $\beta\,(\alpha<\beta)$는 다음 조건을 만족시킨다.

> (가) 실수 t에 대하여 함수 $y=g(x)$의 그래프와 직선 $y=t$의
> 교점의 개수를 $h(t)$라 하면 $h(\alpha)\times h(\beta)=4$이다.
> (나) 방정식 $\{g(x)-\alpha\}\{g(x)-\beta\}=0$을 만족시키는 실수 x
> 의 최솟값은 -30, 최댓값은 15이다.

$\{g(150)\}^2$의 값을 구하시오.

05 학평

그림과 같이 함수 $y=2\sqrt{x}$의 그래프 위를 움직이는 점 P와 직선 $y=x+2$ 위를 움직이는 점 Q에 대하여 선분 PQ의 중점을 M이라 하자. 점 M과 점 A(0, 8) 사이의 거리의 최솟값은?

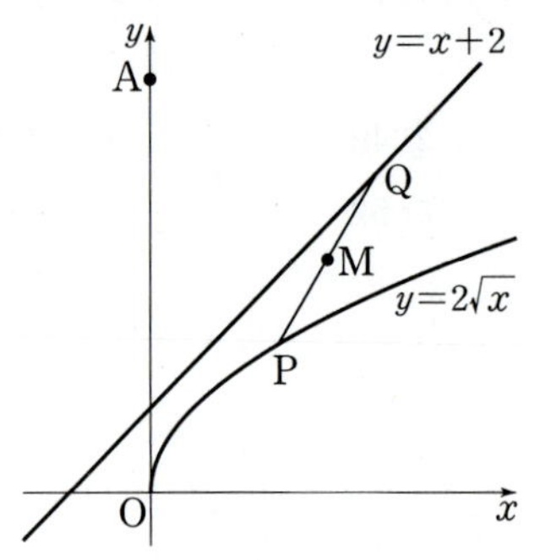

① $\dfrac{13\sqrt{2}}{4}$ ② $\dfrac{27\sqrt{2}}{8}$ ③ $\dfrac{7\sqrt{2}}{2}$

④ $\dfrac{29\sqrt{2}}{8}$ ⑤ $\dfrac{15\sqrt{2}}{4}$

06

그림과 같이 함수 $y=\sqrt{ax+b}+c+1\,(a>0,\ b>0,\ c>0)$의 그래프와 중심이 C인 원 $(x-c)^2+(y-2)^2=13$이 두 점 P, Q에서 만난다. 점 Q(3, 5)이고 $\overline{PQ}=\sqrt{26}$일 때, $a+b+c$의 값은?

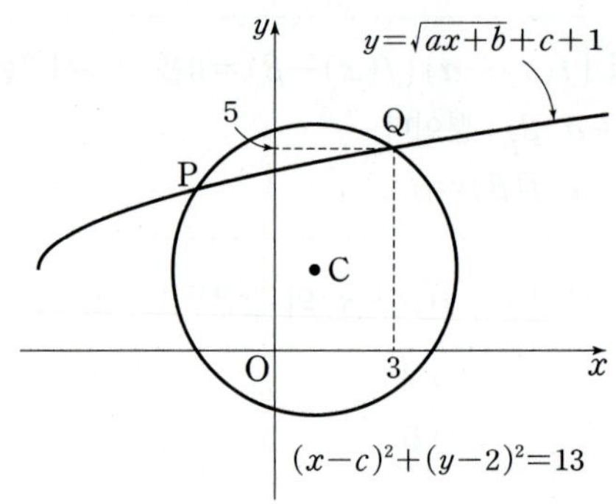

① 7 ② 8 ③ 9

④ 10 ⑤ 11

07 idea

세 집합
$$A=\{(x, y)\,|\,y=\sqrt{x+n^4}-n^2,\ x\ge 0\},$$
$$B=\{(y, x)\,|\,y=\sqrt{x+n^4}-n^2,\ y\ge 0\},$$
$$C=\{(x, y)\,|\,y=-x+2n^2+2\}$$
에 대하여 $A\cap B=\{(0,\,0)\}$, $\mathrm{P}_n\in(A\cap C)$, $\mathrm{Q}_n\in(B\cap C)$
일 때, $\overline{\mathrm{P}_n\mathrm{Q}_n}=50\sqrt{2}$를 만족시키는 자연수 n의 값을 구하시오.

08

두 함수 $f(x)=\sqrt{25-5x}-2$, $g(x)=(x-3)^2+a$가 있다.
4 이하의 실수 t에 대하여 $|x-t|\le 1$에서 함수 $(g\circ f)(x)$
의 최솟값을 $h(t)$라 할 때,
$$h(t)=\begin{cases} g(f(t+1)) & (t<b) \\ a & (b\le t\le c) \\ g(f(t-1)) & (c<t\le 4) \end{cases}$$
이다. $h(-16)=21$일 때, 실수 a, b, c에 대하여 abc의 값
을 구하시오.

09

실수 전체의 집합에서 함수
$$f(x)=\begin{cases} \dfrac{-2x+5}{x-3} & (px+q<0) \\[2mm] \sqrt{px+q}+r & (px+q\ge 0) \end{cases}$$
의 역함수가 존재할 때, 상수 p, q, r에 대하여 $\dfrac{qr}{p}$의 값은?

(단, $p\ne 0$)

① 5　　　　② 6　　　　③ 7
④ 8　　　　⑤ 9

10

$7<k<16$인 유리수 k에 대하여 함수 $f(x)=\sqrt{x+k}-4$가
있다. 함수 $y=f(x)$의 그래프와 x축, y축의 교점을 각각 A,
B, 역함수 $y=f^{-1}(x)$의 그래프와 x축, y축의 교점을 각각
C, D라 하자. 자연수 n에 대하여 사각형 ABCD의 넓이가
$2n^2$일 때, $n+k$의 값을 구하시오.

01

학평▶ 80쪽 14번

$0 \le x \le 2$에서 정의된 함수 $y=f(x)$의 그래프가 그림과 같을 때, 방정식 $(f \circ f)(x)=\dfrac{3}{8}x$의 서로 다른 실근의 개수를 구하시오.

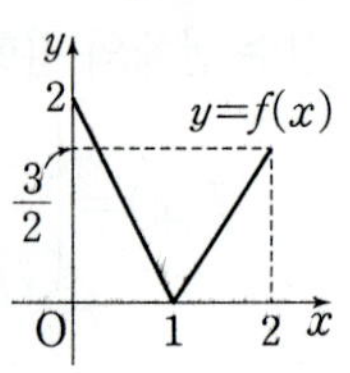

02

학평▶ 80쪽 15번

실수 전체의 집합에서 정의된 함수
$$f(x)=\begin{cases} 2x-1 & (x<5) \\ x^2-13x+49 & (x \ge 5) \end{cases}$$
에 대하여 $(f \circ f)(a)=f(a)$를 만족시키는 모든 실수 a의 값의 합을 구하시오.

03

학평▶ 83쪽 03번

집합 $X=\{1,\ 2,\ 3,\ 4,\ 5\}$에 대하여 함수 $f : X \longrightarrow X$가 다음 조건을 만족시킬 때, $f(1) \times f(2)$의 값을 구하시오.

> (개) $f(2)>f(5)$
> (내) 역함수 $f^{-1}(x)$가 존재한다.
> (대) $f(x)+f^{-1}(x)$의 최솟값은 3, 최댓값은 10이다.

04

학평▶ 84쪽 07번

실수 전체의 집합에서 정의된 함수
$$f(x)=\begin{cases} 2 & (0 \le x<4) \\ -x+6 & (4 \le x<6) \\ 0 & (6 \le x \le 9) \end{cases}$$
가 모든 실수 x에 대하여 $f(-x)=f(x)$, $f(x)=f(x-18)$을 만족시킨다. 실수 전체의 집합에서 정의된 함수
$$g(x)=\begin{cases} 2n+\dfrac{2|x|}{x} & (x \ne 0) \\ 2n & (x=0) \end{cases}$$
에 대하여 함수 $(f \circ g)(x)$가 상수함수가 되도록 하는 100 이하의 자연수 n의 개수를 구하시오.

05

학평▶ 85쪽 10번

이차함수 $f(x)$에 대하여 함수 $g(x)$를 다음과 같이 정의하자.

$$g(x)=\begin{cases} x+4 & (x<-1) \\ f(x) & (-1\le x\le 3) \\ 2x+5 & (x>3) \end{cases}$$

두 함수 $f(x)$, $g(x)$가 다음 조건을 만족시킬 때, $g^{-1}(5)$의 값을 구하시오.

> (개) 모든 실수 x에 대하여 $f(3-x)=f(3+x)$이다.
> (내) 함수 $g(x)$의 치역이 실수 전체의 집합이고, 함수 $g(x)$의 역함수가 존재한다.
> (대) $(g \circ g)(3)=3$

06

학평▶ 88쪽 06번

세 양수 a, k, m에 대하여 함수 $f(x)=\dfrac{k}{x}$의 그래프 위의 두 점 $P(a, f(a))$, $Q(a+m, f(a+m))$이 다음 조건을 만족시킬 때, $k+m$의 값은?

> (개) $\overline{PQ}=4\sqrt{2}$이고, 직선 PQ의 기울기는 -1이다.
> (내) 두 점 P, Q를 원점에 대하여 대칭이동한 점을 각각 R, S라 할 때, 사각형 PQRS의 넓이는 $16\sqrt{6}$이다.

① $\dfrac{11}{2}$　　　② 6　　　③ $\dfrac{13}{2}$

④ 7　　　⑤ $\dfrac{15}{2}$

07

학평▶ 91쪽 17번

그림과 같이 직선 $y=-x$ 위의 점 A와 곡선 $y=\dfrac{4}{x}(x>0)$ 위의 두 점 B, C가 다음 조건을 만족시킨다. 점 B의 좌표를 (α, β)라 할 때, $\alpha+\dfrac{4}{\beta}$의 값을 구하시오. (단, $0<\alpha<\beta$)

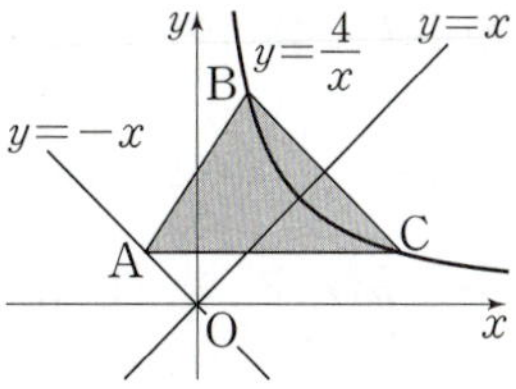

> (개) 점 B와 점 C는 직선 $y=x$에 대하여 대칭이다.
> (내) 삼각형 ACB의 넓이는 $\dfrac{15}{2}$이다.

08

학평▶ 93쪽 23번

함수 $f(x)=\dfrac{a}{x}+4\,(a\ne0)$가 다음 조건을 만족시킨다.

> (개) 곡선 $y=|f(x)|$는 직선 $y=m\,(m>0)$과 한 점에서만 만난다.
> (내) $f(m)+2=0$

$f(8)+m-a$의 값은? (단, a, m은 상수이다.)

① 28　　　② 29　　　③ 30

④ 31　　　⑤ 32

09

학평▶ 94쪽 01번

정수 k에 대하여 두 함수 $f(x)=-\dfrac{1}{x+1}+k$,

$g(x)=\dfrac{1}{2x}-k$의 그래프의 교점 중 x좌표가 음수인 점의 개수를 $h(k)$라 할 때, 등식 $h(k)+h(k+1)+h(k+2)=5$를 만족시키는 k의 값은?

① -2 ② -1 ③ 0
④ 1 ⑤ 2

10

학평▶ 95쪽 05번

함수 $f(x)$가 다음 조건을 만족시킬 때, 두 함수 $y=f(x)$, $y=\dfrac{ax}{x+1}$의 그래프의 교점의 개수가 무수히 많도록 하는 정수 a의 개수를 구하시오.

> ㈎ $-1\le x\le 1$에서 $f(x)=x^2+1$이다.
> ㈏ 모든 실수 x에 대하여 $f(x)=f(x+2)$이다.

11

학평▶ 95쪽 08번

$x<4$에서 정의된 함수 $f(x)=\dfrac{3}{x-4}+1$과 이차함수 $g(x)=ax^2+bx+c$가 있다. 1보다 작은 실수 t에 대하여 $t\le x\le t+3$에서 함수 $(g\circ f)(x)$의 최댓값을 $h(t)$라 할 때, $h(t)$는 다음 조건을 만족시킨다. 이때 상수 a, b, c에 대하여 abc의 값을 구하시오. (단, $a<0$)

> ㈎ $h(t)=\begin{cases} g(f(t+3)) & (t<0) \\ 4 & (0\le t<1) \end{cases}$
> ㈏ $h(-2)=2$

12

학평▶ 102쪽 19번

그림과 같이 네 점 $A(2, 7)$, $B(8, 2)$, $C(10, 8)$, $D(10, 11)$을 꼭짓점으로 하는 사각형 $ABCD$가 있다. 함수 $f(x)=\sqrt{x-k}$의 그래프와 역함수 $y=f^{-1}(x)$의 그래프가 사각형 $ABCD$와 만나도록 하는 실수 k의 최댓값은?

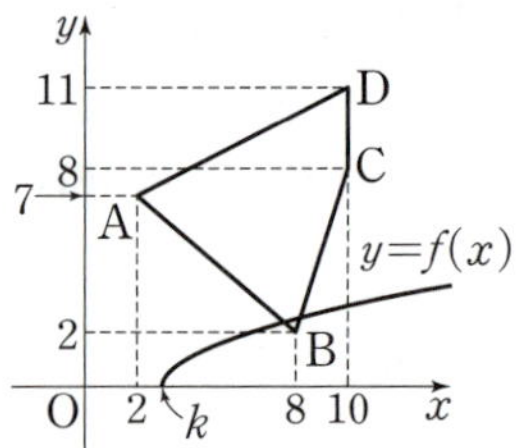

① 0 ② 1 ③ 2
④ 3 ⑤ 4

13

학평▶ 102쪽 20번

그림과 같이 함수 $f(x)=\sqrt{-x+6}$의 그래프와 함수 $g(x)=-x^2+6 \ (x\geq 0)$의 그래프가 만나는 점을 A라 하자. 함수 $y=f(x)$의 그래프 위의 점 B$(-10, 4)$를 지나고 기울기가 -1인 직선 l이 함수 $y=g(x)$의 그래프와 만나는 점을 C라 할 때, 삼각형 ABC의 넓이를 구하시오.

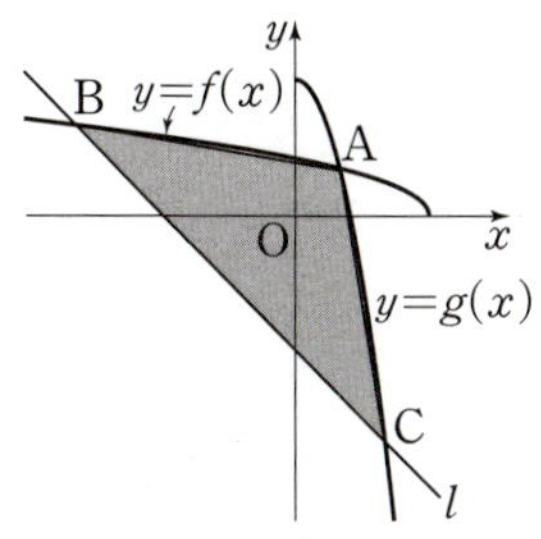

14

학평▶ 103쪽 01번

함수 $f(x)=\begin{cases}(x-a)^2+b & (x\leq a) \\ \sqrt{x-a}+b & (x>a)\end{cases}$ 와 세 실수 α, β, γ $(\alpha<\beta<\gamma)$가 다음 조건을 만족시킨다.

⑺ 방정식 $\{f(x)-2\beta\}\{f(x)-2\gamma\}=0$을 만족시키는 실수 x의 값은 α, β, γ뿐이다.
⑻ $f(\beta)=2\beta$, $f(\gamma)=2\gamma$

$\alpha+\beta+\gamma=\dfrac{5-\sqrt{2}}{2}$일 때, $f(2a+b)$의 값을 구하시오.

(단, a, b는 상수이다.)

15

모평▶ 103쪽 02번

좌표평면에서 자연수 n에 대하여 x축과 직선 $x=n$, y축과 곡선 $y=\dfrac{\sqrt{x+5}}{2}$로 둘러싸인 부분에 포함되는 정사각형 중에서 다음 조건을 만족시키는 모든 정사각형의 개수를 $f(n)$이라 할 때, $f(n)\leq 100$을 만족시키는 자연수 n의 최댓값을 구하시오.

⑺ 각 꼭짓점의 x좌표, y좌표가 모두 정수이다.
⑻ 한 변의 길이가 $\sqrt{2}$ 이상 $\sqrt{5}$ 이하이다.

16

학평▶ 103쪽 04번

두 상수 a, b에 대하여 함수 $f(x)=\sqrt{x-a}+b$라 하자. 함수
$$g(x)=\begin{cases}|f(x)|-b & (x\geq a) \\ -f(-x+2a)+|b| & (x<a)\end{cases}$$
와 두 실수 α, $\beta \ (\alpha<\beta)$는 다음 조건을 만족시킨다.

⑺ 실수 t에 대하여 함수 $y=g(x)$의 그래프와 직선 $y=t$의 교점의 개수를 $h(t)$라 하면 $h(\alpha)\times h(\beta)=4$이다.
⑻ 방정식 $\{g(x)-\alpha\}\{g(x)-\beta\}=0$을 만족시키는 실수 x의 최솟값은 -14, 최댓값은 66이다.

이때 $g(-7)+g(6)$의 값을 구하시오.

공통수학 2

수학의 신

정답과 해설

ABOVE IMAGINATION

우리는 남다른 상상과 혁신으로
교육 문화의 새로운 전형을 만들어
모든 이의 행복한 경험과 성장에 기여한다

공통수학
2

수학의 신

정답과 해설

빠른 정답

01 평면좌표와 직선의 방정식

STEP 1 핵심 문제 | 16~17쪽

01 $\dfrac{5}{4}$ **02** 25π **03** ⑤ **04** $\dfrac{3}{5}<t<1$ **05** ①

06 ② **07** $\dfrac{1}{2}$ **08** $(15\sqrt{3},\ 0)$ **09** ④ **10** 9

11 $-\dfrac{1}{12}$ **12** $3x-4y+17=0,\ x=-3$

STEP 2 고난도 문제 | 18~22쪽

01 5 **02** 25 **03** $\dfrac{2}{3}$ **04** ④ **05** $\dfrac{3}{2}$ **06** $\dfrac{1}{2}$

07 ① **08** $\dfrac{4\sqrt{3}}{9}$ **09** $\dfrac{21}{2}$ **10** ② **11** 330 **12** ①

13 $\dfrac{7+\sqrt{21}}{7}$ **14** $-9\sqrt{2}$ **15** $\dfrac{11}{6}$ **16** ① **17** ④

18 $\left(\dfrac{9}{2},\ \dfrac{5}{2}\right)$ **19** $\sqrt{2}<a<2$ **20** ① **21** 20

22 30 **23** 4

STEP 3 최고난도 문제 | 23~25쪽

01 ① **02** 55 **03** ② **04** ③ **05** $\dfrac{1}{3}$

06 $\left(\dfrac{4}{9},\ \dfrac{1}{9}\right)$ **07** 18 **08** ④ **09** 43

02 원의 방정식

STEP 1 핵심 문제 | 26~27쪽

01 ③ **02** 14 **03** ② **04** $\dfrac{5\sqrt{2}}{2}$ **05** ② **06** $2\sqrt{5}$

07 ③ **08** ① **09** ③ **10** ④ **11** $(25,\ -25)$

12 ③

STEP 2 고난도 문제 | 28~32쪽

01 ② **02** ⑤ **03** 16 **04** ③ **05** $\dfrac{15}{4}$ **06** $\sqrt{5}\pi$

07 124 **08** 256 **09** ⑤ **10** ④ **11** ③ **12** 6

13 17 **14** $\sqrt{15}<k<7$ **15** 36 **16** ④ **17** 80

18 ② **19** 2 **20** 87 **21** -20

22 $x^2+y^2=4\,(x>0,\ y>0)$ **23** 4 **24** ①

STEP 3 최고난도 문제 | 33~35쪽

01 $\dfrac{3}{5}$ **02** 32 **03** $\left(\dfrac{16}{5},\ -\dfrac{12}{5}\right)$ **04** $\dfrac{3}{4}$ **05** 13π

06 최솟값: $2-\sqrt{3}$, 최댓값: $2+\sqrt{3}$ **07** 48 **08** ④

09 $7\sqrt{21}$ **10** ④

03 도형의 이동

STEP 1 핵심 문제 | 36~37쪽

01 5 **02** $-\dfrac{3}{4}$ **03** 12 **04** $(2,\ 5)$ **05** ② **06** 36

07 4 **08** ③ **09** 3 **10** -6 **11** ④

STEP 2 고난도 문제 | 38~41쪽

01 11 **02** ㄴ, ㄷ **03** 32 **04** $\left(\dfrac{9}{2},\ \dfrac{3}{2}\right)$ **05** $3\sqrt{2}$

06 ㄴ, ㄷ **07** ② **08** $(1,\ 2)$ **09** $\dfrac{2}{3}$ **10** 4 **11** 1

12 $\sqrt{34}$ **13** ① **14** 3 **15** $4\sqrt{2}$ **16** ④ **17** ③

18 66

01 ① 　 02 $a=1,\ b=\dfrac{10}{3}$ 　 03 15 　 04 $\dfrac{21}{32}$

05 $(15,\ 9)$ 　 06 ⑤

기출 변형 문제로 **단원** 마스터 | 44~47쪽

01 $-\dfrac{16}{3}$ 　 02 $\dfrac{1}{2}$ 　 03 $\dfrac{17}{27}$ 　 04 ㄱ, ㄴ, ㄷ 　 05 $\dfrac{2}{5}$

06 60 　 07 51 　 08 13 　 09 $\dfrac{8\sqrt{10}}{3}$ 　 10 ④ 　 11 55

12 55 　 13 ②

04 집합

STEP 1 | 핵심 문제 | 50~51쪽

01 ③ 　 02 48 　 03 160 　 04 27 　 05 ④

06 ㄱ, ㄴ, ㄷ 　 07 ⑤ 　 08 12 　 09 ② 　 10 32

11 ④ 　 12 23

STEP 2 | 고난도 문제 | 52~56쪽

01 ④ 　 02 864 　 03 63 　 04 ⑤ 　 05 7 　 06 ③

07 8 　 08 ④ 　 09 ① 　 10 27 　 11 80 　 12 98

13 ④ 　 14 ② 　 15 12 　 16 ㄱ, ㄷ 　 17 11 　 18 ⑤

19 64 　 20 16 　 21 32 　 22 22 　 23 ③ 　 24 ④

25 4 　 26 225 　 27 ② 　 28 13

STEP 3 | 최고난도 문제 | 57~59쪽

01 131 　 02 10 　 03 ⑤ 　 04 ⑤ 　 05 22 　 06 ④

07 ② 　 08 28 　 09 ③ 　 10 ③ 　 11 61 　 12 31

05 명제

STEP 1 | 핵심 문제 | 60~61쪽

01 ② 　 02 ① 　 03 4 　 04 ③ 　 05 ④

06 ㄱ, ㄴ 　 07 ③ 　 08 풀이 참조 　 09 ⑤ 　 10 ①

11 68

STEP 2 | 고난도 문제 | 62~67쪽

01 ③ 　 02 12 　 03 256 　 04 ③ 　 05 ③

06 ㄴ, ㄷ 　 07 15 　 08 ⑤ 　 09 ⑤ 　 10 -5 　 11 ③

12 ③ 　 13 ① 　 14 ④ 　 15 ① 　 16 ⑤ 　 17 ④

18 3 　 19 ⑤ 　 20 ② 　 21 4 　 22 ④ 　 23 ②

24 39 　 25 10 　 26 ② 　 27 ④

STEP 3 | 최고난도 문제 | 68~69쪽

01 ② 　 02 ② 　 03 17 　 04 ④ 　 05 26 　 06 ③

07 28 　 08 ③

기출 변형 문제로 **단원** 마스터 | 70~73쪽

01 84 　 02 ④ 　 03 64 　 04 ④ 　 05 5 　 06 ③

07 ③ 　 08 ⑤ 　 09 ⑤ 　 10 ④ 　 11 ⑤ 　 12 ⑤

13 8 　 14 ① 　 15 ①

06 함수

STEP 1 | 핵심 문제 | 76~77쪽

01 $\dfrac{5}{6}$ 　 02 ① 　 03 ③ 　 04 9 　 05 5 　 06 ②

07 $-\sqrt{14}$ 　 08 ① 　 09 -1 　 10 ② 　 11 4 　 12 13

빠른 정답

01 5   02 ㄱ, ㄴ, ㄷ   03 26   04 ⑤   05 ①

06 8   07 34   08 ④   09 ⑤   10 ②

11 $-4<k<0$ 또는 $k>1$ 12 $1\leq m\leq 2$ 13 11

14 ③   15 6   16 24   17 3   18 12   19 ④

20 510   21 ①   22 ㄱ, ㄴ, ㄷ   23 ③   24 70

25 $-\dfrac{98}{3}$ 26 $\dfrac{49}{8}$ 27 10

01 ④   02 36   03 ②   04 ④   05 40   06 ⑤

07 ①   08 ③   09 1   10 ⑤

07 유리함수

01 ④   02 151   03 ③   04 ⑤   05 $a\geq 6$ 06 ④

07 $-20<m\leq 0$ 08 ③   09 ②   10 ㄱ, ㄴ, ㄷ

11 ①   12 2

01 ①   02 ②   03 10   04 $-52, 80$ 05 16

06 ④   07 ①   08 ②   09 ①   10 ㄱ, ㄴ, ㄷ

11 12   12 ③   13 4   14 3   15 21   16 $\dfrac{2}{3}$

17 ④   18 ③   19 ②   20 $\dfrac{8}{5}$ 21 -9 22 ⑤

23 ①   24 1   25 7   26 ①   27 8

28 $-\dfrac{46}{5}$

01 ②   02 79   03 ①   04 ③   05 ④   06 9

07 ①   08 42

08 무리함수

01 ③   02 ②   03 $-\dfrac{10}{3}$ 04 ③   05 $\dfrac{9\sqrt{2}}{2}$ 06 ⑤

07 ⑤   08 $\dfrac{55}{4}$ 09 ①   10 ④   11 ③   12 9

01 $8\sqrt{2}$ 02 ⑤   03 ④   04 ②   05 ③   06 2

07 $-\dfrac{13}{4}<a<-3$ 08 ③   09 $\dfrac{1}{5}$ 10 $\dfrac{49}{4}$ 11 $\dfrac{135}{8}$

12 10   13 ⑤   14 24   15 11   16 44   17 ⑤

18 ③   19 ②   20 ④   21 $\dfrac{121}{16}$ 22 1   23 42

01 ③   02 65   03 ①   04 36   05 ①   06 ②

07 5   08 4   09 ②   10 13

01 4   02 18   03 8   04 56   05 1   06 ②

07 2   08 ②   09 ①   10 2   11 2   12 ④

13 70   14 3   15 41   16 11

01 $\dfrac{5}{4}$	**02** 25π	**03** ⑤	**04** $\dfrac{3}{5}<t<1$	**05** ①
06 ②	**07** $\dfrac{1}{2}$	**08** $(15\sqrt{3},\,0)$	**09** ④	**10** 9
11 $-\dfrac{1}{12}$	**12** $3x-4y+17=0,\ x=-3$			

01 답 $\dfrac{5}{4}$

삼각형 ABC의 세 변 AB, BC, CA의 길이는

$\overline{\text{AB}}=\sqrt{(3-2)^2+2^2}=\sqrt{5}$

$\overline{\text{BC}}=\sqrt{(4-3)^2+(k-2)^2}=\sqrt{k^2-4k+5}$

$\overline{\text{CA}}=\sqrt{(2-4)^2+(-k)^2}=\sqrt{k^2+4}$

(i) $\overline{\text{AB}}=\overline{\text{BC}}$이면 $\overline{\text{AB}}^2=\overline{\text{BC}}^2$이므로

$5=k^2-4k+5$

$k^2-4k=0,\ k(k-4)=0$

$\therefore k=4\ (\because k>0)$

이때 C(4, 4)이면 세 점 A, B, C가 한 직선 위에 있으므로 삼각형이 만들어지지 않는다.

(ii) $\overline{\text{BC}}=\overline{\text{CA}}$이면 $\overline{\text{BC}}^2=\overline{\text{CA}}^2$이므로

$k^2-4k+5=k^2+4,\ -4k=-1$

$\therefore k=\dfrac{1}{4}$

(iii) $\overline{\text{CA}}=\overline{\text{AB}}$이면 $\overline{\text{CA}}^2=\overline{\text{AB}}^2$이므로

$k^2+4=5,\ k^2=1$

$\therefore k=1\ (\because k>0)$

(i), (ii), (iii)에서 모든 양수 k의 값의 합은

$\dfrac{1}{4}+1=\dfrac{5}{4}$

02 답 25π

삼각형 ABC의 외심을 P$(a,\ b)$라 하면 점 P에서 세 꼭짓점 A(6, 2), B(4, -2), C(-2, 6)에 이르는 거리가 같으므로

$\overline{\text{AP}}=\overline{\text{BP}}=\overline{\text{CP}}$ → $\overline{\text{AP}}$, $\overline{\text{BP}}$, $\overline{\text{CP}}$는 외접원의 반지름이다.

$\overline{\text{AP}}=\overline{\text{BP}}$에서 $\overline{\text{AP}}^2=\overline{\text{BP}}^2$이므로

$(a-6)^2+(b-2)^2=(a-4)^2+(b+2)^2$

$a^2-12a+36+b^2-4b+4=a^2-8a+16+b^2+4b+4$

$4a+8b=20$ $\therefore a+2b=5$ …… ㉠ ················ 배점 **30%**

$\overline{\text{AP}}=\overline{\text{CP}}$에서 $\overline{\text{AP}}^2=\overline{\text{CP}}^2$이므로

$(a-6)^2+(b-2)^2=(a+2)^2+(b-6)^2$

$a^2-12a+36+b^2-4b+4=a^2+4a+4+b^2-12b+36$

$16a-8b=0$ $\therefore 2a-b=0$ …… ㉡ ················ 배점 **30%**

㉠, ㉡을 연립하여 풀면

$a=1,\ b=2$

$\therefore$ P(1, 2) ·· 배점 **20%**

따라서 $\overline{\text{AP}}=|1-6|=5$이므로 삼각형 ABC의 외접원의 넓이는

$\pi\times5^2=25\pi$ ···································· 배점 **20%**

다른 풀이

삼각형 ABC에서

$\overline{\text{AB}}^2=(4-6)^2+(-2-2)^2=20,$

$\overline{\text{BC}}^2=(-2-4)^2+\{6-(-2)\}^2=100,$

$\overline{\text{CA}}^2=\{6-(-2)\}^2+(2-6)^2=80$이므로

$\overline{\text{BC}}^2=\overline{\text{AB}}^2+\overline{\text{CA}}^2$

따라서 삼각형 ABC는 $\angle\text{A}=90°$인 직각삼각형임을 알 수 있다. ············ 배점 **50%**

이때 직각삼각형의 빗변은 직각삼각형의 외접원의 지름과 같다. 삼각형 ABC의 빗변의 길이는 $\overline{\text{BC}}=\sqrt{100}=10$이므로 삼각형 ABC의 외접원의 반지름의 길이는 5이다. ·············· 배점 **30%**

따라서 삼각형 ABC의 외접원의 넓이는

$\pi\times5^2=25\pi$ ···································· 배점 **20%**

03 답 ⑤

직선 $y=x+1$ 위의 점 P의 좌표를 $(a,\ a+1)$이라 하면

$\overline{\text{AP}}=\sqrt{\{a-(-1)\}^2+(a+1-3)^2}$

$\overline{\text{BP}}=\sqrt{(a-4)^2+(a+1-k)^2}$

$\overline{\text{AP}}=\overline{\text{BP}}=\dfrac{\sqrt{26}}{2}$이므로 $\overline{\text{AP}}^2=\overline{\text{BP}}^2=\dfrac{13}{2}$

$\overline{\text{AP}}^2=\dfrac{13}{2}$에서 $(a+1)^2+(a-2)^2=\dfrac{13}{2}$

$2a^2-2a+5=\dfrac{13}{2}$

$4a^2-4a-3=0,\ (2a+1)(2a-3)=0$

$\therefore a=-\dfrac{1}{2}$ 또는 $a=\dfrac{3}{2}$

(i) $a=-\dfrac{1}{2}$일 때,

$\overline{\text{BP}}^2=\dfrac{13}{2}$에서 $\dfrac{81}{4}+\left(\dfrac{1}{2}-k\right)^2=\dfrac{13}{2}$

$\left(k-\dfrac{1}{2}\right)^2=-\dfrac{55}{4}$

이때 실수 k의 값은 존재하지 않는다.

(ii) $a=\dfrac{3}{2}$일 때,

$\overline{\text{BP}}^2=\dfrac{13}{2}$에서 $\dfrac{25}{4}+\left(\dfrac{5}{2}-k\right)^2=\dfrac{13}{2}$

$\left(k-\dfrac{5}{2}\right)^2=\dfrac{1}{4},\ k-\dfrac{5}{2}=\pm\dfrac{1}{2}$

$\therefore k=2$ 또는 $k=3$

(i), (ii)에서 모든 실수 k의 값의 곱은

$2\times3=6$

04 답 $\dfrac{3}{5}<t<1$

선분 AB를 $t:(1-t)$로 내분하는 점의 좌표는

$\left(\dfrac{t\times6+(1-t)\times(-2)}{t+(1-t)},\ \dfrac{t\times(-2)+(1-t)\times3}{t+(1-t)}\right)$

$\therefore (8t-2,\ -5t+3)$

이 점이 제4사분면 위에 있으므로

$8t-2>0$에서 $t>\dfrac{1}{4},\ -5t+3<0$에서 $t>\dfrac{3}{5}$

$\therefore t>\dfrac{3}{5}$

그런데 $0<t<1$이므로 $\dfrac{3}{5}<t<1$

05 답 ①

직선 BC와 직선 DE가 서로 평행하므
로 삼각형 ABC와 삼각형 ADE는 서로
닮음이다.
삼각형 ABC와 삼각형 ADE의 넓이의
비가 4 : 1이므로
$\overline{AB} : \overline{AD} = 2 : 1$
따라서 점 D가 선분 AB의 중점이거나 점 A가 선분 BD를 2 : 1로 내
분하는 점이다.

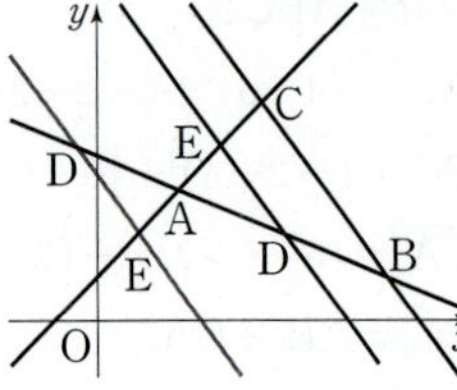

(i) 점 D가 선분 AB의 중점인 경우

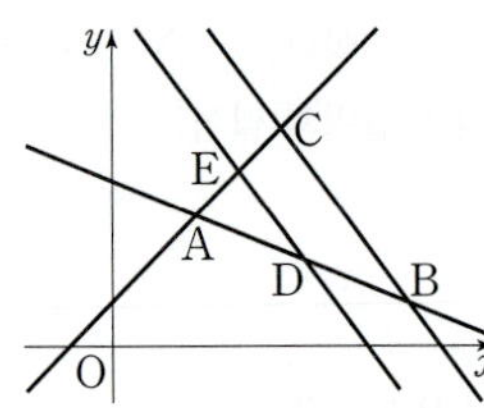

선분 AB의 중점의 좌표는 $\left(\dfrac{2+7}{2}, \dfrac{3+1}{2}\right)$이므로

점 D의 좌표는 $\left(\dfrac{9}{2}, 2\right)$

(ii) 점 A가 선분 BD를 2 : 1로 내분하는 점인 경우

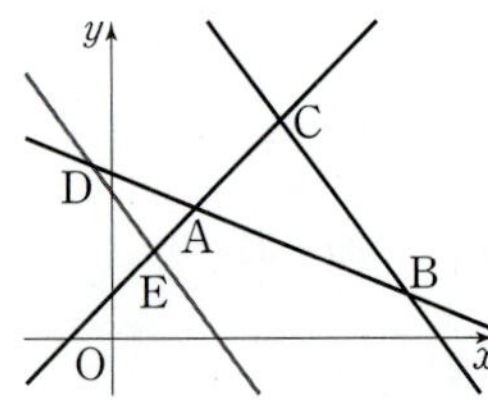

점 D의 좌표를 (a, b)라 하면 선분 BD를 2 : 1로 내분하는 점의 좌
표는 $\left(\dfrac{2a+7}{2+1}, \dfrac{2b+1}{2+1}\right)$

이때 이 점의 좌표가 A$(2, 3)$과 같으므로
$\dfrac{2a+7}{3} = 2, \dfrac{2b+1}{3} = 3$

$\therefore a = -\dfrac{1}{2}, b = 4$

즉, 점 D의 좌표는 $\left(-\dfrac{1}{2}, 4\right)$

(i), (ii)에서 모든 점 D의 y좌표의 곱은
$2 \times 4 = 8$

06 답 ②

사각형 ABCD가 마름모이므로 두 대각선 AC, BD의 중점이 같다.
대각선 AC의 중점의 좌표는
$\left(\dfrac{a+5}{2}, \dfrac{0+2}{2}\right)$ $\quad \therefore \left(\dfrac{a+5}{2}, 1\right)$
대각선 BD의 중점의 좌표는
$\left(\dfrac{b+1}{2}, \dfrac{-2+4}{2}\right)$ $\quad \therefore \left(\dfrac{b+1}{2}, 1\right)$

즉, $\dfrac{a+5}{2} = \dfrac{b+1}{2}$이므로

$a+5 = b+1$

$\therefore a - b = -4$ $\quad$ ...... ㉠

또 마름모는 네 변의 길이가 같으므로
$\overline{CD} = \overline{DA}$에서 $\overline{CD}^2 = \overline{DA}^2$

$(1-5)^2 + (4-2)^2 = (a-1)^2 + (-4)^2$
$16 + 4 = a^2 - 2a + 1 + 16$
$a^2 - 2a - 3 = 0, (a+1)(a-3) = 0$
$\therefore a = 3 \ (\because a > 0)$
이를 ㉠에 대입하여 풀면 $b = 7$
$\therefore ab = 21$

07 답 $\dfrac{1}{2}$

점 B는 직선 $x = 1$ 위의 점이므로
B$(1, a)$, 점 C는 직선 $y = x - 1$ 위의 점
이므로 C$(b, b-1)$이라 하자.
삼각형 ABC의 무게중심의 좌표는
$\left(\dfrac{-3+1+b}{3}, \dfrac{0+a+b-1}{3}\right)$
$\therefore \left(\dfrac{b-2}{3}, \dfrac{a+b-1}{3}\right)$ $\quad$ ...... ㉠

또 무게중심 G는 직선 GB와 직선 GC의 교점이므로
두 식 $x = 1, y = x - 1$을 연립하여 풀면
$x = 1, y = 0$ $\quad \therefore$ G$(1, 0)$ $\quad$ ...... ㉡

㉠, ㉡에서 $\dfrac{b-2}{3} = 1, \dfrac{a+b-1}{3} = 0$ $\quad \therefore a = -4, b = 5$

$\therefore$ C$(5, 4)$

따라서 직선 AC의 기울기는 $\dfrac{4-0}{5-(-3)} = \dfrac{1}{2}$

08 답 $(15\sqrt{3}, 0)$

점 P에서 선분 AB에 내린 수선의 발을 H라 하면 직선 PH는 선분 AB
의 수직이등분선이다.
함수 $y = x^2$의 그래프와 직선 $y = 2\sqrt{3}x + 1$이 만나는 두 점 A, B의 x좌
표를 각각 α, β라 하면
A$(\alpha, 2\sqrt{3}\alpha + 1)$, B$(\beta, 2\sqrt{3}\beta + 1)$
이차방정식 $x^2 = 2\sqrt{3}x + 1$, 즉 $x^2 - 2\sqrt{3}x - 1 = 0$의 서로 다른 두 실근이
α, β이므로 이차방정식의 근과 계수의 관계에 의하여
$\alpha + \beta = 2\sqrt{3}$
선분 AB의 중점 H의 좌표는
$\left(\dfrac{\alpha+\beta}{2}, \dfrac{2\sqrt{3}\alpha+1+2\sqrt{3}\beta+1}{2}\right)$

이때 $\dfrac{\alpha+\beta}{2} = \dfrac{2\sqrt{3}}{2} = \sqrt{3}, \dfrac{2\sqrt{3}(\alpha+\beta)+2}{2} = \dfrac{2\sqrt{3}\times2\sqrt{3}+2}{2} = 7$이므로

H$(\sqrt{3}, 7)$ 두 점 A, B는 직선 $y = 2\sqrt{3}x + 1$ 위에 있다.

한편 직선 AB의 기울기는 $2\sqrt{3}$이므로 기울기가 $-\dfrac{1}{2\sqrt{3}}$이고 점 $(\sqrt{3}, 7)$
을 지나는 직선 PH의 방정식은
$y - 7 = -\dfrac{1}{2\sqrt{3}}(x - \sqrt{3})$

$\therefore y = -\dfrac{1}{2\sqrt{3}}x + \dfrac{15}{2}$

이 직선의 x절편은
$0 = -\dfrac{1}{2\sqrt{3}}x + \dfrac{15}{2}$ $\quad \therefore x = 15\sqrt{3}$

따라서 점 P의 좌표는 $(15\sqrt{3}, 0)$이다.

다른 풀이

이차방정식 $x^2 = 2\sqrt{3}x + 1$, 즉 $x^2 - 2\sqrt{3}x - 1 = 0$의 근은 $x = \sqrt{3} \pm 2$이므
로 두 점 A, B의 좌표는 각각

$A(-2+\sqrt{3},\, 7-4\sqrt{3})$, $B(2+\sqrt{3},\, 7+4\sqrt{3})$이다.
점 P에서 선분 AB에 내린 수선의 발이 선분 AB를 이등분하므로
$\overline{AP}=\overline{BP}$
점 P의 좌표를 $(p,\, 0)$이라 하면 $\overline{AP}=\overline{BP}$에서 $\overline{AP}^2=\overline{BP}^2$이므로
$(p+2-\sqrt{3})^2+(-7+4\sqrt{3})^2=(p-2-\sqrt{3})^2+(-7-4\sqrt{3})^2$
$p^2-2(-2+\sqrt{3})p+104-60\sqrt{3}=p^2-2(2+\sqrt{3})p+104+60\sqrt{3}$
$8p=120\sqrt{3}$　　$\therefore p=15\sqrt{3}$
따라서 점 P의 좌표는 $(15\sqrt{3},\, 0)$이다.

09 답 ④

두 직선 $x-2y+2=0$, $2x+y-6=0$의 교점을 지나는 직선의 방정식은
$x-2y+2+k(2x+y-6)=0$ (k는 실수)　　……　㉠
이 직선이 점 $(4,\, 0)$을 지나므로
$4+2+k(8-6)=0$
$2k+6=0$　　$\therefore k=-3$
이를 ㉠에 대입하면
$x-2y+2-3(2x+y-6)=0$
$\therefore x+y-4=0$
따라서 구하는 y절편은 4이다.

다른 풀이

두 식 $x-2y+2=0$, $2x+y-6=0$을 연립하여 풀면
$x=2,\ y=2$
두 직선의 교점 $(2,\, 2)$와 점 $(4,\, 0)$을 지나는 직선의 방정식은
$y=\dfrac{0-2}{4-2}(x-4)$
$\therefore y=-x+4$
따라서 구하는 y절편은 4이다.

10 답 9

㈎에서 직선 CD의 기울기는 음수이므로
$\dfrac{q-p}{3\sqrt{2}-\sqrt{2}}<0$에서 $q-p<0$
㈏에서 $\overline{AB}=\overline{CD}$이므로
$3=\sqrt{(3\sqrt{2}-\sqrt{2})^2+(q-p)^2}$
$3^2=(2\sqrt{2})^2+(q-p)^2$
즉, $1=(q-p)^2$이고, $q-p<0$이므로
$q-p=-1$　　$\therefore q=p-1$　　　　……　㉠
㈏에서 $\overline{AD}/\!/\overline{BC}$이므로 직선 AD의 기울기와 직선 BC의 기울기가 서로 같다.
즉, $\dfrac{q-1}{3\sqrt{2}-0}=\dfrac{p-4}{\sqrt{2}-0}$이므로 $q-1=3p-12$　　……　㉡
㉠을 ㉡에 대입하면
$p-2=3p-12,\ 2p=10$　　$\therefore p=5$
따라서 $q=4$이므로 $p+q=9$

11 답 $-\dfrac{1}{12}$

세 직선을 $l: 2x-y-2=0$, $m: x+2y-6=0$, $n: ax+(a-1)y+1=0$
이라 하면 두 직선 l과 m은 평행하지 않으므로 세 직선이 삼각형을 이루지 않는 경우는 다음과 같다.
(ⅰ) 두 직선 l과 n이 평행한 경우
$\dfrac{2}{a}=\dfrac{-1}{a-1}\neq\dfrac{-2}{1}$, $-a=2a-2$　　$\therefore a=\dfrac{2}{3}$

(ⅱ) 두 직선 m과 n이 평행한 경우
$\dfrac{1}{a}=\dfrac{2}{a-1}\neq\dfrac{-6}{1}$
$2a=a-1$　　$\therefore a=-1$

(ⅲ) 직선 n이 두 직선 l과 m의 교점을 지나는 경우
두 식 $2x-y-2=0$, $x+2y-6=0$을 연립하여 풀면 $x=2,\ y=2$
즉, 두 직선 l과 m의 교점의 좌표는 $(2,\, 2)$이므로 직선 n이 점 $(2,\, 2)$를 지나면
$2a+2(a-1)+1=0$
$4a-1=0$　　$\therefore a=\dfrac{1}{4}$

(ⅰ), (ⅱ), (ⅲ)에서 세 직선이 삼각형을 이루지 않도록 하는 모든 상수 a의 값의 합은
$\dfrac{2}{3}+(-1)+\dfrac{1}{4}=-\dfrac{1}{12}$

12 답 $3x-4y+17=0,\ x=-3$

(ⅰ) 직선 l이 y축에 평행하지 않을 때,
직선 l의 기울기를 m이라 하면 이 직선이 점 $(-3,\, 2)$를 지나므로 직선 l의 방정식은
$y=m(x+3)+2$
$\therefore mx-y+3m+2=0$
점 $(1,\, 0)$과 직선 l 사이의 거리가 4이므로
$\dfrac{|m+3m+2|}{\sqrt{m^2+(-1)^2}}=4$
$|4m+2|=4\sqrt{m^2+1}$
양변을 제곱하면
$16m^2+16m+4=16(m^2+1)$
$16m=12$　　$\therefore m=\dfrac{3}{4}$
따라서 직선 l의 방정식은 $\dfrac{3}{4}x-y+\dfrac{9}{4}+2=0$
$\therefore 3x-4y+17=0$
(ⅱ) 직선 l이 y축에 평행할 때,
점 $(-3,\, 2)$를 지나는 직선 $x=-3$과 점 $(1,\, 0)$ 사이의 거리는 4이다.
(ⅰ), (ⅱ)에서 구하는 직선 l의 방정식은
$3x-4y+17=0,\ x=-3$

STEP **2** 고난도 문제　　　|18~22쪽

01 5	02 25	03 $\dfrac{2}{3}$	04 ④	05 $\dfrac{3}{2}$	06 $\dfrac{1}{2}$
07 ①	08 $\dfrac{4\sqrt{3}}{9}$	09 $\dfrac{21}{2}$	10 ②	11 330	12 ①
13 $\dfrac{7+\sqrt{21}}{7}$		14 $-9\sqrt{2}$	15 $\dfrac{11}{6}$	16 ①	17 ④
18 $\left(\dfrac{9}{2},\ \dfrac{5}{2}\right)$		19 $\sqrt{2}<a<2$		20 ①	21 20
22 30	23 4				

01 답 5

함수 $y=x^2$의 그래프와 직선 $y=2x$의 교점을 구하면
$x^2=2x$, $x(x-2)=0$ ∴ $x=0$ 또는 $x=2$
따라서 A$(0, 0)$, B$(2, 4)$이다.
P(a, a^2)이라 하면
삼각형 PAB가 $\overline{PA}=\overline{PB}$ 또는 $\overline{AP}=\overline{AB}$인 이등변삼각형이므로
(i) $\overline{PA}=\overline{PB}$일 때,
　$\overline{PA}^2=\overline{PB}^2$에서 $a^2+a^4=(a-2)^2+(a^2-4)^2$이므로
　$2a^2+a-5=0$
　이차방정식 $2a^2+a-5=0$의 판별식을 D라 하면
　$D=1+40=41>0$이므로 서로 다른 두 실근을 가진다.
　따라서 이차방정식의 근과 계수의 관계에 의하여 실수 a의 값의 곱은
　$-\dfrac{5}{2}$
(ii) $\overline{AP}=\overline{AB}$일 때,
　$\overline{AP}^2=\overline{AB}^2$에서 $a^2+a^4=2^2+4^2$이므로
　$a^4+a^2-20=0$, $(a^2+5)(a^2-4)=0$ ∴ $a^2=-5$ 또는 $a^2=4$
　이때 a는 실수이므로 $a=-2$ 또는 $a=2$
　$a=2$일 때, 점 P가 점 B와 같아지므로 삼각형 PAB가 만들어지지
　않는다. 따라서 $a=-2$이다.
(i), (ii)에서 모든 점 P의 x좌표의 곱은
$-\dfrac{5}{2}\times(-2)=5$

02 답 25

그림과 같이 직선 AB를 x축으로 하고, 직선 AC를 y축으로 하는 좌표평면을 잡으면 점 A는 원점이 된다.
B$(a, 0)$ $(a>0)$이라 하면 $\overline{AB}=\overline{AC}$이므로 C$(0, a)$
점 P의 좌표를 (x, y)라 하면
$\overline{AP}=\sqrt{10}$에서 $\overline{AP}^2=10$이므로 $x^2+y^2=10$ $\quad$ …… ㉠
$\overline{BP}=2\sqrt{5}$에서 $\overline{BP}^2=20$이므로
$(x-a)^2+y^2=20$ ∴ $x^2+y^2-2ax+a^2=20$ $\quad$ …… ㉡
$\overline{CP}=2\sqrt{10}$에서 $\overline{CP}^2=40$이므로
$x^2+(y-a)^2=40$ ∴ $x^2+y^2-2ay+a^2=40$ $\quad$ …… ㉢
㉠$-$㉡을 하면 $2ax-a^2=-10$ ∴ $x=\dfrac{a^2-10}{2a}$
㉠$-$㉢을 하면 $2ay-a^2=-30$ ∴ $y=\dfrac{a^2-30}{2a}$
$x=\dfrac{a^2-10}{2a}$, $y=\dfrac{a^2-30}{2a}$을 ㉠에 대입하면
$\left(\dfrac{a^2-10}{2a}\right)^2+\left(\dfrac{a^2-30}{2a}\right)^2=10$
$(a^2-10)^2+(a^2-30)^2=40a^2$
$a^4-60a^2+500=0$, $(a^2-10)(a^2-50)=0$
∴ $a^2=10$ 또는 $a^2=50$
이때 $a>0$이므로 $a=\sqrt{10}$ 또는 $a=5\sqrt{2}$
$a=\sqrt{10}$일 때, 점 P의 좌표는 $(0, -\sqrt{10})$이므로 점 P는 삼각형 ABC의 내부에 있지 않다.
따라서 $a=5\sqrt{2}$이므로 삼각형 ABC의 넓이는
$\dfrac{1}{2}\times5\sqrt{2}\times5\sqrt{2}=25$

03 답 $\dfrac{2}{3}$

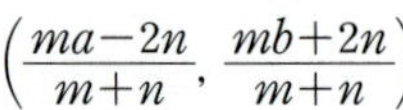

$\overline{AP}:\overline{PC}=\overline{BQ}:\overline{QC}=m:n$ $(m, n$은 자연수$)$
이라 하자.
점 P는 선분 AC를 $m:n$으로 내분하는 점이므로 점 P의 좌표는
$\left(\dfrac{ma-2n}{m+n}, \dfrac{mb+2n}{m+n}\right)$
이때 점 P는 y축 위에 있으므로
$\dfrac{ma-2n}{m+n}=0$ ∴ $a=\dfrac{2n}{m}$
점 Q는 선분 BC를 $m:n$으로 내분하는 점이므로 점 Q의 좌표는
$\left(\dfrac{ma+3n}{m+n}, \dfrac{mb-3n}{m+n}\right)$
이때 점 Q는 x축 위에 있으므로
$\dfrac{mb-3n}{m+n}=0$ ∴ $b=\dfrac{3n}{m}$
∴ $\dfrac{a}{b}=\dfrac{\dfrac{2n}{m}}{\dfrac{3n}{m}}=\dfrac{2}{3}$

04 답 ④

그림과 같이 직선 PC와 선분 AO가 만나는 점을 Q라 하고 삼각형 AOB의 넓이를 S라 하자.

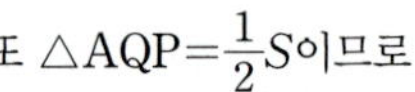

$\overline{AP}:\overline{PB}=2:1$이므로 $\triangle AOP=\dfrac{2}{3}S$
또 $\triangle AQP=\dfrac{1}{2}S$이므로
$\triangle QOP=\dfrac{2}{3}S-\dfrac{1}{2}S=\dfrac{1}{6}S$
$\triangle AQP:\triangle QOP=\dfrac{1}{2}S:\dfrac{1}{6}S=3:1$이므로
$\overline{AQ}:\overline{QO}=3:1$
점 Q의 좌표는
$\left(\dfrac{3\times0+1\times(-8)}{3+1}, \dfrac{3\times0+1\times a}{3+1}\right)$ ∴ $\left(-2, \dfrac{a}{4}\right)$
점 P의 좌표는
$\left(\dfrac{2\times7+1\times(-8)}{2+1}, \dfrac{2\times3+1\times a}{2+1}\right)$ ∴ $\left(2, \dfrac{a+6}{3}\right)$
세 점 C, Q, P가 한 직선 위에 있으므로 직선 CQ와 직선 CP의 기울기는 같다.
즉, $\dfrac{\dfrac{a}{4}}{-2-(-6)}=\dfrac{\dfrac{a+6}{3}}{2-(-6)}$
∴ $a=12$

05 답 $\dfrac{3}{2}$

함수 $y=x^2$의 그래프 위의 점 P의 좌표를 (t, t^2)이라 하면 선분 AP를 $2:1$로 내분하는 점의 좌표는
$\left(\dfrac{2t+3}{2+1}, \dfrac{2t^2-1}{2+1}\right)$ ∴ $\left(\dfrac{2t+3}{3}, \dfrac{2t^2-1}{3}\right)$
$x=\dfrac{2t+3}{3}$, $y=\dfrac{2t^2-1}{3}$로 놓으면 $x=\dfrac{2t+3}{3}$에서 $t=\dfrac{3x-3}{2}$이므로
$y=\dfrac{2}{3}\left(\dfrac{3x-3}{2}\right)^2-\dfrac{1}{3}=\dfrac{3}{2}x^2-3x+\dfrac{7}{6}$
이때 함수 $y=\dfrac{3}{2}x^2-3x+\dfrac{7}{6}$의 그래프와 직선 $y=x-k$가 접하므로

이차방정식 $\frac{3}{2}x^2-3x+\frac{7}{6}=x-k$, 즉 $\frac{3}{2}x^2-4x+\frac{7}{6}+k=0$의 판별식을 D라 하면

$$\frac{D}{4}=4-\frac{3}{2}\left(\frac{7}{6}+k\right)=0,\quad \frac{9}{4}-\frac{3}{2}k=0$$

$$\therefore k=\frac{3}{2}$$

06 답 $\frac{1}{2}$

그림과 같이 직선 AB를 x축으로 하고, 직선 AD를 y축으로 하는 좌표평면을 잡으면 점 A는 원점이 된다.

정사각형 ABCD의 한 변의 길이를 a라 하면

B$(a,\,0)$, C$(a,\,a)$, D$(0,\,a)$

선분 AB를 $t:1$로 내분하는 점을 R라 하면

R$\left(\dfrac{at}{t+1},\,0\right)$

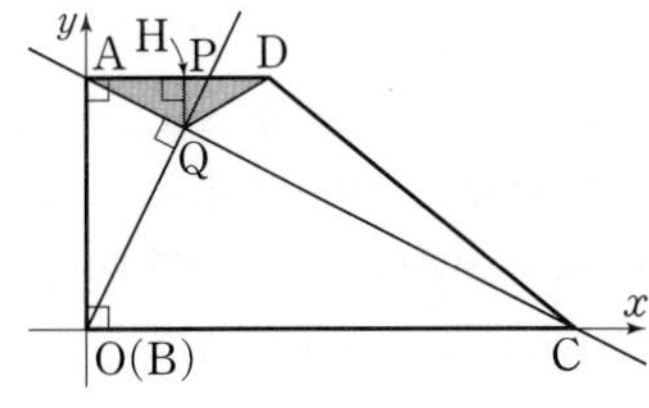

선분 BC를 $t:1$로 내분하는 점을 S라 하면 $\overline{AR}=\overline{BS}=\dfrac{at}{t+1}$이므로

삼각형 BSR의 넓이는

$$\frac{1}{2}\times\overline{RB}\times\overline{SB}=\frac{1}{2}\times\left(a-\frac{at}{t+1}\right)\times\frac{at}{t+1}=\frac{a^2t}{2(t+1)^2}$$

따라서 S_2는 S_1에서 삼각형 BSR의 넓이의 4배를 뺀 것과 같다.

$S_1=a\times a=a^2$

$S_2=a^2-4\times\dfrac{a^2t}{2(t+1)^2}=\dfrac{a^2(t^2+1)}{(t+1)^2}$이므로 $\dfrac{S_1}{S_2}=\dfrac{(t+1)^2}{t^2+1}$

$\dfrac{S_1}{S_2}=\dfrac{9}{5}$에서 $\dfrac{(t+1)^2}{t^2+1}=\dfrac{9}{5}$이므로

$5(t+1)^2=9(t^2+1),\quad 2t^2-5t+2=0$

$(t-2)(2t-1)=0$

$\therefore t=\dfrac{1}{2}\ (\because 0<t<1)$

07 답 ①

그림과 같이 직선 BC를 x축으로 하고, 직선 AB를 y축으로 하는 좌표평면을 잡으면 점 B는 원점이 된다.

이때 A$(0,\,4)$, C$(8,\,0)$이므로 직선 AC의 방정식은

$$y=-\frac{1}{2}x+4$$

점 B$(0,\,0)$을 지나고 직선 AC에 수직인 직선 BP의 방정식은 $y=2x$

점 P의 y좌표는 4이므로 $y=2x$에 $y=4$를 대입하면 $x=2$

$\therefore$ P$(2,\,4)$

점 D의 좌표를 $(t,\,4)$라 하면 점 P는 선분 AD를 $2:1$로 내분하는 점이므로 점 P의 좌표는

$\left(\dfrac{2t}{2+1},\,4\right)$ $\therefore \left(\dfrac{2}{3}t,\,4\right)$

$\dfrac{2}{3}t=2$에서 $t=3$

$\therefore$ D$(3,\,4)$

점 Q는 두 직선 AC, BP가 만나는 점이므로 $-\dfrac{1}{2}x+4=2x$에서 점 Q의 x좌표는 $\dfrac{8}{5}$이다.

점 Q의 y좌표는 $2\times\dfrac{8}{5}=\dfrac{16}{5}$이므로 Q$\left(\dfrac{8}{5},\,\dfrac{16}{5}\right)$

따라서 점 Q에서 선분 AD에 내린 수선의 발을 H라 할 때, 삼각형 AQD의 넓이는

$$\frac{1}{2}\times\overline{AD}\times\overline{QH}=\frac{1}{2}\times3\times\left(4-\frac{16}{5}\right)=\frac{6}{5}$$

다른 풀이

$\triangle$PAB$\infty\triangle$ABC(AA 닮음)에서

$\overline{PA}:4=4:8$ $\therefore \overline{PA}=2$

$\triangle$PQA$\infty\triangle$ABC(AA 닮음)이고, $\overline{AC}=\sqrt{4^2+8^2}=4\sqrt{5}$이므로

두 삼각형의 넓이의 비는

$2^2:(4\sqrt{5})^2=1:20$

이때 삼각형 ABC의 넓이는 $\dfrac{1}{2}\times8\times4=16$이므로

삼각형 PQA의 넓이는 $16\times\dfrac{1}{20}=\dfrac{4}{5}$

따라서 삼각형 AQD의 넓이는 $\dfrac{4}{5}\times\dfrac{3}{2}=\dfrac{6}{5}$

08 답 $\dfrac{4\sqrt{3}}{9}$

그림과 같이 직선 AB를 x축으로 하고, 직선 MN을 y축으로 하는 좌표평면을 잡으면 점 M은 원점이 된다.

$\overline{AM}=\overline{MB}=1$이므로 A$(-1,\,0)$, B$(1,\,0)$이고 $\overline{A'B}=\overline{AB}=2$

삼각형 A'MB에서 $\overline{A'M}=\sqrt{2^2-1^2}=\sqrt{3}$이므로

A$'(0,\,\sqrt{3})$

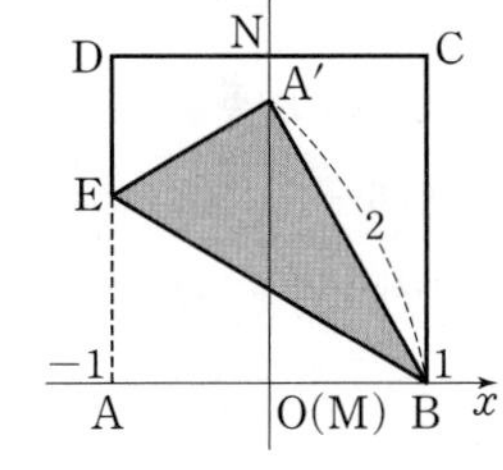

즉, 직선 A'B의 기울기는 $\dfrac{0-\sqrt{3}}{1-0}=-\sqrt{3}$이므로 직선 A'B와 수직인 직선 A'E의 기울기는 $\dfrac{\sqrt{3}}{3}$이다.

따라서 직선 A'E의 방정식은 $y=\dfrac{\sqrt{3}}{3}x+\sqrt{3}$이고

$x=-1$일 때, $y=\dfrac{2\sqrt{3}}{3}$

즉, E$\left(-1,\,\dfrac{2\sqrt{3}}{3}\right)$이므로 삼각형 A'EB의 무게중심의 좌표는

$\left(\dfrac{0-1+1}{3},\,\dfrac{\sqrt{3}+\frac{2\sqrt{3}}{3}+0}{3}\right)$ $\therefore \left(0,\,\dfrac{5\sqrt{3}}{9}\right)$

따라서 점 A'에서 삼각형 A'EB의 무게중심까지의 거리는

$\sqrt{3}-\dfrac{5\sqrt{3}}{9}=\dfrac{4\sqrt{3}}{9}$

09 답 $\dfrac{21}{2}$

그림과 같이 점 A를 원점으로 하고, 직선 AB를 x축으로 하면 B$(8,\,0)$, C$(8,\,6)$이므로 삼각형 ABC의 무게중심의 좌표는

$\left(\dfrac{0+8+8}{3},\,\dfrac{0+0+6}{3}\right)$ $\therefore \left(\dfrac{16}{3},\,2\right)$

선분 AB를 $3:1$로 내분하는 점 P의 좌표는

$\left(\dfrac{3\times8+0}{3+1},\,0\right)$ $\therefore (6,\,0)$

직선 BC의 방정식은 $x=8$, 직선 AC의 방정식은 $y=\dfrac{3}{4}x$이므로

$Q(8,\,a)$, $R\!\left(b,\,\dfrac{3}{4}b\right)$라 하면 삼각형 PQR의 무게중심의 좌표는

$$\left(\dfrac{6+8+b}{3},\ \dfrac{0+a+\frac{3}{4}b}{3}\right)$$

$$\therefore\ \left(\dfrac{b+14}{3},\ \dfrac{4a+3b}{12}\right)$$

이때 삼각형 PQR의 무게중심이 삼각형 ABC의 무게중심과 같으므로

$$\dfrac{b+14}{3}=\dfrac{16}{3},\ \dfrac{4a+3b}{12}=2$$

$$\therefore\ a=\dfrac{9}{2},\ b=2$$

$$\therefore\ Q\!\left(8,\,\dfrac{9}{2}\right),\ R\!\left(2,\,\dfrac{3}{2}\right)$$

삼각형 ABC의 넓이는

$$\dfrac{1}{2}\times 8\times 6=24$$

삼각형 APR의 넓이는

$$\dfrac{1}{2}\times 6\times\dfrac{3}{2}=\dfrac{9}{2}$$

삼각형 PBQ의 넓이는

$$\dfrac{1}{2}\times(8-6)\times\dfrac{9}{2}=\dfrac{9}{2}$$

삼각형 QCR의 넓이는

$$\dfrac{1}{2}\times\left(6-\dfrac{9}{2}\right)\times(8-2)=\dfrac{9}{2}$$

따라서 삼각형 PQR의 넓이는

$$24-3\times\dfrac{9}{2}=\dfrac{21}{2}$$

idea
10 답 ②

삼각형 PQR의 무게중심을 G라 하면 점 G의 좌표는

$$\left(\dfrac{3+6+3}{3},\ \dfrac{2+1+6}{3}\right)\qquad\therefore\ (4,\,3)$$

이때

$$\overline{PG}=\sqrt{(4-3)^2+(3-2)^2}=\sqrt{2},$$
$$\overline{QG}=\sqrt{(4-6)^2+(3-1)^2}=2\sqrt{2},$$
$$\overline{PQ}=\sqrt{(6-3)^2+(1-2)^2}=\sqrt{10}$$

에서 $\overline{PG}^2+\overline{QG}^2=\overline{PQ}^2$이므로 삼각형 PQG는 $\angle G=90°$인 직각삼각형이다.

따라서 삼각형 PQR와 합동인 삼각형 ABC에서 점 A가 x축 위에 있고 삼각형 ABC의 무게중심이 원점이므로 $\angle AOB=90°$를 만족시키려면 점 B는 y축 위에 있어야 한다.

이때 점 C가 제3사분면 위에 있으므로 그림과 같이 점 A의 x좌표는 양수, 점 B의 y좌표는 양수이다.

$\overline{AO}=\overline{PG}=\sqrt{2}$이므로 점 A의 좌표는 $(\sqrt{2},\,0)$

$\overline{BO}=\overline{QG}=2\sqrt{2}$이므로 점 B의 좌표는 $(0,\,2\sqrt{2})$

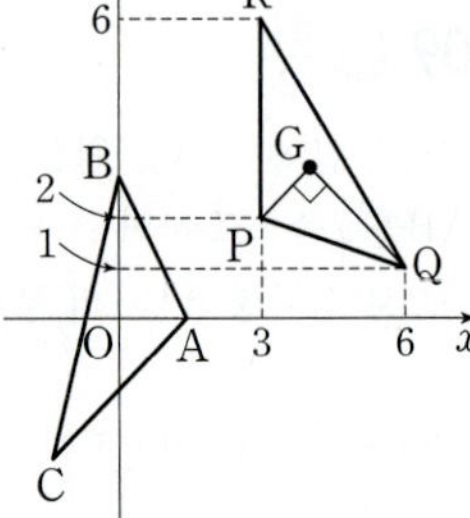

이때 삼각형 ABC의 무게중심이 원점이므로

$$\dfrac{\sqrt{2}+0+a}{3}=0,\ \dfrac{0+2\sqrt{2}+b}{3}=0$$

$$\therefore\ a=-\sqrt{2},\ b=-2\sqrt{2}$$

$$\therefore\ ab=4$$

다른 풀이

삼각형 PQR의 무게중심을 G라 하면 점 G의 좌표는

$$\left(\dfrac{3+6+3}{3},\ \dfrac{2+1+6}{3}\right)\qquad\therefore\ (4,\,3)$$

이때 삼각형 PQR와 삼각형 ABC가 합동이므로 $\overline{PG}=\overline{AO}$

$$\therefore\ \overline{AO}=\overline{PG}=\sqrt{(4-3)^2+(3-2)^2}=\sqrt{2}$$

(나)에서 점 A는 x축 위의 점이므로

$A(-\sqrt{2},\,0)$ 또는 $A(\sqrt{2},\,0)$

$\overline{GR}=\overline{OC}$에서 $\overline{GR}^2=\overline{OC}^2$이므로

$$(3-4)^2+(6-3)^2=a^2+b^2$$

$$\therefore\ a^2+b^2=10\qquad\cdots\cdots\ \text{㉠}$$

$\overline{PR}=\overline{AC}$에서 $\overline{PR}^2=\overline{AC}^2$

(ⅰ) $A(-\sqrt{2},\,0)$일 때,

$$(6-2)^2=\{a-(-\sqrt{2})\}^2+b^2$$

$$\therefore\ a^2+b^2+2\sqrt{2}a=14\qquad\cdots\cdots\ \text{㉡}$$

㉡$-$㉠을 하면 $2\sqrt{2}a=4$ $\qquad\therefore\ a=\sqrt{2}$

(ⅱ) $A(\sqrt{2},\,0)$일 때,

$$(6-2)^2=(a-\sqrt{2})^2+b^2$$

$$\therefore\ a^2+b^2-2\sqrt{2}a=14\qquad\cdots\cdots\ \text{㉢}$$

㉢$-$㉠을 하면 $-2\sqrt{2}a=4$ $\qquad\therefore\ a=-\sqrt{2}$

(ⅰ), (ⅱ)에서 $a=-\sqrt{2}\ (\because\ a<0)$이므로 이를 ㉠에 대입하면

$2+b^2=10,\ b^2=8$ $\qquad\therefore\ b=-2\sqrt{2}\ (\because\ b<0)$

$$\therefore\ ab=4$$

11 답 330

삼각형 ABC의 무게중심이 점 G이므로

$$\overline{AG}:\overline{GQ}=\overline{BG}:\overline{GR}=\overline{CG}:\overline{GP}=2:1$$

$$\therefore\ \overline{AG}=12,\ \overline{BG}=10,\ \overline{CG}=14$$

그림과 같이 삼각형 GBC에서 직선 BC를 x축으로 하고, 점 Q를 지나고 직선 BC에 수직인 직선을 y축으로 하는 좌표평면을 잡으면 점 Q는 원점이 된다.

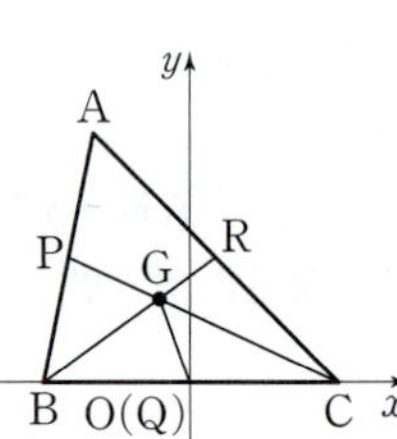

$G(a,\,b)$, $C(c,\,0)$이라 하면 $B(-c,\,0)$

$$\overline{GB}^2=(-c-a)^2+(-b)^2$$
$$=a^2+2ac+c^2+b^2\qquad\cdots\cdots\ \text{㉠}$$

$$\overline{GC}^2=(c-a)^2+(-b)^2$$
$$=a^2-2ac+c^2+b^2\qquad\cdots\cdots\ \text{㉡}$$

$$\overline{GQ}^2=a^2+b^2\qquad\cdots\cdots\ \text{㉢}$$

$$\overline{BQ}^2=c^2\qquad\cdots\cdots\ \text{㉣}$$

㉠$+$㉡을 하면 $\overline{GB}^2+\overline{GC}^2=2(a^2+b^2+c^2)$

㉢$+$㉣을 하면 $\overline{GQ}^2+\overline{BQ}^2=a^2+b^2+c^2$

$$\therefore\ \overline{GB}^2+\overline{GC}^2=2(\overline{GQ}^2+\overline{BQ}^2)$$

즉, $10^2+14^2=2(6^2+\overline{BQ}^2)$에서

$$296=72+2\overline{BQ}^2\qquad\therefore\ \overline{BQ}^2=112$$

같은 방법으로 하면 삼각형 GCA에서

$$14^2+12^2=2(5^2+\overline{CR}^2)$$

$$340=50+2\overline{CR}^2\qquad\therefore\ \overline{CR}^2=145$$

같은 방법으로 하면 삼각형 GAB에서
$$12^2+10^2=2(7^2+\overline{AP}^2)$$
$$244=98+2\overline{AP}^2 \qquad \therefore \overline{AP}^2=73$$
$$\therefore \overline{AP}^2+\overline{BQ}^2+\overline{CR}^2=330$$

개념 NOTE

삼각형 ABC에서 변 BC의 중점을 M이라 할 때,
$$\overline{AB}^2+\overline{AC}^2=2(\overline{AM}^2+\overline{BM}^2)$$
이를 중선 정리(파푸스 정리)라 한다.

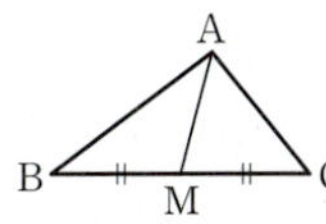

12 답 ①

㉮에서 직선 l이 삼각형 OAB의 점 O를 지나고, ㉯, ㉰에서 점 P는 선분 AB를 2 : 1 또는 1 : 2로 내분하는 점이어야 한다.

(i) 점 P가 선분 AB를 2 : 1로 내분하는 점일 때,

점 P의 좌표는
$$\left(\frac{2\times0+1\times2}{2+1},\ \frac{2\times6+1\times0}{2+1}\right)$$
$$\therefore \left(\frac{2}{3},\ 4\right)$$

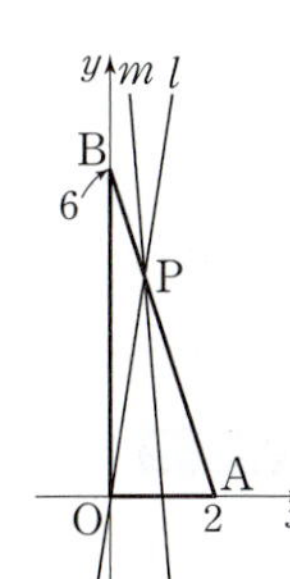

즉, 직선 l의 기울기는 $\dfrac{4-0}{\frac{2}{3}-0}=6$

㉰에서 직선 m은 삼각형 OAP의 넓이를 이등분하므로 선분 OA의 중점 $(1,\ 0)$을 지난다.

즉, 직선 m의 기울기는 $\dfrac{4-0}{\frac{2}{3}-1}=-12$

따라서 두 직선 $l,\ m$의 기울기의 합은 $6+(-12)=-6$

(ii) 점 P가 선분 AB를 1 : 2로 내분하는 점일 때,

점 P의 좌표는
$$\left(\frac{1\times0+2\times2}{1+2},\ \frac{1\times6+2\times0}{1+2}\right)$$
$$\therefore \left(\frac{4}{3},\ 2\right)$$

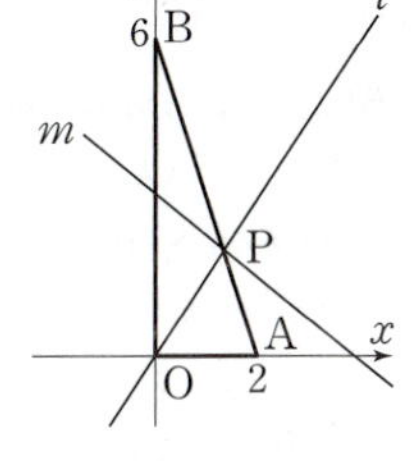

즉, 직선 l의 기울기는 $\dfrac{2-0}{\frac{4}{3}-0}=\dfrac{3}{2}$

㉰에서 직선 m은 삼각형 OPB의 넓이를 이등분하므로 선분 OB의 중점 $(0,\ 3)$을 지난다.

즉, 직선 m의 기울기는 $\dfrac{2-3}{\frac{4}{3}-0}=-\dfrac{3}{4}$

따라서 두 직선 $l,\ m$의 기울기의 합은
$$\frac{3}{2}+\left(-\frac{3}{4}\right)=\frac{3}{4}$$

(i), (ii)에서 두 직선 $l,\ m$의 기울기의 합의 최댓값은 $\dfrac{3}{4}$이다.

13 답 $\dfrac{7+\sqrt{21}}{7}$

직사각형 OCDE의 넓이를 이등분하는 직선 l은 직사각형의 두 대각선의 교점을 지나야 한다.

직사각형의 두 대각선의 교점은 두 점 $(0,\ 0)$, $(-2,\ -4)$를 이은 선분의 중점이므로
$$\left(\frac{0-2}{2},\ \frac{0-4}{2}\right) \qquad \therefore (-1,\ -2)$$

따라서 직선 l의 기울기를 m이라 하면 직선 l의 방정식은

$$y+2=m(x+1)$$
$$\therefore y=mx+m-2 \qquad \cdots\cdots \text{㉠}$$

직선 l이 x축과 만나는 점을 P라 하면 점 P의 x좌표는
$$mx+m-2=0$$
$$\therefore x=\frac{2-m}{m}$$

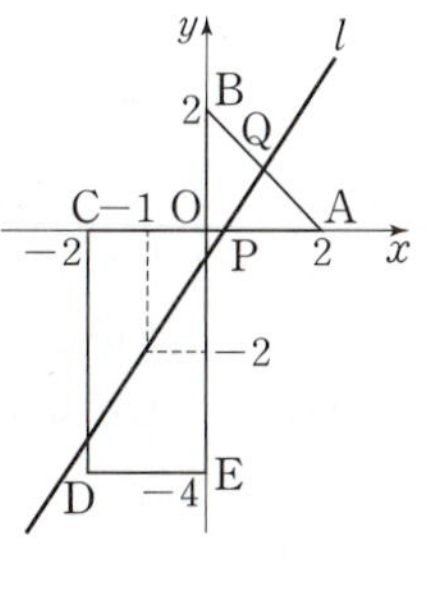

한편 직선 AB의 방정식은
$$y=-x+2 \qquad \cdots\cdots \text{㉡}$$

직선 AB와 직선 l의 교점을 Q라 하자.

㉠, ㉡을 연립하여 풀면 점 Q의 y좌표는
$$\frac{y-m+2}{m}=2-y$$
$$y-m+2=2m-my$$
$$(m+1)y=3m-2$$
$$\therefore y=\frac{3m-2}{m+1}$$

삼각형 AQP의 넓이는
$$\frac{1}{2}\times\left(2-\frac{2-m}{m}\right)\times\frac{3m-2}{m+1}=\frac{(3m-2)^2}{2m(m+1)}$$

이때 삼각형 OAB의 넓이가 $\dfrac{1}{2}\times2\times2=2$이므로 삼각형 AQP의 넓이는 1이어야 한다.

즉, $\dfrac{(3m-2)^2}{2m(m+1)}=1$이므로

$$(3m-2)^2=2m(m+1),\ 7m^2-14m+4=0 \qquad \therefore m=\frac{7\pm\sqrt{21}}{7}$$

이때 $m=\dfrac{7-\sqrt{21}}{7}$이면 직선 l이 삼각형 OAB와 만나지 않으므로 구하는 직선 l의 기울기는 $\dfrac{7+\sqrt{21}}{7}$이다.

14 답 $-9\sqrt{2}$

그림과 같이 세 점 A, B, P가 한 직선 위에 있지 않으면 삼각형 ABP에서 $\overline{BP}<\overline{AB}+\overline{AP}$이므로 $\overline{BP}-\overline{AP}<\overline{AB}$

세 점 A, B, P′이 한 직선 위에 있으면 $\overline{BP'}-\overline{AP'}=\overline{AB}$

따라서 $\overline{BP}-\overline{AP}\leq\overline{AB}$이므로 $\overline{BP}-\overline{AP}$의 최댓값은 선분 AB의 길이와 같다.

이때 점 P의 좌표는 $(a,\ 0)$이고 직선 AP와 직선 AB의 기울기는 같으므로
$$\frac{-2}{a-(-1)}=\frac{5-2}{2-(-1)} \qquad \therefore a=-3$$
$$\overline{AB}=\sqrt{\{2-(-1)\}^2+(5-2)^2}=3\sqrt{2}$$
$$\therefore b=3\sqrt{2}$$

따라서 구하는 ab의 값은 $-9\sqrt{2}$이다.

15 답 $\dfrac{11}{6}$

$A\left(\dfrac{1}{a},\ 1\right)$, $B(1,\ b)$이고, 두 점 A, B를 지나는 직선 l이 직선 $y=bx$와 수직이므로
$$\frac{b-1}{1-\frac{1}{a}}\times b=-1$$

$$\therefore\ b(b-1)=\frac{1}{a}-1 \quad \cdots\cdots\ \bigcirc$$

그림과 같이 직선 $y=bx$와 직선 $y=1$의
교점을 C라 하면 점 C의 좌표는
$\left(\dfrac{1}{b},\ 1\right)$

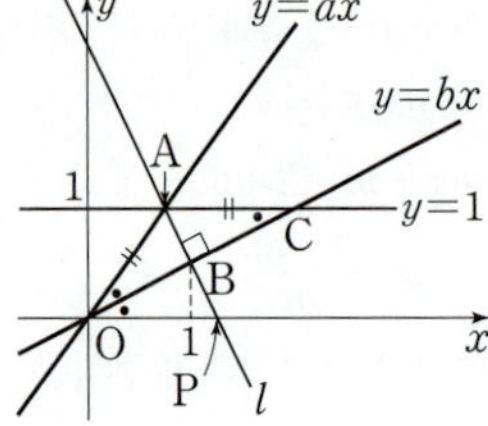

직선 l이 x축과 만나는 점을 P라 하면
$\angle AOC=\angle COP=\angle OCA$이므로 삼각
형 AOC는 이등변삼각형이다.
따라서 $\overline{OB}=\overline{BC}$, 즉 점 B는 선분 OC의 중점이므로

$$\frac{0+\dfrac{1}{b}}{2}=1 \quad \therefore\ b=\frac{1}{2}$$

이를 $\bigcirc$에 대입하면

$$\frac{1}{2}\times\left(-\frac{1}{2}\right)=\frac{1}{a}-1$$

$$\therefore\ a=\frac{4}{3}$$

$$\therefore\ a+b=\frac{11}{6}$$

개념 NOTE

서로 다른 두 직선 l, m이 다른 한 직선 n과 만날 때, 두 직선
l, m이 평행하면 엇각의 크기는 서로 같다.

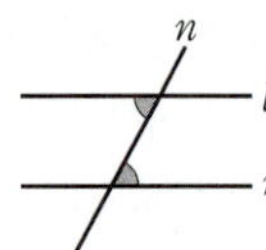

16 답 ①

두 직선 $y=2x$, $y=-\dfrac{1}{2}x$의 기울기의
곱이 -1이므로 두 직선은 서로 수직이
다. 즉, 직선 $y=mx+5$가 두 직선
$y=-\dfrac{1}{2}x$, $y=2x$와 만나는 점을 각각

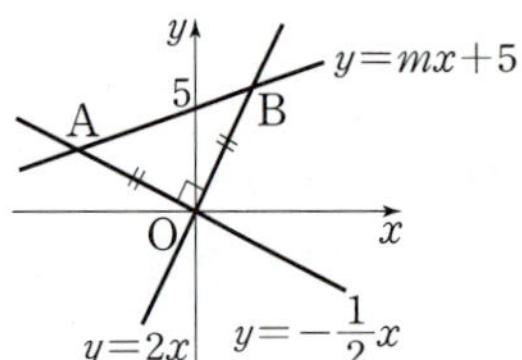

A, B라 하면 삼각형 AOB는
$\angle AOB=90°$인 직각이등변삼각형이다.

$-\dfrac{1}{2}x=mx+5$에서 $x=-\dfrac{10}{2m+1}$

이를 $y=-\dfrac{1}{2}x$에 대입하면 $y=\dfrac{5}{2m+1}$

$$\therefore\ A\left(-\frac{10}{2m+1},\ \frac{5}{2m+1}\right)$$

$2x=mx+5$에서 $x=\dfrac{5}{2-m}$

이를 $y=2x$에 대입하면 $y=\dfrac{10}{2-m}$

$$\therefore\ B\left(\frac{5}{2-m},\ \frac{10}{2-m}\right)$$

이때 $\overline{OA}=\overline{OB}$에서 $\overline{OA}^2=\overline{OB}^2$이므로

$$\left(-\frac{10}{2m+1}\right)^2+\left(\frac{5}{2m+1}\right)^2=\left(\frac{5}{2-m}\right)^2+\left(\frac{10}{2-m}\right)^2$$

$$\frac{125}{4m^2+4m+1}=\frac{125}{m^2-4m+4}$$

$4m^2+4m+1=m^2-4m+4,\ 3m^2+8m-3=0$

$(m+3)(3m-1)=0$

$$\therefore\ m=\frac{1}{3}\ (\because\ m>0)$$

다른 풀이 1

두 직선 $y=2x$, $y=-\dfrac{1}{2}x$의 기울기의
곱이 -1이므로 두 직선은 서로 수직이
다. 즉, 직선 $y=mx+5$가 두 직선
$y=-\dfrac{1}{2}x$, $y=2x$와 만나는 점을 각각

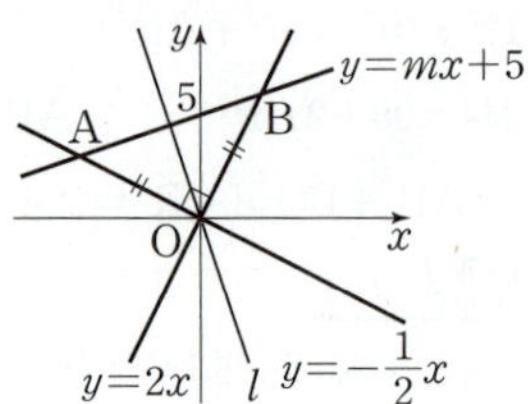

A, B라 하면 삼각형 AOB는
$\angle AOB=90°$인 직각이등변삼각형이다.
원점을 지나고 $\angle AOB$를 이등분하는 직선을 l이라 하면 직선 l은 직선
$y=mx+5$와 수직이고, 직선 l 위의 점 $(x,\ y)$에서 두 직선 $y=2x$,
$y=-\dfrac{1}{2}x$, 즉 $2x-y=0$, $x+2y=0$에 이르는 거리가 같다.

$$\frac{|2x-y|}{\sqrt{2^2+(-1)^2}}=\frac{|x+2y|}{\sqrt{1^2+2^2}}$$에서 $|2x-y|=|x+2y|$

$2x-y=\pm(x+2y) \quad \therefore\ y=\dfrac{1}{3}x$ 또는 $y=-3x$

이때 $m>0$에서 직선 l의 기울기가 음수이므로 직선 l의 방정식은
$y=-3x$

직선 $y=mx+5$가 직선 $y=-3x$와 수직이므로 $m=\dfrac{1}{3}$

다른 풀이 2

두 직선 $y=2x$, $y=-\dfrac{1}{2}x$의 기울기의
곱이 -1이므로 두 직선은 서로 수직이
다. 즉, 직선 $y=mx+5$가 두 직선
$y=-\dfrac{1}{2}x$, $y=2x$와 만나는 점을 각각

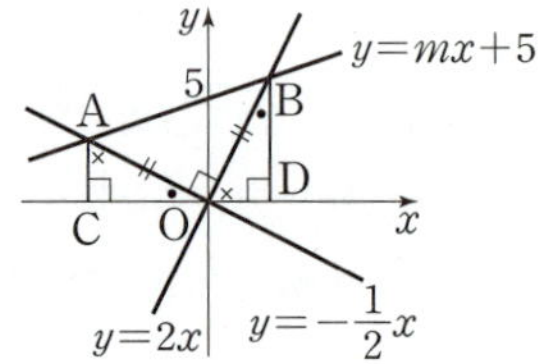

A, B라 하면 삼각형 AOB는
$\angle AOB=90°$인 직각이등변삼각형이다.
두 점 A, B에서 x축에 내린 수선의 발을 각각 C, D라 하면 삼각형
ACO와 삼각형 ODB는 RHA 합동이다.
이때 실수 $k\,(k>0)$에 대하여 점 B의 좌표를 $(k,\ 2k)$라 하면
$\triangle ACO\equiv\triangle ODB$이므로 점 A의 좌표는 $(-2k,\ k)$이다.
따라서 두 점 A, B를 지나는 직선의 기울기 m은

$$m=\frac{2k-k}{k-(-2k)}=\frac{1}{3}$$

17 답 ④

두 점 $A(-2,\ -1)$, $B(4,\ 2)$를 지나는 직선의 방정식은

$$y-2=\frac{2-(-1)}{4-(-2)}(x-4) \quad \therefore\ x-2y=0$$

ㄱ. 직선 AB와 직선 l이 평행하려면

$$\frac{1}{2k+1}=\frac{-2}{k-1}\neq\frac{0}{-5k+2},\ -4k-2=k-1 \quad \therefore\ k=-\frac{1}{5}$$

따라서 직선 AB와 평행한 직선 l이 존재한다.

ㄴ. $k=-\dfrac{2}{3}$일 때, 직선 l의 방정식은

$$-\frac{1}{3}x-\frac{5}{3}y+\frac{16}{3}=0 \quad \therefore\ x+5y-16=0$$

두 식 $x+5y-16=0$, $x-2y=0$을 연립하여 풀면

$$x=\frac{32}{7},\ y=\frac{16}{7}$$

그런데 점 $\left(\dfrac{32}{7},\ \dfrac{16}{7}\right)$은 선분 AB 위에 있지 않으므로 $k=-\dfrac{2}{3}$일
때, 선분 AB와 직선 l은 만나지 않는다.

ㄷ. 직선 l은 $x-y+2+k(2x+y-5)=0$이므로 직선 $2x+y-5=0$이
될 수 없다.
두 식 $2x+y-5=0$, $x-2y=0$을 연립하여 풀면
$x=2$, $y=1$
따라서 선분 AB 위의 점 $(2, 1)$은 직선 l이 지날 수 없다.
따라서 보기에서 옳은 것은 ㄱ, ㄷ이다.

$ax+by+c+k(a'x+b'y+c')=0$은 두 직선 $ax+by+c=0$, $a'x+b'y+c'=0$
의 교점을 지나는 직선 중 $ax+by+c=0$은 나타낼 수 있지만, $a'x+b'y+c'=0$은
나타낼 수 없다.
따라서 두 직선 $ax+by+c=0$, $a'x+b'y+c'=0$의 교점을 지나는 직선의 방정식
은
$$k(ax+by+c)+l(a'x+b'y+c')=0 \ (k, \ l은 \ 실수)$$
꼴이어야 한다.

---

18 답 $\left(\dfrac{9}{2}, \ \dfrac{5}{2}\right)$

점 R를 지나고 직선 PQ와 평행한 직선
이 선분 OA, BC와 만나는 점을 각각 T,
S라 하자.
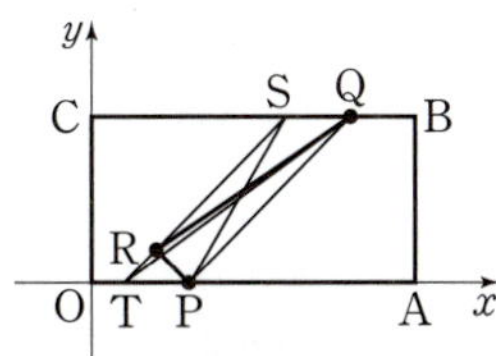
$\overline{TS} \parallel \overline{PQ}$이므로
$\triangle QRP = \triangle QTP$ ⟶ 두 삼각형의 밑변이 $\overline{PQ}$이고 높이는 $\overline{PQ}$와 $\overline{TS}$ 사이의 거리이다.
즉, 선분 QT를 경계로 하면 두 부분의 넓이가 변하지 않는다.
직선 PQ의 기울기는 $\dfrac{5-0}{8-3}=1$이므로 점 R를 지나면서 직선 PQ와 평
행한 직선 TS의 방정식은
$y-1=x-2$ $\therefore y=x-1$
이때 점 T의 좌표는 $(1, 0)$이므로 직선 QT의 방정식은
$y=\dfrac{0-5}{1-8}(x-1)$, $y=\dfrac{5}{7}(x-1)$
$\therefore 5x-7y-5=0$ …… ㉠   배점 40%
또 $\overline{TS} \parallel \overline{PQ}$이므로 $\triangle QRP = \triangle QSP$
즉, 선분 PS를 경계로 하면 두 부분의 넓이가 변하지 않는다.
점 S의 좌표를 구하면 $x-1=5$에서 $x=6$
$\therefore S(6, 5)$
직선 PS의 방정식은
$y=\dfrac{5-0}{6-3}(x-3)$, $y=\dfrac{5}{3}(x-3)$
$\therefore 5x-3y-15=0$ …… ㉡   배점 40%
㉠, ㉡을 연립하여 풀면 $x=\dfrac{9}{2}$, $y=\dfrac{5}{2}$
따라서 구하는 교점의 좌표는 $\left(\dfrac{9}{2}, \ \dfrac{5}{2}\right)$ …… 배점 20%

19 답 $\sqrt{2}<a<2$

$a\{x-(a^2+a-2)\}+y+2=0$에서
$y=-ax+a^3+a^2-2a-2$
$\therefore y=-ax+(a+1)(a^2-2)$
이 직선의 x절편은 $\dfrac{(a+1)(a^2-2)}{a}$이므로 ㈎에서
$\dfrac{(a+1)(a^2-2)}{a}>0$
이때 $a>0$이므로 $a^2-2>0$
$\therefore a>\sqrt{2}$ …… ㉠

그림과 같이 직선
$y=-ax+(a+1)(a^2-2)$의 기울기는 0
보다 작고, 직선 $y=\dfrac{1}{2}x$의 기울기는 0보
다 크므로 $\angle OAB$, $\angle AOB$는 모두 예각
이다.
즉, ㈏에서 $\angle OBA$는 둔각이어야 한다.
두 직선 $y=-ax+(a+1)(a^2-2)$, $y=\dfrac{1}{2}x$가 서로 수직일 때, $a=2$
이므로 $\angle OBA$가 둔각이려면 a의 값의 범위는
$0<a<2$ …… ㉡
따라서 ㉠, ㉡에서 구하는 a의 값의 범위는
$\sqrt{2}<a<2$

20 답 ①

원점과 직선 $3x+2y-5+a(y-1)=0$, 즉
$3x+(2+a)y-5-a=0$ 사이의 거리를 d(d는 자연수)라 하면
$d=\dfrac{|-5-a|}{\sqrt{3^2+(2+a)^2}}$
$|a+5|=d\sqrt{a^2+4a+13}$
양변을 제곱하면
$a^2+10a+25=d^2(a^2+4a+13)$
$\therefore (d^2-1)a^2+2(2d^2-5)a+13d^2-25=0$ …… ㉠
(i) $d^2-1=0$, 즉 $d=1$일 때,
  $-6a-12=0$ $\therefore a=-2$
(ii) $d^2-1\neq0$, 즉 $d\neq1$일 때,
  이차방정식 ㉠이 실근을 가져야 하므로 ㉠의 판별식을 D라 하면
  $\dfrac{D}{4}=(2d^2-5)^2-(d^2-1)(13d^2-25)\geq0$
  $-9d^4+18d^2\geq0$, $9d^2(d^2-2)\leq0$
  $d^2-2\leq0$ $\therefore -\sqrt{2}\leq d\leq\sqrt{2}$
  이때 $d\neq1$이므로 이를 만족시키는 자연수 d의 값은 존재하지 않는
  다.
(i), (ii)에서 구하는 a의 값은 -2이다.

21 답 20

직선 l_1의 x절편은 $x-2=0$, $x=2$
$\therefore A(2, 0)$
직선 l_1의 y절편은 $-2y-2=0$, $y=-1$
$\therefore B(0, -1)$
두 직선 l_1, l_2가 서로 평행하므로
l_2: $x-2y+a=0 \ (a>0)$
직선 l_2의 x절편은 $x+a=0$, $x=-a$ $\therefore C(-a, 0)$
직선 l_2의 y절편은 $-2y+a=0$, $y=\dfrac{a}{2}$ $\therefore D\left(0, \dfrac{a}{2}\right)$
(사각형 ADCB의 넓이)
=(삼각형 ADC의 넓이)+(삼각형 ACB의 넓이)
$=\dfrac{1}{2}\times(a+2)\times\dfrac{a}{2}+\dfrac{1}{2}\times(a+2)\times1$
$=\dfrac{1}{2}(a+2)\left(\dfrac{a}{2}+1\right)=\dfrac{a^2}{4}+a+1$
이때 $\dfrac{a^2}{4}+a+1=25$이므로 $a^2+4a-96=0$
$(a+12)(a-8)=0$ $\therefore a=8 \ (\because a>0)$

두 직선 l_1과 l_2 사이의 거리는 직선 l_1 위의 점 A(2, 0)과 직선
l_2: $x-2y+8=0$ 사이의 거리와 같으므로
$$d=\frac{|2+8|}{\sqrt{1^2+(-2)^2}}=2\sqrt{5}$$
$$\therefore d^2=20$$

22 답 30

$f(x)=k(x-2)(x-a)(k>0)$라 하면
$$f(x)=k\left(x-\frac{a+2}{2}\right)^2-\frac{k(a-2)^2}{4}$$이므로
$P\left(\dfrac{a+2}{2}, -\dfrac{k(a-2)^2}{4}\right)$, C$(0, 2ak)$
사각형 APRQ가 정사각형이므로 두 직선 AP, BC가 서로 평행하다.
$$\frac{-\dfrac{k(a-2)^2}{4}}{\dfrac{a+2}{2}-2}=\frac{2ak}{-a}$$에서 $\dfrac{-k(a-2)}{2}=-2k$, $a=6$이므로

$P(4, -4k)$, C$(0, 12k)$, B$(6, 0)$
이때 직선 BC의 방정식은 $2kx+y-12k=0$
사각형 APRQ가 정사각형이므로 $\overline{AP}=\overline{AQ}$
$$\sqrt{2^2+(-4k)^2}=\frac{|4k-12k|}{\sqrt{(2k)^2+1^2}}$$에서 $\sqrt{4(4k^2+1)}=\frac{8k}{\sqrt{4k^2+1}}$
$4k^2+1=4k$, $(2k-1)^2=0$
$$\therefore k=\frac{1}{2}$$
따라서 $f(x)=\dfrac{1}{2}(x-2)(x-6)$이므로
$$f(12)=\frac{1}{2}\times10\times6=30$$

참고

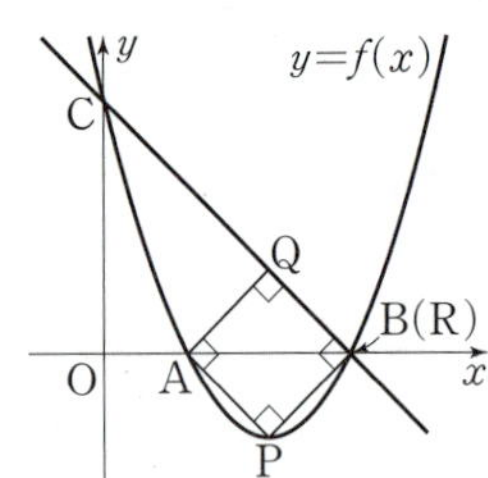

23 답 4

R(p, q), S(r, s)라 하면 사각형 PQRS가 평행사변형이고, 평행사변형의 두 대각선의 교점은 선분 PR의 중점이면서 선분 QS의 중점이므로
$$\frac{a+p}{2}=\frac{b+r}{2}=0, \quad \frac{a+q}{2}=\frac{b+1+s}{2}=0$$
$$\therefore p=-a, q=-a, r=-b, s=-b-1$$
$$\therefore \text{R}(-a, -a), \text{S}(-b, -b-1)$$
즉, 두 점 P, R는 직선 $y=x$ 위의 점이다.
점 Q와 직선 $y=x$, 즉 $x-y=0$ 사이의 거리는
$$\frac{|b-(b+1)|}{\sqrt{1^2+(-1)^2}}=\frac{\sqrt{2}}{2}$$
$$\overline{PR}=\sqrt{(-a-a)^2+(-a-a)^2}=2\sqrt{2}a$$
삼각형 PQR의 넓이는 $\dfrac{1}{2}\times2\sqrt{2}a\times\dfrac{\sqrt{2}}{2}=a$
이때 평행사변형의 대각선은 그 넓이를 이등분하므로 평행사변형 PQRS의 넓이는 $2a$이다.
따라서 $2a=8$에서 $a=4$

01 ①	**02** 55	**03** ②	**04** ③	**05** $\dfrac{1}{3}$
06 $\left(\dfrac{4}{9}, \dfrac{1}{9}\right)$		**07** 18	**08** ④	**09** 43

01 답 ①

1단계 점 A의 좌표 구하기

그림과 같이 직선 BC를 x축으로 하고 점 D를 원점으로 하는 좌표평면을 잡으면
B$(-1, 0)$, C$(1, 0)$
점 A의 좌표를 $(p, q)(p>0, q>0)$라 하면
$\overline{AB}=2\sqrt{3}$에서 $\overline{AB}^2=12$이므로
$$(p+1)^2+q^2=12$$
$$\therefore p^2+q^2+2p=11 \quad \cdots\cdots \unicode{x1D4F8}$$
$\overline{AD}=\sqrt{7}$에서 $\overline{AD}^2=7$이므로
$$p^2+q^2=7 \quad \cdots\cdots \unicode{x1D4F8}$$
㉠－㉡을 하면 $2p=4$ $\therefore p=2$
이를 ㉡에 대입하면
$4+q^2=7$, $q^2=3$ $\therefore q=\sqrt{3} (\because q>0)$
$$\therefore \text{A}(2, \sqrt{3})$$

2단계 S_1의 값 구하기

$\overline{AC}=\sqrt{(2-1)^2+(\sqrt{3})^2}=2$이므로 삼각형 ABC는 이등변삼각형이고 선분 CE는 선분 AB의 수직이등분선이다.
따라서 직각삼각형 CEB에서
$$\overline{CE}=\sqrt{\overline{BC}^2-\overline{BE}^2}=\sqrt{2^2-(\sqrt{3})^2}=1$$
이때 점 P는 삼각형 ABC의 무게중심이므로
$\overline{AP}:\overline{PD}=2:1$에서 $\overline{AP}=\dfrac{2}{3}\overline{AD}=\dfrac{2\sqrt{7}}{3}$, $\overline{PD}=\dfrac{1}{3}\overline{AD}=\dfrac{\sqrt{7}}{3}$
$\overline{CP}:\overline{PE}=2:1$에서 $\overline{CP}=\dfrac{2}{3}\overline{CE}=\dfrac{2}{3}$, $\overline{PE}=\dfrac{1}{3}\overline{CE}=\dfrac{1}{3}$
삼각형 EPA에서 선분 PR가 $\angle$APE의 이등분선이므로
$$\overline{AR}:\overline{ER}=\overline{PA}:\overline{PE}=\frac{2\sqrt{7}}{3}:\frac{1}{3}=2\sqrt{7}:1$$
즉, $\overline{AR}:\overline{ER}=2\sqrt{7}:1$이므로 $\triangle$ARP$:\triangle$REP$=2\sqrt{7}:1$
이때 삼각형 ABC의 넓이를 S라 하면
$$S=\frac{1}{2}\times\overline{AB}\times\overline{CE}=\frac{1}{2}\times2\sqrt{3}\times1=\sqrt{3}$$
따라서 삼각형 AEP의 넓이는 삼각형 ABC의 넓이의 $\dfrac{1}{6}$이므로
$$S_1=S\times\frac{1}{6}\times\frac{1}{2\sqrt{7}+1}=\sqrt{3}\times\frac{1}{6}\times\frac{1}{2\sqrt{7}+1}=\frac{\sqrt{3}}{6(2\sqrt{7}+1)}$$

3단계 S_2의 값 구하기

삼각형 CPD에서 선분 PQ가 $\angle$DPC의 이등분선이므로
$$\overline{DQ}:\overline{CQ}=\overline{PD}:\overline{PC}=\frac{\sqrt{7}}{3}:\frac{2}{3}=\sqrt{7}:2$$

$\angle$EPR$=\angle$CPQ,
$\angle$APR$=\angle$DPQ **(맞꼭지각)**

즉, $\overline{DQ}:\overline{CQ}=\sqrt{7}:2$이므로 $\triangle$PDQ$:\triangle$PQC$=\sqrt{7}:2$
따라서 삼각형 PDC의 넓이는 삼각형 ABC의 넓이의 $\dfrac{1}{6}$이므로
$$S_2=S\times\frac{1}{6}\times\frac{2}{\sqrt{7}+2}=\sqrt{3}\times\frac{1}{6}\times\frac{2}{\sqrt{7}+2}=\frac{\sqrt{3}}{3(\sqrt{7}+2)}$$

$$\therefore \frac{S_2}{S_1}=\frac{\dfrac{\sqrt{3}}{3(\sqrt{7}+2)}}{\dfrac{\sqrt{3}}{6(2\sqrt{7}+1)}}=\frac{2(2\sqrt{7}+1)}{\sqrt{7}+2}$$

$$=\frac{2(2\sqrt{7}+1)(\sqrt{7}-2)}{(\sqrt{7}+2)(\sqrt{7}-2)}=8-2\sqrt{7}$$

따라서 $a=8$, $b=-2$이므로 $ab=-16$

참고 중선 정리를 이용하여 선분 AC의 길이를 구할 수 있다.

$$\overline{AB}^2+\overline{AC}^2=2(\overline{AD}^2+\overline{BD}^2)$$
$$(2\sqrt{3})^2+\overline{AC}^2=2\{(\sqrt{7})^2+1^2\} \qquad \therefore \overline{AC}=2$$

02 답 55

1단계 b, d의 값 구하기

㈎에서 x축이 $\angle BAC$를 이등분하고, x축과 직선 BD는 수직으로 만나므로 삼각형 ABD 는 이등변삼각형이고, $\overline{OB}=\overline{OD}$

이때 $\overline{BD}=1$이므로 $b=\dfrac{1}{2}$

즉, $B\left(0, -\dfrac{1}{2}\right)$, $D\left(0, \dfrac{1}{2}\right)$

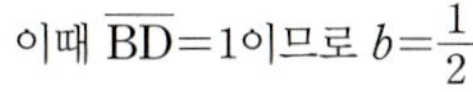

점 D가 선분 AC의 중점이므로

$$\frac{-a+c}{2}=0, \frac{0+d}{2}=\frac{1}{2} \qquad \therefore a=c, d=1$$

2단계 a, c의 값 구하기

㈐에서 $\overline{AE}=1$이고 점 E는 x축 위에 있으므로 $E(1-a, 0)$

이때 $B\left(0, -\dfrac{1}{2}\right)$, $C(a, 1)$이고 직선 BC와 직선 BE의 기울기가 같으므로

$$\frac{1-\left(-\dfrac{1}{2}\right)}{a}=\frac{-\left(-\dfrac{1}{2}\right)}{1-a}, \frac{3}{2}(1-a)=\frac{1}{2}a$$

$$\frac{3}{2}-\frac{3}{2}a=\frac{1}{2}a, 2a=\frac{3}{2} \qquad \therefore a=\frac{3}{4}$$

$$\therefore c=\frac{3}{4}$$

3단계 $8(\overline{AB}^2+\overline{BC}^2+\overline{CA}^2)$의 값 구하기

따라서 $A\left(-\dfrac{3}{4}, 0\right)$, $B\left(0, -\dfrac{1}{2}\right)$, $C\left(\dfrac{3}{4}, 1\right)$이므로

$$\overline{AB}^2=\left(\frac{3}{4}\right)^2+\left(-\frac{1}{2}\right)^2=\frac{13}{16}$$

$$\overline{BC}^2=\left(\frac{3}{4}\right)^2+\left\{1-\left(-\frac{1}{2}\right)\right\}^2=\frac{45}{16}$$

$$\overline{CA}^2=\left(-\frac{3}{4}-\frac{3}{4}\right)^2+(-1)^2=\frac{13}{4}$$

$$\therefore 8(\overline{AB}^2+\overline{BC}^2+\overline{CA}^2)=8\left(\frac{13}{16}+\frac{45}{16}+\frac{13}{4}\right)=55$$

03 답 ②

1단계 두 점 A, B의 좌표와 선분 AB의 길이 구하기

함수 $y=(x-k)^2-2$의 그래프와 직선 $y=2$가 서로 다른 두 점 A, B 에서 만나므로 $(x-k)^2-2=2$

즉, $(x-k)^2=4$에서 $x=k-2$ 또는 $x=k+2$

이때 점 A의 x좌표는 점 B의 x좌표보다 작으므로 $A(k-2, 2)$, $B(k+2, 2)$이고 $\overline{AB}=(k+2)-(k-2)=4$

2단계 삼각형 AOB가 이등변삼각형이 되는 경우 구하기

삼각형 AOB가 이등변삼각형이 되는 경우는

(i) $\overline{OA}=\overline{OB}$일 때,

$$\sqrt{(k-2)^2+2^2}=\sqrt{(k+2)^2+2^2}$$에서
$$(k-2)^2=(k+2)^2$$이므로 $k=0$

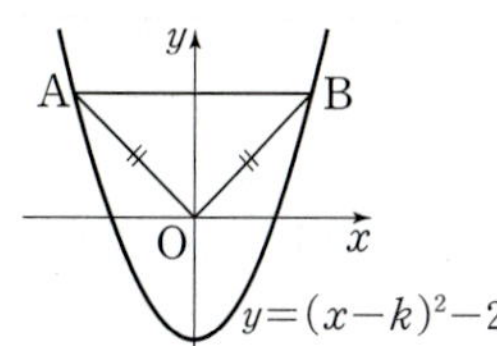

(ii) $\overline{OA}=\overline{AB}$일 때,

$$\sqrt{(k-2)^2+2^2}=4$$, 즉 $k^2-4k-8=0$에서
$$k=2-2\sqrt{3}$$ 또는 $k=2+2\sqrt{3}$

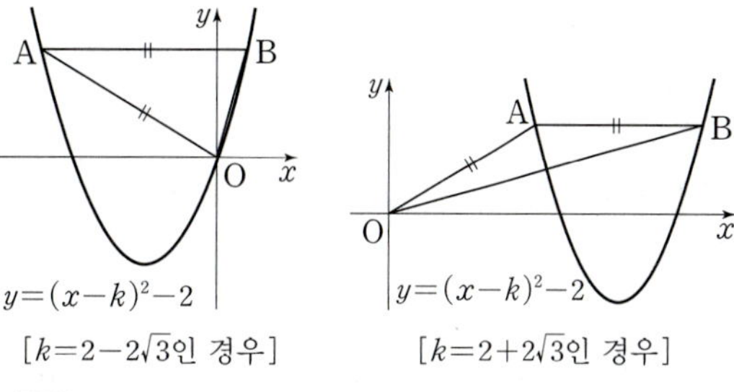

[$k=2-2\sqrt{3}$인 경우] [$k=2+2\sqrt{3}$인 경우]

(iii) $\overline{OB}=\overline{AB}$일 때,

$$\sqrt{(k+2)^2+2^2}=4$$, 즉 $k^2+4k-8=0$에서
$$k=-2-2\sqrt{3}$$ 또는 $k=-2+2\sqrt{3}$

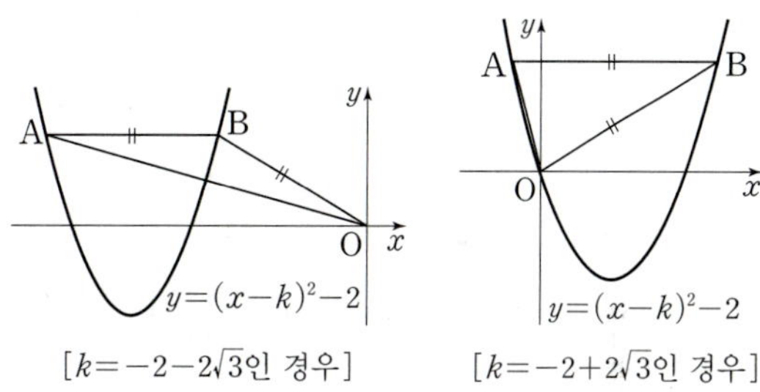

[$k=-2-2\sqrt{3}$인 경우] [$k=-2+2\sqrt{3}$인 경우]

3단계 $n+M$의 값 구하기

(i), (ii), (iii)에서 $n=5$, $M=2+2\sqrt{3}$이므로

$$n+M=7+2\sqrt{3}$$

04 답 ③

1단계 세 점 A, B, C의 좌표 구하기

두 방정식 $2x+y+2=0$, $x-2y-4=0$을 연립하여 풀면 $x=0$, $y=-2$이므로 두 직선 l_1, l_2의 교점 A는 $A(0, -2)$

직선 l_1이 x축과 만나는 점 B는 $2x+0+2=0$에서 $x=-1$이므로 $B(-1, 0)$

직선 l_2가 x축과 만나는 점 C는 $x-0-4=0$에서 $x=4$이므로 $C(4, 0)$

2단계 ㄱ이 옳은지 확인하기

ㄱ. 두 직선 l_1, l_2의 기울기는 각각 -2, $\dfrac{1}{2}$이다.

따라서 두 직선의 기울기의 곱이 $-2\times\dfrac{1}{2}=-1$이므로 두 직선 l_1, l_2는 서로 수직이다.

ㄴ. 점 Q가 삼각형 PBC의 무게중심이므로 삼각형 PBC의 넓이는 삼각형 QBC의 넓이의 3배이다.

㈎에서 삼각형 PBC의 넓이는 삼각형 ABC의 넓이의 3배이므로 두 삼각형 QBC, ABC의 넓이는 서로 같다.

두 삼각형 QBC, ABC에서 선분 BC가 공통이므로 점 Q와 직선 BC 사이의 거리는 점 A와 직선 BC 사이의 거리인 2와 같다.

즉, 점 Q의 y좌표는 2 또는 -2이다.

제1사분면 위에 있는 점 P에 대하여 점 Q는 삼각형 PBC의 무게중심이므로 점 Q도 제1사분면 위에 있는 점이다.

따라서 점 Q의 y좌표는 2이다.

ㄷ. ㄱ에서 두 직선 l_1, l_2가 서로 수직이므로 삼각형 ABC의 외접원의 지름은 선분 BC이다.

원의 중심은 선분 BC의 중점 M이므로 그 좌표는

$$\left(\frac{-1+4}{2}, \frac{0+0}{2}\right) \qquad \therefore \mathrm{M}\left(\frac{3}{2}, 0\right)$$

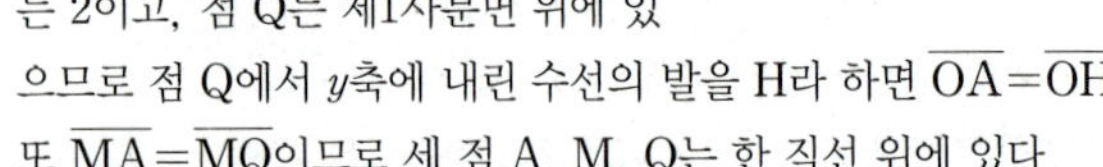

점 A의 y좌표는 -2, 점 Q의 y좌표는 2이고, 점 Q는 제1사분면 위에 있으므로 점 Q에서 y축에 내린 수선의 발을 H라 하면 $\overline{OA}=\overline{OH}$

또 $\overline{MA}=\overline{MQ}$이므로 세 점 A, M, Q는 한 직선 위에 있다.

이때 점 Q는 삼각형 PBC의 무게중심이므로 세 점 M, Q, P도 한 직선 위에 있다.

따라서 네 점 A, M, Q, P는 모두 한 직선 위에 있다.

$\overline{AM}=\overline{MQ}$이고 $\overline{MQ}:\overline{QP}=1:2$이므로 $\overline{AM}:\overline{MP}=1:3$

즉, 점 M은 선분 AP를 $1:3$으로 내분하는 점이므로 점 P의 좌표를 (a, b)라 하면 점 M의 좌표는 $\left(\frac{a}{4}, \frac{b-6}{4}\right)$

이때 점 M의 좌표가 $\left(\frac{3}{2}, 0\right)$이므로 $\dfrac{a}{4}=\dfrac{3}{2}$, $\dfrac{b-6}{4}=0$에서

$a=6$, $b=6$

따라서 점 P의 x좌표와 y좌표의 합은 12이다.

따라서 보기에서 옳은 것은 ㄱ, ㄴ이다.

ㄴ. 세 점 $\mathrm{A}(0, -2)$, $\mathrm{B}(-1, 0)$, $\mathrm{C}(4, 0)$을 꼭짓점으로 하는 삼각형 ABC의 넓이는 점 A에서 직선 BC에 내린 수선의 발이 원점 O이므로 $\dfrac{1}{2}\times\overline{BC}\times\overline{OA}=\dfrac{1}{2}\times5\times2=5$

따라서 ㈏에서 삼각형 PBC의 넓이는 15이다.

점 P의 좌표를 $(a, b)\,(a>0, b>0)$라 하고 점 P에서 직선 BC에 내린 수선의 발을 D라 하면 삼각형 PBC의 넓이는

$$\frac{1}{2}\times\overline{BC}\times\overline{PD}=\frac{1}{2}\times5\times b=\frac{5}{2}b$$

$\dfrac{5}{2}b=15$에서 $b=6$이므로 점 P의 좌표는 $(a, 6)$

이때 삼각형 PBC의 무게중심 Q의 좌표는

$$\left(\frac{a+(-1)+4}{3}, \frac{6+0+0}{3}\right)$$

$$\therefore \mathrm{Q}\left(\frac{a+3}{3}, 2\right)$$

따라서 점 Q의 y좌표는 2이다.

05 답 $\dfrac{1}{3}$

직선 $y=mx+a$가 직선 $x=6$과 만나는 점을 R, 직선 $y=mx+b$가 y축과 만나는 점을 S라 하면 사각형 PSQR는 평행사변형이다.

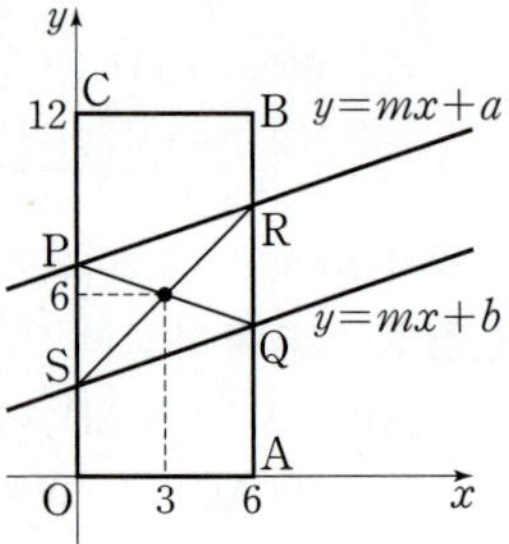

이때 $\mathrm{P}(0, a)$, $\mathrm{S}(0, b)$이고 평행사변형 PSQR의 넓이는 직사각형 OABC의 넓이의 $\dfrac{1}{3}$이므로

$$(a-b)\times6=\frac{1}{3}\times6\times12$$

$$\therefore a-b=4 \qquad \cdots\cdots\ ㉠$$

$\triangle\mathrm{PQR}=\triangle\mathrm{PSQ}$이므로 두 점 P, Q를 지나는 직선은 직사각형 OABC의 넓이를 이등분한다.

직사각형 OABC의 두 대각선의 교점은 두 점 $(6, 0)$, $(0, 12)$를 이은 선분의 중점이므로 교점의 좌표는

$$\left(\frac{6+0}{2}, \frac{0+12}{2}\right) \qquad \therefore (3, 6)$$

점 Q의 좌표는 $(6, 6m+b)$이므로 직선 PQ의 기울기는

$$\frac{6m+b-a}{6-0}=\frac{6m-4}{6}=\frac{3m-2}{3}\ (\because ㉠)$$

즉, 직선 PQ는 기울기가 $\dfrac{3m-2}{3}$이고 직사각형 OABC의 두 대각선의 교점 $(3, 6)$을 지나므로 직선 PQ의 방정식은

$$y-6=\frac{3m-2}{3}(x-3) \qquad \therefore y=\frac{3m-2}{3}x-3m+8$$

직선 PQ의 x절편을 구하면 $0=\dfrac{3m-2}{3}x-3m+8$

$$\frac{3m-2}{3}x=3m-8 \qquad \therefore x=\frac{9m-24}{3m-2}$$

주어진 조건에서 이 직선의 x절편이 $3m+5(a-b)=3m+20$이므로

$$\frac{9m-24}{3m-2}=3m+20,\ 9m^2+45m-16=0$$

$$(3m+16)(3m-1)=0 \qquad \therefore m=\frac{1}{3}\ (\because 0<m<1)$$

직선 $y=mx+a$가 직선 $x=6$과 만나는 점을 R, 직선 $y=mx+b$가 y축과 만나는 점을 S라 하면 사각형 PSQR는 평행사변형이다.

$\mathrm{P}(0, a)$, $\mathrm{S}(0, b)$이고 평행사변형 PSQR의 넓이는 직사각형 OABC의 넓이의 $\dfrac{1}{3}$이므로

$$(a-b)\times6=\frac{1}{3}\times6\times12 \qquad \therefore a-b=4 \qquad \cdots\cdots\ ㉠$$

점 Q의 좌표는 $(6, 6m+b)$이고 직선 PQ의 기울기는 $\dfrac{6m+b-a}{6}$이므로 직선 PQ의 방정식은

$$y=\frac{6m+b-a}{6}x+a$$

이때 직선 PQ의 x절편을 구하면 $0=\dfrac{6m+b-a}{6}x+a$

$$(6m+b-a)x=-6a \qquad \therefore x=\frac{-6a}{6m+b-a}$$

주어진 조건에서 이 직선의 x절편이 $3m+5(a-b)$이므로

$$\frac{-6a}{6m+b-a}=3m+5(a-b)$$에서

$6a=-18m^2-108m+80$ ($\because$ ㉠)   …… ㉡

사각형 OAQS와 사각형 BCPR는 합동이다.

이때 $\overline{CP}=\overline{AQ}$이고 $\overline{OP}+\overline{CP}=\overline{OP}+\overline{AQ}=a+6m+b$이므로

$a+6m+b=12$ $\therefore a=8-3m$ ($\because$ ㉠)

이를 ㉡에 대입하면 $48-18m=-18m^2-108m+80$에서

$9m^2+45m-16=0$, $(3m-1)(3m+16)=0$

$\therefore m=\dfrac{1}{3}$ ($\because 0<m<1$)

06 답 $\left(\dfrac{4}{9},\ \dfrac{1}{9}\right)$

1단계 점 A의 좌표 구하기

점 A는 두 직선 $y=2x-1$, $y=\dfrac{5}{2}x-1$

의 교점이므로

$A(0,\ -1)$

2단계 점 B의 좌표 구하기

점 B의 좌표를 $(a,\ 1)$이라 하면 선분

AB의 중점의 좌표는 $\left(\dfrac{a}{2},\ 0\right)$이고, 이

점은 직선 $y=-x+2$ 위에 있으므로

$-\dfrac{a}{2}+2=0$ $\therefore a=4$

$\therefore B(4,\ 1)$

3단계 점 C의 좌표 구하기

점 C의 좌표를 $(b,\ -b+2)$라 하면 선분 AC의 중점의 좌표는

$\left(\dfrac{0+b}{2},\ \dfrac{-1-b+2}{2}\right)$, 즉 $\left(\dfrac{b}{2},\ \dfrac{-b+1}{2}\right)$이고 이 점은 직선 $y=1$ 위에

있으므로 $\dfrac{-b+1}{2}=1$ $\therefore b=-1$

$\therefore C(-1,\ 3)$

4단계 점 D의 좌표 구하기

직선 AB의 기울기는 $\dfrac{1-(-1)}{4-0}=\dfrac{1}{2}$이므로 점 $C(-1,\ 3)$을 지나고 직

선 AB에 수직인 직선의 방정식은

$y-3=-2(x+1)$ $\therefore y=-2x+1$

두 식 $y=\dfrac{5}{2}x-1$, $y=-2x+1$을 연립하여 풀면 $x=\dfrac{4}{9}$, $y=\dfrac{1}{9}$

따라서 점 D의 좌표는 $\left(\dfrac{4}{9},\ \dfrac{1}{9}\right)$

07 답 18

1단계 삼각형 ABC를 이루는 세 직선의 방정식 구하기

두 점 $A\left(-1,\ \dfrac{9}{4}\right)$, $B(-1,\ -4)$를 지

나는 직선의 방정식은 $x=-1$

두 점 $B(-1,\ -4)$, $C(2,\ 0)$을 지나는

직선의 방정식은

$y+4=\dfrac{0-(-4)}{2-(-1)}(x+1)$

$\therefore 4x-3y-8=0$

두 점 $A\left(-1,\ \dfrac{9}{4}\right)$, $C(2,\ 0)$을 지나는 직선의 방정식은

$y-\dfrac{9}{4}=\dfrac{0-\dfrac{9}{4}}{2-(-1)}(x+1)$ $\therefore 3x+4y-6=0$

즉, 삼각형 ABC는 세 직선 $x=-1$, $4x-3y-8=0$, $3x+4y-6=0$

으로 둘러싸인 도형이다.

2단계 내심 $I(a,\ b)$ 구하기

삼각형 ABC의 내심은 세 각의 이등분선의 교점과 같다.

각 BAC의 이등분선 위의 한 점을 $P(x_1,\ y_1)$이라 하자.

이때 점 P에서 두 직선 $x=-1$과 $3x+4y-6=0$ 사이의 거리가 같다.

점 $P(x_1,\ y_1)$과 직선 $x=-1$ 사이의 거리는 $|x_1+1|$이고,

점 $P(x_1,\ y_1)$과 직선 $3x+4y-6=0$ 사이의 거리는

$\dfrac{|3x_1+4y_1-6|}{5}$이므로 $|x_1+1|=\dfrac{|3x_1+4y_1-6|}{5}$

즉, $5|x_1+1|=|3x_1+4y_1-6|$에서

$2x_1-4y_1+11=0$ 또는 $8x_1+4y_1-1=0$

따라서 각 BAC의 이등분선의 방정식은

$2x-4y+11=0$ 또는 $8x+4y-1=0$임을 알 수 있다.

이때 직선의 기울기는 음수이어야 하므로 각 BAC의 이등분선의 방정

식은

$8x+4y-1=0$

같은 방법으로 각 ABC의 이등분선 위의 한 점을 $Q(x_2,\ y_2)$라 하면 점

$Q(x_2,\ y_2)$와 직선 $x=-1$ 사이의 거리는 $|x_2+1|$이고,

점 $Q(x_2,\ y_2)$와 직선 $4x-3y-8=0$ 사이의 거리는 $\dfrac{|4x_2-3y_2-8|}{5}$

즉, $5|x_2+1|=|4x_2-3y_2-8|$에서

$x_2+3y_2+13=0$ 또는 $3x_2-y_2-1=0$이고, 직선의 기울기는 양수이어

야 하므로 각 ABC의 이등분선의 방정식은

$3x-y-1=0$

두 직선 $8x+4y-1=0$, $3x-y-1=0$의 교점이 삼각형 ABC의 내심

과 같으므로 두 식을 연립하여 풀면

$x=\dfrac{1}{4}$, $y=-\dfrac{1}{4}$

따라서 삼각형 ABC의 내심 I의 좌표는

$\left(\dfrac{1}{4},\ -\dfrac{1}{4}\right)$

3단계 $36(a-b)$의 값 구하기

$\therefore 36(a-b)=36\left\{\dfrac{1}{4}-\left(-\dfrac{1}{4}\right)\right\}=18$

개념 NOTE

$|a|=|b|$이면 $a=b$ 또는 $a=-b$

idea
08 답 ④

1단계 $(a-b)^2+(2a-2b^2-3)^2$의 의미 파악하기

$P(b,\ 2b^2+3)$, $Q(a,\ 2a)$라 하면 점 P는 함수 $y=2x^2+3$의 그래프 위

의 점이고, 점 Q는 직선 $y=2x$ 위의 점이다.

이때 $\overline{PQ}=\sqrt{(a-b)^2+\{2a-(2b^2+3)\}^2}$이므로

$\overline{PQ}^2=(a-b)^2+(2a-2b^2-3)^2$

즉, 선분 PQ의 길이가 최소일 때, $(a-b)^2+(2a-2b^2-3)^2$의 값이 최

소이다.

따라서 그림과 같이 함수 $y=2x^2+3$의

그래프와 직선 $y=2x+k$가 접할 때, 선

분 PQ의 길이는 최소이다.

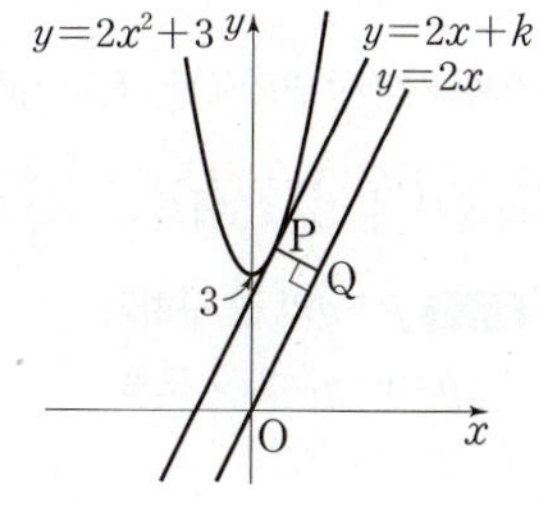

2단계 $(a-b)^2+(2a-2b^2-3)^2$의 **최솟값 구하기**

이차방정식 $2x^2+3=2x+k$, 즉 $2x^2-2x+3-k=0$의 판별식을 D라 하면

$$\frac{D}{4}=1-2(3-k)=0$$

$$\therefore k=\frac{5}{2}$$

이때 선분 PQ의 길이는 직선 $y=2x+\dfrac{5}{2}$ 위의 점 $\left(0,\ \dfrac{5}{2}\right)$와 직선

$y=2x$, 즉 $2x-y=0$ 사이의 거리와 같으므로

$$\overline{PQ}=\frac{\left|-\dfrac{5}{2}\right|}{\sqrt{2^2+(-1)^2}}=\frac{\sqrt{5}}{2}$$

따라서 $(a-b)^2+(2a-2b^2-3)^2$의 최솟값은

$$\overline{PQ}^2=\frac{5}{4}$$

3단계 $p+q$의 **값 구하기**

즉, $p=4,\ q=5$이므로

$$p+q=9$$

09 답 43

1단계 사다리꼴 PRSQ의 **높이 구하기**

직선 AB의 방정식은 $-\dfrac{x}{3}+\dfrac{y}{4}=1$, 즉 $4x-3y+12=0$이므로

점 $C(4,\ -3)$과 직선 AB 사이의 거리는

$$\frac{|16+9+12|}{\sqrt{4^2+(-3)^2}}=\frac{37}{5} \qquad \cdots\cdots\ \bigcirc$$

삼각형 ABC와 삼각형 PQC는 닮음이고 $\overline{AB}=\sqrt{(-3)^2+(-4)^2}=5$이

므로 $\overline{PQ}=a$라 하면 두 삼각형 ABC와 PQC의 닮음비는 $5:a$

따라서 점 C와 직선 PQ 사이의 거리는

$$\frac{37}{5}\times\frac{a}{5}=\frac{37}{25}a \qquad \cdots\cdots\ \bigcirc\!\!\bigcirc$$

$\bigcirc$, $\bigcirc\!\!\bigcirc$에서 사다리꼴 PRSQ의 높이는

$$\frac{37}{5}-\frac{37}{25}a$$

2단계 사다리꼴 PRSQ의 **넓이의 최댓값 구하기**

두 사각형 BQPR와 SQPA는 각각 평행사변형이므로

$\overline{PQ}=\overline{BS}+\overline{SR}=\overline{AR}+\overline{SR}$에서 $\overline{BS}=\overline{AR}$

$\overline{AB}=\overline{BS}+\overline{AS}=\overline{BS}+\overline{PQ}=\overline{BS}+a$이므로 $\overline{BS}=5-a$

$$\therefore \overline{SR}=5-2\overline{BS}$$
$$=5-2(5-a)$$
$$=2a-5$$

사다리꼴 PRSQ의 넓이를 S라 하면

$$S=\frac{1}{2}\times\{(2a-5)+a\}\times\left(\frac{37}{5}-\frac{37}{25}a\right)$$
$$=-\frac{111}{50}\left(a^2-\frac{20}{3}a+\frac{25}{3}\right)$$
$$=-\frac{111}{50}\left(a-\frac{10}{3}\right)^2+\frac{37}{6}$$

이때 사각형 PRSQ는 사다리꼴이고 $\overline{AP}<\overline{PC}$이므로 $\dfrac{5}{2}<a<5$

따라서 $\dfrac{5}{2}<a<5$에서 $a=\dfrac{10}{3}$일 때, S는 최댓값 $\dfrac{37}{6}$을 갖는다.

3단계 $p+q$의 **값 구하기**

즉, $p=6,\ q=37$이므로

$$p+q=43$$

---

02 원의 방정식

STEP 1 핵심 문제 | 26~27쪽

01 ③	**02** 14	**03** ②	**04** $\dfrac{5\sqrt{2}}{2}$	**05** ②	**06** $2\sqrt{5}$
07 ③	**08** ①	**09** ③	**10** ④	**11** $(25,\ -25)$	
12 ③					

01 답 ③

$x^2+y^2-8kx+4ky-20k-7=0$에서

$(x-4k)^2+(y+2k)^2=20k^2+20k+7$

즉, 원의 중심의 좌표는 $(4k,\ -2k)$이고, 반지름의 길이는

$\sqrt{20k^2+20k+7}$이다.

이때 원의 넓이가 최소이려면 반지름의 길이가 최소이어야 한다.

따라서 $20k^2+20k+7=20\left(k+\dfrac{1}{2}\right)^2+2$에서 $k=-\dfrac{1}{2}$일 때, 반지름의

길이는 최소이고 그때의 원의 중심의 좌표는 $(-2,\ 1)$이므로 원점과 원의 중심 사이의 거리는

$$\sqrt{(-2)^2+1^2}=\sqrt{5}$$

02 답 14

원의 중심을 $P(a,\ b)$라 하면 $\overline{PA}=\overline{PB}=\overline{PC}$

$\overline{PA}=\overline{PB}$에서 $\overline{PA}^2=\overline{PB}^2$이므로

$(1-a)^2+(-1-b)^2=(7-a)^2+(-1-b)^2$

즉, $a^2+b^2-2a+2b+2=a^2+b^2-14a+2b+50$에서 $a=4$

또 $\overline{PA}=\overline{PC}$에서 $\overline{PA}^2=\overline{PC}^2$이므로

$(1-a)^2+(-1-b)^2=(-3-a)^2+(3-b)^2$

즉, $a^2+b^2-2a+2b+2=a^2+b^2+6a-6b+18$에서

$a-b+2=0 \quad \therefore b=6$

따라서 원의 중심은 $P(4,\ 6)$이고 반지름의 길이는

$$\overline{AP}=\sqrt{(4-1)^2+\{6-(-1)\}^2}=\sqrt{58}$$

즉, 원의 방정식은 $(x-4)^2+(y-6)^2=58$이므로

$y=9$일 때, $(x-4)^2=49$에서 $x=-3$ 또는 $x=11$

따라서 원이 직선 $y=9$와 만나는 두 점 사이의 거리는

$$11-(-3)=14$$

03 답 ②

원의 중심이 직선 $y=x+1$ 위에 있으므로 원의 중심의 좌표를

$(a,\ a+1)$이라 하면 원의 반지름의 길이는 $|a|$이므로

$(x-a)^2+(y-a-1)^2=a^2$

> y축에 접하므로 반지름의 길이는
> $|$(중심의 x좌표)$|$이다.

이 원이 점 $(1,\ 3)$을 지나므로

$(1-a)^2+(3-a-1)^2=a^2$

$a^2-6a+5=0,\ (a-1)(a-5)=0$

$\therefore a=1$ 또는 $a=5$

즉, 두 원의 중심은 각각 $P(1,\ 2)$, $Q(5,\ 6)$이므로

$$\overline{PQ}=\sqrt{(5-1)^2+(6-2)^2}=4\sqrt{2}$$

원점과 직선 $y=x+1$, 즉 $x-y+1=0$ 사이의 거리는

$$\frac{|1|}{\sqrt{1^2+(-1)^2}}=\frac{\sqrt{2}}{2}$$

따라서 삼각형 POQ의 넓이는

$$\frac{1}{2}\times4\sqrt{2}\times\frac{\sqrt{2}}{2}=2$$

삼각형 POQ의 세 꼭짓점의 좌표가 $(0, 0)$, $(1, 2)$, $(5, 6)$이므로 삼각형 POQ의 넓이는

$$\frac{1}{2}\times|1\times6-2\times5|=2$$

참고 세 점 $O(0, 0)$, $A(a_1, a_2)$, $B(b_1, b_2)$를 꼭짓점으로 하는 삼각형 AOB 의 넓이 S는 $S=\dfrac{1}{2}|a_1b_2-a_2b_1|$이다.

04 답 $\dfrac{5\sqrt{2}}{2}$

두 원의 교점을 지나는 원의 방정식은

$$x^2+y^2+ax-2y-7+k(x^2+y^2-8x+8y-9)=0\,(k\neq-1)\quad\cdots\cdots\text{㉠}$$

원 ㉠이 점 $(1, 2)$를 지나므로

$$1+4+a-4-7+k(1+4-8+16-9)=0$$
$$\therefore a+4k=6\qquad\cdots\cdots\text{㉡}$$

또 원 ㉠이 점 $(2, 2)$를 지나므로

$$4+4+2a-4-7+k(4+4-16+16-9)=0$$
$$\therefore 2a-k=3\qquad\cdots\cdots\text{㉢}$$

㉡, ㉢을 연립하여 풀면 $a=2$, $k=1$

이를 ㉠에 대입하면

$$x^2+y^2+2x-2y-7+x^2+y^2-8x+8y-9=0$$
$$x^2+y^2-3x+3y-8=0$$
$$\therefore \left(x-\frac{3}{2}\right)^2+\left(y+\frac{3}{2}\right)^2=\frac{25}{2}$$

따라서 구하는 원의 반지름의 길이는 $\dfrac{5\sqrt{2}}{2}$이다.

05 답 ②

두 원 C_1, C_2의 교점을 지나는 직선의 방정식은

$$x^2+y^2+4x-6y+9-(x^2+y^2+2x-8y+a)=0$$
$$\therefore 2x+2y+9-a=0\qquad\cdots\cdots\text{㉠}$$

$x^2+y^2+4x-6y+9=0$에서 $(x+2)^2+(y-3)^2=4$

따라서 직선 ㉠이 원 C_1의 넓이를 이등분하려면 원 C_1의 중심 $(-2, 3)$ 을 지나야 하므로

$$-4+6+9-a=0\qquad\therefore a=11$$

두 원 C_1, C_2의 교점을 지나는 직선이 원 C_1의 넓이를 이등분하므로 이 직선은 원 C_1의 중심을 지나야 한다.

그림과 같이 두 원 C_1, C_2의 중심을 각각 A, B라 하고 두 원 C_1, C_2의 교점 중 한 점을 C라 하면 직선 AC와 직선 AB는 서로 수직이므로 삼각형 ABC는 직각삼각형이다.

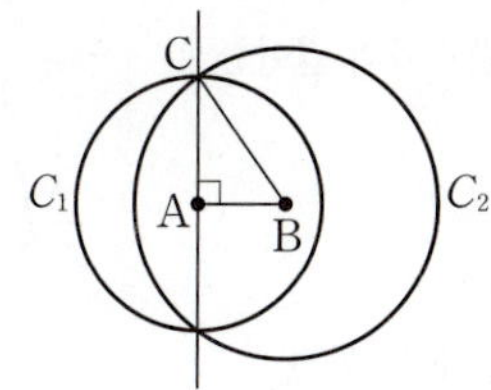

C_1: $(x+2)^2+(y-3)^2=4$, C_2: $(x+1)^2+(y-4)^2=17-a$ 이므로 두 점 A, B의 좌표는 각각 $(-2, 3)$, $(-1, 4)$

이때 $\overline{AB}=\sqrt{\{-1-(-2)\}^2+(4-3)^2}=\sqrt{2}$이고 $\overline{AC}$는 원 C_1의 반지름 과 같으므로 $\overline{AC}=\sqrt{4}=2$

$$\therefore \overline{BC}=\sqrt{(\sqrt{2})^2+2^2}=\sqrt{6}$$

즉, 원 C_2의 반지름의 길이는 $\sqrt{6}$

따라서 $17-a=6$이므로 $a=11$

06 답 $2\sqrt{5}$

두 원의 교점을 지나는 직선의 방정식은

$$x^2+y^2+4x-2y-4-(x^2+y^2-4x-8y+6)=0$$
$$\therefore 4x+3y-5=0\qquad\cdots\cdots\text{㉠}\quad\cdots\cdots\text{배점 30\%}$$

$x^2+y^2+4x-2y-4=0$에서

$$(x+2)^2+(y-1)^2=9\qquad\cdots\cdots\text{㉡}$$

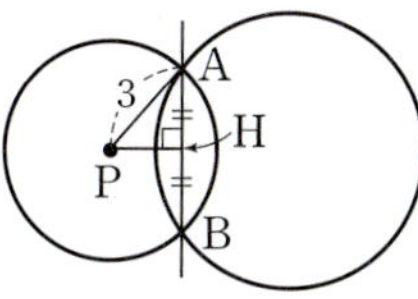

두 원의 교점을 각각 A, B, 원 ㉡의 중심을 P라 하고, 점 $P(-2, 1)$에서 직선 ㉠에 내린 수선의 발을 H라 하면

$$\overline{PH}=\frac{|-8+3-5|}{\sqrt{4^2+3^2}}=2\qquad\cdots\cdots\text{배점 40\%}$$

이때 $\overline{AP}=3$이므로 직각삼각형 APH에서

$$\overline{AH}=\sqrt{3^2-2^2}=\sqrt{5}$$
$$\therefore \overline{AB}=2\overline{AH}=2\sqrt{5}\qquad\cdots\cdots\text{배점 30\%}$$

07 답 ③

$P(x, y)$라 하면 $\overline{OP}:\overline{AP}=2:1$이므로

$\overline{OP}=2\overline{AP}$에서 $\overline{OP}^2=4\overline{AP}^2$

$$x^2+y^2=4\{(x-6)^2+(y-3)^2\}$$
$$x^2+y^2-16x-8y+60=0$$
$$\therefore (x-8)^2+(y-4)^2=20$$

따라서 점 P가 나타내는 도형은 반지름의 길이가 $2\sqrt{5}$인 원이므로 구하 는 도형의 넓이는

$$\pi\times(2\sqrt{5})^2=20\pi$$

08 답 ①

두 양수 a, b에 대하여 원의 중심의 좌표를 $C(a, b)$라 하면 점 P의 좌표는 $(a, 0)$ 점 P를 지나고 기울기가 2인 직선을 l이라 하 면 직선 l의 방정식은

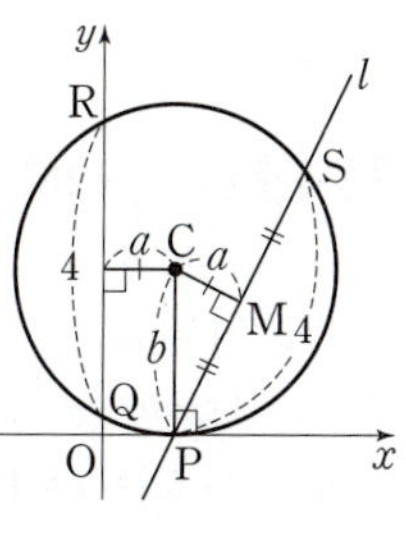

$y-0=2(x-a)$, 즉 $2x-y-2a=0$

$\overline{QR}=\overline{PS}=4$에서 점 C와 y축 사이의 거리와 점 C와 직선 l 사이의 거리가 같으므로

$$a=\frac{|2a-b-2a|}{\sqrt{2^2+(-1)^2}},\ \text{즉}\ b=\sqrt{5}a\qquad\cdots\cdots\text{㉠}$$

선분 PS의 중점을 M이라 하면 $\overline{PM}=2$, $\overline{CM}=a$, $\overline{CP}=b$이고 삼각형 CPM이 직각삼각형이므로 $b^2=a^2+4\qquad\cdots\cdots\text{㉡}$

㉠을 ㉡에 대입하여 풀면 $a=1$, $b=\sqrt{5}$이므로 $C(1, \sqrt{5})$

따라서 원점 O와 원의 중심 사이의 거리는 $\sqrt{1^2+(\sqrt{5})^2}=\sqrt{6}$

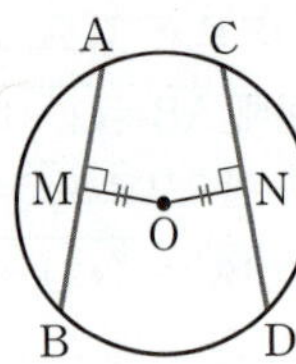

09 답 ③

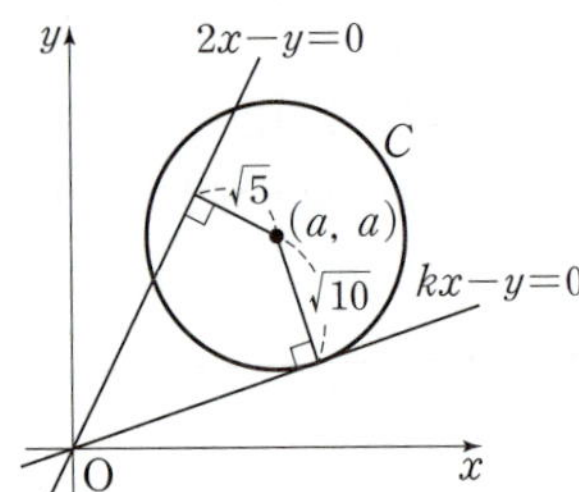

원 C의 중심 (a, a)와 직선 $2x-y=0$ 사이의 거리가 $\sqrt{5}$이므로

$$\frac{|2a-a|}{\sqrt{2^2+(-1)^2}}=\frac{a}{\sqrt{5}}=\sqrt{5}$$ 에서 $a=5$

원 C의 중심 $(5, 5)$와 직선 $kx-y=0$ 사이의 거리가 $\sqrt{10}$이므로

$$\frac{|5k-5|}{\sqrt{k^2+(-1)^2}}=\sqrt{10}$$

즉, $|5k-5|=\sqrt{10k^2+10}$에서 $3k^2-10k+3=0$

$(3k-1)(k-3)=0$ $\quad\therefore k=\dfrac{1}{3}$ 또는 $k=3$

따라서 $0<k<1$이므로 $k=\dfrac{1}{3}$

10 답 ④

원의 중심 $(-3, 2)$와 직선 $5x-12y-26=0$ 사이의 거리는

$$\frac{|-15-24-26|}{\sqrt{5^2+(-12)^2}}=5$$

원의 반지름의 길이는 2이므로 원 위의 점과 직선 사이의 거리의 최댓
값은 $5+2=7$, 최솟값은 $5-2=3$

이때 원 위의 점과 직선 사이의 거리 중 자연수인 것은 3, 4, 5, 6, 7의
5개이고, 거리가 3, 7일 때만 원 위의 점이 1개 있고 나머지 거리일 때는
원 위의 점이 2개씩 있으므로 구하는 점의 개수는

$$1\times2+2\times3=8$$

11 답 $(25, -25)$

점 $(a, a-1)$이 원 $x^2+y^2=25$ 위의 점이므로

$a^2+(a-1)^2=25$

$a^2-a-12=0$, $(a+3)(a-4)=0$

$\therefore a=-3$ 또는 $a=4$

원 $x^2+y^2=25$ 위의 점 $(-3, -4)$에서의 접선의 방정식은

$-3x-4y=25$ $\quad\cdots\cdots$ ㉠

원 $x^2+y^2=25$ 위의 점 $(4, 3)$에서의 접선의 방정식은

$4x+3y=25$ $\quad\cdots\cdots$ ㉡

㉠, ㉡을 연립하여 풀면 $x=25$, $y=-25$

따라서 구하는 교점의 좌표는 $(25, -25)$

12 답 ③

점 $(0, 4)$를 지나는 직선의 기울기를 m이라 하면 직선의 방정식은

$y=mx+4$ $\quad\cdots\cdots$ ㉠

직선 ㉠이 원 $x^2+y^2=4$에 접하면 원의 중심 $(0, 0)$과 직선 $y=mx+4$,

즉 $mx-y+4=0$ 사이의 거리는 2이므로

$$\frac{|4|}{\sqrt{m^2+(-1)^2}}=2, \sqrt{m^2+1}=2$$

$m^2+1=4$ $\quad\therefore m^2=3$ $\quad\cdots\cdots$ ㉡

또 직선 ㉠이 원 $x^2+(y-a)^2=9$에 접하면 원의 중심 $(0, a)$와 직선

$y=mx+4$, 즉 $mx-y+4=0$ 사이의 거리는 3이므로

$$\frac{|-a+4|}{\sqrt{m^2+(-1)^2}}=3, \frac{|-a+4|}{2}=3 \;(\because ㉡)$$

$|-a+4|=6$, $-a+4=\pm6$

$\therefore a=-2$ 또는 $a=10$

따라서 모든 상수 a의 값의 합은

$-2+10=8$

01 ②	02 ⑤	03 16	04 ③	05 $\dfrac{15}{4}$	06 $\sqrt{5}\pi$
07 124	08 256	09 ⑤	10 ④	11 ③	12 6
13 17	14 $\sqrt{15}<k<7$	15 36	16 ④	17 80	
18 ②	19 2	20 87	21 -20		
22 $x^2+y^2=4\,(x>0, y>0)$		23 4	24 ①		

01 답 ②

$x^2+y^2-6x-4y+1=0$에서 $(x-3)^2+(y-2)^2=12$

두 직선 $y=ax$, $y=bx+c$가 원의 넓이를 4등분하려면 두 직선은 원의
중심 $(3, 2)$를 지나고 서로 수직이어야 한다.

직선 $y=ax$가 점 $(3, 2)$를 지나므로

$3a=2$ $\quad\therefore a=\dfrac{2}{3}$ $\quad\cdots\cdots$ ㉠

직선 $y=bx+c$가 점 $(3, 2)$를 지나므로

$3b+c=2$ $\quad\cdots\cdots$ ㉡

이때 두 직선 $y=ax$, $y=bx+c$가 서로 수직이므로

$ab=-1$ $\quad\therefore b=-\dfrac{3}{2}\;(\because ㉠)$

이를 ㉡에 대입하면 $-\dfrac{9}{2}+c=2$ $\quad\therefore c=\dfrac{13}{2}$

$\therefore a+b+c=\dfrac{17}{3}$

02 답 ⑤

호 BQ와 두 선분 PB, PQ에 접하는 원
을 C라 하고, 원 C의 반지름의 길이를 r,
중심을 M이라 하면

$M(r+1, r)$

$\therefore \overline{OM}=\sqrt{(r+1)^2+r^2}$

원 C와 호 BQ의 접점을 R라 하면

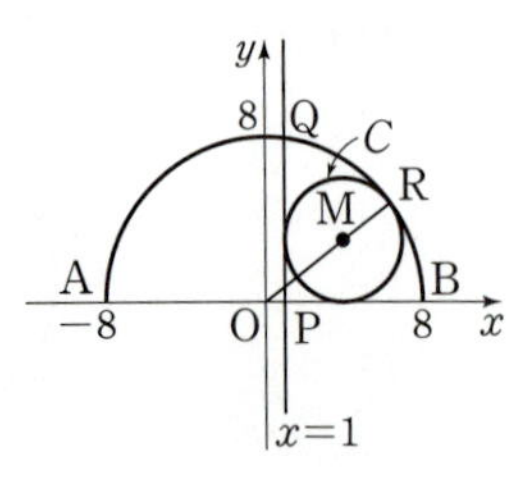

$\overline{OM}=\overline{OR}-\overline{MR}=8-r$ — 세 점 O, M, R가 한 직선 위에 있다.

즉, $\sqrt{(r+1)^2+r^2}=8-r$이므로 양변을 제곱하면

$(r+1)^2+r^2=(8-r)^2$

$r^2+18r-63=0,\ (r+21)(r-3)=0$

$\therefore r=3\ (\because r>0)$

중심의 좌표가 $(4, 3)$이고 반지름의 길이가 3인 원 C의 방정식은

$(x-4)^2+(y-3)^2=9$

$\therefore x^2+y^2-8x-6y+16=0$

따라서 $a=-8,\ b=-6,\ c=16$이므로

$a+b+c=2$

03 답 16

그림과 같이 두 원 $x^2+y^2-8=0$,

$x^2+y^2+3x-4y-k=0$의 교점을 A, B라

하면 두 점 A, B를 지나는 원의 넓이가 최소

가 되는 경우는 선분 AB를 지름으로 할 때

이다.

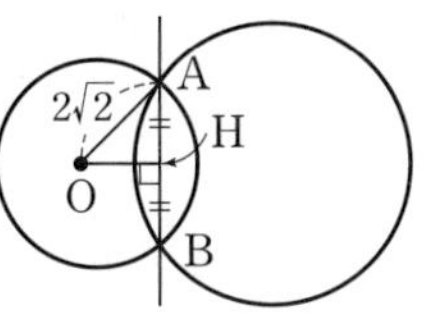

원 $x^2+y^2=8$의 반지름의 길이가 $2\sqrt{2}$이므로

$\overline{OA}=2\sqrt{2}$

점 O에서 직선 AB에 내린 수선의 발을 H라 하면

$\pi\times\overline{AH}^2=4\pi$ $\therefore \overline{AH}=2$

직각삼각형 AOH에서

$\overline{OH}=\sqrt{\overline{OA}^2-\overline{AH}^2}=\sqrt{(2\sqrt{2})^2-2^2}=2$

직선 AB의 방정식은

$x^2+y^2-8-(x^2+y^2+3x-4y-k)=0$

$\therefore 3x-4y-k+8=0$ $\cdots\cdots$ ㉠

점 O와 직선 ㉠ 사이의 거리는

$\overline{OH}=\dfrac{|-k+8|}{\sqrt{3^2+(-4)^2}}=\dfrac{|k-8|}{5}$

$\overline{OH}=2$이므로 $\dfrac{|k-8|}{5}=2$

$k-8=\pm10$ $\therefore k=-2$ 또는 $k=18$

따라서 모든 상수 k의 값의 합은

$-2+18=16$

다른 풀이

두 원 $x^2+y^2-8=0$, $x^2+y^2+3x-4y-k=0$의 교점을 A, B라 하면

두 점 A, B를 지나는 원의 넓이가 최소가 되는 경우는 선분 AB를 지

름으로 할 때이다. $\therefore \overline{AB}=4$

이때 두 원 $x^2+y^2=8$, $\left(x+\dfrac{3}{2}\right)^2+(y-2)^2=k+\dfrac{25}{4}$의 중심을 각각

$C(0, 0)$, $D\left(-\dfrac{3}{2}, 2\right)$라 하면 선분 AB와 선분 CD는 서로 수직이다.

(i) $\overline{DH}<\overline{CD}$일 때,

$\overline{AC}=2\sqrt{2}$, $\overline{AH}=2$이므로

$\overline{CH}=\sqrt{(2\sqrt{2})^2-2^2}=2$

$\overline{CD}=\sqrt{\left(-\dfrac{3}{2}\right)^2+2^2}=\dfrac{5}{2}$이므로

$\overline{DH}=\overline{CD}-\overline{CH}=\dfrac{1}{2}$

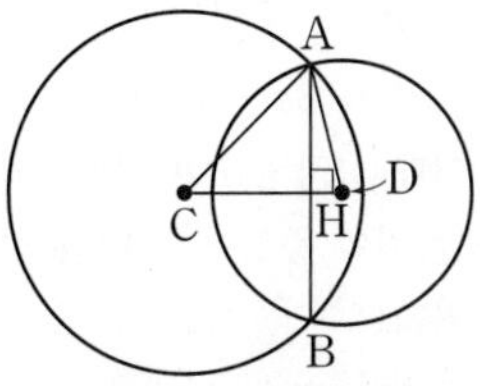

이때 삼각형 AHD는 직각삼각형이므로

$\overline{AD}^2=\overline{AH}^2+\overline{DH}^2$에서 $\left(\sqrt{k+\dfrac{25}{4}}\right)^2=2^2+\left(\dfrac{1}{2}\right)^2$

$\therefore k=-2$

(ii) $\overline{DH}>\overline{CD}$일 때,

$\overline{AC}=2\sqrt{2}$, $\overline{AH}=2$이므로

$\overline{CH}=\sqrt{(2\sqrt{2})^2-2^2}=2$

$\overline{CD}=\sqrt{\left(-\dfrac{3}{2}\right)^2+2^2}=\dfrac{5}{2}$이므로

$\overline{DH}=\overline{CD}+\overline{CH}=\dfrac{9}{2}$

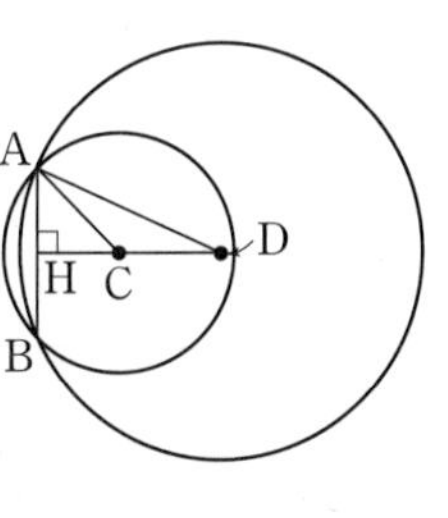

이때 삼각형 AHD는 직각삼각형이므로

$\overline{AD}^2=\overline{AH}^2+\overline{DH}^2$에서 $\left(\sqrt{k+\dfrac{25}{4}}\right)^2=2^2+\left(\dfrac{9}{2}\right)^2$

$\therefore k=18$

(i), (ii)에서 모든 상수 k의 값의 합은

$-2+18=16$

04 답 ③

두 원 C_1, C_2의 중심을 각각 P, Q라 하면 $P(7, a)$, $Q(3, b)$

$\overline{OP}=6+2=8$에서

 — 두 원 C, C_1의 반지름의 길이의 합과 같다.

$\sqrt{7^2+a^2}=8,\ 49+a^2=64$

$a^2=15$ $\therefore a=\sqrt{15}\ (\because a>0)$

또 $\overline{OQ}=6-1=5$에서

 — 두 원 C, C_2의 반지름의 길이의 차와 같다.

$\sqrt{3^2+b^2}=5,\ 9+b^2=25$

$b^2=16$ $\therefore b=4\ (\because b>0)$

$\therefore C_1: (x-7)^2+(y-\sqrt{15})^2=4,\ C_2: (x-3)^2+(y-4)^2=1$

두 원 $C: x^2+y^2-36=0$, $C_1: x^2+y^2-14x-2\sqrt{15}y+60=0$의 접점에

서의 접선은 두 원 C, C_1의 교점을 지나는 직선이므로

$x^2+y^2-36-(x^2+y^2-14x-2\sqrt{15}y+60)=0$

$14x+2\sqrt{15}y-96=0$

$\therefore 7x+\sqrt{15}y-48=0$

따라서 이 직선의 y절편이 $\dfrac{16\sqrt{15}}{5}$이므로 점 A의 좌표는 $\left(0, \dfrac{16\sqrt{15}}{5}\right)$

두 원 $C: x^2+y^2-36=0$, $C_2: x^2+y^2-6x-8y+24=0$의 접점에서의

접선은 두 원 C, C_2의 교점을 지나는 직선이므로

$x^2+y^2-36-(x^2+y^2-6x-8y+24)=0$

$6x+8y-60=0$

$\therefore 3x+4y-30=0$

따라서 이 직선의 x절편이 10이므로 점 B의 좌표는 $(10, 0)$

즉, 삼각형 AOB의 넓이는

$\dfrac{1}{2}\times\overline{OB}\times\overline{OA}=\dfrac{1}{2}\times10\times\dfrac{16\sqrt{15}}{5}=16\sqrt{15}$

05 답 $\dfrac{15}{4}$

호 AB를 포함하는 원은 원 $x^2+y^2=36$과

합동이므로 반지름의 길이가 6이고, 점

$(3, 0)$에서 x축에 접하므로 중심의 좌표가

$(3, 6)$이다.

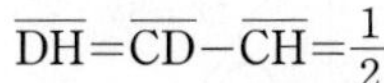

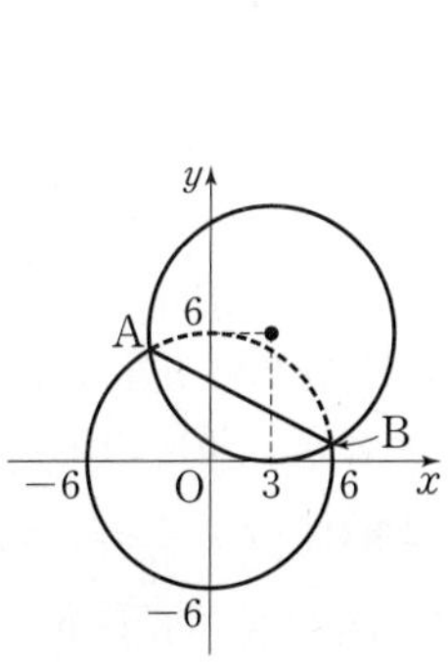

따라서 호 AB를 포함하는 원의 방정식은

$(x-3)^2+(y-6)^2=36$ ········· 배점 **40%**

이때 선분 AB는 두 원 $x^2+y^2=36$,

$(x-3)^2+(y-6)^2=36$의 공통인 현이므로

두 원 $x^2+y^2-36=0$, $x^2+y^2-6x-12y+9=0$의 교점을 지나는 직선

AB의 방정식은

$$x^2+y^2-36-(x^2+y^2-6x-12y+9)=0$$
$$\therefore 2x+4y-15=0$$ ················ 배점 **40%**

따라서 직선 AB의 y절편은 $\dfrac{15}{4}$이다. ················ 배점 **20%**

06 답 $\sqrt{5}\pi$

두 원 C_1, C_2의 중심을 각각 P, Q라 하면 t초 후 $\mathrm{P}(-5+t,\ 0)$,
$\mathrm{Q}(0,\ 5-2t)$이므로 두 원 C_1, C_2의 방정식은
$$C_1:\ (x-t+5)^2+y^2=1 \qquad \cdots\cdots \ \text{㉠}$$
$$C_2:\ x^2+(y+2t-5)^2=4 \qquad \cdots\cdots \ \text{㉡}$$
한편 두 원 C_1, C_2의 내부의 공통부분의 넓이가 최대일 때, 두 원 C_1,
C_2의 중심 사이의 거리가 최소이다.
t초 후 두 원의 중심 P, Q 사이의 거리는
$$\overline{\mathrm{PQ}}=\sqrt{(5-t)^2+(5-2t)^2}$$
$$=\sqrt{5t^2-30t+50}$$
$$=\sqrt{5(t-3)^2+5}$$
따라서 $t=3$일 때, 선분 PQ의 길이가 최소이므로 공통부분의 넓이는
최대이다.
$t=3$을 ㉠, ㉡에 대입하여 정리하면
$$C_1:\ x^2+y^2+4x+3=0$$
$$C_2:\ x^2+y^2+2y-3=0$$
이때 두 원 C_1, C_2의 교점을 지나는 원의 방정식은
$$x^2+y^2+4x+3+k(x^2+y^2+2y-3)=0 \qquad \cdots\cdots \ \text{㉢}$$
이 원이 점 $(0,\ -1)$을 지나므로
$$1+3+k(1-2-3)=0$$
$$4-4k=0 \qquad \therefore k=1$$
이를 ㉢에 대입하면
$$x^2+y^2+4x+3+x^2+y^2+2y-3=0$$
$$x^2+y^2+2x+y=0$$
$$\therefore (x+1)^2+\left(y+\dfrac{1}{2}\right)^2=\dfrac{5}{4}$$
따라서 구하는 원의 둘레의 길이는 $2\pi\times\dfrac{\sqrt{5}}{2}=\sqrt{5}\pi$

07 답 124

$\overline{\mathrm{PA}}^2=(5-x)^2+y^2$, $\overline{\mathrm{PB}}^2=(1-x)^2+y^2$, $\overline{\mathrm{PC}}^2=x^2+(\sqrt{3}-y)^2$이므로
$\overline{\mathrm{PA}}^2+\overline{\mathrm{PB}}^2=\overline{\mathrm{PC}}^2$에서
$$(5-x)^2+y^2+(1-x)^2+y^2=x^2+(\sqrt{3}-y)^2$$
즉, $x^2+y^2-12x+2\sqrt{3}y+23=0$이므로 $(x-6)^2+(y+\sqrt{3})^2=16$
따라서 점 P가 나타내는 도형은 중심의 좌표가 $(6,\ -\sqrt{3})$이고 반지름의
길이가 4인 원이다.
이때 삼각형 ACP의 넓이가 최대인 경우는
그림과 같이 점 P와 원의 중심을 지나는 직
선이 직선 AC와 서로 수직이면서 점 P가 제
4사분면 위의 점일 때이다.

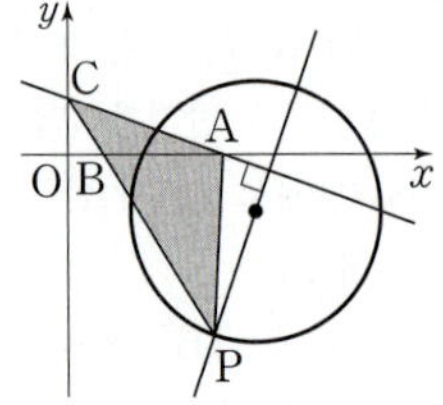

두 점 $\mathrm{A}(5,\ 0)$, $\mathrm{C}(0,\ \sqrt{3})$을 지나는 직선의
방정식은 $\dfrac{x}{5}+\dfrac{y}{\sqrt{3}}=1$
$$\therefore \sqrt{3}x+5y-5\sqrt{3}=0$$
원의 중심 $(6,\ -\sqrt{3})$과 직선 $\sqrt{3}x+5y-5\sqrt{3}=0$ 사이의 거리는
$$\dfrac{|6\sqrt{3}-5\sqrt{3}-5\sqrt{3}|}{\sqrt{(\sqrt{3})^2+5^2}}=\dfrac{2\sqrt{21}}{7}$$이므로

점 P와 직선 AC 사이의 거리의 최댓값은 $\dfrac{2\sqrt{21}}{7}+4$
이때 $\overline{\mathrm{AC}}=\sqrt{(-5)^2+(\sqrt{3})^2}=2\sqrt{7}$이므로 삼각형 ACP의 넓이의 최댓
값은
$$\dfrac{1}{2}\times 2\sqrt{7}\times\left(\dfrac{2\sqrt{21}}{7}+4\right)=2\sqrt{3}+4\sqrt{7}=\sqrt{12}+\sqrt{112}$$
$$\therefore a+b=12+112=124$$

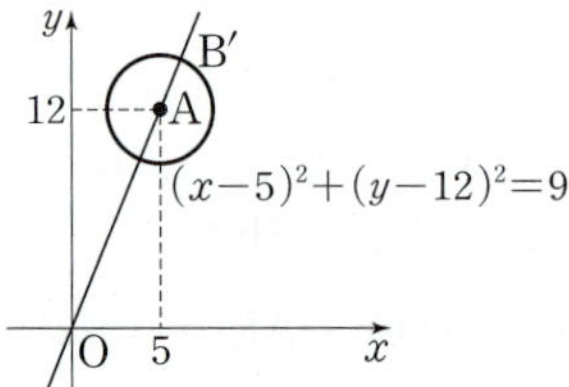

x절편이 a, y절편이 b인 직선의 방정식은
$$\Rightarrow \dfrac{x}{a}+\dfrac{y}{b}=1$$

08 답 256

선분 AB의 길이가 3이므로
$$\sqrt{(a-5)^2+(b-12)^2}=3$$
$$\therefore (a-5)^2+(b-12)^2=9$$
따라서 점 B가 나타내는 도형은 원 $(x-5)^2+(y-12)^2=9$이다.
한편 원점 O에 대하여 $a^2+b^2=\overline{\mathrm{OB}}^2$이므로 선분 OB의 길이가 최대일
때, a^2+b^2이 최댓값을 갖는다.
직선 OA가 원과 만나는 두 점 중 원
점에서 멀리 떨어져 있는 점을 B'이
라 하면 선분 OB의 길이의 최댓값
은 선분 OB'의 길이와 같으므로

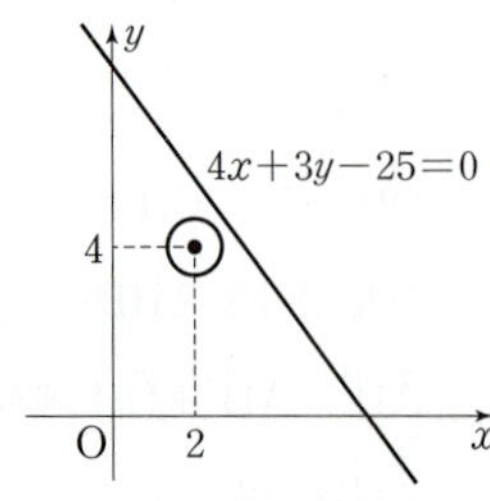

$$\overline{\mathrm{OB}'}=\overline{\mathrm{OA}}+\overline{\mathrm{AB}'}$$
$$=\sqrt{5^2+12^2}+3=16$$
따라서 선분 OB의 길이의 최댓값은 16이므로 a^2+b^2의 최댓값은
$$16^2=256$$

09 답 ⑤

$\mathrm{P}(a,\ b)$라 하고, 삼각형 PAB의 무게중심의 좌표를 $(x,\ y)$라 하면
$$x=\dfrac{a+4+1}{3},\ y=\dfrac{b+3+7}{3}$$
$$\therefore a=3x-5,\ b=3y-10 \qquad \cdots\cdots \ \text{㉠}$$
또 점 P는 원 C 위의 점이므로
$$(a-1)^2+(b-2)^2=4 \qquad \cdots\cdots \ \text{㉡}$$
㉠을 ㉡에 대입하면
$$(3x-6)^2+(3y-12)^2=4$$
$$\therefore (x-2)^2+(y-4)^2=\dfrac{4}{9}$$
즉, 삼각형 PAB의 무게중심이 나타내는 도형은 중심의 좌표가
$(2,\ 4)$이고, 반지름의 길이가 $\dfrac{2}{3}$인 원이다.

한편 직선 AB의 기울기는 $\dfrac{7-3}{1-4}=-\dfrac{4}{3}$이므로 직선 AB의 방정식은
$$y-3=-\dfrac{4}{3}(x-4)$$
$$\therefore 4x+3y-25=0$$
이때 삼각형 PAB의 무게중심이 나타내
는 원의 중심 $(2,\ 4)$와 직선 AB 사이의
거리는
$$\dfrac{|8+12-25|}{\sqrt{4^2+3^2}}=1$$
따라서 구하는 거리의 최솟값은
$$1-\dfrac{2}{3}=\dfrac{1}{3}$$

직선 AB의 방정식은 $4x+3y-25=0$

삼각형 PAB의 무게중심과 직선 AB 사이의 거리는 점 P와 직선 AB 사이의 거리의 $\dfrac{1}{3}$이다.

따라서 점 P와 직선 AB 사이의 거리가 최소인 경우는 그림과 같이 점 P에서의 접선이 직선 AB와 평행하면서 원의 중심과 직선 AB 사이에 있을 때이다.

이때 점 P와 직선 AB 사이의 거리는 원의 중심과 직선 AB 사이의 거리에서 원의 반지름의 길이를 뺀 값과 같으므로

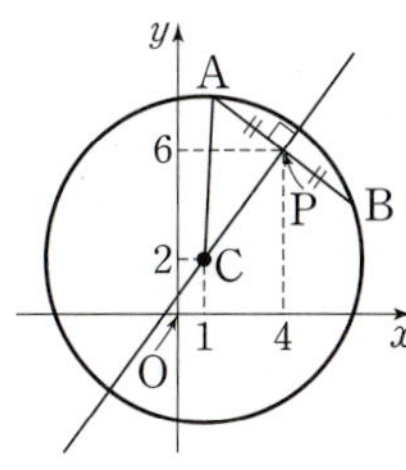

$$\dfrac{|4+6-25|}{\sqrt{4^2+3^2}}-2=1$$

따라서 구하는 거리의 최솟값은

$$1\times\dfrac{1}{3}=\dfrac{1}{3}$$

10 답 ④

$x^2+y^2-2x-4y-31=0$에서

$(x-1)^2+(y-2)^2=36$

원의 중심을 C$(1, 2)$라 하고, P$(4, 6)$이라 하면 $\overline{CP}=\sqrt{(4-1)^2+(6-2)^2}=5$이므로 점 P는 원의 내부의 점이다.

선분 AB의 길이는 선분 AB가 직선 CP와 서로 수직일 때 최소이므로 최솟값은

$$\overline{AB}=2\overline{AP}=2\sqrt{\overline{AC}^2-\overline{CP}^2}$$
$$=2\sqrt{6^2-5^2}=2\sqrt{11}$$

또 선분 AB의 길이는 선분 AB가 원의 중심을 지날 때, 즉 지름일 때 최대이므로 최댓값은

$\overline{AB}=12$ ∴ $2\sqrt{11}\leq\overline{AB}\leq12$

따라서 자연수인 선분 AB의 길이는 7, 8, 9, 10, 11, 12이므로 그 합은

$7+8+9+10+11+12=57$

11 답 ③

직선 l의 방정식을 $2x-y+k=0\,(k>0)$이라 하고, 원점 O에서 직선 l에 내린 수선의 발을 H라 하면 원의 중심에서 현에 내린 수선은 그 현을 수직이등분하므로

$\overline{AH}=\sqrt{5}$

$\overline{OA}=\sqrt{10}$이고 삼각형 AHO가 직각삼각형이므로

$$\overline{OH}=\sqrt{\overline{OA}^2-\overline{AH}^2}=\sqrt{(\sqrt{10})^2-(\sqrt{5})^2}=\sqrt{5}$$

이때 $\overline{OH}$는 원점 O와 직선 l 사이의 거리와 같으므로

$$\dfrac{|k|}{\sqrt{2^2+(-1)^2}}=\sqrt{5} \quad ∴ k=5\,(∵ k>0)$$

두 점 A, B는 직선 l: $2x-y+5=0$이 원 $x^2+y^2=10$과 만나는 점이므로 $x^2+(2x+5)^2=10$, 즉 $x^2+4x+3=0$에서 $x=-1$ 또는 $x=-3$

따라서 두 점 A, B의 좌표는 각각 $(-1, 3)$, $(-3, -1)$

이때 직선 OA의 방정식은 $y=-3x$이고 점 C는 직선 $y=-3x$가 원 $x^2+y^2=10$과 만나는 점 중 A가 아닌 점이므로

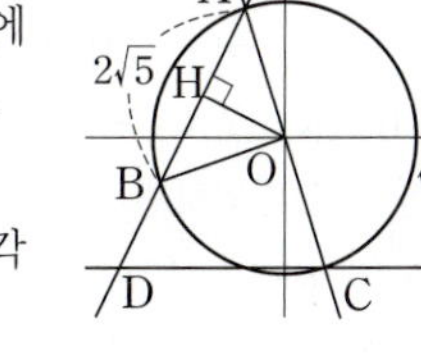

$x^2+(-3x)^2=10$, 즉 $x^2=1$에서 $x=1\,(∵ x\neq-1)$

따라서 점 C의 좌표는 $(1, -3)$이므로 점 C를 지나고 x축과 평행한 직선이 직선 l과 만나는 점 D의 좌표는 $(-4, -3)$

∴ $a+b=-4+(-3)=-7$

12 답 6

$\angle APB=90°$이므로 점 P는 선분 AB를 지름으로 하는 원 위에 있다.

이 원의 중심은 선분 AB의 중점이므로 원의 중심의 좌표는

$$\left(\dfrac{-1+3}{2}, \dfrac{-\sqrt{5}+\sqrt{5}}{2}\right), \text{즉 } (1, 0)$$

원의 지름의 길이는 선분 AB의 길이와 같으므로

$$\overline{AB}=\sqrt{\{3-(-1)\}^2+\{\sqrt{5}-(-\sqrt{5})\}^2}=6$$

따라서 중심의 좌표가 $(1, 0)$이고 반지름의 길이가 3인 원의 방정식은

$(x-1)^2+y^2=9$

위의 식에 $y=x+2$를 대입하면

$(x-1)^2+(x+2)^2=9$, 즉 $x^2+x-2=0$이므로

$(x+2)(x-1)=0$에서 $x=-2$ 또는 $x=1$

점 P의 x좌표가 양수이므로 $x=1$ ∴ P$(1, 3)$

직선 AB의 방정식은 $y-\sqrt{5}=\dfrac{\sqrt{5}}{2}(x-3)$

즉, $y=\dfrac{\sqrt{5}}{2}x-\dfrac{\sqrt{5}}{2}$에서 $\sqrt{5}x-2y-\sqrt{5}=0$

이때 점 P와 직선 AB 사이의 거리는

$$\dfrac{|\sqrt{5}-6-\sqrt{5}|}{\sqrt{(\sqrt{5})^2+(-2)^2}}=2$$

따라서 삼각형 APB의 넓이는

$$\dfrac{1}{2}\times6\times2=6$$

13 답 17

삼각형 ABC에서 변 BC의 중점을 M(a, b), 삼각형 ABC의 무게중심을 G라 하면 점 G$(-1, 1)$은 선분 AM을 $2:1$로 내분하는 점이다.

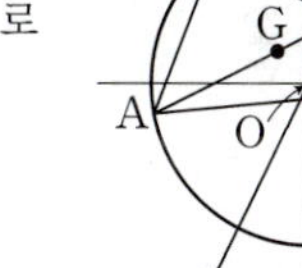

$$\dfrac{2\times a+1\times(-5)}{2+1}=\dfrac{2a-5}{3}=-1\text{에서}$$

$a=1$,

$$\dfrac{2\times b+1\times(-1)}{2+1}=\dfrac{2b-1}{3}=1\text{에서 } b=2$$

이므로 점 M의 좌표는 $(1, 2)$

중심이 원점 O이고 세 점 A, B, C를 지나는 원을 C라 하면

$\overline{OA}=\sqrt{26}$이므로 C: $x^2+y^2=26$

선분 OM과 선분 BC는 서로 수직이고 $\overline{OB}=\sqrt{26}$, $\overline{OM}=\sqrt{1^2+2^2}=\sqrt{5}$

이므로 직각삼각형 OBM에서

$\overline{BM}=\sqrt{(\sqrt{26})^2-(\sqrt{5})^2}=\sqrt{21}$, $\overline{BC}=2\overline{BM}=2\sqrt{21}$

직선 OM의 방정식은 $y=2x$

직선 BC의 방정식은 $y-2=-\dfrac{1}{2}(x-1)$, 즉 $x+2y-5=0$

이때 점 A$(-5, -1)$과 직선 $x+2y-5=0$ 사이의 거리는

$$\dfrac{|-5-2-5|}{\sqrt{1^2+2^2}}=\dfrac{12\sqrt{5}}{5}$$

이므로 삼각형 ABC의 넓이는

$$\dfrac{1}{2}\times2\sqrt{21}\times\dfrac{12\sqrt{5}}{5}=\dfrac{12}{5}\sqrt{105}$$

따라서 $p=5$, $q=12$이므로 $p+q=17$

(1) 원의 중심에서 현에 내린 수선은 그 현을 이등분한다.
　➡ $\overline{AB}\perp\overline{OM}$이면 $\overline{AM}=\overline{BM}$
(2) 원에서 현의 수직이등분선은 그 원의 중심을 지난다.

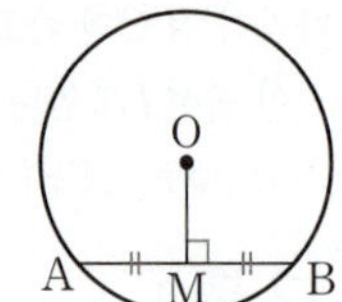

14 답 $\sqrt{15}<k<7$

그림과 같이 함수 $y=k|x|$의 그래프가 원
$x^2+(y-8)^2=4$와 접할 때, 두 원과 만나는 점의
개수는 4이고 원 $(x-1)^2+(y-3)^2=2$와 접할 때,
두 원과 만나는 점의 개수는 7이다. ……… 배점 20%

(i) 원 $x^2+(y-8)^2=4$와 접할 때,

　점 $(0, 8)$과 직선 $y=kx$, 즉 $kx-y=0$ 사이
　의 거리가 2이므로

$$\frac{|-8|}{\sqrt{k^2+(-1)^2}}=2,\ 4=\sqrt{k^2+1}$$

　양변을 제곱하면 $16=k^2+1$

$$k^2=15\quad\therefore k=\sqrt{15}\ (\because k>0)$$ ……… 배점 30%

(ii) 원 $(x-1)^2+(y-3)^2=2$와 접할 때,

　점 $(1, 3)$과 직선 $y=-kx$, 즉 $kx+y=0$ 사이의 거리가 $\sqrt{2}$이므로

$$\frac{|k+3|}{\sqrt{k^2+1^2}}=\sqrt{2},\ |k+3|=\sqrt{2}\sqrt{k^2+1}$$

　양변을 제곱하면 $k^2+6k+9=2(k^2+1)$

$$k^2-6k-7=0,\ (k+1)(k-7)=0$$

$$\therefore k=7\ (\because k>0)$$ ……… 배점 30%

따라서 함수 $y=k|x|$의 그래프가 (i), (ii) 사이에 있을 때, 두 원과 만나
는 점의 개수가 6이므로 구하는 k의 값의 범위는

$$\sqrt{15}<k<7$$ ……… 배점 20%

15 답 36

$(a-1)^2+(b-2)^2=k\,(k>0)$라 하면 점 $\mathrm{P}(a, b)$는 중심의 좌표가
$(1, 2)$이고 반지름의 길이가 $\sqrt{k}$인 원 $(x-1)^2+(y-2)^2=k$ 위의 점이다.
따라서 이 원의 반지름의 길이가 가장 짧을 때 최솟값, 가장 길 때 최댓
값을 갖는다.

이 원의 중심을 $\mathrm{D}(1, 2)$라 하면 점 D는
원 $(x-3)^2+(y-4)^2=8$ 위의 점이므로
$\overline{\mathrm{DA}}=2\sqrt{2}$

점 D와 직선 $x=3$ 사이의 거리는 2
따라서 점 P가 점 D에서 직선 $x=3$에 내
린 수선의 발일 때, $(a-1)^2+(b-2)^2$의
값은 최소이고, 그 최솟값은 $2^2=4$

또 점 P가 두 점 D, A를 지나는 직선과 원 $(x-3)^2+(y-4)^2=8$의 교
점 중 D가 아닌 점일 때, $(a-1)^2+(b-2)^2$의 값은 최대이고, 그 최댓
값은 원 $(x-3)^2+(y-4)^2=8$의 지름의 길이의 제곱과 같으므로
$(2\times2\sqrt{2})^2=32$

따라서 $(a-1)^2+(b-2)^2$의 최댓값은 32, 최솟값은 4이므로 그 합은
$32+4=36$

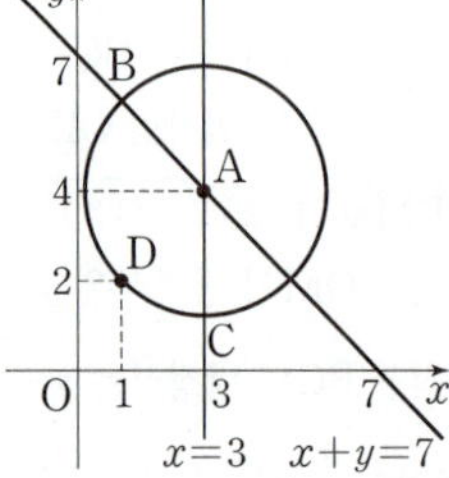

16 답 ④

원 C의 반지름의 길이를 r라 하면 원 C의 넓이가 8π이므로
$r^2\pi=8\pi$에서 $r=2\sqrt{2}$
$\therefore \overline{\mathrm{AB}}=4\sqrt{2}$

점 A를 지나고 원 C에 접하는 직선과 직선 AB는 서로 수직이므로 직
선 AB의 기울기는 -1이다.

직선 AB의 y절편을 k라 하면 직선 AB의 방정식은 $y=-x+k$
두 점 A, B의 x좌표를 각각 $\alpha, \beta\,(\alpha<\beta)$라 할 때, 곡선 $y=-x^2+6x$
와 직선 $y=-x+k$가 두 점 A, B에서 만나므로 α, β는 이차방정식
$x^2-7x+k=0$의 서로 다른 두 실근이다.

이차방정식의 근과 계수의 관계에 의하여
$\alpha+\beta=7,\ \alpha\beta=k$

이때 선분 AB는 원 C의 지름이고 직선
AB의 기울기가 -1이므로 선분 AB를 빗
변으로 하고 원 C에 내접하는 직각이등변
삼각형의 다른 꼭짓점을 점 H라 하면
$\overline{\mathrm{HB}}:\overline{\mathrm{AB}}=1:\sqrt{2}$이고
$\overline{\mathrm{HB}}=\beta-\alpha$이므로

$(\beta-\alpha)\sqrt{2}=4\sqrt{2}$에서 $\beta-\alpha=4$

$\alpha+\beta=7,\ \beta-\alpha=4$에서 $\alpha=\dfrac{3}{2},\ \beta=\dfrac{11}{2}$이므로

$$k=\alpha\beta=\frac{33}{4}$$

따라서 직선 AB의 y절편은 $\dfrac{33}{4}$이다.

17 답 80

원의 중심의 좌표를 (a, b)라 하면 원의 중심과 두 직선 $x-3y=0$,
$3x-y=0$ 사이의 거리가 각각 4이므로

$$\frac{|a-3b|}{\sqrt{1^2+(-3)^2}}=4$$

즉, $|a-3b|=4\sqrt{10}$　……… ㉠

$$\frac{|3a-b|}{\sqrt{3^2+(-1)^2}}=4$$

즉, $|3a-b|=4\sqrt{10}$　……… ㉡

㉠, ㉡에서 $|a-3b|=|3a-b|$

$a-3b=\pm(3a-b)$

$\therefore b=a$ 또는 $b=-a$

$b=a$를 ㉠에 대입하면

$|-2a|=4\sqrt{10},\ a=\pm2\sqrt{10}$

$\therefore \mathrm{A}(2\sqrt{10}, 2\sqrt{10}),\ \mathrm{C}(-2\sqrt{10}, -2\sqrt{10})$

$b=-a$를 ㉠에 대입하면

$|4a|=4\sqrt{10},\ a=\pm\sqrt{10}$

$\therefore \mathrm{B}(-\sqrt{10}, \sqrt{10}),\ \mathrm{D}(\sqrt{10}, -\sqrt{10})$

이때 네 점 A, B, C, D를 꼭짓점으로 하는 사각형은 두 선분 AC, BD
를 대각선으로 하는 마름모이다.

$$\overline{\mathrm{AC}}=\sqrt{(-2\sqrt{10}-2\sqrt{10})^2+(-2\sqrt{10}-2\sqrt{10})^2}$$
$$=8\sqrt{5}$$

$$\overline{\mathrm{BD}}=\sqrt{\{\sqrt{10}-(-\sqrt{10})\}^2+(-\sqrt{10}-\sqrt{10})^2}$$
$$=4\sqrt{5}$$

따라서 사각형 ABCD의 넓이는

$$\frac{1}{2}\times\overline{\mathrm{AC}}\times\overline{\mathrm{BD}}=\frac{1}{2}\times8\sqrt{5}\times4\sqrt{5}=80$$

18 답 ②

삼각형 ABP의 밑변을 선분 AB라 하면
점 P와 직선 AB 사이의 거리가 최대일 때
삼각형의 넓이가 최대이므로 그림과 같이
직선 AB에 평행한 원의 접선 중 제1사분
면에서 원과 접하는 접선의 접점이 P가 될
때, 삼각형 ABP의 넓이는 최대가 된다.

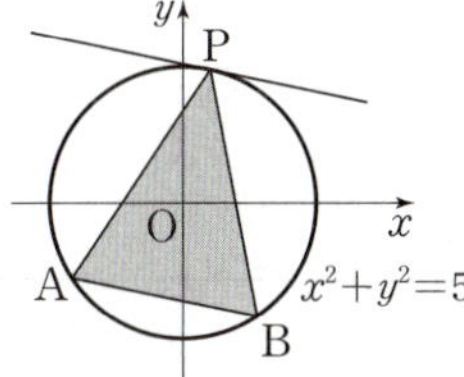

이때 P에서의 접선의 기울기는

$$\frac{-2-(-1)}{1-(-2)}=-\frac{1}{3}$$이므로

접선의 방정식은 $y=-\frac{1}{3}x+\sqrt{5}\times\sqrt{\left(-\frac{1}{3}\right)^2+1}$

$\therefore x+3y-5\sqrt{2}=0$

점 $A(-2, -1)$과 이 접선 사이의 거리는

$$\frac{|-2-3-5\sqrt{2}|}{\sqrt{1^2+3^2}}=\frac{5+5\sqrt{2}}{\sqrt{10}}=\sqrt{5}+\frac{\sqrt{10}}{2}$$

이때 $\overline{AB}=\sqrt{\{1-(-2)\}^2+\{-2-(-1)\}^2}=\sqrt{10}$이므로 삼각형 ABP
의 넓이의 최댓값은

$$\frac{1}{2}\times\sqrt{10}\times\left(\sqrt{5}+\frac{\sqrt{10}}{2}\right)=\frac{5}{2}(1+\sqrt{2})$$

따라서 $p=2$, $q=5$이므로 $pq=10$

다른 풀이

삼각형 ABP의 밑변을 선분 AB라 하면
점 P와 직선 AB 사이의 거리가 최대일
때 삼각형의 넓이가 최대이므로 그림과
같이 직선 AB에 평행한 원의 접선 중 제
1사분면에서 원과 접하는 접선의 접점이
P가 될 때, 삼각형 ABP의 넓이는 최대
가 된다.

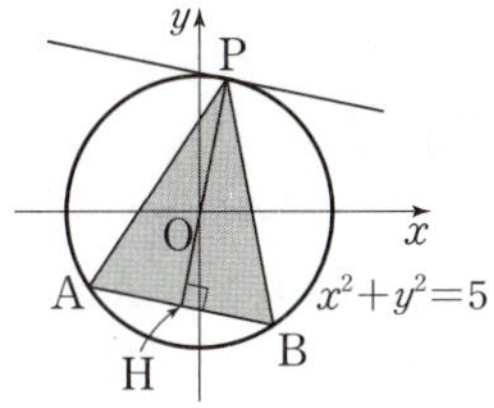

점 P에서 직선 AB에 내린 수선의 발을 H라 하면 직선 PH는 점 P에서
의 접선과 서로 수직이므로 원의 중심인 원점을 지난다.

이때 점 H는 선분 AB의 중점이므로 점 H의 좌표는 → 원의 중심에서 현에 내린 수선은 그 현을 수직이등분한다.

$$\left(\frac{-2+1}{2}, \frac{-1+(-2)}{2}\right) \quad \therefore \left(-\frac{1}{2}, -\frac{3}{2}\right)$$

$$\overline{OH}=\sqrt{\left(-\frac{1}{2}\right)^2+\left(-\frac{3}{2}\right)^2}=\frac{\sqrt{10}}{2}$$이므로

$$\overline{PH}=\overline{OP}+\overline{OH}=\sqrt{5}+\frac{\sqrt{10}}{2}$$

이때 $\overline{AB}=\sqrt{\{1-(-2)\}^2+\{-2-(-1)\}^2}=\sqrt{10}$이므로 삼각형 ABP
의 넓이의 최댓값은

$$\frac{1}{2}\times\overline{AB}\times\overline{PH}=\frac{1}{2}\times\sqrt{10}\times\left(\sqrt{5}+\frac{\sqrt{10}}{2}\right)=\frac{5}{2}(1+\sqrt{2})$$

따라서 $p=2$, $q=5$이므로 $pq=10$

19 답 2

두 점 $(0, 1)$, $(a, 0)$을 지나는 직선의 방정식은

$$\frac{x}{a}+y=1 \quad \therefore y=1-\frac{x}{a}$$

점 P의 좌표를 구하기 위하여 이를 $x^2+y^2=1$에 대입하면

$$x^2+\left(1-\frac{x}{a}\right)^2=1$$

$$\left(1+\frac{1}{a^2}\right)x^2-\frac{2}{a}x=0, \ x\left(\frac{a^2+1}{a^2}x-\frac{2}{a}\right)=0$$

$$\therefore x=0 \ \text{또는} \ x=\frac{2a}{a^2+1}$$

이때 $x=0$이면 원과 직선이 y축 위에서 만나는 점이므로 $x=\frac{2a}{a^2+1}$

이를 $y=1-\frac{x}{a}$에 대입하면

$$y=1-\frac{\frac{2a}{a^2+1}}{a}=\frac{a^2-1}{a^2+1}$$

$$\therefore P\left(\frac{2a}{a^2+1}, \frac{a^2-1}{a^2+1}\right)$$

원 $x^2+y^2=1$ 위의 점 P에서의 접선의 방정식은

$$\frac{2a}{a^2+1}x+\frac{a^2-1}{a^2+1}y=1$$

이때 점 Q의 x좌표는

$$\frac{2a}{a^2+1}x=1 \quad \therefore x=\frac{a^2+1}{2a}$$

삼각형 POQ의 넓이는

$$\frac{1}{2}\times\frac{a^2+1}{2a}\times\frac{a^2-1}{a^2+1}=\frac{a^2-1}{4a}$$

즉, $\frac{a^2-1}{4a}=\frac{3}{8}$이므로

$$2a^2-2=3a, \ 2a^2-3a-2=0$$

$$(2a+1)(a-2)=0 \quad \therefore a=2 \ (\because a>1)$$

다른 풀이

직선 PQ가 원 위의 점 P에서의 접선이므로 삼각형 POQ는 직각삼각형
이다.

삼각형 POQ의 넓이는 $\frac{1}{2}\times\overline{OP}\times\overline{PQ}=\frac{1}{2}\times1\times\overline{PQ}=\frac{3}{8}$이므로

$$\overline{PQ}=\frac{3}{4} \quad \therefore \overline{OQ}=\sqrt{1^2+\left(\frac{3}{4}\right)^2}=\frac{5}{4}$$

점 P에서 x축에 내린 수선의 발을 H라 하면 $\triangle OPQ\backsim\triangle OHP$이므로

$$\overline{OQ}:\overline{PQ}=\overline{OP}:\overline{HP}, \ \frac{5}{4}:\frac{3}{4}=1:\overline{HP} \quad \therefore \overline{HP}=\frac{3}{5}$$

$$\overline{OQ}:\overline{OP}=\overline{OP}:\overline{OH}, \ \frac{5}{4}:1=1:\overline{OH} \quad \therefore \overline{OH}=\frac{4}{5}$$

즉, 점 P의 좌표는 $\left(\frac{4}{5}, \frac{3}{5}\right)$이다.

이때 세 점 $(0, 1)$, $\left(\frac{4}{5}, \frac{3}{5}\right)$, $(a, 0)$이 한 직선 위에 있으므로

$$\frac{-1}{a}=\frac{\frac{3}{5}-1}{\frac{4}{5}} \quad \therefore a=2$$

20 답 87

두 원 C_1, C_2의 중심을 각각 A, B라 하면 $A(-7, 2)$, $B(0, b)$
그림과 같이 두 원 C_1, C_2와 직선 l_1의 접점을 각각 H, I라 하면
$$\angle AHP=\angle BIP=90°$$

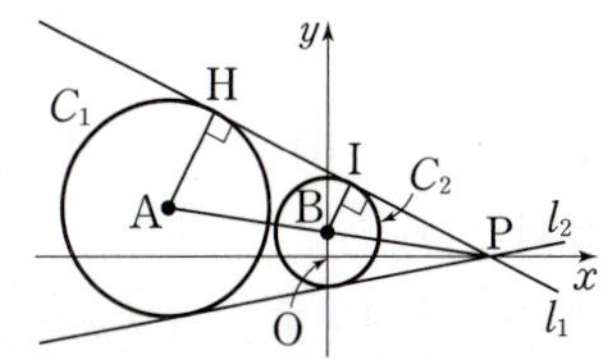

이때 $\overline{AH}=2\sqrt{5}$, $\overline{BI}=\sqrt{5}$이므로 $\overline{AH}:\overline{BI}=2:1$
따라서 점 B는 선분 AP의 중점이므로 → $\overline{AP}:\overline{BP}=2:1$

$$\frac{-7+a}{2}=0, \ \frac{2+0}{2}=b \quad \therefore a=7, b=1$$

접선의 기울기를 m이라 하면 점 $P(7, 0)$을 지나는 접선의 방정식은

$$y=m(x-7) \quad \therefore mx-y-7m=0$$

이때 점 B$(0, 1)$과 직선 $mx-y-7m=0$ 사이의 거리가 $\sqrt{5}$이므로

$$\frac{|-1-7m|}{\sqrt{m^2+(-1)^2}}=\sqrt{5}$$

$$|-7m-1|=\sqrt{5}\sqrt{m^2+1}$$

양변을 제곱하면

$$49m^2+14m+1=5(m^2+1)$$

$$\therefore 22m^2+7m-2=0$$

따라서 이 이차방정식의 두 근이 각각 두 직선 l_1, l_2의 기울기이므로 이 차방정식의 근과 계수의 관계에 의하여 두 직선 l_1, l_2의 기울기의 곱은

$$\frac{-2}{22}=-\frac{1}{11} \quad \therefore c=-\frac{1}{11}$$

$$\therefore 11(a+b+c)=11\left\{7+1+\left(-\frac{1}{11}\right)\right\}=87$$

21 답 -20

A$(1, 2)$라 하면 점 O$(0, 0)$에 대하여
$\overline{OA}=\sqrt{1^2+2^2}=\sqrt{5}$이므로 원 C_1의 반 지름의 길이는

$\sqrt{5}-1$ ·············· 배점 **10%**

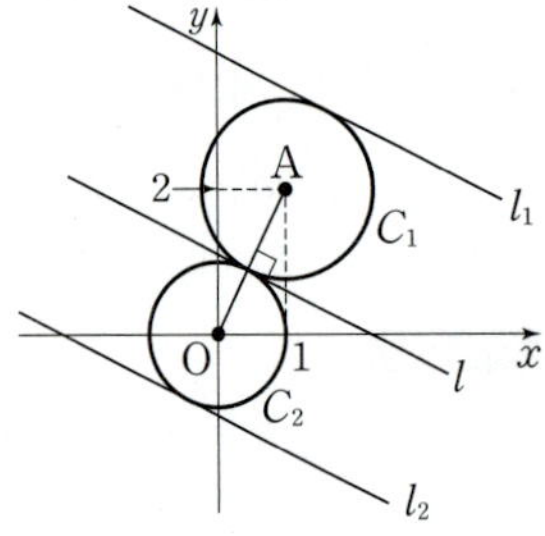

두 점 O, A를 지나는 직선의 기울기는 2이고 직선 l과 직선 OA가 서로 수직 이므로 직선 l의 기울기는 $-\frac{1}{2}$이다.

즉, 두 직선 l_1, l_2의 기울기도 $-\frac{1}{2}$이다. ·············· 배점 **20%**

직선 l_1의 방정식을 $x+2y+a=0$이라 하면 점 A$(1, 2)$와 직선 l_1 사이 의 거리가 $\sqrt{5}-1$이므로

$$\frac{|1+4+a|}{\sqrt{1^2+2^2}}=\sqrt{5}-1, \quad \frac{|a+5|}{\sqrt{5}}=\sqrt{5}-1$$

$$|a+5|=5-\sqrt{5}, \quad a+5=\pm(5-\sqrt{5})$$

$$\therefore a=-\sqrt{5} \text{ 또는 } a=-10+\sqrt{5}$$

이때 직선 l_1은 직선 l과 다르므로 직선 l_1의 방정식은

$x+2y-10+\sqrt{5}=0$ ·············· 배점 **30%**

또 직선 l_2의 방정식을 $x+2y+b=0$이라 하면 원점과 직선 l_2 사이의 거 리가 1이므로

$$\frac{|b|}{\sqrt{1^2+2^2}}=1, \quad |b|=\sqrt{5}$$

$$\therefore b=\pm\sqrt{5}$$

이때 직선 l_2는 직선 l과 다르므로 직선 l_2의 방정식은

$x+2y+\sqrt{5}=0$ ·············· 배점 **30%**

따라서 점 P(x_1, y_1)에 대하여 $x_1+2y_1-10+\sqrt{5}=0$이고, 점 Q(x_2, y_2) 에 대하여 $x_2+2y_2+\sqrt{5}=0$이므로

$(x_1+2y_1-5)(x_2+2y_2-5)=(5-\sqrt{5})(-5-\sqrt{5})=-20$ ····· 배점 **10%**

22 답 $x^2+y^2=4\,(x>0,\ y>0)$

두 점 A, B의 좌표를 각각 (x_1, y_1), (x_2, y_2)라 하면 원 $x^2+y^2=1$ 위의 두 점 A, B에서의 접선의 방정식은 각각

$$x_1x+y_1y=1, \quad x_2x+y_2y=1$$

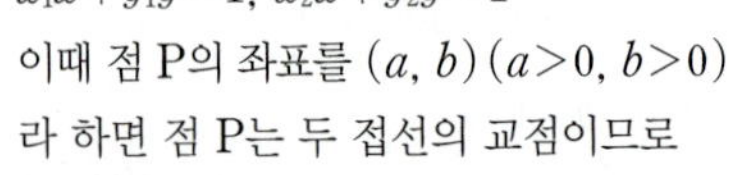

이때 점 P의 좌표를 $(a, b)\,(a>0, b>0)$ 라 하면 점 P는 두 접선의 교점이므로

$$ax_1+by_1=1 \qquad \cdots\cdots \ \unicode{x24B6}$$

$$ax_2+by_2=1 \qquad \cdots\cdots \ \unicode{x24B7}$$

한편 두 점 A(x_1, y_1), B(x_2, y_2)를 지나는 직선을 l이라 하면 직선 l의 방정식은

$$y-y_1=\frac{y_2-y_1}{x_2-x_1}(x-x_1) \qquad \cdots\cdots \ \unicode{x24B8}$$

$\unicode{x24B7}-\unicode{x24B6}$을 하면

$$a(x_2-x_1)+b(y_2-y_1)=0$$

$$b(y_2-y_1)=-a(x_2-x_1)$$

$$\therefore \frac{y_2-y_1}{x_2-x_1}=-\frac{a}{b}$$

이를 $\unicode{x24B8}$에 대입하면

$$y-y_1=-\frac{a}{b}(x-x_1)$$

$$b(y-y_1)=-a(x-x_1), \quad ax+by=ax_1+by_1$$

$$\therefore ax+by=1 \ (\because \unicode{x24B6})$$

이때 삼각형 PAB는 정삼각형이므로 $\angle PAB=60°$

$$\therefore \angle BAO=90°-60°=30°$$

따라서 직선 l, 즉 $ax+by-1=0$과 원점 O 사이의 거리는

$\overline{OA}\sin 30°=\frac{1}{2}$이므로

$$\frac{|-1|}{\sqrt{a^2+b^2}}=\frac{1}{2} \quad \therefore a^2+b^2=4$$

따라서 점 P가 나타내는 도형의 방정식은 원 $x^2+y^2=4\,(x>0,\ y>0)$ 이다.

23 답 4

접선의 기울기를 m이라 하면 점 P$(-1, -3)$을 지나는 접선의 방정식 은 $y+3=m(x+1)$, 즉 $mx-y+m-3=0$ ·············· $\unicode{x24B6}$

이때 원 $x^2+y^2=2$의 중심 $(0, 0)$과 직선 $\unicode{x24B6}$ 사이의 거리가 원의 반지 름의 길이인 $\sqrt{2}$와 같으므로

$$\frac{|m-3|}{\sqrt{m^2+(-1)^2}}=\sqrt{2}, \quad \text{즉 } |m-3|=\sqrt{2}\sqrt{m^2+1}$$

양변을 제곱하면 $m^2-6m+9=2(m^2+1)$

$$m^2+6m-7=0, \quad (m+7)(m-1)=0$$

$$\therefore m=-7 \text{ 또는 } m=1$$

이때 직선 l의 기울기가 양수이므로 $m=1$

따라서 직선 l의 방정식은 $x-y-2=0$

x축과 y축에 동시에 접하면서 중심이 제4사분면에 있는 원의 중심의 좌 표를 $(r, -r)\,(r>0)$라 하면 이 원과 직선 l이 접해야 하므로

$$\frac{|r+r-2|}{\sqrt{1^2+(-1)^2}}=r, \quad |2r-2|=\sqrt{2}r, \quad 2r-2=\pm\sqrt{2}r$$

$$\therefore r=2-\sqrt{2} \text{ 또는 } r=2+\sqrt{2}$$

따라서 두 원의 중심의 좌표는 각각
$(2-\sqrt{2},\ -2+\sqrt{2})$, $(2+\sqrt{2},\ -2-\sqrt{2})$이므로

두 원의 중심 사이의 거리는

$$\sqrt{\{2+\sqrt{2}-(2-\sqrt{2})\}^2+\{-2-\sqrt{2}-(-2+\sqrt{2})\}^2}=4$$

idea
24 답 ①

$C_1: x^2+y^2+6x+4y+9=0$, 즉 $(x+3)^2+(y+2)^2=4$에서 원 C_1은 중심의 좌표가 $(-3, -2)$이고 반지름의 길이가 2인 원이다.

$C_2: x^2+y^2-10x-8y+37=0$, 즉 $(x-5)^2+(y-4)^2=4$에서 원 C_2 는 중심의 좌표가 $(5, 4)$이고 반지름의 길이가 2인 원이다.

그림과 같이 원 C_1 위의 점 P와 원 C_2 위의 점 Q를 지나는 직선의 기울기는 ㉠과 같이 접할 때 최댓값, ㉡과 같이 접할 때 최솟값을 갖는다.

두 원 C_1, C_2의 반지름의 길이가 같으므로 두 접선 ㉠, ㉡은 두 원의 중심을 이은 선분의 중점인 $\left(\dfrac{-3+5}{2},\ \dfrac{-2+4}{2}\right)$, 즉 점 $(1,\,1)$을 지난다.

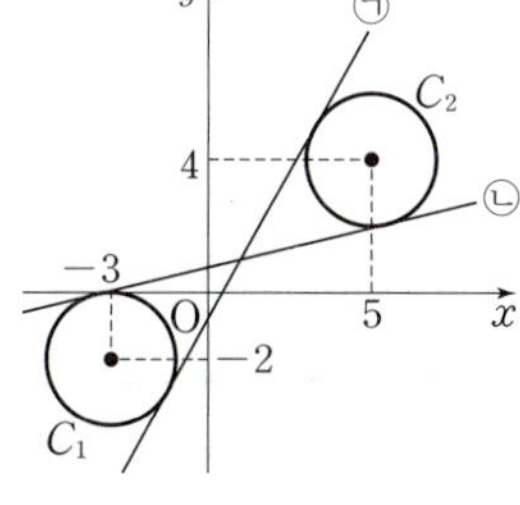

점 $(1,\,1)$을 지나고 두 원에 접하는 직선의 기울기를 a라 하면 접선의 방정식은

$y-1=a(x-1)$ ∴ $ax-y-a+1=0$

점 $(5,\,4)$와 직선 $ax-y-a+1=0$ 사이의 거리가 2이므로

$$\dfrac{|5a-4-a+1|}{\sqrt{a^2+(-1)^2}}=2,\ |4a-3|=2\sqrt{a^2+1}$$

양변을 제곱하면 $16a^2-24a+9=4(a^2+1)$

∴ $12a^2-24a+5=0$

따라서 이 이차방정식의 두 근이 M, m이므로 이차방정식의 근과 계수의 관계에 의하여

$$M+m=-\dfrac{-24}{12}=2$$

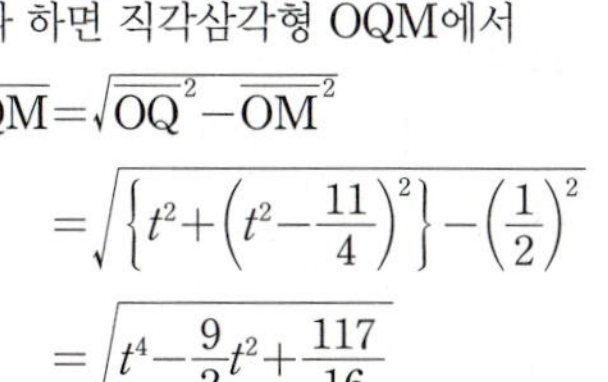

01 $\dfrac{3}{5}$ **02** 32 **03** $\left(\dfrac{16}{5},\ -\dfrac{12}{5}\right)$ **04** $\dfrac{3}{4}$ **05** 13π

06 최솟값: $2-\sqrt{3}$, 최댓값: $2+\sqrt{3}$ **07** 48 **08** ④

09 $7\sqrt{21}$ **10** ④

01 답 $\dfrac{3}{5}$

1단계 삼각형 OPQ의 넓이 구하기

선분 OP의 중점을 M이라 하면

$\overline{OM}=\dfrac{1}{2}\overline{OP}=\dfrac{1}{2}$

점 Q의 좌표를 $\left(t,\ t^2-\dfrac{11}{4}\right)(t\geq0)$이라 하면 직각삼각형 OQM에서

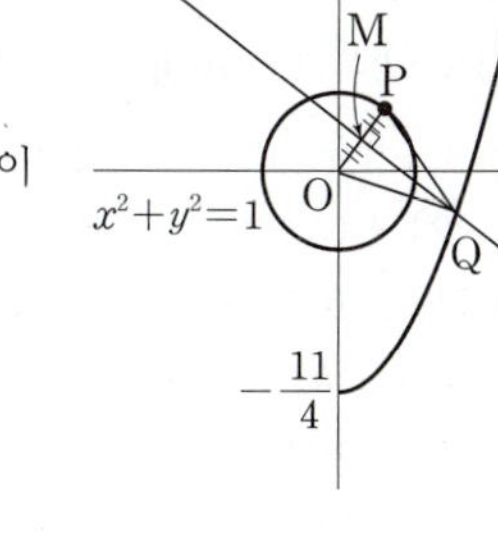

$\overline{QM}=\sqrt{\overline{OQ}^2-\overline{OM}^2}$

$=\sqrt{\left\{t^2+\left(t^2-\dfrac{11}{4}\right)^2\right\}-\left(\dfrac{1}{2}\right)^2}$

$=\sqrt{t^4-\dfrac{9}{2}t^2+\dfrac{117}{16}}$

따라서 삼각형 OPQ의 넓이는

$\dfrac{1}{2}\times\overline{OP}\times\overline{QM}=\dfrac{1}{2}\sqrt{t^4-\dfrac{9}{2}t^2+\dfrac{117}{16}}$

2단계 점 Q의 좌표 구하기

이때 $t^4-\dfrac{9}{2}t^2+\dfrac{117}{16}=\left(t^2-\dfrac{9}{4}\right)^2+\dfrac{9}{4}$에서 $t^2=\dfrac{9}{4}$, 즉 $t=\dfrac{3}{2}$일 때 삼각형 OPQ의 넓이가 최소가 된다.

따라서 점 Q의 좌표는 $\left(\dfrac{3}{2},\ -\dfrac{1}{2}\right)$

3단계 점 P의 x좌표 구하기

점 P의 좌표를 $(a,\,b)\,(a>0,\,b>0)$라 하면 점 P는 원 $x^2+y^2=1$ 위의 점이므로

$a^2+b^2=1$ $\qquad\cdots\cdots$ ㉠

또 $\overline{OQ}=\sqrt{\left(\dfrac{3}{2}\right)^2+\left(-\dfrac{1}{2}\right)^2}=\sqrt{\dfrac{5}{2}}$이므로 $\overline{PQ}=\overline{OQ}$, 즉 $\overline{PQ}^2=\overline{OQ}^2$에서

$\left(\dfrac{3}{2}-a\right)^2+\left(-\dfrac{1}{2}-b\right)^2=\dfrac{5}{2}$

∴ $a^2+b^2-3a+b=0$ $\qquad\cdots\cdots$ ㉡

㉠-㉡을 하면 $3a-b=1$

∴ $b=3a-1$

이를 ㉠에 대입하면 $a^2+(3a-1)^2=1$

$5a^2-3a=0,\ a(5a-3)=0$

∴ $a=\dfrac{3}{5}\ (\because\ a>0)$

따라서 점 P의 x좌표는 $\dfrac{3}{5}$이다.

02 답 32

1단계 선분 AB의 길이 구하기

원 $(x-a)^2+(y+a)^2=9a^2$을 C라 하자.

원 C의 방정식에 $y=0$을 대입하면

$(x-a)^2+a^2=9a^2$

즉, $(x-a)^2=8a^2$에서 $x=a\pm2\sqrt{2}a$이므로 원 C와 x축이 만나는 두 점 A, B 사이의 거리는

$\overline{AB}=(a+2\sqrt{2}a)-(a-2\sqrt{2}a)=4\sqrt{2}a$

2단계 점 P_1, P_2, P_3 구하기

원 C의 중심을 C라 하면 $C(a,\,-a)$

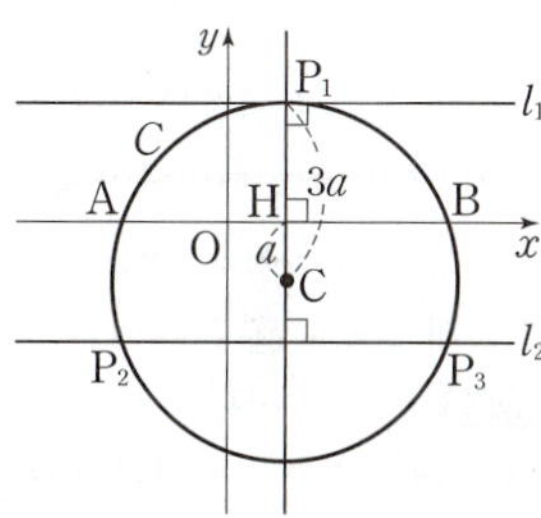

삼각형 ABP에서 선분 AB를 밑변으로 할 때 높이를 h라 하고, 직선 AB에 평행하면서 직선 AB와의 거리가 h인 두 직선을 y절편이 큰 것부터 차례대로 l_1, l_2라 하자.

삼각형 ABP의 넓이가 $8\sqrt{2}$가 되도록 하는 원 C 위의 점 P의 개수가 3이 되려면 원과 직선 l_1 또는 직선 l_2가 만나는 점의 개수가 3이어야 한다.

이때 선분 AB는 x축 위에 있고 점 C의 y좌표가 음수이므로 직선 l_1은 원 C와 한 점에서 만나고, 직선 l_2는 원 C와 서로 다른 두 점에서 만나야 한다. 직선 l_1과 원 C가 만나는 점을 P_1, 직선 l_2와 원 C가 만나는 두 점을 P_2, P_3이라 하자.

3단계 삼각형 $P_1P_2P_3$의 넓이 S 구하기

점 P_1에서 선분 AB에 내린 수선의 발을 H라 하면

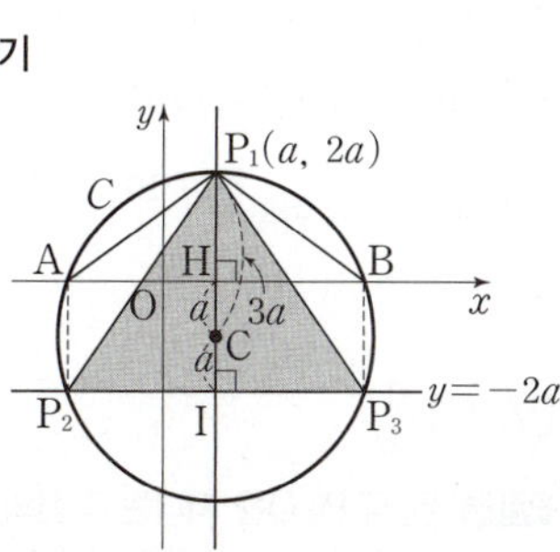

$\overline{P_1H}=3a-a=2a$

이때 삼각형 ABP_1의 넓이는

$\dfrac{1}{2}\times\overline{AB}\times\overline{P_1H}=\dfrac{1}{2}\times4\sqrt{2}a\times2a$

$=4\sqrt{2}a^2$

이므로 $4\sqrt{2}a^2=8\sqrt{2}$에서 $a^2=2$

그런데 $a>0$이므로 $a=\sqrt{2}$

점 P가 될 수 있는 나머지 두 점 P_2, P_3에 대하여 점 C에서 선분 P_2P_3에 내린 수선의 발을 I라 하자.

I. 도형의 방정식

삼각형 ABP_2와 삼각형 ABP_3의 넓이가 모두 $8\sqrt{2}$가 되려면 $\overline{HI}=\overline{HP_1}=2a$이어야 한다.

이때 $\overline{CH}=\overline{CI}=a$이므로 $\overline{P_2P_3}=\overline{AB}=4\sqrt{2}a$

따라서 삼각형 $P_1P_2P_3$의 넓이 S는

$$S=\frac{1}{2}\times\overline{P_2P_3}\times\overline{P_1I}$$

$$=\frac{1}{2}\times4\sqrt{2}a\times4a$$

$$=8\sqrt{2}a^2=16\sqrt{2}$$

 $a\times S$의 값 구하기

$$\therefore a\times S=32$$

03 답 $\left(\dfrac{16}{5},\ -\dfrac{12}{5}\right)$

 점 C가 나타내는 도형의 방정식 구하기

$C(x,\ y)$라 하면 $\overline{AC}:\overline{BC}=1:2$이므로

$2\overline{AC}=\overline{BC}$에서 $4\overline{AC}^2=\overline{BC}^2$

$4\{(x-2)^2+(y-1)^2\}=\{x-(-4)\}^2+\{y-(-2)\}^2$

$x^2+y^2-8x-4y=0$

$\therefore (x-4)^2+(y-2)^2=20$ ...... ㉠

 점 P와 점 Q의 좌표 구하기

한편 직선 AB의 방정식은

$$y-1=\frac{-2-1}{-4-2}(x-2)\qquad\therefore y=\frac{1}{2}x$$

이를 ㉠에 대입하면 $(x-4)^2+\left(\dfrac{1}{2}x-2\right)^2=20$

$x^2-8x+16+\dfrac{1}{4}x^2-2x+4=20$

$x^2-8x=0,\ x(x-8)=0\qquad\therefore x=0$ 또는 $x=8$

그런데 점 P는 원점이 아니므로 점 P의 좌표는 $(8,\ 4)$

또 $x=0$을 ㉠에 대입하여 풀면

$(y-2)^2=4,\ y-2=\pm2\qquad\therefore y=0$ 또는 $y=4$

그런데 점 Q는 원점이 아니므로 점 Q의 좌표는 $(0,\ 4)$

 점 R의 좌표 구하기

이때 $\overline{PQ}=\overline{PR}$이면 삼각형 PQR는 이등
변삼각형이므로 선분 QR는 직선
$y=\dfrac{1}{2}x$와 서로 수직이다. 따라서 직선
QR의 방정식은 $y=-2x+4$

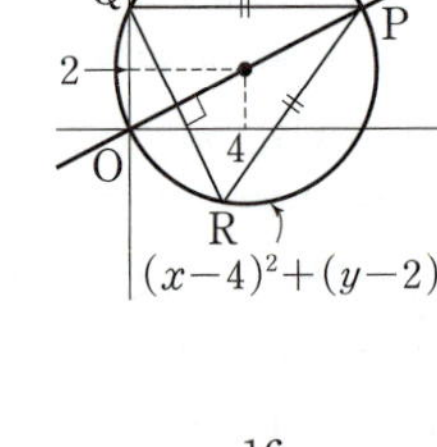

이를 ㉠에 대입하면

$(x-4)^2+(-2x+2)^2=20$

$x^2-8x+16+4x^2-8x+4=20$

$5x^2-16x=0,\ x(5x-16)=0\qquad\therefore x=0$ 또는 $x=\dfrac{16}{5}$

따라서 점 R의 좌표는 $\left(\dfrac{16}{5},\ -\dfrac{12}{5}\right)$이다.

04 답 $\dfrac{3}{4}$

 두 점 P, Q를 지나는 직선의 방정식 구하기

점 $(2,\ t)$를 중심으로 하고 원점을 지나는 원의 반지름의 길이는
$\sqrt{4+t^2}$이므로 원의 방정식은

$(x-2)^2+(y-t)^2=4+t^2$

$\therefore x^2+y^2-4x-2ty=0$

두 원 $x^2+y^2-4x-2ty=0$,
$x^2+y^2-4=0$의 두 교점 P, Q를 지나
는 직선의 방정식은

$x^2+y^2-4x-2ty-(x^2+y^2-4)=0$

$\therefore 2x+ty=2$ ...... ㉠

두 원 $x^2+y^2-4x-2ty=0$,
$x^2+y^2-4=0$의 중심을 지나는 직선의

방정식은 $y=\dfrac{t}{2}x$

 선분 PQ의 중점이 나타내는 도형의 방정식 구하기

선분 PQ의 중점은 직선 $y=\dfrac{t}{2}x$ 위에 있으므로 $y=\dfrac{t}{2}x$를

㉠에 대입하여 풀면 $x=\dfrac{4}{t^2+4},\ y=\dfrac{2t}{t^2+4}$

이때 $x^2+y^2=\dfrac{4(t^2+4)}{(t^2+4)^2}=\dfrac{4}{t^2+4}=x$이므로

$x^2-x+y^2=0\qquad\therefore\left(x-\dfrac{1}{2}\right)^2+y^2=\dfrac{1}{4}$

 $a+b+r^2$의 값 구하기

따라서 $a=\dfrac{1}{2},\ b=0,\ r^2=\dfrac{1}{4}$이므로

$$a+b+r^2=\frac{3}{4}$$

05 답 13π

 두 직선 l, m의 위치 관계 파악하기

두 원 C_1, C_2가 서로 만나지 않고 직선 l에
수직인 직선 m이 원 C_1의 중심을 지나고
원 C_2에 접하려면 직선 l이 그림과 같이 두
원 C_1, C_2에 접해야 한다.

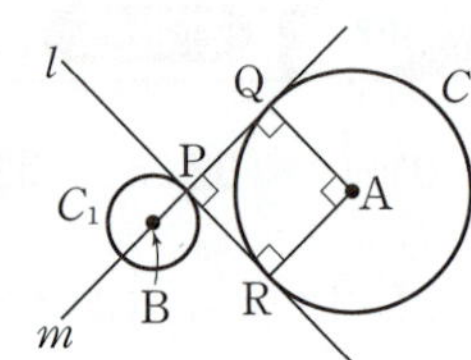

 점 $(a,\ b)$가 나타내는 도형의 방정식 구하기

직선 l과 직선 m의 교점을 P, 직선 m과 원 C_2의 교점을 Q, 직선 l과
원 C_2의 교점을 R, 원 C_2의 중심을 A$(2,\ -3)$이라 하면 사각형 PRAQ
는 한 변의 길이가 2인 정사각형이다. → 원 C_2의 반지름의 길이가 2이다.

즉, 원 $(x-a)^2+(y-b)^2=1$의 중심을 B$(a,\ b)$라 하면

$\overline{BQ}=\overline{BP}+\overline{PQ}=1+2=3$

이때 $\overline{QA}=2$이고 $\angle AQB=90°$이므로

$\overline{AB}=\sqrt{3^2+2^2}=\sqrt{13}\qquad\therefore\overline{AB}^2=13$

$\therefore (a-2)^2+(b+3)^2=13$

 점 $(a,\ b)$가 나타내는 도형의 넓이 구하기

따라서 점 $(a,\ b)$는 중심의 좌표가 $(2,\ -3)$이고 반지름의 길이가 $\sqrt{13}$
인 원 위의 점이므로 구하는 도형의 넓이는

$\pi\times(\sqrt{13})^2=13\pi$

idea
06 답 최솟값: $2-\sqrt{3}$, 최댓값: $2+\sqrt{3}$

 직선 OP와 직선 OQ의 위치 관계 파악하기

원점 O와 점 P$(a,\ b)$에 대하여 $\dfrac{b}{a}$는 직선 OP의 기울기이고 원점 O와

점 Q$(c,\ d)$에 대하여 $\dfrac{d}{c}$는 직선 OQ의 기울기이므로 $\dfrac{b}{a}\times\dfrac{d}{c}=-1$이

면 직선 OP와 직선 OQ는 서로 수직이다.

그림과 같이 원점을 지나고 원 $(x-2)^2+y^2=1$에 접하는 두 직선을 l_1, l_2라 하자.

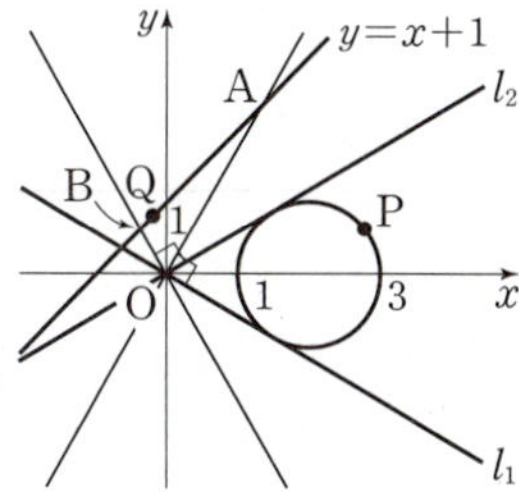

접선의 방정식을 $y=mx$라 하면 점 $(2, 0)$과 직선 $y=mx$, 즉 $mx-y=0$ 사이의 거리는 1이므로

$$\frac{|2m|}{\sqrt{m^2+(-1)^2}}=1$$

$$|2m|=\sqrt{m^2+1}$$

양변을 제곱하면

$$4m^2=m^2+1, \quad m^2=\frac{1}{3}$$

$$\therefore m=\pm\frac{\sqrt{3}}{3}$$

따라서 두 직선 l_1, l_2의 방정식은

$$l_1: y=-\frac{\sqrt{3}}{3}x, \quad l_2: y=\frac{\sqrt{3}}{3}x$$

이때 원점을 지나면서 두 직선 l_1, l_2에 수직인 직선이 직선 $y=x+1$과 만나는 점을 각각 A, B라 하면 $c+d$의 값은 점 A일 때 최대, 점 B일 때 최소가 된다.

원점을 지나면서 직선 l_1에 수직인 직선의 방정식은

$$y=\sqrt{3}x$$

즉, 직선 $y=\sqrt{3}x$와 직선 $y=x+1$의 교점의 x좌표는

$\sqrt{3}x=x+1$에서 $(\sqrt{3}-1)x=1$

$$\therefore x=\frac{1}{\sqrt{3}-1}=\frac{1+\sqrt{3}}{2}$$

이를 $y=x+1$에 대입하면

$$y=\frac{3+\sqrt{3}}{2}$$

$$\therefore \frac{1+\sqrt{3}}{2}+\frac{3+\sqrt{3}}{2}=2+\sqrt{3}$$

또 원점을 지나면서 직선 l_2에 수직인 직선의 방정식은

$$y=-\sqrt{3}x$$

즉, 직선 $y=-\sqrt{3}x$와 직선 $y=x+1$의 교점의 x좌표는

$-\sqrt{3}x=x+1$에서 $(\sqrt{3}+1)x=-1$

$$\therefore x=\frac{-1}{\sqrt{3}+1}=\frac{1-\sqrt{3}}{2}$$

이를 $y=x+1$에 대입하면

$$y=\frac{3-\sqrt{3}}{2}$$

$$\therefore \frac{1-\sqrt{3}}{2}+\frac{3-\sqrt{3}}{2}=2-\sqrt{3}$$

따라서 $c+d$의 최솟값은 $2-\sqrt{3}$, 최댓값은 $2+\sqrt{3}$이다.

07 답 48

곡선 $y=ax^2$과 직선 $y=mx+4a$가 만나는 두 점 A, B의 x좌표를 각각 α, β라 하면 $A(\alpha, a\alpha^2)$, $B(\beta, a\beta^2)$

이차방정식 $ax^2-mx-4a=0$의 두 실근이 α, β이므로 이차방정식의 근과 계수의 관계에 의하여 $\alpha+\beta=\frac{m}{a}$, $\alpha\beta=-4$

선분 AB가 원 C의 지름이므로 $\angle BOA=90°$

즉, 직선 OA의 기울기와 직선 OB의 기울기의 곱이 -1이므로

$$\frac{a\alpha^2-0}{\alpha-0}\times\frac{a\beta^2-0}{\beta-0}=a\alpha\times a\beta=a^2\times\alpha\beta=-4a^2=-1$$에서 $a^2=\frac{1}{4}$

그런데 a는 양수이므로 $a=\frac{1}{2}$

점 $P\left(k, \frac{k^2}{2}\right)$은 원 C 위의 점이므로 $\angle APB=90°$

즉, 직선 PA의 기울기와 직선 PB의 기울기의 곱이 -1이므로

$$\frac{\frac{\alpha^2}{2}-\frac{k^2}{2}}{\alpha-k}\times\frac{\frac{\beta^2}{2}-\frac{k^2}{2}}{\beta-k}=\frac{1}{4}(\alpha+k)(\beta+k)$$

$$=\frac{1}{4}\{k^2+(\alpha+\beta)k+\alpha\beta\}$$

$$=\frac{1}{4}(k^2+2mk-4)=-1$$

에서 $k^2+2mk=0$, 즉 $k=-2m$ $(\because k\neq0)$이므로 $P(-2m, 2m^2)$

따라서 점 $P(-2m, 2m^2)$과 직선 $y=mx+2$, 즉 $mx-y+2=0$ 사이의 거리를 d_1이라 하면

$$d_1=\frac{|-2m^2-2m^2+2|}{\sqrt{m^2+1}}=\frac{|-4m^2+2|}{\sqrt{m^2+1}}$$

점 O와 직선 $mx-y+2=0$ 사이의 거리를 d_2라 하면

$$d_2=\frac{2}{\sqrt{m^2+1}}$$

이때 삼각형 ABP와 삼각형 AOB의 넓이의 비는 $d_1:d_2$이므로

$$\frac{|-4m^2+2|}{\sqrt{m^2+1}}:\frac{2}{\sqrt{m^2+1}}=5:1$$에서 $|-4m^2+2|=10$

즉, $m^2=3$

그런데 m은 양수이므로 $m=\sqrt{3}$, $k=-2\sqrt{3}$

따라서 $f(x)=\frac{1}{2}x^2$, $g(x)=\sqrt{3}x+2$이므로

$$f(k)\times g(-k)=f(-2\sqrt{3})\times g(2\sqrt{3})$$

$$=\left\{\frac{1}{2}\times(-2\sqrt{3})^2\right\}\times(\sqrt{3}\times2\sqrt{3}+2)$$

$$=6\times8=48$$

08 답 ④

직선 AB의 기울기는 $\frac{5-7}{7-5}=-1$이므로 직선 AB의 방정식은

$$y-7=-(x-5) \quad \therefore y=-x+12$$

두 원 C_1, C_2의 중심을 지나는 직선은 직선 $y=-x+12$와 서로 수직이므로 기울기가 1이고, 두 점 A, B를 이은 선분의 중점인 $(6, 6)$을 지나므로 직선의 방정식은

$$y-6=x-6 \quad \therefore y=x$$

이때 원 C_1의 중심의 좌표는 (a, a)이고 점 (a, a)와 두 직선 $y=mx$, $y=4mx$, 즉 $mx-y=0$, $4mx-y=0$ 사이의 거리가 같으므로

$$\frac{|ma-a|}{\sqrt{m^2+(-1)^2}}=\frac{|4ma-a|}{\sqrt{(4m)^2+(-1)^2}}$$

양변을 제곱하면

$$\frac{m^2a^2-2ma^2+a^2}{m^2+1}=\frac{16m^2a^2-8ma^2+a^2}{16m^2+1}$$

$$a^2-\frac{2ma^2}{m^2+1}=a^2-\frac{8ma^2}{16m^2+1}$$

$$\frac{1}{m^2+1}=\frac{4}{16m^2+1}$$

$$16m^2+1=4m^2+4$$

$$m^2=\frac{1}{4}$$

$$\therefore m=\frac{1}{2}\;(\because m>0)$$

2단계 $a+b$의 값 구하기

점 $(a,\,a)$와 직선 $y=\frac{1}{2}x$, 즉 $x-2y=0$ 사이의 거리는 점 $(a,\,a)$와 점 A$(5,\,7)$ 사이의 거리와 같으므로 ⟶ 원의 중심과 접선 사이의 거리는 반지름의 길이와 같다.

$$\frac{|a-2a|}{\sqrt{1^2+(-2)^2}}=\sqrt{(a-5)^2+(a-7)^2}$$

양변을 제곱하면

$$\frac{a^2}{5}=(a-5)^2+(a-7)^2$$

$$\therefore 9a^2-120a+370=0$$

같은 방법으로 하면 $9b^2-120b+370=0$

따라서 $a,\,b$는 이차방정식 $9x^2-120x+370=0$의 두 근이므로 이차방정식의 근과 계수의 관계에 의하여

$$a+b=-\frac{-120}{9}=\frac{40}{3}$$

3단계 $\dfrac{3(a+b)}{m}$의 값 구하기

$$\therefore \frac{3(a+b)}{m}=\frac{3\times\frac{40}{3}}{\frac{1}{2}}=80$$

09 답 $7\sqrt{21}$

1단계 점 P의 위치 파악하기

그림과 같이 점 P를 중심으로 하는 원 C가 두 직선 $y=0$, $y=\sqrt{3}x$와 동시에 접하므로 점 P는 두 직선 $y=0$, $y=\sqrt{3}x$가 이루는 각의 이등분선 위에 있어야 한다.

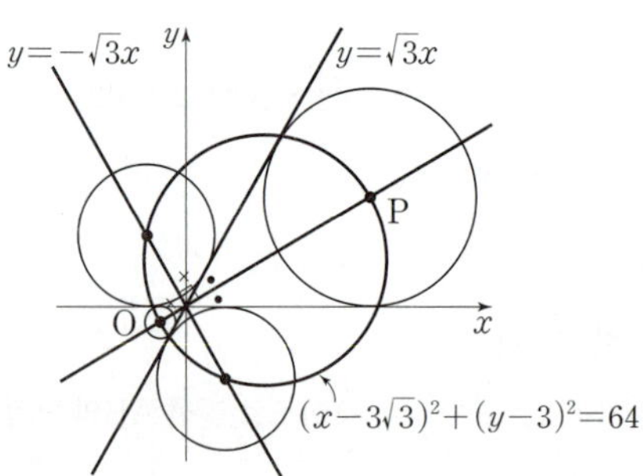

2단계 서로 다른 모든 r의 값의 곱 구하기

이때 직선 $y=\sqrt{3}x$가 x축과 이루는 예각의 크기가 $60°$이므로 원점을 지나고 기울기가 $\tan 30°=\frac{1}{\sqrt{3}}$인 직선의 방정식은

$$y=\frac{1}{\sqrt{3}}x=\frac{\sqrt{3}}{3}x$$

또 직선 $y=\frac{1}{\sqrt{3}}x$에 수직이고 원점을 지나는 직선의 방정식은

$$y=-\sqrt{3}x$$

(i) 점 P가 직선 $y=\frac{\sqrt{3}}{3}x$ 위에 있을 때,

$$\left(x-3\sqrt{3}\right)^2+\left(\frac{\sqrt{3}}{3}x-3\right)^2=64$$

$$\frac{4}{3}(x-3\sqrt{3})^2=64,\;(x-3\sqrt{3})^2=48$$

$$x-3\sqrt{3}=\pm4\sqrt{3}\quad\therefore x=-\sqrt{3}\ \text{또는}\ x=7\sqrt{3}$$

이를 $y=\frac{\sqrt{3}}{3}x$에 대입하면

$$x=-\sqrt{3}일 \ 때 \ y=-1,\ x=7\sqrt{3}일 \ 때 \ y=7$$

따라서 점 P의 좌표는 $(-\sqrt{3},\,-1)$ 또는 $(7\sqrt{3},\,7)$이므로 원 C의 반지름의 길이는 점 P의 y좌표의 절댓값인 1 또는 7이다.

(ii) 점 P가 직선 $y=-\sqrt{3}x$ 위에 있을 때,

$$(x-3\sqrt{3})^2+(-\sqrt{3}x-3)^2=64$$

$$4x^2+36=64,\;x^2=7\quad\therefore x=-\sqrt{7}\ \text{또는}\ x=\sqrt{7}$$

이를 $y=-\sqrt{3}x$에 대입하면

$$x=-\sqrt{7}일 \ 때 \ y=\sqrt{21},\ x=\sqrt{7}일 \ 때 \ y=-\sqrt{21}$$

따라서 점 P의 좌표는 $(-\sqrt{7},\,\sqrt{21})$ 또는 $(\sqrt{7},\,-\sqrt{21})$이므로 원 C의 반지름의 길이는 점 P의 y좌표의 절댓값인 $\sqrt{21}$이다.

(i), (ii)에서 서로 다른 모든 r의 값의 곱은 $1\times7\times\sqrt{21}=7\sqrt{21}$

10 답 ④

1단계 직선 OA의 방정식 구하기

원의 중심을 A$(a,\,b)(a>0,\,b>0)$라 하면 점 A와 직선 $l_1\colon mx-y=0$ 사이의 거리는 $\frac{|ma-b|}{\sqrt{m^2+1}}$, 점 A와 직선 $l_2\colon x-my=0$ 사이의 거리는 $\frac{|a-mb|}{\sqrt{1+m^2}}$이므로

$$\frac{|ma-b|}{\sqrt{m^2+1}}=\frac{|a-mb|}{\sqrt{1+m^2}},\;|ma-b|=|a-mb|$$

$ma-b=a-mb$에서 $(a+b)(m-1)=0$

$a+b>0$, $m>1$이므로 이를 만족시키는 $a,\,b,\,m$은 존재하지 않는다.

$ma-b=-(a-mb)$에서 $(a-b)(m+1)=0$

$m>1$이므로 $a=b$

따라서 직선 OA의 방정식은 $y=x$

2단계 점 R의 좌표 구하기

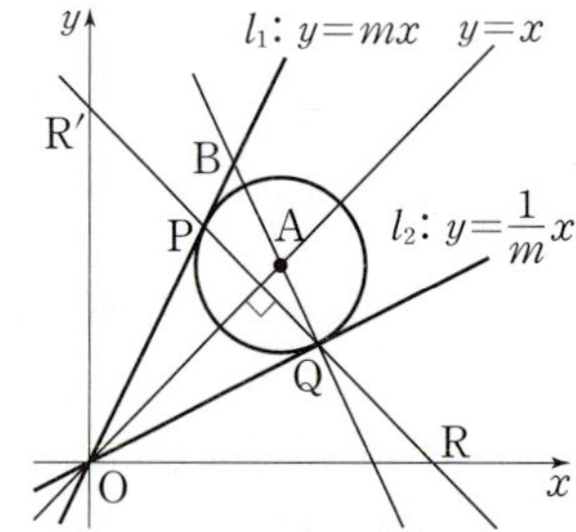

삼각형 OPQ가 $\overline{OP}=\overline{OQ}$인 이등변삼각형이므로 선분 PQ의 수직이등분선은 점 O를 지나고, 현의 성질에 의해 선분 PQ의 수직이등분선은 원의 중심 A를 지난다.

즉, 직선 $y=x$는 선분 PQ의 수직이등분선이고 직선 PQ의 기울기는 -1이므로 직선 PQ가 y축과 만나는 점을 R'이라 하면 $\overline{OR}=\overline{OR'}$이고 $\angle OR'P=\angle ORQ=45°$

삼각형 OPQ가 이등변삼각형이므로 $\angle OPQ=\angle OQP$에서

$$\angle OPR'=\angle OQR$$

$\overline{OR'}=\overline{OR}$, $\angle PR'O=\angle QRO$, $\angle OPR'=\angle OQR$이므로 삼각형 OPR'과 삼각형 OQR는 서로 합동이다.

이때 $\overline{R'P}=\overline{PQ}=\overline{QR}$이므로 세 삼각형 OR'P, OPQ, OQR의 넓이는 모두 24로 같다.

따라서 삼각형 ORR'의 넓이는
$$\frac{1}{2}\times\overline{\text{OR}}\times\overline{\text{OR}'}=\frac{1}{2}\times\overline{\text{OR}}^2=3\times24=72$$
이므로 $\overline{\text{OR}}=12$
$$\therefore \text{R}(12,\,0),\ \text{R}'(0,\,12)$$

3단계 점 P, Q의 좌표 구하기

선분 RR'을 $2:1$로 내분하는 점 P의 좌표는
$$\left(\frac{2\times0+1\times12}{2+1},\,\frac{2\times12+1\times0}{2+1}\right)\qquad\therefore \text{P}(4,\,8)$$

선분 RR'을 $1:2$로 내분하는 점 Q의 좌표는
$$\left(\frac{1\times0+2\times12}{1+2},\,\frac{1\times12+2\times0}{1+2}\right)\qquad\therefore \text{Q}(8,\,4)$$

4단계 점 B의 좌표 구하기

한편 직선 l_1의 기울기는 $m=\dfrac{8-0}{4-0}=2$이므로 직선 l_1의 방정식은

$y=2x$, 직선 l_2의 방정식은 $y=\dfrac{1}{2}x$

직선 BQ는 직선 l_2와 서로 수직이므로 기울기가 -2이고, 점 $\text{Q}(8,\,4)$를 지나므로 직선 BQ의 방정식은

$y-4=-2(x-8)$, 즉 $y=-2x+20$

직선 l_1과 직선 BQ의 교점 B의 x좌표는

$2x=-2x+20$에서 $4x=20$, $x=5$이므로 $\text{B}(5,\,10)$

5단계 선분 BQ의 길이 구하기
$$\therefore \overline{\text{BQ}}=\sqrt{(8-5)^2+(4-10)^2}=3\sqrt{5}$$

다른 풀이

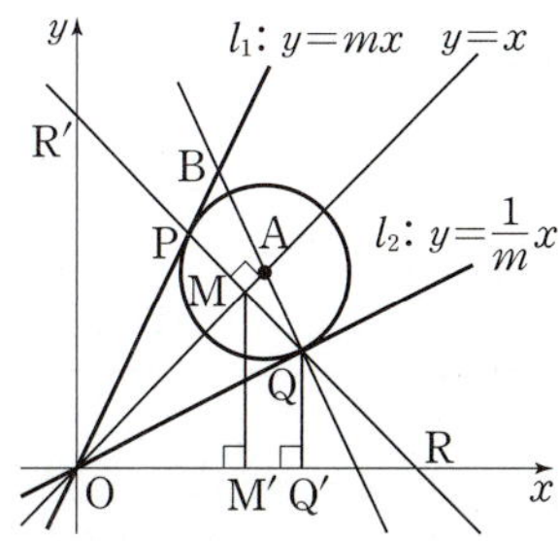

선분 PQ의 중점을 M이라 하고 $\overline{\text{PM}}=\overline{\text{MQ}}=k\,(k>0)$라 하자.

$\overline{\text{PQ}}=\overline{\text{QR}}=2k$이므로 $\overline{\text{OM}}=\overline{\text{MR}}=3k$

(나)에서 삼각형 OPQ의 넓이는 $\dfrac{1}{2}\times2k\times3k=3k^2=24$이므로

$k=2\sqrt{2}$

이때 두 점 M, Q에서 x축에 내린 수선의 발을 각각 $\text{M}',\,\text{Q}'$이라 하자.
$$\overline{\text{OQ}'}=\overline{\text{OM}'}+\overline{\text{M}'\text{Q}'}=\frac{1}{\sqrt{2}}\overline{\text{OM}}+\frac{1}{\sqrt{2}}\overline{\text{MQ}}$$
$$=\frac{3}{\sqrt{2}}k+\frac{1}{\sqrt{2}}k=\frac{4}{\sqrt{2}}k=8$$

$\overline{\text{QQ}'}=\dfrac{1}{\sqrt{2}}\overline{\text{QR}}=\dfrac{2}{\sqrt{2}}k=4$이므로 $\text{Q}(8,\,4)$

직선 OQ의 기울기는 $\dfrac{1}{m}=\dfrac{4-0}{8-0}=\dfrac{1}{2}$이므로 $m=2$

따라서 직선 l_1의 방정식은 $y=2x$, 직선 l_2의 방정식은 $y=\dfrac{1}{2}x$

직선 BQ는 직선 l_2와 서로 수직이므로 기울기가 -2이고, 점 $\text{Q}(8,\,4)$를 지나므로 직선 BQ의 방정식은

$y-4=-2(x-8)$, 즉 $y=-2x+20$

직선 l_1과 직선 BQ의 교점 B의 x좌표는

$2x=-2x+20$에서 $4x=20$, $x=5$이므로 $\text{B}(5,\,10)$
$$\therefore \overline{\text{BQ}}=\sqrt{(8-5)^2+(4-10)^2}=3\sqrt{5}$$

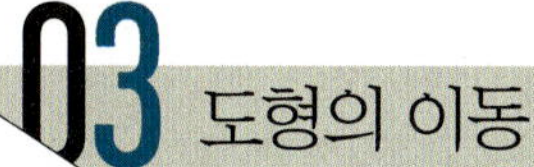

01 5	**02** $-\dfrac{3}{4}$	**03** 12	**04** $(2,\,5)$	**05** ②
06 36	**07** 4	**08** ③	**09** 3	**10** -6	**11** ④

01 답 5

도형을 평행이동해도 그 모양과 넓이는 변하지 않는다.

(가)에서 삼각형 PQR가 $\overline{\text{PR}}=\overline{\text{QR}}$인 이등변삼각형이므로 삼각형 ABC는 $\overline{\text{AC}}=\overline{\text{BC}}$인 이등변삼각형이다.

이때 $\overline{\text{AC}}=\sqrt{(a-1)^2+(b-1)^2}$, $\overline{\text{BC}}=\sqrt{(a-3)^2+(b-1)^2}$이므로

$\overline{\text{AC}}^2=\overline{\text{BC}}^2$에서 $(a-1)^2+(b-1)^2=(a-3)^2+(b-1)^2$

즉, $a^2-2a+1=a^2-6a+9$에서 $a=2$

(나)에서 삼각형 PQR의 넓이가 5이므로 삼각형 ABC의 넓이도 5이다.

이때 직선 AB의 방정식은 $y=1$이고 점 $\text{C}(2,\,b)$에서 직선 $y=1$까지의 거리 d는 $d=|b-1|$이므로 삼각형 ABC의 넓이는
$$\frac{1}{2}\times\overline{\text{AB}}\times d=\frac{1}{2}\times2\times|b-1|=|b-1|$$

즉, $|b-1|=5$에서 $b=-4$ 또는 $b=6$ $\qquad\therefore b=6\ (\because b>0)$

따라서 $\text{C}(2,\,6)$이고 $\text{R}(3,\,4)$이므로 $2+m=3,\ 6+n=4$에서

$m=1,\ n=-2$
$$\therefore m^2+n^2=1^2+(-2)^2=5$$

02 답 $-\dfrac{3}{4}$

직선 $y=2x+3$을 x축의 방향으로 m만큼, y축의 방향으로 n만큼 평행이동한 직선의 방정식은

$y-n=2(x-m)+3$
$$\therefore y=2x-2m+n+3$$

이 직선이 $y=2x$와 같으므로

$-2m+n+3=0$
$$\therefore 2m-n=3\qquad\cdots\cdots\ \text{㉠}$$

또 직선 $y=3x+2$를 x축의 방향으로 m만큼, y축의 방향으로 n만큼 평행이동한 직선의 방정식은

$y-n=3(x-m)+2$
$$\therefore y=3x-3m+n+2$$

이 직선이 $y=3x-2$와 같으므로

$-3m+n+2=-2$
$$\therefore 3m-n=4\qquad\cdots\cdots\ \text{㉡}$$

㉠, ㉡을 연립하여 풀면 $m=1,\ n=-1$

따라서 직선 $2x-3y-1=0$을 x축의 방향으로 1만큼, y축의 방향으로 -1만큼 평행이동한 직선의 방정식은

$2(x-1)-3(y+1)-1=0$
$$\therefore 2x-3y-6=0$$

이때 직선 $2x-3y-6=0$이 원 $(x-a)^2+(y-2a+1)^2=1$의 넓이를 이등분하려면 이 직선이 원의 중심 $(a,\,2a-1)$을 지나야 한다.

따라서 $2a-3(2a-1)-6=0$이므로

$4a=-3\qquad\therefore a=-\dfrac{3}{4}$

03 답 12

두 원 C, C'의 중심을 각각 A, A'이라 하
자. 원 C의 중심은 A$(1, 0)$이므로 ㈏에서

$$r=\frac{|4-0+21|}{\sqrt{4^2+(-3)^2}}=5$$

원 C'의 중심은 A'$(a+1, b)$이므로 방정
식은 $(x-a-1)^2+(y-b)^2=25$이고, ㈎
에서 원 C'은 점 A$(1, 0)$을 지나므로

$(1-a-1)^2+(0-b)^2=25$, 즉 $a^2+b^2=25$ ...... ㉠

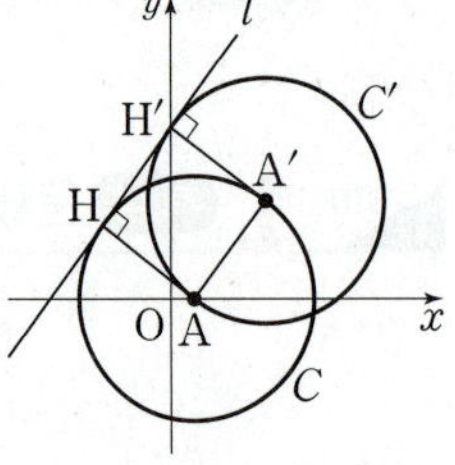

직선 $4x-3y+21=0$을 l이라 하고 두 점 A, A'에서 직선 l에 내린 수
선의 발을 각각 H, H'이라 하면 $\overline{AH}=\overline{A'H'}$이고 $\overline{AH}\perp l$, $\overline{A'H'}\perp l$이므
로 직선 AA'은 직선 l과 평행하다.

직선 l의 기울기는 $\frac{4}{3}$이므로 $\frac{b}{a}=\frac{4}{3}$에서 $b=\frac{4}{3}a$ ...... ㉡

㉡을 ㉠에 대입하면 $a^2=9$이고, $a>0$, $b>0$이므로 $a=3$, $b=4$

$\therefore a+b+r=12$

04 답 (2, 5)

점 A의 좌표를 $(a, a+3)$ $(a>0)$이라 하면 점 A를 직선 $y=x$에 대하
여 대칭이동한 점 B의 좌표는

$(a+3, a)$

점 B를 원점에 대하여 대칭이동한 점 C의
좌표는

$(-a-3, -a)$

이때 $-a=(-a-3)+3$이므로 점 C는
직선 $y=x+3$ 위의 점이고 삼각형 ABC
는 $\angle A=90°$인 직각삼각형이므로 삼각형
ABC의 넓이는

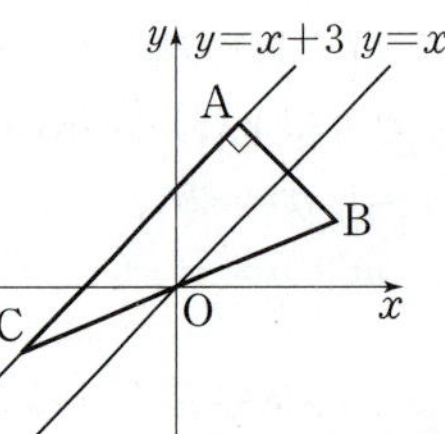

$\frac{1}{2}\times\overline{AB}\times\overline{AC}=21$

$\overline{AB}=\sqrt{(a+3-a)^2+\{a-(a+3)\}^2}=3\sqrt{2}$,

$\overline{AC}=\sqrt{(-a-3-a)^2+\{-a-(a+3)\}^2}=\sqrt{2}(2a+3)$

이므로

$\frac{1}{2}\times3\sqrt{2}\times\sqrt{2}(2a+3)=21$, $2a+3=7$ $\therefore a=2$

따라서 점 A의 좌표는 (2, 5)이다.

05 답 ②

직선 l: $y=ax+2$의 x절편은 $-\frac{2}{a}$, y절편은 2

이고, 직선 l을 x축, y축, 원점에 대하여 대칭
이동한 직선의 방정식은 각각

l_1: $y=-ax-2$,

l_2: $y=-ax+2$,

l_3: $y=ax-2$

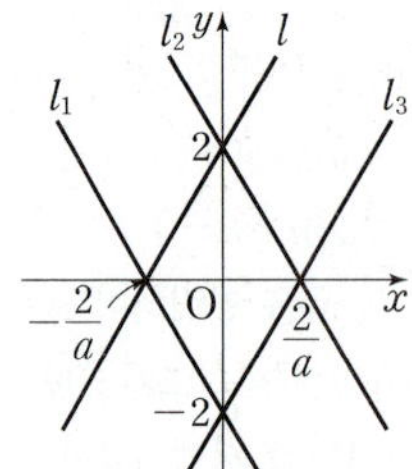

즉, 네 직선 l, l_1, l_2, l_3으로 둘러싸인 도형은

한 변의 길이가 $\sqrt{\left(\frac{2}{a}\right)^2+2^2}=\sqrt{\frac{4}{a^2}+4}$인 마름모이다.

이때 이 도형의 둘레의 길이가 10이므로

$4\sqrt{\frac{4}{a^2}+4}=10$, $\frac{4}{a^2}+4=\frac{25}{4}$

$\frac{4}{a^2}=\frac{9}{4}$, $a^2=\frac{16}{9}$ $\therefore a=\frac{4}{3}$ ($\because a>0$)

06 답 36

$x^2+y^2-4x+8y+19=0$에서 $(x-2)^2+(y+4)^2=1$

이 원을 x축에 대하여 대칭이동한 원 C_1의 방정식은

$(x-2)^2+(-y+4)^2=1$

$\therefore (x-2)^2+(y-4)^2=1$ ·············· 배점 **30%**

또 원 $(x-2)^2+(y+4)^2=1$을 직선 $y=x$에 대하여 대칭이동한 원 C_2
의 방정식은

$(x+4)^2+(y-2)^2=1$ ·············· 배점 **30%**

따라서 선분 PQ의 길이의 최댓값은 두 원 C_1, C_2의 중심 $(2, 4)$, $(-4, 2)$
를 이은 선분의 길이에 두 원 C_1, C_2의 반지름의 길이의 합을 더한 것과
같고, 선분 PQ의 길이의 최솟값은 두 원 C_1, C_2의 중심을 이은 선분의
길이에서 두 원 C_1, C_2의 반지름의 길이의 합을 뺀 것과 같으므로

$M=\sqrt{(-4-2)^2+(2-4)^2}+(1+1)=2\sqrt{10}+2$

$m=\sqrt{(-4-2)^2+(2-4)^2}-(1+1)=2\sqrt{10}-2$ ·············· 배점 **30%**

$\therefore Mm=(2\sqrt{10}+2)(2\sqrt{10}-2)=36$ ·············· 배점 **10%**

07 답 4

포물선 $y=x^2-ax+3$을 x축의 방향으로 2만큼, y축의 방향으로 1만큼
평행이동한 포물선의 방정식은

$y-1=(x-2)^2-a(x-2)+3$

$\therefore y=x^2-(a+4)x+2a+8$

이 포물선을 x축에 대하여 대칭이동한 포물선의 방정식은

$y=-x^2+(a+4)x-2a-8$

이때 이 포물선이 직선 $y=4x-12$와 접하므로 이차방정식

$-x^2+(a+4)x-2a-8=4x-12$, 즉 $x^2-ax+2a-4=0$의 판별식
을 D라 하면

$D=(-a)^2-4(2a-4)=0$

$a^2-8a+16=0$, $(a-4)^2=0$

$\therefore a=4$

08 답 ③

방정식 $f(y+1, x)=0$이 나타내는 도형은 방정식 $f(x, y)=0$이 나타
내는 도형을 직선 $y=x$에 대하여 대칭이동한 후 y축의 방향으로 -1만
큼 평행이동한 것이므로 ③과 같다.

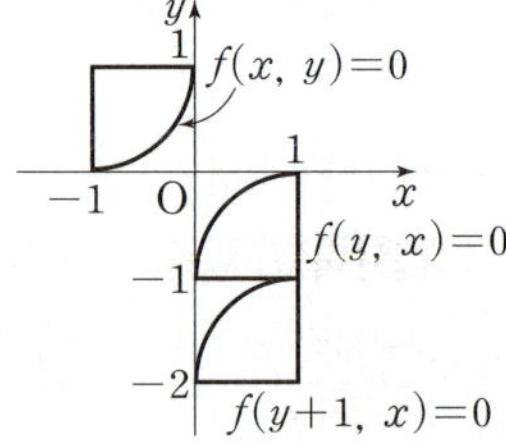

다른 풀이

방정식 $f(y+1, x)=0$이 나타내는 도형은 방정식 $f(x, y)=0$이 나타
내는 도형을 x축의 방향으로 -1만큼 평행이동한 후 직선 $y=x$에 대하
여 대칭이동한 것이므로 ③과 같다.

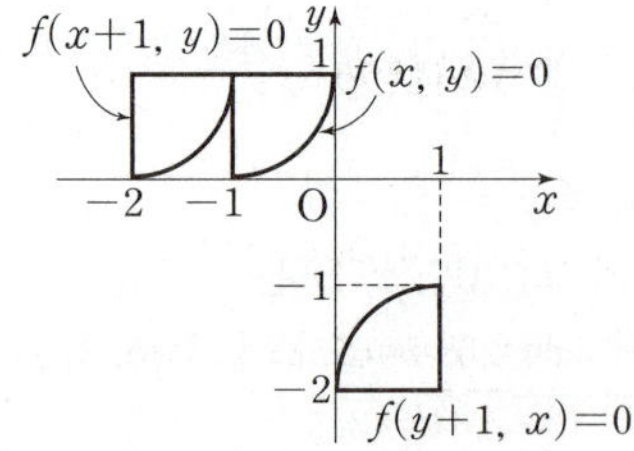

09 답 3

삼각형 ABC의 무게중심 G의 좌표는
$$\left(\frac{0-1+1}{3},\ \frac{1+2+6}{3}\right) \qquad \therefore (0,\ 3)$$
점 A'의 좌표를 $(x_1,\ y_1)$이라 하면 점 $(0,\ 3)$은 두 점 A, A'을 이은 선분의 중점이므로
$$\frac{x_1+0}{2}=0,\ \frac{y_1+1}{2}=3 \qquad \therefore x_1=0,\ y_1=5$$
$$\therefore A'(0,\ 5)$$
점 B'의 좌표를 $(x_2,\ y_2)$라 하면 점 $(0,\ 3)$은 두 점 B, B'을 이은 선분의 중점이므로
$$\frac{x_2-1}{2}=0,\ \frac{y_2+2}{2}=3 \qquad \therefore x_2=1,\ y_2=4$$
$$\therefore B'(1,\ 4)$$
점 C'의 좌표를 $(x_3,\ y_3)$이라 하면 점 $(0,\ 3)$은 두 점 C, C'을 이은 선분의 중점이므로
$$\frac{x_3+1}{2}=0,\ \frac{y_3+6}{2}=3 \qquad \therefore x_3=-1,\ y_3=0$$
$$\therefore C'(-1,\ 0)$$
두 점 B', C'을 지나는 직선의 방정식은
$$y=\frac{4-0}{1-(-1)}(x+1) \qquad \therefore y=2x+2$$

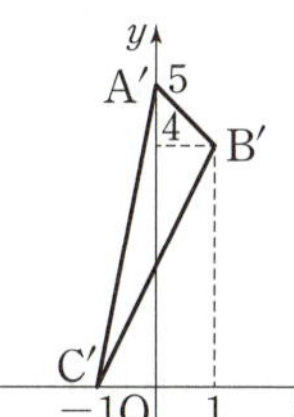

따라서 직선 $B'C'$이 y축과 만나는 점의 좌표는
$(0,\ 2)$이므로 삼각형 $A'B'C'$이 y축과 만나는 두 점 사이의 거리는
$$5-2=3$$

10 답 −6

점 $P(0,\ 1)$을 점 $(-2,\ 3)$에 대하여 대칭이동한 점을 $R(a,\ b)$라 하면 점 $(-2,\ 3)$은 두 점 P, R를 이은 선분의 중점이므로
$$\frac{0+a}{2}=-2,\ \frac{1+b}{2}=3 \qquad \therefore a=-4,\ b=5$$
$$\therefore R(-4,\ 5)$$
점 $R(-4,\ 5)$를 점 $(1,\ 2)$에 대하여 대칭이동한 점을 $Q(c,\ d)$라 하면 점 $(1,\ 2)$는 두 점 R, Q를 이은 선분의 중점이므로
$$\frac{-4+c}{2}=1,\ \frac{5+d}{2}=2 \qquad \therefore c=6,\ d=-1$$
$$\therefore Q(6,\ -1)$$
이때 두 점 P, Q를 이은 선분의 중점 $\left(\frac{0+6}{2},\ \frac{1-1}{2}\right)$, 즉 $(3,\ 0)$이 직선 $y=mx+n$ 위의 점이므로
$$0=3m+n \qquad \cdots\cdots \ \unicode{x24F6}$$
또 두 점 P, Q를 지나는 직선과 직선 $y=mx+n$은 서로 수직이므로
$$\frac{-1-1}{6-0}\times m=-1 \qquad \therefore m=3$$
이를 ㉠에 대입하여 풀면 $n=-9$
$$\therefore m+n=-6$$

11 답 ④

점 A를 직선 $y=x$에 대하여 대칭이동한 점을 A'이라 하면 점 A'의 좌표는 $(3,\ 2)$
점 B를 x축에 대하여 대칭이동한 점을 B'이라 하면 점 B'의 좌표는 $(-3,\ -1)$

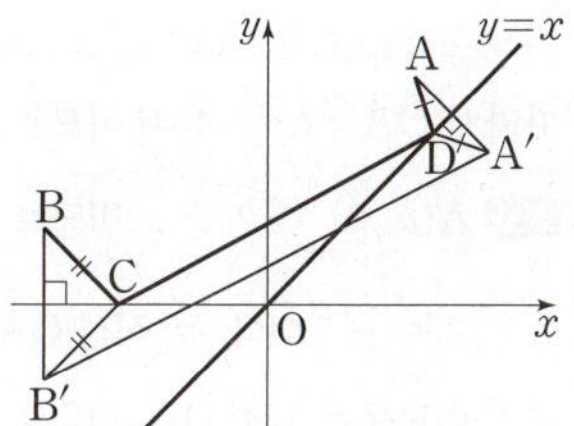

이때 $\overline{AD}=\overline{A'D}$, $\overline{BC}=\overline{B'C}$이므로
$$\overline{AD}+\overline{CD}+\overline{BC}=\overline{A'D}+\overline{DC}+\overline{CB'}$$
$$\geq \overline{A'B'}$$
$$=\sqrt{(-3-3)^2+(-1-2)^2}$$
$$=3\sqrt{5}$$
따라서 $\overline{AD}+\overline{CD}+\overline{BC}$의 최솟값은 $3\sqrt{5}$이다.

01 11	**02** ㄴ, ㄷ	**03** 32	**04** $\left(\frac{9}{2},\ \frac{3}{2}\right)$
05 $3\sqrt{2}$	**06** ㄴ, ㄷ	**07** ②	**08** $(1,\ 2)$
09 $\frac{2}{3}$	**10** 4	**11** 1	**12** $\sqrt{34}$ **13** ① **14** 3
15 $4\sqrt{2}$	**16** ④	**17** ③	**18** 66

01 답 11

두 원 C_1, C_2가 직선 l과 서로 다른 두 점에서 만나야 하므로 m의 값이 최대일 때, n의 값도 최대가 된다.
원 C의 중심의 좌표는 $(2,\ 3)$이므로 원 C_1의 중심의 좌표는 $(2+m,\ 3)$이고 반지름의 길이는 3이다.

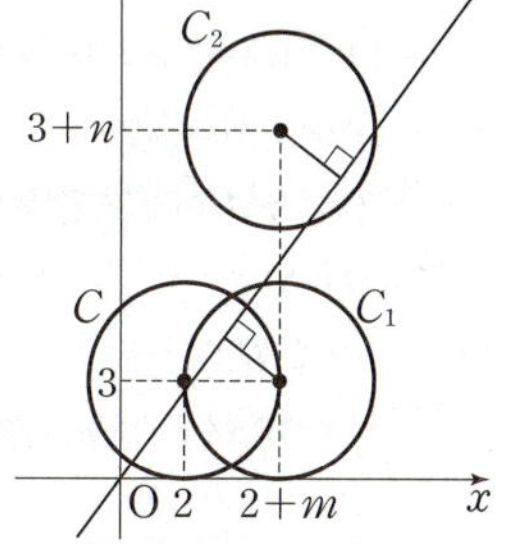

㈎에서 원 C_1이 직선 l과 서로 다른 두 점에서 만나려면 원 C_1의 중심 $(2+m,\ 3)$과 직선 $4x-3y=0$ 사이의 거리는 원의 반지름의 길이인 3보다 작아야 하므로
$$\frac{|4(2+m)-9|}{\sqrt{4^2+(-3)^2}}<3$$
$$|4m-1|<15$$
$$-15<4m-1<15$$
$$-14<4m<16$$
$$\therefore -\frac{7}{2}<m<4$$
m은 자연수이므로 m의 최댓값은 3이다.
원 C_2의 중심의 좌표는 $(2+m,\ 3+n)$이고 반지름의 길이는 3이다.
㈏에서 원 C_2가 직선 l과 서로 다른 두 점에서 만나려면 원 C_2의 중심 $(2+m,\ 3+n)$과 직선 $4x-3y=0$ 사이의 거리는 원의 반지름의 길이인 3보다 작아야 하므로
$$\frac{|4(2+m)-3(3+n)|}{\sqrt{4^2+(-3)^2}}<3$$
$$|4m-3n-1|<15,\ -15<4m-3n-1<15$$
$$\therefore -14<4m-3n<16$$
$m=3$일 때, n이 최대가 되므로
$$-14<4m-3n<16$$에서 $-14<12-3n<16$
$$-26<-3n<4 \qquad \therefore -\frac{4}{3}<n<\frac{26}{3}$$
n은 자연수이므로 n의 최댓값은 8이다.
따라서 $m+n$의 최댓값은 $3+8=11$

원 C의 중심의 좌표는 $(2, 3)$이므로 원 C_1의 중심의 좌표는 $(2+m, 3)$이고 반지름의 길이는 3이다.

㈎에서 원 C_1이 직선 l과 서로 다른 두 점에서 만나려면 원 C_1의 중심 $(2+m, 3)$과 직선 $4x-3y=0$ 사이의 거리는 원의 반지름의 길이인 3보다 작아야 하므로

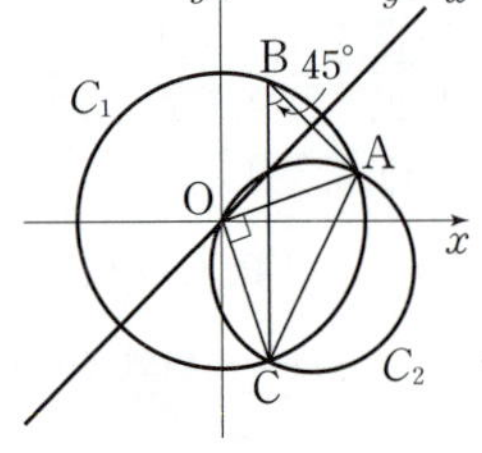

$$\dfrac{|4(2+m)-9|}{\sqrt{4^2+(-3)^2}}<3$$

$|4m-1|<15$에서 $-15<4m-1<15$, $-14<4m<16$

$\therefore -\dfrac{7}{2}<m<4$

따라서 자연수 m의 값은 1, 2, 3이다.

원 C_2의 중심의 좌표는 $(2+m, 3+n)$이고 반지름의 길이는 3이다.

㈏에서 원 C_2가 직선 l과 서로 다른 두 점에서 만나려면 원 C_2의 중심 $(2+m, 3+n)$과 직선 $4x-3y=0$ 사이의 거리는 원의 반지름의 길이인 3보다 작아야 하므로

$$\dfrac{|4(2+m)-3(3+n)|}{\sqrt{4^2+(-3)^2}}<3$$

$|4m-3n-1|<15$에서 $-15<4m-3n-1<15$

$\therefore -14<4m-3n<16$

(i) $m=1$일 때,

$-14<4m-3n<16$에서 $-14<4-3n<16$

$-18<-3n<12$ $\quad \therefore -4<n<6$

따라서 자연수 n의 값은 1, 2, 3, 4, 5이므로 $m+n$의 최댓값은 $1+5=6$

(ii) $m=2$일 때,

$-14<4m-3n<16$에서 $-14<8-3n<16$

$-22<-3n<8$ $\quad \therefore -\dfrac{8}{3}<n<\dfrac{22}{3}$

따라서 자연수 n의 값은 1, 2, 3, 4, 5, 6, 7이므로 $m+n$의 최댓값은 $2+7=9$

(iii) $m=3$일 때,

$-14<4m-3n<16$에서 $-14<12-3n<16$

$-26<-3n<4$ $\quad \therefore -\dfrac{4}{3}<n<\dfrac{26}{3}$

따라서 자연수 n의 값은 1, 2, 3, 4, 5, 6, 7, 8이므로 $m+n$의 최댓값은 $3+8=11$

(i), (ii), (iii)에서 $m+n$의 최댓값은 11이다.

02 답 ㄴ, ㄷ

두 점 $(2, 0)$, $(0, 1)$을 이은 선분이 원 C의 지름이므로 원 C의 중심의 좌표는 두 점 $(2, 0)$, $(0, 1)$을 이은 선분의 중점인 $\left(1, \dfrac{1}{2}\right)$

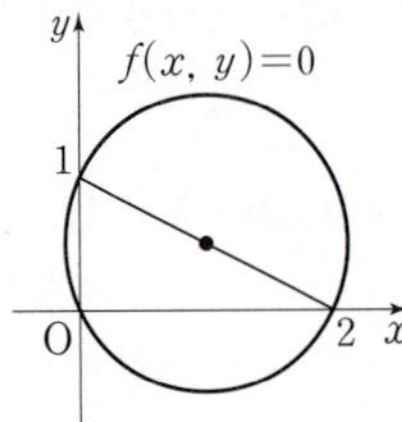

따라서 원 C의 반지름의 길이는

$$\sqrt{(1-0)^2+\left(\dfrac{1}{2}-1\right)^2}=\dfrac{\sqrt{5}}{2}$$

이때 원 C'은 원 C를 x축의 방향으로 m만큼, y축의 방향으로 n만큼 평행이동한 것이므로 원 C'의 중심의 좌표는 $\left(1+m, \dfrac{1}{2}+n\right)$이고 반지름의 길이는 $\dfrac{\sqrt{5}}{2}$이다.

ㄱ. 원 C'이 x축에 접하려면 원 C'의 중심의 y좌표의 절댓값이 반지름의 길이와 같아야 하므로

$$\left|\dfrac{1}{2}+n\right|=\dfrac{\sqrt{5}}{2}, \ \dfrac{1}{2}+n=\pm\dfrac{\sqrt{5}}{2}$$

$\therefore n=-\dfrac{1}{2}-\dfrac{\sqrt{5}}{2}$ 또는 $n=-\dfrac{1}{2}+\dfrac{\sqrt{5}}{2}$

따라서 모든 n의 값의 합은

$$\left(-\dfrac{1}{2}-\dfrac{\sqrt{5}}{2}\right)+\left(-\dfrac{1}{2}+\dfrac{\sqrt{5}}{2}\right)=-1$$

ㄴ. 두 원 C, C'이 서로 외접하려면 두 원의 중심 $\left(1, \dfrac{1}{2}\right)$, $\left(1+m, \dfrac{1}{2}+n\right)$ 사이의 거리가 두 원의 반지름의 길이의 합과 같아야 하므로

$$\sqrt{(1+m-1)^2+\left(\dfrac{1}{2}+n-\dfrac{1}{2}\right)^2}=\dfrac{\sqrt{5}}{2}+\dfrac{\sqrt{5}}{2}$$

$\sqrt{m^2+n^2}=\sqrt{5}$

$\therefore m^2+n^2=5$

ㄷ. 두 원 C, C'의 넓이를 모두 이등분하는 직선은 두 원의 중심 $\left(1, \dfrac{1}{2}\right)$, $\left(1+m, \dfrac{1}{2}+n\right)$을 모두 지나야 하므로 두 원의 중심을 모두 지나는 직선의 방정식은

$$y-\dfrac{1}{2}=\dfrac{\dfrac{1}{2}+n-\dfrac{1}{2}}{1+m-1}(x-1)$$

$$y=\dfrac{n}{m}(x-1)+\dfrac{1}{2}$$

$\therefore 2nx-2my+m-2n=0$

따라서 보기에서 옳은 것은 ㄴ, ㄷ이다.

03 답 32

점 $\mathrm{A}(a, 2)$를 직선 $y=x$에 대하여 대칭이동한 점은 $\mathrm{B}(2, a)$이고, 점 B를 x축에 대하여 대칭이동한 점은 $\mathrm{C}(2, -a)$이다.

두 삼각형 ABC, AOC의 외접원을 각각 C_1, C_2라 하자.

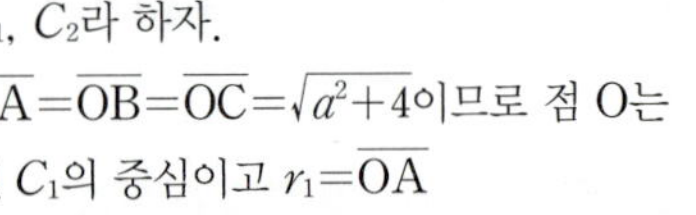

$\overline{\mathrm{OA}}=\overline{\mathrm{OB}}=\overline{\mathrm{OC}}=\sqrt{a^2+4}$이므로 점 O는 원 C_1의 중심이고 $r_1=\overline{\mathrm{OA}}$

직선 AB와 직선 $y=x$는 서로 수직이므로 $\angle\mathrm{ABC}=45°$

$\angle\mathrm{ABC}$는 원 C_1의 호 AC에 대한 원주각이고, $\angle\mathrm{AOC}$는 원 C_1의 호 AC에 대한 중심각이므로 $\angle\mathrm{AOC}=2\times\angle\mathrm{ABC}=90°$

즉, 선분 AC는 원 C_2의 지름이고, 삼각형 AOC는 직각이등변삼각형이다.

$r_2=\dfrac{\sqrt{2}}{2}\times\overline{\mathrm{OA}}=\dfrac{\sqrt{2}}{2}r_1$이므로 $r_1\times r_2=\dfrac{\sqrt{2}}{2}r_1{}^2=18\sqrt{2}$

$\therefore r_1=6 \ (\because r_1>0)$

따라서 $\overline{\mathrm{OA}}=\sqrt{a^2+4}=6$이므로 $a^2+4=36$에서 $a^2=32$

 $\mathrm{A}(a, 2)$, $\mathrm{C}(2, -a)$이므로 직선 OA의 기울기는 $\dfrac{2}{a}$, 직선 OC의 기울기는 $-\dfrac{a}{2}$이다. 두 직선 OA, OC의 기울기의 곱이 $\dfrac{2}{a}\times\left(-\dfrac{a}{2}\right)=-1$이므로 두 직선 OA, OC가 서로 수직이다. 따라서 $\angle\mathrm{AOC}=90°$이다.

04 답 $\left(\dfrac{9}{2},\ \dfrac{3}{2}\right)$

㈎에서 점 C는 점 B를 직선 $y=x$에 대하여 대칭이동한 점이므로 두 점 B, C를 지나는 원의 중심은 직선 $y=x$ 위에 있다.

㈏에서 이 원의 반지름의 길이가 3이고, 호 BC의 길이가 $\dfrac{3}{2}\pi$이므로 원의 중심을 M이라 하면

$2\pi\times3\times\dfrac{\angle\mathrm{BMC}}{360°}=\dfrac{3}{2}\pi$

$\angle\mathrm{BMC}=90°$

$\therefore \overline{\mathrm{BC}}=3\sqrt{2}$

이때 점 M의 좌표를 $(a,\ a)\,(a>0)$라 하면

$\mathrm{B}(a,\ a-3)$, $\mathrm{C}(a-3,\ a)$

두 점 B, C를 지나는 직선의 방정식은

$y-(a-3)=\dfrac{a-(a-3)}{a-3-a}(x-a)$ $\therefore y=-x+2a-3$

점 $\mathrm{A}(-2,\ 2)$와 직선 $y=-x+2a-3$, 즉 $x+y-2a+3=0$ 사이의 거리는 $\dfrac{|-2+2-2a+3|}{\sqrt{1^2+1^2}}=\dfrac{|-2a+3|}{\sqrt{2}}$

㈐에서 삼각형 ABC의 넓이는 9이므로 $\dfrac{1}{2}\times3\sqrt{2}\times\dfrac{|-2a+3|}{\sqrt{2}}=9$에서

$|-2a+3|=6,\ -2a+3=\pm6$ $\therefore a=\dfrac{9}{2}\ (\because a>0)$

따라서 점 B의 좌표는 $\left(\dfrac{9}{2},\ \dfrac{3}{2}\right)$이다.

다른 풀이

㈎에서 점 C는 점 B를 직선 $y=x$에 대하여 대칭이동한 점이므로 두 점 B, C를 지나는 원의 중심은 직선 $y=x$ 위에 있다.

㈏에서 이 원의 반지름의 길이가 3이고, 호 BC의 길이가 $\dfrac{3}{2}\pi$이므로 원의 중심을 M이라 하면

$2\pi\times3\times\dfrac{\angle\mathrm{BMC}}{360°}=\dfrac{3}{2}\pi$

$\angle\mathrm{BMC}=90°$

$\therefore \overline{\mathrm{BC}}=3\sqrt{2}$

이때 점 M의 좌표를 $(a,\ a)\,(a>0)$라 하면

$\mathrm{B}(a,\ a-3)$, $\mathrm{C}(a-3,\ a)$

점 D의 좌표를 $(-2,\ a)$라 하면

(삼각형 ABC의 넓이)

=(사다리꼴 ABMD의 넓이)$-$(삼각형 ACD의 넓이)

$\qquad\qquad\qquad\qquad\quad -$(삼각형 BMC의 넓이)

$=\dfrac{1}{2}\times\{(a-2)+3\}\times(a+2)-\dfrac{1}{2}\times(a-3+2)\times(a-2)-\dfrac{1}{2}\times3\times3$

$=\dfrac{1}{2}a^2+\dfrac{3}{2}a+1-\dfrac{1}{2}a^2+\dfrac{3}{2}a-1-\dfrac{9}{2}=3a-\dfrac{9}{2}$

즉, $3a-\dfrac{9}{2}=9$이므로 $a=\dfrac{9}{2}$

따라서 점 B의 좌표는 $\left(\dfrac{9}{2},\ \dfrac{3}{2}\right)$이다.

 **idea**

05 답 $3\sqrt{2}$

원 $x^2+y^2=9$를 x축의 방향으로 3만큼, y축의 방향으로 3만큼 평행이동한 원 C의 방정식은 $(x-3)^2+(y-3)^2=9$

원 C 위의 점 P의 좌표를 $(a,\ b)$라 하면 점 P를 직선 $y=x$에 대하여 대칭이동한 점 Q의 좌표는 $(b,\ a)$

두 점 P, Q에서 y축에 내린 수선의 발은 각각 $\mathrm{H}(0,\ b)$, $\mathrm{T}(0,\ a)$이고 $a\geq0,\ b\geq0$이므로 $\overline{\mathrm{PH}}=a$, $\overline{\mathrm{QT}}=b$이고, $|\overline{\mathrm{PH}}-\overline{\mathrm{QT}}|=|a-b|$이다.

이때 $|a-b|=k\,(k\geq0)$라 하면 $a-b=k$ 또는 $a-b=-k$

즉, $b=a-k$ 또는 $b=a+k$

따라서 점 $(a,\ b)$는 직선 $y=x-k$ 또는 $y=x+k$ 위의 점이므로 점 P는 원 C와 이 두 직선의 교점이다.

직선과 원이 만나면서 k의 값이 최대가 되려면 직선과 원이 접해야 하므로 원 C의 중심 $(3,\ 3)$과 직선 $x-y-k=0$ 또는 $x-y+k=0$ 사이의 거리는 원의 반지름의 길이인 3과 같아야 한다.

$\dfrac{|3-3-k|}{\sqrt{1^2+(-1)^2}}=3$ 또는 $\dfrac{|3-3+k|}{\sqrt{1^2+(-1)^2}}=3$에서 $|k|=3\sqrt{2}$

$\therefore k=3\sqrt{2}\ (\because k\geq0)$

따라서 $|\overline{\mathrm{PH}}-\overline{\mathrm{QT}}|$의 최댓값은 $3\sqrt{2}$이다.

06 답 ㄴ, ㄷ

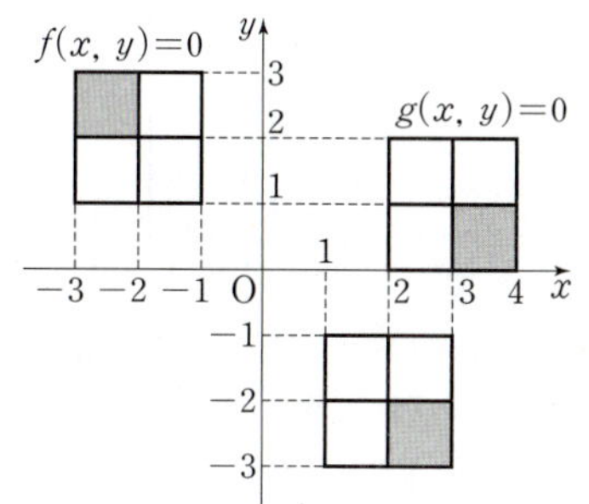

방정식 $g(x,\ y)=0$이 나타내는 도형은 방정식 $f(x,\ y)=0$이 나타내는 도형을 원점에 대하여 대칭이동한 후 x축의 방향으로 1만큼, y축의 방향으로 3만큼 평행이동한 것으로 볼 수 있으므로

$f(x,\ y)=0 \rightarrow f(-x,\ -y)=0 \rightarrow f(-(x-1),\ -(y-3))=0$

$\therefore g(x,\ y)=f(-x+1,\ -y+3)$

또 방정식 $f(x,\ y)=0$이 나타내는 도형을 직선 $y=x$에 대하여 대칭이동한 후 x축의 방향으로 1만큼, y축의 방향으로 3만큼 평행이동한 것으로도 볼 수 있으므로

$f(x,\ y)=0 \rightarrow f(y,\ x)=0 \rightarrow f(y-3,\ x-1)=0$

$\therefore g(x,\ y)=f(y-3,\ x-1)$

따라서 보기에서 방정식 $g(x,\ y)=0$과 같은 것은 ㄴ, ㄷ이다.

다른 풀이

ㄱ. 방정식 $f(-x+1,\ y-3)=0$이 나타내는 도형은 그림과 같이 방정식 $f(x,\ y)=0$이 나타내는 도형을 y축에 대하여 대칭이동한 후 x축의 방향으로 1만큼, y축의 방향으로 3만큼 평행이동한 것이다.

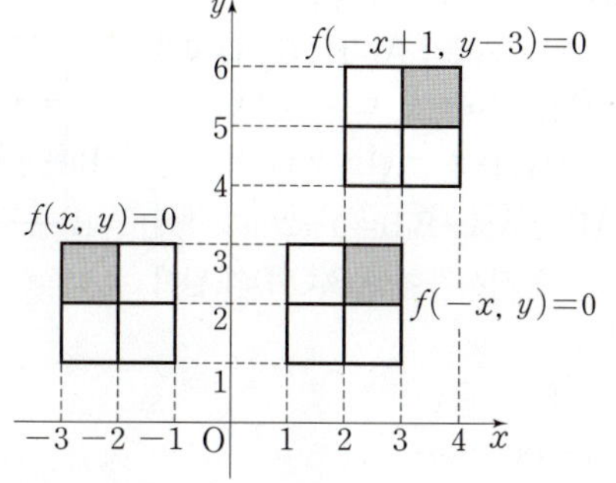

Ⅰ. 도형의 방정식

ㄴ. 방정식 $f(-x+1, -y+3)=0$이 나타내는 도형은 그림과 같이 방정식 $f(x, y)=0$이 나타내는 도형을 원점에 대하여 대칭이동한 후 x축의 방향으로 1만큼, y축의 방향으로 3만큼 평행이동한 것이다.

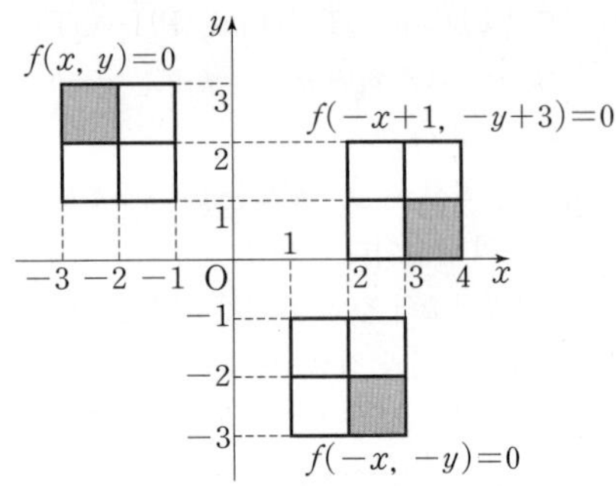

ㄷ. 방정식 $f(y-3, x-1)=0$이 나타내는 도형은 그림과 같이 방정식 $f(x, y)=0$이 나타내는 도형을 직선 $y=x$에 대하여 대칭이동한 후 x축의 방향으로 1만큼, y축의 방향으로 3만큼 평행이동한 것이다.

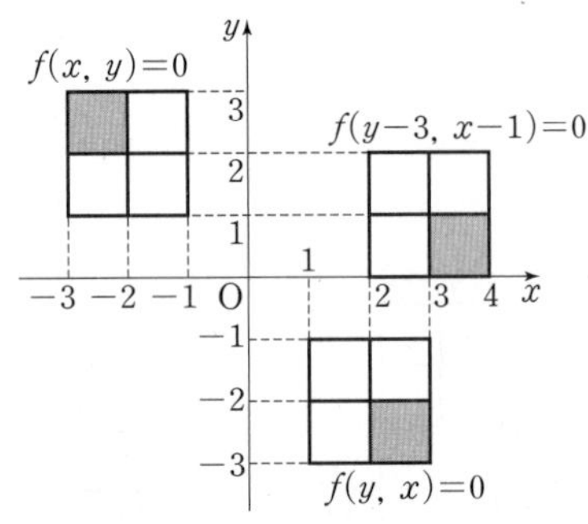

ㄹ. 방정식 $f(y-3, -x+1)=0$이 나타내는 도형은 그림과 같이 방정식 $f(x, y)=0$이 나타내는 도형을 직선 $y=x$에 대하여 대칭이동한 후 다시 y축에 대하여 대칭이동한 다음 x축의 방향으로 1만큼, y축의 방향으로 3만큼 평행이동한 것이다.

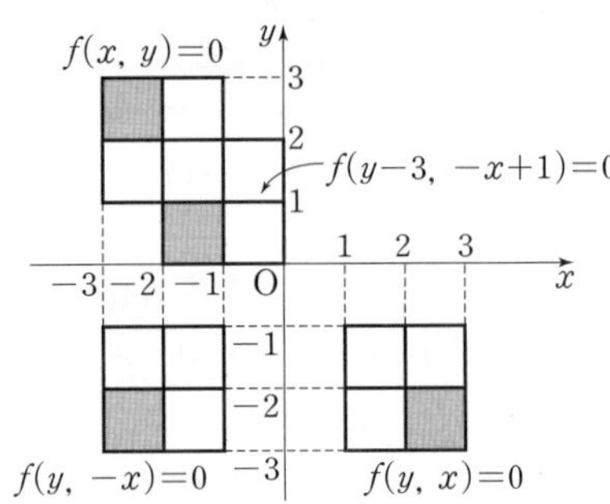

따라서 보기에서 방정식 $g(x, y)=0$과 같은 것은 ㄴ, ㄷ이다.

07 답 ②

직사각형 ABCD에서 $\overline{AD}=a$, $\overline{AB}=b$라 하자.
네 점 A, B, C, D를 y축의 방향으로 2만큼 평행이동한 네 점을 각각 A_1, B_1, C_1, D_1이라 하면 $\overline{AD}>\overline{AB}>2$이므로 두 직사각형 ABCD와 $A_1B_1C_1D_1$은 그림과 같다.

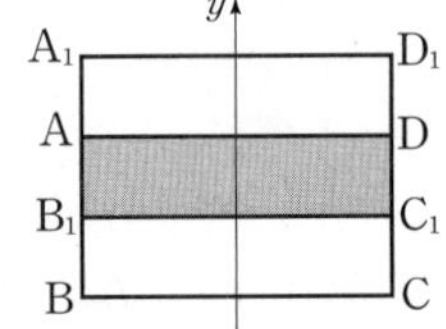

$\overline{AD}=a$, $\overline{AB_1}=\overline{AB}-\overline{B_1B}=b-2$이고 ㈏에서 공통부분, 즉 직사각형 AB_1C_1D의 넓이는 18이므로
$\overline{AD}\times\overline{AB_1}=18$
$\therefore a(b-2)=18$ ...... ㉠

또 네 점 A, B, C, D를 직선 $y=x$에 대하여 대칭이동한 네 점을 각각 A_2, B_2, C_2, D_2라 하면 두 직사각형 ABCD와 $A_2B_2C_2D_2$는 그림과 같다.

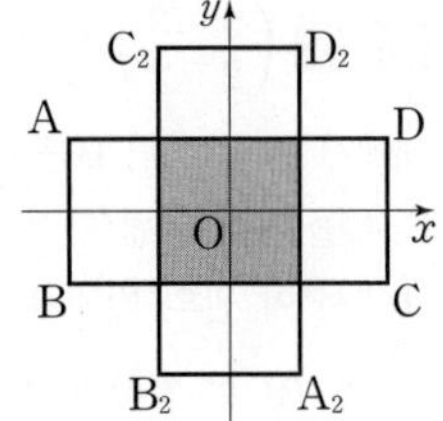

$\overline{A_2B_2}=\overline{AB}=b$이고 ㈐에서 공통부분의 넓이는 16이므로
$b^2=16$
$\therefore b=4 \ (\because b>0)$
이를 ㉠에 대입하면 $a=9$
따라서 직사각형 ABCD의 넓이는
$\overline{AD}\times\overline{AB}=a\times b=9\times 4=36$

08 답 $(1, 2)$

포물선 $P_1: y=x^2+x$ 위의 점 $P(x, y)$를 점 $(1, a)$에 대하여 대칭이동한 점을 $Q(x', y')$이라 하면 점 $(1, a)$는 두 점 P, Q를 이은 선분의 중점이므로
$\dfrac{x+x'}{2}=1, \ \dfrac{y+y'}{2}=a$
$\therefore x=2-x', \ y=2a-y'$
이를 $y=x^2+x$에 대입하면
$2a-y'=(2-x')^2+(2-x')$
$2a-y'=4-4x'+(x')^2+2-x'$
$\therefore y'=-(x')^2+5x'+2a-6$
따라서 포물선 P_2의 방정식은 $y=-x^2+5x+2a-6$
두 포물선 P_1, P_2가 한 점에서 만나므로 이차방정식
$x^2+x=-x^2+5x+2a-6$, 즉 $x^2-2x-a+3=0$의 판별식을 D라 하면
$\dfrac{D}{4}=1+a-3=0$ $\therefore a=2$
이를 $x^2-2x-a+3=0$에 대입하면
$x^2-2x-2+3=0, \ (x-1)^2=0$ $\therefore x=1$
이를 $y=x^2+x$에 대입하면 $y=2$
따라서 점 A의 좌표는 $(1, 2)$이다.

09 답 $\dfrac{2}{3}$

방정식 $f(x+1, y-2)=0$이 나타내는 도형은 방정식 $f(x, y)=0$이 나타내는 도형을 x축의 방향으로 -1만큼, y축의 방향으로 2만큼 평행이동한 것이다.
즉, 방정식 $f(x, y)=0$이 나타내는 도형은 세 점 $(0, 0)$, $(2, 0)$, $(1, 2)$를 각각 x축의 방향으로 1만큼, y축의 방향으로 -2만큼 평행이동한 세 점 $(1, -2)$, $(3, -2)$, $(2, 0)$을 꼭짓점으로 하는 삼각형이다.
평행이동한 세 점을 각각 A, B, C라 하고 세 점 $A(1, -2)$, $B(3, -2)$, $C(2, 0)$을 점 $(-1, 2)$에 대하여 대칭이동한 점을 각각 A′, B′, C′이라 하자.

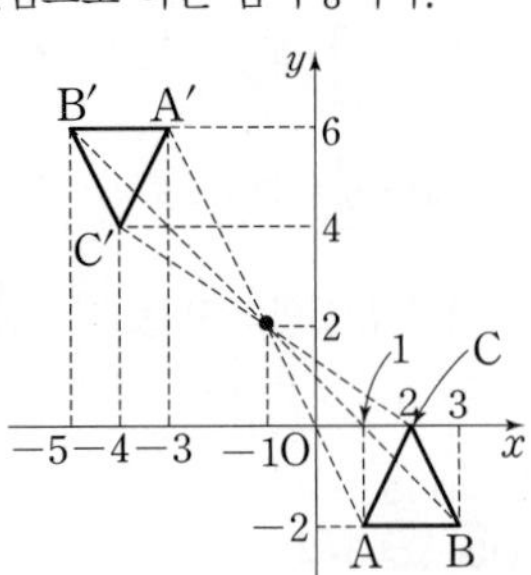

점 A′의 좌표를 (x_1, y_1)이라 하면 점 $(-1, 2)$는 두 점 A, A′을 이은 선분의 중점이므로
$\dfrac{x_1+1}{2}=-1, \ \dfrac{y_1-2}{2}=2$
$\therefore x_1=-3, \ y_1=6$ $\therefore A'(-3, 6)$

점 B'의 좌표를 (x_2, y_2)라 하면 점 $(-1, 2)$는 두 점 B, B'을 이은 선분의 중점이므로

$$\frac{x_2+3}{2}=-1, \quad \frac{y_2-2}{2}=2$$

$$\therefore x_2=-5, \ y_2=6 \quad \therefore B'(-5, 6)$$

점 C'의 좌표를 (x_3, y_3)이라 하면 점 $(-1, 2)$는 두 점 C, C'을 이은 선분의 중점이므로

$$\frac{x_3+2}{2}=-1, \quad \frac{y_3+0}{2}=2$$

$$\therefore x_3=-4, \ y_3=4 \quad \therefore C'(-4, 4)$$

즉, 도형 T는 삼각형 A'B'C'이다.

이때 직선 $ax-y+3a+6=0$, 즉 $y=a(x+3)+6$은 a의 값에 관계없이 항상 점 A'$(-3, 6)$을 지나므로 도형 T의 넓이를 이등분하려면 선분 B'C'의 중점 $\left(-\frac{9}{2}, 5\right)$를 지나야 한다.

따라서 $-\frac{9}{2}a-5+3a+6=0$이므로

$$-\frac{3}{2}a=-1 \quad \therefore a=\frac{2}{3}$$

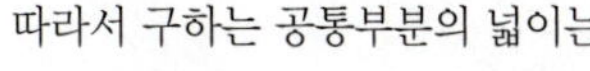

10 답 4

삼각형 A를 점 $(0, 0)$에 대하여 대칭이동한 도형을 T_1, 삼각형 A를 점 $(1, 2)$에 대하여 대칭이동한 도형을 T_2라 하면 $0 \le a \le 1$일 때, 도형 T가 움직이는 영역은 도형 T_1을 도형 T_2로 직선 방향으로 이동시키면서 생기는 영역과 같다.

(i) $a=0$일 때, 즉 점 $(0, 0)$에 대하여 대칭이동하는 경우

삼각형 A의 세 꼭짓점 $(0, -2)$, $(2, 0)$, $(2, -2)$를 점 $(0, 0)$에 대하여 대칭이동한 점의 좌표는 각각 $(0, 2)$, $(-2, 0)$, $(-2, 2)$이므로 도형 T_1은 세 점 $(0, 2)$, $(-2, 0)$, $(-2, 2)$를 꼭짓점으로 하는 직각이등변삼각형이다.

(ii) $a=1$일 때, 즉 점 $(1, 2)$에 대하여 대칭이동하는 경우

삼각형 A의 세 꼭짓점 $(0, -2)$, $(2, 0)$, $(2, -2)$를 점 $(1, 2)$에 대하여 대칭이동한 점의 좌표를 각각 (x_1, y_1), (x_2, y_2), (x_3, y_3)이라 하면 점 $(1, 2)$는 두 점 $(0, -2)$, (x_1, y_1), 두 점 $(2, 0)$, (x_2, y_2), 두 점 $(2, -2)$, (x_3, y_3)을 각각 이은 선분의 중점이므로

$$\frac{x_1+0}{2}=1, \quad \frac{y_1-2}{2}=2$$

$$\therefore x_1=2, \ y_1=6$$

$$\frac{x_2+2}{2}=1, \quad \frac{y_2+0}{2}=2$$

$$\therefore x_2=0, \ y_2=4$$

$$\frac{x_3+2}{2}=1, \quad \frac{y_3-2}{2}=2$$

$$\therefore x_3=0, \ y_3=6$$

따라서 세 점은 $(2, 6)$, $(0, 4)$, $(0, 6)$이므로 도형 T_2는 세 점 $(2, 6)$, $(0, 4)$, $(0, 6)$을 꼭짓점으로 하는 직각이등변삼각형이다.

(i), (ii)에서 도형 T_1을 도형 T_2로 직선 방향으로 이동시키면서 생기는 영역의 내부와 정사각형 B의 내부의 공통부분은 세 점 $(-2, 2)$, $(0, 2)$, $(0, 6)$을 꼭짓점으로 하는 직각삼각형이다.

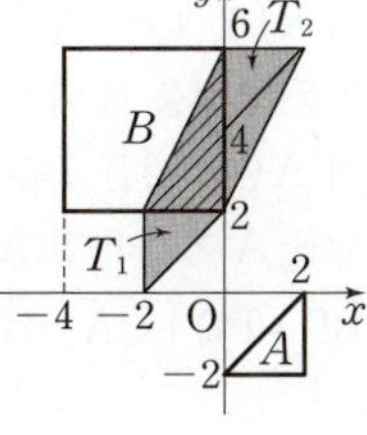

따라서 구하는 공통부분의 넓이는

$$\frac{1}{2}\times2\times4=4$$

---

11 답 1

점 P를 직선 $x-2y+1=0$에 대하여 대칭이동한 점이 Q이므로 직선 PQ는 직선 $x-2y+1=0$과 수직이다.

$\overline{PQ}=2\sqrt{5}$이므로 점 P와 직선 $x-2y+1=0$ 사이의 거리는 $\sqrt{5}$이다.

즉, $\dfrac{|0-2a+1|}{\sqrt{1^2+(-2)^2}}=\sqrt{5}$에서 $|2a-1|=5$이므로

$$2a-1=\pm5 \quad \therefore a=3 \ (\because a>0)$$

이때 두 점 P, Q를 이은 선분의 중점 $\left(\dfrac{c}{2}, \dfrac{d+3}{2}\right)$이 직선 $x-2y+1=0$ 위의 점이므로

$$\frac{c}{2}-2\times\frac{d+3}{2}+1=0$$

즉, $c-2(d+3)+2=0$에서

$$c-2d=4 \quad \cdots\cdots \ \bigcirc$$

또 직선 PQ의 기울기는 -2이므로 $\dfrac{d-3}{c-0}=-2$

즉, $d-3=-2c$에서

$$2c+d=3 \quad \cdots\cdots \ \bigcirc\!\!\!\bigcirc$$

$\bigcirc$, $\bigcirc\!\!\!\bigcirc$을 연립하여 풀면 $c=2$, $d=-1$

$$\therefore c+d=1$$

---

12 답 $\sqrt{34}$

포물선 $y=x^2+6x+8$을 y축에 대하여 대칭이동한 포물선의 방정식은

$$y=(-x)^2+6\times(-x)+8=x^2-6x+8$$

이때 포물선 $y=x^2-6x+8$ 위의 두 점 A, B의 좌표를 (a, a^2-6a+8), (b, b^2-6b+8) $(a<b)$이라 하자. ·············· 배점 20%

이때 직선 AB는 직선 $y=x+1$과 수직이므로

$$\frac{b^2-6b+8-(a^2-6a+8)}{b-a}\times1=-1$$

$$b^2-6b+8-a^2+6a-8=a-b$$

$$a^2-b^2-5a+5b=0$$

$$(a+b)(a-b)-5(a-b)=0$$

$$(a-b)(a+b-5)=0$$

그런데 $a\neq b$이므로 $a+b-5=0$

$$\therefore a+b=5 \quad \cdots\cdots \ \bigcirc \qquad\qquad\qquad 배점 30\%$$

두 점 A, B를 이은 선분의 중점 $\left(\dfrac{a+b}{2}, \dfrac{a^2+b^2-6a-6b+16}{2}\right)$이 직선 $y=x+1$ 위에 있으므로

$$\frac{a^2+b^2-6a-6b+16}{2}=\frac{a+b}{2}+1$$

$$a^2+b^2-6a-6b+16=a+b+2$$

$$a^2+b^2-7a-7b+14=0$$

$$(a+b)^2-2ab-7(a+b)+14=0$$

이 식에 $\bigcirc$을 대입하면

$$5^2-2ab-7\times5+14=0 \quad \therefore ab=2$$

$$\therefore (b-a)^2=(a+b)^2-4ab=5^2-4\times2=17$$

$$\therefore b-a=\sqrt{17} \ (\because a<b) \qquad\qquad 배점 30\%$$

$$\begin{aligned}
\therefore \overline{AB}&=\sqrt{(b-a)^2+\{b^2-6b+8-(a^2-6a+8)\}^2}\\
&=\sqrt{(b-a)^2+\{b^2-a^2-6(b-a)\}^2}\\
&=\sqrt{(b-a)^2+\{(b+a)(b-a)-6(b-a)\}^2}\\
&=\sqrt{17+(5\times\sqrt{17}-6\sqrt{17})^2}\\
&=\sqrt{17+17}\\
&=\sqrt{34} \qquad\qquad\qquad\qquad\qquad 배점 20\%
\end{aligned}$$

13 답 ①

선분 OP의 길이가 최소가 되는 경우는 직선 l과 직선 $3x+4y+12=0$이 서로 수직일 때이므로 직선 l의 기울기는 $\dfrac{4}{3}$이다.

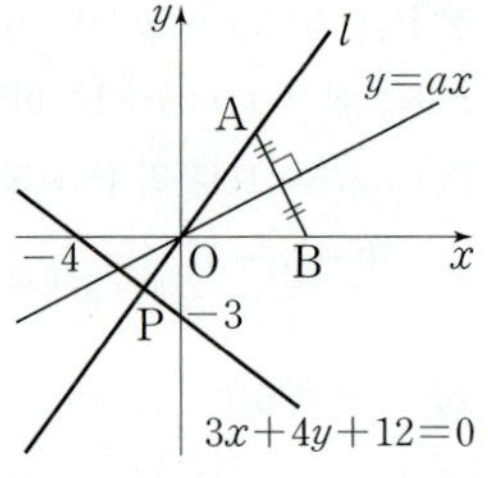

즉, 직선 l의 방정식은 $y=\dfrac{4}{3}x$

직선 l은 직선 $y=0$을 직선 $y=ax$에 대하여 대칭이동한 것이므로 직선 l 위의 점을 직선 $y=ax$에 대하여 대칭이동하면 직선 $y=0$ 위의 점이 된다.

따라서 직선 l 위의 한 점 A(3, 4)에 대하여 $\overline{OA}=\sqrt{3^2+4^2}=5$이므로 점 A를 직선 $y=ax$에 대하여 대칭이동한 점을 B라 하면 B(5, 0)이다.

이때 두 점 A, B를 지나는 직선은 직선 $y=ax$와 수직이므로

$$\frac{0-4}{5-3}\times a=-1$$

$$-2a=-1 \qquad \therefore a=\frac{1}{2}$$

14 답 3

원 C의 중심의 좌표가 $(a,\ b)$이고, 두 원 C, C'이 직선 $y=x$에 대하여 서로 대칭이므로 원 C'의 중심의 좌표는 $(b,\ a)$

원 C'을 x축의 방향으로 -1만큼 평행이동한 원을 C''이라 하면 원 C''의 중심의 좌표는 $(b-1,\ a)$

이때 원 C를 직선 $y=2x-2$에 대하여 대칭이동한 원은 C''이므로 두 원 C, C''의 중심 $(a,\ b)$, $(b-1,\ a)$는 직선 $y=2x-2$에 대하여 서로 대칭이다.

즉, 두 원 C, C''의 중심을 이은 선분의 중점 $\left(\dfrac{a+b-1}{2},\ \dfrac{a+b}{2}\right)$가 직선 $y=2x-2$ 위의 점이므로

$\dfrac{a+b}{2}=2\times\dfrac{a+b-1}{2}-2$에서 $a+b=2(a+b-1)-4$

$\therefore a+b=6 \quad\cdots\cdots\ \bigcirc$

또 두 원 C, C''의 중심을 지나는 직선이 직선 $y=2x-2$에 수직이므로

$\dfrac{a-b}{b-1-a}\times 2=-1$에서 $2(a-b)=-b+1+a$

$\therefore a-b=1 \quad\cdots\cdots\ \bigcirc$

$\bigcirc$, $\bigcirc$을 연립하여 풀면 $a=\dfrac{7}{2}$, $b=\dfrac{5}{2}$

$\therefore 4b-2a=4\times\dfrac{5}{2}-2\times\dfrac{7}{2}=3$

15 답 $4\sqrt{2}$

세 점 P, A, B를 P(x, 0), A(1, 1), B(5, 3)이라 하면 $\sqrt{(x-1)^2+1}$은 두 점 A, P 사이의 거리이고, $\sqrt{(x-5)^2+9}$는 두 점 B, P 사이의 거리이다.

즉, $\sqrt{(x-1)^2+1}+\sqrt{(x-5)^2+9}$의 최솟값은 $\overline{AP}+\overline{BP}$의 최솟값이다.

이때 점 P(x, 0)은 x축 위의 점이므로 점 A(1, 1)을 x축에 대하여 대칭이동한 점을 A′(1, −1)이라 하면

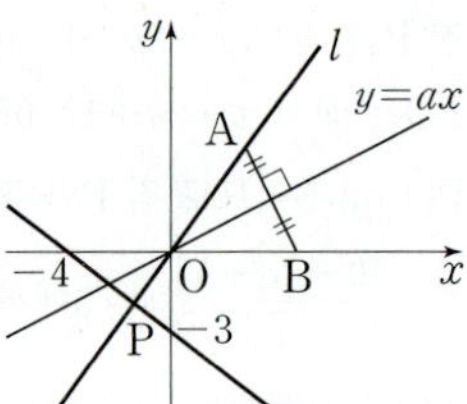

$$\overline{AP}+\overline{BP}=\overline{A'P}+\overline{BP}$$
$$\geq\overline{A'B}$$
$$=\sqrt{(5-1)^2+\{3-(-1)\}^2}$$
$$=4\sqrt{2}$$

따라서 구하는 최솟값은 $4\sqrt{2}$이다.

16 답 ④

점 R의 좌표를 $(a,\ 1)$이라 하자. 점 R를 x축에 대하여 대칭이동한 점을 R′이라 하면 R′$(a,\ -1)$이고,

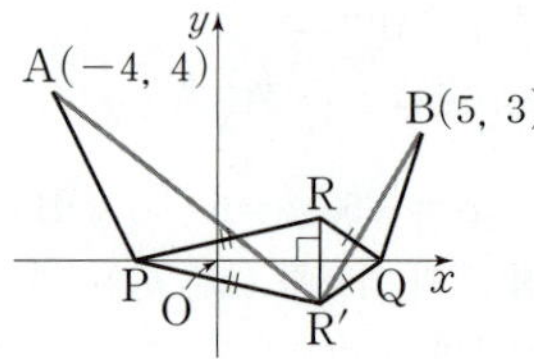

$\overline{AP}+\overline{PR}=\overline{AP}+\overline{PR'}\geq\overline{AR'}$,
$\overline{RQ}+\overline{QB}=\overline{R'Q}+\overline{QB}\geq\overline{R'B}$
$\therefore \overline{AP}+\overline{PR}+\overline{RQ}+\overline{QB}\geq\overline{AR'}+\overline{R'B}$

세 점 A(−4, 4), B(5, 3), R′$(a,\ -1)$을 y축의 방향으로 1만큼 평행이동한 점을 각각 A′, B′, R″이라 하면 A′(−4, 5), B′(5, 4), R″$(a,\ 0)$이고 $\overline{AR'}+\overline{R'B}=\overline{A'R''}+\overline{R''B'}$

이때 점 B′(5, 4)를 x축에 대하여 대칭이동한 점을 B″이라 하면 B″(5, −4)이므로

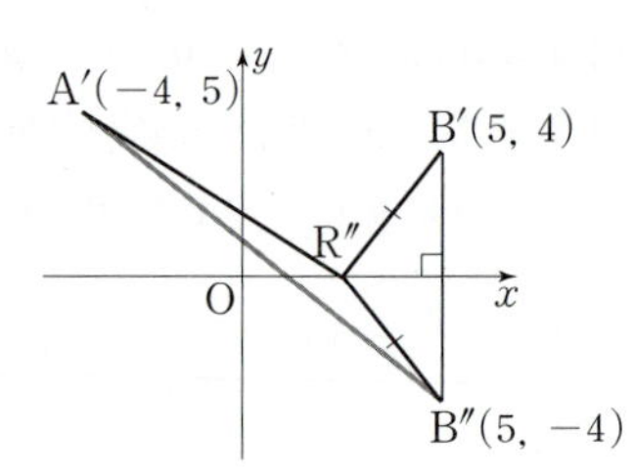

$\overline{A'R''}+\overline{R''B'}$
$=\overline{A'R''}+\overline{R''B''}$
$\geq\overline{A'B''}$
$=\sqrt{\{5-(-4)\}^2+(-4-5)^2}$
$=9\sqrt{2}$

따라서 $\overline{AP}+\overline{PR}+\overline{RQ}+\overline{QB}$의 최솟값은 $9\sqrt{2}$이다.

17 답 ③

원 C_1을 x축에 대하여 대칭이동한 원을 C_1', 원 C_2를 직선 $y=x$에 대하여 대칭이동한 원을 C_2'이라 하면
C_1': $(x-8)^2+(y+2)^2=4$,
C_2': $(x+4)^2+(y-3)^2=4$

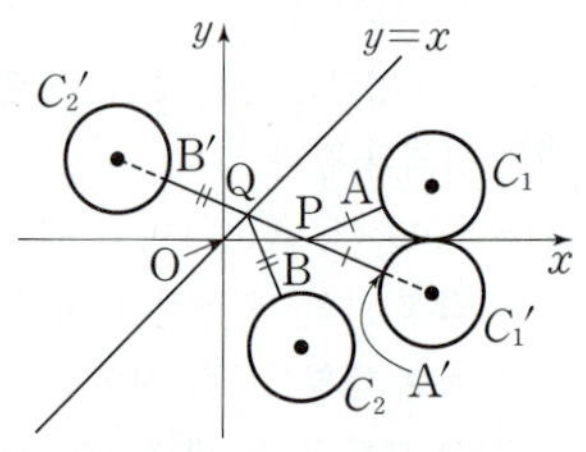

점 A를 x축에 대하여 대칭이동한 점을 A′, 점 B를 직선 $y=x$에 대하여 대칭이동한 점을 B′이라 하면 두 점 A′, B′은 각각 원 C_1', 원 C_2' 위의 점이다.

따라서 $\overline{AP}=\overline{A'P}$, $\overline{QB}=\overline{QB'}$이므로 $\overline{AP}+\overline{PQ}+\overline{QB}$의 값은 네 점 A′, P, Q, B′이 두 원 C_1', C_2'의 중심을 연결한 선분 위에 있을 때 최소이다.

이때 두 원 C_1', C_2'의 반지름의 길이가 모두 2이므로

$\overline{AP}+\overline{PQ}+\overline{QB}=\overline{A'P}+\overline{PQ}+\overline{QB'}$
$\qquad\qquad\geq\overline{A'B'}$
$\qquad\qquad=\sqrt{\{8-(-4)\}^2+(-2-3)^2}-4$
$\qquad\qquad=13-4=9$

따라서 $\overline{AP}+\overline{PQ}+\overline{QB}$의 최솟값은 9이다.

18 답 66

$\overline{AB}=\sqrt{(5-9)^2+(4-1)^2}=5$이므로 사각형 ABPQ의 둘레의 길이가 최소일 때는 나머지 세 변 BP, PQ, QA의 길이의 합이 최소일 때이다.

점 B(5, 4)를 직선 $y=x$에 대하여 대칭이동한 점을 B′이라 하면 B′(4, 5)이고, 점 A(9, 1)을 x축에 대하여 대칭이동한 점을 A′이라 하면 A′(9, −1)이므로

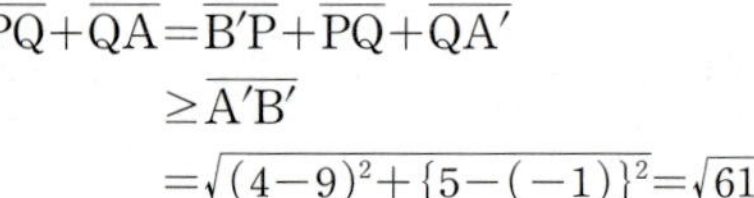

$\overline{BP}+\overline{PQ}+\overline{QA}=\overline{B'P}+\overline{PQ}+\overline{QA'}$
$\qquad\qquad\geq\overline{A'B'}$
$\qquad\qquad=\sqrt{(4-9)^2+\{5-(-1)\}^2}=\sqrt{61}$

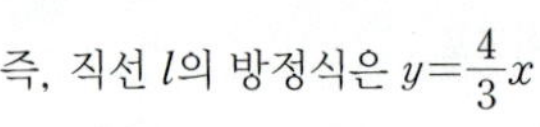
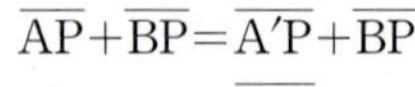

$$\therefore \ \overline{AB}+\overline{BP}+\overline{PQ}+\overline{QA}\geq\overline{AB}+\overline{A'B'}$$
$$=5+\sqrt{61}$$

따라서 사각형 ABPQ의 둘레의 길이의 최솟값은 $5+\sqrt{61}$이므로

$a=5,\ b=61$

$\therefore\ a+b=66$

STEP 3 최고난도 문제 | 42~43쪽

01 ①　　**02** $a=1,\ b=\dfrac{10}{3}$　　**03** 15　　**04** $\dfrac{21}{32}$

05 (15, 9)　　**06** ⑤

01 답 ①

1단계 두 삼각형 T_1, T_2의 꼭짓점의 좌표 구하기

세 점 $O(0, 0)$, $A(0, 1)$, $B(-1, 0)$을 x
축의 방향으로 t만큼 평행이동한 세 점을
각각 O_1, A', B'이라 하면

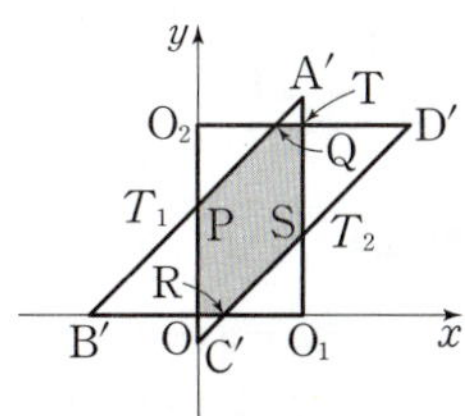

$O_1(t, 0)$, $A'(t, 1)$, $B'(-1+t, 0)$

세 점 $O(0, 0)$, $C(0, -1)$, $D(1, 0)$을 y
축의 방향으로 $2t$만큼 평행이동한 세 점을
각각 O_2, C', D'이라 하면

$O_2(0, 2t)$, $C'(0, -1+2t)$, $D'(1, 2t)$

2단계 두 삼각형 T_1, T_2가 만나는 점의 좌표 구하기

두 삼각형 T_1, T_2의 내부의 공통부분이 육각형 모양이 되려면 선분
$A'B'$이 두 선분 O_2C', O_2D'과 A', B'이 아닌 두 점에서 만나야 한다.
또 선분 $C'D'$이 두 선분 O_1B', O_1A'과 C', D'이 아닌 두 점에서 만나야
한다.

선분 $A'B'$이 두 선분 O_2C', O_2D'과 만나는 점을 각각 P, Q라 하고, 선
분 $C'D'$이 두 선분 O_1B', O_1A'과 만나는 점을 각각 R, S라 하자.

두 점 $A'(t, 1)$, $B'(-1+t, 0)$을 지나는 직선의 방정식은

$$y-1=\frac{0-1}{-1+t-t}(x-t)$$

$$\therefore\ y=x-t+1$$

직선 $y=x-t+1$의 y절편은 $1-t$이므로 점 P의 좌표는 $(0, 1-t)$

두 점 $O_2(0, 2t)$, $D'(1, 2t)$를 지나는 직선의 방정식은 $y=2t$이므로 두
점 A', B'을 지나는 직선과 두 점 O_2, D'을 지나는 직선의 교점 Q의 x
좌표를 구하면

$$x-t+1=2t$$

$$\therefore\ x=3t-1$$

따라서 점 Q의 좌표는 $(3t-1, 2t)$

두 점 $C'(0, -1+2t)$, $D'(1, 2t)$를 지나는 직선의 방정식은

$$y-2t=\frac{2t-(-1+2t)}{1-0}(x-1)\qquad\therefore\ y=x+2t-1$$

직선 $y=x+2t-1$의 x절편은 $1-2t$이므로 점 R의 좌표는 $(1-2t, 0)$

두 점 $O_1(t, 0)$, $A'(t, 1)$을 지나는 직선의 방정식은 $x=t$이므로 두 점
C', D'을 지나는 직선과 두 점 O_1, A'을 지나는 직선의 교점 S의 y좌표
를 구하면

$$y=t+2t-1\qquad\therefore\ y=3t-1$$

따라서 점 S의 좌표는 $(t, 3t-1)$

3단계 a의 값 구하기

이때 조건을 만족시키는 육각형이 만들어지려면
(점 P의 y좌표)<(점 O_2의 y좌표)<(점 A'의 y좌표)이어야 하므로

$$1-t<2t<1$$

$1-t<2t$에서 $t>\dfrac{1}{3}$, $2t<1$에서 $t<\dfrac{1}{2}$

$$\therefore\ \frac{1}{3}<t<\frac{1}{2}\qquad\cdots\cdots\ ㉠$$

또 (점 C'의 y좌표)<(점 O_1의 y좌표)<(점 S의 y좌표)이어야 하므로

$$-1+2t<0<3t-1$$

$-1+2t<0$에서 $t<\dfrac{1}{2}$, $0<3t-1$에서 $t>\dfrac{1}{3}$

$$\therefore\ \frac{1}{3}<t<\frac{1}{2}\qquad\cdots\cdots\ ㉡$$

㉠, ㉡에서 t의 값의 범위는 $\dfrac{1}{3}<t<\dfrac{1}{2}$이므로 $a=\dfrac{1}{2}$

4단계 M의 값 구하기

이때 두 선분 $A'O_1$, O_2D'의 교점을 T라 하고, 육각형의 넓이를 S라 하
면

$S=$(직사각형 OO_1TO_2의 넓이)$-$(삼각형 O_1SR의 넓이)

$$\qquad\qquad\qquad\qquad\qquad -(삼각형\ O_2PQ의\ 넓이)$$

$$=t\times2t-\frac{1}{2}(3t-1)^2-\frac{1}{2}(3t-1)^2$$

$$=-7t^2+6t-1$$

$$=-7\left(t-\frac{3}{7}\right)^2+\frac{2}{7}$$

따라서 $\dfrac{1}{3}<t<\dfrac{1}{2}$에서 $t=\dfrac{3}{7}$일 때, S는 최댓값 $M=\dfrac{2}{7}$를 갖는다.

5단계 $a+M$의 값 구하기

$$\therefore\ a+M=\frac{11}{14}$$

02 답 $a=1,\ b=\dfrac{10}{3}$

1단계 두 도형 P_1, P_2의 방정식 구하기

함수 $y=|x-1|+2$의 그래프를 x축의 방향으로 $3a$만큼, y축의 방향
으로 $-a$만큼 평행이동한 도형의 방정식은

$$P_1: y+a=|x-1-3a|+2$$

또 함수 $y=|x-1|+2$의 그래프를 x축의 방향으로 $-2b$만큼, y축의
방향으로 b만큼 평행이동한 도형의 방정식은

$$P_2: y-b=|x-1+2b|+2$$

2단계 두 점 A, B의 좌표 구하기

함수 $y=|x-1|+2$의 그래프는

$x\geq1$일 때, $y=x+1$,

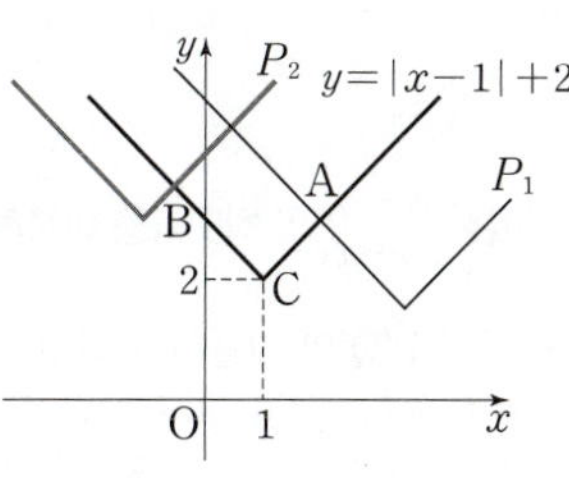

$x<1$일 때, $y=-x+3$

P_1의 그래프는

$x\geq1+3a$일 때, $y=x+1-4a$

$x<1+3a$일 때, $y=-x+3+2a$

점 A는 두 직선 $y=x+1$,

$y=-x+3+2a$의 교점이므로

$$x+1=-x+3+2a,\ 2x=2a+2$$

$$\therefore\ x=a+1$$

이를 $y=x+1$에 대입하면

$$y=a+2\qquad\therefore\ A(a+1,\ a+2)$$

P_2의 그래프는

$x \geq 1-2b$일 때, $y=x+1+3b$

$x<1-2b$일 때, $y=-x+3-b$

점 B는 두 직선 $y=-x+3$, $y=x+1+3b$의 교점이므로

$-x+3=x+1+3b$, $2x=-3b+2$

$$\therefore x=-\frac{3}{2}b+1$$

이를 $y=-x+3$에 대입하면

$$y=\frac{3}{2}b+2 \qquad \therefore \mathrm{B}\left(-\frac{3}{2}b+1,\ \frac{3}{2}b+2\right)$$

3단계 선분 AB의 중점의 좌표를 이용하여 a, b의 값 구하기

한편 삼각형 ABC에서 $\angle \mathrm{C}=90°$이므로 선분 AB는 삼각형 ABC의 외접원의 지름이다.

따라서 원 $x^2+y^2+2x-10y+13=0$, 즉 $(x+1)^2+(y-5)^2=13$의 중심 $(-1, 5)$가 선분 AB의 중점이므로

$$\frac{a+1+\left(-\frac{3}{2}b+1\right)}{2}=-1,\ \frac{a+2+\frac{3}{2}b+2}{2}=5$$

$$\therefore 2a-3b=-8,\ 2a+3b=12$$

따라서 두 식을 연립하여 풀면

$$a=1,\ b=\frac{10}{3}$$

03 답 15

1단계 $\dfrac{y_2-y_1}{x_2-x_1}$의 값 파악하기

원 $(x-6)^2+y^2=r^2$을 직선 $y=x$에 대하여 대칭이동한 원을 C_1, x축의 방향으로 k만큼 평행이동한 원을 C_2라 하자. 두 원 C_1, C_2의 중심을 각각 A, B라 하면 두 점 A, B의 좌표는 각각 $(0, 6)$, $(6+k, 0)$이고, 두 원 C_1, C_2의 반지름의 길이는 모두 r이다.

점 P를 직선 $y=x$에 대하여 대칭이동한 점을 P′, 점 Q를 x축의 방향으로 k만큼 평행이동한 점을 Q′이라 하면 점 P′은 원 C_1 위의 점이고, 점 Q′은 원 C_2 위의 점이다.

이때 두 점 $\mathrm{P}'(x_1, y_1)$, $\mathrm{Q}'(x_2, y_2)$에 대하여 $\dfrac{y_2-y_1}{x_2-x_1}$의 값은 직선 P′Q′의 기울기와 같다.

2단계 $\dfrac{y_2-y_1}{x_2-x_1}$의 최솟값을 이용하여 r의 값 구하기

직선 P′Q′의 기울기의 최솟값이 0이므로 그림과 같이 원 C_2의 중심의 x좌표가 $-2r$보다 작고, 두 원 C_1, C_2는 모두 x축에 평행한 직선 l_1에 접한다.

따라서 $6+k<-2r$이고 $r=6-r$, 즉 $r=3$이다.

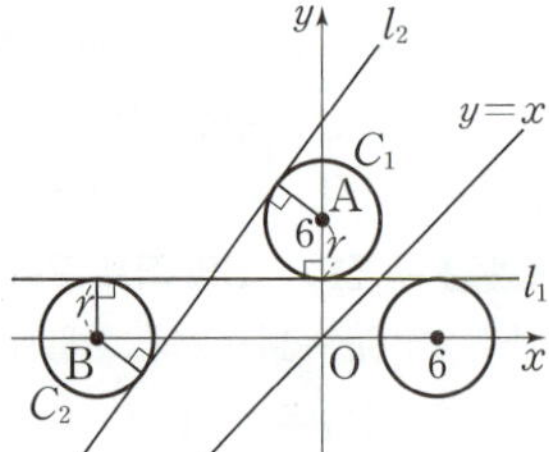

3단계 $\dfrac{y_2-y_1}{x_2-x_1}$의 최댓값을 이용하여 직선 l_2의 y절편의 범위 구하기

또 직선 P′Q′의 기울기의 최댓값이 $\dfrac{4}{3}$이므로 그림과 같이 두 원 C_1, C_2는 모두 기울기가 $\dfrac{4}{3}$인 직선 l_2에 접하고, 이때 원 C_2의 중심의 x좌표는 직선 l_2의 x절편보다 작다.

직선 l_2의 방정식을 $y=\dfrac{4}{3}x+n$ (n은 상수)이라 하면 직선 l_2의 y절편은 점 A의 y좌표보다 크므로 $n>6$이다.

4단계 k의 값 구하기

점 $\mathrm{A}(0, 6)$과 직선 $y=\dfrac{4}{3}x+n$, 즉 $4x-3y+3n=0$ 사이의 거리는 원

C_1의 반지름의 길이와 같으므로

$$\frac{|0-18+3n|}{\sqrt{4^2+(-3)^2}}=3,\ |3n-18|=15$$

이때 $n>6$이므로 $3n-18=15$ $\qquad \therefore n=11$

즉, 직선 l_2의 방정식은 $4x-3y+33=0$이다.

점 $\mathrm{B}(6+k, 0)$과 직선 $4x-3y+33=0$ 사이의 거리는 원 C_2의 반지름의 길이와 같으므로

$$\frac{|24+4k-0+33|}{\sqrt{4^2+(-3)^2}}=3,\ |4k+57|=15$$

$$\therefore k=-18 \text{ 또는 } k=-\frac{21}{2}$$

이때 $6+k=-12$ 또는 $6+k=-\dfrac{9}{2}$이다.

직선 l_2의 x절편이 $-\dfrac{33}{4}$이므로 $6+k=-12$이어야 하고, 이는

$6+k<-2r=-6$을 만족시킨다. 즉, $k=-18$이다.

5단계 $|r+k|$의 값 구하기

$$\therefore |r+k|=|3+(-18)|=15$$

idea 04 답 $\dfrac{21}{32}$

1단계 $\dfrac{b+d+2}{a+c+4}$의 값 파악하기

원 $x^2+y^2-8x-8y+28=0$, 즉 $(x-4)^2+(y-4)^2=4$를 C라 하고, 원 C를 원점에 대하여 대칭이동한 원을 C_1, 원 C_1을 x축의 방향으로 -4만큼, y축의 방향으로 -2만큼 평행이동한 원을 C_2라 하자.

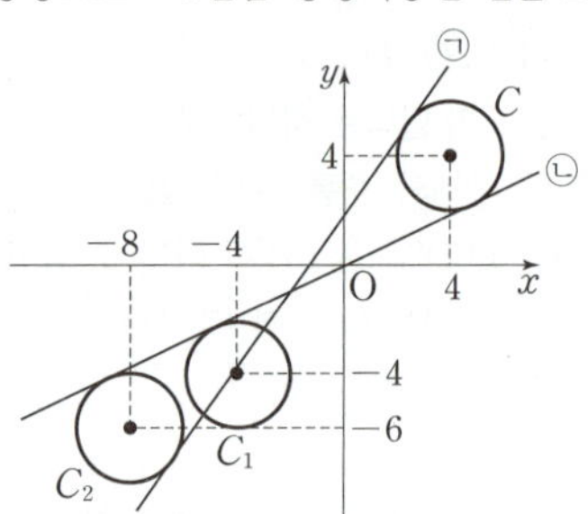

점 $\mathrm{B}(c, d)$를 원점에 대하여 대칭이동한 점을 B_1이라 하면 $\mathrm{B}_1(-c, -d)$이고, 점 B_1은 원 C_1 위의 점이다.

또 점 B_1을 x축의 방향으로 -4만큼, y축의 방향으로 -2만큼 평행이동한 점을 B_2라 하면 $\mathrm{B}_2(-c-4, -d-2)$이고, 점 B_2는 원 C_2 위의 점이다.

따라서 $\dfrac{b+d+2}{a+c+4}$는 두 점 A, B_2를 지나는 직선의 기울기이다.

2단계 두 원 C, C_2의 접선의 방정식 구하기

원 C 위의 점 A와 원 C_2 위의 점 B_2를 지나는 직선 중 기울기의 최댓값은 ㉠과 같이 접할 때이고, 최솟값은 ㉡과 같이 접할 때이다.

두 원 C, C_2의 반지름의 길이가 같으므로 두 접선 ㉠, ㉡은 두 원의 중심 $(4, 4)$, $(-8, -6)$을 이은 선분의 중점 $(-2, -1)$을 지난다.

점 $(-2, -1)$을 지나고 두 원에 접하는 직선의 기울기를 a라 하면 접선의 방정식은

$$y+1=a(x+2) \qquad \therefore ax-y+2a-1=0$$

3단계 Mm의 값 구하기

이때 원 C의 중심 $(4, 4)$와 직선 $ax-y+2a-1=0$ 사이의 거리는 반지름의 길이 2와 같으므로

$$\frac{|4a-4+2a-1|}{\sqrt{a^2+(-1)^2}}=2,\ |6a-5|=2\sqrt{a^2+1}$$

양변을 제곱하면 $36a^2-60a+25=4(a^2+1)$
$\therefore 32a^2-60a+21=0$
따라서 이 이차방정식의 두 근이 M, m이므로 이차방정식의 근과 계수의 관계에 의하여
$$Mm=\frac{21}{32}$$

idea
05 답 $(15,\ 9)$

1단계 점 P를 x축, 직선 $x=18$, 직선 $y=14$, y축에 대하여 각각 대칭이동한 네 점이 한 원 위의 점임을 알기

점 P를 x축, 직선 $x=18$, 직선 $y=14$, y축에 대하여 대칭이동한 점을 각각 P_1, P_2, P_3, P_4라 하자.

이때 $\angle PR_1O=\angle QR_1A$이고 $\angle PR_1O=\angle P_1R_1O$이므로 $\angle QR_1A=\angle P_1R_1O$가 되어 세 점 P_1, R_1, Q는 한 직선 위에 있다.

같은 방법으로 세 점 P_i, R_i, Q$(i=2,\ 3,\ 4)$는 항상 한 직선 위에 있다.

따라서 $\overline{PR_i}+\overline{R_iQ}=\overline{P_iR_i}+\overline{R_iQ}=\overline{P_iQ}$는 일정하므로 네 점 P_1, P_2, P_3, P_4는 점 Q를 중심으로 하는 원 위의 점이다.

2단계 점 Q의 x좌표 구하기

선분 P_2P_4는 중심이 점 Q인 원의 현이므로 점 Q는 선분 P_2P_4의 수직이등분선 위에 있다.

즉, 점 Q의 x좌표는 두 점 $P_2(33,\ 5)$, $P_4(-3,\ 5)$를 이은 선분의 중점의 x좌표와 같으므로 $x=\dfrac{33-3}{2}=15$

3단계 점 Q의 y좌표 구하기

또 선분 P_1P_3은 중심이 점 Q인 원의 현이므로 점 Q는 선분 P_1P_3의 수직이등분선 위에 있다.

즉, 점 Q의 y좌표는 두 점 $P_1(3,\ -5)$, $P_3(3,\ 23)$을 이은 선분의 중점의 y좌표와 같으므로 $y=\dfrac{-5+23}{2}=9$

4단계 점 Q의 좌표 구하기

따라서 점 Q의 좌표는 $(15,\ 9)$이다.

06 답 ⑤

1단계 ㄱ이 옳은지 확인하기

두 원 C_1, C_2의 중심을 각각 O_1, O_2라 하면 두 점 O_1, O_2의 좌표는 각각 $(2,\ 6)$, $(6,\ 4)$이고 두 원 C_1, C_2의 반지름의 길이는 각각 1, 3이다.

두 원 C_1, C_2를 y축에 대하여 대칭이동한 원을 각각 $C_1{}'$, $C_2{}'$이라 하고 네 점 O_1, O_2, P, Q를 y축에 대하여 대칭이동한 점을 각각 $O_1{}'$, $O_2{}'$, P', Q'이라 하자.

ㄱ. 두 점 $A(4,\ 2)$, $A'(4,\ -2)$는 x축에 대하여 대칭이므로 두 선분 AR, $A'R'$은 x축에 대하여 대칭이다.

따라서 $\overline{AR}=\overline{A'R'}$이다.

2단계 ㄴ이 옳은지 확인하기

ㄴ. ㄱ에서 $\overline{AR}=\overline{A'R'}$

두 선분 PR', $P'R'$은 y축에 대하여 대칭이므로 $\overline{PR'}=\overline{P'R'}$

$\overline{AR}+\overline{PR'}=\overline{A'R'}+\overline{P'R'}=(\overline{A'R'}+\overline{R'P'}+\overline{P'O_1{}'})-1$

$\overline{A'R'}+\overline{R'P'}+\overline{P'O_1{}'}$의 값은 두 점 R', P'이 선분 $A'O_1{}'$ 위에 있을 때 최소이고, 그 값은 $\overline{A'O_1{}'}$이다.

따라서 $\overline{AR}+\overline{PR'}$의 최솟값은
$$\overline{A'O_1{}'}-1=\sqrt{\{4-(-2)\}^2+(-2-6)^2}-1=9$$

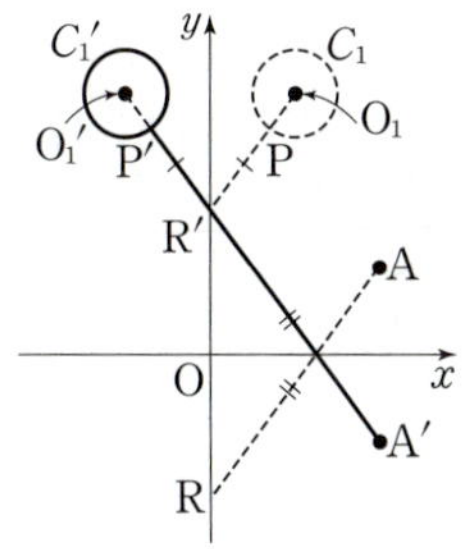

3단계 ㄷ이 옳은지 확인하기

ㄷ. 점 B를 x축에 대하여 대칭이동한 점을 B'이라 하자.

ㄴ과 같은 방법으로 $(\overline{BR}+\overline{PR'}$의 최솟값$)=\overline{B'O_1{}'}-1$,

$(\overline{BS}+\overline{QS'}$의 최솟값$)=\overline{B'O_2{}'}-3$이므로

$(\overline{BR}+\overline{PR'}$의 최솟값$)=(\overline{BS}+\overline{QS'}$의 최솟값$)+2$에서

$\overline{B'O_1{}'}-1=(\overline{B'O_2{}'}-3)+2$, $\overline{B'O_1{}'}=\overline{B'O_2{}'}$

점 B'에서 두 점 $O_1{}'$, $O_2{}'$까지의 거리가 같으므로 점 B'은 선분 $O_1{}'O_2{}'$의 수직이등분선 위에 있다.

두 점 $O_1{}'$, $O_2{}'$의 좌표는 각각 $(-2,\ 6)$, $(-6,\ 4)$이므로 선분 $O_1{}'O_2{}'$의 중점의 좌표는 $(-4,\ 5)$

또 직선 $O_1{}'O_2{}'$의 기울기는 $\dfrac{4-6}{-6-(-2)}=\dfrac{1}{2}$이므로 선분 $O_1{}'O_2{}'$의 수직이등분선은 점 $(-4,\ 5)$를 지나고 기울기가 -2인 직선이다.

선분 $O_1{}'O_2{}'$의 수직이등분선의 방정식은

$y-5=-2\{x-(-4)\}$ $\therefore y=-2x-3$

점 $B'(a,\ -6a-1)$이 이 직선 위의 점이므로

$-6a-1=-2a-3$에서 $a=\dfrac{1}{2}$

점 B의 좌표가 $\left(\dfrac{1}{2},\ 4\right)$이므로 $\overline{OB}=\sqrt{\left(\dfrac{1}{2}\right)^2+4^2}=\dfrac{\sqrt{65}}{2}$

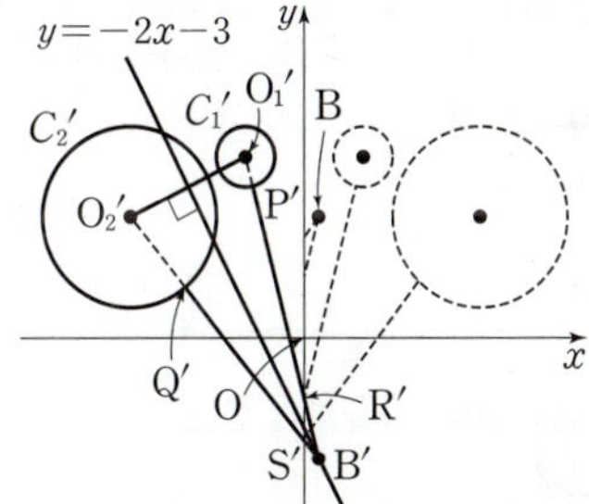

4단계 옳은 것 구하기

따라서 보기에서 옳은 것은 ㄱ, ㄴ, ㄷ이다.

01	02	03	04	05
$-\dfrac{16}{3}$	$\dfrac{1}{2}$	$\dfrac{17}{27}$	ㄱ, ㄴ, ㄷ	$\dfrac{2}{5}$

06	07	08	09	10	11
60	51	13	$\dfrac{8\sqrt{10}}{3}$	④	55

12	13
55	②

01 답 $-\dfrac{16}{3}$

(가)에서 직선 l이 삼각형 OAB의 점 O를 지나고, (나), (다)에서 점 P는 선분 AB를 $2 : 1$ 또는 $1 : 2$로 내분하는 점이어야 한다.

(i) 점 P가 선분 AB를 $2 : 1$로 내분하는 점일 때,

점 P의 좌표는
$$\left(\dfrac{2\times0+1\times3}{2+1},\ \dfrac{2\times8+1\times0}{2+1}\right)$$
$$\therefore\ \left(1,\ \dfrac{16}{3}\right)$$

즉, 직선 l의 기울기는
$$\dfrac{\frac{16}{3}-0}{1-0}=\dfrac{16}{3}$$

(다)에서 직선 m은 삼각형 OAP의 넓이를 이등분하므로 선분 OA의 중점 $\left(\dfrac{3}{2},\ 0\right)$을 지난다.

즉, 직선 m의 기울기는
$$\dfrac{\frac{16}{3}-0}{1-\frac{3}{2}}=-\dfrac{32}{3}$$

따라서 두 직선 l, m의 기울기의 합은
$$\dfrac{16}{3}+\left(-\dfrac{32}{3}\right)=-\dfrac{16}{3}$$

(ii) 점 P가 선분 AB를 $1 : 2$로 내분하는 점일 때,

점 P의 좌표는
$$\left(\dfrac{1\times0+2\times3}{1+2},\ \dfrac{1\times8+2\times0}{1+2}\right)$$
$$\therefore\ \left(2,\ \dfrac{8}{3}\right)$$

즉, 직선 l의 기울기는
$$\dfrac{\frac{8}{3}-0}{2-0}=\dfrac{4}{3}$$

(다)에서 직선 m은 삼각형 OPB의 넓이를 이등분하므로 선분 OB의 중점 $(0,\ 4)$를 지난다.

즉, 직선 m의 기울기는
$$\dfrac{\frac{8}{3}-4}{2-0}=-\dfrac{2}{3}$$

따라서 두 직선 l, m의 기울기의 합은
$$\dfrac{4}{3}+\left(-\dfrac{2}{3}\right)=\dfrac{2}{3}$$

(i), (ii)에서 두 직선 l, m의 기울기의 합의 최솟값은 $-\dfrac{16}{3}$이다.

02 답 $\dfrac{1}{2}$

두 직선 $y=3x$, $y=-\dfrac{1}{3}x$의 기울기의 곱이 -1이므로 두 직선은 서로 수직이다.

즉, 직선 $y=mx+6$이 두 직선 $y=-\dfrac{1}{3}x$, $y=3x$와 만나는 점을 각각 A, B라 하면 삼각형 AOB는 $\angle\text{AOB}=90°$인 직각이등변삼각형이다.

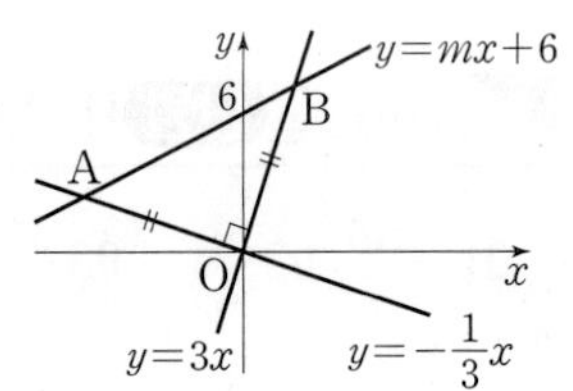

$-\dfrac{1}{3}x=mx+6$에서 $x=-\dfrac{18}{3m+1}$

이를 $y=-\dfrac{1}{3}x$에 대입하면 $y=\dfrac{6}{3m+1}$
$$\therefore\ \text{A}\left(-\dfrac{18}{3m+1},\ \dfrac{6}{3m+1}\right)$$

$3x=mx+6$에서 $x=\dfrac{6}{3-m}$

이를 $y=3x$에 대입하면 $y=\dfrac{18}{3-m}$
$$\therefore\ \text{B}\left(\dfrac{6}{3-m},\ \dfrac{18}{3-m}\right)$$

이때 $\overline{\text{OA}}=\overline{\text{OB}}$에서 $\overline{\text{OA}}^2=\overline{\text{OB}}^2$이므로
$$\left(-\dfrac{18}{3m+1}\right)^2+\left(\dfrac{6}{3m+1}\right)^2=\left(\dfrac{6}{3-m}\right)^2+\left(\dfrac{18}{3-m}\right)^2$$
$$\dfrac{360}{9m^2+6m+1}=\dfrac{360}{m^2-6m+9}$$
$$9m^2+6m+1=m^2-6m+9$$
$$8m^2+12m-8=0,\ 2m^2+3m-2=0$$
$$(m+2)(2m-1)=0$$
$$\therefore\ m=\dfrac{1}{2}\ (\because\ m>0)$$

다른 풀이1

두 직선 $y=3x$, $y=-\dfrac{1}{3}x$의 기울기의 곱이 -1이므로 두 직선은 서로 수직이다.

즉, 직선 $y=mx+6$이 두 직선 $y=-\dfrac{1}{3}x$, $y=3x$와 만나는 점을 각각

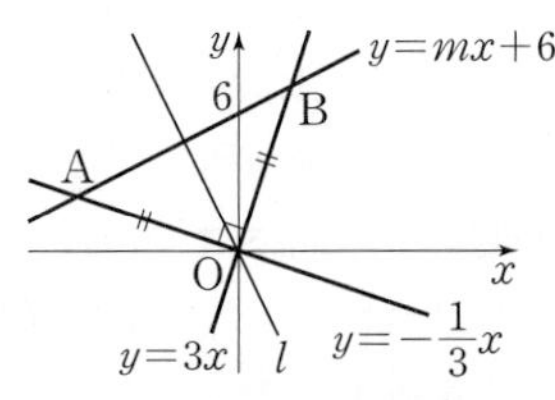

A, B라 하면 삼각형 AOB는 $\angle\text{AOB}=90°$인 직각이등변삼각형이다. 원점을 지나고 $\angle\text{AOB}$를 이등분하는 직선을 l이라 하면 직선 l은 직선 $y=mx+6$과 수직이고, 직선 l 위의 점 $(x,\ y)$에서 두 직선 $y=3x$, $y=-\dfrac{1}{3}x$, 즉 $3x-y=0$, $x+3y=0$에 이르는 거리는 같다.

$$\dfrac{|3x-y|}{\sqrt{3^2+(-1)^2}}=\dfrac{|x+3y|}{\sqrt{1^2+3^2}}$$에서 $|3x-y|=|x+3y|$
$$3x-y=\pm(x+3y)$$
$$\therefore\ y=\dfrac{1}{2}x\ \text{또는}\ y=-2x$$

이때 $m>0$에서 직선 l의 기울기가 음수이므로 직선 l의 방정식은
$$y=-2x$$

따라서 직선 $y=mx+6$이 직선 $y=-2x$와 수직이므로 $m=\dfrac{1}{2}$

다른 풀이2

두 직선 $y=3x$, $y=-\dfrac{1}{3}x$의 기울기의 곱이 -1이므로 두 직선은 서로 수직이다.

즉, 직선 $y=mx+6$이 두 직선 $y=-\dfrac{1}{3}x$, $y=3x$와 만나는 점을 각각

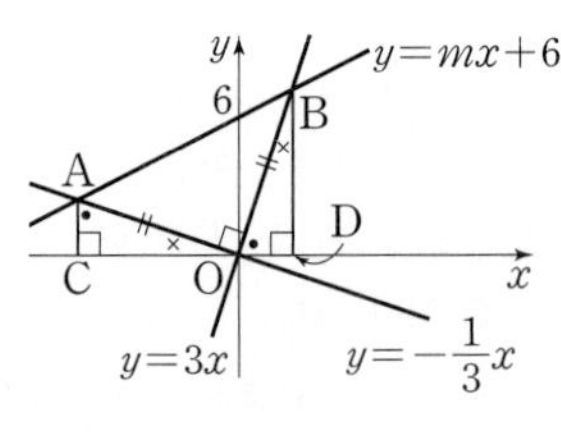

A, B라 하면 삼각형 AOB는 $\angle\text{AOB}=90°$인 직각이등변삼각형이다.

두 점 A, B에서 x축에 내린 수선의 발을 각각 C, D라 하면 삼각형 ACO와 삼각형 ODB는 RHA 합동이다.

이때 실수 $k\,(k>0)$에 대하여 점 B의 좌표를 $(k,\ 3k)$라 하면 $\triangle\text{ACO}\equiv\triangle\text{ODB}$이므로 점 A의 좌표는 $(-3k,\ k)$이다.

따라서 두 점 A, B를 지나는 직선의 기울기 m은
$$m=\dfrac{3k-k}{k-(-3k)}=\dfrac{1}{2}$$

03 답 $\dfrac{17}{27}$

그림과 같이 직선 BC를 x축으로 하고 점 D를 원점으로 하는 좌표평면을 잡으면

$B(-\sqrt{2}, 0)$, $C(\sqrt{2}, 0)$

점 A의 좌표를 (p, q) $(p>0, q>0)$라 하면 $\overline{AB}=2\sqrt{6}$에서 $\overline{AB}^2=24$이므로 $(p+\sqrt{2})^2+q^2=24$

$\therefore p^2+q^2+2\sqrt{2}p=22$ ...... ㉠

$\overline{AD}=\sqrt{14}$에서 $\overline{AD}^2=14$이므로

$p^2+q^2=14$ ...... ㉡

㉠$-$㉡을 하면 $2\sqrt{2}p=8$ $\therefore p=2\sqrt{2}$

이를 ㉡에 대입하면 $8+q^2=14$ $\therefore q=\sqrt{6}$ ($\because q>0$)

$\therefore A(2\sqrt{2}, \sqrt{6})$

$\overline{AC}=\sqrt{(\sqrt{2}-2\sqrt{2})^2+(-\sqrt{6})^2}=2\sqrt{2}$이므로 삼각형 ABC는 이등변삼각형이고 선분 CE는 선분 AB의 수직이등분선이다.

따라서 직각삼각형 CEB에서

$\overline{CE}=\sqrt{\overline{BC}^2-\overline{BE}^2}=\sqrt{(2\sqrt{2})^2-(\sqrt{6})^2}=\sqrt{2}$

이때 점 P는 삼각형 ABC의 무게중심이므로

$\overline{AP}:\overline{PD}=2:1$에서

$\overline{AP}=\dfrac{2}{3}\overline{AD}=\dfrac{2\sqrt{14}}{3}$, $\overline{PD}=\dfrac{1}{3}\overline{AD}=\dfrac{\sqrt{14}}{3}$

$\overline{CP}:\overline{PE}=2:1$에서

$\overline{CP}=\dfrac{2}{3}\overline{CE}=\dfrac{2\sqrt{2}}{3}$, $\overline{PE}=\dfrac{1}{3}\overline{CE}=\dfrac{\sqrt{2}}{3}$

삼각형 EPA에서 선분 PR가 $\angle$APE의 이등분선이므로

$\overline{AR}:\overline{ER}=\overline{PA}:\overline{PE}=\dfrac{2\sqrt{14}}{3}:\dfrac{\sqrt{2}}{3}=2\sqrt{7}:1$

즉, $\overline{AR}:\overline{ER}=2\sqrt{7}:1$이므로 $\triangle ARP:\triangle REP=2\sqrt{7}:1$

이때 삼각형 ABC의 넓이를 S라 하면

$S=\dfrac{1}{2}\times\overline{AB}\times\overline{CE}=\dfrac{1}{2}\times2\sqrt{6}\times\sqrt{2}=2\sqrt{3}$

따라서 삼각형 AEP의 넓이는 삼각형 ABC의 넓이의 $\dfrac{1}{6}$이므로

$S_1=S\times\dfrac{1}{6}\times\dfrac{1}{2\sqrt{7}+1}=2\sqrt{3}\times\dfrac{1}{6}\times\dfrac{1}{2\sqrt{7}+1}=\dfrac{2\sqrt{21}-\sqrt{3}}{81}$

또 삼각형 CPD에서 선분 PQ가 $\angle$DPC의 이등분선이므로

$\overline{DQ}:\overline{CQ}=\overline{PD}:\overline{PC}=\dfrac{\sqrt{14}}{3}:\dfrac{2\sqrt{2}}{3}=\sqrt{7}:2$

즉, $\overline{DQ}:\overline{CQ}=\sqrt{7}:2$이므로 $\triangle PDQ:\triangle PQC=\sqrt{7}:2$

따라서 삼각형 PDC의 넓이는 삼각형 ABC의 넓이의 $\dfrac{1}{6}$이므로

$S_2=S\times\dfrac{1}{6}\times\dfrac{2}{\sqrt{7}+2}=2\sqrt{3}\times\dfrac{1}{6}\times\dfrac{2}{\sqrt{7}+2}=\dfrac{2\sqrt{21}-4\sqrt{3}}{9}$

$\therefore S_2-S_1=\dfrac{2\sqrt{21}-4\sqrt{3}}{9}-\dfrac{2\sqrt{21}-\sqrt{3}}{81}=\dfrac{16\sqrt{21}-35\sqrt{3}}{81}$

따라서 $a=\dfrac{16}{81}$, $b=-\dfrac{35}{81}$이므로 $a-b=\dfrac{17}{27}$

04 답 ㄱ, ㄴ, ㄷ

두 방정식 $3x+y+3=0$, $x-3y-9=0$을 연립하여 풀면 $x=0$, $y=-3$이므로 두 직선 l_1, l_2의 교점 A는 $A(0, -3)$

직선 l_1이 x축과 만나는 점 B는 $3x+0+3=0$, $x=-1$에서 $B(-1, 0)$

직선 l_2가 x축과 만나는 점 C는 $x-0-9=0$, $x=9$에서 $C(9, 0)$

ㄱ. 두 직선 l_1, l_2의 기울기는 각각 -3, $\dfrac{1}{3}$이다.

따라서 두 직선의 기울기의 곱이 $-3\times\dfrac{1}{3}=-1$이므로 두 직선 l_1, l_2는 서로 수직이다.

ㄴ. 점 Q가 삼각형 PBC의 무게중심이므로 삼각형 PBC의 넓이는 삼각형 QBC의 넓이의 3배이다.

(나)에서 삼각형 PBC의 넓이는 삼각형 ABC의 넓이의 3배이므로 두 삼각형 QBC, ABC의 넓이는 서로 같다.

두 삼각형 QBC, ABC에서 선분 BC가 공통이므로 점 Q와 직선 BC 사이의 거리는 점 A와 직선 BC 사이의 거리인 3과 같다.

즉, 점 Q의 y좌표는 3 또는 -3이다.

제1사분면 위에 있는 점 P에 대하여 세 점 P, B, C의 x좌표의 합과 y좌표의 합은 모두 양수이므로 점 Q도 제1사분면 위에 있는 점이다.

따라서 점 Q의 y좌표는 3이다.

ㄷ. ㄱ에서 두 직선 l_1, l_2가 서로 수직이므로 삼각형 ABC의 외접원의 지름은 선분 BC이다.

원의 중심은 선분 BC의 중점 M이므로 그 좌표는

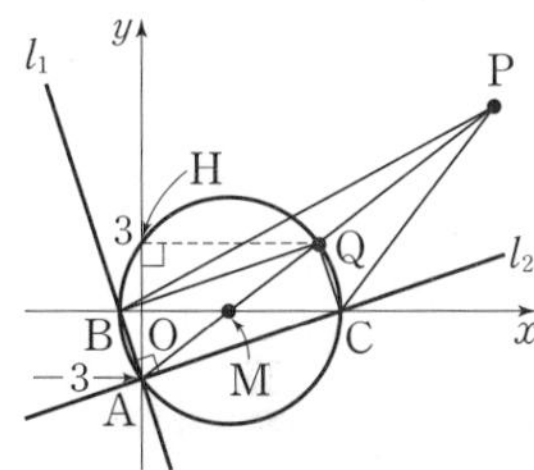

$\left(\dfrac{-1+9}{2}, \dfrac{0+0}{2}\right)$ $\therefore M(4, 0)$

점 A의 y좌표는 -3, 점 Q의 y좌표는 3이고, 점 Q는 제1사분면 위에 있으므로 점 Q에서 y축에 내린 수선의 발을 H라 하면 $\overline{OA}=\overline{OH}$이다. 또 $\overline{MA}=\overline{MQ}$이므로 세 점 A, M, Q는 한 직선 위에 있다.

이때 점 Q는 삼각형 PBC의 무게중심이므로 세 점 M, Q, P도 한 직선 위에 있다.

따라서 네 점 A, M, Q, P는 모두 한 직선 위에 있다.

$\overline{AM}=\overline{MQ}$이고 $\overline{MQ}:\overline{QP}=1:2$이므로 $\overline{AM}:\overline{MP}=1:3$이다.

즉, 점 M은 선분 AP를 $1:3$으로 내분하는 점이므로 점 P의 좌표를 (a, b)라 하면 점 M의 좌표는 $\left(\dfrac{a}{4}, \dfrac{b-9}{4}\right)$

이때 점 M의 좌표가 $(4, 0)$이므로 $\dfrac{a}{4}=4$, $\dfrac{b-9}{4}=0$에서

$a=16$, $b=9$

따라서 점 P의 x좌표와 y좌표의 합은 25이다.

따라서 보기에서 옳은 것은 ㄱ, ㄴ, ㄷ이다.

다른 풀이

ㄴ. 세 점 $A(0, -3)$, $B(-1, 0)$, $C(9, 0)$을 꼭짓점으로 하는 삼각형 ABC의 넓이는 점 A에서 직선 BC에 내린 수선의 발이 원점 O이므로 $\dfrac{1}{2}\times\overline{BC}\times\overline{OA}=\dfrac{1}{2}\times10\times3=15$이다.

따라서 (나)에서 삼각형 PBC의 넓이는 45이다.

점 P의 좌표를 (a, b) $(a>0, b>0)$라 하고 점 P에서 직선 BC에 내린 수선의 발을 D라 하면 삼각형 PBC의 넓이는

$\dfrac{1}{2}\times\overline{BC}\times\overline{PD}=\dfrac{1}{2}\times10\times b=5b$

$5b=45$에서 $b=9$이므로 점 P의 좌표는 $(a, 9)$

이때 삼각형 PBC의 무게중심 Q의 좌표는

$\left(\dfrac{a+(-1)+9}{3}, \dfrac{9+0+0}{3}\right)$ $\therefore Q\left(\dfrac{a+8}{3}, 3\right)$

따라서 점 Q의 y좌표는 3이다.

05 답 $\dfrac{2}{5}$

직선 l의 방정식을 $3x-y+k=0$ $(k>0)$이라 하고, 원점 O에서 직선 l에 내린 수선의 발을 H라 하면 원의 중심에서 현에 내린 수선은 그 현을 수직이등분하므로 $\overline{AH}=\dfrac{4\sqrt{10}}{5}$

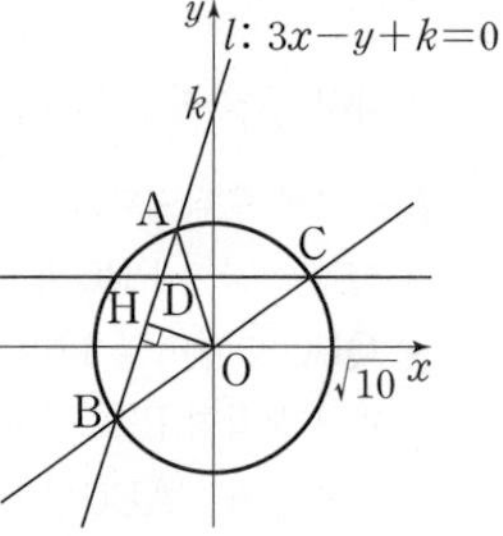

$\overline{OA}=\sqrt{10}$이고 삼각형 AHO가 직각삼각형이므로

$$\overline{OH}=\sqrt{\overline{OA}^2-\overline{AH}^2}=\sqrt{(\sqrt{10})^2-\left(\dfrac{4\sqrt{10}}{5}\right)^2}=\dfrac{3\sqrt{10}}{5}$$

이때 $\overline{OH}$는 원점 O와 직선 l 사이의 거리와 같으므로

$$\dfrac{|k|}{\sqrt{3^2+(-1)^2}}=\dfrac{3\sqrt{10}}{5} \qquad \therefore k=6\ (\because k>0)$$

두 점 A, B는 직선 l: $3x-y+6=0$이 원 $x^2+y^2=10$과 만나는 점이므로 $x^2+(3x+6)^2=10$

즉, $5x^2+18x+13=0$에서 $x=-1$ 또는 $x=-\dfrac{13}{5}$

따라서 두 점 A, B의 좌표는 각각 $(-1, 3)$, $\left(-\dfrac{13}{5}, -\dfrac{9}{5}\right)$이고 점 C의 좌표는 $\left(\dfrac{13}{5}, \dfrac{9}{5}\right)$이므로 점 C를 지나고 x축과 평행한 직선이 직선 l과 만나는 점 D의 좌표는 $\left(-\dfrac{7}{5}, \dfrac{9}{5}\right)$이다.

따라서 $a=-\dfrac{7}{5}$, $b=\dfrac{9}{5}$이므로 $a+b=\dfrac{2}{5}$

06 답 60

원의 중심의 좌표를 (a, b)라 하면 원의 중심과 두 직선 $x-2y=0$, $2x-y=0$ 사이의 거리가 각각 3이므로

$$\dfrac{|a-2b|}{\sqrt{1^2+(-2)^2}}=3, \ \text{즉} \ |a-2b|=3\sqrt{5} \qquad \cdots\cdots \ \bigcirc$$

$$\dfrac{|2a-b|}{\sqrt{2^2+(-1)^2}}=3, \ \text{즉} \ |2a-b|=3\sqrt{5} \qquad \cdots\cdots \ \bigcirc\!\!\bigcirc$$

$\bigcirc$, $\bigcirc\!\!\bigcirc$에서 $|a-2b|=|2a-b|$

$a-2b=\pm(2a-b)$ $\qquad \therefore b=a$ 또는 $b=-a$

$b=a$를 $\bigcirc$에 대입하면

$|-a|=3\sqrt{5}$, $a=\pm3\sqrt{5}$

$\therefore$ A$(3\sqrt{5}, 3\sqrt{5})$, C$(-3\sqrt{5}, -3\sqrt{5})$

$b=-a$를 $\bigcirc$에 대입하면

$|3a|=3\sqrt{5}$, $a=\pm\sqrt{5}$

$\therefore$ B$(-\sqrt{5}, \sqrt{5})$, D$(\sqrt{5}, -\sqrt{5})$

이때 네 점 A, B, C, D를 꼭짓점으로 하는 사각형은 두 선분 AC, BD를 대각선으로 하는 마름모이다.

$\overline{AC}=\sqrt{(-3\sqrt{5}-3\sqrt{5})^2+(-3\sqrt{5}-3\sqrt{5})^2}=6\sqrt{10}$

$\overline{BD}=\sqrt{\{\sqrt{5}-(-\sqrt{5})\}^2+(-\sqrt{5}-\sqrt{5})^2}=2\sqrt{10}$

따라서 사각형 ABCD의 넓이는

$$\dfrac{1}{2}\times\overline{AC}\times\overline{BD}=\dfrac{1}{2}\times6\sqrt{10}\times2\sqrt{10}=60$$

07 답 51

원 $(x-a)^2+(y+2a)^2=16a^2$을 C라 하자.

원 C의 방정식에 $y=0$을 대입하면

$(x-a)^2+(2a)^2=16a^2$

즉, $(x-a)^2=12a^2$에서 $x=a\pm2\sqrt{3}a$이므로 원 C와 x축이 만나는 두 점 A, B 사이의 거리는

$$\overline{AB}=(a+2\sqrt{3}a)-(a-2\sqrt{3}a)=4\sqrt{3}a$$

한편 원 C의 중심을 C라 하면 C$(a, -2a)$이다.

삼각형 ABP에서 선분 AB를 밑변으로 할 때 높이를 h라 하고, 직선 AB에 평행하면서 직선 AB와의 거리가 h인 두 직선을 y절편이 큰 것부터 차례대로 l_1, l_2라 하자.

삼각형 ABP의 넓이가 $12\sqrt{3}$이 되도록 하는 원 C 위의 점 P의 개수가 3이 되려면 원과 직선 l_1 또는 직선 l_2가 만나는 점의 개수가 3이어야 한다.

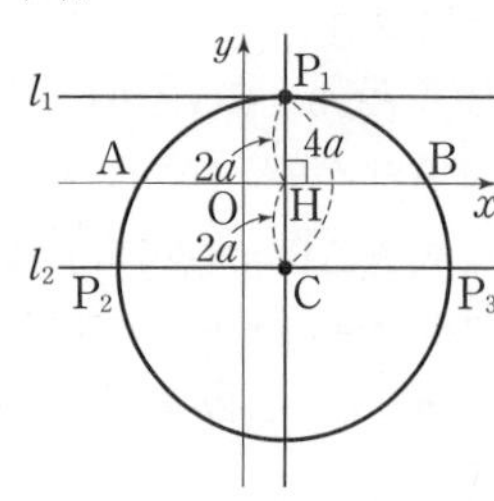

이때 선분 AB는 x축 위에 있고 점 C의 y좌표가 음수이므로 직선 l_1은 원 C와 한 점에서 만나고, 직선 l_2는 원 C와 서로 다른 두 점에서 만나야 한다. 직선 l_1과 원 C가 만나는 점을 P$_1$, 직선 l_2와 원 C가 만나는 두 점을 P$_2$, P$_3$이라 하자.

점 P$_1$에서 선분 AB에 내린 수선의 발을 H라 하면 $\overline{P_1H}=4a-2a=2a$

이때 삼각형 ABP$_1$의 넓이는 $\dfrac{1}{2}\times\overline{AB}\times\overline{P_1H}=\dfrac{1}{2}\times4\sqrt{3}a\times2a=4\sqrt{3}a^2$

이므로 $4\sqrt{3}a^2=12\sqrt{3}$에서 $a^2=3$

그런데 $a>0$이므로 $a=\sqrt{3}$

점 P가 될 수 있는 나머지 두 점 P$_2$, P$_3$에 대하여 점 C에서 선분 P$_2$P$_3$에 내린 수선의 발을 I라 하자. 삼각형 ABP$_2$와 삼각형 ABP$_3$의 넓이가 모두 $12\sqrt{3}$이 되려면 $\overline{HI}=\overline{HP_1}=2a$이어야 한다. 즉, 두 점 C, I는 서로 같은 점이므로 $\overline{P_2P_3}$은 점 C를 지나는 원의 지름이고, $\overline{P_2P_3}=8a$이다.

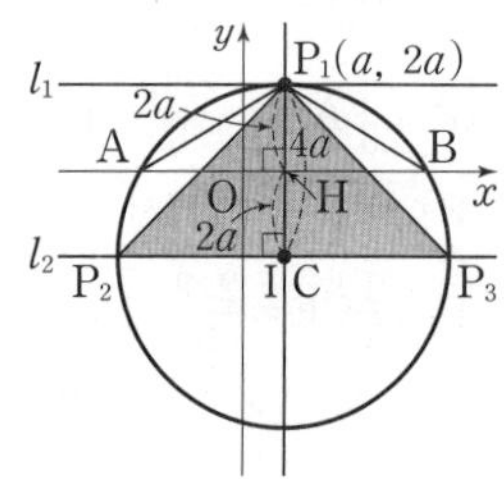

따라서 삼각형 P$_1$P$_2$P$_3$의 넓이 S는

$$S=\dfrac{1}{2}\times\overline{P_2P_3}\times\overline{P_1I}=\dfrac{1}{2}\times8a\times4a=16a^2=48$$

$$\therefore a^2+S=3+48=51$$

08 답 13

곡선 $y=ax^2$과 직선 $y=-mx+a$가 만나는 두 점 A, B의 x좌표를 각각 α, β라 하면 A$(\alpha, a\alpha^2)$, B$(\beta, a\beta^2)$

이차방정식 $ax^2+mx-a=0$의 두 실근이 α, β이므로 이차방정식의 근과 계수의 관계에 의하여 $\alpha+\beta=-\dfrac{m}{a}$, $\alpha\beta=-1$

또 선분 AB가 원 C의 지름이므로 $\angle$BOA$=90°$

즉, 직선 OA의 기울기와 직선 OB의 기울기의 곱이 -1이므로

$$\dfrac{a\alpha^2-0}{\alpha-0}\times\dfrac{a\beta^2-0}{\beta-0}=a\alpha\times a\beta=a^2\times\alpha\beta=-a^2=-1$$에서 $a^2=1$

그런데 $a>0$이므로 $a=1$

점 P(k, k^2)은 원 C 위의 점이므로 $\angle$APB$=90°$

즉, 직선 PA의 기울기와 직선 PB의 기울기의 곱이 -1이므로

$$\dfrac{\alpha^2-k^2}{\alpha-k}\times\dfrac{\beta^2-k^2}{\beta-k}=(\alpha+k)(\beta+k)$$

$$=k^2+(\alpha+\beta)k+\alpha\beta$$

$$=k^2-mk-1=-1$$

에서 $k^2-mk=0$, 즉 $k=m\,(\because k\neq0)$이므로 P(m, m^2)

따라서 점 P(m, m^2)과 직선 $y=-mx+1$, 즉 $mx+y-1=0$ 사이의 거리를 d_1이라 하면 $d_1=\dfrac{|m^2+m^2-1|}{\sqrt{m^2+1}}=\dfrac{|2m^2-1|}{\sqrt{m^2+1}}$

또 점 O와 직선 $mx+y-1=0$ 사이의 거리를 d_2라 하면

$$d_2=\frac{1}{\sqrt{m^2+1}}$$

이때 삼각형 ABP와 삼각형 AOB의 넓이의 비는 $d_1:d_2$이므로

$$\frac{|2m^2-1|}{\sqrt{m^2+1}}:\frac{1}{\sqrt{m^2+1}}=5:1에서 \ |2m^2-1|=5, \ m^2=3$$

그런데 $m>0$이므로 $m=\sqrt{3}, \ k=\sqrt{3}$

따라서 $f(x)=x^2, \ g(x)=-\sqrt{3}x+1$이므로

$\{f(k)\}^2+\{g(k)\}^2=\{f(\sqrt{3})\}^2+\{g(\sqrt{3})\}^2=3^2+(-2)^2=13$

09 답 $\dfrac{8\sqrt{10}}{3}$

원의 중심을 $A(a, b)(a>0, b>0)$라 하면 점 A와 직선 $l_1: mx-y=0$

사이의 거리는 $\dfrac{|ma-b|}{\sqrt{m^2+1}}$이다.

점 A와 직선 $l_2: x-my=0$ 사이의 거리는 $\dfrac{|a-mb|}{\sqrt{1+m^2}}$이므로

$$\frac{|ma-b|}{\sqrt{m^2+1}}=\frac{|a-mb|}{\sqrt{1+m^2}}, \ |ma-b|=|a-mb|$$

$ma-b=a-mb$에서 $(a+b)(m-1)=0$

$a+b>0, \ m>1$이므로 이를 만족시키는 a, b, m은 존재하지 않는다.

$ma-b=-(a-mb)$에서 $(a-b)(m+1)=0$

$m>1$이므로 $a=b$

따라서 직선 OA의 방정식은 $y=x$

한편 삼각형 OPQ가 $\overline{OP}=\overline{OQ}$인
이등변삼각형이므로 선분 PQ의 수
직이등분선은 점 O를 지나고, 현의
성질에 의해 선분 PQ의 수직이등
분선은 원의 중심 A를 지난다.

즉, 직선 $y=x$는 선분 PQ의 수직
이등분선이다. 직선 PQ의 기울기
는 -1이므로 직선 PQ가 y축과 만나는 점을 R′이라 하면 $\overline{OR}=\overline{OR'}$

이고 $\angle OR'P=\angle ORQ=45°$

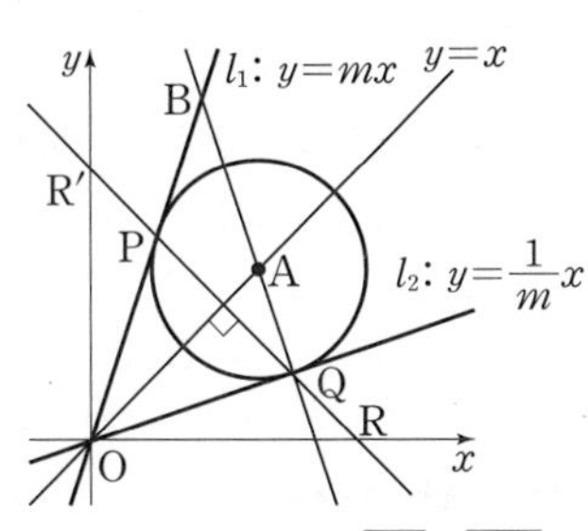

삼각형 OPQ가 이등변삼각형이므로 $\angle OPQ=\angle OQP$에서

$\angle OPR'=\angle OQR$

$\overline{OR'}=\overline{OR}, \ \angle PR'O=\angle QRO, \ \angle OPR'=\angle OQR$이므로 삼각형

OPR′과 삼각형 OQR는 서로 합동이다.

㈎에서 $2\overline{R'P}=2\overline{QR}=\overline{PQ}$이므로 두 삼각형 OR′P, OQR의 넓이는

삼각형 OPQ의 넓이의 $\dfrac{1}{2}$배인 8이다.

따라서 삼각형 ORR′의 넓이는

$\dfrac{1}{2}\times\overline{OR}\times\overline{OR'}=\dfrac{1}{2}\times\overline{OR}^2=8+16+8=32$이므로 $\overline{OR}=8$

$\therefore$ R(8, 0), R′(0, 8)

선분 RR′를 $3:1$로 내분하는 점 P의 좌표는

$$\left(\frac{3\times0+1\times8}{3+1}, \frac{3\times8+1\times0}{3+1}\right) \quad \therefore P(2, 6)$$

선분 RR′을 $1:3$으로 내분하는 점 Q의 좌표는

$$\left(\frac{1\times0+3\times8}{1+3}, \frac{1\times8+3\times0}{1+3}\right) \quad \therefore Q(6, 2)$$

한편 직선 l_1의 기울기는 $m=\dfrac{6-0}{2-0}=3$이므로 직선 l_1의 방정식은

$y=3x$, 직선 l_2의 방정식은 $y=\dfrac{1}{3}x$

직선 BQ는 직선 l_2와 수직이므로 기울기가 -3이고, 점 Q(6, 2)를 지

나므로 직선 BQ의 방정식은

$y-2=-3(x-6)$, 즉 $y=-3x+20$

직선 l_1과 직선 BQ의 교점 B의 x좌표는

$3x=-3x+20$에서 $6x=20, \ x=\dfrac{10}{3}$이므로 $B\left(\dfrac{10}{3}, 10\right)$

$$\therefore \overline{BQ}=\sqrt{\left(6-\frac{10}{3}\right)^2+(2-10)^2}=\frac{8\sqrt{10}}{3}$$

다른 풀이

선분 PQ의 중점을 M이라 하고
$\overline{PM}=\overline{MQ}=k(k>0)$라 하자.

$\overline{QR}=\dfrac{1}{2}\overline{PQ}=k$이므로

$\overline{OM}=\overline{MR}=2k$

㈏에서 삼각형 OPQ의 넓이는

$\dfrac{1}{2}\times2k\times2k=2k^2=16$이므로

$k=2\sqrt{2}$

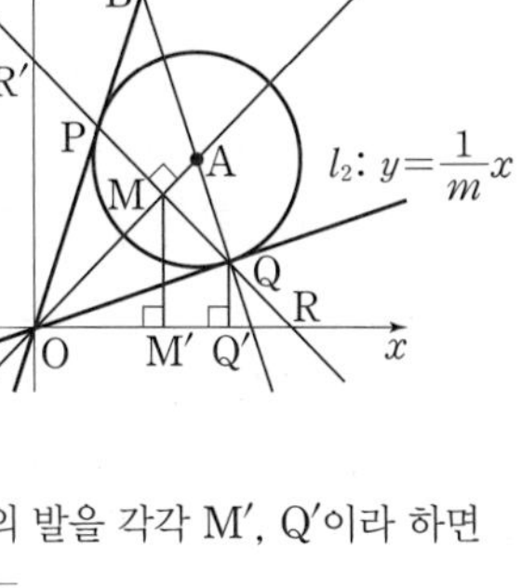

이때 두 점 M, Q에서 x축에 내린 수선의 발을 각각 M′, Q′이라 하면

$$\overline{OQ'}=\overline{OM'}+\overline{M'Q'}=\frac{1}{\sqrt{2}}\overline{OM}+\frac{1}{\sqrt{2}}\overline{MQ}$$

$$=\frac{2}{\sqrt{2}}k+\frac{1}{\sqrt{2}}k=\frac{3}{\sqrt{2}}k=6,$$

$\overline{QQ'}=\dfrac{1}{\sqrt{2}}\overline{QR}=\dfrac{1}{\sqrt{2}}k=2$이므로 Q(6, 2)

직선 OQ의 기울기는 $\dfrac{1}{m}=\dfrac{2-0}{6-0}=\dfrac{1}{3}$이므로 $m=3$

따라서 직선 l_1의 방정식은 $y=3x$, 직선 l_2의 방정식은 $y=\dfrac{1}{3}x$

직선 BQ는 직선 l_2와 수직이므로 기울기가 -3이고 점 Q(6, 2)를 지나

므로 직선 BQ의 방정식은

$y-2=-3(x-6)$, 즉 $y=-3x+20$

직선 l_1과 직선 BQ의 교점 B의 x좌표는

$3x=-3x+20$에서 $6x=20, \ x=\dfrac{10}{3}$이므로 $B\left(\dfrac{10}{3}, 10\right)$

$$\therefore \overline{BQ}=\sqrt{\left(6-\frac{10}{3}\right)^2+(2-10)^2}=\frac{8\sqrt{10}}{3}$$

10 답 ④

두 원 C_1, C_2가 직선 l과 적어도 한 점에서
만나야 하므로 m의 값이 최대일 때, n의
값도 최대가 된다.

원 C의 중심의 좌표는 (3, 4)이므로 원 C_1
의 중심의 좌표는 $(3+m, 4)$이고 반지름
의 길이는 4이다.

㈎에서 원 C_1이 직선 l과 적어도 한 점에서
만나려면 원 C_1의 중심 $(3+m, 4)$와 직선
$12x-5y=0$ 사이의 거리는 원의 반지름의
길이인 4보다 작거나 같아야 하므로

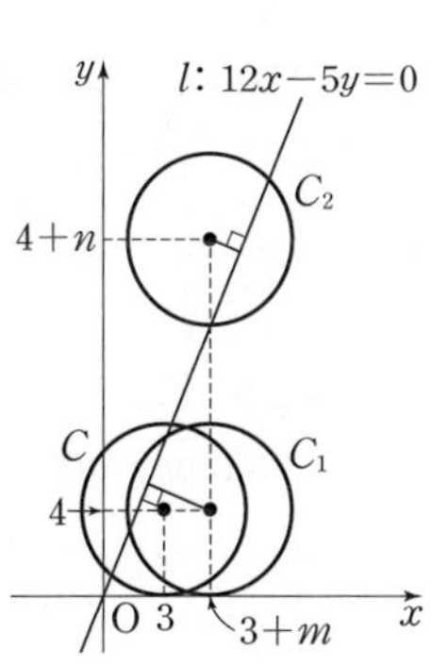

$$\frac{|12(3+m)-20|}{\sqrt{12^2+(-5)^2}}\le4$$

$|12m+16|\le52$

$-52\le12m+16\le52, \ -68\le12m\le36$

$$\therefore -\frac{17}{3}\le m\le3$$

m은 자연수이므로 m의 최댓값은 3이다.

Ⅰ. 도형의 방정식

원 C_2의 중심의 좌표는 $(3+m,\ 4+n)$이고 반지름의 길이는 4이다.
㈐에서 원 C_2가 직선 l과 적어도 한 점에서 만나려면 원 C_2의 중심 $(3+m,\ 4+n)$과 직선 $12x-5y=0$ 사이의 거리는 원의 반지름의 길이인 4보다 작거나 같아야 하므로 $\dfrac{|12(3+m)-5(4+n)|}{\sqrt{12^2+(-5)^2}}\le 4$

$|12m-5n+16|\le 52,\quad -52\le 12m-5n+16\le 52$

$\therefore\ -68\le 12m-5n\le 36$

$m=3$일 때, n이 최대가 되므로

$-68\le 12m-5n\le 36$에서 $-68\le 36-5n\le 36$

$-104\le -5n\le 0$ $\quad\therefore\ 0\le n\le \dfrac{104}{5}$

n은 자연수이므로 n의 최댓값은 20이다.
따라서 $m+n$의 최댓값은 $3+20=23$

다른 풀이

원 C의 중심의 좌표는 $(3,\ 4)$이므로 원 C_1의 중심의 좌표는 $(3+m,\ 4)$이고 반지름의 길이는 4이다.

㈎에서 원 C_1이 직선 l과 적어도 한 점에서 만나려면 원 C_1의 중심 $(3+m,\ 4)$와 직선 $12x-5y=0$ 사이의 거리는 원의 반지름의 길이인 4보다 작거나 같아야 하므로

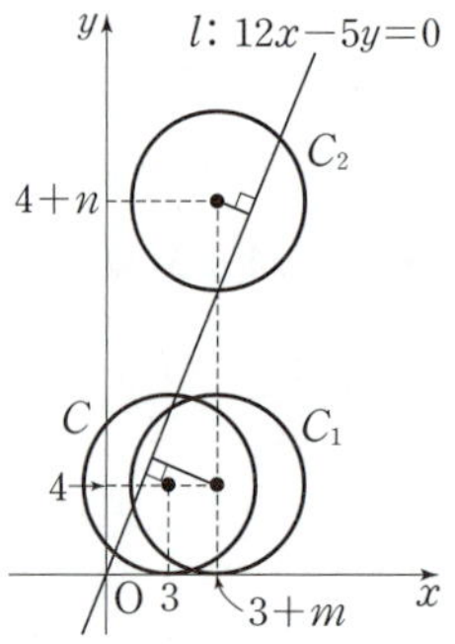

$\dfrac{|12(3+m)-20|}{\sqrt{12^2+(-5)^2}}\le 4$

$|12m+16|\le 52$

$-52\le 12m+16\le 52,\quad -68\le 12m\le 36$

$\therefore\ -\dfrac{17}{3}\le m\le 3$

따라서 자연수 m의 값은 1, 2, 3이다.

원 C_2의 중심의 좌표는 $(3+m,\ 4+n)$이고 반지름의 길이는 4이다.
㈐에서 원 C_2가 직선 l과 적어도 한 점에서 만나려면 원 C_2의 중심 $(3+m,\ 4+n)$과 직선 $12x-5y=0$ 사이의 거리는 원의 반지름의 길이인 4보다 작거나 같아야 하므로 $\dfrac{|12(3+m)-5(4+n)|}{\sqrt{12^2+(-5)^2}}\le 4$

$|12m-5n+16|\le 52,\quad -52\le 12m-5n+16\le 52$

$\therefore\ -68\le 12m-5n\le 36$

(i) $m=1$일 때,

$\quad -68\le 12m-5n\le 36$에서 $-68\le 12-5n\le 36$

$\quad -80\le -5n\le 24$ $\quad\therefore\ -\dfrac{24}{5}\le n\le 16$

따라서 자연수 n의 값은 1, 2, 3, …, 16이므로 $m+n$의 최댓값은
$1+16=17$

(ii) $m=2$일 때,

$\quad -68\le 12m-5n\le 36$에서 $-68\le 24-5n\le 36$

$\quad -92\le -5n\le 12$ $\quad\therefore\ -\dfrac{12}{5}\le n\le \dfrac{92}{5}$

따라서 자연수 n의 값은 1, 2, 3, …, 18이므로 $m+n$의 최댓값은
$2+18=20$

(iii) $m=3$일 때,

$\quad -68\le 12m-5n\le 36$에서 $-68\le 36-5n\le 36$

$\quad -104\le -5n\le 0$ $\quad\therefore\ 0\le n\le \dfrac{104}{5}$

따라서 자연수 n의 값은 1, 2, 3, …, 20이므로 $m+n$의 최댓값은
$3+20=23$

(i), (ii), (iii)에서 $m+n$의 최댓값은 23이다.

11 답 55

점 $A(a,\ 3)$을 직선 $y=x$에 대하여 대칭이동한 점은 $B(3,\ a)$이고, 점 B를 x축에 대하여 대칭이동한 점은 $C(3,\ -a)$이다.

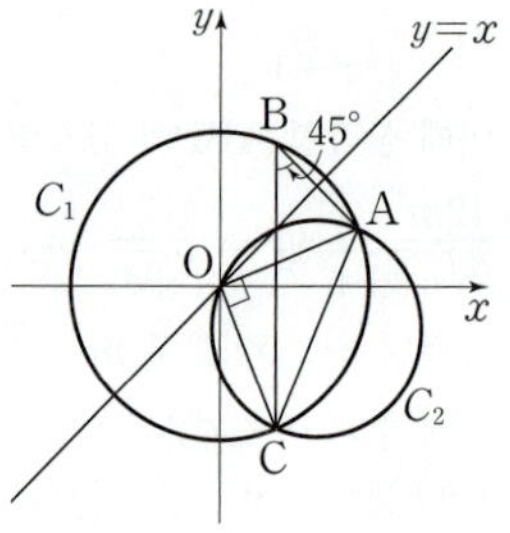

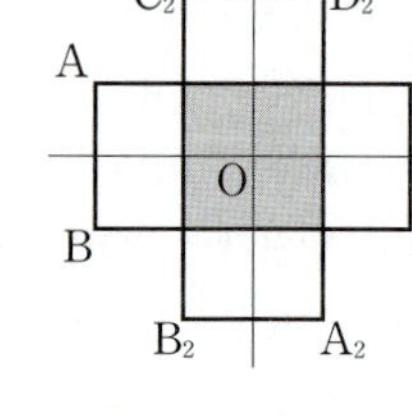

두 삼각형 ABC, AOC의 외접원을 각각 C_1, C_2라 하자.

$\overline{OA}=\overline{OB}=\overline{OC}=\sqrt{a^2+9}$이므로 점 O는 원 C_1의 중심이고 $r_1=\overline{OA}$

직선 AB와 직선 $y=x$는 서로 수직이므로 $\angle ABC=45°$

$\angle ABC$는 원 C_1의 호 AC에 대한 원주각이고, $\angle AOC$는 원 C_1의 호 AC에 대한 중심각이므로 $\angle AOC=2\times\angle ABC=90°$

즉, 선분 AC는 원 C_2의 지름이고, 삼각형 AOC는 직각이등변삼각형이다.

$r_2=\dfrac{\sqrt{2}}{2}\times\overline{OA}=\dfrac{\sqrt{2}}{2}r_1$이므로

$r_1\times r_2=\dfrac{\sqrt{2}}{2}r_1{}^2=32\sqrt{2}$

$\therefore\ r_1=8\ (\because\ r_1>0)$

따라서 $\overline{OA}=\sqrt{a^2+9}=8$이므로 $a^2+9=64$에서 $a^2=55$

12 답 55

직사각형 ABCD에서 $\overline{AD}=a$, $\overline{AB}=b$라 하자.

네 점 A, B, C, D를 y축의 방향으로 3만큼 평행이동한 네 점을 각각 A_1, B_1, C_1, D_1이라 하면 $\overline{AD}>\overline{AB}>3$이므로 두 직사각형 ABCD와 $A_1B_1C_1D_1$은 그림과 같다.

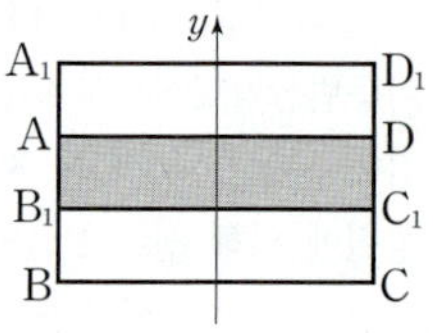

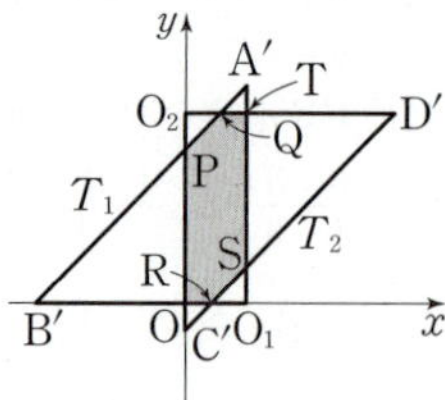

$\overline{AD}=a$, $\overline{AB_1}=\overline{AB}-\overline{B_1B}=b-3$이고

㈏에서 공통부분, 즉 직사각형 AB_1C_1D의 넓이는 22이므로

$\overline{AD}\times\overline{AB_1}=22$

$\therefore\ a(b-3)=22$ $\qquad$ …… ㉠

또 네 점 A, B, C, D를 직선 $y=x$에 대하여 대칭이동한 네 점을 각각 A_2, B_2, C_2, D_2라 하면 두 직사각형 ABCD와 $A_2B_2C_2D_2$는 그림과 같다.

$\overline{A_2B_2}=\overline{AB}=b$이고 ㈐에서 공통부분의 넓이는 25이므로

$b^2=25$ $\quad\therefore\ b=5\ (\because\ b>0)$

이를 ㉠에 대입하여 풀면 $a=11$

따라서 직사각형 ABCD의 넓이는
$\overline{AD}\times\overline{AB}=a\times b=11\times 5=55$

13 답 ②

세 점 $O(0,\ 0)$, $A(0,\ 2)$, $B(-2,\ 0)$을 x축의 방향으로 t만큼 평행이동한 세 점을 각각 O_1, A', B'이라 하면

$O_1(t,\ 0)$, $A'(t,\ 2)$, $B'(-2+t,\ 0)$

세 점 $O(0,\ 0)$, $C(0,\ -2)$, $D(2,\ 0)$을 y축의 방향으로 $3t$만큼 평행이동한 세 점을 각각 O_2, C', D'이라 하면

$O_2(0,\ 3t)$, $C'(0,\ -2+3t)$, $D'(2,\ 3t)$

두 삼각형 T_1, T_2의 내부의 공통부분이 육각형 모양이 되려면 선분 $A'B'$이 두 선분 O_2C', O_2D'과 A', B'이 아닌 두 점에서 만나야 한다. 또 선분 $C'D'$이 두 선분 O_1B', O_1A'과 C', D'이 아닌 두 점에서 만나야 한다.

선분 $A'B'$이 두 선분 O_2C', O_2D'과 만나는 점을 각각 P, Q라 하고, 선분 $C'D'$이 두 선분 O_1B', O_1A'과 만나는 점을 각각 R, S라 하자.

두 점 $A'(t, 2)$, $B'(-2+t, 0)$을 지나는 직선의 방정식은

$$y-2=\frac{0-2}{-2+t-t}(x-t) \quad \therefore y=x-t+2$$

직선 $y=x-t+2$의 y절편은 $2-t$이므로 점 P의 좌표는 $(0, 2-t)$

두 점 $O_2(0, 3t)$, $D'(2, 3t)$를 지나는 직선의 방정식은 $y=3t$이므로 두 점 A', B'을 지나는 직선과 두 점 O_2, D'을 지나는 직선의 교점 Q의 x좌표를 구하면

$$x-t+2=3t \quad \therefore x=4t-2$$

따라서 점 Q의 좌표는 $(4t-2, 3t)$

두 점 $C'(0, -2+3t)$, $D'(2, 3t)$를 지나는 직선의 방정식은

$$y-3t=\frac{3t-(-2+3t)}{2-0}(x-2) \quad \therefore y=x+3t-2$$

직선 $y=x+3t-2$의 x절편은 $2-3t$이므로 점 R의 좌표는 $(2-3t, 0)$

두 점 $O_1(t, 0)$, $A'(t, 2)$를 지나는 직선의 방정식은 $x=t$이므로 두 점 C', D'을 지나는 직선과 두 점 O_1, A'을 지나는 직선의 교점 S의 y좌표를 구하면

$$y=t+3t-2 \quad \therefore y=4t-2$$

따라서 점 S의 좌표는 $(t, 4t-2)$

이때 조건을 만족시키는 육각형이 만들어지려면

(점 P의 y좌표)<(점 O_2의 y좌표)<(점 A'의 y좌표)이어야 하므로

$$2-t<3t<2$$

$2-t<3t$에서 $t>\dfrac{1}{2}$

$3t<2$에서 $t<\dfrac{2}{3}$

$$\therefore \frac{1}{2}<t<\frac{2}{3} \quad \cdots\cdots \ \bigcirc$$

또 (점 C'의 y좌표)<(점 O_1의 y좌표)<(점 S의 y좌표)이어야 하므로

$$-2+3t<0<4t-2$$

$-2+3t<0$에서 $t<\dfrac{2}{3}$

$0<4t-2$에서 $t>\dfrac{1}{2}$

$$\therefore \frac{1}{2}<t<\frac{2}{3} \quad \cdots\cdots \ \bigcirc\!\!\bigcirc$$

$\bigcirc$, $\bigcirc\!\!\bigcirc$에서 t의 값의 범위는 $\dfrac{1}{2}<t<\dfrac{2}{3}$이므로 $a=\dfrac{2}{3}$

이때 두 선분 $A'O_1$, O_2D'의 교점을 T라 하고, 육각형의 넓이를 S라 하면
$S=$(직사각형 OO_1TO_2의 넓이)$-$(삼각형 O_1SR의 넓이)
$\qquad\qquad\qquad\qquad\quad -$(삼각형 O_2PQ의 넓이)

$$=t\times 3t-\frac{1}{2}(4t-2)^2-\frac{1}{2}(4t-2)^2$$

$$=-13t^2+16t-4$$

$$=-13\left(t-\frac{8}{13}\right)^2+\frac{12}{13}$$

따라서 $\dfrac{1}{2}<t<\dfrac{2}{3}$에서 $t=\dfrac{8}{13}$일 때, S는 최댓값 $M=\dfrac{12}{13}$를 갖는다.

$$\therefore M-a=\frac{12}{13}-\frac{2}{3}=\frac{10}{39}$$

따라서 $p=39$, $q=10$이므로

$p+q=49$

01 ③	02 48	03 160	04 27	05 ④
06 ㄱ, ㄴ, ㄷ		07 ⑤	08 12	09 ② 10 32
11 ④	12 23			

01 답 ③

ㄱ. 집합 A의 원소는 $\{1\}$, $\{1, 2\}$, $\varnothing$

$\quad \therefore 1\notin A$

ㄴ. $1\notin A$, $2\notin A$이므로 $\{1, 2\}\not\subset A$

ㄷ. $\{1, 2\}\in A$이므로 $\{\{1, 2\}\}\subset A$

$\quad \therefore \{\{1, 2\}\}\in B$

ㄹ. $\varnothing\in A$, 즉 $\{\varnothing\}\subset A$이므로 $\{\varnothing\}\in B$

$\quad \therefore \{\{\varnothing\}\}\subset B$

따라서 보기에서 옳은 것은 ㄷ, ㄹ이다.

02 답 48

$A_{25}=\{x\,|\,x$는 $\sqrt{25}$ 이하의 홀수$\}=\{1, 3, 5\}$

이때 $A_n\subset A_{25}$에서 집합 A_n은 7 이상의 홀수를 원소로 가질 수 없으므로

$1\le\sqrt{n}<7 \quad \therefore 1\le n<49$

따라서 자연수 n의 최댓값은 48이다.

03 답 160

$A\cup B=\{-6, 8, 10, 12, 20\}$,

$A\cap B=\{-6, 10\}$이므로 벤 다이어그램으로 나타내면 그림의 색칠한 부분에 들어가는 원소는 8, 12, 20이다. 

$S(A\cap B)=-6+10=4$이고,

$S(A-B)+S(B-A)=8+12+20=40$에서

$S(B-A)=40-S(A-B)$

$S(A)=2S(B)$에서

$S(A-B)+S(A\cap B)=2\{S(A\cap B)+S(B-A)\}$

$S(A-B)+4=2\{4+40-S(A-B)\}$

$3S(A-B)=84 \quad \therefore S(A-B)=28$

따라서 $A-B=\{8, 20\}$이므로 집합 $A-B$의 모든 원소의 곱은

$8\times 20=160$

04 답 27

집합 $(A\cup B^c)\cap(A^c\cup B)$를 벤 다이어그램으로 나타내면 그림의 색칠한 부분과 같다. 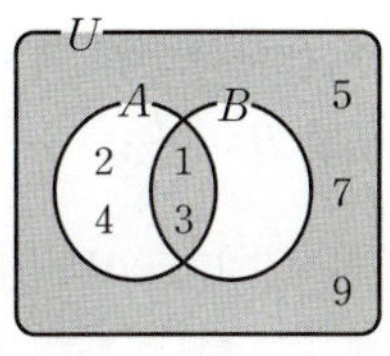

이때 $A\cap\{(A\cup B^c)\cap(A^c\cup B)\}=\{1, 3\}$이므로 $A\cap B=\{1, 3\}$

$\therefore A-B=\{2, 4\}$, $(A\cup B)^c=\{5, 7, 9\}$

따라서 $B^c=\{2, 4, 5, 7, 9\}$이므로 집합 B^c의 모든 원소의 합은

$2+4+5+7+9=27$

05 답 ④

$(A-B^c)\cup(B^c-A^c)=\{A\cap(B^c)^c\}\cup\{B^c\cap(A^c)^c\}$
$\qquad\qquad\qquad\qquad\quad=(A\cap B)\cup(B^c\cap A)$
$\qquad\qquad\qquad\qquad\quad=A\cap(B\cup B^c)$
$\qquad\qquad\qquad\qquad\quad=A\cap U$
$\qquad\qquad\qquad\qquad\quad=A$

따라서 $A\cap B=A$이므로 $A\subset B$

ㄱ. $A\cap B^c=A-B=\varnothing$

ㄴ. $A^c\cap B^c=(A\cup B)^c=B^c$

ㄷ. $A^c\cup B=U$

ㄹ. $A\cap(A-B)^c=A\cap(A\cap B^c)^c$
$\qquad\qquad\qquad=A\cap(A^c\cup B)$
$\qquad\qquad\qquad=(A\cap A^c)\cup(A\cap B)$
$\qquad\qquad\qquad=\varnothing\cup(A\cap B)$
$\qquad\qquad\qquad=A\cap B$
$\qquad\qquad\qquad=A$

따라서 보기에서 항상 옳은 것은 ㄷ, ㄹ이다.

06 답 ㄱ, ㄴ, ㄷ

ㄱ. $(A\cap B)^c\cap B=B-(A\cap B)=B-A$

ㄴ. $\{A\cap(A\cup B)\}\cap\{A\cup(A^c\cap B)\}=A\cap\{A\cup(B-A)\}$
$\qquad\qquad\qquad\qquad\qquad\qquad\qquad=A\cap(A\cup B)$
$\qquad\qquad\qquad\qquad\qquad\qquad\qquad=A$

ㄷ. 집합 $(A\cup B)-(A\cap B)$를 벤 다이어그램으로
나타내면 그림의 색칠한 부분과 같다.
따라서 $(A\cup B)-(A\cap B)=\varnothing$이면
$A-B=\varnothing$이고 $B-A=\varnothing$이므로 $A=B$이다.

따라서 보기에서 항상 옳은 것은 ㄱ, ㄴ, ㄷ이다.

다른 풀이

ㄱ. $(A\cap B)^c\cap B=(A^c\cup B^c)\cap B$
$\qquad\qquad\qquad\quad=(A^c\cap B)\cup(B^c\cap B)$
$\qquad\qquad\qquad\quad=(A^c\cap B)\cup\varnothing$
$\qquad\qquad\qquad\quad=A^c\cap B$
$\qquad\qquad\qquad\quad=B-A$

ㄴ. $\{A\cap(A\cup B)\}\cap\{A\cup(A^c\cap B)\}=A\cap\{A\cup(A^c\cap B)\}$
$\qquad\qquad\qquad\qquad\qquad\qquad\qquad=A\cap\{(A\cup A^c)\cap(A\cup B)\}$
$\qquad\qquad\qquad\qquad\qquad\qquad\qquad=A\cap\{U\cap(A\cup B)\}$
$\qquad\qquad\qquad\qquad\qquad\qquad\qquad=A\cap(A\cup B)$
$\qquad\qquad\qquad\qquad\qquad\qquad\qquad=A$

07 답 ⑤

$n(A\cap B)=p$라 하면 $(A\cap B)\subset X\subset A$를 만족시키는 집합 X의 개수
는 2^{3-p}이므로 $2^{3-p}=2$에서 $p=2$이다.
즉, $n(A\cap B)=2$이므로 집합 A의 세 원소 1, 3, 4 중 2개는 집합 B
의 원소이고 나머지 1개는 집합 B의 원소가 아니다.
집합 $B=\left\{\dfrac{k+1}{2},\ \dfrac{k+3}{2},\ \dfrac{k+4}{2}\right\}$에서 집합 B의 이웃한 두 원소의 차
는 각각 1, $\dfrac{1}{2}$이므로 $n(A\cap B)=2$이려면 $1\notin B$, $3\in B$, $4\in B$이어야
한다.
따라서 $\dfrac{k+1}{2}=3$, $\dfrac{k+3}{2}=4$이므로 $k=5$

08 답 12

$A\cup B=\{1,\ 2,\ 3,\ 5,\ 6\}$이므로 $X\cap(A\cup B)=\varnothing$에서
$1\notin X,\ 2\notin X,\ 3\notin X,\ 5\notin X,\ 6\notin X$
$A^c=\{4,\ 5,\ 6,\ ...,\ n\}$이므로 $X\cup B=A^c$에서
$X=\{4,\ 7,\ 8,\ 9,\ ...,\ n\}$
따라서 집합 X의 부분집합의 개수는 2^{n-5}이므로
$2^{n-5}=128$에서 $2^{n-5}=2^7$
$n-5=7$ $\qquad\therefore n=12$

09 답 ②

두 집합 A와 B가 서로소이므로 $A\cap B=\varnothing$에서 $A\cap B\cap C=\varnothing$
$\therefore n(A\cap B)=0,\ n(A\cap B\cap C)=0$
$n(A)=16,\ n(C)=23,\ n(A\cup C)=30$이므로
$n(A\cap C)=n(A)+n(C)-n(A\cup C)$
$\qquad\qquad\quad=16+23-30$
$\qquad\qquad\quad=9$
$n(B)=15,\ n(C)=23,\ n(B\cup C)=28$이므로
$n(B\cap C)=n(B)+n(C)-n(B\cup C)$
$\qquad\qquad\quad=15+23-28$
$\qquad\qquad\quad=10$
$\therefore n(A\cup B\cup C)$
$\quad=n(A)+n(B)+n(C)-n(A\cap B)-n(B\cap C)-n(C\cap A)$
$\qquad\qquad\qquad\qquad\qquad\qquad\qquad\qquad\qquad\quad+n(A\cap B\cap C)$
$\quad=16+15+23-0-10-9+0$
$\quad=35$

10 답 32

A 모바일 채팅앱에 가입한 학생의 집합을 A, B 모바일 채팅앱에 가입
한 학생의 집합을 B라 하면
$n(A)=24,\ n(B)=19$ ··· 배점 10%
$n(A\cup B)=n(A)+n(B)-n(A\cap B)$이고 $n(A\cup B)\leq30$이므로
$24+19-n(A\cap B)\leq30$
$\therefore n(A\cap B)\geq13$ ········ ㉠ ··························· 배점 40%
$n(A\cap B)\leq n(A)=24$, $n(A\cap B)\leq n(B)=19$에서
$n(A\cap B)\leq19$ ········ ㉡ ·································· 배점 30%
㉠, ㉡에서
$13\leq n(A\cap B)\leq19$
따라서 A 모바일 채팅앱과 B 모바일 채팅앱에 모두 가입한 학생 수의
최댓값은 19, 최솟값은 13이므로 그 합은
$19+13=32$ ·· 배점 20%

비법 NOTE

전체집합 U의 두 부분집합 A, B에 대하여 $n(A)\geq n(B)$일 때,

(1) $n(A\cap B)$가 최대이려면 $n(A\cup B)$가 최소
　➡ $B\subset A$일 때이므로 $n(A\cap B)=n(B)$

(2) $n(A\cap B)$가 최소이려면 $n(A\cup B)$가 최대
　① $n(A)+n(B)\leq n(U)$이면
　　$n(A\cup B)=n(A)+n(B)$
　② $n(A)+n(B)>n(U)$이면
　　$n(A\cup B)=n(U)$

11 답 ④

$n(A^C \cup B^C) = n((A \cap B)^C) = 45$이므로
$n(A \cap B) = n(U) - n((A \cap B)^C) = 50 - 45 = 5$
$n(A \cup B^C) = n((A^C \cap B)^C) = n(U) - n(B \cap A^C)$이고
$n(B \cap A^C) = n(B - A) = n(B) - n(A \cap B) = 28 - 5 = 23$이므로
$n(A \cup B^C) = 50 - 23 = 27$

다른 풀이

집합 $A \cup B^C$을 벤 다이어그램으로 나타내면 그림
의 색칠한 부분과 같고

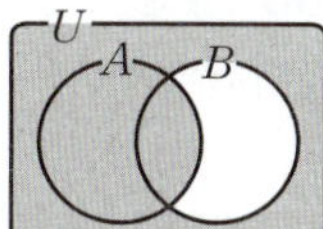

$n(A \cap B) = n(U) - n((A \cap B)^C)$
$\qquad\qquad = 50 - 45 = 5$
$\therefore n(A \cup B^C) = n(U) - n(B) + n(A \cap B)$
$\qquad\qquad\qquad = 50 - 28 + 5 = 27$

12 답 23

3과 2의 최소공배수는 6이고, 5와 2의 최소공배수는 10이므로
$(A_3 \cup A_5) \cap A_2 = (A_3 \cap A_2) \cup (A_5 \cap A_2) = A_6 \cup A_{10}$ ············ 배점 **30%**
이때 6과 10의 최소공배수는 30이므로
$n(A_6 \cup A_{10}) = n(A_6) + n(A_{10}) - n(A_6 \cap A_{10})$
$\qquad\qquad\quad = n(A_6) + n(A_{10}) - n(A_{30})$ ············ 배점 **30%**
100 이하의 6의 배수는 6, 12, 18, …, 96이므로
$n(A_6) = 16$
100 이하의 10의 배수는 10, 20, 30, …, 100이므로
$n(A_{10}) = 10$
100 이하의 30의 배수는 30, 60, 90이므로
$n(A_{30}) = 3$
따라서 구하는 원소의 개수는
$n(A_6) + n(A_{10}) - n(A_{30}) = 16 + 10 - 3 = 23$ ············ 배점 **40%**

비법 NOTE

자연수 k의 배수의 집합을 A_k라 하면
(1) 두 자연수 k, l에 대하여 l이 k의 배수이면 $A_l \subset A_k$이므로 $A_k \cup A_l = A_k$,
$A_k \cap A_l = A_l$이다.
(2) 세 자연수 k, l, m에 대하여 m이 k와 l의 공배수이면 $A_m \subset (A_k \cap A_l)$이고
$A_k \cap A_l = A_m$일 때, m은 k와 l의 최소공배수이다.
(3) 세 자연수 k, l, n에 대하여 n이 k와 l의 공약수이면 $(A_k \cup A_l) \subset A_n$이다.

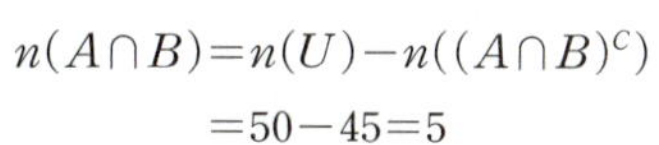
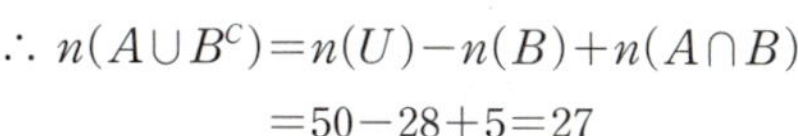

STEP 2 고난도 문제 | 52~56쪽

01 ④	02 864	03 63	04 ⑤	05 7	06 ③
07 8	08 ④	09 ①	10 27	11 80	12 98
13 ④	14 ②	15 12	16 ㄱ, ㄷ	17 11	18 ⑤
19 64	20 16	21 32	22 22	23 ③	24 ④
25 4	26 225	27 ②	28 13		

01 답 ④

$b > \sqrt{a}$, $b > \sqrt{b}$이므로 $b = 9$
따라서 $A = \{2, a, 9\}$, $B = \{2, \sqrt{a}, 3, 9\}$이고, $a = \sqrt{a}$ 또는 $a = 3$이다.
(i) $a = \sqrt{a}$일 때,
$\quad a^2 = a$이므로 $a^2 - a = 0$, $a(a-1) = 0$
$\quad \therefore a = 1$ (∵ a는 자연수)
$\quad$따라서 $B = \{1, 2, 3, 9\}$이므로 집합 B의 모든 원소의 합은
$\quad 1 + 2 + 3 + 9 = 15$
(ii) $a = 3$일 때,
$\quad B = \{2, \sqrt{3}, 3, 9\}$이므로 집합 B의 모든 원소의 합은
$\quad 2 + \sqrt{3} + 3 + 9 = 14 + \sqrt{3}$
(i), (ii)에서 집합 B의 모든 원소의 합의 최댓값은 $14 + \sqrt{3}$이다.

02 답 864

집합 S의 원소 중 ㈎를 만족시키는 순서쌍 $(a, 12-a)$는
$(1, 11), (2, 10), (3, 9), (4, 8), (5, 7), (6, 6)$
이때 ㈏에서 집합 A의 모든 원소의 곱은 5의 배수가 아니므로 집합 A
의 원소로 가능한 순서쌍 $(a, 12-a)$는
$(1, 11), (3, 9), (4, 8), (6, 6)$
$\qquad\qquad\qquad\qquad\qquad$← A는 집합이므로 6은 하나의 원소이다.
㈐를 만족시키는 집합 A는 $\{1, 3, 9, 11\}$ 또는 $\{1, 4, 8, 11\}$ 또는
$\{3, 4, 8, 9\}$이다.
따라서 집합 A의 모든 원소의 곱의 최댓값은
$3 \times 4 \times 8 \times 9 = 864$

03 답 63

㈐에서 $A - B = \varnothing$, $A - C = \varnothing$, 즉 $A \subset B$, $A \subset C$이므로 $A \subset (B \cap C)$
이다.
㈏에서 $B \cup C = \{a, b, c, d\}$이므로 a, b, c,
d는 벤 다이어그램에서 각각 ①, ②, ③, ④
중 하나의 영역에 속해야 한다.
㈎에서 $A \subset \{a, b\}$이고, $A \neq \varnothing$이므로
(i) $A = \{a\}$일 때,
$\quad b$, c, d가 각각 속하는 영역을 정하는 경우의 수는
$\quad 3 \times 3 \times 3 = 27$
(ii) $A = \{b\}$일 때,
$\quad a$, c, d가 각각 속하는 영역을 정하는 경우의 수는
$\quad 3 \times 3 \times 3 = 27$
(iii) $A = \{a, b\}$일 때,
$\quad c$, d가 각각 속하는 영역을 정하는 경우의 수는
$\quad 3 \times 3 = 9$
(i), (ii), (iii)에서 순서쌍 (A, B, C)의 개수는
$27 + 27 + 9 = 63$

04 답 ⑤

$A_4 = \{x \mid f(4x) = 0, 0 \leq x \leq 1\}$이므로 $f(4x) = 0$에서
$4x - [4x] = 0$ $\qquad \therefore 4x = [4x]$
즉, A_4는 $0 \leq x \leq 1$일 때 $4x$가 정수가 되도록 하는 x의 값을 원소로 갖
는 집합이므로
$A_4 = \left\{0, \dfrac{1}{4}, \dfrac{1}{2}, \dfrac{3}{4}, 1\right\}$

Ⅱ. 집합과 명제

$A_6=\{x\,|\,f(6x)=0,\ 0\le x\le1\}$이므로 $f(6x)=0$에서

$6x-[6x]=0$ $\quad\therefore\ 6x=[6x]$

즉, A_6은 $0\le x\le1$일 때 $6x$가 정수가 되도록 하는 x의 값을 원소로 갖는 집합이므로

$$A_6=\left\{0,\ \frac{1}{6},\ \frac{1}{3},\ \frac{1}{2},\ \frac{2}{3},\ \frac{5}{6},\ 1\right\}$$

따라서 $A_4\cup A_6=\left\{0,\ \dfrac{1}{6},\ \dfrac{1}{4},\ \dfrac{1}{3},\ \dfrac{1}{2},\ \dfrac{2}{3},\ \dfrac{3}{4},\ \dfrac{5}{6},\ 1\right\}$이므로

$n(A_4\cup A_6)=9$

05 답 7

(내)에서 $4\in A$이므로 $\sqrt{4}=2\in B$

(내)에서 $4\in B$이므로 $4^2=16\in A$

즉, $A=\{4,\ 16,\ c\}$, $B=\{2,\ 4,\ \sqrt{c}\}$로 놓을 수 있다.

(개)에서 집합 A의 원소 중 2개는 집합 B의 원소이어야 하므로

$16\in B$ 또는 $c\in B$이어야 한다.

(i) $16\in B$일 때,

$\sqrt{c}=16$이므로 $\underline{c=16^2\notin A}$가 되어 조건을 만족시키지 않는다.
　　└─ c는 100 이하의 자연수이어야 한다.

(ii) $c\in B$일 때,

$c=2$ 또는 $c=\sqrt{c}$

① $c=2$이면 $\sqrt{c}=\sqrt{2}\notin B$가 되어 조건을 만족시키지 않는다.

② $c=\sqrt{c}$에서 $c^2=c$ 　└─ $\sqrt{c}$는 100 이하의 자연수이어야 한다.

$c^2-c=0,\ c(c-1)=0$

$\therefore\ c=1\ (\because\ c$는 자연수$)$

(i), (ii)에서 $B=\{1,\ 2,\ 4\}$

따라서 집합 B의 모든 원소의 합은

$1+2+4=7$

06 답 ③

$z=a+bi$에서 $\bar{z}=a-bi$이므로

$z+\bar{z}=(a+bi)+(a-bi)=2a$

$z-\bar{z}=(a+bi)-(a-bi)=2bi$

$z\bar{z}=(a+bi)(a-bi)=a^2+b^2$

$\dfrac{z}{\bar{z}}=\dfrac{a+bi}{a-bi}=\dfrac{(a+bi)^2}{(a-bi)(a+bi)}=\dfrac{a^2-b^2+2abi}{a^2+b^2}$

위의 복소수 중에서 그 값이 실수인 것은 $z+\bar{z}$와 $z\bar{z}$이므로

$A\cap R=\{2a,\ a^2+b^2\}=\{6,\ 13\}$

(i) $2a=6$, $a^2+b^2=13$일 때,

$a=3$이므로 $b^2=4$에서 $b=-2$ 또는 $b=2$

(ii) $2a=13$, $a^2+b^2=6$일 때,

$a=\dfrac{13}{2}$이므로 $b^2=6-\left(\dfrac{13}{2}\right)^2<0$

이때 조건을 만족시키는 실수 b는 존재하지 않는다.

(i), (ii)에서 $a=3$, $b=-2$ 또는 $a=3$, $b=2$이므로

$a+b=1$ 또는 $a+b=5$

따라서 $a+b$의 최댓값은 5이다.

07 답 8

$A_n=\{x\,|\,4n-1\le x\le5n-2\}$,

$A_{n+1}=\{x\,|\,4n+3\le x\le5n+3\}$,

$A_{n+2}=\{x\,|\,4n+7\le x\le5n+8\}$

이고 $A_n\cap A_{n+1}\cap A_{n+2}=\varnothing$이려면 $A_n\cap A_{n+2}=\varnothing$이어야 한다.

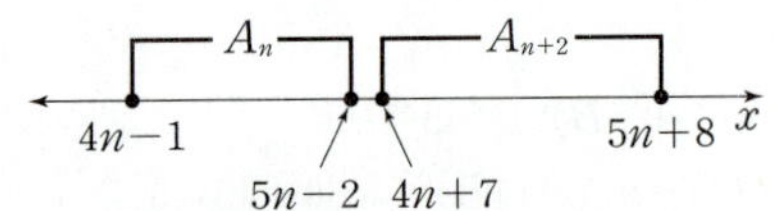

$5n-2<4n+7$이어야 하므로 $n<9$

따라서 구하는 자연수 n의 최댓값은 8이다.

08 답 ④

집합 S의 부분집합은

$\varnothing,\ \{a\},\ \{b\},\ \{c\},\ \{a,\ b\},\ \{b,\ c\},\ \{a,\ c\},\ S$

$\varnothing\in X$이면 (개)에서 $S\in X$이고, $\varnothing\cup S=S$이므로 (내)를 만족시키는 집합 X는 $\{\varnothing,\ S\}$

또 (개)를 만족시키도록 집합 X에 동시에 포함되는 원소인 집합을 순서쌍으로 나타내면

$(\{a\},\ \{b,\ c\}),\ (\{b\},\ \{a,\ c\}),\ (\{c\},\ \{a,\ b\})$

이때 $\{a\}$, $\{b,\ c\}$를 원소로 가지면 (내)에 의하여 합집합인 $\{a,\ b,\ c\}=S$도 원소이고, S가 원소이면 $\varnothing$도 원소이다.

같은 방법으로 하여 (내)를 만족시키는 집합 X를 구하면

$\{\varnothing,\ \{a\},\ \{b,\ c\},\ S\},\ \{\varnothing,\ \{b\},\ \{a,\ c\},\ S\},\ \{\varnothing,\ \{c\},\ \{a,\ b\},\ S\}$,

$\{\varnothing,\ \{a\},\ \{b\},\ \{c\},\ \{a,\ b\},\ \{a,\ c\},\ \{b,\ c\},\ S\}$

따라서 구하는 집합 X의 개수는 5이다.

09 답 ①

$A-B=\{4\}$이므로 $f(A-B)=4$

$f(B)=1+2+3+5=11$이므로 (내)에서

$4<f(C)<11$

이때 집합 C는 자연수를 원소로 가지므로 원소의 합도 자연수이다.

따라서 $f(C)$의 값이 될 수 있는 것은 5, 6, 7, $\cdots$, 10이다.

이때 (개)에서 $n(A\cap C)=2$이므로 집합 C는 집합 A의 원소 1, 2, 3, 4 중 2개만 원소로 가져야 한다.

따라서 조건을 만족시키는 집합 C는

$\underline{\{1,\ 4\},\ \{2,\ 3\},\ \{2,\ 4\},\ \{3,\ 4\}},$　→ 집합 A의 원소 2개로만 이루어진 집합

$\underline{\{1,\ 2,\ 5\},\ \{1,\ 2,\ 6\},\ \{1,\ 2,\ 7\},\ \{1,\ 3,\ 5\},\ \{1,\ 3,\ 6\},\ \{1,\ 4,\ 5\}},$

$\underline{\{2,\ 3,\ 5\}}$　→ 집합 A의 원소 2개와 집합 A의 원소가 아닌 원소 1개로 이루어진 집합

의 11개이다.

10 답 27

$(A\cap B)\subset A$이므로 (개)에서 $\{3,\ 6\}\subset A$이다.

이때 3, 6이 모두 a의 배수이므로 $a=1$ 또는 $a=3$이다.

그런데 $a=1$이면 $A=U$가 되어 $B-A=\varnothing$이므로 (내)를 만족시키지 않는다. 따라서 $a=3$이고, $A=\{3,\ 6,\ 9,\ 12,\ 15,\ 18\}$이다.

또 $(A\cap B)\subset B$이므로 (개)에서 $\{3,\ 6\}\subset B$이다.

이때 3, 6이 모두 b의 약수이므로 $b=6$ 또는 $b=12$ 또는 $b=18$이다.

(i) $b=6$일 때,

$B=\{1,\ 2,\ 3,\ 6\}$이므로 $B-A=\{1,\ 2\}$가 되어 (내)를 만족시킨다.

이때 $A-B=\{9,\ 12,\ 15,\ 18\}$이므로 집합 $A-B$의 모든 원소의 합은 $9+12+15+18=54$

(ii) $b=12$일 때,

$B=\{1,\ 2,\ 3,\ 4,\ 6,\ 12\}$이므로 $B-A=\{1,\ 2,\ 4\}$가 되어 (내)를 만족시키지 않는다.

(iii) $b=18$일 때,

$B=\{1, 2, 3, 6, 9, 18\}$이므로 $B-A=\{1, 2\}$가 되어 ㈏를 만족시킨다.

이때 $A-B=\{12, 15\}$이므로 집합 $A-B$의 모든 원소의 합은

$12+15=27$

(i), (ii), (iii)에서 집합 $A-B$의 모든 원소의 합의 최솟값은 27이다.

11 답 80

$A^C=\{7, 8, 9, 10\}$, $B^C=\{1, 2, 3, 9, 10\}$

㈎에서 $X\cup\{7, 8, 9, 10\}=X\cup\{1, 2, 3, 9, 10\}$이므로

$\{1, 2, 3\}\subset X$, $\{7, 8\}\subset X$

$\therefore \{1, 2, 3, 7, 8\}\subset X\subset U$

이때 ㈏에서 집합 X의 원소의 개수가 6 이상이므로 집합 X는 1, 2, 3, 7, 8이 아닌 원소를 1개 이상 더 가져야 한다. ……………………… 배점 **50%**

이때 1, 2, 3, 7, 8이 아닌 원소 중 가장 작은 원소는 4이므로

$X=\{1, 2, 3, 4, 7, 8\}$일 때, S는 최소이고 최솟값은

$1+2+3+4+7+8=25$ …………………………………………………… 배점 **20%**

또 $X=U$일 때, S는 최대이고 최댓값은

$1+2+3+4+5+6+7+8+9+10=55$ ……………………………… 배점 **20%**

따라서 S의 최댓값과 최솟값의 합은

$55+25=80$ ………………………………………………………………… 배점 **10%**

12 답 98

$k\geq2$이므로

$A=\{x\,|\,(x-1)(x-k)>0\}=\{x\,|\,x<1 \text{ 또는 } x>k\}$

$B=\{x\,|\,x^2-(a^2+2a)x+2a^3\leq0\}=\{x\,|\,(x-2a)(x-a^2)\leq0\}$에서

$a=1$일 때, $B=\{x\,|\,1\leq x\leq2\}$

$a\geq2$일 때, $B=\{x\,|\,2a\leq x\leq a^2\}$

(i) $k=2$일 때,

$A=\{x\,|\,x<1 \text{ 또는 } x>2\}$이므로

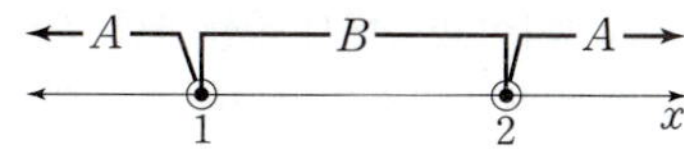

$A\cap B=\varnothing$이 되는 경우는 $a=1$일 때뿐이다.

$\therefore f(2)=1$

(ii) $k\geq3$일 때,

$a=1$이면 $A\cap B=\varnothing$이다.

$a\geq2$이면

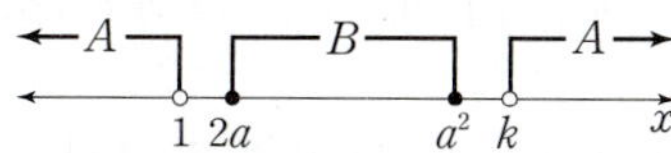

$A\cap B=\varnothing$이 되는 경우는 $a^2\leq k$

이때 $f(k)<10$이려면 $a^2<10^2$이어야 하므로 가능한 k의 값은

3, 4, …, 99

(i), (ii)에서 $f(k)<10$을 만족시키는 자연수 k의 개수는

$1+97=98$

$\quad\underset{\underline{\quad\quad}}{\;}99-3+1=97$

13 답 ④

$A\cup B^C=U$에서 $(A^C\cap B)^C=U$, $(B-A)^C=U$

따라서 $B-A=\varnothing$이므로 $B\subset A$

이차방정식 $x^2+mx+2=0$의 판별식을 D라 하면 $D=m^2-8$

(i) $m^2-8<0$, 즉 $-2\sqrt{2}<m<2\sqrt{2}$일 때,

이차방정식 $x^2+mx+2=0$은 서로 다른 두 허근을 가지므로

$B=\varnothing$

따라서 $B\subset A$를 만족시키므로 정수 m의 값은

-2, -1, 0, 1, 2

(ii) $m^2-8=0$, 즉 $m=2\sqrt{2}$ 또는 $m=-2\sqrt{2}$일 때,

$B\subset A$이려면 이차방정식 $x^2+mx+2=0$은 a 또는 $a+1$을 중근으로 가져야 한다. 그런데 m은 정수가 아니므로 조건을 만족시키지 않는다.

(iii) $m^2-8>0$, 즉 $m<-2\sqrt{2}$ 또는 $m>2\sqrt{2}$일 때,

$B\subset A$이려면 이차방정식 $x^2+mx+2=0$의 두 실근이 a, $a+1$이어야 한다.

이차방정식의 근과 계수의 관계에 의하여

$a+(a+1)=-m$ …… ㉠

$a(a+1)=2$ …… ㉡

㉡에서 $a^2+a-2=0$, $(a+2)(a-1)=0$

$\therefore a=1 \ (\because a>0)$

이를 ㉠에 대입하면

$-m=1+2 \quad \therefore m=-3$

(i), (ii), (iii)에서 구하는 정수 m은 -3, -2, -1, 0, 1, 2의 6개이다.

14 답 ②

ㄱ. $(A-B)-C=(A\cap B^C)\cap C^C$
$\qquad\qquad\qquad=A\cap(B^C\cap C^C)$
$\qquad\qquad\qquad=A\cap(B\cup C)^C$

ㄴ. $(A\cap B)-(A\cap C)=(A\cap B)\cap(A\cap C)^C$
$\qquad\qquad\qquad\qquad=(A\cap B)\cap(A^C\cup C^C)$
$\qquad\qquad\qquad\qquad=(A\cap B\cap A^C)\cup(A\cap B\cap C^C)$
$\qquad\qquad\qquad\qquad=\varnothing\cup(A\cap B\cap C^C)$
$\qquad\qquad\qquad\qquad=(A\cap B)\cap C^C$
$\qquad\qquad\qquad\qquad=(A\cap B)-C$

ㄷ. $A=\{1, 2, 3\}$, $B=\{1, 2\}$, $C=\{1, 3\}$이라 하면

$A\cup C=\{1, 2, 3\}$, $B\cup C=\{1, 2, 3\}$,

$A\cap C=\{1, 3\}$, $B\cap C=\{1\}$

이때 $(A\cup C)\subset(B\cup C)$이고 $(B\cap C)\subset(A\cap C)$이지만 $A\neq B$이다.

따라서 보기에서 항상 옳은 것은 ㄱ, ㄴ이다.

15 답 12

$X*Y=X\cap(X^C\cup Y)=(X\cap X^C)\cup(X\cap Y)$
$\qquad=\varnothing\cup(X\cap Y)=X\cap Y$

이므로 $(A*B)\cup C=A\cup(B*C)$에서

$(A\cap B)\cup C=A\cup(B\cap C)$

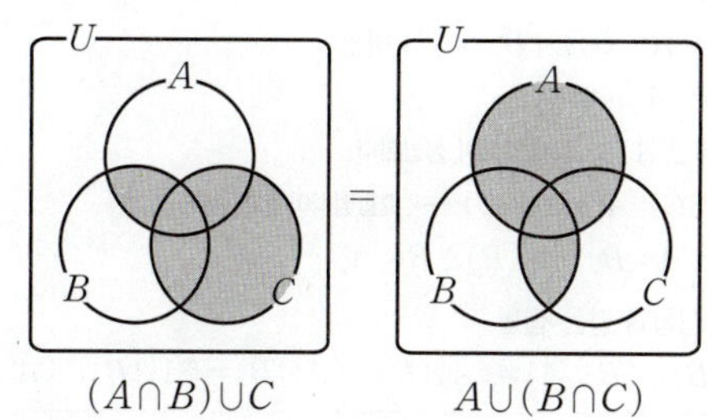

위의 벤 다이어그램에서 색칠한 부분이 서로 같으려면
$C-(A\cup B)=\varnothing$, $A-(B\cup C)=\varnothing$이어야 한다.
$\therefore (A\cap B)\cup(B\cap C)\cup(C\cap A)=\{1, 2, 3, 4, 5, 6\}$

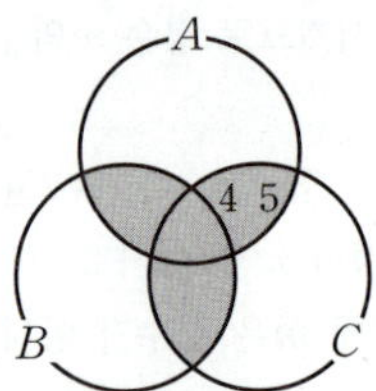

이때 $(A\cap C)-B=\{4, 5\}$이므로
$B\cap(A\cup C)=(A\cap B)\cup(B\cap C)=\{1, 2, 3, 6\}$
따라서 집합 $B\cap(A\cup C)$의 모든 원소의 합은
$1+2+3+6=12$

16 답 ㄱ, ㄷ

$A\triangle B=(A\cup B)\cap(A^c\cup B^c)=(A\cup B)\cap(A\cap B)^c$
$\qquad\quad =(A\cup B)-(A\cap B)=(A-B)\cup(B-A)$
이다.
ㄱ. $A\triangle B=(A-B)\cup(B-A)$이므로
$\quad A^c\triangle B^c=(A^c-B^c)\cup(B^c-A^c)$
$\qquad\qquad\quad =(A^c\cap B)\cup(B^c\cap A)$
$\qquad\qquad\quad =(A\cap B^c)\cup(B\cap A^c)$
$\qquad\qquad\quad =(A-B)\cup(B-A)=A\triangle B$
ㄴ. $A\triangle B=(A-B)\cup(B-A)$이므로
$\quad (A\triangle B)\triangle A=\{(A\triangle B)-A\}\cup\{A-(A\triangle B)\}$
$\qquad\qquad\qquad\quad =(B-A)\cup(A\cap B)=B$
$\quad (A\triangle B)\triangle B=\{(A\triangle B)-B\}\cup\{B-(A\triangle B)\}$
$\qquad\qquad\qquad\quad =(A-B)\cup(A\cap B)=A$
$\quad$ 따라서 $(A\triangle B)\triangle A\neq(A\triangle B)\triangle B$
ㄷ. $A\triangle B=(A\cup B)-(A\cap B)$이므로
$\quad (A\triangle B)\triangle C=\{(A\triangle B)\cup C\}-\{(A\triangle B)\cap C\}$와
$\quad A\triangle(B\triangle C)=\{A\cup(B\triangle C)\}-\{A\cap(B\triangle C)\}$를 벤 다이어그램으로 나타내면 모두 그림과 같다.

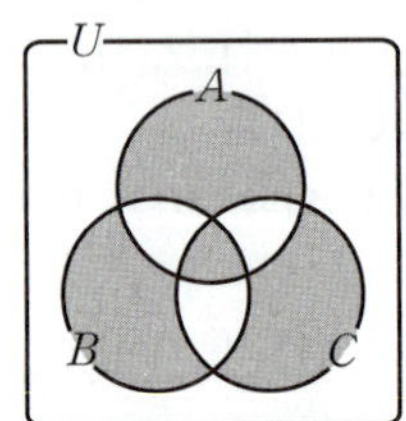

$\quad$ 따라서 $(A\triangle B)\triangle C=A\triangle(B\triangle C)$이다.
따라서 보기에서 항상 옳은 것은 ㄱ, ㄷ이다.

비법 NOTE

두 집합 A, B에 대하여 $A-B$와 $B-A$의 합집합, 즉
$(A-B)\cup(B-A)$를 대칭차집합이라 하고, 벤 다이어그램으로 나타내면 그림과 같다.

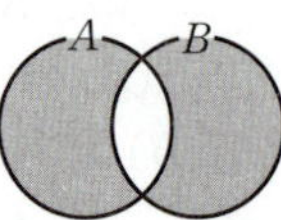

이때 $A\triangle B=(A-B)\cup(B-A)$라 하면
(1) $A\triangle A=\varnothing$, $A\triangle\varnothing=A$
(2) $A\triangle B=B\triangle A$ → **교환법칙이 성립한다.**
(3) $(A\triangle B)\triangle C=A\triangle(B\triangle C)$ → **결합법칙이 성립한다.**
(4) $(A\triangle B)\triangle A=B$, $(A\triangle B)\triangle B=A$
참고 대칭차집합과 같은 집합
$\quad (A-B)\cup(B-A)=(A\cup B)-(A\cap B)=(A\cup B)\cap(A^c\cup B^c)$

17 답 11

㈎에서
$A\cap(A^c\cup B^c)=(A\cap A^c)\cup(A\cap B^c)$
$\qquad\qquad\quad =\varnothing\cup(A\cap B^c)$
$\qquad\qquad\quad =A-B=\{4\}$
또 $A\cap B=A-(A-B)=\{3, 5\}$이므로 조건을 벤 다이어그램으로 나타내면 그림과 같다.

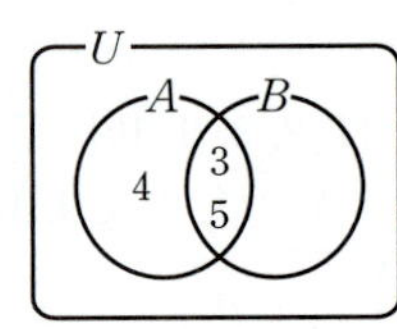

$U=(A\cap B)\cup(A\cap B)^c=\{1, 2, 3, 4, 5\}$이므로 1, 2가 집합 B에 속하는지를 확인하면 된다.
$1\notin B$이면 $X=\{1\}$일 때 $n((A\cup X)-B)\geq2$이므로 ㈏를 만족시키지 않는다.
$\therefore 1\in B$
$2\notin B$이면 $X=\{2\}$일 때 $n((A\cup X)-B)\geq2$이므로 ㈏를 만족시키지 않는다.
$\therefore 2\in B$
따라서 $B=\{1, 2, 3, 5\}$이므로 집합 B의 모든 원소의 합은
$1+2+3+5=11$

18 답 ⑤

$A\cup B^c=(A^c\cap B)^c=(B-A)^c$이므로 ㈎에서
$n(A\cup B^c)=n((B-A)^c)=7$이다.
또 $B-A=\{4, 7\}$에서 $n(B-A)=2$이므로
$n(U)=n(B-A)+n((B-A)^c)$
$\qquad =2+7=9$
따라서 $k=9$이고 $U=\{1, 2, 3, 4, 5, 6, 7, 8, 9\}$이다.
㈎에서 $B-A=\{4, 7\}$이고 ㈏에서 집합 A의 모든 원소의 합과 집합 B의 모든 원소의 합이 서로 같으므로 집합 $A-B$의 모든 원소의 합은 집합 $B-A=\{4, 7\}$의 모든 원소의 합인 11이다.
따라서 m은 4와 7 중 어느 수도 약수로 갖지 않고, 모든 약수의 합이 11 이상이어야 하므로 m이 될 수 있는 수는 6 또는 9이다.
(i) $m=6$일 때,
$\quad$ 집합 A는 $\{1, 2, 3, 6\}$이다. 이때 $A-B=\{2, 3, 6\}$이면 집합 $A-B$의 원소의 합이 11이므로 조건을 만족시킨다.
(ii) $m=9$일 때,
$\quad$ 집합 A는 $\{1, 3, 9\}$이다. 이때 집합 $A-B$의 원소의 합이 11인 경우는 존재하지 않으므로 조건을 만족시키지 않는다.
(i), (ii)에서 $m=6$이고 이때 $B=\{1, 4, 7\}$이다.
즉, $A\cup B=\{1, 2, 3, 6\}\cup\{1, 4, 7\}=\{1, 2, 3, 4, 6, 7\}$

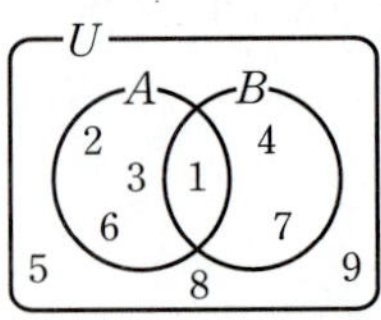

$A^c\cap B^c=(A\cup B)^c=\{5, 8, 9\}$이므로 집합 $A^c\cap B^c$의 모든 원소의 합은
$5+8+9=22$

19 답 **64**

$(A\cap B)\cup X=A\cap X$일 때, 모든 집합 X에 대하여

$X\subset(A\cap B)\cup X=(A\cap X)\subset X$이므로

$X=(A\cap B)\cup X=A\cap X$

$X=(A\cap B)\cup X$에서

$(A\cap B)\subset X$ ⋯⋯ ㉠

$X=A\cap X$에서

$X\subset A$ ⋯⋯ ㉡

㉠, ㉡에서

$(A\cap B)\subset X\subset A$

따라서 집합 X의 개수는 집합 A의 부분집합 중 집합 $A\cap B$의 원소인 7, 8, 9, 10을 모두 원소로 갖는 집합의 개수와 같으므로

$2^{10-4}=2^6=64$

20 답 **16**

$(X-A)\subset(A-X)$에서

$(X-A)\cap(A-X)=X-A$이고

$\begin{aligned}(X-A)\cap(A-X)&=(X\cap A^c)\cap(A\cap X^c)\\&=(A\cap A^c)\cap(X\cap X^c)\\&=\varnothing\end{aligned}$

즉, $X-A=\varnothing$이므로 $X\subset A$

따라서 집합 X는 집합 $A=\{1,\,2,\,5,\,10\}$의 부분집합이므로 구하는 부분집합 X의 개수는 $2^4=16$

21 답 **32**

전체집합 U는 $U=\left\{\dfrac{1}{2},\,\dfrac{1}{2^2},\,\dfrac{1}{2^3},\,\cdots,\,\dfrac{1}{2^n}\right\}$이고, 집합

$A_i\,(i=1,\,2,\,3,\,\cdots,\,2^n-1)$의 원소 중에서 최솟값 a_i는 전체집합 U의 원소이다.

$a_i=\dfrac{1}{2}$인 경우 ➡ 집합 A_i의 원소 중에서 최솟값이 $\dfrac{1}{2}$이므로 A_i는 $\dfrac{1}{2}$을 원소로 가지면서 집합 $\left\{\dfrac{1}{2}\right\}$의 부분집합이다. 즉, 부분집합의 개수는 1이다.

$a_i=\dfrac{1}{2^2}$인 경우 ➡ 집합 A_i의 원소 중에서 최솟값이 $\dfrac{1}{2^2}$이므로 A_i는 $\dfrac{1}{2^2}$을 원소로 가지면서 집합 $\left\{\dfrac{1}{2},\,\dfrac{1}{2^2}\right\}$의 부분집합이다. 즉, 부분집합의 개수는 2이다.

$\vdots$

$a_i=\dfrac{1}{2^n}$인 경우 ➡ 집합 A_i의 원소 중에서 최솟값이 $\dfrac{1}{2^n}$이므로 A_i는 $\dfrac{1}{2^n}$을 원소로 가지면서 집합 $\left\{\dfrac{1}{2},\,\dfrac{1}{2^2},\,\cdots,\,\dfrac{1}{2^n}\right\}$의 부분집합이다. 즉, 부분집합의 개수는 2^{n-1}이다.

따라서

$\begin{aligned}a_1+a_2+a_3+\cdots+a_{2^n-1}&=\dfrac{1}{2}\times1+\dfrac{1}{2^2}\times2+\dfrac{1}{2^3}\times2^2+\cdots+\dfrac{1}{2^n}\times2^{n-1}\\&=\dfrac{1}{2}+\dfrac{1}{2}+\dfrac{1}{2}+\cdots+\dfrac{1}{2}\\&=\dfrac{n}{2}\end{aligned}$

이고 $\dfrac{n}{2}=16$이므로 $n=32$이다.

22 답 **22**

주어진 집합을 벤 다이어그램으로 나타내면 그림과 같다.

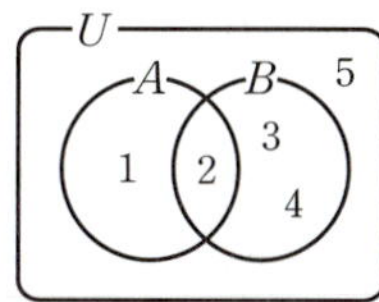

이때 $A\cap B=\{2\}$이므로 다음과 같이 집합 $A\cap B$의 원소가 집합 X에 포함되는 경우와 그렇지 않은 경우로 나눌 수 있다.

(i) $2\in X$인 경우

$X\cap A\neq\varnothing$, $X\cap B\neq\varnothing$을 만족시키는 집합 X의 개수는 전체집합 U의 부분집합 중에서 2를 반드시 원소로 갖는 부분집합의 개수와 같다.

$\therefore\ 2^{5-1}=2^4=16$

(ii) $2\notin X$인 경우

$X\cap A\neq\varnothing$, $X\cap B\neq\varnothing$을 만족시키려면 집합 X는 1을 반드시 원소로 갖고 3 또는 4도 원소로 가져야 한다.

따라서 집합 X는 $\{1,\,3\}$, $\{1,\,4\}$, $\{1,\,3,\,4\}$, $\{1,\,3,\,5\}$, $\{1,\,4,\,5\}$, $\{1,\,3,\,4,\,5\}$의 6개이다.

(i), (ii)에서 조건을 만족시키는 집합 X의 개수는

$16+6=22$

23 답 **③**

$f(n)$은 n을 반드시 원소로 갖고 n보다 작은 자연수는 원소로 갖지 않는 집합 X의 부분집합의 개수이므로

$f(n)=2^{10-1-(n-1)}=2^{10-n}$

ㄱ. $f(8)=2^{10-8}=2^2=4$

ㄴ. $a=1$, $b=9$라 하면 $1\in X$, $9\in X$이고 $1<9$이지만

$f(1)=2^{10-1}=2^9=512$, $f(9)=2^{10-9}=2$이므로

$f(1)>f(9)$

ㄷ. $\begin{aligned}f(1)+f(3)&+f(5)+f(7)+f(9)\\&=2^{10-1}+2^{10-3}+2^{10-5}+2^{10-7}+2^{10-9}\\&=2^9+2^7+2^5+2^3+2^1\\&=512+128+32+8+2\\&=682\end{aligned}$

따라서 보기에서 옳은 것은 ㄱ, ㄷ이다.

비법 NOTE

원소의 개수가 n인 집합 X의 부분집합 중 특정한 k개의 원소는 포함하고 특정한 l개의 원소는 포함하지 않는 부분집합의 개수 ➡ 2^{n-k-l}

24 답 **④**

$(A-B)\cap(B-A)=\varnothing$이므로

$\begin{aligned}n((A-B)\cup(B-A))&=n(A-B)+n(B-A)\\&=n(A)-n(A\cap B)+n(B)-n(A\cap B)\\&=n(A)+n(B)-2\times n(A\cap B)\end{aligned}$

$A=\{1,\,3,\,5,\,7,\,9,\,11,\,\cdots,\,99\}$, $B=\{2,\,5,\,8,\,11,\,\cdots,\,98\}$이므로

$n(A)=50$, $n(B)=33$ ($2\times50-1=99$) ($3\times33-1=98$)

$A\cap B=\{5,\,11,\,17,\,\cdots,\,95\}$ ($6\times16-1=95$)

즉, $A\cap B=\{x\,|\,x=6k-1,\ k$는 자연수$\}$이므로

$n(A\cap B)=16$

$\begin{aligned}\therefore\ n((A-B)\cup(B-A))&=50+33-2\times16\\&=51\end{aligned}$

25 답 4

$$n(A\cap B^c\cap C^c)=n(A\cap(B\cup C)^c)$$
$$=n(A-(B\cup C))$$
$$=n(A)-n(A\cap(B\cup C))$$
$$=23-n(A\cap(B\cup C))$$

따라서 $n(A\cap B^c\cap C^c)$의 값이 최소이려면 $n(A\cap(B\cup C))$의 값이 최대이어야 한다.

이때 집합 $A\cap(B\cup C)$와 벤 다이어그램의 각 영역에 속하는 원소의 개수를 그림과 같이 나타 내면 $n(B)=15$이므로

$b+d+10=15$, $b+d=5$

이때 d의 값이 최대이어야 하므로 $d=5$

$n(C)=18$이므로

$c+e+10=18$, $c+e=8$

이때 e의 값이 최대이어야 하므로 $e=8$

$n(A\cap(B\cup C))$의 최댓값은

$d+e+6=5+8+6=19$

따라서 $n(A\cap B^c\cap C^c)$의 최솟값은

$23-19=4$

26 답 225

고등학교 1학년 학생 전체의 집합을 U라 하고, 두 동아리 A, B에 가입한 학생의 집합을 각각 A, B라 하자.

$n(U)=N$이라 하면

$n(A)=\dfrac{2}{5}N$, $n(B)=\dfrac{3}{4}N$, $n(A\cap B)=\dfrac{1}{3}N$

$$\therefore\ n(A\cup B)=n(A)+n(B)-n(A\cap B)$$
$$=\dfrac{2}{5}N+\dfrac{3}{4}N-\dfrac{1}{3}N=\dfrac{49}{60}N$$

한편 $n((A\cup B)^c)=55$이고, $n((A\cup B)^c)=n(U)-n(A\cup B)$이므로

$55=N-\dfrac{49}{60}N$, $\dfrac{11}{60}N=55$ $\qquad\therefore\ N=300$

$\therefore\ n(B)=\dfrac{3}{4}N=\dfrac{3}{4}\times300=225$

따라서 동아리 B에 가입한 학생 수는 225이다.

27 답 ②

은행 A와 은행 B를 이용하는 고객의 집합을 각각 A, B라 하면

$n(A\cup B)=35+30=65$

㈎에서 $n(A)+n(B)=82$이므로

$$n(A\cap B)=n(A)+n(B)-n(A\cup B)$$
$$=82-65=17$$

따라서 두 은행 A, B 중 한 은행만 이용하는 고객의 수는

$n(A\cup B)-n(A\cap B)=65-17=48$

㈏에서 두 은행 A, B 중 한 은행만 이용하는 남자 고객의 수와 두 은행 A, B 중 한 은행만 이용하는 여자 고객의 수는 각각 24이다.

따라서 은행 A 또는 은행 B를 이용하는 여자 고객의 수는 30이고 두 은행 A, B 중 한 은행만 이용하는 여자 고객의 수는 24이므로 은행 A와 은행 B를 모두 이용하는 여자 고객의 수는

$30-24=6$

㈏에서 두 은행 A, B 중 한 은행만 이용하는 남자 고객의 수와 두 은행 A, B 중 한 은행만 이용하는 여자 고객의 수가 같으므로 이를 x라 하면 은행 A와 은행 B를 모두 이용하는 남자 고객의 수는 $35-x$이고 은행 A와 은행 B를 모두 이용하는 여자 고객의 수는 $30-x$이다.

㈎에서

$\{x+2(35-x)\}+\{x+2(30-x)\}=82$

$(-x+70)+(-x+60)=82$

$2x=48$

$\therefore\ x=24$

따라서 은행 A와 은행 B를 모두 이용하는 여자 고객의 수는

$30-24=6$

28 답 13

학생 전체의 집합을 U, 세 종류의 책 A, B, C를 읽은 학생들의 집합을 각각 A, B, C라 하자.

$n(A\cap C)=0$, $n((A\cup B\cup C)^c)=3$이므로 전체집합 U의 세 부분집합 A, B, C와 벤 다이어그램의 각 영역에 속하는 원소의 개수를 나타내면 그림과 같다.

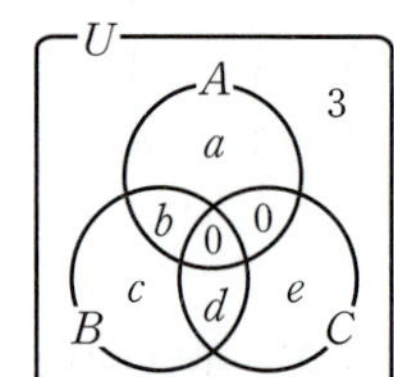

$n(A)=14$, $n(B)=16$, $n(A\cup B)=22$이므로

$$n(A\cap B)=n(A)+n(B)-n(A\cup B)$$
$$=14+16-22$$
$$=8$$

$\therefore\ b=8$

$a=n(A)-b=14-8=6$ ┄┄┄┄┄┄┄┄┄┄┄ 배점 **40%**

한편

$$n(B\cup C)=n(U)-a-3$$
$$=35-6-3$$
$$=26$$

또 $n(C)=15$이므로

$$n(B\cap C)=n(B)+n(C)-n(B\cup C)$$
$$=16+15-26$$
$$=5$$

$\therefore\ d=5$ ┄┄┄┄┄┄┄┄┄┄┄┄┄┄┄ 배점 **40%**

따라서 A, B, C 중에서 두 종류의 책만 읽은 학생 수는

$b+d=8+5=13$ ┄┄┄┄┄┄┄┄┄┄┄ 배점 **20%**

01 131	02 10	03 ⑤	04 ⑤	05 22	06 ④
07 ②	08 28	09 ③	10 ③	11 61	12 31

01 답 131

1단계 n의 조건 파악하기

집합 $A_3 \cap A_n$은 3과 n의 공배수의 집합이고 $A_3 \cap A_n = A_{3n}$에서 3과 n의 최소공배수가 $3n$이므로 3과 n은 서로소이다.

$147 \notin A_3{}^C \cup A_n$에서 $147 \notin (A_3 \cap A_n{}^C)^C$이므로

$147 \in A_3 \cap A_n{}^C$

$\therefore 147 \in A_3 - A_n$

이때 $147 \notin A_n$이므로 n은 147의 약수가 아니다.

따라서 n은 3의 배수도 아니고 147의 약수도 아니다.

2단계 n의 개수 구하기

200 이하인 3의 배수는 66개, 147의 약수는 1, 3, 7, 21, 49, 147의 6개이고, 이때 200 이하의 3의 배수이면서 147의 약수인 수는 3, 21, 147의 3개이므로 조건을 만족시키는 200 이하의 자연수 n의 개수는

$200 - 66 - 6 + 3 = 131$

02 답 10

1단계 x와 y 사이의 관계 이해하기

㈏에서 $x \in X$일 때, x의 배수 또는 약수는 집합 X의 원소가 될 수 있다.

2단계 집합 X 구하기

1은 모든 자연수의 약수이므로 1이 원소가 되는 경우는 나머지 원소끼리 배수 또는 약수이면 된다.

(i) $1 \in X$일 때,

1보다 큰 10 이하의 두 자연수 x, $y\,(x < y)$에 대하여 $\dfrac{y}{x}$의 값이 자연수가 되는 경우는

$$\frac{4}{2},\ \frac{6}{2},\ \frac{8}{2},\ \frac{10}{2},\ \frac{6}{3},\ \frac{9}{3},\ \frac{8}{4},\ \frac{10}{5}$$

따라서 1과 위의 분모, 분자에 사용된 x, y의 값을 이용하여 조건을 만족시키는 집합 X를 구하면

$\{1, 2, 4\}$, $\{1, 2, 6\}$, $\{1, 2, 8\}$, $\{1, 2, 10\}$, $\{1, 3, 6\}$, $\{1, 3, 9\}$, $\{1, 4, 8\}$, $\{1, 5, 10\}$, $\{1, 2, 4, 8\}$

(ii) $1 \notin X$일 때,

   └ $\dfrac{4}{2}$, $\dfrac{8}{4}$, $\dfrac{8}{2}$이 모두 자연수이다.

$X = \{2, 4, 8\}$

3단계 집합 X의 개수 구하기

(i), (ii)에서 조건을 만족시키는 집합 X의 개수는 10이다.

03 답 ⑤

1단계 $k = 1, 2, 3, \ldots$일 때, 집합 A_k 구하기

$k = 1$일 때, $A_1 = \{1\}$

$k = 2$일 때, $A_2 = \{2, 4, 6, 8\}$

$k = 3$일 때, $A_3 = \{1, 3, 7, 9\}$

$k = 4$일 때, $A_4 = \{4, 6\}$

$k = 5$일 때, $A_5 = \{5\}$

$k = 6$일 때, $A_6 = \{6\}$

$k = 7$일 때, $A_7 = \{1, 3, 7, 9\}$

$k = 8$일 때, $A_8 = \{2, 4, 6, 8\}$

$k = 9$일 때, $A_9 = \{1, 9\}$

$k = 10$일 때, $A_{10} = \{0\}$

$k = 11$일 때, $A_{11} = \{1\}$

  $\vdots$

2단계 집합 A_k의 원소에 관한 규칙 이해하기

이때 $A_2 = A_8$, $A_3 = A_7$이고 10 이하인 자연수 l에 대하여 $A_l = A_{10+l}$이 성립한다.

3단계 $f(1) + f(2) + f(3) + \cdots + f(9)$의 값 구하기

$A_2 = A_8$에서 $f(2) = 8$, $f(8) = 2$, $A_3 = A_7$에서 $f(3) = 7$, $f(7) = 3$

$A_1 = A_{11}$, $A_4 = A_{14}$, $A_5 = A_{15}$, $A_6 = A_{16}$, $A_9 = A_{19}$에서

$f(1) = 11$, $f(4) = 14$, $f(5) = 15$, $f(6) = 16$, $f(9) = 19$

$\therefore f(1) + f(2) + f(3) + \cdots + f(9)$

$\quad = 11 + 8 + 7 + 14 + 15 + 16 + 3 + 2 + 19 = 95$

04 답 ⑤

1단계 ㄱ이 옳은지 확인하기

전체집합 U의 세 부분집합 A, B, C와 벤 다이어그램의 각 영역에 속하는 원소의 개수를 그림과 같이 나타내면

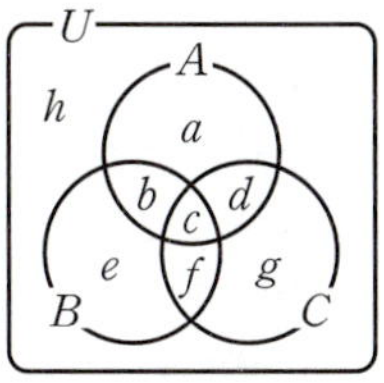

$n(B \cap C) = c + f = 2$ $\cdots\cdots$ ㉠

$n(B - A) = e + f = 1$ $\cdots\cdots$ ㉡

$n(C - A) = f + g = 2$ $\cdots\cdots$ ㉢

ㄱ. $n(A \cap B \cap C) = c = 0$이면 ㉠에서 $f = 2$이므로 ㉡을 만족시키는 음이 아닌 정수 e의 값은 존재하지 않는다.

  $\therefore n(A \cap B \cap C) \neq 0$

2단계 ㄴ이 옳은지 확인하기

ㄴ. $n(A \cap B \cap C) = c = 2$이면 ㉠, ㉡, ㉢에서

  $f = 0$, $e = 1$, $g = 2$

  즉, $c + e + g = 5$이고 $n(U) = 5$이므로 나머지 영역의 원소의 개수는 모두 0이다.

  $\therefore n(C) = 2 + 2 = 4$

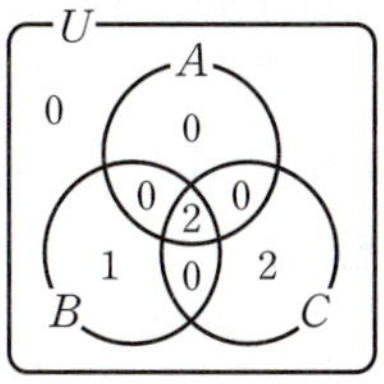

3단계 ㄷ이 옳은지 확인하기

ㄷ. ㄱ에서 $c \neq 0$이므로 ㉠에서 $c = 1$ 또는 $c = 2$

 (i) $c = 2$일 때,

  ㄴ에서 $n(A) = 2$, $n(B) = 3$, $n(C) = 4$이므로

  $n(A) \times n(B) \times n(C) = 2 \times 3 \times 4 = 24$

 (ii) $c = 1$일 때,

  ㉠, ㉡, ㉢에서

  $f = 1$, $e = 0$, $g = 1$

  $n(A) \times n(B) \times n(C)$의 값이 최소가 되기 위해서는

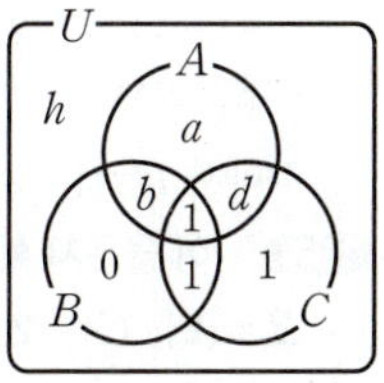

  $a = b = d = 0$, $h = 2$

  이때 $n(A) \times n(B) \times n(C) = 1 \times 2 \times 3 = 6$

  $n(A) \times n(B) \times n(C)$의 값이 최대가 되기 위해서는

  $a = h = 0$, $b + d = 2$

  ⓘ $b = 2$, $d = 0$일 때,

   $n(A) \times n(B) \times n(C) = 3 \times 4 \times 3 = 36$

  ⓘⓘ $b = 1$, $d = 1$일 때,

   $n(A) \times n(B) \times n(C) = 3 \times 3 \times 4 = 36$

  ⓘⓘⓘ $b = 0$, $d = 2$일 때,

   $n(A) \times n(B) \times n(C) = 3 \times 2 \times 5 = 30$

 (i), (ii)에서 $n(A) \times n(B) \times n(C)$의 최댓값은 36, 최솟값은 6이다.

  따라서 $n(A) \times n(B) \times n(C)$의 최댓값과 최솟값의 합은 42이다.

4단계 옳은 것 구하기

따라서 보기에서 옳은 것은 ㄱ, ㄴ, ㄷ이다.

05 답 22

1단계 자연수 p의 값 구하기

㈎에서 $A_2 \cap A_3$은 2의 배수이면서 3의 배수의 집합이므로 2와 3의 공배수의 집합이다.

이때 2와 3의 최소공배수가 6이므로 $k=6$

따라서 $A_p \subset A_6$을 만족시키는 자연수 p의 값은 6, 12, 18, …이다.

2단계 자연수 q의 값 구하기

㈏에서 $B_{20}=\{1, 2, 4, 5, 10, 20\}$이므로 집합 B_{20}의 모든 원소의 합은 42이다.

(i) q가 20의 약수인 경우

$B_q \cup B_{20}=B_{20}$이므로 집합 $B_q \cup B_{20}$의 모든 원소의 합이 42가 되어 조건을 만족시키지 않는다.

(ii) q가 20의 약수가 아닌 경우

집합 B_q-B_{20}에 포함되는 원소가 존재하고 $(q+50)-42=q+8$이므로 집합 B_q-B_{20}의 원소 중에서 q를 제외한 모든 원소의 합이 8이어야 한다.

이때 $8=1+7=2+6=3+5=1+2+5=1+3+4$이므로 B_q-B_{20}의 원소로 가능한 수는 8, q뿐이다.

따라서 $8 \in B_q$에서 8은 q의 약수이므로 가능한 자연수 q의 값은 16, 40이다.

3단계 $p+q$의 최솟값 구하기

따라서 $p+q$의 최솟값은 $p=6$, $q=16$일 때, 22이다.

06 답 ④

1단계 $i^m+(-i)^n$의 m, n에 집합 A의 원소를 대입하여 가능한 a의 값 구하기

$i^2=-1$, $i^4=1$, $i^6=-1$,

$(-i)^2=-1$, $(-i)^4=1$, $(-i)^6=-1$

이므로 가능한 $a=i^m+(-i)^n$의 값은 -2, 0, 2이다.

2단계 ㄱ이 옳은지 확인하기

ㄱ. $B=\{2\}$, $C=\{2, 4\}$이면

$i^2+(-i)^2=-2$,

$i^2+(-i)^4=0$

따라서 $D=\{-2, 0\}$이므로 $n(D)=2$이다.

3단계 ㄴ이 옳은지 확인하기

ㄴ. $B=\{2\}$, $C=\{2, 4, 6\}$이라 하면 $n(B \cup C)=3$이고 $n(B \cap C)=1$이지만 $D=\{-2, 0\}$이므로 $n(D)=2$이다.

4단계 ㄷ이 옳은지 확인하기

ㄷ. 집합 A의 공집합이 아닌 두 부분집합 B, C에 대하여 $n(B \cup C)=3$이고 $n(B \cap C)=0$인 경우는

$B=\{2, 4\}$, $C=\{6\}$

또는 $B=\{6\}$, $C=\{2, 4\}$

또는 $B=\{2, 6\}$, $C=\{4\}$

또는 $B=\{4\}$, $C=\{2, 6\}$

또는 $B=\{4, 6\}$, $C=\{2\}$

또는 $B=\{2\}$, $C=\{4, 6\}$

위의 6가지 경우 각각에 대하여 $D=\{-2, 0\}$ 또는 $D=\{0\}$이므로 $0 \in D$이다.

5단계 옳은 것 구하기

따라서 보기에서 옳은 것은 ㄱ, ㄷ이다.

07 답 ②

1단계 x의 값을 구하여 집합 A_k 유추하기

집합 A_k는 전체집합 U의 부분집합이므로 $x(y-k)=30$에서 x는 20 이하의 자연수이고 x와 $y-k$는 30의 약수이다.

이때 $y \in U$에서 $y-k<20$이므로 $x \neq 1$

또 $x \in U$에서 $x \neq 30$이므로 $y-k \neq 1$

따라서 $y-k$의 값에 따른 x의 값은 다음 표와 같다.

$y-k$	2	3	5	6	10	15
x	15	10	6	5	3	2

$\therefore A_k \subset \{2, 3, 5, 6, 10, 15\}$

2단계 집합 B를 구하고 k의 값에 따른 집합 $A_k \cap B^C$ 유추하기

$\dfrac{30-x}{5} \in U$에서 $30-x$는 5의 배수이므로

$B=\{5, 10, 15, 20\}$

$\therefore (A_k \cap B^C) \subset \{2, 3, 6\}$

(i) $2 \in A_k \cap B^C$, 즉 $2 \in A_k$일 때,

$x=2$, $y-k=15$에서 $y=15+k \leq 20$이므로 $k \leq 5$

(ii) $3 \in A_k \cap B^C$, 즉 $3 \in A_k$일 때,

$x=3$, $y-k=10$에서 $y=10+k \leq 20$이므로 $k \leq 10$

(iii) $6 \in A_k \cap B^C$, 즉 $6 \in A_k$일 때,

$x=6$, $y-k=5$에서 $y=5+k \leq 20$이므로 $k \leq 15$

(i), (ii), (iii)에서

$k \leq 5$일 때, $A_k \cap B^C=\{2, 3, 6\}$

$5<k \leq 10$일 때, $A_k \cap B^C=\{3, 6\}$

$10<k \leq 15$일 때, $A_k \cap B^C=\{6\}$

3단계 $n(A_k \cap B^C)=1$을 만족시키는 자연수 k의 개수 구하기

따라서 $n(A_k \cap B^C)=1$을 만족시키는 자연수 k는 11, 12, 13, 14, 15의 5개이다.

08 답 28

1단계 n의 값 구하기

집합 A의 부분집합의 개수는 $2^4=16$이므로

$n+2=16$

$\therefore n=14$

2단계 a의 값 구하기

집합 A의 부분집합 중 원소 a를 포함하는 부분집합의 개수는

$2^{4-1}=8$

또 나머지 3개의 원소 각각에 대하여 집합 A의 부분집합 중 그 원소를 포함하는 부분집합의 개수는

$2^{4-1}=8$

따라서 공집합을 제외한 집합 A의 모든 부분집합에 각 원소가 8번씩 들어가므로 모든 부분집합의 모든 원소의 합은

$8(a+a+1+a+2+a+3)=32a+48$

이때 $S_1+S_2+S_3+\cdots+S_n$의 값은 공집합과 집합 A를 제외한 나머지 14개의 부분집합의 모든 원소의 합이므로

$S_1+S_2+S_3+\cdots+S_n=(32a+48)-(4a+6)$

└→ **집합 A의 모든 원소의 합이다.**

$=28a+42$

따라서 $28a+42=98$이므로 $a=2$

3단계 $n \times a$의 값 구하기

$\therefore n \times a=28$

09 답 ③

1단계 $S(C-B)$의 값이 홀수임을 알기

㈎에서 $B\subset C$이므로 $S(B)+S(C)=2S(B)+S(C-B)$

이때 ㈏에서 $S(B)+S(C)$의 값이 홀수이고, $2S(B)$의 값은 짝수이므로 $S(C-B)$의 값은 홀수이다.

2단계 $n(C-B)$의 값에 따라 순서쌍 (B, C)의 개수 구하기

집합 $C-B$와 집합 B가 정해지면 순서쌍 (B, C)가 하나로 정해진다.

(i) $n(C-B)=1$인 경우

집합 $C-B$의 원소는 홀수이어야 하므로 집합 $C-B$의 개수는

$$_2C_1=2$$

이때 집합 B는 나머지 3개의 원소로 이루어진 집합의 공집합이 아닌 부분집합이므로 집합 B의 개수는

$$2^3-1=7$$

따라서 순서쌍 (B, C)의 개수는

$$2\times7=14$$

(ii) $n(C-B)=2$인 경우

집합 $C-B$의 원소는 홀수 1개, 짝수 1개이어야 하므로 집합 $C-B$의 개수는

$$_2C_1\times_2C_1=4$$

이때 집합 B는 나머지 2개의 원소로 이루어진 집합의 공집합이 아닌 부분집합이므로 집합 B의 개수는

$$2^2-1=3$$

따라서 순서쌍 (B, C)의 개수는

$$4\times3=12$$

(iii) $n(C-B)=3$인 경우

집합 $C-B$의 원소는 홀수 1개, 짝수 2개이어야 하므로 집합 $C-B$의 개수는

$$_2C_1\times_2C_2=2$$

이때 집합 B는 나머지 1개의 원소로 이루어진 집합의 공집합이 아닌 부분집합이므로 집합 B의 개수는 1

따라서 순서쌍 (B, C)의 개수는

$$2\times1=2$$

3단계 조건을 만족시키는 순서쌍 (B, C)의 개수 구하기

(i), (ii), (iii)에서 조건을 만족시키는 순서쌍 (B, C)의 개수는

$$14+12+2=28$$

다른 풀이

㈎에서 $B\subset C$이므로

$$S(B)+S(C)=2S(B)+S(C-B)$$

이때 ㈏에서 $S(B)+S(C)$의 값이 홀수이고, $2S(B)$의 값은 짝수이므로 $S(C-B)$의 값은 홀수이다.

(i) $S(C-B)=1$인 경우 → $S(A)=10$이므로 $S(C-B)$의 값은 10 이하의 홀수이다.

$C-B=\{1\}$일 때뿐이다.

따라서 집합 B는 $\{2, 3, 4\}$의 공집합이 아닌 부분집합과 같으므로 집합 B의 개수는

$$2^3-1=7$$

(ii) $S(C-B)=3$인 경우

$C-B=\{3\}$ 또는 $C-B=\{1, 2\}$일 때이다.

따라서 <u>집합 B가 $\{1, 2, 4\}$의 공집합이 아닌 부분집합이거나 $\{3, 4\}$</u> → $C-B=\{3\}$인 경우이다.

<u>의 공집합이 아닌 부분집합과 같으므로 집합 B의 개수는</u> → $C-B=\{1, 2\}$인 경우이다.

$$(2^3-1)+(2^2-1)=7+3=10$$

(iii) $S(C-B)=5$인 경우

$C-B=\{1, 4\}$ 또는 $C-B=\{2, 3\}$일 때이다.

따라서 집합 B가 $\{2, 3\}$의 공집합이 아닌 부분집합이거나 $\{1, 4\}$의 공집합이 아닌 부분집합과 같으므로 집합 B의 개수는

$$(2^2-1)+(2^2-1)=3+3=6$$

(iv) $S(C-B)=7$인 경우

$C-B=\{3, 4\}$ 또는 $C-B=\{1, 2, 4\}$일 때이다.

따라서 집합 B가 $\{1, 2\}$의 공집합이 아닌 부분집합이거나 $\{3\}$일 때이므로 집합 B의 개수는

$$(2^2-1)+1=3+1=4$$

(v) $S(C-B)=9$인 경우

$C-B=\{2, 3, 4\}$일 때이므로 집합 B가 $\{1\}$일 때뿐이다.

(i)~(v)에서 집합 B의 개수는

$$7+10+6+4+1=28$$

이때 집합 B가 결정되면 집합 C는 하나로 결정되므로 집합 B의 개수와 순서쌍 (B, C)의 개수는 같다.

따라서 구하는 순서쌍 (B, C)의 개수는 28이다.

10 답 ③

1단계 집합 A_k 구하기

9 이하의 자연수 k를 대입하여 집합 A_k를 구하면

$A_1=\{x|0\leq x\leq2\}$, $A_2=\{x|1\leq x\leq3\}$, $A_3=\{x|2\leq x\leq4\}$,

$A_4=\{x|3\leq x\leq5\}$, $A_5=\{x|4\leq x\leq6\}$, $A_6=\{x|5\leq x\leq7\}$,

$A_7=\{x|6\leq x\leq8\}$, $A_8=\{x|7\leq x\leq9\}$, $A_9=\{x|8\leq x\leq10\}$

2단계 ㄱ이 옳은지 확인하기

ㄱ. $A_1\cap A_2\cap A_3=\{x|0\leq x\leq2\}\cap\{x|1\leq x\leq3\}\cap\{x|2\leq x\leq4\}$
$$=\{2\}$$

3단계 ㄴ이 옳은지 확인하기

ㄴ. $|l-m|\leq2$이고 l, m은 자연수이므로

$|l-m|=0$ 또는 $|l-m|=1$ 또는 $|l-m|=2$

(i) $|l-m|=0$일 때,

$m=l$이므로 $A_l\cap A_m=A_l\neq\varnothing$

(ii) $|l-m|=1$일 때,

$$A_1\cap A_2=A_2\cap A_1=\{x|1\leq x\leq2\}\neq\varnothing$$
$$A_2\cap A_3=A_3\cap A_2=\{x|2\leq x\leq3\}\neq\varnothing$$
$$\vdots$$
$$A_8\cap A_9=A_9\cap A_8=\{x|8\leq x\leq9\}\neq\varnothing$$

(iii) $|l-m|=2$일 때,

$$A_1\cap A_3=A_3\cap A_1=\{2\}\neq\varnothing$$
$$A_2\cap A_4=A_4\cap A_2=\{3\}\neq\varnothing$$
$$\vdots$$
$$A_7\cap A_9=A_9\cap A_7=\{8\}\neq\varnothing$$

(i), (ii), (iii)에서 $|l-m|\leq2$일 때, 두 집합 A_l과 A_m은 서로소가 아니다.

4단계 ㄷ이 옳은지 확인하기

ㄷ. $A_k\cap A_{k+1}\cap A_{k+2}\cap A_{k+3}=\varnothing\,(k=1, 2, \cdots, 6)$이고 $A_1\cap A_2\cap A_3=\{2\}$, $A_4\cap A_5\cap A_6=\{5\}$, $A_7\cap A_8\cap A_9=\{8\}$이므로 모든 A_k와 서로소가 아니고 원소가 유한개인 집합 중 원소의 개수가 최소인 집합은 $\{2, 5, 8\}$이고, 이 집합의 원소의 개수는 3이다.

5단계 옳은 것 구하기

따라서 보기에서 옳은 것은 ㄱ, ㄴ이다.

11 답 61

1단계 조건 ㈎를 만족시키는 집합 A에 대하여 $n(A)$의 최댓값 구하기

전체집합 U의 원소 중 5로 나누었을 때의 나머지가 각각 0, 1, 2, 3, 4인 원소 전체의 집합을 차례대로 P_0, P_1, P_2, P_3, P_4라 하면 이 5개의 집합은 모두 원소의 개수가 20이다.

㈎에서 집합 A의 원소는 5로 나누었을 때의 나머지가 0인 수이므로
$A \subset P_0$

따라서 $n(A) \leq n(P_0) = 20$이므로 $n(A)$의 최댓값은 20이다.

2단계 조건 ㈏를 만족시키는 집합 B에 대하여 $n(B)$의 최댓값 구하기

㈏에서 집합 B는 5로 나누었을 때의 나머지의 합이 0 또는 5인 두 수를 동시에 포함하지 않아야 한다.

따라서 집합 B는 집합 P_0의 원소를 하나만 포함하거나 4개의 집합 $P_1 \cup P_2$ 또는 $P_1 \cup P_3$ 또는 $P_2 \cup P_4$ 또는 $P_3 \cup P_4$의 부분집합이므로
$$n(B) \leq n(P_1 \cup P_2) + 1$$
$$= n(P_1) + n(P_2) + 1 \quad \lfloor\, P_1 \cap P_2 = \varnothing$$
$$= 41$$

즉, $n(B)$의 최댓값은 41이다.

3단계 $n(A) + n(B)$의 최댓값 구하기

따라서 $n(A) + n(B)$의 최댓값은
$$20 + 41 = 61$$

12 답 31

1단계 조건 ㈎를 만족시키는 세 집합 A_p, A_q, A_r 유추하기

$p = p_1^2$, $q = q_1^2$, $r = r_1^2 r_2$ (p_1, q_1, r_1, r_2는 소수, $r_1 \neq r_2$)이면
$\lfloor\, r = r_1^5$ 꼴이면 집합 $A_p \cup A_q \cup A_r$의 모든 원소의 합이 50보다 크다.

$A_p = \{1, p_1, p_1^2\}$, $A_q = \{1, q_1, q_1^2\}$, $A_r = \{1, r_1, r_1^2, r_2, r_1 r_2, r_1^2 r_2\}$
이므로 ㈎를 만족시킨다.

2단계 조건 ㈏를 만족시키는 p, q, r의 값 구하기

(i) $p_1 = 2$, $q_1 = 3$, $r_1 = 2$, $r_2 = 3$인 경우

$p = 4$, $q = 9$, $r = 12$이므로
$A_p = \{1, 2, 4\}$, $A_q = \{1, 3, 9\}$, $A_r = \{1, 2, 3, 4, 6, 12\}$
따라서 $A_p \cup A_q \cup A_r = \{1, 2, 3, 4, 6, 9, 12\}$이므로 모든 원소의 합은
$1 + 2 + 3 + 4 + 6 + 9 + 12 = 37$

(ii) $p_1 = 2$, $q_1 = 3$, $r_1 = 3$, $r_2 = 2$인 경우

$p = 4$, $q = 9$, $r = 18$이므로
$A_p = \{1, 2, 4\}$, $A_q = \{1, 3, 9\}$, $A_r = \{1, 2, 3, 6, 9, 18\}$
따라서 $A_p \cup A_q \cup A_r = \{1, 2, 3, 4, 6, 9, 18\}$이므로 모든 원소의 합은
$1 + 2 + 3 + 4 + 6 + 9 + 18 = 43$

(iii) $p_1 = 2$, $q_1 = 3$, $r_1 = 2$, $r_2 = 5$인 경우

$p = 4$, $q = 9$, $r = 20$이므로
$A_p = \{1, 2, 4\}$, $A_q = \{1, 3, 9\}$, $A_r = \{1, 2, 4, 5, 10, 20\}$
따라서 $A_p \cup A_q \cup A_r = \{1, 2, 3, 4, 5, 9, 10, 20\}$이므로 모든 원소의 합은
$1 + 2 + 3 + 4 + 5 + 9 + 10 + 20 = 54$

그 외의 경우에는 집합 $A_p \cup A_q \cup A_r$의 모든 원소의 합이 항상 50보다 크므로 (i), (ii), (iii)에서 집합 $A_p \cup A_q \cup A_r$의 모든 원소의 합이 40보다 크고 50보다 작을 때는 $p = 4$, $q = 9$, $r = 18$인 경우이다.

3단계 $p + q + r$의 값 구하기

$\therefore p + q + r = 31$

---

05 명제

| 01 ② | 02 ① | 03 4 | 04 ③ | 05 ④ | 06 ㄱ, ㄴ |
| 07 ③ | 08 풀이 참조 | | 09 ⑤ | 10 ① | 11 68 |

01 답 ②

ㄱ. $P \not\subset Q$이므로 명제 $p \longrightarrow q$는 참이 아니다.

ㄴ. $R \not\subset Q$이므로 명제 $r \longrightarrow q$는 참이 아니다.

ㄷ. $Q \not\subset P^C$이므로 명제 $q \longrightarrow \sim p$는 참이 아니다.

ㄹ. $R \subset P$에서 $P^C \subset R^C$이므로 명제 $\sim p \longrightarrow \sim r$는 참이다.

따라서 보기에서 항상 참인 명제는 ㄹ이다.

02 답 ①

$f(x) = x^2 - 8x + n$이라 할 때, $2 \leq x \leq 5$인 어떤 실수 x에 대하여 $f(x) \geq 0$이려면 $f(x) \geq 0$을 만족시키는 실수 x가 $2 \leq x \leq 5$의 범위에서 적어도 하나 존재해야 한다.

즉, $2 \leq x \leq 5$에서 함수 $f(x)$의 최댓값이 0 이상이어야 한다.

$f(x) = x^2 - 8x + n = (x-4)^2 + n - 16$에서
함수 $y = f(x)$의 그래프의 꼭짓점의 x좌표
4는 $2 \leq x \leq 5$에 속하고 $f(2) = n - 12$,
$f(4) = n - 16$, $f(5) = n - 15$이므로 함수
$f(x)$는 $x = 2$에서 최댓값 $n - 12$를 갖는다.

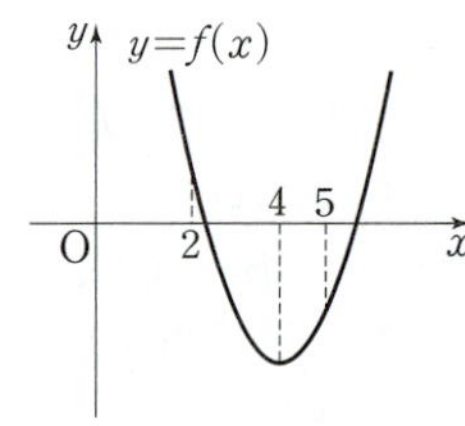

이때 $n - 12 \geq 0$이어야 하므로
$n \geq 12$

따라서 구하는 자연수 n의 최솟값은 12이다.

03 답 4

명제 ㈎가 참이려면
$\{x \mid x > 0\} \subset \{x \mid x > 1 - k\}$이어야 하므로
$1 - k \leq 0 \quad \therefore k \geq 1 \quad \cdots\cdots \ \bigcirc$

명제 ㈏가 참이려면
$\{x \mid x < 0\} \cap \{x \mid x \geq k - 5\} \neq \varnothing$이어야 하므로
$k - 5 < 0 \quad \therefore k < 5 \quad \cdots\cdots \ \bigcirc$

$\bigcirc$, $\bigcirc$에서 $1 \leq k < 5$

따라서 구하는 정수 k는 1, 2, 3, 4의 4개이다.

04 답 ③

ㄱ. 명제: $ab > 0$에서 $a > 0$, $b > 0$ 또는 $a < 0$, $b < 0$이고, 이때 $a + b > 0$이므로 $a > 0$, $b > 0$이다.

즉, 명제가 참이므로 대우도 참이다.

역: $a > 0$, $b > 0$이면 $a + b > 0$, $ab > 0$이다. (참)

ㄴ. 명제: $a^2 + b^2 = 2ab$이면 $a^2 - 2ab + b^2 = 0$, 즉 $(a-b)^2 = 0$이므로 $a = b$이지만 $a = b$, $a \neq 0$인 경우에는 $ab \neq 0$이다.

즉, 명제가 거짓이므로 대우도 거짓이다.

역: $ab = 0$이면 $a = 0$ 또는 $b = 0$이다.

이때 $a = 0$, $b \neq 0$인 경우에는 $a^2 + b^2 > 0$이고 $2ab = 0$이므로 $a^2 + b^2 \neq 2ab$이다. (거짓)

ㄷ. 명제: $a+b$가 홀수이면 a, b 중 하나만 홀수이고,

(홀수)×(짝수)=(짝수)이므로 ab는 짝수이다.

즉, 명제가 참이므로 대우도 참이다.

역: ab가 짝수이면 a, b 중 하나가 짝수이거나 a, b 모두 짝수이다.

이때 a, b가 모두 짝수인 경우에는 $a+b$가 짝수이다. (거짓)

따라서 보기에서 역은 거짓이지만 대우는 참인 명제는 ㄷ이다.

05 답 ④

명제 $p \longrightarrow {\sim}r$의 역 ${\sim}r \longrightarrow p$가 참이므로 그 대우 ${\sim}p \longrightarrow r$도 참이다.

또 명제 $r \longrightarrow q$의 대우 ${\sim}q \longrightarrow {\sim}r$가 참이므로 명제 $r \longrightarrow q$도 참이다.

이때 두 명제 ${\sim}q \longrightarrow {\sim}r$, ${\sim}r \longrightarrow p$가 모두 참이므로 명제 ${\sim}q \longrightarrow p$도 참이고, 그 대우 ${\sim}p \longrightarrow q$도 참이다.

따라서 항상 참인 명제는 ④이다.

06 답 ㄱ, ㄴ

ㄱ. $p \longrightarrow q$: $ab \leq 0$에서 $a>0$, $b<0$ 또는 $a<0$, $b>0$ 또는 $a=0$ 또는 $b=0$이므로 $|a|+|b| \geq |a+b|$이다. (참)

$q \longrightarrow p$: [반례] $a>0$, $b>0$이면 $|a|+|b|=|a+b|$이지만 $ab>0$이다. (거짓)

즉, $p \Longrightarrow q$이므로 p는 q이기 위한 충분조건이지만 필요조건은 아니다.

ㄴ. $p \longrightarrow q$: $a^2+b^2=0$에서 $a=b=0$이므로 $a^3-b^3=0$이다. (참)

$q \longrightarrow p$: [반례] $a=b=1$이면 $a^3-b^3=0$이지만 $a^2+b^2 \neq 0$이다.

(거짓)

즉, $p \Longrightarrow q$이므로 p는 q이기 위한 충분조건이지만 필요조건은 아니다.

ㄷ. ${\sim}q \longrightarrow {\sim}p$: [반례] $a=1$, $b=1$, $c=0$이면

$(a-b)(b-c)(c-a)=0$이지만

$a^2+b^2+c^2 \neq ab+bc+ca$이다. (거짓)

${\sim}p \longrightarrow {\sim}q$: $a^2+b^2+c^2=ab+bc+ca$에서

$$\frac{1}{2}\{(a-b)^2+(b-c)^2+(c-a)^2\}=0$$

이때 $a=b=c$이므로 $(a-b)(b-c)(c-a)=0$이다.

(참)

즉, $q \Longrightarrow p$이므로 p는 q이기 위한 필요조건이지만 충분조건은 아니다.

따라서 보기에서 p가 q이기 위한 충분조건이지만 필요조건이 아닌 것은 ㄱ, ㄴ이다.

07 답 ③

주어진 명제의 대우는

$\boxed{\text{'}n\text{이 3의 배수가 아니면 } 7n^2-1\text{은 3의 배수이다.'}}$

이다.

n이 자연수이고 3의 배수가 아니면

$n=3k-1$ 또는 $n=\boxed{\text{㉮ } 3k-2}$ (k는 자연수)로 놓을 수 있다.

(i) $n=3k-1$일 때,

$7n^2-1=7(3k-1)^2-1=3(\boxed{\text{㉯ } 21k^2-14k+2})$

이고 $\boxed{\text{㉯ } 21k^2-14k+2}$는 자연수이므로 $7n^2-1$은 3의 배수이다.

(ii) $n=\boxed{\text{㉮ } 3k-2}$일 때,

$7n^2-1=7(3k-2)^2-1=3(\boxed{\text{㉰ } 21k^2-28k+9})$

이고 $\boxed{\text{㉰ } 21k^2-28k+9}$는 자연수이므로 $7n^2-1$은 3의 배수이다.

(i), (ii)에서 주어진 명제의 대우가 참이므로 주어진 명제도 참이다.

따라서 $f(k)=3k-2$, $g(k)=21k^2-14k+2$, $h(k)=21k^2-28k+9$

이므로 $f(k)+g(k)-h(k)=17k-9$

$\therefore f(5)+g(5)-h(5)=85-9=76$

08 답 풀이 참조

m, n이 모두 자연수인 해가 존재한다고 가정하자. 배점 **10%**

m, n이 자연수이고, $3m^2=n^2+1$이므로 n^2+1은 3의 배수이다.

배점 **10%**

이때 자연수 k에 대하여

(i) $n=3k$이면

$n^2+1=3(3k^2)+1$

(ii) $n=3k-1$이면

$n^2+1=3(3k^2-2k)+2$

(iii) $n=3k-2$이면

$n^2+1=3(3k^2-4k+1)+2$ 배점 **40%**

(i), (ii), (iii)에서 n^2+1을 3으로 나눈 나머지는 1 또는 2이다.

따라서 n^2+1은 3의 배수가 아니므로 모순이다.

그러므로 방정식 $3m^2-n^2=1$을 만족시키는 m, n이 모두 자연수인 해는 없다. 배점 **40%**

09 답 ⑤

ㄱ. $a>0$, $b>0$이므로

$a^2+b^2-ab=(a-b)^2+ab>0$ $\therefore a^2+b^2>ab$

ㄴ. $a>0$, $b>0$이므로

$|a|+|b|>0$, $|a-b| \geq 0$

$(|a|+|b|)^2-(|a-b|)^2=(a^2+2|a||b|+b^2)-(a^2-2ab+b^2)$

$=4ab>0$ ($\because |a||b|=|ab|=ab$)

$\therefore |a-b|<|a|+|b|$

ㄷ. $a>0$, $b>0$이므로

$\sqrt{2a+2b}>0$, $\sqrt{a}+\sqrt{b}>0$

$(\sqrt{2a+2b})^2-(\sqrt{a}+\sqrt{b})^2=2a+2b-(a+b+2\sqrt{ab})$

$=a+b-2\sqrt{ab}=(\sqrt{a}-\sqrt{b})^2 \geq 0$

$\therefore \sqrt{a}+\sqrt{b} \leq \sqrt{2a+2b}$

따라서 보기에서 절대부등식인 것은 ㄱ, ㄴ, ㄷ이다.

10 답 ①

$(2a-3b)\left(\dfrac{2}{a}-\dfrac{3}{b}\right)=13-6\left(\dfrac{a}{b}+\dfrac{b}{a}\right)$

이때 $\dfrac{a}{b}>0$, $\dfrac{b}{a}>0$이므로 산술평균과 기하평균의 관계에 의하여

$\dfrac{a}{b}+\dfrac{b}{a} \geq 2\sqrt{\dfrac{a}{b} \times \dfrac{b}{a}}=2$ (단, 등호는 $\dfrac{a}{b}=\dfrac{b}{a}$일 때 성립)

$\therefore (2a-3b)\left(\dfrac{2}{a}-\dfrac{3}{b}\right) \leq 13-6 \times 2=1$

따라서 $c \geq 1$이므로 실수 c의 최솟값은 1이다.

11 답 68

x, y가 실수이므로 코시-슈바르츠의 부등식에 의하여

$\left\{2^2+\left(\dfrac{1}{2}\right)^2\right\}\{x^2+(2y)^2\} \geq (2x+y)^2$ (단, 등호는 $\dfrac{x}{2}=4y$일 때 성립)

배점 **50%**

Ⅱ. 집합과 명제

이때 $x^2+4y^2=8$이므로
$$(2x+y)^2\leq\frac{17}{4}\times8=34$$
$$\therefore -\sqrt{34}\leq2x+y\leq\sqrt{34} \quad\quad\text{······ 배점 30\%}$$
따라서 $M=\sqrt{34}$, $m=-\sqrt{34}$이므로
$$M^2+m^2=34+34=68 \quad\quad\text{······ 배점 20\%}$$

| 62~67쪽

01 ③	02 12	03 256	04 ③	05 ③	06 ㄴ, ㄷ
07 15	08 ⑤	09 ⑤	10 −5	11 ③	12 ③
13 ①	14 ④	15 ①	16 ⑤	17 ④	18 3
19 ⑤	20 ②	21 4	22 ④	23 ②	24 39
25 10	26 ②	27 ④			

01 답 ③

ㄱ. 명제 $p \longrightarrow \sim q$가 참이므로 $P\subset Q^C$
$\quad\therefore P\cap Q=\varnothing$

ㄴ. 명제 $q \longrightarrow \sim r$가 참이므로 $Q\subset R^C$
$\quad\therefore R\subset Q^C$
이때 ㄱ에서 $P\subset Q^C$이므로 $(P\cup R)\subset Q^C$
$\quad\therefore Q\subset(P\cup R)^C$

ㄷ. [반례] 세 집합 P, Q, R의 포함 관계가 벤 다
이어그램과 같을 때, 즉 $P\cap Q=\varnothing$이고
$Q\cap R=\varnothing$이면 $P\subset Q^C$, $Q\subset R^C$이지만
$P\cup Q\cup R\neq U$이다.

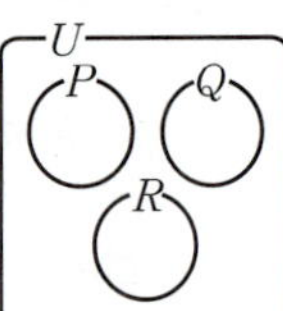

따라서 보기에서 항상 옳은 것은 ㄱ, ㄴ이다.

02 답 12

두 조건 p, q의 진리집합을 각각 P, Q라 하면
명제 $p \longrightarrow \sim q$가 참이므로 $P\subset Q^C$에서 $Q\subset P^C$
명제 $\sim p \longrightarrow q$가 참이므로 $P^C\subset Q$
$\therefore Q=P^C$

이때 p: $2x-a=0$에서 $P=\left\{\dfrac{a}{2}\right\}$이므로

$Q=P^C$에서 $Q=\left\{x\,\middle|\,x\neq\dfrac{a}{2}인 실수\right\}$

즉, 부등식 $x^2-bx+9>0$의 해가 $x\neq\dfrac{a}{2}$인 모든 실수이므로

이차함수 $y=x^2-bx+9$의 그래프는 x축에 접해야 한다.
이차방정식 $x^2-bx+9=0$의 판별식을 D라 하면
$D=b^2-36=0$에서
$b^2=36 \quad\therefore b=6\ (\because b>0)$
따라서 q: $x^2-6x+9>0$에서 $Q=\{x\,|\,x\neq3인 실수\}$이므로
$\dfrac{a}{2}=3 \quad\therefore a=6$
$\therefore a+b=6+6=12$

03 답 256

$x^2\leq2x+8$에서 $x^2-2x-8\leq0$
$(x+2)(x-4)\leq0 \quad\therefore -2\leq x\leq4$
이때 $U=\{1,\,2,\,3,\,4,\,5,\,6,\,7,\,8\}$이므로 $P=\{1,\,2,\,3,\,4\}$
명제 $p \longrightarrow q$가 참이므로 $P\subset Q$
$\therefore \{1,\,2,\,3,\,4\}\subset Q$
즉, 집합 Q는 전체집합 U의 부분집합 중에서 1, 2, 3, 4를 원소로 갖는
부분집합과 같으므로 집합 Q의 개수는
$2^{8-4}=2^4=16$
또 명제 $\sim p \longrightarrow r$가 참이므로 $P^C\subset R$
$\therefore \{5,\,6,\,7,\,8\}\subset R$
즉, 집합 R는 전체집합 U의 부분집합 중에서 5, 6, 7, 8을 원소로 갖는
부분집합과 같으므로 집합 R의 개수는
$2^{8-4}=2^4=16$
따라서 구하는 두 집합 Q, R의 순서쌍 $(Q,\,R)$의 개수는
$16\times16=256$

04 답 ③

$P\neq\varnothing$이려면 $x^2-4x+a+2\leq0$을 만족시키는 실수 x가 존재해야 한다.
이차방정식 $x^2-4x+a+2=0$의 판별식을 D라 하면 $D\geq0$이어야 하므로
$\dfrac{D}{4}=4-(a+2)\geq0$에서 $-a+2\geq0 \quad\therefore a\leq2$
즉, $P\neq\varnothing$가 되도록 하는 자연수 a의 값은 1, 2이다.
또 $0<|x-b|\leq4$에서 $Q=\{x\,|\,b-4\leq x<b \text{ 또는 } b<x\leq b+4\}$
(i) $a=1$인 경우
$\quad x^2-4x+3\leq0$에서 $(x-1)(x-3)\leq0$
$\quad$이때 $P=\{x\,|\,1\leq x\leq3\}$이므로 $P\subset Q$이려면 $P\subset\{x\,|\,b-4\leq x<b\}$
$\quad$또는 $P\subset\{x\,|\,b<x\leq b+4\}$이어야 한다.
$\quad$① $P\subset\{x\,|\,b-4\leq x<b\}$일 때,

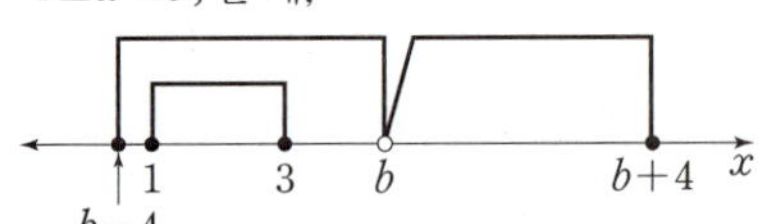

$\quad b-4\leq1$, $3<b$에서 $3<b\leq5$이므로 $P\subset Q$가 되도록 하는 자연수 b의 값은 4, 5이다.
$\quad$② $P\subset\{x\,|\,b<x\leq b+4\}$일 때,

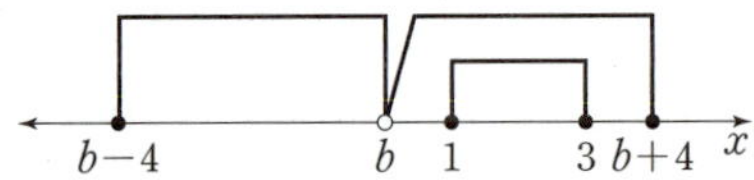

$\quad b<1$, $3\leq b+4$에서 $-1\leq b<1$이므로 $P\subset Q$가 되도록 하는 자연수 b는 존재하지 않는다.
$\quad$따라서 조건을 만족시키는 순서쌍 $(a,\,b)$는 $(1,\,4)$, $(1,\,5)$의 2개이다.
(ii) $a=2$인 경우
$\quad x^2-4x+4\leq0$에서 $(x-2)^2\leq0$
$\quad$이때 $P=\{2\}$이므로 $P\subset Q$이려면 $b-4\leq2<b$ 또는 $b<2\leq b+4$이어야 한다.
$\quad$즉, $2<b\leq6$ 또는 $-2\leq b<2$이므로 $P\subset Q$가 되도록 하는 자연수 b의 값은 1, 3, 4, 5, 6이다.
$\quad$따라서 조건을 만족시키는 순서쌍 $(a,\,b)$는 $(2,\,1)$, $(2,\,3)$, $(2,\,4)$, $(2,\,5)$, $(2,\,6)$의 5개이다.
(i), (ii)에서 구하는 a, b의 모든 순서쌍 $(a,\,b)$의 개수는 $2+5=7$

05 답 ③

(i) A가 진실을 말한 경우

A는 P별에 살고 있으므로 A가 한 말은 거짓이 되어 모순이다.

(ii) A가 거짓을 말한 경우

A는 Q별에 살고, P별에 사는 외계인이 있다.

① B가 진실을 말한 경우

B는 P별에 살고, Q별에 사는 외계인이 2명이므로 C는 Q별에 산다.

② B가 거짓을 말한 경우

B는 Q별에 살고, Q별에 사는 외계인은 2명이 아니어야 한다.

즉, C도 Q별에 살아야 하는데 이때 P별에 사는 외계인이 없으므로 모순이다.

(i), (ii)에서 A, C는 Q별에 살고, B는 P별에 산다.

따라서 보기에서 옳은 것은 ㄷ이다.

06 답 ㄴ, ㄷ

세 부분집합 P, Q, R가 각각 세 조건 p, q, r의 진리집합이고 $P \subset Q$, $Q^C \subset P$, $R^C \subset P$이므로 세 명제 $p \longrightarrow q$, $\sim q \longrightarrow p$, $\sim r \longrightarrow p$가 모두 참이다.

ㄱ. $R^C \subset P$에서 $R^C \neq \varnothing$이면

$P \not\subset R$

즉, 명제 $p \longrightarrow r$는 참이 아니다.

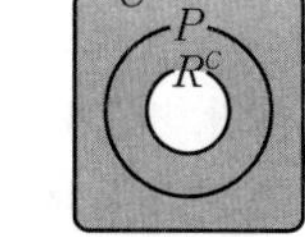

ㄴ. 두 명제 $\sim r \longrightarrow p$, $p \longrightarrow q$가 모두 참이므로 명제 $\sim r \longrightarrow q$도 참이다.

ㄷ. $Q^C \subset P$이고, $P \subset Q$이므로

$Q^C \subset Q$

따라서 $Q \cap Q^C = Q^C$이고, $Q \cap Q^C = \varnothing$이므로

$Q^C = \varnothing$ ∴ $Q = U$

즉, 명제 '$x \in U$인 모든 x에 대하여 q이다.'는 참이다.

따라서 보기에서 항상 참인 명제는 ㄴ, ㄷ이다.

07 답 15

명제 '어떤 실수 x에 대하여 $ax^2 + 10ax + 5b \leq 0$이다.'가 거짓이려면 이 명제의 부정인 '모든 실수 x에 대하여 $ax^2 + 10ax + 5b > 0$이다.'가 참이면 된다. ⋯⋯⋯⋯⋯⋯⋯⋯⋯⋯⋯⋯⋯ 배점 30%

(i) $a = 0$일 때,

$0 \times x^2 + 10 \times 0 \times x + 5b > 0$에서 $b > 0$

이때 b는 10 이하의 정수이므로 조건을 만족시키는 순서쌍 (a, b)는

$(0, 1)$, $(0, 2)$, ⋯, $(0, 10)$의 10개이다. ⋯⋯⋯ 배점 20%

(ii) $a \neq 0$일 때,

이차방정식 $ax^2 + 10ax + 5b = 0$의 판별식을 D라 하면 $a > 0$, $D < 0$이어야 하므로

$\dfrac{D}{4} = 25a^2 - 5ab < 0$에서

$5a(5a - b) < 0$, $5a - b < 0$ ($\because a > 0$)

∴ $b > 5a$

이때 a, b는 10 이하의 정수이므로 조건을 만족시키는 순서쌍 (a, b)는 $(1, 6)$, $(1, 7)$, $(1, 8)$, $(1, 9)$, $(1, 10)$의 5개이다. ⋯⋯⋯⋯⋯⋯⋯⋯⋯⋯⋯⋯⋯⋯⋯⋯⋯ 배점 40%

(i), (ii)에서 구하는 정수 a, b의 모든 순서쌍 (a, b)의 개수는

$10 + 5 = 15$ ⋯⋯⋯⋯⋯⋯⋯⋯⋯⋯⋯⋯⋯⋯⋯ 배점 10%

비법 NOTE

(1) 명제 '모든 x에 대하여 p이다.'가 거짓일 때.

전체집합의 모든 원소가 조건 p를 만족시킨다는 것이 거짓임을 보이기 위해서는 조건 p를 거짓이 되게 하는 원소 x가 적어도 하나 존재함을 보이면 된다.

(2) 명제 '어떤 x에 대하여 p이다.'가 거짓일 때.

조건 p를 만족시키는 x가 존재한다는 것이 거짓임을 보이기 위해서는 전체집합의 모든 원소가 조건 p를 만족시키지 않음을 보이면 된다.

08 답 ⑤

$U = \{2, 3, 5, 7\}$에 대하여

부등식 $|x - 4| < 3$에서 $-3 < x - 4 < 3$이므로 $1 < x < 7$

이때 명제 ㈎가 참이려면 집합 A는 전체집합 U의 부분집합 중에서 $1 < x < 7$을 만족시키는 x의 값을 원소로 갖는 부분집합과 같아야 하므로 $A \subset \{2, 3, 5\}$

(i) 집합 A가 $\{2\}$ 또는 $\{3\}$ 또는 $\{5\}$일 때,

$A = \{2\}$이면 명제 ㈏에서 $A \cap B \neq \varnothing$이므로 $2 \in B$

이때 집합 B는 2를 원소로 반드시 포함하는 전체집합 U의 부분집합이므로

$\{2\} \subset B \subset \{2, 3, 5, 7\}$

즉, 집합 B의 개수는 $2^3 = 8$

같은 방법으로 하면 $A = \{3\}$ 또는 $A = \{5\}$일 때도 각각 집합 B의 개수는 8이다.

따라서 순서쌍 (A, B)의 개수는 $3 \times 8 = 24$

(ii) 집합 A가 $\{2, 3\}$ 또는 $\{2, 5\}$ 또는 $\{3, 5\}$일 때,

$A = \{2, 3\}$이면 명제 ㈏에서 $A \cap B \neq \varnothing$이므로 $2 \in B$ 또는 $3 \in B$

즉, 집합 B는 2, 3 중 적어도 하나를 원소로 반드시 포함하는 전체집합 U의 부분집합이다.

이때 집합 B의 개수는 전체집합 U의 부분집합에서 집합 $\{5, 7\}$의 부분집합을 제외하면 되므로 $2^4 - 2^2 = 12$

같은 방법으로 하면 $A = \{2, 5\}$ 또는 $A = \{3, 5\}$일 때도 각각 집합 B의 개수는 12이다.

따라서 순서쌍 (A, B)의 개수는 $3 \times 12 = 36$

(iii) $A = \{2, 3, 5\}$일 때,

명제 ㈏에서 $A \cap B \neq \varnothing$이므로 $2 \in B$ 또는 $3 \in B$ 또는 $5 \in B$

즉, 집합 B는 2, 3, 5 중 적어도 하나를 원소로 반드시 포함하는 전체집합 U의 부분집합이다.

이때 집합 B의 개수는 전체집합 U의 부분집합에서 집합 $\{7\}$의 부분집합을 제외하면 되므로 $2^4 - 2^1 = 14$

따라서 순서쌍 (A, B)의 개수는 $1 \times 14 = 14$

(i), (ii), (iii)에서 구하는 집합 A, B의 모든 순서쌍 (A, B)의 개수는

$24 + 36 + 14 = 74$

09 답 ⑤

ㄱ. 역: '$x^2 > y^2$이면 $|x| > |y|$이다.'

$x^2 > y^2$에서 $x^2 - y^2 > 0$, $(x - y)(x + y) > 0$

∴ $x - y > 0$, $x + y > 0$ 또는 $x - y < 0$, $x + y < 0$

즉, $-x < y < x$ 또는 $x < y < -x$이므로 $|x| > |y|$이다. (참)

ㄴ. 역의 대우: '$(x - 1)^2 + y^2 = 0$이면 $3x + 2y = 3$이다.'

$(x - 1)^2 + y^2 = 0$에서 $x = 1$, $y = 0$

이를 $3x + 2y = 3$에 대입하면 성립하므로 참이다.

즉, 주어진 명제의 역의 대우가 참이므로 역도 참이다.

ㄷ. 역: '$x<y<0$이면 $x^3y^2<x^2y^3$이다.'

    $x<y<0$이면 $x^3y^2-x^2y^3=x^2y^2(x-y)$에서

    $x^2y^2>0$, $x-y<0$이므로

    $x^3y^2-x^2y^3<0$

    즉, $x<y<0$이면 $x^3y^2<x^2y^3$이다. (참)

따라서 보기에서 그 역이 참인 명제는 ㄱ, ㄴ, ㄷ이다.

10 답 -5

명제 $p \longrightarrow {\sim}q$가 참이 되려면 그 대우 $q \longrightarrow {\sim}p$도 참이어야 한다.

부등식 $x^2-4x-5\geq0$에서 $(x-5)(x+1)\geq0$

$\therefore x\leq-1$ 또는 $x\geq5$

즉, 명제 $q \longrightarrow {\sim}p$는 '$x\leq-1$ 또는 $x\geq5$이면 $x^2-2kx-3k\geq0$이다.'이다.

따라서 $f(x)=x^2-2kx-3k$라 하면 $x\leq-1$ 또는 $x\geq5$에서 함수 $f(x)$의 최솟값은 0 이상이어야 한다.

한편 $f(x)=x^2-2kx-3k=(x-k)^2-k^2-3k$이므로 함수 $y=f(x)$의 그래프의 축은 $x=k$이다.

(i) $-1<k<5$일 때,

    함수 $y=f(x)$의 최솟값은 $f(-1)$ 또는 $f(5)$이므로

    $f(-1)\geq0$이고 $f(5)\geq0$이어야 한다.

    $f(-1)=1-k$에서 $1-k\geq0$ $\therefore k\leq1$

    $f(5)=25-13k$에서 $25-13k\geq0$ $\therefore k\leq\dfrac{25}{13}$

    그런데 $-1<k<5$이므로 $-1<k\leq1$

(ii) $k\leq-1$ 또는 $k\geq5$일 때,

    함수 $y=f(x)$의 최솟값은 $f(k)$이므로 $f(k)\geq0$이어야 한다.

    $f(k)=-k^2-3k$에서 $-k^2-3k\geq0$

    $k^2+3k\leq0$, $k(k+3)\leq0$ $\therefore -3\leq k\leq0$

    그런데 $k\leq-1$ 또는 $k\geq5$이므로 $-3\leq k\leq-1$

(i), (ii)에서 $-3\leq k\leq1$이므로 정수 k의 값은 -3, -2, -1, 0, 1이다.

따라서 모든 정수 k의 값의 합은

$-3+(-2)+(-1)+0+1=-5$

11 답 ③

명제 '$2a+1\in A$이면 $a\notin A$이다.'가 참이므로 그 대우인 '$a\in A$이면 $2a+1\notin A$이다.'도 참이다.

즉, 다음이 성립한다.

$1\in A$이면 $3\notin A$이다.

$2\in A$이면 $5\notin A$이다.

$3\in A$이면 $7\notin A$이다.

$4\in A$이면 $9\notin A$이다. $\longrightarrow$ $a\geq5$이면 $2a+1\geq11$이 되어 $2a+1\notin U$이다.

이때 위의 네 명제의 대우인 다음 명제도 모두 참이다.

$3\in A$이면 $1\notin A$이다.

$5\in A$이면 $2\notin A$이다.

$7\in A$이면 $3\notin A$이다.

$9\in A$이면 $4\notin A$이다.

즉, 집합 A는 4개의 순서쌍 $(1, 3)$, $(2, 5)$, $(3, 7)$, $(4, 9)$에 각각 포함된 2개의 수 중 하나씩만 원소로 가져야 하므로 집합 A의 원소의 합이 최대이려면 이 중 1, 5, 7, 9가 집합 A의 원소이어야 하고, 6, 8, 10은 모두 집합 A의 원소이어야 한다.

따라서 집합 A의 모든 원소의 합의 최댓값은

$1+5+6+7+8+9+10=46$

12 답 ③

네 조건 p, q, r, s를 다음과 같이 정하자.

p: 10대, 20대에게 선호도가 높다.

q: 판매량이 많다.

r: 가격이 싸다.

s: 기능이 많다.

이때 시장 조사의 결과 ㈎, ㈏, ㈐를 다음과 같이 나타낼 수 있다.

㈎ $p \longrightarrow q$

㈏ $r \longrightarrow q$

㈐ $s \longrightarrow p$

각각의 보기를 네 조건 p, q, r, s로 표현하면 다음과 같다.

① $s \longrightarrow {\sim}r$

    참, 거짓을 알 수 없다.

② ${\sim}r \longrightarrow {\sim}q$

    참, 거짓을 알 수 없다.

③ ${\sim}q \longrightarrow {\sim}s$

    두 명제 $s \longrightarrow p$, $p \longrightarrow q$가 모두 참이므로 명제 $s \longrightarrow q$도 참이고, 그 대우 ${\sim}q \longrightarrow {\sim}s$도 참이다.

④ $p \longrightarrow s$

    참, 거짓을 알 수 없다.

⑤ $p \longrightarrow {\sim}r$

    참, 거짓을 알 수 없다.

따라서 항상 옳은 것은 ③이다.

13 답 ①

p는 q이기 위한 충분조건이므로 $P\subset Q$이고, r는 q이기 위한 필요조건이므로 $Q\subset R$이다.

즉, $3\in Q$이므로

$a=3$ 또는 $a+b^2=3$

(i) $a=3$일 때,

    $Q=\{3, b^2+3\}$, $R=\{4, b+1, 9b\}$

    이때 $Q\subset R$이고, b는 자연수이므로

    $b+1=3$

    $\therefore b=2$

    따라서 $Q=\{3, 7\}$, $R=\{3, 4, 18\}$이므로

    $Q\not\subset R$

(ii) $a+b^2=3$일 때,

    a, b는 자연수이므로

    $a=2$, $b=1$

    따라서 $Q=\{2, 3\}$, $R=\{2, 3, 4\}$이므로

    $Q\subset R$

(i), (ii)에서 $a=2$, $b=1$이므로

$a+b=3$

14 답 ④

ㄱ. $p \longrightarrow q$: $A\cap B=U$이면 $A=B=U$ (참)

    $q \longrightarrow p$: [반례] $U=\{1, 2\}$에 대하여 $A=\{1\}$, $B=\{1\}$이면

            $A=B$이지만 $A\cap B\neq U$이다. (거짓)

    즉, $p \Longrightarrow q$이므로 q는 p이기 위한 필요조건이지만 충분조건은 아니다.

ㄴ. $A \cup B^c = (A^c \cap B)^c = U$

$\iff A^c \cap B = \varnothing$

$\iff B - A = \varnothing$

$\iff B \subset A$

$\iff A^c \subset B^c$

$\iff A^c - B^c = \varnothing$

즉, $p \iff q$이므로 p는 q이기 위한 필요충분조건이다.

ㄷ. 집합 $(A^c \cup B) - (A^c \cap B)$를 벤 다이어그램으로 나타내면 그림과 같다.

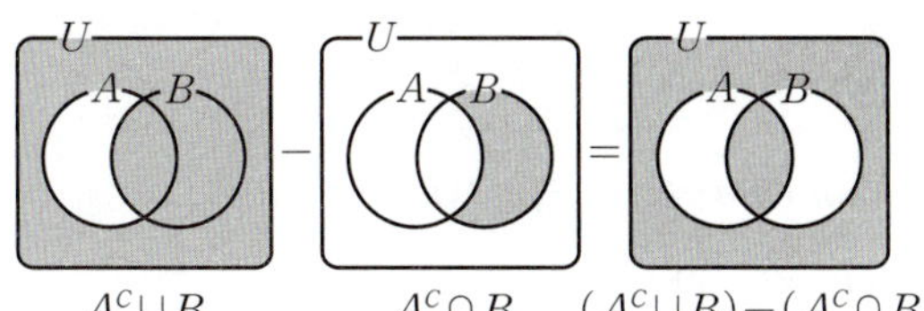

$$A^c \cup B \qquad A^c \cap B \qquad (A^c \cup B) - (A^c \cap B)$$

$p \longrightarrow q$: $(A^c \cup B) - (A^c \cap B) = \varnothing$이면 $A \cap B = \varnothing$이고,

$(A \cup B)^c = \varnothing$이므로 $A \cup B = U$이다. (참)

$q \longrightarrow p$: [반례] $U = \{1, 2, 3\}$에 대하여 $A = \{1\}$, $B = \{2\}$이면

$A \cap B = \varnothing$이지만 $A \cup B \neq U$이므로

$(A^c \cup B) - (A^c \cap B) \neq \varnothing$이다. (거짓)

즉, $p \implies q$이므로 q는 p이기 위한 필요조건이지만 충분조건은 아니다.

따라서 보기에서 조건 q가 조건 p이기 위한 필요조건이지만 충분조건은 아닌 것은 ㄱ, ㄷ이다.

15 답 ①

실수 전체의 집합을 U라 하고, 두 조건 p, q의 진리집합을 각각 P, Q라 하자.

명제 '모든 실수 x에 대하여 p이다.'가 참이려면 $P = U$이어야 한다.

즉, 모든 실수 x에 대하여 $x^2 + 2ax + 1 \geq 0$이어야 하므로 이차방정식 $x^2 + 2ax + 1 = 0$의 판별식을 D_1이라 하면

$\dfrac{D_1}{4} = a^2 - 1 \leq 0$에서 $(a+1)(a-1) \leq 0$ $\therefore -1 \leq a \leq 1$

그런데 a는 정수이므로 -1, 0, 1의 3개이다.

명제 'p는 $\sim q$이기 위한 충분조건이다.'가 참이려면 $P \subset Q^c$이어야 하고, $P = U$이므로 $Q^c = U$이다.

즉, 모든 실수 x에 대하여 $x^2 + 2bx + 9 > 0$이어야 하므로 이차방정식 $x^2 + 2bx + 9 = 0$의 판별식을 D_2라 하면

$\dfrac{D_2}{4} = b^2 - 9 < 0$에서 $(b+3)(b-3) < 0$ $\therefore -3 < b < 3$

그런데 b는 정수이므로 -2, -1, 0, 1, 2의 5개이다.

따라서 구하는 정수 a, b의 순서쌍 (a, b)의 개수는

$3 \times 5 = 15$

16 답 ⑤

p: $|a| + |b| = 0$에서 $|a| = 0$, $|b| = 0$이므로

$a = b = 0$

q: $a^2 - 2ab + b^2 = 0$에서 $(a-b)^2 = 0$이므로

$a = b$

r: $|a+b| = |a-b|$에서 $|a+b|^2 = |a-b|^2$이므로

$(a+b)^2 = (a-b)^2$

$a^2 + 2ab + b^2 = a^2 - 2ab + b^2$

$4ab = 0$ $\therefore a = 0$ 또는 $b = 0$

ㄱ. $p \implies q$이므로 p는 q이기 위한 충분조건이다.

ㄴ. $\sim p$: $a \neq 0$ 또는 $b \neq 0$

$\sim r$: $a \neq 0$이고 $b \neq 0$

즉, $\sim r \implies \sim p$이므로 $\sim p$는 $\sim r$이기 위한 필요조건이다.

ㄷ. q이고 r: $a = b = 0$

즉, $(q$이고 $r) \iff p$이므로 $(q$이고 $r)$는 p이기 위한 필요충분조건이다.

따라서 보기에서 옳은 것은 ㄱ, ㄴ, ㄷ이다.

17 답 ④

$(x-a)(x+a) \leq 0$에서 $-a \leq x \leq a$ ($\because a > 0$)

$\therefore A = \{x \mid -a \leq x \leq a\}$

$|x-4| < b$에서 $-b+4 < x < b+4$ ($\because b > 0$)

$\therefore B = \{x \mid -b+4 < x < b+4\}$

즉, $A \cap B = \varnothing$을 만족시키는 경우는 다음과 같다.

(i) $a \leq -b+4$일 때,

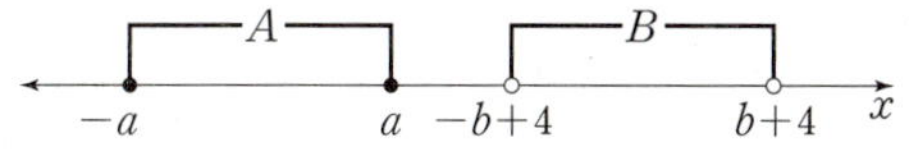

$a \leq -b+4$에서 $a+b \leq 4$

(ii) $b+4 \leq -a$일 때,

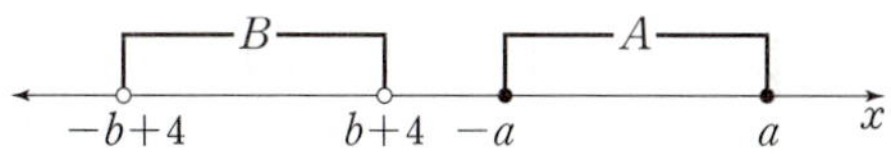

$b+4 \leq -a$에서 $a+b \leq -4$

그런데 $a > 0$, $b > 0$이므로 이를 만족시키는 a, b는 존재하지 않는다.

(i), (ii)에서 $A \cap B = \varnothing$이기 위한 필요충분조건은 $a+b \leq 4$이다.

18 답 3

두 조건 p, q의 진리집합을 각각 P, Q라 하자.

$x^2 - 6x + 5 \leq 0$에서

$(x-1)(x-5) \leq 0$ $\therefore 1 \leq x \leq 5$

$\therefore P = \{x \mid 1 \leq x \leq 5\}$

$||x| - 4| \leq a$에서

$-a \leq |x| - 4 \leq a$ $\therefore -a+4 \leq |x| \leq a+4$

$\therefore Q = \{x \mid -a+4 \leq |x| \leq a+4\}$

이때 p가 q이기 위한 충분조건이려면 $P \subset Q$이어야 한다.

(i) $-a+4 \leq 0$, 즉 $a \geq 4$일 때,

$-a+4 \leq |x| \leq a+4$에서

$|x| \leq a+4$ $\therefore -a-4 \leq x \leq a+4$

따라서 $P \subset Q$가 되도록 두 집합 P, Q를 수직선 위에 나타내면 그림과 같다.

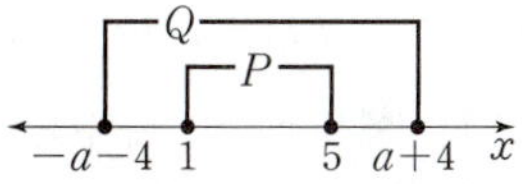

즉, $-a-4 \leq 1$이고 $5 \leq a+4$이므로

$a \geq -5$이고 $a \geq 1$ $\therefore a \geq 1$

그런데 $a \geq 4$이므로 $a \geq 4$

(ii) $-a+4 > 0$, 즉 $a < 4$일 때,

$-a+4 \leq |x| \leq a+4$에서

$\boxed{m > 0, n > 0$일 때, $m \leq |x| \leq n$은 $m \leq -x \leq n$ 또는 $m \leq x \leq n$이므로 $-n \leq x \leq -m$ 또는 $m \leq x \leq n$이다.}$

$-a+4 \leq -x \leq a+4$ 또는 $-a+4 \leq x \leq a+4$

$\therefore -a-4 \leq x \leq a-4$ 또는 $-a+4 \leq x \leq a+4$

따라서 $P \subset Q$가 되도록 두 집합 P, Q를 수직선 위에 나타내면 그림과 같다.

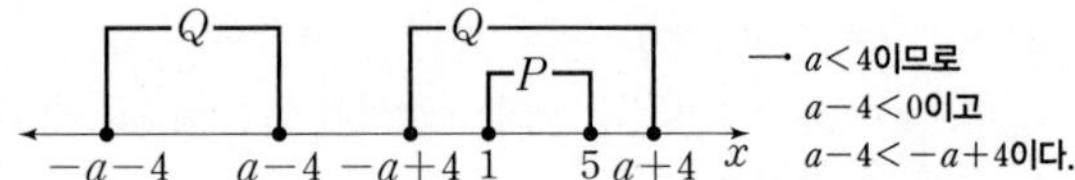

즉, $-a+4 \leq 1$이고 $5 \leq a+4$이므로

$a \geq 3$이고 $a \geq 1$ $\quad \therefore a \geq 3$

그런데 $a < 4$이므로

$3 \leq a < 4$

(i), (ii)에서 a의 값의 범위는 $a \geq 3$

따라서 자연수 a의 최솟값은 3이다.

19 답 ⑤

ㄱ. $(a+4b+1) - 2(\sqrt{a}+2\sqrt{b}-2\sqrt{ab})$

$\quad = (a+4b+4\sqrt{ab}) - 2(\sqrt{a}+2\sqrt{b}) + 1$

$\quad = (\sqrt{a}+2\sqrt{b})^2 - 2(\sqrt{a}+2\sqrt{b}) + 1$

$\quad = (\sqrt{a}+2\sqrt{b}-1)^2 \geq 0$

$\quad \therefore a+4b+1 \geq 2(\sqrt{a}+2\sqrt{b}-2\sqrt{ab})$

ㄴ. $a-1=X$, $b+1=Y$ (X, Y는 실수)로 놓으면

$\quad (|X|+|Y|)^2 - |X+Y|^2$

$\quad = X^2 + 2|X||Y| + Y^2 - X^2 - 2XY - Y^2$

$\quad = 2(|XY|-XY) \geq 0 \ (\because |XY| \geq XY)$

$\quad \therefore |X|+|Y| \geq |X+Y|$

$\quad \therefore |a-1|+|b+1| \geq |a+b|$

ㄷ. $a>0$, $b>0$, $c>0$이므로 산술평균과 기하평균의 관계에 의하여

$\quad a+b \geq 2\sqrt{ab}$, $b+c \geq 2\sqrt{bc}$, $c+a \geq 2\sqrt{ca}$이므로

$\quad (a+b)(b+c)(c+a) \geq 2\sqrt{ab} \times 2\sqrt{bc} \times 2\sqrt{ca}$

$\qquad\qquad\qquad\qquad\quad = 8\sqrt{a^2 b^2 c^2}$

$\qquad\qquad\qquad\qquad\quad = 8abc$ (단, 등호는 $a=b=c$일 때 성립)

따라서 보기에서 항상 옳은 것은 ㄱ, ㄴ, ㄷ이다.

20 답 ②

$x+1=t$로 놓으면 $t>0$이고

$\dfrac{x+1}{x^2-x+2} = \dfrac{t}{(t-1)^2-(t-1)+2}$

$\qquad\qquad\quad = \dfrac{t}{t^2-3t+4}$

$\qquad\qquad\quad = \dfrac{1}{t+\dfrac{4}{t}-3}$ $\quad \cdots\cdots$ ㉠

이때 $t>0$이므로 산술평균과 기하평균의 관계에 의하여

$t+\dfrac{4}{t} \geq 2\sqrt{t \times \dfrac{4}{t}} = 4$ (단, 등호는 $t=\dfrac{4}{t}$일 때 성립)

즉, $t+\dfrac{4}{t}$의 최솟값은 4이고, $t+\dfrac{4}{t}$의 값이 최소인 경우는 $t=\dfrac{4}{t}$, 즉

$t=2$일 때이므로 $x+1=t$에서 $x=1$일 때이다.

따라서 $x=1$일 때 ㉠은 최댓값 1을 가지므로

$a=1$, $b=1$

$\therefore a+b=2$

🔖 NOTE

산술평균과 기하평균의 관계를 이용하는 경우

(1) 두 양수에 대하여 합이 일정할 때, 곱의 최댓값을 구하는 경우

(2) 두 양수에 대하여 곱이 일정할 때, 합의 최솟값을 구하는 경우

---

21 답 4

점 $P(3, 5)$에 대하여 두 점 Q, R의 좌표는 각각 $(3+m, 5)$, $(3, 5+n)$이다.

이때 세 점 $O(0, 0)$, $Q(3+m, 5)$, $R(3, 5+n)$을 꼭짓점으로 하는 삼각형 OQR의 넓이는

$(3+m)(5+n) - \dfrac{1}{2} \times (3+m) \times 5$

$\qquad - \dfrac{1}{2} \times 3 \times (5+n) - \dfrac{1}{2}mn$

$= \dfrac{1}{2}(mn+5m+3n)$

즉, $\dfrac{1}{2}(mn+5m+3n) = \dfrac{21}{2}$이므로

$mn+5m+3n = 21$

$mn+5m+3n+15 = 36$

$\therefore (m+3)(n+5) = 36$

$m+3=M$, $n+5=N$이라 하면

$M+N = m+n+8$이므로 $M+N$의 값이 최소일 때 $m+n$의 값도 최소가 된다.

이때 $M>0$, $N>0$이므로

$M+N \geq 2\sqrt{MN} = 2\sqrt{36} = 12$ (단, 등호는 $M=N$일 때 성립)

따라서 $M+N$의 최솟값이 12이므로 $m+n$의 최솟값은 4이다.

다른 풀이

점 $P(3, 5)$에 대하여 두 점 Q, R의 좌표는 각각 $(3+m, 5)$, $(3, 5+n)$이다.

이때 세 점 $O(0, 0)$, $Q(3+m, 5)$, $R(3, 5+n)$을 꼭짓점으로 하는 삼각형 OQR의 넓이는

$\dfrac{1}{2}|(3+m)(5+n) - 5 \times 3| = \dfrac{1}{2}|mn+5m+3n|$

즉, $\dfrac{1}{2}|mn+5m+3n| = \dfrac{21}{2}$이므로

$|mn+5m+3n| = 21$

$\therefore mn+5m+3n = 21 \ (\because m>0, n>0)$

이때 $n(m+3) = -5m+21$이므로

$n = \dfrac{-5m+21}{m+3} = -5+\dfrac{36}{m+3}$

$\therefore m+n = m+\left(-5+\dfrac{36}{m+3}\right)$

$\qquad\quad = m+3+\dfrac{36}{m+3}-8$

이때 $m+3>0$이므로 산술평균과 기하평균의 관계에 의하여

$m+3+\dfrac{36}{m+3} \geq 2\sqrt{(m+3)\left(\dfrac{36}{m+3}\right)} = 12$

$\qquad\qquad$ (단, 등호는 $m+3=\dfrac{36}{m+3}$일 때 성립)

따라서 $m+n \geq 12-8 = 4$이므로 $m+n$의 최솟값은 4이다.

🔖 NOTE

세 점 $A(x_1, y_1)$, $B(x_2, y_2)$, $C(x_3, y_3)$을 꼭짓점으로 하는 삼각형 ABC의 넓이를 S라 하면

$$S = \dfrac{1}{2}|(x_1 y_2 + x_2 y_3 + x_3 y_1)$$

$$- (x_2 y_1 + x_3 y_2 + x_1 y_3)|$$

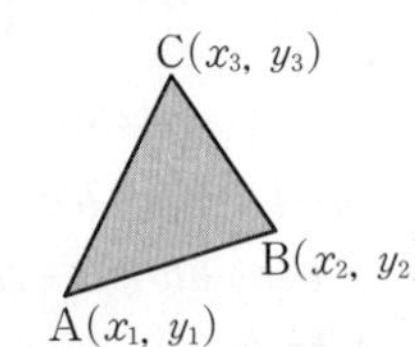

22 답 ④

$x^2+3=a$, $y+1=b$로 놓으면

$$\left(\frac{1}{x^2+3}+\frac{4}{y+1}\right)(x^2+y+4)=\left(\frac{1}{a}+\frac{4}{b}\right)(a+b)$$
$$=5+\frac{b}{a}+\frac{4a}{b}$$

이때 $\frac{b}{a}>0$, $\frac{4a}{b}>0$이므로 산술평균과 기하평균의 관계에 의하여

$$\frac{b}{a}+\frac{4a}{b}\geq2\sqrt{\frac{b}{a}\times\frac{4a}{b}}=4\left(단,\ 등호는\ \frac{b}{a}=\frac{4a}{b}일\ 때\ 성립\right)$$

즉, $\left(\frac{1}{a}+\frac{4}{b}\right)(a+b)$의 값이 최소인 경우는 $\frac{b}{a}=\frac{4a}{b}$, 즉

$b=2a\ (\because a>0,\ b>0)$일 때이므로 $y+1=2(x^2+3)$에서

$y=2x^2+5\ (x>0)$일 때이다.

따라서 함수 $y=f(x)$의 그래프를 바르게 나타낸 것은 ④이다.

23 답 ②

직선 OP의 기울기는 $\frac{b}{a}$이므로 점 $P(a,\ b)$

를 지나고 직선 OP에 수직인 직선의 방정

식은

$$y=-\frac{a}{b}(x-a)+b$$

$x=0$을 대입하면 $y=\frac{a^2}{b}+b$

$$\therefore Q\left(0,\ \frac{a^2}{b}+b\right)$$

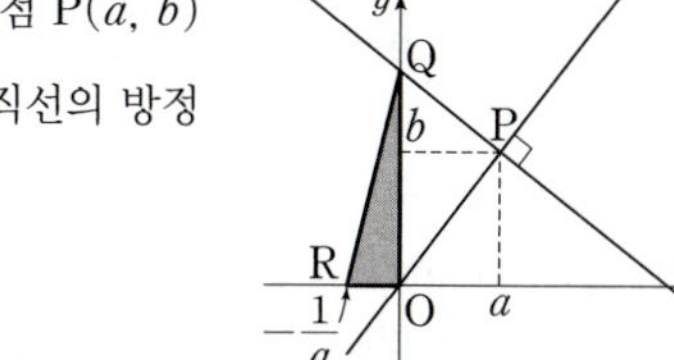

즉, 점 $R\left(-\frac{1}{a},\ 0\right)$에 대하여 삼각형 OQR의 넓이는

$$\frac{1}{2}\times\frac{1}{a}\times\left(\frac{a^2}{b}+b\right)=\frac{1}{2}\left(\frac{a}{b}+\frac{b}{a}\right)$$

이때 $\frac{a}{b}>0$, $\frac{b}{a}>0$이므로 산술평균과 기하평균의 관계에 의하여

$$\frac{1}{2}\left(\frac{a}{b}+\frac{b}{a}\right)\geq\frac{1}{2}\times2\sqrt{\frac{a}{b}\times\frac{b}{a}}=1\left(단,\ 등호는\ \frac{a}{b}=\frac{b}{a}일\ 때\ 성립\right)$$

따라서 삼각형 OQR의 넓이의 최솟값은 1이다.

24 답 39

$A\cup B=\{1,\ 2,\ 3,\ 4,\ 5,\ 6,\ 7\}$, $A\cap B=\{5,\ 7\}$이므로

$$S(A)\times S(B)=S(A\cup B)\times S(A\cap B)$$
$$=(1\times2\times3\times4\times5\times6\times7)\times(5\times7)$$
$$=2^2\times5^2\times6^2\times7^2$$
$$=420^2$$

이때 $S(A)>0$, $S(B)>0$이므로 산술평균과 기하평균의 관계에 의하여

$$S(A)+S(B)\geq2\sqrt{S(A)\times S(B)}$$
$$=2\sqrt{420^2}=2\times420$$
$$=840\ (단,\ 등호는\ S(A)=S(B)일\ 때\ 성립)$$

$S(A)+S(B)$의 값이 최소일 때, $S(A)=S(B)=420$이고

$S(A\cap B)=35$이므로

$$S(A-B)=S(B-A)=12$$

이때 $n(A)<n(B)$를 만족시켜야 하므로 두 집합 A, B는

$A=\{2,\ 5,\ 6,\ 7\}$, $B=\{1,\ 3,\ 4,\ 5,\ 7\}$

또는 $A=\{3,\ 4,\ 5,\ 7\}$, $B=\{1,\ 2,\ 5,\ 6,\ 7\}$

따라서 집합 A의 모든 원소의 합은 19 또는 20이므로

$$p+q=19+20=39$$

25 답 10

두 직선 l, m이 원 $(x-1)^2+(y-3)^2=1$의 넓이를 4등분 하므로

두 직선 l, m은 원의 중심 $(1,\ 3)$을 지나고 서로 수직인 직선이다.

직선 l의 기울기가 $a\ (0<a<3)$이므로 직선 m의 기울기는

$$b=-\frac{1}{a}$$

즉, 두 직선 l, m의 방정식은

$$l:\ y=a(x-1)+3,\ m:\ y=-\frac{1}{a}(x-1)+3$$

직선 l의 x절편과 y절편은 각각 $1-\frac{3}{a}$, $3-a$이므로 직선 l과 x축, y축

으로 둘러싸인 삼각형의 넓이 S_1은

$$S_1=\frac{1}{2}\times\left(\frac{3}{a}-1\right)\times(3-a)=\frac{1}{2}\left(a+\frac{9}{a}-6\right)\ (\because\ 0<a<3)$$

직선 m의 x절편과 y절편은 각각 $1+3a$, $3+\frac{1}{a}$이므로 직선 m과 x축,

y축으로 둘러싸인 삼각형의 넓이 S_2는

$$S_2=\frac{1}{2}\times(1+3a)\times\left(3+\frac{1}{a}\right)=\frac{1}{2}\left(9a+\frac{1}{a}+6\right)\ (\because\ 0<a<3)$$

$$\therefore\ S_1+S_2=\frac{1}{2}\left\{\left(a+\frac{9}{a}-6\right)+\left(9a+\frac{1}{a}+6\right)\right\}=\frac{1}{2}\left(10a+\frac{10}{a}\right)$$

이때 $10a>0$, $\frac{10}{a}>0$이므로 산술평균과 기하평균의 관계에 의하여

$$\frac{1}{2}\left(10a+\frac{10}{a}\right)\geq\frac{1}{2}\times2\sqrt{10a\times\frac{10}{a}}$$
$$=10\left(단,\ 등호는\ 10a=\frac{10}{a}일\ 때\ 성립\right)$$

따라서 S_1+S_2의 최솟값은 10이다.

26 답 ②

$x+y+z=2$에서 $y+z=2-x$ ...... ㉠

$x^2+y^2+z^2=12$에서 $y^2+z^2=12-x^2$ ...... ㉡

y, z가 실수이므로 코시-슈바르츠의 부등식에 의하여

$(1^2+1^2)(y^2+z^2)\geq(y+z)^2\ (단,\ 등호는\ y=z일\ 때\ 성립)$

㉠, ㉡을 대입하면 $2(12-x^2)\geq(2-x)^2$

$3x^2-4x-20\leq0$, $(x+2)(3x-10)\leq0$

$$\therefore\ -2\leq x\leq\frac{10}{3}$$

따라서 x의 최댓값은 $\frac{10}{3}$, 최솟값은 -2이므로 구하는 합은

$$\frac{10}{3}+(-2)=\frac{4}{3}$$

다른 풀이

$x+y+z=2$에서 $y+z=2-x$ ...... ㉠

$x^2+y^2+z^2=12$에서 $y^2+z^2=12-x^2$ ...... ㉡

$y^2+z^2=(y+z)^2-2yz$이므로 ㉠, ㉡을 대입하면

$12-x^2=(2-x)^2-2yz$ $\therefore\ yz=x^2-2x-4$ ...... ㉢

이때 두 실수 y, z를 근으로 하는 t에 대한 이차방정식

$t^2-(y+z)t+yz=0$의 판별식을 D라 하면 $D=(y+z)^2-4yz\geq0$

㉠, ㉢을 대입하면 $(2-x)^2-4(x^2-2x-4)\geq0$

$3x^2-4x-20\leq0$, $(x+2)(3x-10)\leq0$

$$\therefore\ -2\leq x\leq\frac{10}{3}$$

따라서 x의 최댓값은 $\frac{10}{3}$, 최솟값은 -2이므로 구하는 합은

$$\frac{10}{3}+(-2)=\frac{4}{3}$$

코시-슈바르츠의 부등식을 이용하는 경우

(1) 제곱의 합이 일정할 때, 일차식의 최댓값 또는 최솟값을 구하는 경우

(2) 일차식의 합이 일정할 때, 제곱의 합의 최솟값을 구하는 경우

27 답 ④

$\overline{BC}=x$, $\overline{CA}=y$ $(x>0,\ y>0)$로 놓으면

$4\overline{BC}^2+\overline{CA}^2=4x^2+y^2$

㈏에서 $\overline{BC}+\overline{CA}=10$이므로

$x+y=10$

x, y가 실수이므로 코시-슈바르츠의 부등식에 의하여

$\left\{\left(\dfrac{1}{2}\right)^2+1^2\right\}\{(2x)^2+y^2\}\geq(x+y)^2$ $\left(\text{단, 등호는 } 2x=\dfrac{1}{2}y\text{일 때 성립}\right)$

$\dfrac{5}{4}(4x^2+y^2)\geq10^2$

$4x^2+y^2\geq80$

이때 $4x^2+y^2$의 값이 최소인 경우는 $2x=\dfrac{1}{2}y$, 즉 $4x=y$일 때이므로

$x+y=10$에서 $x=2$, $y=8$일 때이다.

즉, $4\overline{BC}^2+\overline{CA}^2$의 값이 최소일 때 $\overline{BC}=2$, $\overline{CA}=8$이다.

삼각형 ABC는 $\overline{AB}=\overline{CA}=8$, $\overline{BC}=2$인 이등변삼각형이므로 꼭짓점 A에서 선분 BC에 내린 수선의 발을 H라 하면

$\overline{BH}=\dfrac{1}{2}\overline{BC}=1$

삼각형 ABH에서

$\overline{AH}=\sqrt{\overline{AB}^2-\overline{BH}^2}=\sqrt{8^2-1^2}=3\sqrt{7}$

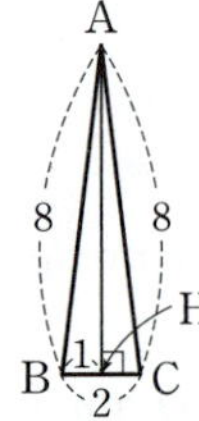

따라서 삼각형 ABC의 넓이는

$\dfrac{1}{2}\times\overline{BC}\times\overline{AH}=\dfrac{1}{2}\times2\times3\sqrt{7}=3\sqrt{7}$

STEP 3 최고난도 문제 | 68~69쪽

| 01 ② | 02 ② | 03 17 | 04 ④ | 05 26 | 06 ③ |
| 07 28 | 08 ③ | | | | |

01 답 ②

1단계 주어진 명제가 참일 때, 진리집합 사이의 포함 관계 알기

세 조건 p, q, r의 진리집합을 각각 P, Q, R라 하자.

세 명제 $p \longrightarrow q$, $p \longrightarrow r$, $\sim r \longrightarrow q$가 모두 참이 되려면

$P\subset Q$, $P\subset R$, $R^C\subset Q$이어야 한다.

2단계 진리집합 사이의 포함 관계를 수직선 위에 나타내기

한편 $a+b+c$의 최솟값을 구하기 위한 a, b의 값의 범위를 생각하여 각각의 진리집합을 구하면

$P=\{x\,|\,b<x<0\}$, $Q=\{x\,|\,x<a \text{ 또는 } x>-5\}$,

$R=\{x\,|-10<x<c\}$ → $P\subset R$이므로 $c\geq0$이어야 한다.

이때 $P\subset Q$에서 $P\cap Q^C=\varnothing$이고 $R^C\subset Q$에서 $Q^C\subset R$이므로 이를 만족시키도록 세 집합 P, Q^C, R를 수직선 위에 나타내면 그림과 같다.

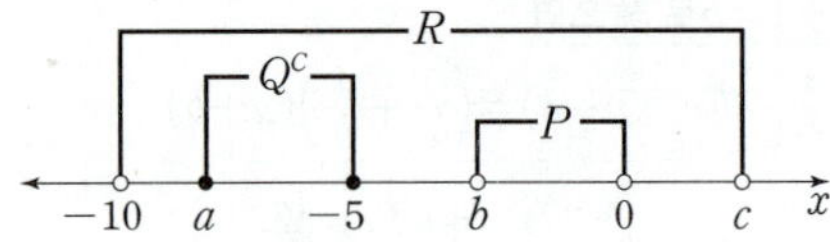

3단계 $a+b+c$의 최솟값 구하기

따라서 $-10<a\leq-5$, $-5\leq b<0$, $c\geq0$이어야 하므로 정수 a, b, c에 대하여 $a+b+c$의 최솟값은 $a=-9$, $b=-5$, $c=0$일 때

$-9+(-5)+0=-14$

02 답 ②

1단계 주어진 명제가 거짓일 때, 진리집합 사이의 포함 관계 알기

두 조건 p, q의 진리집합을 각각 P, Q라 하면

p: $|x-k|\leq2$에서 $-2\leq x-k\leq2$이므로

$\quad k-2\leq x\leq k+2$

$\quad \therefore P=\{x\,|\,k-2\leq x\leq k+2\}$

q: $x^2-4x-5\leq0$에서 $(x+1)(x-5)\leq0$이므로

$\quad -1\leq x\leq5$

$\quad \therefore Q=\{x\,|-1\leq x\leq5\}$

이때 $Q^C=\{x\,|\,x<-1 \text{ 또는 } x>5\}$

명제 $p \longrightarrow q$와 명제 $p \longrightarrow \sim q$가 모두 거짓이므로

$P\not\subset Q$, $P\not\subset Q^C$

즉, $P\cap Q^C\neq\varnothing$, $P\cap Q\neq\varnothing$ …… ㉠

2단계 명제가 모두 거짓이 되도록 하는 모든 정수 k의 값 구하기

(i) $k-2<-1$일 때,

㉠을 만족시키려면 그림과 같아야 하므로

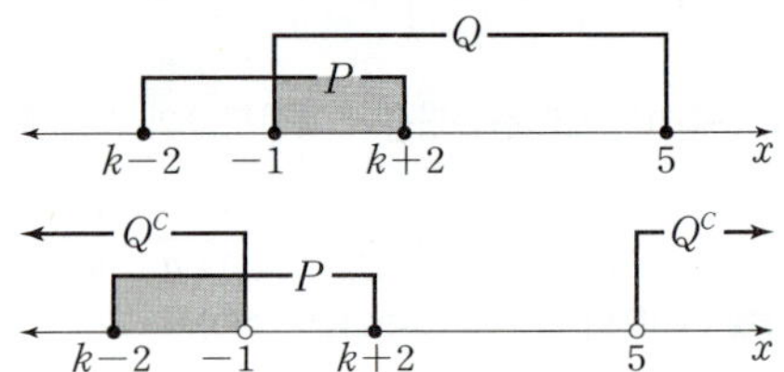

$k-2<-1$이고 $k+2\geq-1$

$\quad \therefore -3\leq k<1$

(ii) $-1\leq k-2\leq5$일 때,

㉠을 만족시키려면 그림과 같아야 하므로

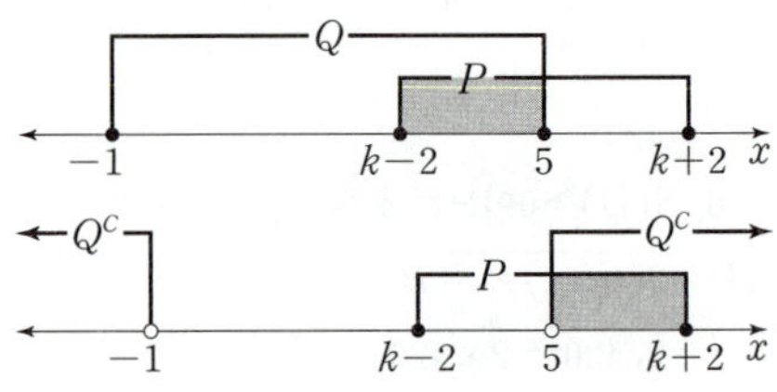

$-1\leq k-2\leq5$이고 $k+2>5$

$\quad \therefore 3<k\leq7$

(iii) $k-2>5$일 때,

$P\cap Q=\varnothing$이므로 ㉠을 만족시키지 않는다.

3단계 모든 정수 k의 값의 합 구하기

(i), (ii), (iii)에서 $-3\leq k<1$ 또는 $3<k\leq7$이므로 정수 k의 값은 -3, -2, -1, 0, 4, 5, 6, 7이다.

따라서 그 합은

$-3+(-2)+(-1)+0+4+5+6+7=16$

03 답 17

1단계 주어진 명제 이해하기

두 점 $A(6, 1)$, $B(2, 5)$에 대하여 선분 AB의 중점을 M이라 하면
$M(4, 3)$

삼각형 ABC의 외접원의 중심이 선분 AB의 중점이면 선분 AB는 외접원의 지름이므로 이 원의 반지름의 길이는

$$\frac{1}{2}\overline{AB}=\frac{1}{2}\sqrt{(6-2)^2+(1-5)^2}=2\sqrt{2}$$

즉, 삼각형 ABC의 외접원의 방정식은
$$(x-4)^2+(y-3)^2=8 \qquad \cdots\cdots ㉠$$

따라서 주어진 명제가 참이 되려면 점 C는 원 ㉠ 위의 점이어야 한다.

2단계 주어진 명제가 참이 되는 경우 찾기

그림에서 명제 '직선 $y=-3x+k$ 위의 어떤 점 C에 대하여 삼각형 ABC의 외접원의 중심은 선분 AB의 중점이다.'가 참이 되려면 직선 $y=-3x+k$와 원 ㉠이 적어도 한 점에서 만나야 한다.

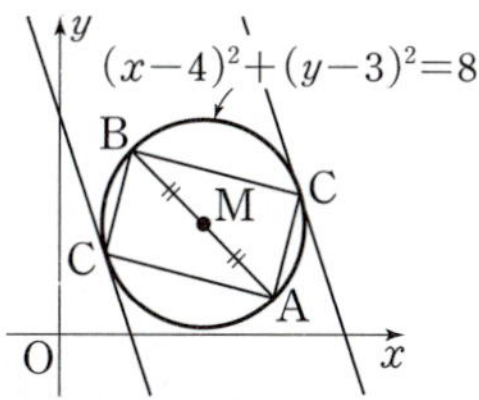

3단계 주어진 명제가 참이 되도록 하는 k의 값의 범위 구하기

직선 $y=-3x+k$, 즉 $3x+y-k=0$과 원 ㉠의 교점이 한 개 이상이려면 이 직선과 원의 중심 $M(4, 3)$ 사이의 거리가 원의 반지름의 길이 $2\sqrt{2}$보다 작거나 같아야 하므로

$$\frac{|12+3-k|}{\sqrt{3^2+1^2}}\leq 2\sqrt{2}$$에서 $|15-k|\leq 4\sqrt{5}$

$$-4\sqrt{5}\leq 15-k\leq 4\sqrt{5}$$

$$\therefore 15-4\sqrt{5}\leq k\leq 15+4\sqrt{5} \qquad \cdots\cdots ㉡$$

4단계 자연수 k의 개수 구하기

이때 $8<4\sqrt{5}<9$이므로 ㉡에서 $6.\times\times\times\leq k\leq 23.\times\times\times$

따라서 주어진 명제가 참이 되도록 하는 자연수 k는 $7, 8, \ldots, 23$의 17개이다.

04 답 ④

1단계 조건 ㈎ 이해하기

㈎의 $(|a|+|b|)x\leq 2x-a^2+b^2$에서
$$(|a|+|b|-2)x\leq b^2-a^2$$

이때 모든 실수 x에 대하여 성립하려면 ⟶ $mx\leq n$이 항상 성립하려면 $m=0$, $n\geq 0$이다.

$$|a|+|b|-2=0, \ b^2-a^2\geq 0$$

$$\therefore |a|+|b|=2, \ a^2\leq b^2 \qquad \cdots\cdots ㉠$$

2단계 조건 ㈏ 이해하기

㈏에서 명제 '어떤 실수 x에 대하여 $x^2-b^2<a^2-4$이다.'가 거짓이므로 이 명제의 부정 '모든 실수 x에 대하여 $x^2-b^2\geq a^2-4$이다.'는 참이다.

$$x^2-b^2\geq a^2-4$$에서 $x^2\geq a^2+b^2-4$

이때 모든 실수 x에 대하여 성립하려면
$$a^2+b^2-4\leq 0$$

$$\therefore a^2+b^2\leq 4 \qquad \cdots\cdots ㉡$$

3단계 $2a^2-3b^2$의 최댓값과 최솟값 구하기

$|a|=X$, $|b|=Y$로 놓으면 $X\geq 0$, $Y\geq 0$이고

㉠, ㉡에서 $X+Y=2$, $X^2\leq Y^2$, $X^2+Y^2\leq 4$

이때 $Y=2-X$이므로
$$X^2\leq Y^2$$에서 $X^2\leq(2-X)^2$

$$4X\leq 4 \qquad \therefore X\leq 1 \qquad \cdots\cdots ㉢$$

$$X^2+Y^2\leq 4$$에서
$$X^2+(2-X)^2\leq 4$$
$$2X^2-4X\leq 0$$
$$2X(X-2)\leq 0$$
$$\therefore 0\leq X\leq 2 \qquad \cdots\cdots ㉣$$

㉢, ㉣에서 $0\leq X\leq 1$

$$\therefore 2a^2-3b^2=2X^2-3Y^2$$
$$=2X^2-3(2-X)^2$$
$$=-X^2+12X-12$$
$$=-(X-6)^2+24$$

즉, $0\leq X\leq 1$에서 $2a^2-3b^2$은 $X=1$일 때 최댓값 -1을 갖고, $X=0$일 때 최솟값 -12를 갖는다.

4단계 $M-m$의 값 구하기

따라서 $M=-1$, $m=-12$이므로
$$M-m=11$$

05 답 26

1단계 두 함수 $y=f(x)$, $y=g(x)$의 그래프의 성질 파악하기

$f(x)=x^2-2x+6=(x-1)^2+5$이므로 이차함수 $y=f(x)$의 그래프는 직선 $x=1$에 대하여 대칭이다.

한편 $g(x)=-|x-t|+11=\begin{cases} x-t+11 & (x<t) \\ -x+t+11 & (x\geq t) \end{cases}$이므로 함수 $y=g(x)$의 그래프는 직선 $x=t$에 대하여 대칭이다.

2단계 함수 $y=h(x)$의 그래프의 개형 그리기

따라서 함수 $h(x)=\begin{cases} f(x) & (f(x)<g(x)) \\ g(x) & (f(x)\geq g(x)) \end{cases}$의 그래프의 개형은 다음과 같이 세 가지로 나타난다.

(ⅰ) 두 함수 $y=f(x)$, $y=g(x)$의 그래프가 만나지 않거나 한 점에서만 만날 때,

모든 x의 값에 대하여 $f(x)\geq g(x)$이므로 $h(x)=g(x)$이다.

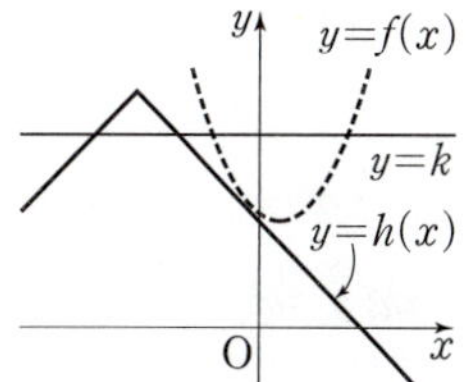
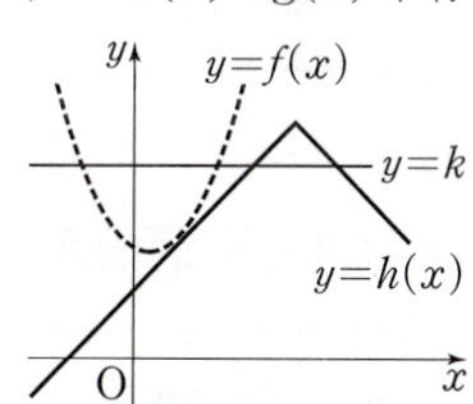

즉, 그림에서 함수 $y=h(x)$의 그래프와 직선 $y=k$가 서로 다른 세 점에서 만나도록 하는 실수 k는 존재하지 않는다.

(ⅱ) 두 함수 $y=f(x)$, $y=g(x)$의 그래프의 두 교점의 x좌표가 α, $\beta(\alpha<\beta\leq 1$ 또는 $1\leq\alpha<\beta)$일 때,

$$h(x)=\begin{cases} g(x) & (x<\alpha) \\ f(x) & (\alpha\leq x<\beta) \\ g(x) & (x\geq\beta) \end{cases}$$

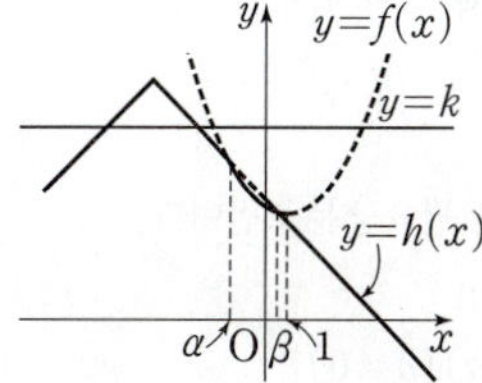
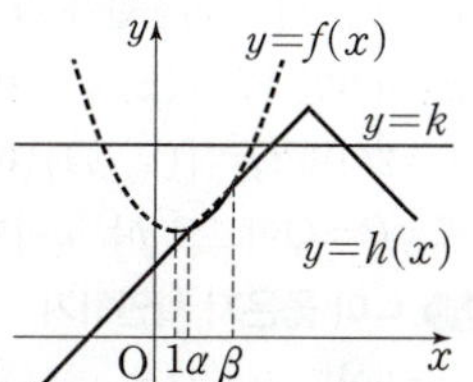

즉, 그림에서 함수 $y=h(x)$의 그래프와 직선 $y=k$가 서로 다른 세 점에서 만나도록 하는 실수 k는 존재하지 않는다.

(iii) 두 함수 $y=f(x)$, $y=g(x)$의 그래프의 두 교점의 x좌표가
α, β $(\alpha<1<\beta)$일 때,

① $f(\alpha)=f(\beta)$, 즉 $t=1$일 때,

$x^2-2x+6=-x+12$에서

$x^2-x-6=0$

$(x+2)(x-3)=0$

$\therefore x=-2$ 또는 $x=3$

이때 $\beta>1$이므로 $\beta=3$

$g(3)=-|3-1|+11=9$

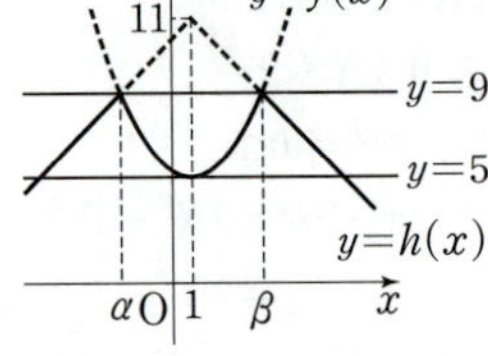

즉, 함수 $y=h(x)$의 그래프와 직선 $y=k$가 서로 다른 세 점에서 만나도록 하는 실수 k의 값은 5뿐이다.

② $f(\alpha)>f(\beta)$일 때,

함수 $y=h(x)$의 그래프와 직선 $y=k$가 서로 다른 세 점에서 만나도록 하는 실수 k의 값은 5와 $f(\beta)$ $(5<f(\beta)<9)$이다.

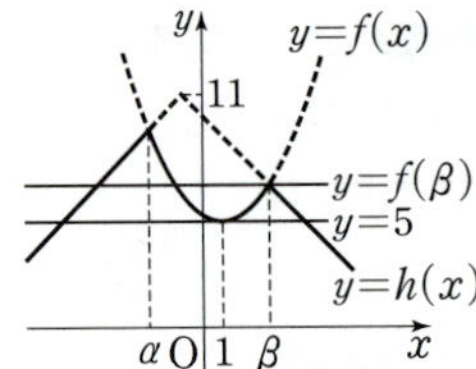

③ $f(\alpha)<f(\beta)$일 때,

함수 $y=h(x)$의 그래프와 직선 $y=k$가 서로 다른 세 점에서 만나도록 하는 실수 k의 값은 5와 $f(\alpha)$ $(5<f(\alpha)<9)$이다.

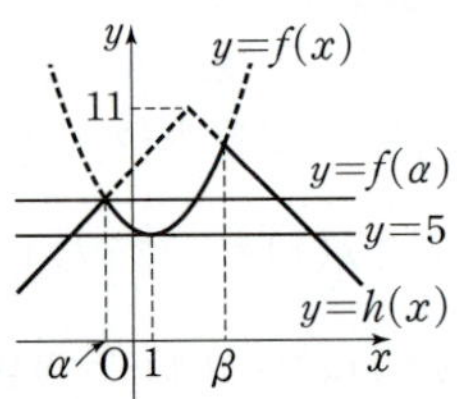

3단계 명제가 참이 되도록 하는 k의 값의 범위 구하기

(i), (ii), (iii)에서 명제 '어떤 실수 t에 대하여 함수 $y=h(x)$의 그래프와 직선 $y=k$는 서로 다른 세 점에서 만난다.'가 참이 되도록 하는 실수 k의 값의 범위는 $5\le k<9$

4단계 모든 자연수 k의 값의 합 구하기

따라서 자연수 k의 값은 5, 6, 7, 8이므로 그 합은
$5+6+7+8=26$

06 답 ③

1단계 두 조건 p, q 파악하기

p: $(x+2a)^2+(y-a)^2=0$에서 $x=-2a$, $y=a$

q: $x^2+kxy+ky^2=0$에서

$$\left(x+\frac{k}{2}y\right)^2+ky^2-\frac{k^2}{4}y^2=0, \quad \left(x+\frac{k}{2}y\right)^2+\left(k-\frac{k^2}{4}\right)y^2=0$$

이때 $k-\dfrac{k^2}{4}>0$에서 $k^2-4k<0$

$k(k-4)<0$ $\quad\therefore 0<k<4$

즉, $0<k<4$이면 $x+\dfrac{k}{2}y=0$, $y^2=0$이므로 $x=0$, $y=0$

2단계 ㄱ이 옳은지 확인하기

두 조건 p, q의 진리집합을 각각 P, Q라 하자.

ㄱ. $a=0$이면 $P=\{(x,y)|(0,0)\}$

$k=2$이면 $Q=\{(x,y)|(0,0)\}$

즉, $P=Q$이므로 p는 q이기 위한 필요충분조건이다.

3단계 ㄴ이 옳은지 확인하기

ㄴ. $a\ne0$이면 $P=\{(x,y)|(-2a,a)(a\ne0)\}$

$0<k<4$이면 $Q=\{(x,y)|(0,0)\}$

즉, $P\not\subset Q$이므로 p는 q이기 위한 충분조건이 아니다.

4단계 ㄷ이 옳은지 확인하기

ㄷ. $a\ne0$이면 $P=\{(x,y)|(-2a,a)(a\ne0)\}$이고 p가 q이기 위한 충분조건이면 $P\subset Q$이므로 $(-2a,a)\in Q$이어야 한다.

즉, $x^2+kxy+ky^2=0$에 $x=-2a$, $y=a$를 대입하면

$4a^2-2ka^2+ka^2=0$, $a^2(4-k)=0$

$\therefore k=4$ $(\because a\ne0)$

5단계 옳은 것 구하기

따라서 보기에서 옳은 것은 ㄱ, ㄷ이다.

07 답 28

1단계 $\overline{PM}=x$, $\overline{PN}=y$로 놓고 x, y 사이의 관계식 구하기

$\overline{PM}=x$, $\overline{PN}=y$로 놓으면

$\triangle ABC=\triangle ABP+\triangle APC$에서

$$\frac{1}{2}\times2\times3\times\sin30°=\frac{1}{2}\times2\times x+\frac{1}{2}\times3\times y$$

$$\frac{3}{2}=x+\frac{3}{2}y$$

$$\therefore 2x+3y=3 \quad\cdots\cdots ㉠$$

2단계 $\dfrac{\overline{AB}}{\overline{PM}}+\dfrac{\overline{AC}}{\overline{PN}}$의 최솟값 구하기

$\dfrac{\overline{AB}}{\overline{PM}}+\dfrac{\overline{AC}}{\overline{PN}}=\dfrac{2}{x}+\dfrac{3}{y}$이고

$$3\left(\frac{2}{x}+\frac{3}{y}\right)=(2x+3y)\left(\frac{2}{x}+\frac{3}{y}\right) (\because ㉠)$$

$$=13+\frac{6x}{y}+\frac{6y}{x}$$

이때 $\dfrac{6x}{y}>0$, $\dfrac{6y}{x}>0$이므로 산술평균과 기하평균의 관계에 의하여

$$13+\frac{6x}{y}+\frac{6y}{x}\ge13+2\sqrt{\frac{6x}{y}\times\frac{6y}{x}}$$

$$=25 \left(\text{단, 등호는 }\frac{6x}{y}=\frac{6y}{x}\text{일 때 성립}\right)$$

즉, $\dfrac{2}{x}+\dfrac{3}{y}\ge\dfrac{25}{3}$이므로 $\dfrac{2}{x}+\dfrac{3}{y}$의 최솟값은 $\dfrac{25}{3}$이다.

3단계 $p+q$의 값 구하기

따라서 $p=3$, $q=25$이므로
$p+q=28$

idea

08 답 ③

1단계 $a+\dfrac{1}{a}=X$, $2b+\dfrac{1}{2b}=Y$로 놓고 $X+Y$ 구하기

$a+\dfrac{1}{a}=X$, $2b+\dfrac{1}{2b}=Y$ $(X>0, Y>0)$로 놓으면

$$X+Y=a+\frac{1}{a}+2b+\frac{1}{2b}$$

$$=(a+2b)+\frac{a+2b}{2ab}$$

$$=1+\frac{1}{2ab} \quad\cdots\cdots ㉠$$

2단계 $X+Y$의 최솟값 구하기

이때 $a>0$, $b>0$이므로 산술평균과 기하평균의 관계에 의하여
$a+2b\ge2\sqrt{2ab}$ (단, 등호는 $a=2b$일 때 성립)

$1\ge2\sqrt{2ab}$, $2ab\le\dfrac{1}{4}$ $\quad\therefore \dfrac{1}{2ab}\ge4$

㉠에서 $X+Y=1+\dfrac{1}{2ab}\ge1+4=5$ $\quad\cdots\cdots ㉡$

3단계 $\left(a+\dfrac{1}{a}\right)^2+\left(2b+\dfrac{1}{2b}\right)^2$의 최솟값 구하기

X, Y가 실수이므로 코시-슈바르츠의 부등식에 의하여

$(1^2+1^2)(X^2+Y^2)\geq(X+Y)^2$ (단, 등호는 $X=Y$일 때 성립)

$X^2+Y^2\geq\dfrac{1}{2}(X+Y)^2$

　└─ $a=2b$이면 $X=Y$이므로 등호가 성립한다.

㉡에서 $\left(a+\dfrac{1}{a}\right)^2+\left(2b+\dfrac{1}{2b}\right)^2\geq\dfrac{1}{2}\times5^2=\dfrac{25}{2}$

따라서 $\left(a+\dfrac{1}{a}\right)^2+\left(2b+\dfrac{1}{2b}\right)^2$의 최솟값은 $\dfrac{25}{2}$이다.

기출 변형 문제로 단원 마스터 | 70~73쪽

01 84	**02** ④	**03** 64	**04** ④	**05** 5	**06** ③
07 ③	**08** ⑤	**09** ⑤	**10** ④	**11** ⑤	**12** ⑤
13 8	**14** ①	**15** ①			

01 답 84

$(A\cap B)\subset A$이므로 ㉮에서 $\{4,\,8\}\subset A$

이때 4, 8이 모두 a의 배수이므로

$a=1$ 또는 $a=2$ 또는 $a=4$

그런데 $a=1$이면 $A=U$이므로 $B-A=\varnothing$에서 ㉯를 만족시키지 않는다.

즉, $a=2$ 또는 $a=4$

또 $(A\cap B)\subset B$이므로 ㉮에서 $\{4,\,8\}\subset B$

이때 4, 8이 모두 b의 약수이므로

$b=8$ 또는 $b=16$ 또는 $b=24$

(ⅰ) $a=2$인 경우

　$A=\{2,\,4,\,6,\,...,\,26,\,28,\,30\}$

　① $b=8$일 때,

　　$B=\{1,\,2,\,4,\,8\}$에서 $B-A=\{1\}$이므로 ㉯를 만족시키지 않는다.

　② $b=16$일 때,

　　$B=\{1,\,2,\,4,\,8,\,16\}$에서 $B-A=\{1\}$이므로 ㉯를 만족시키지 않는다.

　③ $b=24$일 때,

　　$B=\{1,\,2,\,3,\,4,\,6,\,8,\,12,\,24\}$에서 $B-A=\{1,\,3\}$이므로 ㉯를 만족시킨다.

　　이때 $A-B=\{10,\,14,\,16,\,18,\,20,\,22,\,26,\,28,\,30\}$이므로 집합 $A-B$의 모든 원소의 합은

　　$10+14+16+18+20+22+26+28+30=184$

(ⅱ) $a=4$인 경우

　$A=\{4,\,8,\,12,\,16,\,20,\,24,\,28\}$

　① $b=8$일 때,

　　$B=\{1,\,2,\,4,\,8\}$에서 $B-A=\{1,\,2\}$이므로 ㉯를 만족시킨다.

　　이때 $A-B=\{12,\,16,\,20,\,24,\,28\}$이므로 집합 $A-B$의 모든 원소의 합은

　　$12+16+20+24+28=100$

② $b=16$일 때,

　$B=\{1,\,2,\,4,\,8,\,16\}$에서 $B-A=\{1,\,2\}$이므로 ㉯를 만족시킨다.

　이때 $A-B=\{12,\,20,\,24,\,28\}$이므로 집합 $A-B$의 모든 원소의 합은

　$12+20+24+28=84$

③ $b=24$일 때,

　$B=\{1,\,2,\,3,\,4,\,6,\,8,\,12,\,24\}$에서 $B-A=\{1,\,2,\,3,\,6\}$이므로 ㉯를 만족시키지 않는다.

(ⅰ), (ⅱ)에서 집합 $A-B$의 모든 원소의 합의 최솟값은 84이다.

02 답 ④

$(A\cap B)\cup B^C=((A\cap B)^C\cap B)^C=(B-(A\cap B))^C=(B-A)^C$

이므로 ㉮에서 $n((A\cap B)\cup B^C)=n((B-A)^C)=8$

또 $B-A=\{3,\,9\}$에서 $n(B-A)=2$이므로

$n(U)=n(B-A)+n((B-A)^C)$
　　　$=2+8=10$

즉, $k=10$이므로

$U=\{1,\,2,\,3,\,4,\,5,\,6,\,7,\,8,\,9,\,10\}$

㉮에서 $B-A=\{3,\,9\}$이고, ㉯에서 집합 A의 모든 원소의 합과 집합 B의 모든 원소의 합이 서로 같으므로 집합 $A-B$의 모든 원소의 합은 집합 $B-A=\{3,\,9\}$의 모든 원소의 합인 12이다.

따라서 m은 3과 9 중 어느 수도 약수로 갖지 않고, 모든 약수의 합이 12 이상이어야 하므로 m이 될 수 있는 수는 8 또는 10이다.

(ⅰ) $m=8$일 때,

　$A=\{1,\,2,\,4,\,8\}$

　이때 $A-B=\{4,\,8\}$이면 집합 $A-B$의 원소의 합이 12이므로 조건을 만족시킨다.

　즉, $B=\{1,\,2,\,3,\,9\}$이므로

　$A\cup B=\{1,\,2,\,4,\,8\}\cup\{1,\,2,\,3,\,9\}=\{1,\,2,\,3,\,4,\,8,\,9\}$

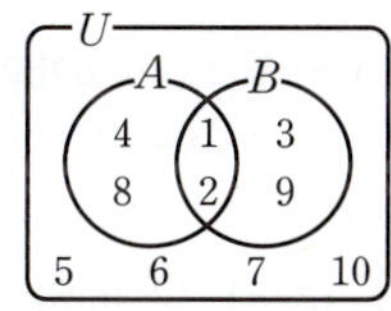

　$A^C\cap B^C=(A\cup B)^C=\{5,\,6,\,7,\,10\}$이므로 집합 $A^C\cap B^C$의 모든 원소의 합은

　$5+6+7+10=28$

(ⅱ) $m=10$일 때,

　$A=\{1,\,2,\,5,\,10\}$

　이때 $A-B=\{2,\,10\}$이면 집합 $A-B$의 원소의 합이 12이므로 조건을 만족시킨다.

　즉, $B=\{1,\,3,\,5,\,9\}$이므로

　$A\cup B=\{1,\,2,\,5,\,10\}\cup\{1,\,3,\,5,\,9\}=\{1,\,2,\,3,\,5,\,9,\,10\}$

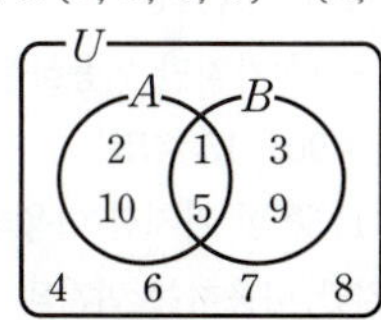

　$A^C\cap B^C=(A\cup B)^C=\{4,\,6,\,7,\,8\}$이므로 집합 $A^C\cap B^C$의 모든 원소의 합은

　$4+6+7+8=25$

(ⅰ), (ⅱ)에서 집합 $A^C\cap B^C$의 모든 원소의 합의 최댓값은 28이다.

03 답 64

$$(X-A^c)^c\cup(A-X)=(X\cap A)^c\cup(A\cap X^c)$$
$$=(X^c\cup A^c)\cup(A\cap X^c)$$
$$=\{(X^c\cup A^c)\cup A\}\cap\{(X^c\cup A^c)\cup X^c\}$$
$$=\{X^c\cup(A^c\cup A)\}\cap\{(X^c\cup X^c)\cup A^c\}$$
$$=(X^c\cup U)\cap(X^c\cup A^c)$$
$$=U\cap(X^c\cup A^c)$$
$$=X^c\cup A^c$$
$$=(X\cap A)^c$$

즉, $(X\cap A)^c=A^c$이므로
$$X\cap A=A \qquad \therefore A\subset X$$
이때 $A=\{1,\ 2,\ 5,\ 10\}$이므로 집합 X는 1, 2, 5, 10을 모두 원소로 갖는 전체집합 U의 부분집합이다.
따라서 구하는 부분집합 X의 개수는 $2^{10-4}=2^6=64$

04 답 ④

$X\cap A^c\neq\varnothing$, $X\cap B\neq\varnothing$이므로 집합 X는 A^c의 원소가 하나 이상이 포함되어야 하고, B의 원소가 하나 이상이 포함되어야 한다.
이때 $A^c=\{3,\ 4,\ 5,\ 6\}$이고 $A^c\cap B=\{3,\ 4\}$이므로 $A^c\cap B$의 원소인 3, 4가 집합 X에 포함되는 경우와 그렇지 않은 경우로 나눌 수 있다.

(i) $3\in X$ 또는 $4\in X$인 경우

3을 원소로 갖는 집합 X의 개수는
$$2^{6-1}=2^5=32$$
4를 원소로 갖는 집합 X의 개수는
$$2^{6-1}=2^5=32$$
3, 4를 모두 원소로 갖는 집합 X의 개수는
$$2^{6-2}=2^4=16$$
즉, 3 또는 4를 원소로 갖는 집합 X의 개수는
$$32+32-16=48$$

(ii) $3\notin X$이고 $4\notin X$인 경우

3, 4를 제외한 집합 A^c의 원소는 5, 6이고 3, 4를 제외한 집합 B의 원소는 2이므로 집합 X는 3, 4를 원소로 갖지 않고 2, 5 또는 2, 6을 원소로 가져야 한다.
즉, 집합 X는 $\{2, 5\}$, $\{2, 6\}$, $\{2, 5, 6\}$, $\{1, 2, 5\}$, $\{1, 2, 6\}$, $\{1, 2, 5, 6\}$의 6개이다.

(i), (ii)에서 조건을 만족시키는 집합 X의 개수는 $48+6=54$

05 답 5

모바일 앱 A와 모바일 앱 B를 이용하는 사람의 집합을 각각 A, B라 하면
$$n(A\cup B)=50+40=90$$
㈎에서 $n(A)+n(B)=105$이므로
$$n(A\cap B)=n(A)+n(B)-n(A\cup B)=105-90=15$$
즉, 두 모바일 앱 A, B 중 한 가지만 이용하는 사람의 수는
$$n(A\cup B)-n(A\cap B)=90-15=75$$
㈏에서 두 모바일 앱 A, B 중 한 가지만 이용하는 남자의 수는 40, 두 모바일 앱 A, B 중 한 가지만 이용하는 여자의 수는 35이다.
따라서 모바일 앱 A 또는 모바일 앱 B를 이용하는 여자의 수는 40이고 두 모바일 앱 A, B 중 한 가지만 이용하는 여자의 수는 35이므로 두 모바일 앱 A, B를 모두 이용하는 여자의 수는
$$40-35=5$$

다른 풀이

㈏에서 두 모바일 앱 A, B 중 한 가지만 이용하는 여자의 수를 x라 하면 두 모바일 앱 A, B 중 한 가지만 이용하는 남자의 수는 $x+5$이다.
또 두 모바일 앱 A, B를 모두 이용하는 여자의 수는 $40-x$이고, 두 모바일 앱 A, B를 모두 이용하는 남자의 수는 $50-(x+5)=45-x$이다.
㈎에서 $\{(x+5)+2(45-x)\}+\{x+2(40-x)\}=105$
$$(-x+95)+(-x+80)=105,\ 2x=70 \qquad \therefore x=35$$
따라서 두 모바일 앱 A, B를 모두 이용하는 여자의 수는
$$40-35=5$$

06 답 ③

전체집합 U의 세 부분집합과 벤 다이어그램의 각 영역에 속하는 원소의 개수를 그림과 같이 나타내면

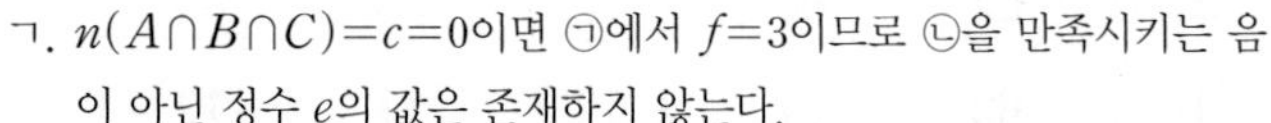

$$n(B\cap C)=c+f=3 \qquad \cdots\cdots \ \text{㉠}$$
$$n(B-A)=e+f=2 \qquad \cdots\cdots \ \text{㉡}$$
$$n(C-A)=f+g=3 \qquad \cdots\cdots \ \text{㉢}$$

ㄱ. $n(A\cap B\cap C)=c=0$이면 ㉠에서 $f=3$이므로 ㉡을 만족시키는 음이 아닌 정수 e의 값은 존재하지 않는다.
$$\therefore n(A\cap B\cap C)\neq0$$

ㄴ. $n(A\cap B\cap C)=c=3$이면 ㉠, ㉡, ㉢에서
$$f=0,\ e=2,\ g=3$$
즉, $c+e+g=8$이고 $n(U)=8$이므로 나머지 영역의 원소의 개수는 모두 0이다.
$$\therefore n(C)=3+3=6$$

ㄷ. $n(A\cap B\cap C)=c=1$이면 ㉠, ㉡, ㉢에서
$$f=2,\ e=0,\ g=1$$
$n(A)\times n(B)\times n(C)$의 값이 최소가 되기 위해서는 $a=b=d=0$, $h=4$이어야 한다.
$$\therefore n(A)\times n(B)\times n(C)=1\times3\times4=12$$
$n(A)\times n(B)\times n(C)$의 값이 최대가 되기 위해서는
$$a=h=0,\ b+d=4$$이어야 한다.

(i) $b=4$, $d=0$일 때,
$$n(A)\times n(B)\times n(C)=5\times7\times4=140$$
(ii) $b=3$, $d=1$일 때,
$$n(A)\times n(B)\times n(C)=5\times6\times5=150$$
(iii) $b=2$, $d=2$일 때,
$$n(A)\times n(B)\times n(C)=5\times5\times6=150$$
(iv) $b=1$, $d=3$일 때,
$$n(A)\times n(B)\times n(C)=5\times4\times7=140$$
(v) $b=0$, $d=4$일 때,
$$n(A)\times n(B)\times n(C)=5\times3\times8=120$$
즉, $n(A)\times n(B)\times n(C)$의 최댓값은 150, 최솟값은 12이므로 $n(A)\times n(B)\times n(C)$의 최댓값과 최솟값의 합은 162이다.

따라서 보기에서 옳은 것은 ㄱ, ㄷ이다.

07 답 ③

집합 A_k는 전체집합 U의 부분집합이므로 $x(y-k)=48$에서 x는 30 이하의 자연수이고, x와 $y-k$는 48의 약수이다.
이때 $y\in U$에서 $y-k<30$이므로 $x\neq1$

또 $x \in U$에서 $x \neq 48$이므로

$y - k \neq 1$

즉, $y-k$의 값에 따른 x의 값은 다음 표와 같다.

$y-k$	2	3	4	6	8	12	16	24
x	24	16	12	8	6	4	3	2

$\therefore A_k \subset \{2, 3, 4, 6, 8, 12, 16, 24\}$

$\dfrac{48-x}{6} \in U$에서 $48-x$는 6의 배수이므로

$B = \{6, 12, 18, 24, 30\}$

$\therefore (A_k \cap B^C) \subset \{2, 3, 4, 8, 16\}$

(i) $2 \in A_k \cap B^C$, 즉 $2 \in A_k$일 때,

　　$x=2$, $y-k=24$에서

　　$y=24+k \leq 30$이므로 $k \leq 6$

(ii) $3 \in A_k \cap B^C$, 즉 $3 \in A_k$일 때,

　　$x=3$, $y-k=16$에서

　　$y=16+k \leq 30$이므로 $k \leq 14$

(iii) $4 \in A_k \cap B^C$, 즉 $4 \in A_k$일 때,

　　$x=4$, $y-k=12$에서

　　$y=12+k \leq 30$이므로 $k \leq 18$

(iv) $8 \in A_k \cap B^C$, 즉 $8 \in A_k$일 때,

　　$x=8$, $y-k=6$에서

　　$y=6+k \leq 30$이므로 $k \leq 24$

(v) $16 \in A_k \cap B^C$, 즉 $16 \in A_k$일 때,

　　$x=16$, $y-k=3$에서

　　$y=3+k \leq 30$이므로 $k \leq 27$

(i)$\sim$(v)에서

$k \leq 6$일 때, $A_k \cap B^C = \{2, 3, 4, 8, 16\}$

$6 < k \leq 14$일 때, $A_k \cap B^C = \{3, 4, 8, 16\}$

$14 < k \leq 18$일 때, $A_k \cap B^C = \{4, 8, 16\}$

$18 < k \leq 24$일 때, $A_k \cap B^C = \{8, 16\}$

$24 < k \leq 27$일 때, $A_k \cap B^C = \{16\}$

따라서 $n(A_k \cap B^C) = 2$가 되도록 하는 자연수 k는 19, 20, 21, 22, 23, 24의 6개이다.

08 답 ⑤

ㄱ. $a=2$이면

　　$A_1 \cup A_2 \cup A_3 = \{x \mid 1 \leq x \leq 3\} \cup \{x \mid 2 \leq x \leq 4\} \cup \{x \mid 3 \leq x \leq 5\}$
　　　　　　　　　　$= \{x \mid 1 \leq x \leq 5\}$

　　즉, 집합 $A_1 \cup A_2 \cup A_3$의 원소 중 자연수는 1, 2, 3, 4, 5의 5개이다.

ㄴ. 두 자연수 l, $m \, (l < m)$에 대하여 두 집합 A_l, A_m이 서로소이면

　　$A_l \cap A_m = \varnothing$, 즉 $\{x \mid l \leq x \leq l+a\} \cap \{x \mid m \leq x \leq m+a\} = \varnothing$이므

　　로 $l+a < m$, 즉 $m-l > a$이다.

ㄷ. $a=3$이면 $A_k = \{x \mid k \leq x \leq k+3,\ x$는 실수$\}$

　　$A_k \cap A_{k+1} \cap A_{k+2} \cap A_{k+3} \cap A_{k+4} = \varnothing \, (k=1, 2, 3, ..., 12)$이고,

　　$A_1 \cap A_2 \cap A_3 \cap A_4 = \{4\}$, $A_5 \cap A_6 \cap A_7 \cap A_8 = \{8\}$,

　　$A_9 \cap A_{10} \cap A_{11} \cap A_{12} = \{12\}$, $A_{13} \cap A_{14} \cap A_{15} \cap A_{16} = \{16\}$이므로

　　$k \leq 16$인 모든 자연수 k에 대하여 모든 집합 A_k와 서로소가 아닌
　　유한집합 중 원소의 개수가 최소인 집합은 $\{4, 8, 12, 16\}$이고, 이
　　집합의 모든 원소의 합은

　　$4+8+12+16 = 40$

따라서 보기에서 옳은 것은 ㄱ, ㄴ, ㄷ이다.

09 답 ⑤

네 조건 p, q, r, s를 다음과 같이 정하자.

p: 가격이 비싸다.

q: 선호도가 높다.

r: 가성비가 높다.

s: 판매량이 많다.

이때 시장 조사의 결과 ㈎, ㈏, ㈐를 다음과 같이 나타낼 수 있다.

㈎ $p \longrightarrow \sim q$

㈏ $q \longrightarrow r$

㈐ $r \longrightarrow s$

각각의 보기를 네 조건 p, q, r, s로 표현하면 다음과 같다.

① $p \longrightarrow \sim r$

　　참, 거짓을 알 수 없다.

② $r \longrightarrow q$

　　참, 거짓을 알 수 없다.

③ $s \longrightarrow q$

　　참, 거짓을 알 수 없다.

④ $\sim r \longrightarrow \sim s$

　　참, 거짓을 알 수 없다.

⑤ $q \longrightarrow (s$이고 $\sim p)$

　　두 명제 $q \longrightarrow r$, $r \longrightarrow s$가 모두 참이므로 명제 $q \longrightarrow s$도 참이다.

　　또 명제 $p \longrightarrow \sim q$가 참이므로 대우 $q \longrightarrow \sim p$도 참이다.

　　즉, 명제 $q \longrightarrow (s$이고 $\sim p)$는 참이다.

따라서 항상 옳은 것은 ⑤이다.

10 답 ④

실수 전체의 집합을 U라 하고, 두 조건 p, q의 진리집합을 각각 P, Q라 하자.

명제 '모든 실수 x에 대하여 p이다.'가 참이려면 $P=U$이어야 한다.

즉, 모든 실수 x에 대하여 $x^2+2ax+9 > 0$이어야 하므로 이차방정식 $x^2+2ax+9=0$의 판별식을 D_1이라 하면

$\dfrac{D_1}{4} = a^2 - 9 < 0$에서

$(a+3)(a-3) < 0$　　$\therefore -3 < a < 3$

그런데 a는 정수이므로 $-2, -1, 0, 1, 2$의 5개이다.

명제 '$\sim p$는 q이기 위한 필요조건이다.'가 참이려면 명제 $q \longrightarrow \sim p$가 참이어야 하고, 그 대우 $p \longrightarrow \sim q$도 참이어야 한다.

즉, $P \subset Q^C$이어야 하고, $P=U$이므로 $Q^C = U$이다.

따라서 모든 실수 x에 대하여 $x^2+2bx+25 \geq 0$이어야 하므로 이차방정식 $x^2+2bx+25=0$의 판별식을 D_2라 하면

$\dfrac{D_2}{4} = b^2 - 25 \leq 0$에서

$(b+5)(b-5) \leq 0$　　$\therefore -5 \leq b \leq 5$

그런데 b는 정수이므로 $-5, -4, -3, ..., 3, 4, 5$의 11개이다.

그러므로 구하는 정수 a, b의 순서쌍 (a, b)의 개수는 $5 \times 11 = 55$

11 답 ⑤

p: $a^3 b^2 + ab^4 = 0$에서 $ab^2(a^2+b^2)=0$이므로

　　$a=0$ 또는 $b=0$

q: $a^2+ab+b^2 \leq 0$, 즉 $\left(a+\dfrac{b}{2}\right)^2 + \dfrac{3}{4}b^2 \leq 0$에서 $a=-\dfrac{b}{2}$, $b=0$이므로

　　$a=b=0$

r: $|a+b|=|a|+|b|$에서

$a=0$ 또는 $b=0$ 또는 $a>0$, $b>0$ 또는 $a<0$, $b<0$

ㄱ. $q \Longrightarrow r$이므로 q는 r이기 위한 충분조건이다.

ㄴ. $p \Longrightarrow r$이므로 r는 p이기 위한 필요조건이다.

ㄷ. p이고 r: $a=0$ 또는 $b=0$

　　즉, $q \Longrightarrow (p$이고 $r)$이므로 $(p$이고 $r)$는 q이기 위한 필요조건이다.

따라서 보기에서 옳은 것은 ㄱ, ㄴ, ㄷ이다.

12 답 ⑤

직선 PQ의 기울기는 $\dfrac{\dfrac{4}{a}+\dfrac{4}{b}}{a+b}=\dfrac{4}{ab}$이므로 두 점 $\mathrm{P}\left(a,\ \dfrac{4}{a}\right)$,

$\mathrm{Q}\left(-b,\ -\dfrac{4}{b}\right)$를 지나는 직선과 평행하고 점 $\mathrm{R}(-a,\ b)$를 지나는 직선

의 방정식은 $y=\dfrac{4}{ab}(x+a)+b$

$x=0$을 대입하면 $y=b+\dfrac{4}{b}$

$\therefore \mathrm{S}\left(0,\ b+\dfrac{4}{b}\right)$

또 $\mathrm{H}_1(a,\ 0)$, $\mathrm{H}_2\left(0,\ \dfrac{4}{a}\right)$이므로

$\overline{\mathrm{OS}}+\overline{\mathrm{OH_1}}+\overline{\mathrm{OH_2}}=b+\dfrac{4}{b}+a+\dfrac{4}{a}$ $(\because a>0,\ b>0)$

$\qquad\qquad\qquad\quad =\left(a+\dfrac{4}{a}\right)+\left(b+\dfrac{4}{b}\right)$

이때 $a>0$, $b>0$이므로 산술평균과 기하평균의 관계에 의하여

$a+\dfrac{4}{a}\geq2\sqrt{a\times\dfrac{4}{a}}=4$ $\left($단, 등호는 $a=\dfrac{4}{a}$일 때 성립$\right)$

$b+\dfrac{4}{b}\geq2\sqrt{b\times\dfrac{4}{b}}=4$ $\left($단, 등호는 $b=\dfrac{4}{b}$일 때 성립$\right)$

$\therefore \overline{\mathrm{OS}}+\overline{\mathrm{OH_1}}+\overline{\mathrm{OH_2}}\geq4+4=8$

따라서 $\overline{\mathrm{OS}}+\overline{\mathrm{OH_1}}+\overline{\mathrm{OH_2}}$의 최솟값은 8이다.

13 답 8

두 직선 l, m이 원 $(x-2)^2+(y-4)^2=4$의 넓이를 4등분 하므로 두 직선 l, m은 원의 중심 $(2,\ 4)$를 지나고 서로 수직인 직선이다.

직선 l의 기울기가 $t\,(t>0)$이므로 직선 m의 기울기는 $-\dfrac{1}{t}$

즉, 직선 m의 방정식은 $y=-\dfrac{1}{t}(x-2)+4$

직선 m의 x절편과 y절편은 각각 $4t+2$, $\dfrac{2}{t}+4$이므로 직선 m과 x축, y축으로 둘러싸인 삼각형의 넓이 $f(t)$는

$f(t)=\dfrac{1}{2}\times(4t+2)\times\left(\dfrac{2}{t}+4\right)$ $(\because t>0)$

$\qquad =2\left(4t+\dfrac{1}{t}\right)+8$

이때 $t>0$이므로 산술평균과 기하평균의 관계에 의하여

$2\left(4t+\dfrac{1}{t}\right)+8\geq2\times2\sqrt{4t\times\dfrac{1}{t}}+8$

$\qquad\qquad\qquad =16$ $\left($단, 등호는 $4t=\dfrac{1}{t}$일 때 성립$\right)$

$f(t)$의 최솟값은 16이고, $f(t)$의 값이 최소인 경우는 $4t=\dfrac{1}{t}$, 즉 $t=\dfrac{1}{2}$일 때이다.

따라서 $a=\dfrac{1}{2}$, $k=16$이므로 $ak=8$

정답과 해설

14 답 ①

$f(x)=-4x^2+\dfrac{5}{2}$이므로 이차함수 $y=f(x)$의 그래프는 y축에 대하여 대칭이다.

한편 $g(x)=|x-t|+1=\begin{cases} -x+t+1 & (x<t) \\ x-t+1 & (x\geq t) \end{cases}$이므로 함수 $y=g(x)$의 그래프는 직선 $x=t$에 대하여 대칭이다.

따라서 함수 $h(x)=\begin{cases} f(x) & (g(x)<f(x)) \\ g(x) & (g(x)\geq f(x)) \end{cases}$의 그래프의 개형은 다음과 같이 세 가지로 나타난다.

(i) 두 함수 $y=f(x)$, $y=g(x)$의 그래프가 만나지 않거나 한 점에서만 만날 때,

　모든 x의 값에 대하여 $f(x)\leq g(x)$이므로 $h(x)=g(x)$이다.

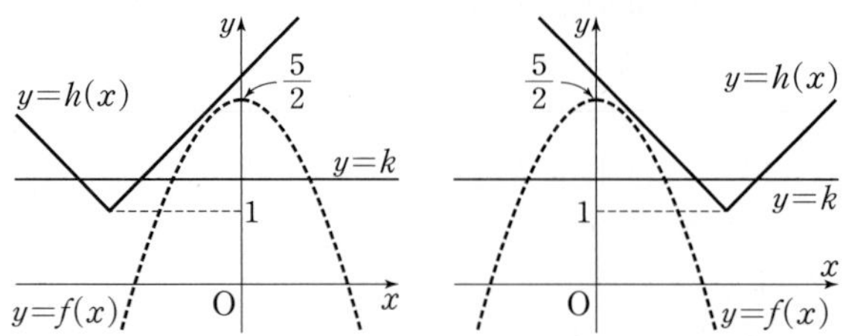

즉, 그림에서 함수 $y=h(x)$의 그래프와 직선 $y=k$의 교점의 개수가 3 이상이 되도록 하는 실수 k는 존재하지 않는다.

(ii) 두 함수 $y=f(x)$, $y=g(x)$의 그래프의 두 교점의 x좌표가 α, $\beta\,(\alpha<\beta\leq0$ 또는 $0\leq\alpha<\beta)$일 때,

$$h(x)=\begin{cases} g(x) & (x<\alpha) \\ f(x) & (\alpha\leq x<\beta) \\ g(x) & (x\geq\beta) \end{cases}$$

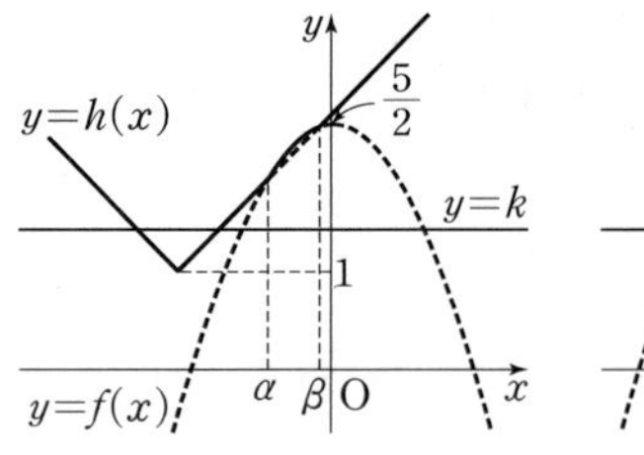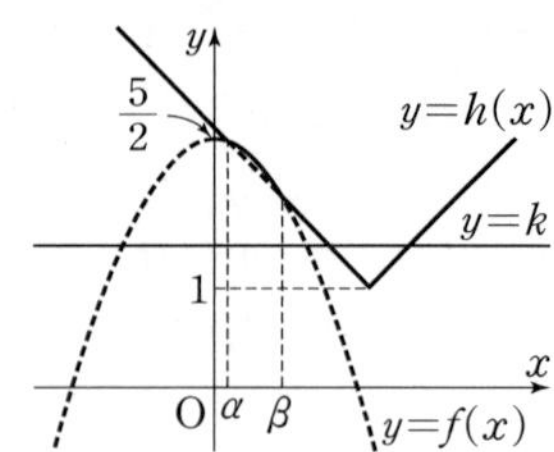

즉, 그림에서 함수 $y=h(x)$의 그래프와 직선 $y=k$의 교점의 개수가 3 이상이 되도록 하는 실수 k는 존재하지 않는다.

(iii) 두 함수 $y=f(x)$, $y=g(x)$의 그래프의 두 교점의 x좌표가 α, $\beta\,(\alpha<0<\beta)$일 때,

　① $f(\alpha)=f(\beta)$, 즉 $t=0$일 때,

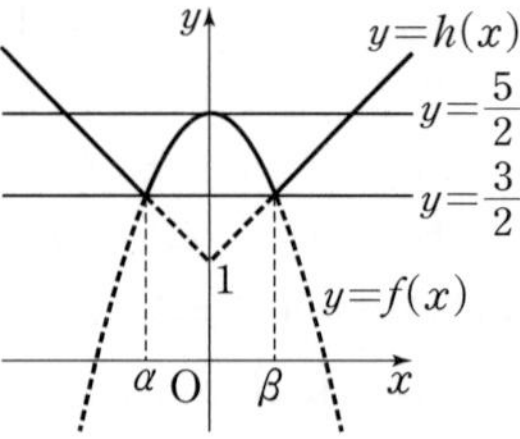

$\qquad -4x^2+\dfrac{5}{2}=x+1$에서

$\qquad 8x^2+2x-3=0$

$\qquad (4x+3)(2x-1)=0$

$\qquad \therefore x=-\dfrac{3}{4}$ 또는 $x=\dfrac{1}{2}$

　이때 $\beta>0$이므로

$\qquad \beta=\dfrac{1}{2}$

즉, 함수 $y=h(x)$의 그래프와 직선 $y=k$의 교점의 개수가 3 이상이 되도록 하는 실수 k의 값의 범위는

$f\left(\dfrac{1}{2}\right)<k\leq f(0)$

$\therefore \dfrac{3}{2}<k\leq\dfrac{5}{2}$

ⅱ $f(\alpha)>f(\beta)$일 때,

함수 $y=h(x)$의 그래프와 직선 $y=k$의 교점의 개수가 3 이상이 되도록 하는 실수 k의 값의 범위는

$$f(\alpha)\leq k\leq f(0)$$
$$\therefore f(\alpha)\leq k\leq\frac{5}{2}$$

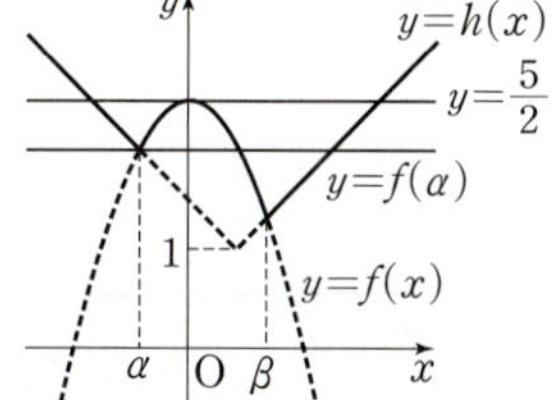

ⅲ $f(\alpha)<f(\beta)$일 때,

함수 $y=h(x)$의 그래프와 직선 $y=k$의 교점의 개수가 3 이상이 되도록 하는 실수 k의 값의 범위는

$$f(\beta)\leq k\leq f(0)$$
$$\therefore f(\beta)\leq k\leq\frac{5}{2}$$

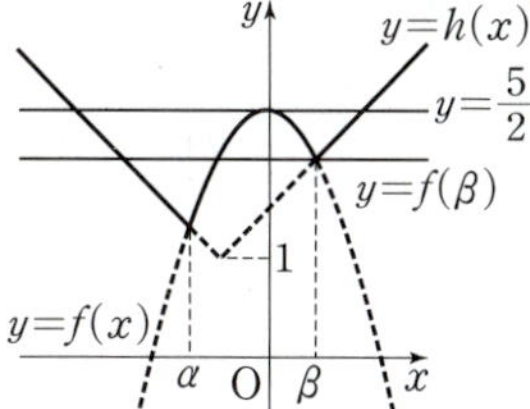

(ⅰ), (ⅱ), (ⅲ)에서 명제 '어떤 실수 t에 대하여 함수 $y=h(x)$의 그래프와 직선 $y=k$의 교점의 개수는 3 이상이다.'가 참이 되도록 하는 실수 k의 값의 범위는

$$\frac{3}{2}<k\leq\frac{5}{2}\left(\because f(\alpha)>\frac{3}{2},\ f(\beta)>\frac{3}{2}\right)$$

따라서 자연수 k의 값은 2이다.

15 답 ①

삼각형 ABC의 넓이를 S라 하고,
$\overline{DE}=x$, $\overline{DF}=y$로 놓으면
$\triangle ABC=\triangle ABD+\triangle ADC$에서

$$S=\frac{1}{2}\times\overline{AB}\times\overline{DE}+\frac{1}{2}\times\overline{AC}\times\overline{DF}$$
$$=\frac{1}{2}\times8\times x+\frac{1}{2}\times6\times y$$
$$\therefore S=4x+3y \quad\cdots\cdots\ \ominus$$

$\dfrac{4}{\overline{DE}}+\dfrac{3}{\overline{DF}}=\dfrac{4}{x}+\dfrac{3}{y}$이고

$$(4x+3y)\left(\frac{4}{x}+\frac{3}{y}\right)=25+12\left(\frac{x}{y}+\frac{y}{x}\right)$$

이때 $\dfrac{x}{y}>0$, $\dfrac{y}{x}>0$이므로 산술평균과 기하평균의 관계에 의하여

$$25+12\left(\frac{x}{y}+\frac{y}{x}\right)\geq25+12\times2\sqrt{\frac{x}{y}\times\frac{y}{x}}$$
$$=49\left(\text{단, 등호는 }\frac{x}{y}=\frac{y}{x}\text{일 때 성립}\right)$$
$$\therefore (4x+3y)\left(\frac{4}{x}+\frac{3}{y}\right)\geq49$$

위의 식에 $\ominus$을 대입하면

$$S\left(\frac{4}{x}+\frac{3}{y}\right)\geq49$$
$$\therefore \frac{4}{x}+\frac{3}{y}\geq\frac{49}{S}$$

따라서 $\dfrac{4}{x}+\dfrac{3}{y}$의 최솟값은 $\dfrac{49}{S}$이다.

이때 $\dfrac{4}{\overline{DE}}+\dfrac{3}{\overline{DF}}$, 즉 $\dfrac{4}{x}+\dfrac{3}{y}$의 최솟값이 $\dfrac{7}{3}$이므로

$$\frac{49}{S}=\frac{7}{3}$$
$$\therefore S=21$$

01 $\frac{5}{6}$	02 ①	03 ③	04 9	05 5	06 ②
07 $-\sqrt{14}$	08 ①	09 -1	10 ②	11 4	12 13

01 답 $\dfrac{5}{6}$

$$f(x+y)=f(x)+f(y) \quad\cdots\cdots\ \ominus$$

$\ominus$의 양변에 $x=1$, $y=1$을 대입하면 $f(1+1)=f(1)+f(1)$

$$\therefore f(2)=2f(1)$$

$\ominus$의 양변에 $x=1$, $y=2$를 대입하면 $f(1+2)=f(1)+f(2)$

$$\therefore f(3)=f(1)+f(2)=f(1)+2f(1)=3f(1)$$

이때 $f(1)+f(2)+f(3)=10$이므로

$$f(1)+2f(1)+3f(1)=10,\ 6f(1)=10$$
$$\therefore f(1)=\frac{5}{3}$$

$\ominus$의 양변에 $x=\dfrac{1}{2}$, $y=\dfrac{1}{2}$을 대입하면 $f\left(\dfrac{1}{2}+\dfrac{1}{2}\right)=f\left(\dfrac{1}{2}\right)+f\left(\dfrac{1}{2}\right)$

$$\therefore f(1)=2f\left(\frac{1}{2}\right)$$
$$\therefore f\left(\frac{1}{2}\right)=\frac{1}{2}f(1)=\frac{1}{2}\times\frac{5}{3}=\frac{5}{6}$$

02 답 ①

집합 X의 임의의 원소 x에 대하여 $f(x)=g(x)$이어야 하므로

$2x^2-x=2x-1$에서 $2x^2-3x+1=0$

$(2x-1)(x-1)=0 \quad\therefore x=\dfrac{1}{2}$ 또는 $x=1$

따라서 집합 X는 집합 $\left\{\dfrac{1}{2},\ 1\right\}$의 공집합이 아닌 부분집합이므로

구하는 집합 X의 개수는 $\left\lfloor\ \left\{\dfrac{1}{2}\right\},\ \{1\},\ \left\{\dfrac{1}{2},\ 1\right\}\right.$

$$2^2-1=3$$

03 답 ③

집합 $X=\{x\,|\,x\geq2\}$에서 집합 $Y=\{y\,|\,y\leq8\}$로의 함수 $f(x)$가 일대일대응이려면 $x\geq2$에서 함수 $f(x)$의 최댓값이 8이어야 한다.

$x\geq2$에서 $f(x)=-x^2-4x+k=-(x+2)^2+4+k$이므로 함수 $f(x)$는 $x=2$일 때, 최댓값이 $-12+k$이다.

따라서 $-12+k=8$이므로 $k=20$

04 답 9

함수 $f(x)$가 항등함수이므로 $f(x)=x$

(ⅰ) $x<0$일 때, $x=-1$

(ⅱ) $0\leq x<4$일 때,

$-x+4=x$에서 $2x=4 \quad\therefore x=2$

(ⅲ) $x\geq4$일 때,

$x^2-5x-16=x$에서 $x^2-6x-16=0$

$(x+2)(x-8)=0 \quad\therefore x=8\ (\because x\geq4)$

(ⅰ), (ⅱ), (ⅲ)에서 $X=\{-1,\ 2,\ 8\}$이므로

$$a+b+c=-1+2+8=9$$

05 답 5

함수 h는 항등함수이므로
$h(3)=3$
$\therefore f(0)=g(1)=h(3)=3$
함수 f는 상수함수이므로
$f(1)=f(2)=f(3)=f(0)=3$
$g(0)g(1)+g(2)g(3)=f(3)$에서
$3g(0)+g(2)g(3)=3$ ...... ㉠
이때 함수 g는 일대일대응이고, $g(1)=3$이므로
$\{g(0),\ g(2),\ g(3)\}=\{0,\ 1,\ 2\}$
따라서 ㉠을 만족시키려면
$g(0)=1,\ g(2)=2,\ g(3)=0$ 또는 $g(0)=1,\ g(2)=0,\ g(3)=2$
$\therefore f(1)+g(2)+g(3)=5$

06 답 ②

$f(a)=b$라 하면 $(f \circ f)(a)=4$에서
$f(f(a))=f(b)=4$
주어진 그래프에서 $f(b)=4$를 만족시키는 b의 값은
$b=2$ 또는 $b=4$
$\therefore f(a)=2$ 또는 $f(a)=4$
(i) $f(a)=2$일 때, $a=3$
(ii) $f(a)=4$일 때, $a=2$ 또는 $a=4$
(i), (ii)에서 $a=2$ 또는 $a=3$ 또는 $a=4$
따라서 모든 실수 a의 값의 합은
$2+3+4=9$

07 답 $-\sqrt{14}$

$f(x)=\begin{cases} -x^2+kx+3 & (x<0) \\ -2x+3 & (x\geq0) \end{cases}$, $g(x)=-2x+10$이므로

$(g \circ f)(x)=g(f(x))=\begin{cases} 2x^2-2kx+4 & (x<0) \\ 4x+4 & (x\geq0) \end{cases}$

(i) $k=0$일 때,

$g(f(x))=\begin{cases} 2x^2+4 & (x<0) \\ 4x+4 & (x\geq0) \end{cases}$ 이므로 치역은 $\{y\,|\,y\geq4\}$

즉, 조건을 만족시키지 않는다.

(ii) $k>0$일 때,

함수 $y=2x^2-2kx+4=2\left(x-\dfrac{k}{2}\right)^2-\dfrac{k^2}{2}+4$의 그래프의 꼭짓점

의 x좌표가 양수이므로 합성함수 $(g \circ f)(x)$의 치역은 $\{y\,|\,y\geq4\}$
즉, 조건을 만족시키지 않는다.

(iii) $k<0$일 때,

함수
$y=2x^2-2kx+4=2\left(x-\dfrac{k}{2}\right)^2-\dfrac{k^2}{2}+4$

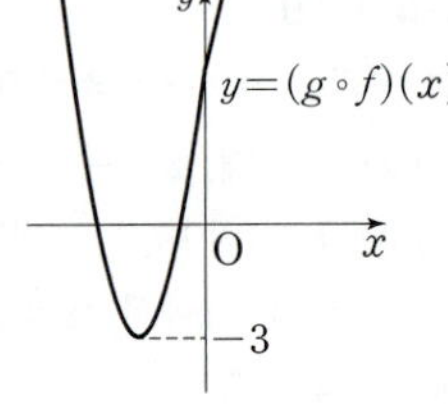

의 그래프의 꼭짓점의 x좌표가 음수이
므로 합성함수 $(g \circ f)(x)$의 치역이
$\{y\,|\,y\geq-3\}$이려면 그림과 같이 꼭짓
점의 y좌표가 -3이어야 한다.

즉, $-\dfrac{k^2}{2}+4=-3$이므로 $k^2=14$

그런데 $k<0$이므로 $k=-\sqrt{14}$
(i), (ii), (iii)에서 $k=-\sqrt{14}$

08 답 ①

$f^1(x)=f(x)=-x+2$
$f^2(x)=(f \circ f)(x)=f(f(x))=-(-x+2)+2=x$
$f^3(x)=(f \circ f^2)(x)=f(f^2(x))=f(x)=-x+2$
$\vdots$
$\therefore f^n(x)=\begin{cases} -x+2 & (n\text{은 홀수}) \\ x & (n\text{은 짝수}) \end{cases}$
$\therefore f^{10}(2)+f^{11}(2)=2+(-2+2)=2$

09 답 -1

$f(2)=-1$
$f^2(2)=(f \circ f)(2)=f(f(2))=f(-1)=1$
$f^3(2)=(f \circ f^2)(2)=f(f^2(2))=f(1)=0$
$f^4(2)=(f \circ f^3)(2)=f(f^3(2))=f(0)=-2$
$f^5(2)=(f \circ f^4)(2)=f(f^4(2))=f(-2)=2$
$f^6(2)=(f \circ f^5)(2)=f(f^5(2))=f(2)=-1$
$\vdots$
즉, $f^n(2)$의 값은 -1, 1, 0, -2, 2의 순서로 반복된다.
$\therefore f(2)+f^2(2)+f^3(2)+\cdots+f^{16}(2)$
$\quad=3\times\{-1+1+0+(-2)+2\}+(-1)$
$\quad=-1$

10 답 ②

함수 $f(x)$의 역함수가 존재하려면 함수 $f(x)$는 일대일대응이어야 한다.
(i) $a+7=0$ 또는 $-a+5=0$일 때,
    함수 $f(x)$는 일대일대응이 아니다.
    즉, $a\neq-7$, $a\neq5$
(ii) $a+7\neq0$이고 $-a+5\neq0$일 때,
    함수 $f(x)$가 일대일대응이기 위해서는 직선 $y=(a+7)x-1$의 기
    울기 $a+7$과 직선 $y=(-a+5)x+2a+1$의 기울기 $-a+5$의 부
    호가 같아야 한다.
    즉, $(a+7)(-a+5)>0$에서 $(a+7)(a-5)<0$이므로
    $-7<a<5$
(i), (ii)에서 정수 a는 -6, -5, -4, ..., 2, 3, 4의 11개이다.

개념 NOTE
함수 $f(x)$의 역함수가 존재한다. $\iff$ 함수 $f(x)$는 일대일대응이다.

11 답 4

$y=2x-1\,(x\leq4)$이라 하면
$x=\dfrac{1}{2}y+\dfrac{1}{2}\,(y\leq7)$
x와 y를 서로 바꾸면
$y=\dfrac{1}{2}x+\dfrac{1}{2}\,(x\leq7)$
$y=x+3\,(x>4)$이라 하면
$x=y-3\,(y>7)$
x와 y를 서로 바꾸면
$y=x-3\,(x>7)$
$\therefore f^{-1}(x)=\begin{cases} \dfrac{1}{2}x+\dfrac{1}{2} & (x\leq7) \\ x-3 & (x>7) \end{cases}$

$$\therefore\ (f\circ f)^{-1}(10)=(f^{-1}\circ f^{-1})(10)$$
$$=f^{-1}(f^{-1}(10))$$
$$=f^{-1}(7)=4$$

다른 풀이

$(f\circ f)^{-1}(10)=(f^{-1}\circ f^{-1})(10)=f^{-1}(f^{-1}(10))$

$f^{-1}(10)=a$라 하면

$f(a)=10$

$x>4$일 때, $f(x)=x+3>7$이므로

$a+3=10$ $\therefore\ a=7$

$f^{-1}(7)=b$라 하면

$f(b)=7$

$x\leq 4$일 때, $f(x)=2x-1\leq 7$이므로

$2b-1=7$ $\therefore\ b=4$

$\therefore\ (f\circ f)^{-1}(10)=(f^{-1}\circ f^{-1})(10)$
$$=f^{-1}(f^{-1}(10))$$
$$=f^{-1}(7)=4$$

12 답 13

함수 f는 역함수가 존재하므로 일대일대응이다.

㈎에서 $(f\circ f)(-1)=2$, $f^{-1}(-2)=2$이므로

$f(f(-1))=2$, $f(2)=-2$

$f(-1)=a$라 하면 $f(2)=-2$이므로 $a\neq -2$이고,

$f(f(-1))=f(a)=2$에서 $f(2)=-2$이므로 $a\neq 2$

또 $f(f(-1))=f(a)=2$에서 $a=-1$이면

$f(f(-1))=f(-1)=-1$이므로 $a\neq -1$

즉, $a=0$ 또는 $a=1$

(i) $f(-1)=0$일 때,

　　$f(f(-1))=f(0)=2$

　　㈏에서 $f(0)\times f(-2)\leq 0$이고, $f(1)\times f(-1)\leq 0$이므로

　　$f(-2)=-1$, $f(1)=1$

(ii) $f(-1)=1$일 때,

　　$f(f(-1))=f(1)=2$

　　이때 $f(1)\times f(-1)>0$이므로 ㈏를 만족시키지 않는다.

(i), (ii)에서 $f(0)=2$, $f(1)=1$, $f(2)=-2$이므로

$6f(0)+5f(1)+2f(2)=12+5-4=13$

01 5	02 ㄱ, ㄴ, ㄷ	03 26	04 ⑤	05 ①
06 8	07 34	08 ④	09 ⑤	10 ②
11 $-4<k<0$ 또는 $k>1$		12 $1\leq m\leq 2$		13 11
14 ③	15 6	16 24	17 3	18 12	19 ④
20 510	21 ①	22 ㄱ, ㄴ, ㄷ	23 ③	24 70
25 $-\dfrac{98}{3}$		26 $\dfrac{49}{8}$	27 10	

01 답 5

$f(x)=g(x)$에서

x가 유리수일 때,

$x^2=kx$, $x(x-k)=0$

$\therefore\ x=0$ 또는 $x=k$

x가 무리수일 때,

$-x^2=kx$, $x(x+k)=0$

$\therefore\ x=-k\ (\because\ x$는 무리수)

(i) $k=0$인 경우

　　x가 유리수일 때, $x=0$

　　x가 무리수일 때, 조건을 만족시키지 않는다.

　　즉, 방정식 $f(x)=g(x)$의 서로 다른 실근의 개수는 1이므로

　　$A_0=1$

(ii) $k=1$인 경우

　　x가 유리수일 때, $x=0$ 또는 $x=1$

　　x가 무리수일 때, 조건을 만족시키지 않는다.

　　즉, 방정식 $f(x)=g(x)$의 서로 다른 실근의 개수는 2이므로

　　$A_1=2$

(iii) $k=\sqrt{3}$인 경우

　　x가 유리수일 때, $x=0$

　　x가 무리수일 때, $x=-\sqrt{3}$

　　즉, 방정식 $f(x)=g(x)$의 서로 다른 실근의 개수는 2이므로

　　$A_{\sqrt{3}}=2$

(i), (ii), (iii)에서

$A_0+A_1+A_{\sqrt{3}}=1+2+2=5$

02 답 ㄱ, ㄴ, ㄷ

α, β는 삼차방정식 $x^3+1=0$의 두 허근이므로

$\alpha^3=-1$, $\beta^3=-1$

$x^3+1=0$, 즉 $(x+1)(x^2-x+1)=0$에서 α, β는 이차방정식

$x^2-x+1=0$의 서로 다른 두 근이다.

따라서 이차방정식의 근과 계수의 관계에 의하여

$\alpha+\beta=1$, $\alpha\beta=1$

ㄱ. $f(1)=\alpha+\beta=1$

　　$f(2)=\alpha^2+\beta^2=(\alpha+\beta)^2-2\alpha\beta$
　　　　$=1-2=-1$

　　$\therefore\ f(1)+f(2)=0$

ㄴ. $f(n+3)=\alpha^{n+3}+\beta^{n+3}$
　　　　$=\alpha^n\times\alpha^3+\beta^n\times\beta^3$
　　　　$=-(\alpha^n+\beta^n)\ (\because\ \alpha^3=\beta^3=-1)$
　　　　$=-f(n)$

　　$\therefore\ f(n+3)+f(n)=0$

ㄷ. ㄱ에서 $f(1)=1$, $f(2)=-1$이고

　　$f(3)=\alpha^3+\beta^3=-1+(-1)=-2$

　　이때 ㄴ에서 $f(n+3)=-f(n)$이므로

　　$f(4)=-f(1)=-1$, $f(5)=-f(2)=1$,

　　$f(6)=-f(3)=2$, $f(7)=-f(4)=1$,

　　$f(8)=-f(5)=-1$, $f(9)=-f(6)=-2$, …

　　즉, 함수 $f(n)$의 치역은 $\{-2,\ -1,\ 1,\ 2\}$

　　$x^4-5x^2+4=0$에서 $(x^2-1)(x^2-4)=0$

　　$(x+1)(x-1)(x+2)(x-2)=0$

$$\therefore x=-2 \text{ 또는 } x=-1 \text{ 또는 } x=1 \text{ 또는 } x=2$$
$$\therefore \{x \mid x^4-5x^2+4=0\}=\{-2,\ -1,\ 1,\ 2\}$$
즉, 함수 $f(n)$의 치역은 집합 $\{x \mid x^4-5x^2+4=0\}$과 같다.

따라서 보기에서 옳은 것은 ㄱ, ㄴ, ㄷ이다.

개념 NOTE

- 이차방정식 $ax^2+bx+c=0$의 두 근을 $\alpha,\ \beta$라 하면
$$\alpha+\beta=-\frac{b}{a},\ \alpha\beta=\frac{c}{a}$$
- $x^2+y^2=(x+y)^2-2xy,\ x^3+y^3=(x+y)^3-3xy(x+y)$

03 답 26

㈎에서 $f(x)+x^2-5=0$ 또는 $f(x)+4x=0$이므로

$f(x)=-x^2+5$ 또는 $f(x)=-4x$

$f(-3)=-4$ 또는 $f(-3)=12$ ······ ㉠

$f(-2)=1$ 또는 $f(-2)=8$ ······ ㉡

$f(-1)=4$ ······ ㉢

$f(0)=5$ 또는 $f(0)=0$ ······ ㉣

$f(1)=4$ 또는 $f(1)=-4$ ······ ㉤

$f(2)=1$ 또는 $f(2)=-8$ ······ ㉥

함수 $f(x)$는 일대일함수이고, ㉢에서 $f(-1)=4$이므로

㉤에서 $f(1)=-4$

㉠에서 $f(-3)=12$

㈏에서 $f(0)\times f(1)\times f(2)<0$이므로

㉣에서 $f(0)=5$, ㉥에서 $f(2)=1$

㉡에서 $f(-2)=8$

$\therefore f(-3)+f(-2)+f(-1)+f(0)+f(1)+f(2)$
$\quad =12+8+4+5+(-4)+1=26$

04 답 ⑤

집합 $\{x \mid 3\leq x\leq 4\}$에서 정의된 함수 $y=x-3$의 치역은 $\{y \mid 0\leq y\leq 1\}$이므로 함수 $f(x)$가 일대일대응이 되기 위해서는 집합 $\{x \mid 0\leq x<3\}$에서 정의된 함수 $y=ax^2+b$의 치역이 $\{y \mid 1<y\leq 4\}$이어야 한다.

(i) 이차함수 $g(x)=ax^2+b$에 대하여 $g(0)=4$, $g(3)=1$일 때,

함수 $y=f(x)$의 그래프는 그림과 같고,

$g(0)=4$에서 $b=4$,

$g(3)=1$에서 $9a+b=1$이므로

$a=-\dfrac{1}{3}$

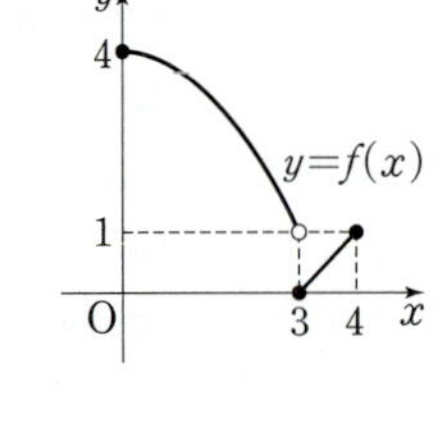

즉, $f(x)=\begin{cases} -\dfrac{1}{3}x^2+4 & (0\leq x<3) \\ x-3 & (3\leq x\leq 4) \end{cases}$

(ii) 이차함수 $g(x)=ax^2+b$에 대하여 $g(0)=1$, $g(3)=4$일 때,

함수 $y=f(x)$의 그래프는 그림과 같고,

$f(0)=f(4)=1$이므로 함수 $f(x)$는 일대일대응이 아니다.

또 공역의 원소 4가 치역에 속하지 않으므로 함수 $f(x)$는 일대일대응이 아니다.

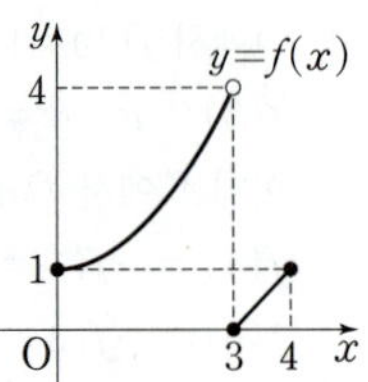

(i), (ii)에서 $f(x)=\begin{cases} -\dfrac{1}{3}x^2+4 & (0\leq x<3) \\ x-3 & (3\leq x\leq 4) \end{cases}$ 이므로

$f(1)=-\dfrac{1}{3}\times 1^2+4=\dfrac{11}{3}$

05 답 ①

함수 f가 항등함수이므로

$f(x)=x$

함수 g가 상수함수이므로

$g(x)=m\ (1\leq m\leq n,\ m$은 자연수$)$

$\therefore f(n)\times\{g(1)+g(2)+g(3)+\cdots+g(n)\}$
$\quad =n\times(m+m+m+\cdots+m)$
$\quad =n\times mn$
$\quad =mn^2$

이때 $mn^2=768=3\times 2^8$이므로

$m=3,\ n=2^4=16\ (\because m\leq n)$

$\therefore g(n)\times\{f(1)-f(2)+f(3)-f(4)+\cdots+(-1)^{n+1}f(n)\}$
$\quad =g(16)\times\{f(1)-f(2)+f(3)-f(4)+\cdots+f(15)-f(16)\}$
$\quad =3\times(1-2+3-4+\cdots+15-16)$
$\quad =3\times\{(1-2)+(3-4)+\cdots+(15-16)\}$
$\quad =3\times(-1)\times 8$
$\quad =-24$

06 답 8

㈎에서 함수 f는 일대일대응이므로 $f(1)$, $f(2)$, $f(3)$의 값이 될 수 있는 경우를 순서쌍 $(f(1),\ f(2),\ f(3))$으로 나타내면

$(3,4,5),\ (3,5,4),\ (4,3,5),\ (4,5,3),\ (5,3,4),\ (5,4,3)$

(i) $(3,4,5)$ 또는 $(5,4,3)$인 경우

순서쌍 $(x,\ f(x))\,(x=1,2,3)$를 좌표평면 위에 나타내면 세 점은 한 직선 위에 있다.

그런데 이차함수의 그래프는 직선과 최대 2개의 점에서 만날 수 있으므로 ㈏를 만족시키지 않는다.

(ii) $(3,5,4)$ 또는 $(4,5,3)$인 경우

$f(x)=ax^2-bx+10\,(a>0)$에서 $f(2)$의 값이 가장 크므로 ㈏를 만족시키지 않는다.

(iii) $(4,3,5)$인 경우

$f(1)=4$, $f(2)=3$, $f(3)=5$에서

$a-b=-6,\ 4a-2b=-7,\ 9a-3b=-5$

이를 만족시키는 a, b는 존재하지 않는다.

(iv) $(5,3,4)$인 경우

$f(1)=5$, $f(2)=3$, $f(3)=4$에서

$a-b=-5,\ 4a-2b=-7,\ 9a-3b=-6$

연립하여 풀면 $a=\dfrac{3}{2}$, $b=\dfrac{13}{2}$

(i)~(iv)에서 $a=\dfrac{3}{2}$, $b=\dfrac{13}{2}$

$\therefore a+b=8$

07 답 34

$X=\{1,2,3,4,5\}$, $Y=\{1,3,5,7,9\}$

㈎에서 함수 f는 일대일대응이고, ㈏에서 $f(1)=5$이므로 ㈐를 만족시키는 $f(3)$, $f(4)$의 값을 순서쌍 $(f(3),\ f(4))$로 나타내면

$(1,3)$ 또는 $(3,1)$ 또는 $(7,9)$ 또는 $(9,7)$ ·········· 배점 **30%**

(i) $(1,3)$인 경우

$f(2)=7$, $f(5)=9$ 또는 $f(2)=9$, $f(5)=7$이므로

$f(4)f(5)=3\times 9=27$ 또는 $f(4)f(5)=3\times 7=21$

(ii) (3, 1)인 경우

$f(2)=7$, $f(5)=9$ 또는 $f(2)=9$, $f(5)=7$이므로

$f(4)f(5)=1\times9=9$ 또는 $f(4)f(5)=1\times7=7$

(iii) (7, 9)인 경우

$f(2)=1$, $f(5)=3$ 또는 $f(2)=3$, $f(5)=1$이므로

$f(4)f(5)=9\times3=27$ 또는 $f(4)f(5)=9\times1=9$

(iv) (9, 7)인 경우

$f(2)=1$, $f(5)=3$ 또는 $f(2)=3$, $f(5)=1$이므로

$f(4)f(5)=7\times3=21$ 또는 $f(4)f(5)=7\times1=7$ ············· 배점 **60%**

(i)~(iv)에서 $f(4)f(5)$의 최댓값은 27, 최솟값은 7이므로

$M=27$, $m=7$

$\therefore M+m=34$ ·································· 배점 **10%**

08 답 ④

$X=\{2, 4, 6, 8, 10\}$

㈎에서 $f(2)<4$이므로 $f(2)=2$

㈏에서 함수 f는 일대일대응이고, ㈎에서 $f(4)<8$이므로

$f(4)=a$라 하면 $a=4$ 또는 $a=6$

이때 ㈐에서 $(f\circ f)(4)=f(a)=8$이고, ㈎에서 $f(a)<2a$이므로

$8<2a$ $\therefore a>4$

$\therefore a=6$

즉, $f(2)=2$, $f(4)=6$, $f(6)=8$이므로

$f(8)=4$, $f(10)=10$ 또는 $f(8)=10$, $f(10)=4$

$\therefore f(8)+f(10)=14$

09 답 ⑤

(i) 함수 f의 치역의 원소가 1개인 경우 → $f(0)=f(1)$

$f(0)$의 값이 될 수 있는 것은 1, 2, 3 중 하나이므로 3개

$f(1)=f(0)$이어야 하므로 $f(1)$의 값이 될 수 있는 것은 1개

즉, 함수 f의 개수는 $3\times1=3$

집합 Y의 세 원소 a, b, c에 대하여 $f(0)=f(1)=a$라 하면 $g(a)$

의 값이 될 수 있는 것은 3, 4, 5, 6 중 하나이므로 4개

$g(b)$, $g(c)$의 값이 될 수 있는 것은 3, 4, 5, 6 중 하나이므로 각각

4개

즉, 각각의 함수 f에 대하여 함수 g의 개수는 $4\times4\times4=64$

따라서 순서쌍 (f, g)의 개수는

$3\times64=192$

(ii) 함수 f의 치역의 원소가 2개인 경우 → $f(0)\neq f(1)$

$f(0)$의 값이 될 수 있는 것은 1, 2, 3 중 하나이므로 3개

$f(1)$의 값이 될 수 있는 것은 $f(0)$의 값을 제외한 2개

즉, 함수 f의 개수는 $3\times2=6$

집합 Y의 세 원소 a, b, c에 대하여 $f(0)=a$, $f(1)=b$라 하면 $g(a)$

의 값이 될 수 있는 것은 3, 4, 5, 6 중 하나이므로 4개

이때 $g\circ f$가 상수함수이려면 $g(b)=g(a)$이어야 하므로 $g(b)$의

값이 될 수 있는 것은 1개

$g(c)$의 값이 될 수 있는 것은 3, 4, 5, 6 중 하나이므로 4개

즉, 각각의 함수 f에 대하여 함수 g의 개수는 $4\times1\times4=16$

따라서 순서쌍 (f, g)의 개수는

$6\times16=96$

(i), (ii)에서 구하는 두 함수 f, g의 모든 순서쌍 (f, g)의 개수는

$192+96=288$

10 답 ②

ㄱ. ㈎에서 $f(f(4))\leq1$이므로 $f(f(4))=1$

ㄴ. (i) $f(4)=1$일 때,

$f(f(4))=f(1)=1$이므로 $f(1)=1$

ⓘ $f(3)=1$이면 함수 f의 치역이 $\{1, 2, 4\}$가 될 수 없으므로

㈏를 만족시키지 않는다.

ⓘⓘ $f(3)=2$이면 함수 f의 치역이 $\{1, 2, 4\}$이므로 $f(2)=4$

이때 $f(f(3))=f(2)=4>2$가 되어 ㈎를 만족시키지 않는다.

ⓘⓘⓘ $f(3)=4$이면 함수 f의 치역이 $\{1, 2, 4\}$이므로 $f(2)=2$

이때 $f(f(1))=f(1)=1$, $f(f(2))=f(2)=2$,

$f(f(3))=f(4)=1$이 되어 조건을 만족시킨다.

(ii) $f(4)=2$일 때,

$f(f(4))=f(2)=1$이므로 $f(2)=1$

ⓘ $f(3)=1$이면 함수 f의 치역이 $\{1, 2, 4\}$이므로 $f(1)=4$

이때 $f(f(1))=f(1)=4>3$이 되어 ㈎를 만족시키지 않는다.

ⓘⓘ $f(3)=2$이면 함수 f의 치역이 $\{1, 2, 4\}$이므로 $f(1)=4$

이때 $f(f(2))=f(1)=4>3$이 되어 ㈎를 만족시키지 않는다.

ⓘⓘⓘ $f(3)=4$이고 $f(1)=1$이면 $f(f(1))=f(1)=1$,

$f(f(2))=f(1)=1$, $f(f(3))=f(4)=2$가 되어 조건을 만

족시킨다.

ⓘⓥ $f(3)=4$이고 $f(1)=2$이면 $f(f(1))=f(2)=1$,

$f(f(2))=f(1)=2$, $f(f(3))=f(4)=2$가 되어 조건을 만

족시킨다.

ⓥ $f(3)=4$이고 $f(1)=4$이면 $f(f(2))=f(1)=4>3$이 되어

㈎를 만족시키지 않는다.

(iii) $f(4)=4$일 때,

$f(f(4))=f(4)=4>1$이므로 ㈎를 만족시키지 않는다.

(i), (ii), (iii)에서 가능한 모든 함수 f에 대하여 $f(3)=4$

ㄷ. (i), (ii), (iii)에서 가능한 함수 f의 개수는 3이다.

따라서 보기에서 옳은 것은 ㄱ, ㄴ이다.

11 답 $-4<k<0$ 또는 $k>1$

$g(x)=x^2-x-6=(x+2)(x-3)>0$에서 $x<-2$ 또는 $x>3$이므로

$(g\circ f)(x)=g(f(x))>0$이 되려면 모든 실수 x에 대하여

$f(x)<-2$ 또는 $f(x)>3$이어야 한다. ····················· 배점 **30%**

이때

$f(x)=kx^2-2k^2x+k^3+k^2+4k-2$

$\quad=k(x^2-2kx+k^2)+k^2+4k-2$

$\quad=k(x-k)^2+k^2+4k-2$

이므로 k의 값의 범위에 따라 나누면 다음과 같다.

(i) $k=0$일 때,

$f(x)=-2$이므로 조건을 만족시키지 않는다.

$\therefore k\neq0$ ································· 배점 **20%**

(ii) $k>0$일 때,

함수 $y=f(x)$의 그래프는 아래로 볼록한 모양으로 모든 실수 x에

대하여 $f(x)<-2$를 만족시키지 않으므로 모든 실수 x에 대하여

$f(x)>3$이어야 한다.

이때 $f(x)$는 $x=k$일 때 최솟값 k^2+4k-2를 가지므로

$k^2+4k-2>3$, $k^2+4k-5>0$

$(k+5)(k-1)>0$ $\therefore k<-5$ 또는 $k>1$

그런데 $k>0$이므로 $k>1$ ····················· 배점 **20%**

(iii) $k<0$일 때,

함수 $y=f(x)$의 그래프는 위로 볼록한 모양으로 모든 실수 x에 대하여 $f(x)>3$을 만족시키지 않으므로 모든 실수 x에 대하여 $f(x)<-2$이어야 한다.

이때 $f(x)$는 $x=k$일 때 최댓값 k^2+4k-2를 가지므로

$k^2+4k-2<-2$, $k^2+4k<0$

$k(k+4)<0$ $\quad\therefore -4<k<0$ ·················· 배점 **20%**

(i), (ii), (iii)에서 구하는 실수 k의 값의 범위는

$-4<k<0$ 또는 $k>1$ ·················· 배점 **10%**

12 답 $1\leq m\leq 2$

주어진 함수 $y=f(x)$의 그래프에서

$$f(x)=\begin{cases} 2 & (x<2) \\ 3 & (x=2) \\ -1 & (2<x\leq 4) \\ 1 & (x>4) \end{cases}$$

(i) $x<2$일 때,

$(f\circ f)(x)=f(f(x))=f(2)=3$

(ii) $x=2$일 때,

$(f\circ f)(x)=f(f(x))=f(3)=-1$

(iii) $2<x\leq 4$일 때,

$(f\circ f)(x)=f(f(x))=f(-1)=2$

(iv) $x>4$일 때,

$(f\circ f)(x)=f(f(x))=f(1)=2$

(i)~(iv)에서 $(f\circ f)(x)=\begin{cases} 3 & (x<2) \\ -1 & (x=2) \\ 2 & (x>2) \end{cases}$

한편 $mx-y-m+1=0$에서 $y=m(x-1)+1$이므로 이 직선은 m의 값에 관계없이 항상 점 $(1,\ 1)$을 지난다.

$m>0$일 때, 직선 $mx-y-m+1=0$이 함수 $y=(f\circ f)(x)$의 그래프와 만나지 않으려면 그림과 같이 직선 CP 또는 직선 CQ이거나 두 직선 CP, CQ 사이에 존재하면 된다.

이때 직선 CP의 기울기는 $\dfrac{3-1}{2-1}=2$,

직선 CQ의 기울기는 $\dfrac{2-1}{2-1}=1$이므로 구하는 양수 m의 값의 범위는

$1\leq m\leq 2$

13 답 11

$f(x)=\begin{cases} -2x & (x<-2) \\ 4 & (-2\leq x\leq 2) \\ 2x & (x>2) \end{cases}$이므로 두 함수 $y=f(x)$, $y=g(x)$의 그래프는 그림과 같다.

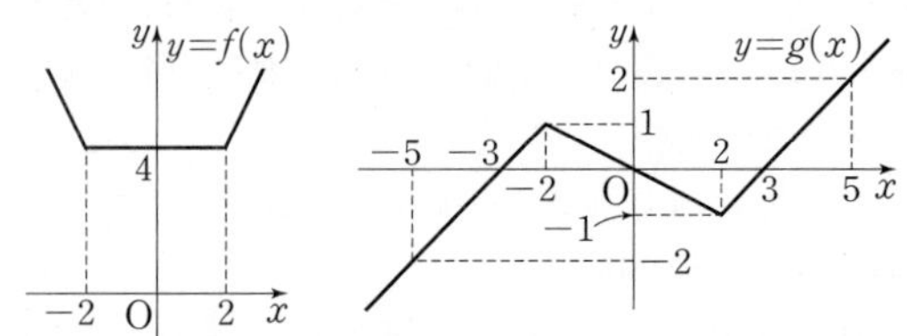

즉, $(f\circ g)(k)=f(g(k))=4$가 되려면 $-2\leq g(k)\leq 2$이어야 한다.

함수 $y=g(x)$의 그래프에서

(i) $k\leq-2$일 때, $k+3=-2$에서 $k=-5$

(ii) $k\geq 2$일 때, $k-3=2$에서 $k=5$

(i), (ii)에서 k의 값의 범위는 $-5\leq k\leq 5$

따라서 구하는 정수 k는 -5, -4, -3, ..., 3, 4, 5의 11개이다.

두 함수 $y=|x-a|+|x-b|$, $y=|x-a|+|x-b|+|x-c|$의 그래프는 그림과 같다. $(a<b<c)$

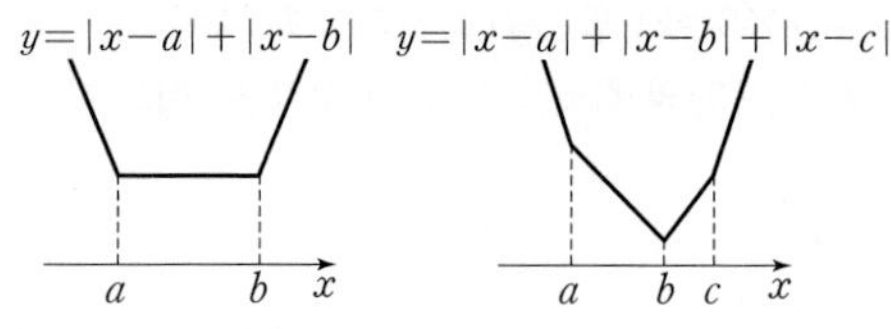

14 답 ③

$(f\circ f)(x)=\begin{cases} 2f(x) & (0\leq f(x)<1) \\ -f(x)+3 & (1\leq f(x)\leq 2) \end{cases}$

$\longmapsto$ $x=1$일 때를 기준으로 함수식을 바꾸고, $f\left(\dfrac{1}{2}\right)=1$이므로 x의 값의 범위를 $0\leq x<\dfrac{1}{2}$, $\dfrac{1}{2}\leq x<1$, $1\leq x\leq 2$일 때로 나눈다.

(i) $0\leq x<\dfrac{1}{2}$일 때,

$0\leq f(x)<1$이므로 $(f\circ f)(x)=2\times 2x=4x$

(ii) $\dfrac{1}{2}\leq x<1$일 때,

$1\leq f(x)<2$이므로 $(f\circ f)(x)=-2x+3$

(iii) $1\leq x\leq 2$일 때,

$1\leq f(x)\leq 2$이므로

$(f\circ f)(x)=-(-x+3)+3=x$

(i), (ii), (iii)에서 $(f\circ f)(x)=\begin{cases} 4x & \left(0\leq x<\dfrac{1}{2}\right) \\ -2x+3 & \left(\dfrac{1}{2}\leq x<1\right) \\ x & (1\leq x\leq 2) \end{cases}$

따라서 함수 $y=(f\circ f)(x)$의 그래프는 그림과 같으므로 함수 $y=(f\circ f)(x)$의 그래프와 직선 $y=\dfrac{1}{2}x+1$의 교점의 개수는 3이다.

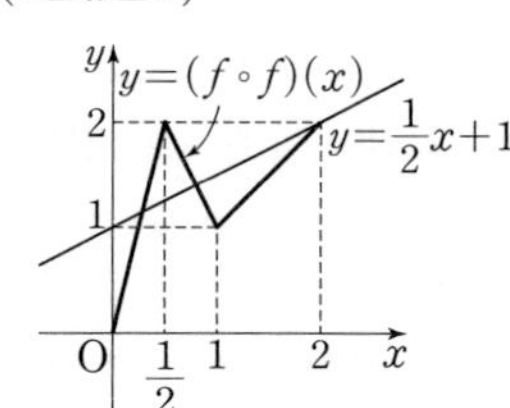

15 답 6

$(f\circ f)(a)=f(a)$에서 $f(a)=t$로 놓으면 $f(t)=t$이므로

$t<2$일 때, $2t+2=t$에서 $t=-2$

$t\geq 2$일 때, $t^2-7t+16=t$에서 $(t-4)^2=0$ $\quad\therefore t=4$

(i) $t=-2$인 경우

① $a<2$일 때,

$f(a)=-2$에서 $2a+2=-2$

$\quad\therefore a=-2$

② $a\geq 2$일 때,

$f(a)=-2$에서

$a^2-7a+16=-2$, $a^2-7a+18=0$

이 이차방정식의 판별식을 D라 하면

$D=49-72=-23<0$

즉, $f(a)=-2$를 만족시키는 실수 a의 값이 존재하지 않는다.

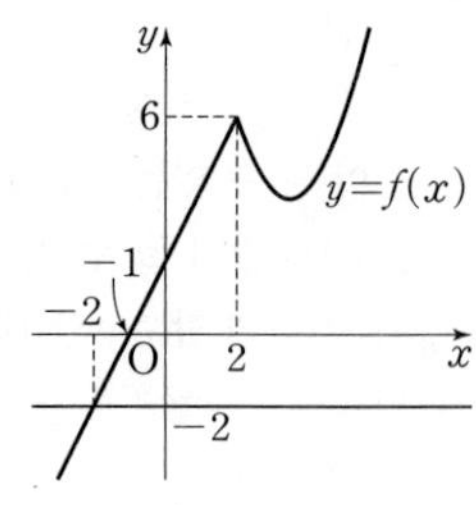

(ii) $t=4$인 경우

  ① $a<2$일 때,

    $f(a)=4$에서 $2a+2=4$

    $\therefore a=1$

  ② $a\geq2$일 때,

    $f(a)=4$에서 $a^2-7a+16=4$

    $a^2-7a+12=0$

    $(a-3)(a-4)=0$

    $\therefore a=3$ 또는 $a=4$

(i), (ii)에서 $(f\circ f)(a)=f(a)$를 만족시키는 모든 실수 a의 값의 합은

$-2+1+3+4=6$

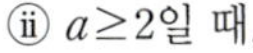

16 답 24

$0<x\leq4$일 때,

$f(x)=\dfrac{1}{2}\times4\times x=2x$

$4<x\leq8$일 때,

$f(x)=\dfrac{1}{2}\times4\times4=8$

$8<x<12$일 때,

$f(x)=\dfrac{1}{2}\times4\times(12-x)=-2x+24$

$\therefore f(x)=\begin{cases} 2x & (0<x\leq4) \\ 8 & (4<x\leq8) \\ -2x+24 & (8<x<12) \end{cases}$

(i) $0<x\leq2$일 때,

  $f(x)=2x$이고, $0<2x\leq4$이므로

  $(f\circ f)(x)=f(2x)=2(2x)=4x$

  즉, $(f\circ f)(x)=f(x)+1$에서

  $4x=2x+1$ $\therefore x=\dfrac{1}{2}$

(ii) $2<x\leq4$일 때,

  $f(x)=2x$이고, $4<2x\leq8$이므로

  $(f\circ f)(x)=f(2x)=8$

  즉, $(f\circ f)(x)=f(x)+1$에서

  $8=2x+1$ $\therefore x=\dfrac{7}{2}$

(iii) $4<x\leq8$일 때,

  $f(x)=8$이므로 $(f\circ f)(x)=f(8)=8$

  즉, $(f\circ f)(x)=f(x)+1$에서 $8\neq9$이므로 해는 없다.

(iv) $8<x<10$일 때,

  $f(x)=-2x+24$이고, $4<-2x+24<8$이므로

  $(f\circ f)(x)=f(-2x+24)=8$

  즉, $(f\circ f)(x)=f(x)+1$에서

  $8=-2x+24+1$ $\therefore x=\dfrac{17}{2}$

(v) $10\leq x<12$일 때,

  $f(x)=-2x+24$이고, $0<-2x+24\leq4$이므로

  $(f\circ f)(x)=f(-2x+24)=2(-2x+24)=-4x+48$

  즉, $(f\circ f)(x)=f(x)+1$에서

  $-4x+48=-2x+24+1$ $\therefore x=\dfrac{23}{2}$

(i)~(v)에서 구하는 모든 실근의 합은

$\dfrac{1}{2}+\dfrac{7}{2}+\dfrac{17}{2}+\dfrac{23}{2}=24$

17 답 3

함수 f의 역함수가 존재하면 함수 f는 일대일대응이다.

$(f\circ f)(2)=1$에서

$f(2)=1$ 또는 $f(2)=2$ 또는 $f(2)=3$ 또는 $f(2)=4$

(i) $f(2)=1$인 경우

  $(f\circ f)(2)=f(f(2))=f(1)$에서 $f(1)=1$이어야 한다.

  이때 $f(1)=f(2)=1$이므로 함수 f가 일대일대응이라는 조건을 만족시키지 않는다.

(ii) $f(2)=2$인 경우

  $(f\circ f)(2)=f(f(2))=f(2)$에서 $f(2)=1$이어야 한다.

  이때 $f(2)=2$라는 가정을 만족시키지 않는다.

(iii) $f(2)=3$인 경우

  $(f\circ f)(2)=f(f(2))=f(3)$에서 $f(3)=1$이어야 한다.

  이때 $f(2)=3$에서 $f^{-1}(3)=2$

  즉, $f(3)\neq f^{-1}(3)$이므로 조건을 만족시키지 않는다.

(iv) $f(2)=4$인 경우

  $(f\circ f)(2)=f(f(2))=f(4)$에서 $f(4)=1$이어야 한다.

  즉, $f(3)=2$ 또는 $f(3)=3$

  이때 $f(3)=2$이면 $f^{-1}(3)=2$에서 $f(2)=3$이 되어 $f(2)=4$라는 가정을 만족시키지 않는다.

  따라서 $f(3)=3$이고 함수 f가 일대일대응이므로 $f(1)=2$

(i)~(iv)에서 $f(1)=2$, $f(2)=4$, $f(3)=3$, $f(4)=1$

$\therefore f(1)-2f(2)+3f(3)=2-2\times4+3\times3=3$

18 답 12

㈐에서 $\dfrac{1}{2}f(a)=(f\circ f^{-1})(a)$이므로

$a\in X$, $a\in Y$

즉, $a\in(X\cap Y)$이므로 $a\in\{2,\ 4\}$

이때 a의 개수가 2이므로

$a=2$ 또는 $a=4$

㈐의 $\dfrac{1}{2}f(a)=(f\circ f^{-1})(a)$에서

$\dfrac{1}{2}f(a)=a$ $\therefore f(a)=2a$

$\therefore f(2)=4$, $f(4)=8$

㈑에서 $f(1)\neq2$이고, ㈎에서 함수 f는 일대일대응이므로

$f(1)=6$, $f(3)=2$ $\therefore f^{-1}(2)=3$

$\therefore f(2)\times f^{-1}(2)=4\times3=12$

19 답 ④

집합 $S=\{1,\ 2,\ 3,\ 4\}$의 공집합이 아닌 두 부분집합 X, Y에 대하여 함수 $f:X\longrightarrow Y$의 역함수가 존재하려면 일대일대응이어야 하고, $X\cap Y=\varnothing$이므로

$n(X)=n(Y)=1$ 또는 $n(X)=n(Y)=2$

(i) $n(X)=n(Y)=1$인 경우

  집합 X를 정하는 방법의 수는 원소 1, 2, 3, 4 중 1개를 택하는 방법의 수와 같으므로 $_4C_1=4$

  집합 Y를 정하는 방법의 수는 집합 X의 원소를 제외한 3개 중 1개를 택하는 방법의 수와 같으므로 $_3C_1=3$

  두 집합 X, Y가 하나씩 정해지면 함수 f도 하나씩 정해지므로 함수 f의 개수는 $4\times3=12$

(ii) $n(X)=n(Y)=2$인 경우

집합 X를 정하는 방법의 수는 원소 1, 2, 3, 4 중 2개를 택하는 방법의 수와 같으므로 $_4C_2=6$

집합 Y를 정하는 방법의 수는 집합 X의 원소를 제외한 2개 중 2개를 택하는 방법의 수와 같으므로 $_2C_2=1$

이때 각각에 대하여 집합 X의 원소를 집합 Y에 대응시키는 방법의 수는 $2!=2$

즉, 함수 f의 개수는 $6\times1\times2=12$

(i), (ii)에서 구하는 함수 f의 개수는

$12+12=24$

20 답 510

㈎에 의하여 집합 X의 6개의 원소 중에서 서로 다른 4개의 원소를 택하면 $f(1)$, $f(2)$, $f(3)$, $f(4)$의 값이 정해진다.

즉, $f(1)$, $f(2)$, $f(3)$, $f(4)$의 값을 택하는 경우의 수는

$_6C_4=_6C_2=\dfrac{6\times5}{2\times1}=15$

㈏에서 함수 f는 역함수가 존재하지 않으므로 일대일대응이 아니다.

(i) $f(5)$의 값이 $f(1)$, $f(2)$, $f(3)$, $f(4)$의 값 중 하나의 값과 같을 때, $f(6)$의 값은 집합 X의 6개의 원소 중 임의의 값이 될 수 있으므로 $f(5)$, $f(6)$의 값을 택하는 경우의 수는

$_4C_1\times_6C_1=24$

(ii) $f(5)$의 값이 $f(1)$, $f(2)$, $f(3)$, $f(4)$의 값과 다를 때, $f(6)$의 값은 $f(1)$, $f(2)$, $f(3)$, $f(4)$, $f(5)$의 값 중 하나의 값과 같아야 하므로 $f(5)$, $f(6)$의 값을 선택하는 경우의 수는

$_2C_1\times_5C_1=10$

(i), (ii)에서 $f(5)$, $f(6)$의 값을 정하는 경우의 수는 $24+10=34$

따라서 구하는 함수의 개수는 $15\times34=510$

다른 풀이

㈎에 의하여 집합 X의 6개의 원소 중에서 서로 다른 4개의 원소를 택하면 $f(1)$, $f(2)$, $f(3)$, $f(4)$의 값이 정해진다.

즉, $f(1)$, $f(2)$, $f(3)$, $f(4)$의 값을 택하는 경우의 수는

$_6C_4=_6C_2=\dfrac{6\times5}{2\times1}=15$

㈏에서 함수 f는 역함수가 존재하지 않으므로 일대일대응이 아니다.

즉, 함수 f는 $f(1)$, $f(2)$, $f(3)$, $f(4)$, $f(5)$, $f(6)$ 중에서 적어도 두 개의 함숫값이 같아야 한다.

$f(5)$, $f(6)$의 값으로 집합 X의 6개의 원소 중 임의의 값을 택하는 경우 중에서 $f(1)$, $f(2)$, $f(3)$, $f(4)$의 값이 아닌 나머지 2개의 원소를 각각 $f(5)$, $f(6)$의 값으로 선택하는 경우를 제외하여야 하므로 그 경우의 수는 $6\times6-_2P_2=34$

따라서 구하는 함수의 개수는 $15\times34=510$

21 답 ①

ㄱ. 집합 $X\cap Y=\{2,\ 3,\ 4\}$의 모든 원소 x에 대하여 $g(x)-f(x)=1$ 이므로 $f(x)=5$인 x가 존재하면 $g(x)=6\notin Z$

즉, 집합 $X\cap Y=\{2,\ 3,\ 4\}$의 모든 원소 x에 대하여 $f(x)\leq4$이고, 함수 f는 일대일대응이므로

$\{f(2),\ f(3),\ f(4)\}=\{2,\ 3,\ 4\}$

$g(x)=f(x)+1$에서

$\{g(2),\ g(3),\ g(4)\}=\{3,\ 4,\ 5\}$

따라서 함수 $g\circ f$의 치역은 Z이다.

ㄴ. ㄱ에서 $\{f(2),\ f(3),\ f(4)\}=\{2,\ 3,\ 4\}$이고, 함수 f는 일대일대응이므로 $f(1)=5$ $\therefore f^{-1}(5)=1<2$

ㄷ. ㄴ에서 $f(1)=5$이므로 $f(3)<g(2)<f(1)$에서

$f(3)<g(2)<5$ $\cdots\cdots$ ㉠

(i) $g(2)=3$인 경우

$f(2)=g(2)-1=2$

이때 함수 f는 일대일대응이므로

$f(3)=3$ 또는 $f(3)=4$

이는 ㉠을 만족시키지 않는다.

(ii) $g(2)=4$인 경우

$f(2)=g(2)-1=3$

이때 함수 f는 일대일대응이므로

$f(3)=2$ 또는 $f(3)=4$

㉠에서 $f(3)<g(2)=4$이므로

$f(3)=2$ $\therefore f(4)=4$

(i), (ii)에서 $g(2)=4$, $f(4)=4$

$\therefore f(4)+g(2)=4+4=8$

따라서 보기에서 옳은 것은 ㄱ이다.

22 답 ㄱ, ㄴ, ㄷ

ㄱ. $f(x+y)=f(x)+f(y)$에서 $x=2$, $y=2$를 대입하면

$f(4)=f(2)+f(2)$

이때 $f(2)=3$이므로 $f(4)=f(2)+f(2)=3+3=6$

또 $x=2$, $y=4$를 대입하면 $f(6)=f(2)+f(4)$

이때 $f(2)=3$, $f(4)=6$이므로 $f(6)=f(2)+f(4)=3+6=9$

즉, f^{-1}가 존재하므로 $f^{-1}(9)=6$

ㄴ. $f^{-1}(x)=a$, $f^{-1}(y)=b$라 하면 $x=f(a)$, $y=f(b)$

이때 $x+y=f(a)+f(b)=f(a+b)$이므로 $f^{-1}(x+y)=a+b$

즉, $f^{-1}(x+y)=f^{-1}(x)+f^{-1}(y)$

ㄷ. $f(2x+3y)=f(2x)+f(3y)$

$\qquad\quad =f(x+x)+f(y+2y)$

$\qquad\quad =\{f(x)+f(x)\}+\{f(y)+f(2y)\}$

$\qquad\quad =2f(x)+\{f(y)+f(y+y)\}$

$\qquad\quad =2f(x)+[f(y)+\{f(y)+f(y)\}]$

$\qquad\quad =2f(x)+3f(y)$

즉,

$f(f(2x+3y))=f(2f(x)+3f(y))=f(2f(x))+f(3f(y))$

$\qquad\qquad =f(f(x)+f(x))+f(f(y)+2f(y))$

$\qquad\qquad =\{f(f(x))+f(f(x))\}+\{f(f(y))+f(2f(y))\}$

$\qquad\qquad =2f(f(x))+\{f(f(y))+f(f(y)+f(y))\}$

$\qquad\qquad =2f(f(x))+[f(f(y))+\{f(f(y))+f(f(y))\}]$

$\qquad\qquad =2f(f(x))+3f(f(y))$

따라서 보기에서 옳은 것은 ㄱ, ㄴ, ㄷ이다.

23 답 ③

$f(x)=3x-2$에서 $y=3x-2$라 하면

$3x=y+2$ $\therefore x=\dfrac{1}{3}y+\dfrac{2}{3}$

x와 y를 서로 바꾸면 $y=\dfrac{1}{3}x+\dfrac{2}{3}$

즉, $f^{-1}(x)=\dfrac{1}{3}x+\dfrac{2}{3}$이므로 $g\left(\dfrac{1}{6}x+2\right)=\dfrac{1}{3}x+\dfrac{2}{3}$

이때 $\frac{1}{6}x+2=t$로 놓으면 $x=6(t-2)$이므로

$$g(t)=2(t-2)+\frac{2}{3}=2t-\frac{10}{3}$$

$$\therefore g(x)=2x-\frac{10}{3}$$

따라서 함수 $y=g(x)$의 그래프는 그림과 같으
므로 구하는 도형의 넓이는

$$\frac{1}{2}\times\frac{5}{3}\times\frac{10}{3}=\frac{25}{9}$$

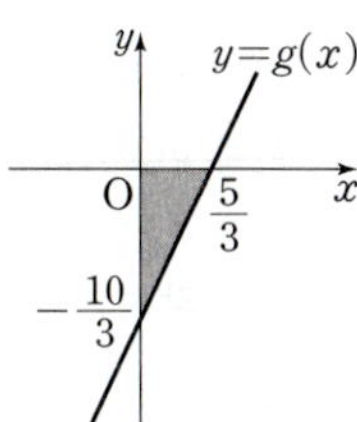

^{idea} 24 답 70

두 함수 $y=f(x)$, $y=f^{-1}(x)$의 그래프는 직선 $y=x$에 대하여 대칭이
므로 점 A는 함수 $y=f(x)$의 그래프와 직선 $y=x$가 만나는 점과 같다.

$-x^2+12=x$에서 $x^2+x-12=0$, $(x+4)(x-3)=0$

$$\therefore x=-4\ (\because x\leq0) \qquad \therefore \text{A}(-4,\ -4)$$

이때 $f(-2)=8$이므로 $f^{-1}(8)=-2$

즉, 점 B$(8,\ -2)$는 함수 $y=f^{-1}(x)$의
그래프 위의 점이므로 점 B를 지나고 기
울기가 -1인 직선과 함수 $y=f(x)$의 그
래프의 교점 C는 점 B를 직선 $y=x$에 대
하여 대칭이동한 점이다.

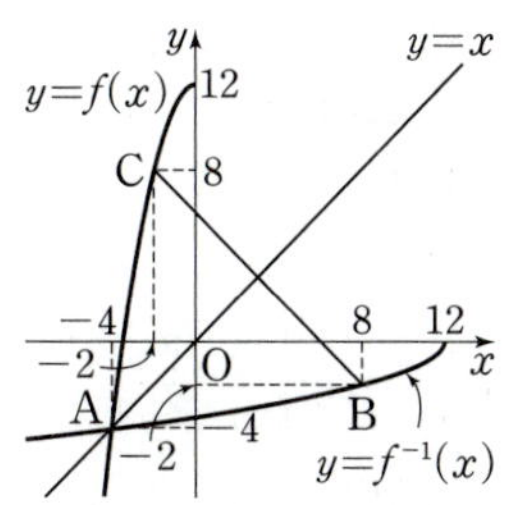

$$\therefore \text{C}(-2,\ 8)$$

$$\therefore \overline{\text{BC}}=\sqrt{(-2-8)^2+(8+2)^2}=10\sqrt{2}$$

직선 BC의 방정식은

$$y-8=-(x+2) \qquad \therefore x+y-6=0$$

점 A$(-4,\ -4)$와 직선 BC 사이의 거리는

$$\frac{|-4-4-6|}{\sqrt{1^2+1^2}}=\frac{14}{\sqrt{2}}=7\sqrt{2}$$

따라서 삼각형 ABC의 넓이는 $\frac{1}{2}\times10\sqrt{2}\times7\sqrt{2}=70$

비법 NOTE

함수 $y=f(x)$의 그래프가 직선 $y=x$에 대
하여 서로 대칭인 두 점 $(a,\ b)$와 $(b,\ a)$를
동시에 지나지 않으면 두 함수 $y=f(x)$,
$y=f^{-1}(x)$의 그래프의 교점은 함수
$y=f(x)$의 그래프와 직선 $y=x$의 교점과
같다.

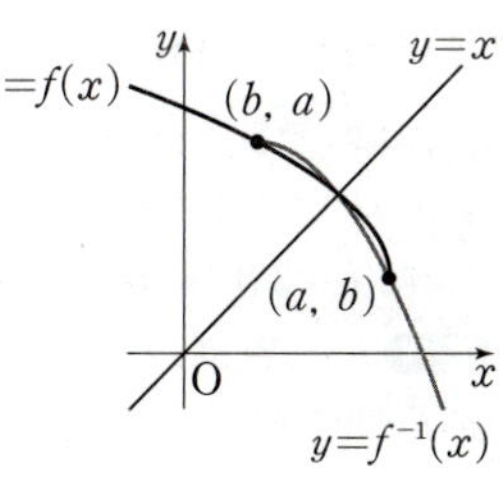

25 답 $-\frac{98}{3}$

함수 $f(x)$의 역함수가 존재하므로 함수 $f(x)$는 일대일대응이다.

함수 $f(x)$의 치역이 실수 전체의 집합이려면 $x=2$일 때 $y=\frac{1}{2}x-2$,

$y=kx-7$의 값이 같아야 하므로

$$1-2=2k-7 \qquad \therefore k=3$$

$$\therefore f(x)=\begin{cases}\frac{1}{2}x-2 & (x<2)\\[2mm] 3x-7 & (x\geq2)\end{cases}$$ ················· 배점 **20%**

$\{f(x)\}^2=f(x)f^{-1}(x)$에서

$$f(x)\{f(x)-f^{-1}(x)\}=0$$

$$\therefore f(x)=0 \text{ 또는 } f(x)=f^{-1}(x)$$ ················· 배점 **20%**

(i) $f(x)=0$인 경우

  ① $x<2$일 때,

    $\frac{1}{2}x-2=0$에서 $x=4$

    그런데 $x<2$이므로 조건을 만족시키지 않는다.

  ② $x\geq2$일 때,

    $3x-7=0$에서 $x=\frac{7}{3}$

(ii) $f(x)=f^{-1}(x)$인 경우

  두 함수 $y=f(x)$, $y=f^{-1}(x)$의 그래프가 만나는 점은 함수
  $y=f(x)$의 그래프와 직선 $y=x$가 만나는 점과 같다.

  ① $x<2$일 때,

    $\frac{1}{2}x-2=x$에서 $x=-4$

  ② $x\geq2$일 때,

    $3x-7=x$에서 $x=\frac{7}{2}$ ················· 배점 **40%**

(i), (ii)에서 $\left\{x\,|\,\{f(x)\}^2=f(x)f^{-1}(x)\right\}=\left\{-4,\ \frac{7}{3},\ \frac{7}{2}\right\}$

따라서 구하는 모든 원소의 곱은

$$-4\times\frac{7}{3}\times\frac{7}{2}=-\frac{98}{3}$$ ················· 배점 **20%**

26 답 $\frac{49}{8}$

$f(x)=\begin{cases}-2(x-2)^2+k-1 & (x<2)\\[2mm] (x-2)^2+k-1 & (x\geq2)\end{cases}$ 이므로 함수

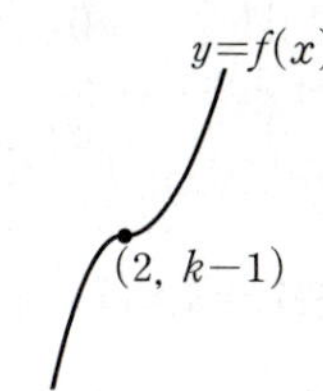

$y=f(x)$의 그래프의 개형은 그림과 같다.

집합 $\{x\,|\,f(x)=g(x)\}$의 원소의 개수가 3이 되려면
두 함수 $y=f(x)$, $y=g(x)$의 그래프가 서로 다른
세 점에서 만나야 한다.

이때 함수 $g(x)$는 함수 $f(x)$의 역함수이므로 두 함수 $y=f(x)$,
$y=g(x)$의 그래프가 만나는 점은 함수 $y=f(x)$의 그래프와 직선
$y=x$가 만나는 점과 같다.

즉, 함수 $y=f(x)$의 그래프와 직선 $y=x$가 서로 다른 세 점에서 만나
야 한다.

(i) $x<2$에서 함수 $y=f(x)$의 그래프가 직선
  $y=x$와 접하는 경우
  이차방정식 $-2x^2+8x+k-9=x$, 즉
  $2x^2-7x-k+9=0$의 판별식을 D_1이라 하면
  $D_1=49-8(-k+9)=0$에서
  $8k-23=0$ $\quad\therefore k=\frac{23}{8}$

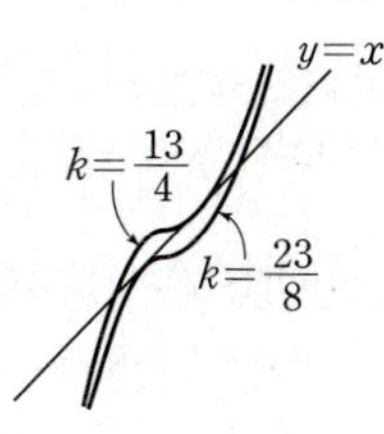
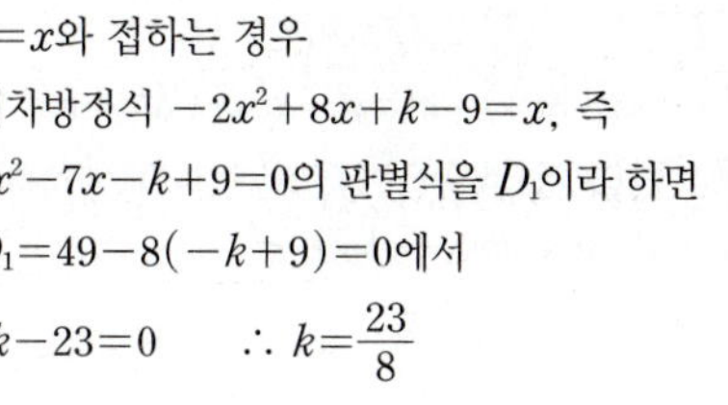

(ii) $x\geq2$에서 함수 $y=f(x)$의 그래프가 직선 $y=x$와 접하는 경우
  이차방정식 $x^2-4x+3+k=x$, 즉 $x^2-5x+3+k=0$의 판별식을
  D_2라 하면
  $D_2=25-4(3+k)=0$에서
  $13-4k=0$ $\quad\therefore k=\frac{13}{4}$

(i), (ii)에서 함수 $y=f(x)$의 그래프와 직선 $y=x$가 서로 다른 세 점에
서 만나도록 하는 실수 k의 값의 범위는

$$\frac{23}{8}<k<\frac{13}{4}$$

따라서 $p=\frac{23}{8}$, $q=\frac{13}{4}$이므로

$$p+q=\frac{49}{8}$$

27 답 **10**

두 함수 $y=f(x)$, $y=f^{-1}(x)$의 그래프는 직선 $y=x$에 대하여 대칭이

고, 직선 $y=\dfrac{1}{k}x$를 직선 $y=x$에 대하여 대칭이동하면 직선 $y=kx$이

므로 방정식 $f^{-1}(x)-\dfrac{1}{k}x=0$, 즉 $f^{-1}(x)=\dfrac{1}{k}x$의 서로 다른 실근의

개수는 방정식 $f(x)=kx$의 서로 다른 실근의 개수와 같다.

이때 방정식 $f(x)=kx$에서 $x^3-2x^2+6x=kx$, 즉

$x(x^2-2x+6-k)=0$이므로 방정식 $f(x)=kx$의 해는 $x=0$ 또는

$x^2-2x+6-k=0$이다.

그런데 방정식 $f(x)=kx$의 서로 다른 실근의 개수가 1이므로

이차방정식 $x^2-2x+6-k=0$은 서로 다른 두 허근을 가져야 한다.

즉, 이차방정식 $x^2-2x+6-k=0$의 판별식을 D라 하면

$\dfrac{D}{4}=1-(6-k)<0$에서 $-5+k<0$　　$\therefore k<5$

그런데 k는 자연수이므로 가능한 k의 값은 1, 2, 3, 4이다.

따라서 구하는 모든 자연수 k의 값의 합은

$1+2+3+4=10$

STEP **3** 　최고난도 문제　　　| 83~85쪽

| 01 ④ | 02 36 | 03 ② | 04 ④ | 05 40 | 06 ⑤ |
| 07 ① | 08 ③ | 09 1 | 10 ⑤ | | |

01 답 ④

1단계 ㄱ이 옳은지 확인하기

ㄱ. [반례] $f(x)=c$ (c는 상수)라 하면

$\{f(xy)\}^2=c^2$, $f(x^2)f(y^2)=c\times c=c^2$

$\therefore \{f(xy)\}^2=f(x^2)f(y^2)$

그런데 $c\neq0$이면 $f(0)=c\neq0$이다.

2단계 ㄴ이 옳은지 확인하기

ㄴ. $f(x)=ax+b$ ($a\neq0$이고 a, b는 상수)라 하면

$\{f(xy)\}^2=(axy+b)^2=a^2x^2y^2+2abxy+b^2$

$f(x^2)f(y^2)=(ax^2+b)(ay^2+b)=a^2x^2y^2+abx^2+aby^2+b^2$

이때 $\{f(xy)\}^2=f(x^2)f(y^2)$이므로

$a^2x^2y^2+2abxy+b^2=a^2x^2y^2+abx^2+aby^2+b^2$

$ab(x^2+y^2-2xy)=0$

$ab(x-y)^2=0$

그런데 $a\neq0$이므로 $b=0$

즉, $f(x)=ax$ ($a\neq0$인 상수)이므로 이 함수의 그래프는 원점을 지

난다.

3단계 ㄷ이 옳은지 확인하기

ㄷ. 임의의 실수 y에 대하여

$\{f(0\times y)\}^2=f(0)f(y^2)$, $f(0)\{f(0)-f(y^2)\}=0$

$\therefore f(0)=0$ 또는 $f(0)=f(y^2)$

$f(0)\neq0$이면 $f(0)=f(y^2)$

그런데 $f(1)=10^2$, $f(10)=10^5$에서 함수 $f(x)$는 상수함수가 아니

므로 $f(0)=0$ ← 상수함수이면 모든 함숫값이 같아야 한다.

$f(x)$를 k차 다항함수라 하면 $f(0)=0$이므로 $(k-1)$차 다항함수

$g(x)$에 대하여 $f(x)=xg(x)$로 나타낼 수 있다.

임의의 두 실수 x, y에 대하여 $\{f(xy)\}^2=f(x^2)f(y^2)$이므로

$(xy)^2\{g(xy)\}^2=x^2g(x^2)y^2g(y^2)$

$\qquad\qquad\qquad =(xy)^2g(x^2)g(y^2)$

따라서 $\{g(xy)\}^2=g(x^2)g(y^2)$이므로 $(k-1)$차 다항함수 $g(x)$도

주어진 조건을 만족시킨다.

이때 $g(x)$도 상수함수가 아니므로 $g(0)=0$이고, $g(x)$도 x를 인

수로 갖는다. ← $(k-2)$차 다항함수 $h(x)$에 대하여 $g(x)=xh(x)$

이와 같은 과정을 반복하면

$f(x)=ax^k$ ($a\neq0$인 상수) ← 임의의 두 실수 x, y에 대하여 $\{f(xy)\}^2=f(x^2)f(y^2)$
이 성립한다.

이때 $f(1)=10^2$에서 $a=100$

즉, $f(x)=100x^k$이므로 $f(10)=10^5$에서

$100\times10^k=10^5$, $10^k=10^3$

$\therefore k=3$

따라서 $f(x)=100x^3$이므로

$f(100)=100\times100^3=10^8$

4단계 옳은 것 구하기

따라서 보기에서 옳은 것은 ㄴ, ㄷ이다.

02 답 36

1단계 $k=1$일 때, $f(12)=18$을 만족시키는지 확인하기

(i) $k=1$일 때,

$$f(x)=\begin{cases}f(f(x+2)) & (x<20)\\ x-1 & (x\geq20)\end{cases}$$에서

$f(12)=f(f(14))$, $f(14)=f(f(16))$,

$f(16)=f(f(18))$, $f(18)=f(f(20))=f(19)$,

$f(19)=f(f(21))=f(20)=19$이므로

$f(19)=f(18)=f(16)=f(14)=f(12)=19$

즉, $k=1$일 때 성립하지 않는다.

2단계 $k=2$일 때, $f(12)=18$을 만족시키는지 확인하기

(ii) $k=2$일 때,

$$f(x)=\begin{cases}f(f(x+4)) & (x<20)\\ x-2 & (x\geq20)\end{cases}$$에서

$f(12)=f(f(16))$, $f(16)=f(f(20))=f(18)$,

$f(18)=f(f(22))=f(20)=18$이므로

$f(18)=f(16)=f(12)=18$

즉, $k=2$일 때 성립한다.

3단계 $k=3$일 때, $f(12)=18$을 만족시키는지 확인하기

(iii) $k=3$일 때,

$$f(x)=\begin{cases}f(f(x+6)) & (x<20)\\ x-3 & (x\geq20)\end{cases}$$에서

$f(12)=f(f(18))$, $f(18)=f(f(24))=f(21)=18$이므로

$f(18)=f(12)=18$

즉, $k=3$일 때 성립한다.

4단계 $4\leq k<8$일 때, $f(12)=18$을 만족시키는지 확인하기

(iv) $4\leq k<8$일 때,

$$f(x)=\begin{cases}f(f(x+2k)) & (x<20)\\ x-k & (x\geq20)\end{cases}$$에서

$f(12)=f(f(\underset{12+2k\geq20}{12+2k}))=f(\underset{12+k<20}{12+k})$

$=f(f(\underset{12+3k>20}{12+3k}))=f(\underset{12+2k\geq20}{12+2k})$

$=12+k$

$k=6$이면

$f(12)=18$

즉, $k=6$일 때 성립한다.

5단계 $k≥8$일 때, $f(12)=18$을 만족시키는지 확인하기

(v) $k≥8$일 때,

$$f(x)=\begin{cases} f(f(x+2k)) & (x<20) \\ x-k & (x≥20) \end{cases}$$에서

$$f(12)=f(f(\underset{12+2k>20}{\underline{12+2k}}))$$
$$=f(\underset{12+k≥20}{\underline{12+k}})$$
$$=12$$

즉, $k≥8$일 때 성립하지 않는다.

6단계 $f(12)=18$을 만족시키는 모든 자연수 k의 값의 곱 구하기

(i)~(v)에서 $f(12)=18$을 만족시키는 자연수 k의 값은 2, 3, 6이므로
모든 자연수 k의 값의 곱은

$$2×3×6=36$$

03 답 ②

1단계 두 함수 f, g가 일대일대응임을 확인하기

함수 $f:X \longrightarrow X$가 일대일대응이 아니라고 가정하면 합성함수
$g \circ f:X \longrightarrow X$는 일대일대응도 아니고 항등함수도 아니므로 ㈏를 만족시키지 않는다.

따라서 함수 f는 일대일대응이다.

같은 방법으로 함수 g도 일대일대응이다.

2단계 $f(x)+g(x)$의 값 구하기

$f(1)+f(2)+\cdots+f(9)=45$, $g(1)+g(2)+\cdots+g(9)=45$이므로
$\{f(1)+g(1)\}+\{f(2)+g(2)\}+\cdots+\{f(9)+g(9)\}=90$ ······ ㉠

㈐에서 $f(x)+g(x)$의 값은 일정하므로

$f(x)+g(x)=k$ (k는 상수)라 하면 ㉠에서

$$9k=90$$
$$∴ k=10$$
$$∴ f(x)+g(x)=10 \qquad ······ ㉡$$

3단계 조건을 만족시키는 함숫값 구하기

㈏에서 $(g \circ f)(x)=x$이므로 집합 X의 임의의 원소 a, b에 대하여
$f(a)=b$이면 $g(b)=a$이다.

$f(1)=8$이므로 $g(8)=1$

$g(8)=1$이므로 ㉡에서 $f(8)=9$

$f(8)=9$이므로 $g(9)=8$

$g(9)=8$이므로 ㉡에서 $f(9)=2$

$f(9)=2$이므로 $g(2)=9$

$g(2)=9$이므로 ㉡에서 $f(2)=1$

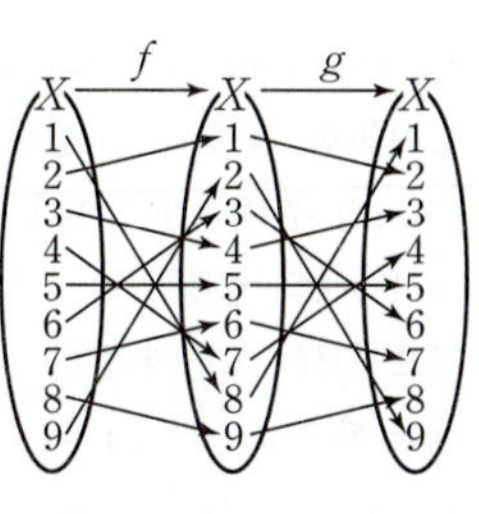

$f(2)=1$이므로 $g(1)=2$

한편 $f(5)=k$라 하면 $g(k)=5$

$g(k)=5$이면 ㉡에서 $f(k)=5$

$f(k)=5$이면 $g(5)=k$

㉡에서 $f(5)+g(5)=10$이므로

$$k+k=10, \ 2k=10$$
$$∴ k=5$$
$$∴ f(5)=5, \ g(5)=5$$

㈎에서 $f(3)≠6$이므로

$f(3)=3$ 또는 $f(3)=4$ 또는 $f(3)=7$

(i) $f(3)=3$인 경우

$g(3)=3$이지만 $f(3)+g(3)=6$이므로 ㉡을 만족시키지 않는다.

(ii) $f(3)=4$인 경우

$g(4)=3$이므로 ㉡에서 $f(4)=7$

$f(4)=7$이므로 $g(7)=4$

$g(7)=4$이므로 ㉡에서 $f(7)=6$

$f(7)=6$이므로 $g(6)=7$

$g(6)=7$이므로 ㉡에서 $f(6)=3$

$f(6)=3$이므로 $g(3)=6$

(iii) $f(3)=7$인 경우

$g(7)=3$이므로 ㉡에서 $f(7)=7$

그런데 $f(3)=7$이므로 함수 f는 일대일대응이 아니다.

4단계 $(f \circ f \circ f)(7)$의 값 구하기

(i), (ii), (iii)에서

$$(f \circ f \circ f)(7)=f(f(f(7)))$$
$$=f(f(6))$$
$$=f(3)=4$$

04 답 ④

1단계 조건 $B \subset A$ 해석하기

이차방정식 $g(x)=0$의 두 근을 α, β라 하면
$B \subset A$이므로 $\alpha \in A$, $\beta \in A$
즉, $(g \circ f)(\alpha)=g(f(\alpha))=0$이므로
$f(\alpha)=\alpha$ 또는 $f(\alpha)=\beta$

2단계 경우에 따라 $p+q$의 값 구하기

이때 이차방정식 $x^2+2x-2=0$의 두 근이 α, β이므로

$\alpha^2+2\alpha-2=0, \ \beta^2+2\beta-2=0$ ······ ㉠

이차방정식의 근과 계수의 관계에 의하여

$$\alpha+\beta=-2$$

(i) $f(\alpha)=\alpha$인 경우

$f(\alpha)$를 $\alpha^2+2\alpha-2$로 나누면 몫은 $\alpha+1$, 나머지는 $p\alpha+q+2$이므로

$$f(\alpha)=\alpha^3+3\alpha^2+p\alpha+q$$
$$=(\alpha+1)(\alpha^2+2\alpha-2)+p\alpha+q+2$$
$$=p\alpha+q+2 \ (∵ ㉠)$$

$f(\alpha)=\alpha$에서

$$p\alpha+q+2=\alpha$$

여기서 α는 무리수이고, p, q는 정수이므로

$$p=1, \ q+2=0$$
$$∴ p=1, \ q=-2$$
$$∴ p+q=-1$$

(ii) $f(\alpha)=\beta$인 경우

$$\alpha^3+3\alpha^2+p\alpha+q=p\alpha+q+2$$

$f(\alpha)=\beta$이고, $\alpha+\beta=-2$에서 $\beta=-\alpha-2$이므로

$$p\alpha+q+2=-\alpha-2$$

여기서 α는 무리수이고, p, q는 정수이므로

$$p=-1, \ q+2=-2$$
$$∴ p=-1, \ q=-4$$
$$∴ p+q=-5$$

3단계 $p+q$의 최댓값 구하기

(i), (ii)에서 $p+q$의 최댓값은 -1이다.

1단계 함수 $y=f^3(x)$의 그래프 그리기

함수 $f(x)=|x-1|-2$의 그래프는 함수
$y=x$의 그래프를 y축의 방향으로 -1만큼 평
행이동한 다음 $y\geq0$인 부분은 그대로 두고
$y<0$인 부분은 x축에 대하여 대칭이동한 후,
다시 y축의 방향으로 -2만큼 평행이동한 그
래프이므로 그림과 같다.

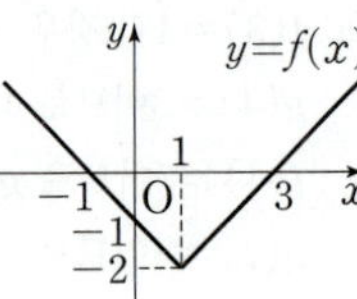

이때 함수 $y=f^2(x)=(f\circ f)(x)=|f(x)-1|-2$의 그래프는 함수
$y=f(x)$의 그래프를 y축의 방향으로 -1만큼 평행이동한 다음 $y\geq0$인
부분은 그대로 두고 $y<0$인 부분은 x축에 대하여 대칭이동한 후, 다시
y축의 방향으로 -2만큼 평행이동한 그래프이므로 그림과 같다.

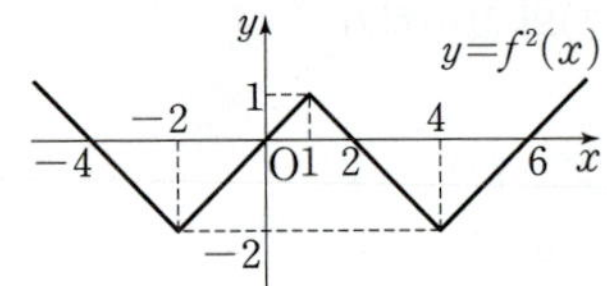

같은 방법으로 하면 함수 $y=f^3(x)$의 그래프는 그림과 같다.

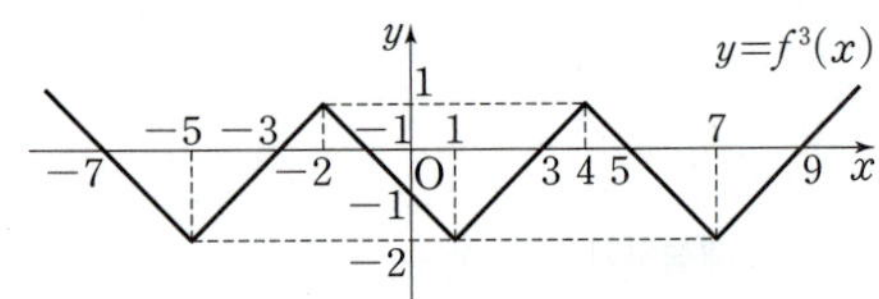

2단계 $S(n)$ 구하기

따라서 $y=f(x)$, $y=f^2(x)$, $y=f^3(x)$, $\cdots$, $y=f^n(x)$의 그래프와 x
축으로 둘러싸인 도형의 넓이는 차례대로

$$\frac{1}{2}\times4\times2=4$$

$$2\times\left(\frac{1}{2}\times4\times2\right)+\frac{1}{2}\times2\times1=9$$

$$3\times\left(\frac{1}{2}\times4\times2\right)+2\times\left(\frac{1}{2}\times2\times1\right)=14$$

$$4\times\left(\frac{1}{2}\times4\times2\right)+3\times\left(\frac{1}{2}\times2\times1\right)=19$$

$$\vdots$$

$$n\times\left(\frac{1}{2}\times4\times2\right)+(n-1)\times\left(\frac{1}{2}\times2\times1\right)=5n-1$$

$$\therefore S(n)=5n-1$$

3단계 n의 값 구하기

$S(n)=199$에서 $5n-1=199$

$5n=200$ $\quad\therefore n=40$

06 답 ⑤

1단계 함수 $y=f(x)$의 그래프의 개형 그리기

$f(x)=|x+1|-|x-4|+2|x-6|-k$

$$=\begin{cases}-2x+7-k & (x<-1) \\ 9-k & (-1\leq x<4) \\ -2x+17-k & (4\leq x<6) \\ 2x-7-k & (x\geq6)\end{cases}$$

즉, 함수 $y=f(x)$의 그래프의 개형은 그림과
같다.

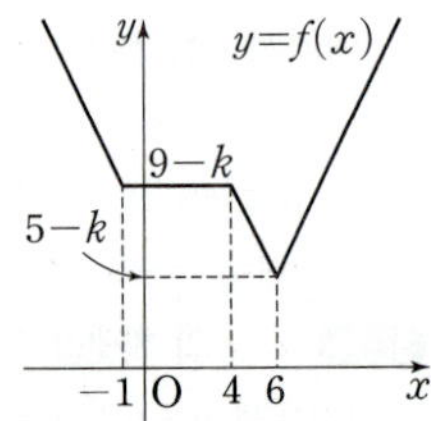

2단계 k의 값의 범위 구하기

두 함수 $y=f(x)$, $y=(f\circ f)(x)$의 그래프가 무수히 많은 점에서 만
나려면 방정식 $f(x)=(f\circ f)(x)$, 즉 $f(f(x))=f(x)$의 서로 다른
실근의 개수가 무수히 많아야 하므로 실근 중에서 $a\leq x\leq b$ (a, b는 서
로 다른 실수) 꼴이 존재해야 한다.

이때 가능한 경우는 다음 두 가지가 있다.

(i) $a\leq x\leq b$에서 $f(x)=x$인 경우

그래프에서 이를 만족시키는 $a\leq x\leq b$는 존재하지 않는다.

(ii) $a\leq x\leq b$에서 $f(x)=c$ (c는 상수)이고 $a\leq c\leq b$인 경우

그래프에서 이를 만족시키는 x의 값의 범위는 $-1\leq x\leq4$이다.

이때 $-1\leq9-k\leq4$이어야 하므로 $-4\leq k-9\leq1$

$\therefore 5\leq k\leq10$

3단계 모든 자연수 k의 값의 합 구하기

(i), (ii)에서 $5\leq k\leq10$이므로 구하는 모든 자연수 k의 값의 합은

$5+6+7+8+9+10=45$

07 답 ①

1단계 함수 $y=f(x)$의 그래프 파악하기

㈏에서 모든 실수 x에 대하여 $f(-x)=f(x)$이므로 $-4\leq x\leq0$에서 함
수 $y=f(x)$의 그래프는 $0\leq x\leq4$에서 함수 $y=f(x)$의 그래프를 y축에
대하여 대칭이동한 것과 같다.

또 모든 실수 x에 대하여 $f(x)=f(x-8)$이므로 $4\leq x\leq12$에서 함수
$y=f(x)$의 그래프는 $-4\leq x\leq4$에서 함수 $y=f(x)$의 그래프를 x축의
방향으로 8만큼 평행이동한 것과 같다.

같은 방법으로 정수 k에 대하여 $-4+8k\leq x\leq4+8k$에서 함수
$y=f(x)$의 그래프는 $-4\leq x\leq4$에서 함수 $y=f(x)$의 그래프를 x축의
방향으로 $8k$만큼 평행이동한 것과 같다.

2단계 함수 $(f\circ g)(x)$가 상수함수가 되기 위한 조건 찾기

$x>0$에서 $\dfrac{|x|}{x}=1$

$x<0$에서 $\dfrac{|x|}{x}=-1$

$$\therefore g(x)=\begin{cases}n-1 & (x<0) \\ n & (x=0) \\ n+1 & (x>0)\end{cases}$$

즉, 함수 $g(x)$의 치역은 $\{n-1,\ n,\ n+1\}$

실수 전체의 집합에서 함수 $(f\circ g)(x)$가 상수함수이려면

$f(n-1)=f(n)=f(n+1)$

즉, 연속인 세 정수 x에 대하여 $f(x)$의 값이 같아야 한다.

3단계 자연수 n의 개수 구하기

연속인 세 정수 x에 대하여 $f(x)$의 값이 같은 경우는

$$\vdots$$

$n=1$일 때, $f(0)=f(1)=f(2)=2$

$n=4$일 때, $f(3)=f(4)=f(5)=0$

$n=7$일 때, $f(6)=f(7)=f(8)=2$

$n=8$일 때, $f(7)=f(8)=f(9)=2$

$n=9$일 때, $f(8)=f(9)=f(10)=2$

$$\vdots$$

함수 $y=f(x)$의 그래프는 $0\leq x\leq8$에서의 함수 $y=f(x)$의 그래프가
반복되므로 60 이하의 자연수 n의 값은

$n=1+8\times k$ ($k=0,\ 1,\ 2,\ 3,\ 4,\ 5,\ 6,\ 7$)

$n=4+8\times k$ ($k=0,\ 1,\ 2,\ 3,\ 4,\ 5,\ 6,\ 7$)

$n=7+8\times k \ (k=0, 1, 2, 3, 4, 5, 6)$

$n=8+8\times k \ (k=0, 1, 2, 3, 4, 5, 6)$

따라서 구하는 60 이하의 자연수 n의 개수는

$8+8+7+7=30$

08 답 ③

1단계 집합 X의 원소의 개수 구하기

$S=\{7, 14, 21, 28, 35, 42, 49, 56, 63\}$,

$Y=\{0, 1, 2, 3, 4\}$, $Z=\{0, 1, 2, 3\}$이다.

$g: Y \longrightarrow Z$에 대하여

$g(0)=0$, $g(1)=1$, $g(2)=2$, $g(3)=3$,

$g(4)=0$

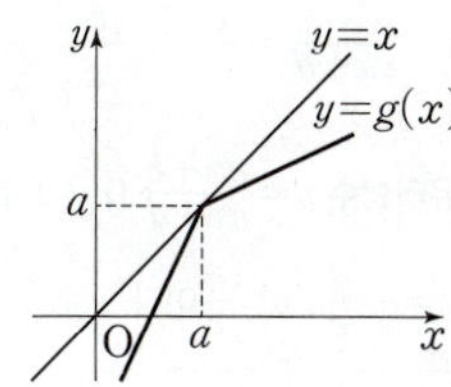

이때 함수 $g\circ f$의 역함수가 존재하려면 일

대일대응이어야 하므로 집합 X의 원소의 개수는 4이어야 한다.

2단계 집합 X의 개수 구하기

그런데 $g(0)=g(4)=0$이므로 함수 f의 치역은 0과 4를 동시에 포함할

수 없다.

즉, 함수 f의 치역은 $\{0, 1, 2, 3\}$ 또는 $\{1, 2, 3, 4\}$

한편 집합 S의 원소를 5로 나눈 나머지로 분류하면

나머지가 0인 원소는 35

나머지가 1인 원소는 21, 56

나머지가 2인 원소는 7, 42

나머지가 3인 원소는 28, 63

나머지가 4인 원소는 14, 49

이때 함수 $g\circ f$의 역함수가 존재하도록 하는 집합 X의 개수를 구해 보면

(i) 함수 f의 치역이 $\{0, 1, 2, 3\}$일 때,

$1\times2\times2\times2=8$

(ii) 함수 f의 치역이 $\{1, 2, 3, 4\}$일 때,

$2\times2\times2\times2=16$

(i), (ii)에서 구하는 집합 X의 개수는

$8+16=24$

3단계 집합 X의 원소의 합의 최솟값 구하기

이때 함수 $g\circ f$의 역함수가 존재하도록 하는 집합 X의 원소의 합이 최

소가 되는 경우는

$X=\{7, 14, 21, 28\}$이므로 그 합은

$7+14+21+28=70$

4단계 $a+b$의 값 구하기

따라서 $a=24$, $b=70$이므로

$a+b=94$

idea
09 답 1

1단계 함수 $y=g(x)$의 그래프의 개형 그리기

함수 $f(x)=mx+n$의 그래프는 점 $(a, a)(a>0)$를 지나고 기울기가

1보다 작은 양수인 직선이므로 함수 $y=f^{-1}(x)$의 그래프는 점 (a, a)

를 지나고 기울기가 1보다 큰 직선이다.

따라서 함수 $g(x)=\begin{cases} f^{-1}(x) & (x<a) \\ f(x) & (x\geq a) \end{cases}$의

그래프의 개형은 그림과 같다.

2단계 두 함수 $y=(g\circ h)(x)$, $y=(h\circ g)(x)$의 그래프가 만나는 점의 개수 구하기

방정식 $(g\circ h)(x)=(h\circ g)(x)$에서

$(g\circ h)(x)=g(h(x))=g(x+a)$

$(h\circ g)(x)=h(g(x))=g(x)+a$

이때 함수 $y=g(x+a)$의 그래프는 함수

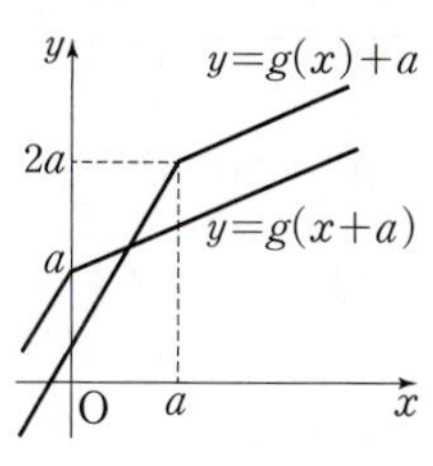

$y=g(x)$의 그래프를 x축의 방향으로 $-a$만

큼 평행이동한 것이고, 함수 $y=g(x)+a$의

그래프는 함수 $y=g(x)$의 그래프를 y축의 방

향으로 a만큼 평행이동한 것이므로 그림과 같

이 두 함수 $y=(g\circ h)(x)$, $y=(h\circ g)(x)$

의 그래프는 한 점에서 만난다.

3단계 방정식 $(g\circ h)(x)=(h\circ g)(x)$의 서로 다른 실근의 개수 구하기

방정식 $(g\circ h)(x)=(h\circ g)(x)$의 서로 다른 실근의 개수는 두 함수

$y=(g\circ h)(x)$, $y=(h\circ g)(x)$의 그래프가 만나는 점의 개수와 같으므

로 방정식 $(g\circ h)(x)=(h\circ g)(x)$의 서로 다른 실근의 개수는 1이다.

10 답 ⑤

1단계 ㄱ이 옳은지 확인하기

ㄱ. 함수 $g(x)$의 정의역과 치역이 모두 실수 전체의 집합이고, 함수

$g(x)$의 역함수가 존재하므로 함수 $g(x)$는 일대일대응이다.

즉, 함수 $y=g(x)$의 그래프의 개형은 그림과 같다.

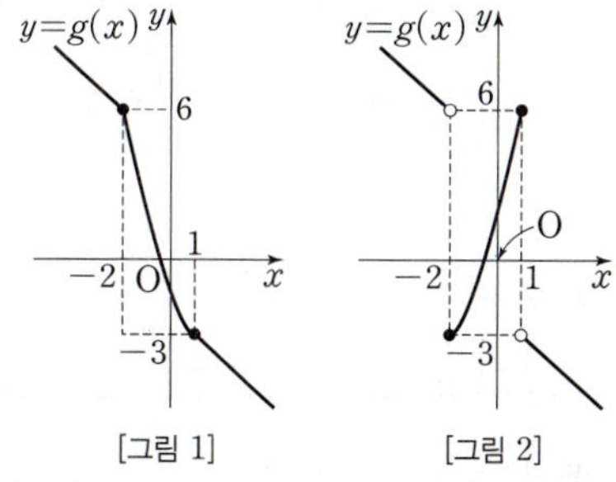

$\therefore f(-2)+f(1)=3$

2단계 ㄴ이 옳은지 확인하기

ㄴ. $g(0)=f(0)=-1$이므로 $f(x)=ax^2+bx-1(a>0)$로 놓을 수

있고, $g(1)=f(1)=-3$이면 ㄱ의 [그림 1]에서 $f(-2)=6$이므로

$a+b-1=-3$, $4a-2b-1=6$

$\therefore a+b=-2$, $4a-2b=7$

두 식을 연립하여 풀면

$a=\dfrac{1}{2}$, $b=-\dfrac{5}{2}$

$\therefore f(x)=\dfrac{1}{2}x^2-\dfrac{5}{2}x-1=\dfrac{1}{2}\left(x-\dfrac{5}{2}\right)^2-\dfrac{33}{8}$

즉, 곡선 $y=f(x)$의 꼭짓점의 x좌표는 $\dfrac{5}{2}$이다.

3단계 ㄷ이 옳은지 확인하기

ㄷ. 곡선 $y=f(x)$의 꼭짓점의 x좌표가 -2이므로

$f(x)=a(x+2)^2+p(a>0)$로 놓을 수 있다.

ㄱ의 [그림 2]에서 $f(-2)=-3$, $f(1)=6$이므로

$p=-3$, $9a+p=6$ $\therefore a=1$

$\therefore f(x)=(x+2)^2-3$

즉, $g(0)=f(0)=1$이므로 $g^{-1}(1)=0$

4단계 옳은 것 구하기

따라서 보기에서 옳은 것은 ㄱ, ㄴ, ㄷ이다.

STEP 1 핵심 문제 | 86~87쪽

01 ④	**02** 151	**03** ③	**04** ⑤	**05** $a \geq 6$ **06** ④
07 $-20 < m \leq 0$	**08** ③	**09** ②	**10** ㄱ, ㄴ, ㄷ	
11 ①	**12** 2			

01 답 ④

$$\cfrac{1}{2-\cfrac{1}{2-\cfrac{1}{x}}} = \cfrac{1}{2-\cfrac{1}{\frac{2x-1}{x}}} = \cfrac{1}{2-\frac{x}{2x-1}} = \cfrac{1}{\frac{3x-2}{2x-1}} = \frac{2x-1}{3x-2}$$

$$= \frac{\frac{2}{3}(3x-2)+\frac{1}{3}}{3x-2} = \frac{1}{9x-6} + \frac{2}{3}$$

따라서 $a=9$, $b=-6$, $c=\dfrac{2}{3}$ 이므로

$$a+b+c = \frac{11}{3}$$

02 답 151

$$f(n) = \frac{1}{4n^2-1} = \frac{1}{(2n-1)(2n+1)}$$

$$= \frac{1}{(2n+1)-(2n-1)}\left(\frac{1}{2n-1} - \frac{1}{2n+1}\right)$$

$$= \frac{1}{2}\left(\frac{1}{2n-1} - \frac{1}{2n+1}\right)$$

$$\therefore f(1)+f(2)+f(3)+\cdots+f(50)$$

$$= \frac{1}{2}\left\{\left(\frac{1}{1}-\frac{1}{3}\right)+\left(\frac{1}{3}-\frac{1}{5}\right)+\left(\frac{1}{5}-\frac{1}{7}\right)+\cdots+\left(\frac{1}{99}-\frac{1}{101}\right)\right\}$$

$$= \frac{1}{2}\left(1-\frac{1}{101}\right) = \frac{50}{101}$$

따라서 $p=101$, $q=50$ 이므로 $p+q=151$

03 답 ③

함수 $y=\dfrac{p}{x+4}-2$ 의 그래프는 $y=\dfrac{p}{x}$ 의 그래프를 x축의 방향으로 -4 만큼, y축의 방향으로 -2만큼 평행이동한 것이다.

(i) $p<0$일 때,

함수 $y=\dfrac{p}{x+4}-2$ 의 그래프는 p 의 값에 관계없이 그림과 같이 제1 사분면을 지나지 않는다.

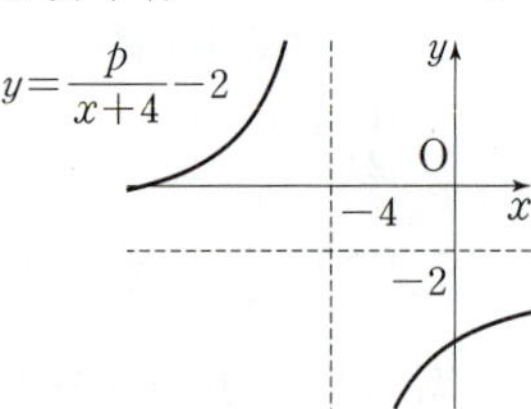

(ii) $p>0$일 때,

함수 $y=\dfrac{p}{x+4}-2$ 의 그래프가 모든 사분면을 지나려면 그림과 같이 $x>-4$에서 제1, 2, 4사분면을 지나야 한다.

즉, $x=0$일 때, $y>0$이어야 하므로

$$\frac{p}{4}-2>0, \ \frac{p}{4}>2 \quad \therefore p>8$$

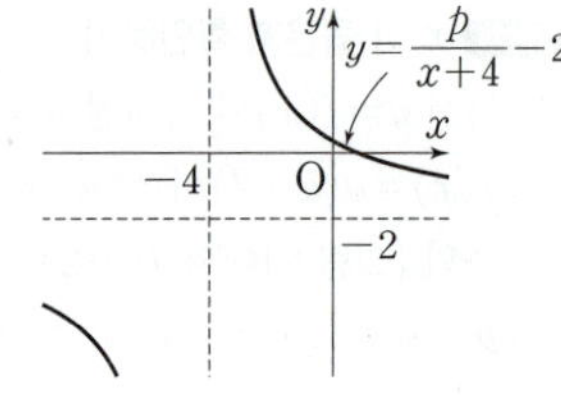

(i), (ii)에서 정수 p의 최솟값은 9이다.

04 답 ⑤

함수 $f(x)=\dfrac{4}{x-a}-4$ 의 그래프의 점근선의 방정식은

$$x=a, \ y=-4$$

함수 $y=f(x)$ 의 그래프가 x축과 만나는 점의 x좌표는

$$0=\frac{4}{x-a}-4 \text{에서} \ \frac{4}{x-a}=4$$

$$4x-4a=4 \quad \therefore x=a+1$$

함수 $y=f(x)$ 의 그래프가 y축과 만나는 점의 y좌표는

$$y=\frac{4}{0-a}-4 \quad \therefore y=-\frac{4}{a}-4$$

즉, $A(a+1, 0)$, $B\left(0, -\dfrac{4}{a}-4\right)$,

$C(a, -4)$이므로 함수 $y=f(x)$ 의 그래프 와 사각형 OBCA는 그림과 같다.

이때 사각형 OBCA의 넓이를 S라 하면 S 는 삼각형 OCA의 넓이와 삼각형 OBC의 넓이의 합과 같으므로 점 C에서 x 축, y축에 내린 수선의 발을 각각 D, E라 하면

$$S=\frac{1}{2}\times\overline{\text{OA}}\times\overline{\text{CD}}+\frac{1}{2}\times\overline{\text{OB}}\times\overline{\text{CE}}$$

$$=\frac{1}{2}\times(a+1)\times 4+\frac{1}{2}\times\left(\frac{4}{a}+4\right)\times a$$

$$=4a+4$$

따라서 $4a+4=24$이므로

$$4a=20 \quad \therefore a=5$$

05 답 $a \geq 6$

$y=\dfrac{-ax+2}{x-3}=\dfrac{-a(x-3)-3a+2}{x-3}=\dfrac{-3a+2}{x-3}-a$ 이므로 함수

$y=\dfrac{-ax+2}{x-3}$ 의 그래프의 점근선의 방정식은

$$x=3, \ y=-a$$

$y=\dfrac{x-3}{x-a}=\dfrac{(x-a)+a-3}{x-a}=\dfrac{a-3}{x-a}+1$ 이므로 함수 $y=\dfrac{x-3}{x-a}$ 의 그 래프의 점근선의 방정식은

$$x=a, \ y=1$$

점근선으로 둘러싸인 도형의 넓이가 21 이상이고, $a>0$이므로

$$|a-3|(a+1)\geq 21$$

(i) $0<a<3$일 때,

$-(a-3)(a+1)\geq 21$에서 $a^2-2a+18\leq 0$

$(a-1)^2+17\leq 0$

이 부등식을 만족시키는 a의 값은 존재하지 않는다.

(ii) $a\geq 3$일 때,

$(a-3)(a+1)\geq 21$에서 $a^2-2a-24\geq 0$

$(a+4)(a-6)\geq 0 \quad \therefore a\geq 6 \ (\because a\geq 3)$

(i), (ii)에서 구하는 양수 a의 값의 범위는 $a\geq 6$

비법 NOTE

$$y=\frac{ax+b}{cx+d}=\frac{\frac{a}{c}\left(x+\frac{d}{c}\right)-\frac{ad}{c^2}+\frac{b}{c}}{x+\frac{d}{c}}=\frac{-\frac{ad}{c^2}+\frac{b}{c}}{x+\frac{d}{c}}+\frac{a}{c}$$ 이므로

유리함수 $y=\dfrac{ax+b}{cx+d} \ (c\neq 0, \ ad-bc\neq 0)$의 그래프의 점근선의 방정식은

$$x=-\frac{d}{c}, \ y=\frac{a}{c} \text{이다.}$$

06 답 ④

함수 $y=\dfrac{ax+b}{x+c}$의 그래프가 두 직선 $y=x+9$, $y=-x-1$에 대하여 대칭이므로 두 직선의 교점은 두 점근선의 교점과 같다.

두 직선의 교점의 좌표를 구하면

$x+9=-x-1$에서 $2x=-10$ $\therefore x=-5$

이를 $y=x+9$에 대입하면 $y=4$

즉, 두 직선 $y=x+9$, $y=-x-1$의 교점의 좌표가 $(-5,\ 4)$이므로 함수 $y=\dfrac{ax+b}{x+c}$의 그래프의 점근선의 방정식은 $x=-5$, $y=4$

$y=\dfrac{ax+b}{x+c}=\dfrac{a(x+c)+b-ac}{x+c}=\dfrac{b-ac}{x+c}+a$이므로

함수 $y=\dfrac{ax+b}{x+c}$의 그래프의 점근선의 방정식은 $x=-c$, $y=a$

$\therefore c=5,\ a=4$

따라서 함수 $y=\dfrac{4x+b}{x+5}$의 그래프가 점 $(-1,\ 1)$을 지나므로

$1=\dfrac{-4+b}{-1+5}$ $\therefore b=8$

$\therefore a+b-c=4+8-5=7$

다른 풀이

함수 $y=\dfrac{ax+b}{x+c}$의 그래프가 두 직선 $y=x+9$, $y=-x-1$에 대하여 대칭이므로 두 직선의 교점은 두 점근선의 교점과 같다.

두 직선의 교점의 좌표를 구하면

$x+9=-x-1$에서 $2x=-10$ $\therefore x=-5$

이를 $y=x+9$에 대입하면 $y=4$

즉, 두 직선 $y=x+9$, $y=-x-1$의 교점의 좌표가 $(-5,\ 4)$이므로 함수 $y=\dfrac{ax+b}{x+c}$의 그래프의 점근선의 방정식은 $x=-5$, $y=4$

이때 $y=\dfrac{k}{x+5}+4\,(k\neq0)$로 놓으면 이 함수의 그래프가 점 $(-1,\ 1)$을 지나므로

$1=\dfrac{k}{-1+5}+4$에서 $\dfrac{k}{4}=-3$ $\therefore k=-12$

따라서 $y=\dfrac{-12}{x+5}+4=\dfrac{4x+8}{x+5}$이므로

$a=4,\ b=8,\ c=5$

$\therefore a+b-c=4+8-5=7$

07 답 $-20<m\leq0$

$y=\dfrac{2x+3}{x-1}=\dfrac{2(x-1)+5}{x-1}=\dfrac{5}{x-1}+2$이므로 함수 $y=\dfrac{2x+3}{x-1}$의 그래프의 점근선의 방정식은 $x=1$, $y=2$

직선 $y=mx+2$는 m의 값에 관계없이 항상 점 $(0,\ 2)$를 지나므로 함수 $y=\dfrac{2x+3}{x-1}$의 그래프와 직선 $y=mx+2$가 만나지 않으려면 그림과 같아야 한다. ················· 배점 **20%**

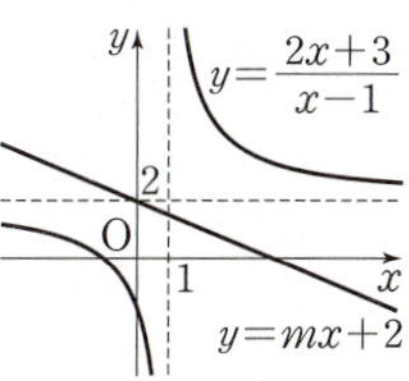

(i) $m=0$일 때,

직선 $y=2$는 함수 $y=\dfrac{2x+3}{x-1}$의 그래프의 한 점근선이므로 만나지 않는다. ················· 배점 **30%**

(ii) $m\neq0$일 때,

$\dfrac{2x+3}{x-1}=mx+2$에서 $2x+3=mx^2+(2-m)x-2$

$\therefore mx^2-mx-5=0$

이 이차방정식의 판별식을 D라 하면

$D=m^2+20m<0$에서 $m(m+20)<0$

$\therefore -20<m<0$ ················· 배점 **30%**

(i), (ii)에서 구하는 상수 m의 값의 범위는 $-20<m\leq0$ ········ 배점 **20%**

08 답 ③

함수 $y=\dfrac{3x-4}{x+2}$의 그래프와 직선 $y=-x+k$가 두 점에서 만나므로

$\dfrac{3x-4}{x+2}=-x+k$에서 $3x-4=-x^2+(k-2)x+2k$

$\therefore x^2-(k-5)x-2k-4=0$

이 이차방정식의 서로 다른 두 실근을 α, β라 하면 이차방정식의 근과 계수의 관계에 의하여

$\alpha+\beta=k-5$, $\alpha\beta=-2k-4$

$\therefore (\alpha-\beta)^2=(\alpha+\beta)^2-4\alpha\beta=(k-5)^2-4(-2k-4)$
$\qquad\qquad =k^2-2k+41$ ······ ㉠

한편 서로 다른 두 실근 α, β는 두 교점 A, B의 x좌표이고, 두 교점 A, B는 모두 직선 $y=-x+k$ 위의 점이다.

즉, A$(\alpha,\ -\alpha+k)$, B$(\beta,\ -\beta+k)$이므로 $\overline{AB}=4\sqrt{6}$에서

$\sqrt{(\alpha-\beta)^2+(-\alpha+k+\beta-k)^2}=4\sqrt{6}$, $\sqrt{2(\alpha-\beta)^2}=4\sqrt{6}$

$\therefore (\alpha-\beta)^2=48$ ······ ㉡

㉠, ㉡에서 $k^2-2k+41=48$ $\therefore k^2-2k-7=0$

따라서 이차방정식의 근과 계수의 관계에 의하여 모든 상수 k의 값의 곱은 -7이다.

09 답 ②

$f(x)=\dfrac{2x-4}{7x+4}$이므로

$f(-1)=2$

$f^2(-1)=(f\circ f)(-1)=f(f(-1))=f(2)=0$

$f^3(-1)=(f\circ f^2)(-1)=f(f^2(-1))=f(0)=-1$

$f^4(-1)=(f\circ f^3)(-1)=f(f^3(-1))=f(-1)=2$
$\qquad\qquad\qquad\qquad\qquad\vdots$

즉, $f^n(-1)$의 값은 2, 0, -1의 순서로 반복된다.

따라서 $999=3\times333$, $1000=3\times333+1$이므로

$f^{999}(-1)-f^{1000}(-1)=-1-2=-3$

10 답 ㄱ, ㄴ, ㄷ

$f(x)=\dfrac{x-1}{x}$

$f^2(x)=(f\circ f)(x)=f(f(x))=\dfrac{\frac{x-1}{x}-1}{\frac{x-1}{x}}=\dfrac{\frac{-1}{x}}{\frac{x-1}{x}}=-\dfrac{1}{x-1}$

$f^3(x)=(f\circ f^2)(x)=f(f^2(x))=\dfrac{\frac{-1}{x-1}-1}{\frac{-1}{x-1}}=\dfrac{\frac{-x}{x-1}}{\frac{-1}{x-1}}=x$

$f^4(x)=(f\circ f^3)(x)=f(f^3(x))=f(x)=\dfrac{x-1}{x}$
$\qquad\qquad\qquad\qquad\qquad\vdots$

$\therefore f^{3k+1}(x)=\dfrac{x-1}{x}$, $f^{3k+2}(x)=-\dfrac{1}{x-1}$, $f^{3k+3}(x)=x$

$\qquad\qquad\qquad\qquad\qquad\qquad (k=0,\ 1,\ 2,\ \cdots)$

ㄱ. $f^2(x)=-\dfrac{1}{x-1}$에서 $f^2(0)=1$이므로 함수 $y=f^2(x)$의 그래프는

점 $(0, 1)$을 지난다.

ㄴ. $11=3\times3+2$이므로

$$f^{11}(x)=f^2(x)=-\dfrac{1}{x-1}$$

즉, $p=0$, $q=-1$, $r=1$이므로

$$p+q+r=0$$

ㄷ. $24=3\times8$이므로

$$f^{24}(x)=f^3(x)=x$$

즉, 함수 $f^{24}(x)$는 항등함수이다.

따라서 보기에서 옳은 것은 ㄱ, ㄴ, ㄷ이다.

11 답 ①

$y=\dfrac{2x+k}{-3x-1}$라 하면

$$-3xy-y=2x+k,\ -(3y+2)x=y+k$$

$$\therefore\ x=\dfrac{-y-k}{3y+2}$$

x와 y를 서로 바꾸면 $y=\dfrac{-x-k}{3x+2}$

$$\therefore\ f^{-1}(x)=\dfrac{-x-k}{3x+2}$$

$$(f\circ f)(x)=f(f(x))=\dfrac{2\times\dfrac{2x+k}{-3x-1}+k}{-3\times\dfrac{2x+k}{-3x-1}-1}$$

$$=\dfrac{(4-3k)x+k}{-3x-3k+1}=\dfrac{(3k-4)x-k}{3x+3k-1}$$

이때 $f^{-1}(x)=(f\circ f)(x)$이므로

$\dfrac{-x-k}{3x+2}=\dfrac{(3k-4)x-k}{3x+3k-1}$에서

$$-1=3k-4,\ 2=3k-1$$

$$\therefore\ k=1$$

12 답 2

$$f(x)=\dfrac{3x+n}{x+m}=\dfrac{3(x+m)-3m+n}{x+m}=\dfrac{-3m+n}{x+m}+3$$

㈎에서 $-3m+n=-2$

$$\therefore\ 3m-n=2 \qquad\cdots\cdots\ \bigcirc$$

한편 $y=\dfrac{3x+n}{x+m}$이라 하면

$$xy+my=3x+n,\ (y-3)x=-my+n$$

$$\therefore\ x=\dfrac{-my+n}{y-3}$$

x와 y를 서로 바꾸면 $y=\dfrac{-mx+n}{x-3}$

$$\therefore\ f^{-1}(x)=\dfrac{-mx+n}{x-3}$$

이때 $f(x-4)-4=\dfrac{3(x-4)+n}{(x-4)+m}-4=\dfrac{-x-4m+n+4}{x-4+m}$이고,

㈏에서 $f^{-1}(x)=f(x-4)-4$이므로

$\dfrac{-mx+n}{x-3}=\dfrac{-x-4m+n+4}{x-4+m}$

즉, $-3=-4+m$, $-m=-1$, $n=-4m+n+4 \qquad\cdots\cdots\ \bigcirc$

$\bigcirc$, $\bigcirc$에서 $m=1$, $n=1$

$$\therefore\ m+n=2$$

01 ①	**02** ②	**03** 10	**04** -52, 80	**05** 16
06 ④	**07** ①	**08** ②	**09** ①	**10** ㄱ, ㄴ, ㄷ
11 12	**12** ③	**13** 4	**14** 3	**15** 21	**16** $\dfrac{2}{3}$
17 ④	**18** ⑤	**19** ②	**20** $\dfrac{8}{5}$	**21** -9	**22** ⑤
23 ①	**24** 1	**25** 7	**26** ①	**27** 8	**28** $-\dfrac{46}{5}$

01 답 ①

$\dfrac{a+2b}{3c}=\dfrac{2b+3c}{a}=\dfrac{3c+a}{2b}=k\,(k\neq0)$라 하면

$$a+2b=3ck,\ 2b+3c=ak,\ 3c+a=2bk \qquad\cdots\cdots\ \bigcirc$$

세 식을 모두 더하면

$$2(a+2b+3c)=k(a+2b+3c)$$

이때 $a+2b+3c\neq0$이므로 $k=2$

이를 $\bigcirc$에 대입하면

$$a+2b=6c \qquad\cdots\cdots\ \bigcirc$$
$$2b+3c=2a \qquad\cdots\cdots\ \bigcirc$$
$$3c+a=4b \qquad\cdots\cdots\ \bigcirc$$

$\bigcirc-\bigcirc$을 하면

$$a-3c=6c-2a \qquad\therefore\ a=3c$$

이를 $\bigcirc$에 대입하면

$$3c+3c=4b \qquad\therefore\ b=\dfrac{3}{2}c$$

$$\therefore\ \dfrac{a^3+8b^3+27c^3}{abc}=\dfrac{(3c)^3+8\times\left(\dfrac{3}{2}c\right)^3+27c^3}{3c\times\dfrac{3}{2}c\times c}$$

$$=\dfrac{81c^3}{\dfrac{9}{2}c^3}=18$$

02 답 ②

$$\dfrac{12m+36}{2m^2+3m}-\dfrac{12m+24}{2m^2+11m+15}+\dfrac{24}{4m^2+16m+15}$$

$$=\dfrac{12m+36}{m(2m+3)}-\dfrac{12m+24}{(m+3)(2m+5)}+\dfrac{24}{(2m+3)(2m+5)}$$

$$=\dfrac{12m+36}{(2m+3)-m}\left(\dfrac{1}{m}-\dfrac{1}{2m+3}\right)$$

$$-\dfrac{12m+24}{(2m+5)-(m+3)}\left(\dfrac{1}{m+3}-\dfrac{1}{2m+5}\right)$$

$$+\dfrac{24}{(2m+5)-(2m+3)}\left(\dfrac{1}{2m+3}-\dfrac{1}{2m+5}\right)$$

$$=12\left\{\left(\dfrac{1}{m}-\dfrac{1}{2m+3}\right)-\left(\dfrac{1}{m+3}-\dfrac{1}{2m+5}\right)+\left(\dfrac{1}{2m+3}-\dfrac{1}{2m+5}\right)\right\}$$

$$=12\left(\dfrac{1}{m}-\dfrac{1}{m+3}\right)=12\times\dfrac{(m+3)-m}{m(m+3)}$$

$$=\dfrac{36}{m(m+3)}$$

이때 주어진 식의 값이 자연수가 되려면 m, $m+3$의 값이 모두 36의 약수이어야 하고, $m(m+3)$의 값은 36보다 작거나 같아야 한다.

따라서 자연수 m의 값은 1, 3이므로 그 합은

$$1+3=4$$

03 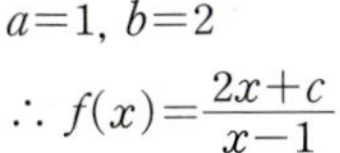 **10**

$f(x)=\dfrac{bx+c}{x-a}=\dfrac{b(x-a)+ab+c}{x-a}=\dfrac{ab+c}{x-a}+b$ 이므로 함수 $y=f(x)$
의 그래프의 점근선의 방정식은

$x=a$, $y=b$

즉, 함수 $y=f(x)$의 그래프는 점 (a, b)에 대하여 대칭이다.

㉮에서 함수 $y=f(x)$의 그래프는 점 $(1, 2)$에 대하여 대칭이므로

$a=1$, $b=2$

$\therefore f(x)=\dfrac{2x+c}{x-1}$

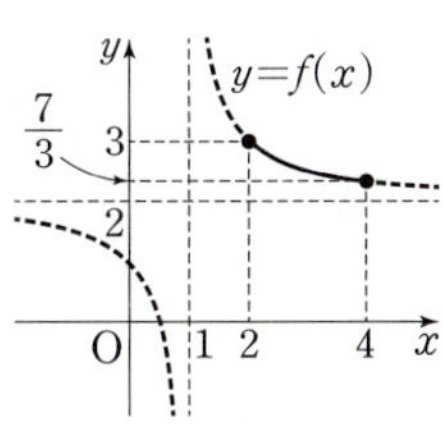

㉯에서 $f(0)=1$이므로

$\dfrac{c}{-1}=1$

$\therefore c=-1$

따라서 함수 $f(x)=\dfrac{1}{x-1}+2$의 그래프는 그림과 같으므로

$x=2$일 때 최댓값 $M=\dfrac{1}{2-1}+2=3$,

$x=4$일 때 최솟값 $m=\dfrac{1}{4-1}+2=\dfrac{7}{3}$ 을 갖는다.

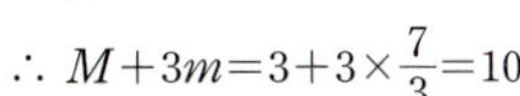

$\therefore M+3m=3+3\times\dfrac{7}{3}=10$

04 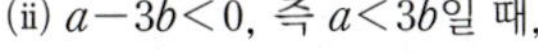 $-52, 80$

$f(x)=\dfrac{ax-b}{3x-1}=\dfrac{\frac{a}{3}(3x-1)+\frac{a}{3}-b}{3x-1}=\dfrac{a-3b}{9\left(x-\frac{1}{3}\right)}+\dfrac{a}{3}$

역함수 $f^{-1}(x)$의 정의역은 함수 $f(x)$의 치역과 같으므로 함수 $y=f(x)$의 치역은 $\{y\,|\,2\leq y\leq 5\}$

(i) $a-3b>0$, 즉 $a>3b$일 때,

함수 $y=f(x)$의 그래프는 그림과 같으므로 $x=2$일 때 최댓값 5, $x=3$일 때 최솟값 2를 갖는다.

따라서 $\dfrac{2a-b}{5}=5$, $\dfrac{3a-b}{8}=2$에서

$2a-b=25$, $3a-b=16$

두 식을 연립하여 풀면

$a=-9$, $b=-43$

$\therefore a+b=-52$

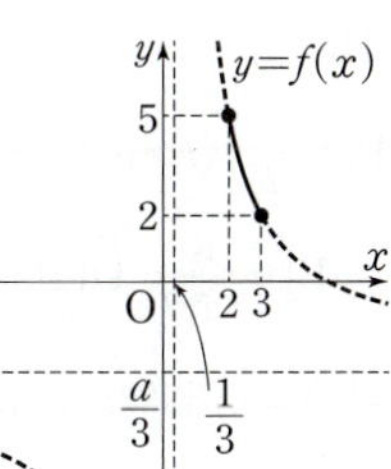

(ii) $a-3b<0$, 즉 $a<3b$일 때,

함수 $y=f(x)$의 그래프는 그림과 같으므로 $x=2$일 때 최솟값 2, $x=3$일 때 최댓값 5를 갖는다.

따라서 $\dfrac{2a-b}{5}=2$, $\dfrac{3a-b}{8}=5$에서

$2a-b=10$, $3a-b=40$

두 식을 연립하여 풀면

$a=30$, $b=50$

$\therefore a+b=80$

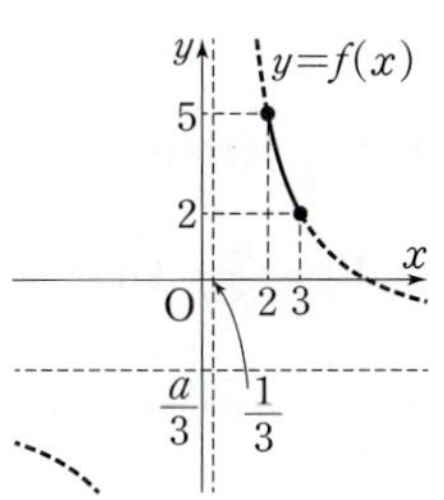

(i), (ii)에서 $a+b$의 값은 -52, 80이다.

05 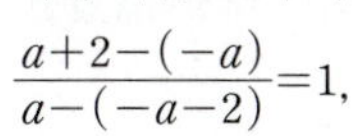 **16**

$f(x)=\dfrac{4x+k}{x+1}=\dfrac{4(x+1)-4+k}{x+1}=\dfrac{k-4}{x+1}+4$ ⋯⋯⋯⋯ 배점 20%

함수 $y=f(x)$에 대하여

(i) $k-4=0$, 즉 $k=4$일 때,

$f(x)=4$이므로 $X=\{4\}$

따라서 함수 $f(x)$의 치역의 원소 중 정수의 개수는 1이므로 주어진 조건을 만족시키지 않는다. ⋯⋯⋯⋯ 배점 20%

(ii) $k-4>0$, 즉 $k>4$일 때,

$X=\left\{y\,\middle|\,4<y\leq\dfrac{k+4}{2}\right\}$ 이므로 X의 원소 중 정수의 개수가 8이려면

$12\leq\dfrac{k+4}{2}<13$

$24\leq k+4<26$

$\therefore 20\leq k<22$ ⋯⋯⋯⋯ 배점 20%

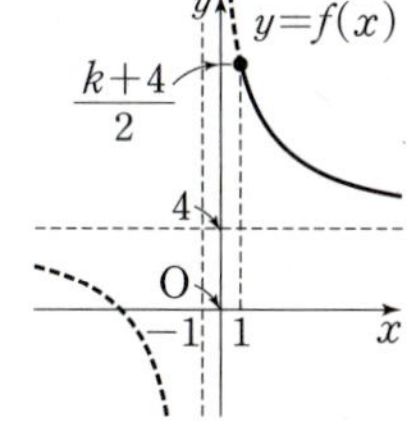

(iii) $k-4<0$, 즉 $k<4$일 때,

$X=\left\{y\,\middle|\,\dfrac{k+4}{2}\leq y<4\right\}$ 이므로 X의 원소 중 정수의 개수가 8이려면

$-5<\dfrac{k+4}{2}\leq-4$

$-10<k+4\leq-8$

$\therefore -14<k\leq-12$ ⋯⋯⋯⋯ 배점 20%

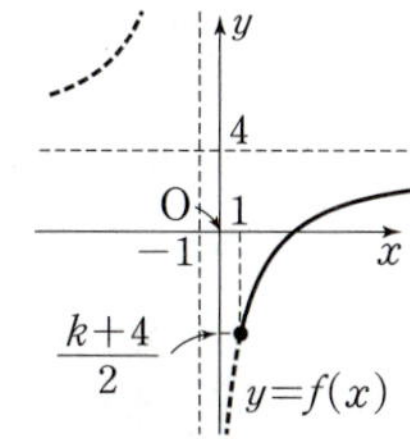

(i), (ii), (iii)에서 정수 k의 값은 -13, -12, 20, 21이므로 모든 정수 k의 값의 합은 $-13+(-12)+20+21=16$ ⋯⋯⋯⋯ 배점 20%

06 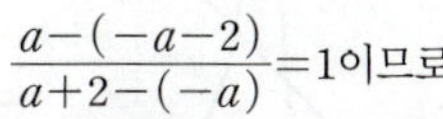 ④

두 점 P, Q는 함수 $f(x)=\dfrac{k}{x}$의 그래프 위의 점이므로

$P\left(a, \dfrac{k}{a}\right)$, $Q\left(a+2, \dfrac{k}{a+2}\right)$

㉮에서 직선 PQ의 기울기가 -1이므로

$\dfrac{\frac{k}{a+2}-\frac{k}{a}}{a+2-a}=-1$에서 $\dfrac{k}{a+2}-\dfrac{k}{a}=-2$

$\dfrac{-2k}{a(a+2)}=-2$ $\therefore k=a(a+2)$

즉, $f(a)=\dfrac{k}{a}=a+2$, $f(a+2)=\dfrac{k}{a+2}=a$이므로

$P(a, a+2)$, $Q(a+2, a)$

㉯에서 $R(-a, -a-2)$, $S(-a-2, -a)$

이때 직선 PS의 기울기는

$\dfrac{a+2-(-a)}{a-(-a-2)}=1$,

직선 RS의 기울기는

$\dfrac{-a-2-(-a)}{-a-(-a-2)}=-1$,

직선 QR의 기울기는

$\dfrac{a-(-a-2)}{a+2-(-a)}=1$이므로

사각형 PQRS는 직사각형이다. → $\overline{PQ}\,/\!/\,\overline{RS}$, $\overline{PS}\,/\!/\,\overline{QR}$, $\overline{PQ}\perp\overline{PS}$

$\overline{PQ}=\sqrt{(a+2-a)^2+\{a-(a+2)\}^2}=\sqrt{8}=2\sqrt{2}$,

$\overline{PS}=\sqrt{(-a-2-a)^2+\{-a-(a+2)\}^2}=2\sqrt{2}(a+1)$이므로

사각형 PQRS의 넓이는 $2\sqrt{2}\times2\sqrt{2}(a+1)=8(a+1)$

따라서 $8(a+1)=8\sqrt{5}$이므로 $a=\sqrt{5}-1$

$\therefore k=a(a+2)=(\sqrt{5}-1)(\sqrt{5}+1)=4$

07 답 ①

$f(x)=\dfrac{cx+d}{ax+b}=\dfrac{c\left(x+\frac{b}{a}\right)-\frac{bc}{a}+d}{a\left(x+\frac{b}{a}\right)}=\dfrac{-\frac{bc}{a^2}+\frac{d}{a}}{x+\frac{b}{a}}+\dfrac{c}{a}$이므로 함수

$y=f(x)$의 그래프의 점근선의 방정식은 $x=-\dfrac{b}{a}$, $y=\dfrac{c}{a}$

㈎에서 점근선의 방정식이 $x=1$, $y=-3$이므로

$-\dfrac{b}{a}=1$, $\dfrac{c}{a}=-3$ $\quad\therefore b=-a$, $c=-3a$ $\quad\cdots\cdots$ ㉠

㈏에서 함수 $y=f(x)$의 그래프가 제1, 2, 3, 4 사분면을 모두 지나므로 함수 $y=f(x)$의 그래프의 개형은 그림과 같아야 한다.

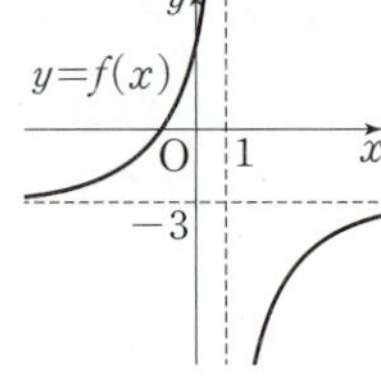

즉, $f(0)=\dfrac{d}{b}>0$이므로 ㉠과 $\dfrac{d}{b}>0$에서

$a<0$, $b>0$, $c>0$, $d>0$ 또는 $a>0$, $b<0$, $c<0$, $d<0$

(i) $a<0$, $b>0$, $c>0$, $d>0$일 때,

a, b, c는 -20 이상 20 이하의 정수이므로 ㉠에서 순서쌍 (a, b, c)는 $(-1, 1, 3)$, $(-2, 2, 6)$, $(-3, 3, 9)$, $(-4, 4, 12)$, $(-5, 5, 15)$, $(-6, 6, 18)$

이때 d는 $0<d\le20$인 정수이다.

즉, $a+b+c+d$의 최솟값은 $a=-1$, $b=1$, $c=3$, $d=1$일 때 4이다.

(ii) $a>0$, $b<0$, $c<0$, $d<0$일 때,

a, b, c는 -20 이상 20 이하의 정수이므로 ㉠에서 순서쌍 (a, b, c)는 $(1, -1, -3)$, $(2, -2, -6)$, $(3, -3, -9)$, $(4, -4, -12)$, $(5, -5, -15)$, $(6, -6, -18)$

이때 d는 $-20\le d<0$인 정수이다.

즉, $a+b+c+d$의 최솟값은 $a=6$, $b=-6$, $c=-18$, $d=-20$일 때 -38이다.

(i), (ii)에서 $a+b+c+d$의 최솟값은 -38이다.

08 답 ②

두 집합 A, B에 대하여 $n(A\cap B)=3$이 되려면

함수 $y=\left|\dfrac{x+k}{x-5}\right|$ $(k>-5)$의 그래프와 직선 $y=x+1$이 서로 다른 세 점에서 만나야 한다.

함수 $y=\left|\dfrac{x+k}{x-5}\right|$ $(k>-5)$의 그래프는 함수 $y=\dfrac{x+k}{x-5}$의 그래프에서 $y\ge0$인 부분은 그대로 두고 $y<0$인 부분은 x축에 대하여 대칭이동한 것이다.

이때 함수 $y=\dfrac{x+k}{x-5}=\dfrac{k+5}{x-5}+1$ $(k+5>0)$의 그래프의 점근선의 방정식은 $x=5$, $y=1$이고, 점 $(-k, 0)$을 지난다.

함수 $y=\left|\dfrac{x+k}{x-5}\right|$의 그래프와 직선 $y=x+1$은 그림과 같고, $x>5$일 때 한 점에서 만난다.

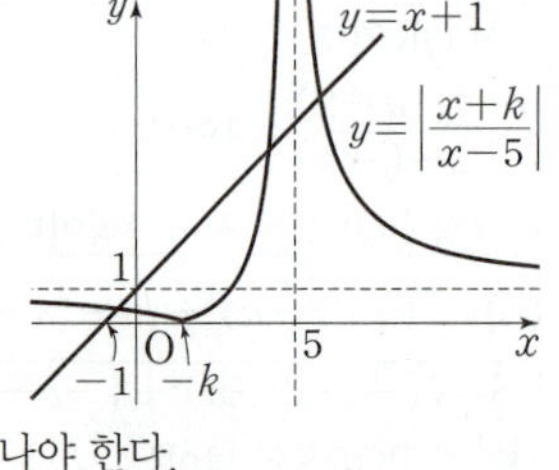

즉, 함수 $y=\left|\dfrac{x+k}{x-5}\right|$의 그래프와 직선 $y=x+1$이 서로 다른 세 점에서 만나려면 $x<5$일 때 서로 다른 두 점에서 만나야 한다.

$x<5$일 때 함수 $y=\left|\dfrac{x+k}{x-5}\right|=\dfrac{-x-k}{x-5}$의 그래프와 직선 $y=x+1$이 접하는 경우는

$\dfrac{-x-k}{x-5}=x+1$에서 $-x-k=x^2-4x-5$

$\therefore x^2-3x+k-5=0$

이 이차방정식의 판별식을 D라 하면

$D=9-4k+20=0$ $\quad\therefore k=\dfrac{29}{4}$

이때 $k>-5$이므로 $x<5$일 때 함수 $y=\left|\dfrac{x+k}{x-5}\right|$의 그래프와 직선 $y=x+1$이 서로 다른 두 점에서 만나도록 하는 k의 값의 범위는

$-5<k<\dfrac{29}{4}$

따라서 $n(A\cap B)=3$이 되도록 하는 정수 k는 -4, -3, $...$, 6, 7의 12개이다.

09 답 ①

삼각형 AFD와 삼각형 EFC는 닮은 도형이다.

즉, $\overline{AD}:\overline{EC}=\overline{DF}:\overline{CF}$이므로

$3:x=\{f(x)+2\}:f(x)$

$xf(x)+2x=3f(x)$, $(x-3)f(x)=-2x$

$0\le x\le2$에서 $x-3\ne0$이므로

$f(x)=\dfrac{-2x}{x-3}=\dfrac{-2(x-3)-6}{x-3}$

$\qquad=-\dfrac{6}{x-3}-2$ $(0\le x\le2)$

따라서 함수 $y=f(x)$의 그래프는 그림과 같으므로 그래프의 개형으로 알맞은 것은 ①이다.

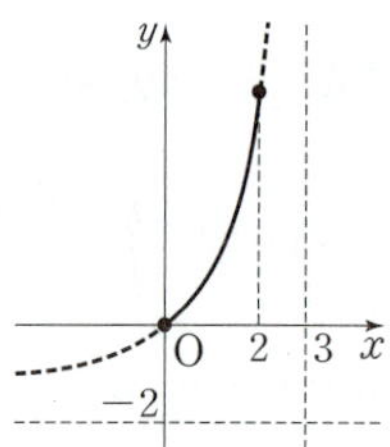

10 답 ㄱ, ㄴ, ㄷ

$P\left(t, \dfrac{3}{t}\right)$ $(t>0)$이라 하면 점 P는 $\overline{OQ}$의 중점이므로 $Q\left(2t, \dfrac{6}{t}\right)$

$\therefore B\left(0, \dfrac{6}{t}\right)$, $D(2t, 0)$

점 A의 y좌표가 $\dfrac{6}{t}$이므로

$\dfrac{6}{t}=\dfrac{3}{x}$에서 $6x=3t$ $\quad\therefore x=\dfrac{t}{2}$

$\therefore A\left(\dfrac{t}{2}, \dfrac{6}{t}\right)$

점 C의 x좌표는 $2t$이므로 $y=\dfrac{3}{2t}$

$\therefore C\left(2t, \dfrac{3}{2t}\right)$

ㄱ. $\overline{AB}=\dfrac{t}{2}$, $\overline{AQ}=2t-\dfrac{t}{2}=\dfrac{3}{2}t$이므로

$\overline{AB}:\overline{AQ}=1:3$

즉, 점 A는 선분 BQ를 $1:3$으로 내분한다.

ㄴ. 직선 AC의 기울기는 $\dfrac{\dfrac{3}{2t}-\dfrac{6}{t}}{2t-\dfrac{t}{2}}=-\dfrac{3}{t^2}$

직선 BD의 기울기는 $\dfrac{0-\dfrac{6}{t}}{2t-0}=-\dfrac{3}{t^2}$

즉, 직선 AC의 기울기와 직선 BD의 기울기는 같다.

ㄷ. 점 P는 직사각형 ODQB의 대각선 OQ의 중점이므로 대각선 BD의 중점이다. 즉, 점 P는 직선 BD 위의 점이다.

직선 BD의 방정식은

$\dfrac{x}{2t}+\dfrac{y}{\dfrac{6}{t}}=1$ $\therefore \dfrac{x}{2t}+\dfrac{ty}{6}=1$

$\dfrac{x}{2t}+\dfrac{ty}{6}=1$에 $y=\dfrac{3}{x}$을 대입하면 → 함수 $y=\dfrac{3}{x}$의 그래프와 직선 BD의
교점의 x좌표를 구한다.

$\dfrac{x}{2t}+\dfrac{t\times\dfrac{3}{x}}{6}=1,\ \dfrac{x}{2t}+\dfrac{t}{2x}=1$

$x^2-2tx+t^2=0$ $\therefore (x-t)^2=0$

즉, 이차방정식 $x^2-2tx+t^2=0$이 중근을 가지므로 직선 BD는 함수 $y=\dfrac{3}{x}$의 그래프와 점 P에서 접한다.

따라서 보기에서 옳은 것은 ㄱ, ㄴ, ㄷ이다.

11 답 12

함수 $y=f(x)$의 그래프가 두 직선 $y=x+\dfrac{5}{2},\ y=-x+\dfrac{3}{2}$에 대하여 대칭이므로 두 직선의 교점은 두 점근선의 교점과 같다.

두 직선의 교점의 x좌표를 구하면

$x+\dfrac{5}{2}=-x+\dfrac{3}{2}$에서 $2x=-1$ $\therefore x=-\dfrac{1}{2}$

이를 $y=x+\dfrac{5}{2}$에 대입하면 $y=2$

즉, 두 직선 $y=x+\dfrac{5}{2},\ y=-x+\dfrac{3}{2}$의 교점의 좌표가 $\left(-\dfrac{1}{2},\ 2\right)$이므로 함수 $y=f(x)$의 그래프의 점근선의 방정식은

$x=-\dfrac{1}{2},\ y=2$

함수 $y=f(x)$의 그래프는 그림과 같이 점 $\left(-\dfrac{1}{2},\ 2\right)$에 대하여 대칭이므로 함수 $y=f(x)$의 그래프 위의 임의의 두 점

$\left(-\dfrac{1}{2}+a,\ f\left(-\dfrac{1}{2}+a\right)\right),\ \left(-\dfrac{1}{2}-a,\ f\left(-\dfrac{1}{2}-a\right)\right)$의 중점이 점

$\left(-\dfrac{1}{2},\ 2\right)$이어야 한다.

즉, $\dfrac{f\left(-\dfrac{1}{2}+a\right)+f\left(-\dfrac{1}{2}-a\right)}{2}=2$에서

$f\left(-\dfrac{1}{2}+a\right)+f\left(-\dfrac{1}{2}-a\right)=4$ ⋯⋯ ㉠

㉠에 $a=\dfrac{1}{2}$을 대입하면 $f(0)+f(-1)=4$

㉠에 $a=\dfrac{3}{2}$을 대입하면 $f(1)+f(-2)=4$

㉠에 $a=\dfrac{5}{2}$를 대입하면 $f(2)+f(-3)=4$

$\therefore f(-3)+f(-2)+f(-1)+f(0)+f(1)+f(2)=4\times3=12$

12 답 ③

$P\left(k,\ -\dfrac{4}{k}\right)(k<0)$라 하고,

점 P에서 접하는 직선의 방정식의 기울기를 m이라 하면

$y+\dfrac{4}{k}=m(x-k)$ $\therefore y=m(x-k)-\dfrac{4}{k}$

이 직선이 함수 $y=-\dfrac{4}{x}$의 그래프와 한 점에서 만나야 하므로 방정식

$m(x-k)-\dfrac{4}{k}=-\dfrac{4}{x}$, 즉 $mkx^2-(mk^2+4)x+4k=0$이 중근을 가져야 한다.

이 이차방정식의 판별식을 D라 하면

$D=(mk^2+4)^2-16mk^2=0$에서 $m^2k^4-8mk^2+16=0$

$(mk^2-4)^2=0,\ mk^2=4$ $\therefore m=\dfrac{4}{k^2}$

즉, 함수 $y=-\dfrac{4}{x}$의 그래프 위의 점 P에서의 접선의 방정식은

$y=\dfrac{4}{k^2}(x-k)-\dfrac{4}{k}$ $\therefore y=\dfrac{4}{k^2}x-\dfrac{8}{k}$

$\therefore A(2k,\ 0),\ B\left(0,\ -\dfrac{8}{k}\right)$

ㄱ. $\overline{PA}=\overline{PB}=\sqrt{k^2+\dfrac{16}{k^2}}$

ㄴ. 삼각형 OAB의 넓이는 $\dfrac{1}{2}\times(-2k)\times\left(-\dfrac{8}{k}\right)=8$

ㄷ. $\overline{AB}^2=4k^2+\dfrac{64}{k^2}$

이때 $4k^2>0,\ \dfrac{64}{k^2}>0$이므로

$4k^2+\dfrac{64}{k^2}\geq2\sqrt{4k^2\times\dfrac{64}{k^2}}=32$ (단, 등호는 $4k^2=\dfrac{64}{k^2}$일 때 성립)

즉, $4k^2=\dfrac{64}{k^2}$일 때 $\overline{AB}^2$이 최솟값을 가지므로 $k^4=16$

$(k+2)(k-2)(k^2+4)=0$ $\therefore k=-2\ (\because k<0)$

따라서 선분 AB의 길이의 최솟값은 $k=-2$, 즉 점 P의 x좌표가 -2일 때 $\sqrt{32}=4\sqrt{2}$이다.

따라서 보기에서 옳은 것은 ㄱ, ㄷ이다.

13 답 4

$f(x)=\dfrac{4x+k-8}{x-2}=\dfrac{4(x-2)+k}{x-2}=\dfrac{k}{x-2}+4$이므로 함수 $y=f(x)$의 그래프의 점근선의 방정식은

$x=2,\ y=4$

점 A는 함수 $y=f(x)$의 그래프와 x축이 만나는 점이므로

$\dfrac{k}{x-2}+4=0$에서 $k+4(x-2)=0$

$k+4x-8=0$ $\therefore x=\dfrac{-k+8}{4}$

$\therefore A\left(\dfrac{-k+8}{4},\ 0\right)$

점 B는 함수 $y=f(x)$의 그래프와 y축이 만나는 점이므로

$y=\dfrac{k}{-2}+4$ $\therefore y=\dfrac{-k+8}{2}$

$\therefore B\left(0,\ \dfrac{-k+8}{2}\right)$

두 점 B와 P는 함수 $y=f(x)$의 그래프의 두 점근선의 교점인 점 $(2, 4)$에 대하여 대칭이므로 점 P의 좌표를 (a, b)라 하면

$$\frac{0+a}{2}=2, \quad \frac{\dfrac{-k+8}{2}+b}{2}=4$$이므로 $a=4$, $b=\dfrac{k+8}{2}$

$$\therefore P\left(4, \frac{k+8}{2}\right)$$

따라서 사각형 AQPB의 넓이는 사각형 OQPB의 넓이에서 삼각형 OAB의 넓이를 뺀 것과 같으므로

$$\frac{1}{2}\times\left(\frac{-k+8}{2}+\frac{k+8}{2}\right)\times 4-\frac{1}{2}\times\left(\frac{-k+8}{4}\right)\times\left(\frac{-k+8}{2}\right)$$
$$=16-\frac{(k-8)^2}{16}$$

이때 $S=16-\dfrac{(k-8)^2}{16}$이라 하면 $3<k<8$이므로

$$\frac{231}{16}<S<16$$

그런데 S는 자연수이므로 $S=15$

즉, $16-\dfrac{(k-8)^2}{16}=15$이므로

$$(k-8)^2=16 \qquad \therefore k=4 \ (\because 3<k<8)$$

14 탭 3

$P\left(a, \dfrac{2}{a}\right)(a>0)$라 하면

점 Q의 y좌표는 $\dfrac{2}{a}$이므로

$\dfrac{2}{a}=\dfrac{8}{x}$에서 $2x=8a$ $\quad\therefore x=4a$ $\quad\therefore Q\left(4a, \dfrac{2}{a}\right)$

점 R의 x좌표는 a이므로 $y=\dfrac{8}{a}$ $\quad\therefore R\left(a, \dfrac{8}{a}\right)$

한편 두 점 Q, R를 지나는 직선의 방정식은

$$y-\frac{8}{a}=\frac{\dfrac{8}{a}-\dfrac{2}{a}}{a-4a}(x-a), \quad y=-\frac{2}{a^2}x+\frac{10}{a}$$
$$\therefore 2x+a^2y-10a=0$$

따라서 점 $P\left(a, \dfrac{2}{a}\right)$와 직선 $2x+a^2y-10a=0$ 사이의 거리는

$$\frac{|2a+2a-10a|}{\sqrt{4+a^4}}=\frac{6a}{\sqrt{a^4+4}}=\sqrt{\frac{36a^2}{a^4+4}}=\sqrt{\frac{36}{a^2+\dfrac{4}{a^2}}} \quad\cdots\cdots\ \bigcirc$$

이때 $a^2>0$, $\dfrac{4}{a^2}>0$이므로

$$a^2+\frac{4}{a^2}\geq 2\sqrt{a^2\times\frac{4}{a^2}}=4 \ \left(\text{단, 등호는 } a^2=\frac{4}{a^2}\text{일 때 성립}\right)$$

즉, $a^2+\dfrac{4}{a^2}$의 최솟값이 4일 때, $\bigcirc$은 최댓값 $\sqrt{9}=3$을 갖는다.

그러므로 점 P에서 직선 QR까지 거리의 최댓값은 3이다.

개념 NOTE

점 (x_1, y_1)과 직선 $ax+by+c=0$ 사이의 거리는

$$\frac{|ax_1+by_1+c|}{\sqrt{a^2+b^2}}$$

다른 풀이

$P\left(a, \dfrac{2}{a}\right)(a>0)$라 하면 점 Q의 y좌표는 $\dfrac{2}{a}$이므로

$\dfrac{2}{a}=\dfrac{8}{x}$에서 $2x=8a$ $\quad\therefore x=4a$ $\quad\therefore Q\left(4a, \dfrac{2}{a}\right)$

점 R의 x좌표는 a이므로 $y=\dfrac{8}{a}$ $\quad\therefore R\left(a, \dfrac{8}{a}\right)$

이때 $\overline{PQ}=4a-a=3a$, $\overline{PR}=\dfrac{8}{a}-\dfrac{2}{a}=\dfrac{6}{a}$이므로 삼각형 PQR의 넓이를 S라 하면 $S=\dfrac{1}{2}\times 3a\times\dfrac{6}{a}=9$로 항상 일정하다.

따라서 점 P에서 직선 QR까지의 거리가 최대가 되려면 $\overline{QR}$의 길이가 최소가 되어야 한다.

한편 $\overline{QR}^2=(a-4a)^2+\left(\dfrac{8}{a}-\dfrac{2}{a}\right)^2=9a^2+\dfrac{36}{a^2}$이고,

$9a^2>0$, $\dfrac{36}{a^2}>0$이므로

$$9a^2+\frac{36}{a^2}\geq 2\sqrt{9a^2\times\frac{36}{a^2}}$$
$$=2\times 18=36 \ \left(\text{단, 등호는 } 9a^2=\frac{36}{a^2}\text{일 때 성립}\right)$$

즉, $\overline{QR}$의 최솟값은 6이고, 점 P에서 $\overline{QR}$까지의 거리를 h라 하면

$$S=\frac{1}{2}\times\overline{QR}\times h=\frac{1}{2}\times 6\times h=3h$$이므로

$3h=9$ $\quad\therefore h=3$

그러므로 점 P에서 직선 QR까지 거리의 최댓값은 3이다.

15 탭 21

$P\left(a, \dfrac{k}{a-1}+9\right)(a>1)$라 하면 $H(a, 0)$

이때 $k>0$, $a-1>0$이므로

$$\overline{OH}+\overline{PH}=a+\frac{k}{a-1}+9=a-1+\frac{k}{a-1}+10$$
$$\geq 2\sqrt{(a-1)\times\frac{k}{a-1}}+10$$
$$=2\sqrt{k}+10 \ \left(\text{단, 등호는 } a-1=\frac{k}{a-1}\text{일 때 성립}\right)$$

삼각형 POH의 넓이는

$$\frac{1}{2}\times\overline{OH}\times\overline{PH}=\frac{1}{2}\times a\times\left(\frac{k}{a-1}+9\right)=\frac{1}{2}\left(\frac{ka}{a-1}+9a\right)$$
$$=\frac{1}{2}\left\{\frac{k(a-1)+k}{a-1}+9(a-1)+9\right\}$$
$$=\frac{1}{2}\left\{\frac{k}{a-1}+9(a-1)+k+9\right\}$$
$$\geq\frac{1}{2}\left\{2\sqrt{\frac{k}{a-1}\times 9(a-1)}+k+9\right\}$$
$$=3\sqrt{k}+\frac{k+9}{2} \ \left(\text{단, 등호는 } \frac{k}{a-1}=9(a-1)\text{일 때 성립}\right)$$

따라서 $\overline{OH}+\overline{PH}$의 최솟값이 삼각형 POH의 넓이의 최솟값의 $\dfrac{2}{3}$이므로

$$2\sqrt{k}+10=\frac{2}{3}\left(3\sqrt{k}+\frac{k+9}{2}\right), \quad 2\sqrt{k}+10=2\sqrt{k}+\frac{k+9}{3}$$

$30=k+9$ $\quad\therefore k=21$

16 탭 $\dfrac{2}{3}$

유리함수 $y=f(x)$의 그래프가 점 $(2, 3)$에 대하여 대칭이므로

두 삼각형 APB, AQO에서

$\overline{AB}=\overline{AO}$, $\overline{AP}=\overline{AQ}$,

$\angle BAP=\angle OAQ$ (맞꼭지각)이므로

$\triangle APB\equiv\triangle AQO$ (SAS 합동)

즉, $\triangle AQO=\triangle APB=\dfrac{5}{2}$이므로

$$\triangle ARO=\triangle OQR+\triangle AQO=\frac{5}{4}+\frac{5}{2}=\frac{15}{4}$$

이때 $\triangle \mathrm{ARO}=\dfrac{1}{2}\times\overline{\mathrm{RO}}\times3=\dfrac{15}{4}$이므로 $\overline{\mathrm{RO}}=\dfrac{5}{2}$

따라서 직선 l_2는 두 점 $\left(-\dfrac{5}{2},\ 0\right)$, $(2,\ 3)$을 지나므로

$$m=\dfrac{3-0}{2-\left(-\dfrac{5}{2}\right)}=\dfrac{2}{3}$$

17 답 ④

점 $\mathrm{B}(\alpha,\ \beta)$가 곡선 $y=\dfrac{2}{x}$ 위의 점이므로

$\beta=\dfrac{2}{\alpha}$ $\quad\therefore \alpha\beta=2$ $\quad\cdots\cdots$ ㉠

$\alpha>\sqrt{2}$이므로

$0<\beta<\sqrt{2}$ $\quad\therefore 0<\beta<\alpha$

두 점 B, C가 직선 $y=x$에 대하여 대칭이므로

$\mathrm{C}(\beta,\ \alpha)$

$\therefore \overline{\mathrm{BC}}=\sqrt{(\beta-\alpha)^2+(\alpha-\beta)^2}$

$\qquad=\sqrt{2}(\alpha-\beta)\ (\because \alpha>\beta)$

직선 BC와 직선 $y=x$가 서로 수직이므로 직선 BC의 기울기는 -1이고, 이 직선이 점 B를 지나므로 직선 BC의 방정식은

$y-\beta=-(x-\alpha)$ $\quad\therefore x+y-(\alpha+\beta)=0$

점 A와 직선 BC 사이의 거리를 h라 하면

$h=\dfrac{|-2+2-(\alpha+\beta)|}{\sqrt{1^2+1^2}}=\dfrac{1}{\sqrt{2}}(\alpha+\beta)\ (\because \alpha>0,\ \beta>0)$

따라서 삼각형 ABC의 넓이는

$\dfrac{1}{2}\times\overline{\mathrm{BC}}\times h=\dfrac{1}{2}\times\sqrt{2}(\alpha-\beta)\times\dfrac{1}{\sqrt{2}}(\alpha+\beta)$

$\qquad=\dfrac{1}{2}(\alpha^2-\beta^2)$

이때 삼각형 ABC의 넓이가 $2\sqrt{3}$이므로

$\dfrac{1}{2}(\alpha^2-\beta^2)=2\sqrt{3}$

$\therefore \alpha^2-\beta^2=4\sqrt{3}$ $\quad\cdots\cdots$ ㉡

㉠, ㉡에서

$(\alpha^2+\beta^2)^2=(\alpha^2-\beta^2)^2+4(\alpha\beta)^2=(4\sqrt{3})^2+4\times2^2=64$

그런데 $\alpha^2+\beta^2>0$이므로 $\alpha^2+\beta^2=8$

18 답 ⑤

그림과 같이 직선 OP와 직선 $x=3$이 만나는 점을 Q, 점 A에서 직선 OP에 내린 수선의 발을 H라 하자.

두 삼각형 ABO, AHO에서

$\angle \mathrm{AOB}=\angle \mathrm{AOH}$,

$\angle \mathrm{ABO}=\angle \mathrm{AHO}=90°$,

$\overline{\mathrm{OA}}$는 공통이므로

$\triangle \mathrm{ABO}\equiv\triangle \mathrm{AHO}$(RHA 합동)

$\therefore \overline{\mathrm{AH}}=\overline{\mathrm{AB}}=1$

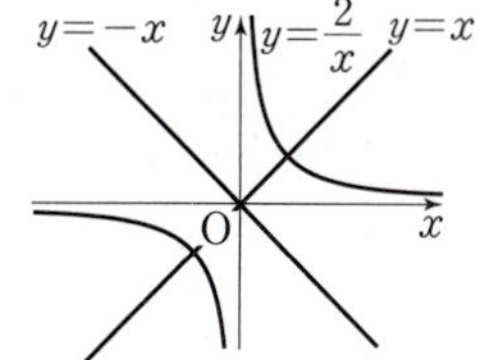

직선 OP의 방정식을 $y=mx\,(m>0)$라 하면

직선 $mx-y=0$과 점 $\mathrm{A}(3,\ 1)$ 사이의 거리가 1이므로

$\dfrac{|3m-1|}{\sqrt{m^2+1}}=1$에서 $|3m-1|=\sqrt{m^2+1}$

양변을 제곱하면 $(3m-1)^2=m^2+1$

$9m^2-6m+1=m^2+1$, $8m^2-6m=0$

$2m(4m-3)=0$ $\quad\therefore m=\dfrac{3}{4}\,(\because m>0)$

이때 직선 $y=\dfrac{3}{4}x$와 함수 $y=\dfrac{2}{x-3}+1\,(x>3)$의 그래프의 교점의 x좌표는

$\dfrac{3}{4}x=\dfrac{2}{x-3}+1$에서 $\dfrac{3x-4}{4}-\dfrac{2}{x-3}=0$

$3x^2-13x+4=0$, $(3x-1)(x-4)=0$

$\therefore x=4\,(\because x>3)$

따라서 점 P의 좌표는 $(4,\ 3)$이므로

$\overline{\mathrm{OP}}=\sqrt{4^2+3^2}=5$

idea
19 답 ②

직선 $y=-x+3$의 기울기가 -1이므로

$\angle \mathrm{PQR}=45°$

즉, 직각삼각형 PQR는 $\overline{\mathrm{PR}}=\overline{\mathrm{QR}}$인 직각이등변삼각형이다.

이때 $\overline{\mathrm{PQ}}=\sqrt{2}\,\overline{\mathrm{PR}}$이므로 선분 PR의 길이가 최소일 때, 선분 PQ의 길이도 최소이다.

한편 함수 $y=\dfrac{2}{x-3}$의 그래프와 직선 $y=-x+3$을 동시에 평행이동하여도 선분 PR의 길이는 변하지 않는다.

함수 $y=\dfrac{2}{x-3}$의 그래프와 직선 $y=-x+3$을 각각 x축의 방향으로 -3만큼 평행이동하면 $y=\dfrac{2}{x}$, $y=-x$이므로 선분 PR의 길이의 최솟값은 함수 $y=\dfrac{2}{x}$의 그래프 위의 점에서 직선 $y=-x$까지의 거리의 최솟값과 같다.

이는 함수 $y=\dfrac{2}{x}$의 그래프와 직선 $y=x$의 교점과 원점 사이의 거리와 같다.

$\dfrac{2}{x}=x$에서 $x^2=2$ $\quad\therefore x=-\sqrt{2}$ 또는 $x=\sqrt{2}$

즉, 교점의 좌표는 $(-\sqrt{2},\ -\sqrt{2})$ 또는 $(\sqrt{2},\ \sqrt{2})$이므로 선분 PR의 길이의 최솟값은

$\sqrt{(\sqrt{2})^2+(\sqrt{2})^2}=2$

따라서 구하는 삼각형 PQR의 넓이는

$\dfrac{1}{2}\times\overline{\mathrm{PR}}^2=\dfrac{1}{2}\times2^2=2$

20 답 $\dfrac{8}{5}$

함수 $f(x)=\dfrac{3x}{2+|x-2|}$에서

$x\geq2$일 때, $f(x)=\dfrac{3x}{2+x-2}=3$

$x<2$일 때, $f(x)=\dfrac{3x}{2-(x-2)}=\dfrac{3x}{-x+4}=-\dfrac{12}{x-4}-3$

즉, $f(x)=\begin{cases}3 & (x\geq2)\\[4pt] -\dfrac{12}{x-4}-3 & (x<2)\end{cases}$ 이므로 함수

$y=f(x)$의 그래프는 그림과 같다.

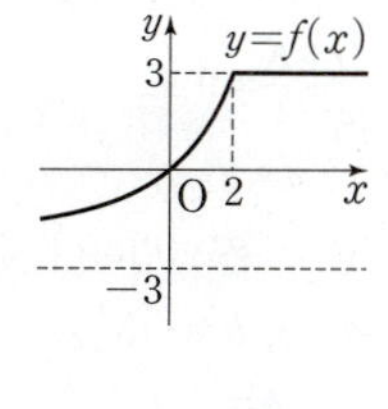

$(f\circ f)(x)=f(f(x))$에서 $f(x)=t$로 놓으면

$-3<f(x)\leq3$이므로

$y=f(t)\ (-3<t\leq3)$

함수 $y=f(t)$는 $t\geq 2$일 때, 최댓값 3을 가지므로

$\dfrac{3x}{-x+4}=2$에서 $3x=-2x+8$ $\therefore x=\dfrac{8}{5}$

즉, 함수 $(f\circ f)(x)$는 $x\geq\dfrac{8}{5}$일 때, 최댓값 3을 갖는다.

이때 함수 $(f\circ f)(x)$가 $x\leq a$에서 최댓값 3을 갖도록 하는 실수 a의

값의 범위는 $a\geq\dfrac{8}{5}$

따라서 실수 a의 최솟값은 $\dfrac{8}{5}$이다.

21 답 -9

$g(x)=f(x-3)+1$이므로

$g(x)=\dfrac{a(x-3)+b}{2(x-3)+1}+1=\dfrac{(a+2)x-3a+b-5}{2x-5}$

한편 $y=\dfrac{(a+2)x-3a+b-5}{2x-5}$라 하면

$(2x-5)y=(a+2)x-3a+b-5$

$(2y-a-2)x=5y-3a+b-5$

$\therefore x=\dfrac{5y-3a+b-5}{2y-a-2}$

x와 y를 서로 바꾸면 $y=\dfrac{5x-3a+b-5}{2x-a-2}$

$\therefore g^{-1}(x)=\dfrac{5x-3a+b-5}{2x-a-2}$

이때 $g=g^{-1}$이므로

$a+2=5$ $\therefore a=3$

즉, $g(x)=\dfrac{5x-14+b}{2x-5}$이고, $g(1)=4$이므로

$\dfrac{5-14+b}{2-5}=4$, $-9+b=-12$

$\therefore b=-3$

$\therefore ab=-9$

다른 풀이

$f(x)=\dfrac{ax+b}{2x+1}$ $\cdots\cdots$ ㉠

$g(x)=f(x-3)+1$ $\cdots\cdots$ ㉡

$g(1)=4$이므로 ㉡에 $x=1$을 대입하면

$g(1)=f(-2)+1$, $4=f(-2)+1$

$\therefore f(-2)=3$

㉠에 $x=-2$를 대입하면

$\dfrac{-2a+b}{-4+1}=3$

$\therefore -2a+b=-9$ $\cdots\cdots$ ㉢

$g(1)=4$이고, $g=g^{-1}$이므로

$g^{-1}(1)=4$ $\therefore g(4)=1$

㉡에 $x=4$를 대입하면

$g(4)=f(1)+1$, $1=f(1)+1$

$\therefore f(1)=0$

㉠에 $x=1$을 대입하면

$\dfrac{a+b}{2+1}=0$

$\therefore a+b=0$ $\cdots\cdots$ ㉣

㉢, ㉣을 연립하여 풀면

$a=3$, $b=-3$

$\therefore ab=-9$

22 답 ⑤

$f\left(\dfrac{4x+3}{2x-1}\right)=2x$에 x 대신 $\dfrac{x}{2}$를 대입하면

$f\left(\dfrac{2x+3}{x-1}\right)=x$

$\therefore f^{-1}(x)=\dfrac{2x+3}{x-1}$

$y=\dfrac{2x+3}{x-1}$이라 하면 $xy-y=2x+3$

$(y-2)x=y+3$ $\therefore x=\dfrac{y+3}{y-2}$

x와 y를 서로 바꾸면 $y=\dfrac{x+3}{x-2}$

$\therefore f(x)=\dfrac{x+3}{x-2}=\dfrac{(x-2)+5}{x-2}=\dfrac{5}{x-2}+1$

함수 $f(x)=\dfrac{5}{x-2}+1$의 그래프는 함수 $y=\dfrac{5}{x}$의 그래프를 x축의 방향

으로 2만큼, y축의 방향으로 1만큼 평행이동한 것이다.

이때 함수 $y=\dfrac{5}{x}$의 그래프는 두 직선 $y=x$, $y=-x$에 대하여 대칭이므

로 함수 $f(x)=\dfrac{5}{x-2}+1$의 그래프는 두 직선 $y=x$, $y=-x$를 각각

x축의 방향으로 2만큼, y축의 방향으로 1만큼 평행이동한 두 직선

$y=x-2+1$, $y=-(x-2)+1$, 즉 $y=x-1$, $y=-x+3$에 대하여

대칭이다.

따라서 $p=-1$, $q=3$이므로

$p+q=2$

23 답 ①

㈎에서 $|f(x)|=2$이므로 $f(x)=2$ 또는 $f(x)=-2$

즉, 곡선 $y=f(x)$는 두 직선 $y=2$ 또는 $y=-2$와 한 점에서 만난다.

이때 곡선 $y=f(x)$가 x축과 평행한 직선과 만나는 점의 개수는 점근선을

제외하면 모두 1이므로 두 직선 $y=2$, $y=-2$ 중 하나는 곡선 $y=f(x)$

의 점근선이다.

$a>0$일 때, 곡선 $y=f(x)$와 직선 $y=2$ 또는 직선 $y=-2$가 만나는 경

우는 그림과 같다.

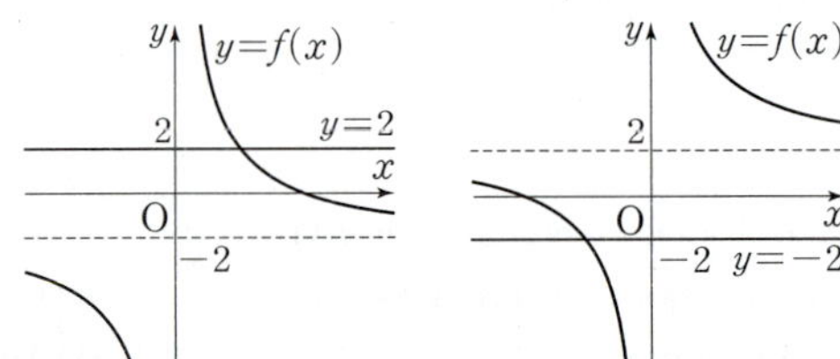

그런데 ㈏에서 점근선이 $y=2$이면 곡선 $y=f(x)$와 직선 $y=2$가 만나

지 않으므로 $f^{-1}(2)$의 값은 존재하지 않는다.

즉, 점근선은 $y=-2$이므로 $b=-2$

$f(x)=\dfrac{a}{x}-2$에서 $y=\dfrac{a}{x}-2$라 하면

$y+2=\dfrac{a}{x}$, $(y+2)x=a$ $\therefore x=\dfrac{a}{y+2}$

x와 y를 서로 바꾸면 $y=\dfrac{a}{x+2}$

$\therefore f^{-1}(x)=\dfrac{a}{x+2}$

이때 $f^{-1}(2)=f(2)-1$이므로

$\dfrac{a}{4}=\dfrac{a}{2}-3$, $a=2a-12$ $\therefore a=12$

따라서 $f(x)=\dfrac{12}{x}-2$이므로 $f(8)=\dfrac{12}{8}-2=-\dfrac{1}{2}$

참고 $a<0$일 때 같은 방법으로 하면 $b=-2$이지만, $a<0$을 만족시키는 a의 값은 존재하지 않는다.

idea

24 답 1

함수 $f(x)$의 역함수를 $g(x)$라 하자.

$f^{30}(x)=f^6(x)$에서

$(g\circ g\circ g\circ g\circ g\circ g\circ f^{30})(x)=(g\circ g\circ g\circ g\circ g\circ g\circ f^6)(x)$

$\therefore f^{24}(x)=x$

$f^{22}(x)=(g\circ g\circ f^{24})(x)=(g\circ g)(x)$

$y=\dfrac{2x-1}{x+1}$이라 하면 $xy+y=2x-1$

$(y-2)x=-y-1$ $\therefore x=\dfrac{-y-1}{y-2}$

x와 y를 서로 바꾸면 $y=\dfrac{-x-1}{x-2}$

$\therefore g(x)=\dfrac{-x-1}{x-2}$

$\therefore f^{22}(x)=(g\circ g)(x)=g(g(x))$

$\qquad =\dfrac{-\left(\dfrac{-x-1}{x-2}\right)-1}{\dfrac{-x-1}{x-2}-2}$

$\qquad =\dfrac{3}{-3x+3}=-\dfrac{1}{x-1}$

따라서 함수 $y=f^{22}(x)$의 그래프의 점근선의 방정식은 $x=1$, $y=0$이므로 $\alpha=1$, $\beta=0$

$\therefore \alpha+\beta=1$

25 답 7

$f(x)=\dfrac{bx-10a}{x-a}=\dfrac{b(x-a)+ab-10a}{x-a}=\dfrac{ab-10a}{x-a}+b$이므로 함수 $y=f(x)$의 그래프의 점근선의 방정식은

$x=a$, $y=b$ ·········· 배점 20%

$a<x\le b$에서 함수 $f(x)$의 최댓값이 $\dfrac{5}{3}$이려면

그림과 같이 $ab-10a<0$, $f(b)=\dfrac{5}{3}$이어야 한다.

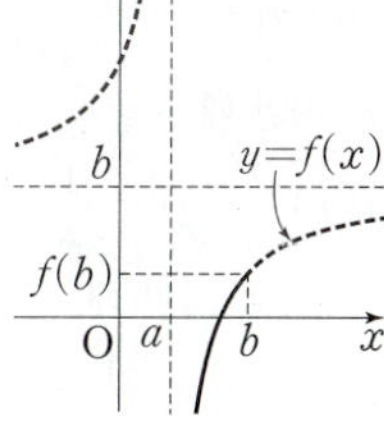

$f(b)=\dfrac{5}{3}$에서

$\dfrac{b^2-10a}{b-a}=\dfrac{5}{3}$

$\therefore b^2-10a=\dfrac{5}{3}(b-a)$ ······ ㉠ ·········· 배점 30%

두 함수 $y=f(x)$, $y=f^{-1}(x)$의 그래프는 직선 $y=x$에 대하여 대칭이므로 함수 $y=f^{-1}(x)$의 그래프의 점근선의 방정식은

$x=b$, $y=a$

두 함수 $y=f(x)$, $y=f^{-1}(x)$의 그래프의 점근선으로 둘러싸인 도형은 한 변의 길이가 $b-a$인 정사각형이다.

이 정사각형의 넓이가 9이므로

$(b-a)^2=9$ $\therefore b-a=3\,(\because a<b)$

$\therefore b=a+3$ ·········· ㉡ ·········· 배점 30%

㉠에 ㉡을 대입하면

$(a+3)^2-10a=\dfrac{5}{3}(a+3-a)$

$a^2+6a+9-10a-5=0$

$a^2-4a+4=0$, $(a-2)^2=0$ $\therefore a=2$

이를 ㉡에 대입하면 $b=5$

$\therefore a+b=2+5=7$ ·········· 배점 20%

26 답 ①

ㄱ. $f(-x)=\dfrac{3\times(-x)}{2+|-x|}=-\dfrac{3x}{2+|x|}=-f(x)$

즉, 함수 $y=f(x)$의 그래프는 원점에 대하여 대칭이다.

ㄴ. $x\ge0$일 때,

$f(x)=\dfrac{3x}{2+x}=\dfrac{3(x+2)-6}{x+2}=-\dfrac{6}{x+2}+3$

ㄱ에서 함수 $y=f(x)$의 그래프는 원점에 대하여 대칭이므로 그림과 같다.

즉, 모든 실수 x에 대하여 $0\le|f(x)|<3$이다.

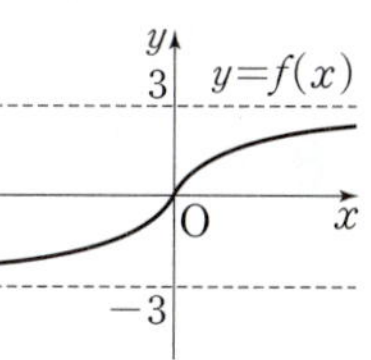

ㄷ. 두 함수 $y=f(x)$, $y=f^{-1}(x)$의 그래프는 직선 $y=x$에 대하여 대칭이다.

$\dfrac{3x}{2+|x|}=x$에서

(i) $x\ge0$일 때, $\dfrac{3x}{2+x}=x$이므로

$3x=x^2+2x$, $x^2-x=0$

$x(x-1)=0$ $\therefore x=0$ 또는 $x=1$

(ii) $x<0$일 때, $\dfrac{3x}{2-x}=x$이므로

$3x=2x-x^2$, $x^2+x=0$

$x(x+1)=0$ $\therefore x=-1\,(\because x<0)$

(i), (ii)에서 두 함수 $y=f(x)$, $y=f^{-1}(x)$의 그래프와 직선 $y=x$는 $x=-1$ 또는 $x=0$ 또는 $x=1$인 점에서 만난다.

그림과 같이 두 함수 $y=f(x)$, $y=f^{-1}(x)$의 그래프로 둘러싸인 부분의 경계 및 내부에 포함되고, x좌표와 y좌표가 모두 정수인 점은 $(-1,-1)$, $(0, 0)$, $(1, 1)$의 3개이다.

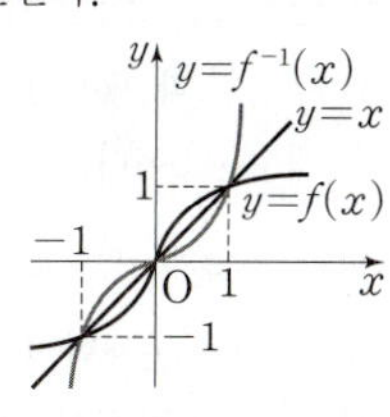

따라서 보기에서 옳은 것은 ㄱ이다.

개념 NOTE

함수 $y=f(x)$의 그래프에 대하여

(1) y축에 대하여 대칭 ➡ $f(x)=f(-x)$

(2) 원점에 대하여 대칭 ➡ $f(x)=-f(-x)$

27 답 8

함수 $g(x)$는 함수 $f(x)$의 역함수이므로 두 함수 $y=f(x)$, $y=g(x)$의 그래프는 직선 $y=x$에 대하여 대칭이다.

이때 함수 $y=g(x)$는 점 $(4, -4)$에 대하여 대칭이므로 함수 $y=f(x)$의 그래프는 점 $(-4, 4)$에 대하여 대칭이다.

$f(x)=\dfrac{k}{x+4}+4\,(k\neq0)$라 하면

$g(3)=p$에서 $f(p)=3$이므로

$\dfrac{k}{p+4}+4=3$, $\dfrac{k}{p+4}=-1$

$\therefore k=-p-4$

$$\therefore f(x)=\frac{-p-4}{x+4}+4=\frac{4x+12-p}{x+4}$$

두 함수 $y=f(x)$, $y=g(x)$의 그래프가 만나는 점은 함수 $y=f(x)$의 그래프와 직선 $y=x$가 만나는 점과 같으므로

$\dfrac{4x+12-p}{x+4}=x$에서 $4x+12-p=x^2+4x$

$x^2=12-p$ $\quad\therefore x=\pm\sqrt{12-p}$

$\sqrt{12-p}=\alpha\,(\alpha\geq0)$로 놓으면 두 함수 $y=f(x)$, $y=g(x)$의 그래프가 만나는 점의 좌표는 $(-\alpha,\ -\alpha)$, $(\alpha,\ \alpha)$

이때 두 교점 사이의 거리가 $4\sqrt{2}$이므로

$\sqrt{(\alpha+\alpha)^2+(\alpha+\alpha)^2}=4\sqrt{2}$, $2\sqrt{2}\alpha=4\sqrt{2}$ $\quad\therefore \alpha=2$

따라서 $\sqrt{12-p}=2$이므로

$12-p=4$ $\quad\therefore p=8$

28 답 $-\dfrac{46}{5}$

$y=\dfrac{-3x-2}{x+2}$라 하면 $xy+2y=-3x-2$

$(y+3)x=-2y-2$ $\quad\therefore x=\dfrac{-2y-2}{y+3}$

x와 y를 서로 바꾸면 $y=\dfrac{-2x-2}{x+3}$

$\therefore f^{-1}(x)=\dfrac{-2x-2}{x+3}$

즉, $g(x)=\left|\dfrac{-2x-2}{x+3}\right|$ $\longrightarrow g(x)=\left|\dfrac{4}{x+3}-2\right|$

방정식 $g(g(x))=1$에서 $g(x)=t$로 놓으면

$g(t)=1$이므로 $\left|\dfrac{-2t-2}{t+3}\right|=1$에서 $\dfrac{2t+2}{t+3}=\pm1$

$\dfrac{2t+2}{t+3}=1$에서 $2t+2=t+3$ $\quad\therefore t=1$

$\dfrac{2t+2}{t+3}=-1$에서 $2t+2=-t-3$ $\quad\therefore t=-\dfrac{5}{3}$

함수 $y=g(x)$의 그래프에서

(i) $t=1$일 때, $g(x)=1$을 만족시키는 점의 개수는 2이다.

(ii) $t=-\dfrac{5}{3}$일 때, $g(x)=-\dfrac{5}{3}$를 만족시키는 점은 존재하지 않는다.

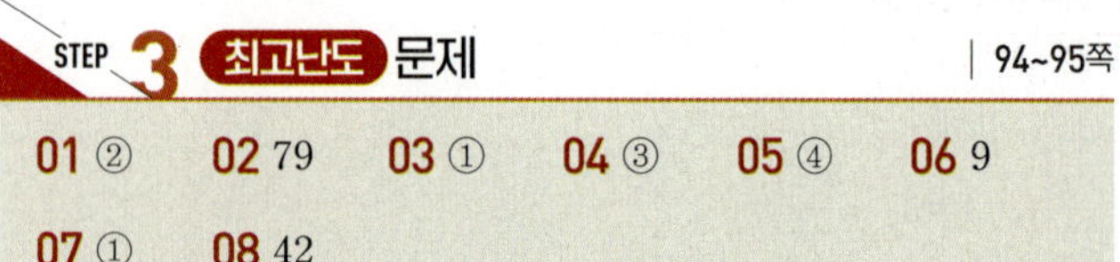

(i), (ii)에서 방정식 $g(g(x))=1$의 서로 다른 실근의 개수는 2이므로

$n=2$

이때 함수 $y=g(x)$의 그래프와 직선 $y=3$이 만나는 모든 점의 x좌표는

$\left|\dfrac{-2x-2}{x+3}\right|=3$에서 $\dfrac{2x+2}{x+3}=\pm3$

$\dfrac{2x+2}{x+3}=3$에서 $2x+2=3x+9$ $\quad\therefore x=-7$

$\dfrac{2x+2}{x+3}=-3$에서 $2x+2=-3x-9$ $\quad\therefore x=-\dfrac{11}{5}$

따라서 구하는 x좌표의 합은 $-7+\left(-\dfrac{11}{5}\right)=-\dfrac{46}{5}$

STEP **3** **최고난도** 문제 | 94~95쪽

01 ② **02** 79 **03** ① **04** ③ **05** ④ **06** 9

07 ① **08** 42

---

01 답 ②

1단계 k의 값의 부호에 따른 함수 $h(k)$ 구하기

(i) $k>0$일 때,

두 곡선 $y=f(x)$, $y=g(x)$는 그림과 같으므로 두 곡선 $y=f(x)$, $y=g(x)$의 교점 중 x좌표가 양수인 점의 개수는 2이다.

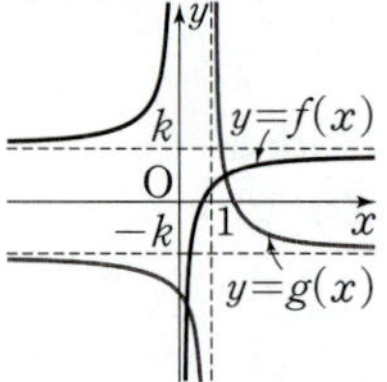

(ii) $k=0$일 때,

두 곡선 $y=f(x)$, $y=g(x)$는 그림과 같으므로 두 곡선 $y=f(x)$, $y=g(x)$의 교점 중 x좌표가 양수인 점의 개수는 1이다.

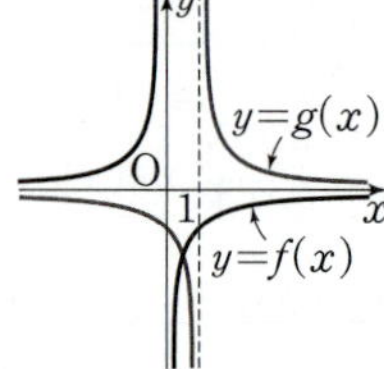

(iii) $k<0$일 때,

두 곡선 $y=f(x)$, $y=g(x)$는 그림과 같으므로 두 곡선 $y=f(x)$, $y=g(x)$의 교점 중 x좌표가 양수인 점의 개수는 1이다.

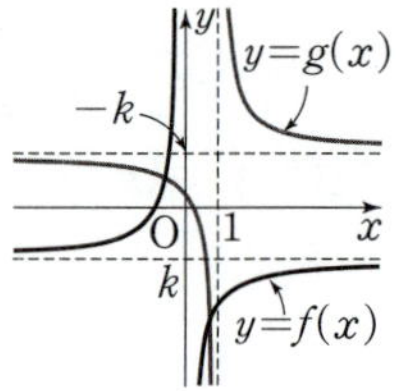

(i), (ii), (iii)에서 $h(k)=\begin{cases}1 & (k\leq0)\\2 & (k>0)\end{cases}$

2단계 $h(k)+h(k+1)+h(k+2)=4$를 만족시키는 정수 k의 값 구하기

연속하는 세 정수 k, $k+1$, $k+2$에 대하여 등식 $h(k)+h(k+1)+h(k+2)=4$가 성립하려면 $h(k)=1$, $h(k+1)=1$, $h(k+2)=2$이어야 한다.

따라서 $h(-1)=1$, $h(0)=1$, $h(1)=2$이므로 구하는 정수 k의 값은 -1이다.

02 답 79

1단계 함수 $y=f(x)$의 그래프 그리기

함수 $f(x)=\dfrac{|x+2|-1}{|x|}\ (x\neq0)$에서

$x>0$일 때,

$f(x)=\dfrac{x+1}{x}=\dfrac{1}{x}+1$

$-2\leq x<0$일 때,

$f(x)=-\dfrac{x+1}{x}=-\dfrac{1}{x}-1$

$x<-2$일 때,

$f(x)=\dfrac{x+3}{x}=\dfrac{3}{x}+1$

이므로 함수 $y=f(x)$의 그래프는 그림과 같다.

2단계 두 함수 $y=f(x)$, $y=g(x)$의 그래프 사이의 위치 관계 알기

한편 함수 $g(x)=mx-6m-3=m(x-6)-3$의 그래프는 m의 값에 관계없이 항상 점 $(6,\ -3)$을 지나는 직선이므로 함수 $y=f(x)$의 그래프와 오직 한 점에서 만나기 위해서는 함수 $y=g(x)$의 그래프가 두 함수 $y=f(x)\,(x>0)$, $y=f(x)\,(x<-2)$의 그래프와 각각 접하는 두 직선 ①과 ② 사이에 있거나 함수 $y=g(x)$의 그래프의 기울기가 함수 $y=f(x)$의 그래프와 직선 $x=-2$의 교점을 지나는 직선 ③의 기울기보다 크고 0보다 작아야 한다.

함수 $y=g(x)$의 그래프에 대하여

(i) 함수 $y=f(x)\,(x>0)$의 그래프와 접하는 경우

　방정식 $\dfrac{x+1}{x}=mx-6m-3$, 즉 $mx^2-2(3m+2)x-1=0$이 중

　근을 가져야 한다.

　이 이차방정식의 판별식을 D_1이라 하면

　$\dfrac{D_1}{4}=(3m+2)^2+m=0$에서 $9m^2+13m+4=0$

　$(9m+4)(m+1)=0$　　$\therefore m=-\dfrac{4}{9}$ 또는 $m=-1$

　ⓘ $m=-\dfrac{4}{9}$이면 $\dfrac{4}{9}x^2+\dfrac{4}{3}x+1=0$이므로

　　$\left(\dfrac{2}{3}x+1\right)^2=0$　　$\therefore x=-\dfrac{3}{2}$

　　그런데 $x<0$이므로 조건을 만족시키지 않는다.

　ⓘ $m=-1$이면 $x^2-2x+1=0$이므로 $(x-1)^2=0$　　$\therefore x=1$

　　$\therefore m=-1$

(ii) 함수 $y=f(x)\,(x<-2)$의 그래프와 접하는 경우

　방정식 $\dfrac{x+3}{x}=mx-6m-3$, 즉 $mx^2-2(3m+2)x-3=0$이 중

　근을 가져야 한다.

　이 이차방정식의 판별식을 D_2라 하면

　$\dfrac{D_2}{4}=(3m+2)^2+3m=0$에서 $9m^2+15m+4=0$

　$(3m+4)(3m+1)=0$　　$\therefore m=-\dfrac{4}{3}$ 또는 $m=-\dfrac{1}{3}$

　ⓘ $m=-\dfrac{4}{3}$이면 $4x^2-12x+9=0$이므로

　　$(2x-3)^2=0$　　$\therefore x=\dfrac{3}{2}$

　　그런데 $x>-2$이므로 조건을 만족시키지 않는다.

　ⓘ $m=-\dfrac{1}{3}$이면 $x^2+6x+9=0$이므로 $(x+3)^2=0$　　$\therefore x=-3$

　　$\therefore m=-\dfrac{1}{3}$

(iii) 함수 $y=f(x)$의 그래프와 직선 $x=-2$의 교점을 지나는 경우

　두 점 $\left(-2,\ -\dfrac{1}{2}\right)$, $(6,\ -3)$을 지나는 직선의 기울기 m은

　$m=\dfrac{-3-\left(-\dfrac{1}{2}\right)}{6-(-2)}=-\dfrac{5}{16}$

(i), (ii), (iii)에서 구하는 실수 m의 값의 집합은

$\left\{m\,\middle|\,-1<m<-\dfrac{1}{3}\ 또는\ -\dfrac{5}{16}<m<0\right\}$

따라서 $a=-1$, $b=-\dfrac{1}{3}$, $c=-\dfrac{5}{16}$이므로

$48|a+b+c|=48\left|-1-\dfrac{1}{3}-\dfrac{5}{16}\right|=48\times\dfrac{79}{48}=79$

idea

03 답 ①

$f(x)=\dfrac{(12+a)x-a^2-12a+2}{x-a}=\dfrac{(12+a)x-a(a+12)+2}{x-a}$

　　$=\dfrac{(a+12)(x-a)+2}{x-a}=\dfrac{2}{x-a}+a+12$

이므로 함수 $y=f(x)$의 그래프의 점근선의 방정식은

$x=a,\ y=a+12$

중심이 $(a,\ a^2)$이고 반지름의 길이가 r인 원의 방정식은

$(x-a)^2+(y-a^2)^2=r^2$

원의 중심의 x좌표는 함수 $y=f(x)$의 그래프의 한 점근선 $x=a$ 위에
있다.

모든 실수 a에 대하여 함수 $y=f(x)$의 그래프와 원
$(x-a)^2+(y-a^2)^2=r^2$이 서로 다른 두 점에서 만나려면 함수 $y=f(x)$
의 그래프의 두 점근선의 교점 $(a,\ a+12)$와 원의 중심 $(a,\ a^2)$이 일치
할 때 교점이 2개 존재하면 된다.

$a+12=a^2$에서 $a^2-a-12=0$

$(a+3)(a-4)=0$　　$\therefore a=-3$ 또는 $a=4$

(i) $a=4$일 때,

　$f(x)=\dfrac{2}{x-4}+16$이므로 두 점근선의 교점의 좌표는 $(4,\ 16)$

　함수 $f(x)=\dfrac{2}{x-4}+16$의 그래프 위의 한 점 $\left(p,\ \dfrac{2}{p-4}+16\right)$과 점

　$(4,\ 16)$ 사이의 거리를 d라 하면

　$d=\sqrt{(p-4)^2+\left(\dfrac{2}{p-4}+16-16\right)^2}=\sqrt{(p-4)^2+\left(\dfrac{2}{p-4}\right)^2}$

　$\therefore d^2=(p-4)^2+\left(\dfrac{2}{p-4}\right)^2$

　이때 $(p-4)^2>0$, $\left(\dfrac{2}{p-4}\right)^2>0$이므로

　$d^2=(p-4)^2+\left(\dfrac{2}{p-4}\right)^2$

　$\ \ \geq 2\sqrt{(p-4)^2\times\left(\dfrac{2}{p-4}\right)^2}$

　$\ \ =4\left(단,\ 등호는\ (p-4)^2=\left(\dfrac{2}{p-4}\right)^2일\ 때\ 성립\right)$

　즉, 점 $(4,\ 16)$과 함수 $f(x)=\dfrac{2}{x-4}+16$의
　그래프 사이의 최단 거리는 2이므로 $r=2$
　일 때 원은 함수 $y=f(x)$의 그래프와 서로
　다른 두 점에서 만난다.

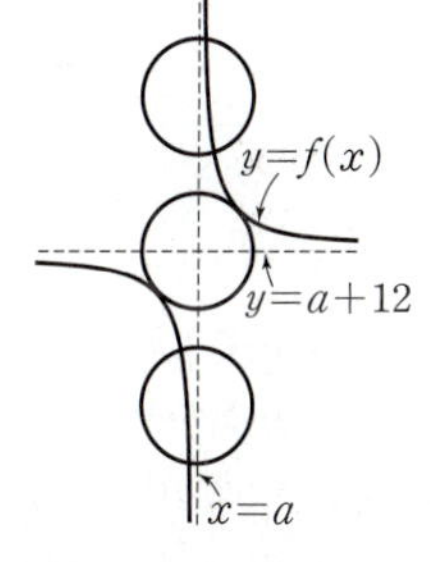

(ii) $a=-3$일 때,

　(i)과 같은 방법으로 하면 $r=2$일 때 원은
　함수 $y=f(x)$의 그래프와 서로 다른 두 점
　에서 만난다.

한편 $r=2$이고 $a\neq-3$, $a\neq4$인 경우는 원의 중심이 함수 $y=f(x)$의
그래프의 한 점근선 $x=a$ 위에 있고 다른 점근선 $y=a+12$보다 위 또
는 아래에 위치하게 되므로 원은 함수 $y=f(x)$의 그래프와 서로 다른
두 점에서 만난다.

$\therefore r=2$

04 답 ③

$g(x)=\dfrac{2x-5}{x-2}+a$로 놓으면 함수 $f(x)=\left|\dfrac{2x-5}{x-2}+a\right|$의 그래프는

함수 $y=g(x)$의 그래프에서 $y\geq0$인 부분은 그대로 두고 $y<0$인 부분은
x축에 대하여 대칭이동한 것이다.

$g(x)=\dfrac{2x-5}{x-2}+a=\dfrac{2(x-2)-1}{x-2}+a=-\dfrac{1}{x-2}+a+2$이므로 함수

$y=g(x)$의 그래프의 점근선의 방정식은

$x=2,\ y=a+2$

(i) $a+2\leq0$, 즉 $a\leq-2$일 때,

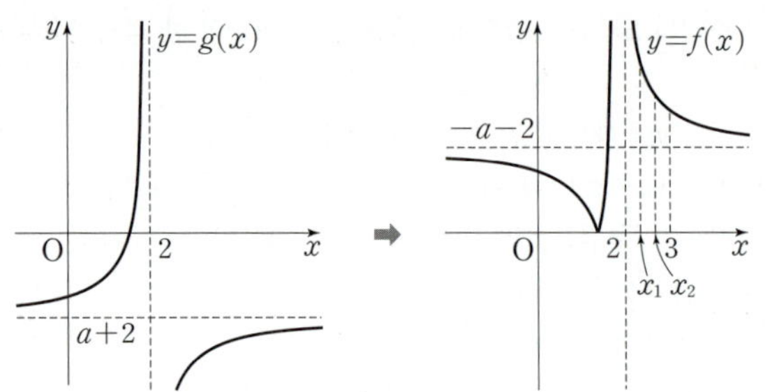

$2<x_1<x_2<3$인 모든 실수 x_1, x_2에 대하여 $f(x_1)>f(x_2)$이므로 $f(x_1)<4<f(x_2)$를 만족시키는 x_1, x_2가 존재하지 않는다.

(ii) $a+2>0$, 즉 $a>-2$일 때,

$g(3)=a+1$

① $a+1\leq0$, 즉 $-2<a\leq-1$일 때,

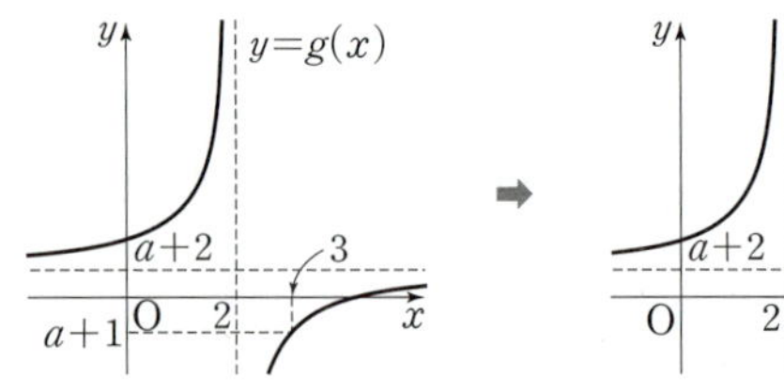

$2<x_1<x_2<3$인 모든 실수 x_1, x_2에 대하여 $f(x_1)>f(x_2)$이므로 $f(x_1)<4<f(x_2)$를 만족시키는 x_1, x_2가 존재하지 않는다.

② $a+1>0$, 즉 $a>-1$일 때,

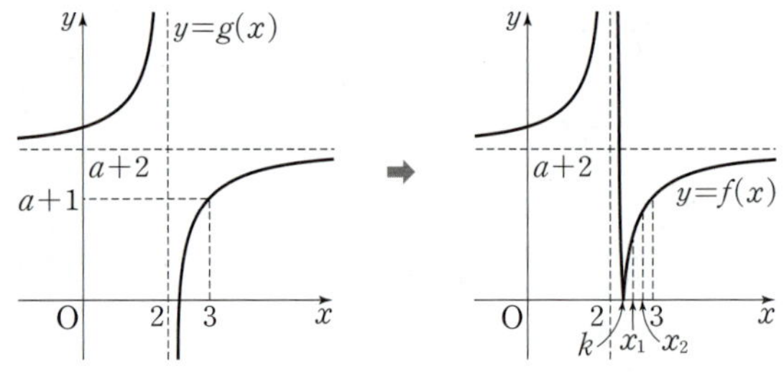

함수 $y=f(x)$의 그래프와 x축이 만나는 점의 x좌표를 $k(2<k<3)$라 하면 $k<x_2<3$일 때, $f(x_1)<f(x_2)$, $x_1<x_2$를 만족시키는 x_1이 항상 존재한다.

이때 $f(x_1)<4<f(x_2)$를 만족시키려면 $k<x_2<3$이고 $f(x_2)>4$인 x_2가 존재해야 하므로 $f(3)>4$

즉, $f(3)=a+1>4$에서

$a>3$

(i), (ii)에서 $a>3$

3단계 정수 a의 최솟값 구하기

따라서 구하는 정수 a의 최솟값은 4이다.

05 답 ④

1단계 함수 $y=f(x)$의 그래프 그리기

함수 $y=f(x)$의 그래프는 그림과 같다.

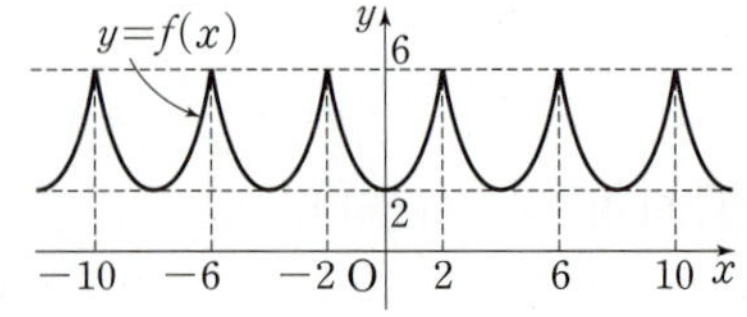

2단계 a의 값의 범위 구하기

$y=\dfrac{ax}{x+2}=\dfrac{a(x+2)-2a}{x+2}=-\dfrac{2a}{x+2}+a$이므로 함수 $y=\dfrac{ax}{x+2}$의 그래프의 점근선의 방정식은

$x=-2$, $y=a$

이때 이 함수의 그래프는 점 $(0, 0)$을 지난다.

(i) $a<0$일 때,

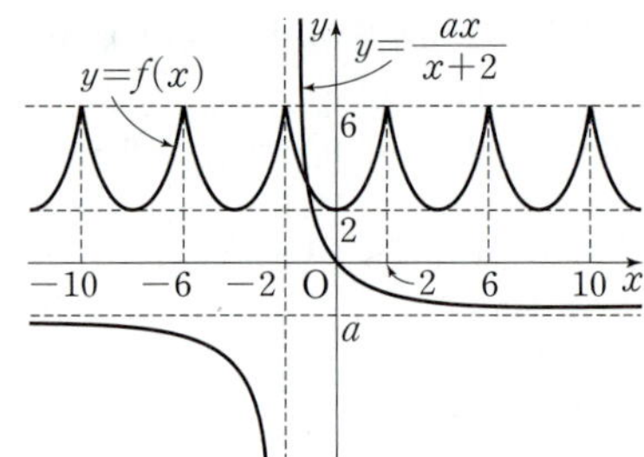

두 함수 $y=f(x)$, $y=\dfrac{ax}{x+2}$의 그래프가 만나는 점의 개수는 1이다.

(ii) $a=0$일 때,

$y=\dfrac{ax}{x+2}$에서 $y=0$이므로 두 함수 $y=f(x)$, $y=\dfrac{ax}{x+2}$의 그래프는 만나지 않는다.

(iii) $a>0$일 때,

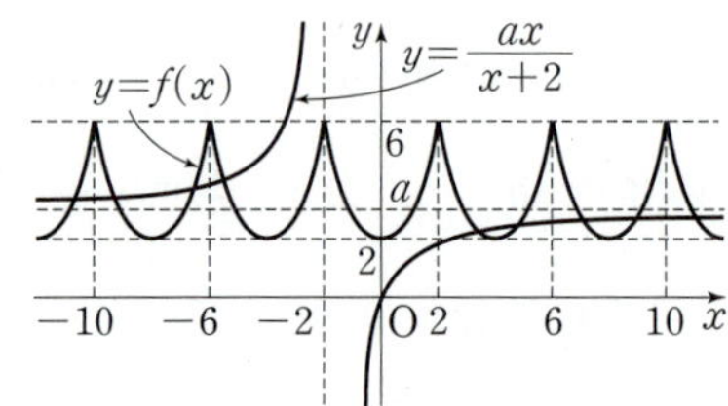

두 함수 $y=f(x)$, $y=\dfrac{ax}{x+2}$의 그래프가 무수히 많은 점에서 만나도록 하는 a의 값의 범위는

$2\leq a\leq6$

(i), (ii), (iii)에서 $2\leq a\leq6$

3단계 정수 a의 값의 합 구하기

따라서 정수 a의 값은 2, 3, 4, 5, 6이므로 그 합은

$2+3+4+5+6=20$

06 답 9

1단계 점 $P(x, y)$를 x, y에 대한 식으로 나타내기

함수 $y=\dfrac{9}{x-1}+2\,(x>1)$의 그래프 위의 한 점을 $P(x, y)$라 하면

$\overline{PA}^2=(x+4)^2+y^2$

$\overline{PB}^2=x^2+(y+2)^2$

$\therefore \overline{PA}^2+\overline{PB}^2=2x^2+2y^2+8x+4y+20$

$2x^2+2y^2+8x+4y+20=k\,(k$는 실수$)$라 하면

$2(x+2)^2+2(y+1)^2=k-10$

$\therefore (x+2)^2+(y+1)^2=\dfrac{k}{2}-5$ ...... ㉠

2단계 $\overline{PA}^2+\overline{PB}^2$의 값이 최소일 때 점 P의 위치 파악하기

점 P는 원 ㉠ 위의 점이고, 원의 반지름의 길이가 최소일 때 k의 값도 최소이다.

이때 점 P는 함수 $y=\dfrac{9}{x-1}+2\,(x>1)$의 그래프 위의 점이므로 점 P가 원 ㉠과 함수 $y=\dfrac{9}{x-1}+2$의 그래프의 접점일 때 k의 값은 최소이다.

그림과 같이 함수 $y=\dfrac{9}{x-1}+2\,(x>1)$의 그래프의 점근선의 방정식의

교점의 좌표는 $(1,\ 2)$이고, 이 점과 원 ㉠의 중심 $(-2,\ -1)$은 직선

$y=x+1$ 위의 점이므로 원 ㉠과 함수 $y=\dfrac{9}{x-1}+2$의 그래프는 직선

$y=x+1$에 대하여 대칭이다.

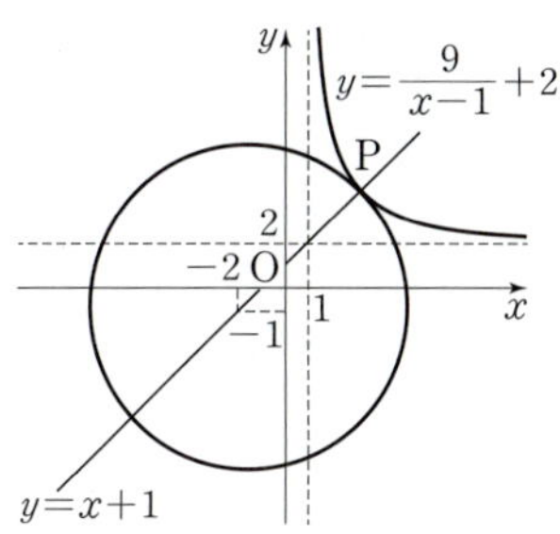

즉, 원 ㉠과 함수 $y=\dfrac{9}{x-1}+2\,(x>1)$의 그래프의 접점은 함수

$y=\dfrac{9}{x-1}+2\,(x>1)$의 그래프와 직선 $y=x+1$의 교점과 같다.

$\dfrac{9}{x-1}+2=x+1$에서 $\dfrac{9}{x-1}=x-1$

$(x-1)^2=9,\ x-1=\pm3$ ∴ $x=-2$ 또는 $x=4$

그런데 $x>1$이므로 $x=4$

따라서 $\mathrm{P}(4,\ 5)$이므로 점 P의 x좌표와 y좌표의 합은

$4+5=9$

07 답 ①

1단계 M의 값과 $p=M$일 때의 함수 $f(x)$ 구하기

$f(x)=\dfrac{x+19}{2x-p}=\dfrac{\frac{1}{2}(2x-p)+19+\frac{p}{2}}{2x-p}=\dfrac{19+\frac{p}{2}}{2x-p}+\dfrac{1}{2}$이므로 함수

$y=f(x)$의 그래프의 점근선의 방정식은

$x=\dfrac{p}{2},\ y=\dfrac{1}{2}$

이때 p는 자연수이므로 $19+\dfrac{p}{2}>0,\ \dfrac{p}{2}>0$

즉, $f(2)<f(6)<f(4)$를 만족시키려면 함수
$y=f(x)$의 그래프의 개형은 그림과 같아야
하므로

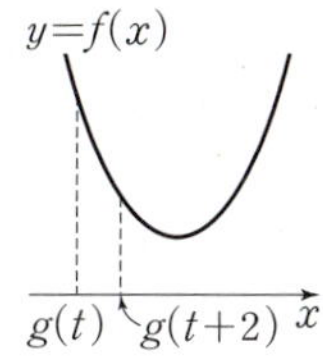

$2<\dfrac{p}{2}<4$ ∴ $4<p<8$

자연수 p의 최댓값은 7이므로

$M=7$

$p=M=7$일 때의 함수 $f(x)$는

$f(x)=\dfrac{x+19}{2x-7}$

2단계 $f(x)$의 값을 구하여 조건 $g(f(6))<g(f(4))<g(f(2))$ 변형
하기

$f(2)=-7,\ f(4)=23,\ f(6)=5$이므로

$g(f(6))<g(f(4))<g(f(2))$에서

$g(5)<g(23)<g(-7)$ …… ㉠

3단계 함수 $y=g(x)$의 그래프의 개형을 그려 q의 값의 범위 구하기

$g(x)=\dfrac{2x+6}{x+q}=\dfrac{2(x+q)+6-2q}{x+q}=\dfrac{6-2q}{x+q}+2$이므로 함수

$y=g(x)$의 그래프의 점근선의 방정식은

$x=-q,\ y=2$

이때 q는 자연수이고, ㉠을 만족시키려면 함수 $y=g(x)$의 그래프의 개

형은 그림과 같아야 하므로

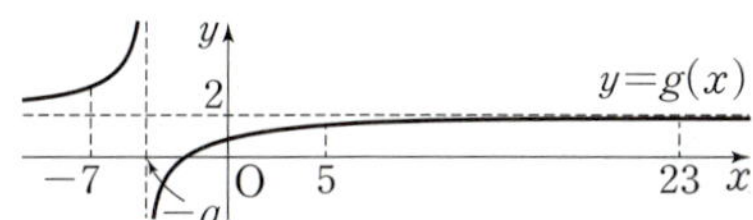

$-7<-q<0$

∴ $0<q<7$

그런데 $6-2q<0$, 즉 $q>3$이므로

$3<q<7$

4단계 자연수 q의 개수 구하기

따라서 구하는 자연수 q는 4, 5, 6의 3개이다.

08 답 42

1단계 함수 $y=g(x)$의 그래프의 개형을 파악하여 $g(t)$와 $g(t+2)$의
대소 비교하기

함수 $g(x)=1-\dfrac{2}{x-5}\,(x<5)$의 그래프는 그
림과 같으므로 $g(x)$는 $x<5$에서 x의
값이 커지면 $g(x)$의 값도 커진다.

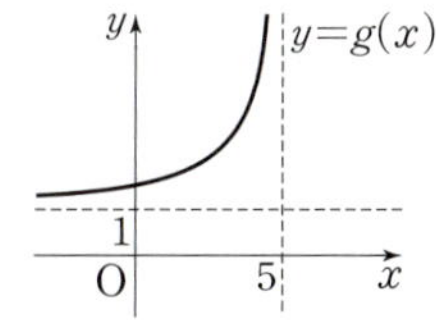

∴ $g(t)<g(t+2)$

2단계 ㈎를 만족시키는 함수 $f(x)$ 꼴 파악하기

(i) $t<1$일 때, $h(t)=f(g(t+2))$
　　함수 $f(x)$는 $x=g(t+2)$에서 최솟값을 가지
　　므로 그림과 같이 함수 $y=f(x)$의 그래프의 꼭
　　짓점의 x좌표는 $g(t+2)$보다 크다.

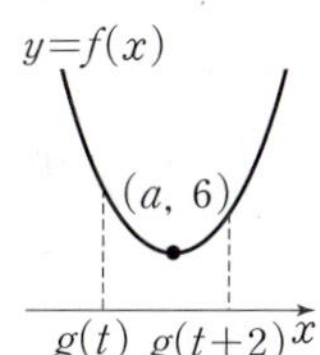

(ii) $1\le t<3$일 때, $h(t)=6$
　　함수 $f(x)$는 최솟값 6을 가지므로 그림과 같이
　　$g(t)\le x\le g(t+2)$에 함수 $y=f(x)$의 그래프
　　의 꼭짓점의 x좌표가 포함되어야 하고, 이때 꼭
　　짓점의 y좌표는 6이어야 한다.

(i), (ii)에서 $h(t)$는 $t=1$일 때 $f(g(t+2))=6$이어야 한다.

$f(g(1+2))=6$에서 $f(g(3))=6$

이때 $g(3)=1-\dfrac{2}{3-5}=2$이므로

$f(2)=6$

따라서 함수 $f(x)$는 $f(x)=a(x-2)^2+6\,(a>0)$으로 놓을 수 있다.

3단계 ㈏를 이용하여 함수 $f(x)$ 구하기

㈏에서 $h(-1)=7$이므로

$f(g(-1+2))=7$ ∴ $f(g(1))=7$

이때 $g(1)=1-\dfrac{2}{1-5}=\dfrac{3}{2}$이므로

$f\!\left(\dfrac{3}{2}\right)=7$

즉, $a\!\left(\dfrac{3}{2}-2\right)^2+6=7$이므로

$\dfrac{a}{4}+6=7$ ∴ $a=4$

∴ $f(x)=4(x-2)^2+6$

4단계 $f(5)$의 값 구하기

∴ $f(5)=4\times3^2+6=42$

01 ③	02 ②	03 $-\dfrac{10}{3}$	04 ③	05 $\dfrac{9\sqrt{2}}{2}$	06 ⑤
07 ⑤	08 $\dfrac{55}{4}$	09 ①	10 ④	11 ③	12 9

01 답 ③

$x=\dfrac{2}{\sqrt{3}-1}=\dfrac{2(\sqrt{3}+1)}{(\sqrt{3}-1)(\sqrt{3}+1)}=\sqrt{3}+1$이므로

$$\begin{aligned}
\dfrac{\sqrt{x}-1}{\sqrt{x}+1}+\dfrac{2\sqrt{x}}{\sqrt{x}-1}&=\dfrac{(\sqrt{x}-1)^2+2\sqrt{x}(\sqrt{x}+1)}{(\sqrt{x}+1)(\sqrt{x}-1)}\\
&=\dfrac{x-2\sqrt{x}+1+2x+2\sqrt{x}}{x-1}\\
&=\dfrac{3x+1}{x-1}=\dfrac{3(\sqrt{3}+1)+1}{(\sqrt{3}+1)-1}\\
&=\dfrac{3\sqrt{3}+4}{\sqrt{3}}=\dfrac{9+4\sqrt{3}}{3}
\end{aligned}$$

02 답 ②

$$y=\dfrac{cx+d}{ax+b}=\dfrac{\frac{c}{a}x+\frac{d}{a}}{x+\frac{b}{a}}=\dfrac{\frac{c}{a}\left(x+\frac{b}{a}\right)+\frac{d}{a}-\frac{bc}{a^2}}{x+\frac{b}{a}}=\dfrac{\frac{d}{a}-\frac{bc}{a^2}}{x+\frac{b}{a}}+\dfrac{c}{a}$$

이므로 함수 $y=\dfrac{cx+d}{ax+b}$의 그래프의 점근선의 방정식은

$x=-\dfrac{b}{a},\ y=\dfrac{c}{a}$

두 점근선의 교점의 x좌표와 y좌표는 모두 양수이므로

$-\dfrac{b}{a}>0,\ \dfrac{c}{a}>0$

이때 $a<0$이므로 $b>0,\ c<0$

또 함수 $y=\dfrac{cx+d}{ax+b}$의 그래프와 y축의 교점의 y좌표는 양수이므로

$\dfrac{d}{b}>0$

이때 $b>0$이므로 $d>0$

$y=a\sqrt{bx+c}+d=a\sqrt{b\left(x+\frac{c}{b}\right)}+d$이므로 함수 $y=a\sqrt{bx+c}+d$의 그

래프는 함수 $y=a\sqrt{bx}\ (a<0,\ b>0)$의 그래프를 x축의 방향으로 $-\dfrac{c}{b}$만

큼, y축의 방향으로 d만큼 평행이동한 것이다.

이때 $-\dfrac{c}{b}>0,\ d>0$이므로 함수

$y=a\sqrt{bx+c}+d$의 그래프의 개형은 그림과 같

다.

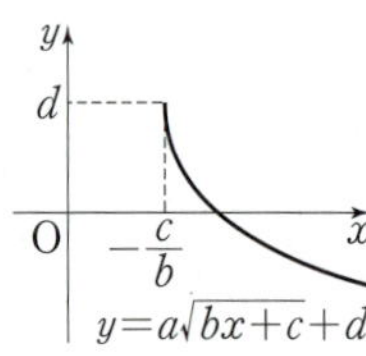

따라서 함수 $y=a\sqrt{bx+c}+d$의 그래프는 제1

사분면, 제4사분면을 지난다.

03 답 $-\dfrac{10}{3}$

$-5\leq x\leq-2$에서 함수 $g(x)=-x+5$는 $x=-5$일 때 최댓값 10을 갖

고, $x=-2$일 때 최솟값 7을 갖는다.

함수 $f(x)=a\sqrt{-x-2}+b=a\sqrt{-(x+2)}+b\ (a>0)$는 $x=-5$일 때

최댓값을 갖고 $x=-2$일 때 최솟값을 가지므로

$f(-5)=10,\ f(-2)=7$에서

$a\sqrt{3}+b=10,\ b=7$ $\quad\therefore a=\sqrt{3},\ b=7$

$\therefore f(x)=\sqrt{3}\sqrt{-x-2}+7=\sqrt{-3(x+2)}+7$

따라서 $f(k)=9$에서 $\sqrt{-3(k+2)}+7=9$이므로

$\sqrt{-3(k+2)}=2,\ -3(k+2)=4$

$k+2=-\dfrac{4}{3}$ $\quad\therefore k=-\dfrac{10}{3}$

04 답 ③

함수 $y=5-2\sqrt{1-x}=-2\sqrt{-(x-1)}+5$의 그래프는

함수 $y=-2\sqrt{-x}$의 그래프를 x축의 방향으로 1만큼, y축의 방향으로

5만큼 평행이동한 것이고, 직선 $y=-x+k$는 기울기가 -1, y절편이

k인 직선이다.

(i) 직선 $y=-x+k$가 점 $(1,\ 5)$를 지날 때,

$5=-1+k$ $\quad\therefore k=6$

(ii) 직선 $y=-x+k$가 함수

$y=5-2\sqrt{1-x}$의 그래프와 y축의 교

점을 지날 때,

함수 $y=5-2\sqrt{1-x}$의 그래프와 y축의 교점의 좌표는 $(0,\ 3)$

직선 $y=-x+k$가 점 $(0,\ 3)$을 지나므로

$3=0+k$ $\quad\therefore k=3$

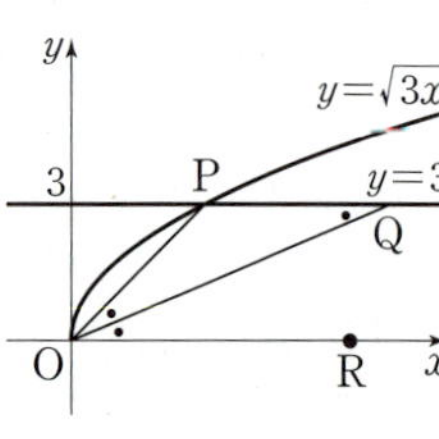

(i), (ii)에서 함수 $y=5-2\sqrt{1-x}$의 그래프와 직선 $y=-x+k$가 제1사

분면에서 만나도록 하는 k의 값의 범위는

$3<k\leq6$

따라서 정수 k의 값은 4, 5, 6이므로 구하는 모든 정수 k의 값의 합은

$4+5+6=15$

05 답 $\dfrac{9\sqrt{2}}{2}$

함수 $y=\sqrt{3x}$의 그래프와 직선 $y=3$의 교점의 x좌표는

$\sqrt{3x}=3$에서 $3x=9$ $\quad\therefore x=3$

$\therefore \mathrm{P}(3,\ 3)$

그림과 같이 x축의 양의 방향 위의 한 점을

R라 하면

$\angle \mathrm{POQ}=\angle \mathrm{QOR}$,

$\angle \mathrm{QOR}=\angle \mathrm{PQO}\,(엇각)$이므로

$\angle \mathrm{POQ}=\angle \mathrm{PQO}$

즉, 삼각형 POQ는 $\overline{\mathrm{PO}}=\overline{\mathrm{PQ}}$인 이등변삼

각형이므로

$\overline{\mathrm{PQ}}=\overline{\mathrm{OP}}=\sqrt{3^2+3^2}=3\sqrt{2}$

따라서 삼각형 POQ의 넓이는

$\dfrac{1}{2}\times\overline{\mathrm{PQ}}\times3=\dfrac{1}{2}\times3\sqrt{2}\times3=\dfrac{9\sqrt{2}}{2}$

06 답 ⑤

$\mathrm{A}(k,\ 0)$이고, 두 점 B, C는 각각 두 곡선 $y=\sqrt{x},\ y=\sqrt{kx}$ 위의 점이

므로 $\mathrm{B}(k,\ \sqrt{k}),\ \mathrm{C}(k,\ k)$

한편 삼각형 OBC의 넓이가 삼각형 OAB의 넓이의 2배이므로

$\dfrac{1}{2}\times\overline{\mathrm{OA}}\times\overline{\mathrm{BC}}=2\times\left(\dfrac{1}{2}\times\overline{\mathrm{OA}}\times\overline{\mathrm{AB}}\right)$

$\therefore \overline{\mathrm{BC}}=2\overline{\mathrm{AB}}$

이때 $\overline{AC}=\overline{AB}+\overline{BC}=3\overline{AB}$이고, $\overline{AB}=\sqrt{k}$, $\overline{AC}=k$이므로
$k=3\sqrt{k}$, $k^2-9k=0$
$k(k-9)=0$ $\therefore k=0$ 또는 $k=9$
그런데 $k>1$이므로 $k=9$
$\therefore$ A$(9, 0)$, B$(9, 3)$, C$(9, 9)$
따라서 삼각형 OBC의 넓이는
$\dfrac{1}{2}\times\overline{OA}\times\overline{BC}=\dfrac{1}{2}\times9\times(9-3)=27$

07 답 ⑤

함수 $y=\sqrt{x+3}-3$의 그래프는 함수 $y=\sqrt{x}$의 그래프를 x축의 방향으로 -3만큼, y축의 방향으로 -3만큼 평행이동한 것이다.
이때 곡선 $y=f(x)$와 곡선 $y=f(x)$를 x축에 대하여 대칭이동한 곡선 $y=g(x)$, 직선 $x=k$의 위치 관계는 그림과 같다.

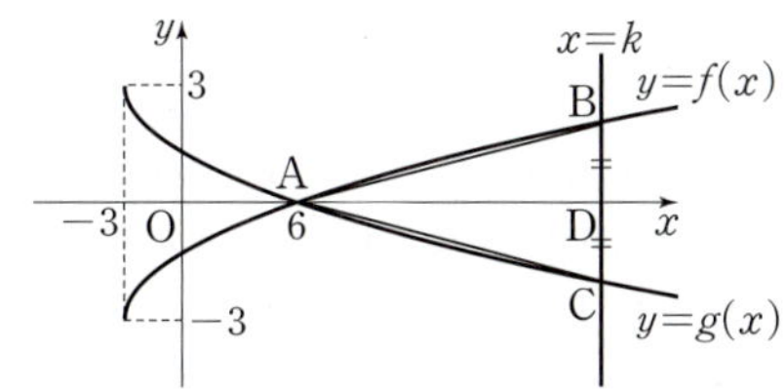

점 A는 곡선 $y=\sqrt{x+3}-3$이 x축과 만나는 점이므로
$0=\sqrt{x+3}-3$에서 $\sqrt{x+3}=3$
$x+3=9$ $\therefore x=6$
$\therefore$ A$(6, 0)$
또 $\overline{BC}$와 x축이 만나는 점을 D라 하면
$\overline{BD}=\overline{CD}$이므로 $\overline{BD}=\dfrac{1}{2}\overline{BC}=\dfrac{1}{2}\times4=2$
B$(k, 2)(k>6)$라 하면
곡선 $y=\sqrt{x+3}-3$이 점 $(k, 2)$를 지나므로
$2=\sqrt{k+3}-3$에서 $\sqrt{k+3}=5$
$k+3=25$ $\therefore k=22$
$\therefore$ B$(22, 2)$, C$(22, -2)$
따라서 삼각형 ABC의 넓이는
$\dfrac{1}{2}\times\overline{AD}\times\overline{BC}=\dfrac{1}{2}\times(22-6)\times4=32$

08 답 $\dfrac{55}{4}$

함수 $f(x)=\sqrt{-3x+a}+b$의 그래프가 점 $(2, 4)$를 지나므로
$f(2)=4$에서 $\sqrt{-6+a}+b=4$, $\sqrt{-6+a}=4-b$
양변을 제곱하면 $a-6=b^2-8b+16$
$\therefore a=b^2-8b+22$ …… ㉠
역함수 $y=f^{-1}(x)$의 그래프가 점 $(2, 4)$를 지나면 함수 $y=f(x)$의 그래프는 점 $(4, 2)$를 지나므로
$f(4)=2$에서 $\sqrt{-12+a}+b=2$, $\sqrt{-12+a}=2-b$
양변을 제곱하면 $a-12=b^2-4b+4$
$\therefore a=b^2-4b+16$ …… ㉡
㉠, ㉡에서 $b^2-8b+22=b^2-4b+16$
$4b=6$ $\therefore b=\dfrac{3}{2}$
이를 ㉠에 대입하면
$a=\dfrac{9}{4}-12+22=\dfrac{49}{4}$
$\therefore a+b=\dfrac{49}{4}+\dfrac{3}{2}=\dfrac{55}{4}$

무리함수 $y=f(x)$의 그래프와 그 역함수 $y=f^{-1}(x)$의 그래프의 교점은 $y=f(x)$의 그래프와 직선 $y=x$의 교점과 같다. 하지만 $y=f(x)$의 그래프와 $y=f^{-1}(x)$의 그래프의 교점이 직선 $y=x$ 위의 점이 아닌 경우도 존재한다.

예 무리함수 $y=\sqrt{-3x+\dfrac{49}{4}}+\dfrac{3}{2}$의 그래프와 그 역함수의 그래프의 교점은 직선 $y=x$ 위의 점 $(\sqrt{10}, \sqrt{10})$ 이외에 두 점 $(2, 4)$, $(4, 2)$가 존재한다.

09 답 ①

두 점 P, Q의 x좌표를 각각 x_1, x_2라 하면
선분 PQ의 중점의 x좌표가 $\dfrac{3}{2}$이므로
$\dfrac{x_1+x_2}{2}=\dfrac{3}{2}$ $\therefore x_1+x_2=3$ …… ㉠
함수 $f(x)=\sqrt{ax+4}-2$의 그래프와 역함수 $y=f^{-1}(x)$의 그래프의 교점은 함수 $f(x)=\sqrt{ax+4}-2$의 그래프와 직선 $y=x$의 교점과 같으므로
$\sqrt{ax+4}-2=x$에서 $\sqrt{ax+4}=x+2$
양변을 제곱하면 $ax+4=x^2+4x+4$
$x^2+(4-a)x=0$, $x(x+4-a)=0$
$\therefore x=0$ 또는 $x=a-4$
㉠에서 $x_1+x_2=3$이므로
$a-4=3$ $\therefore a=7$

10 답 ④

함수 $f(x)=\sqrt{2x-a}-b$의 그래프와 역함수 $y=f^{-1}(x)$의 그래프는 직선 $y=x$에 대하여 대칭이므로 두 함수의 그래프가 한 점에서 만나면 그림과 같이 함수 $y=f(x)$의 그래프는 직선 $y=x$와 접한다.
$\sqrt{2x-a}-b=x$에서 $\sqrt{2x-a}=x+b$
양변을 제곱하면 $2x-a=(x+b)^2$
$\therefore x^2+2(b-1)x+b^2+a=0$
이 이차방정식의 판별식을 D라 하면
$\dfrac{D}{4}=(b-1)^2-(b^2+a)=0$에서
$-2b+1-a=0$ $\therefore a+2b=1$
이때 a, b가 양수이므로
$a+2b\geq2\sqrt{2ab}$ (단, 등호는 $a=2b$일 때 성립)
즉, $1\geq2\sqrt{2ab}$이므로
$\sqrt{ab}\leq\dfrac{1}{2\sqrt{2}}$ $\therefore ab\leq\dfrac{1}{8}$
따라서 $32ab$의 최댓값은 $32\times\dfrac{1}{8}=4$

11 답 ③

$f^{-1}(g(x))=2x$에 $x=3$을 대입하면
$f^{-1}(g(3))=6$
$\therefore g(3)=f(6)=\sqrt{6}$

$g(x)=t$라 하면
$f^{-1}(g(x))=f^{-1}(t)=2x$이므로
$f(2x)=t$ $\therefore g(x)=\sqrt{6x-12}$
$\therefore g(3)=\sqrt{6\times3-12}=\sqrt{6}$

12 답 9

$$(f \circ (g \circ f)^{-1} \circ f)(a) = (f \circ f^{-1} \circ g^{-1} \circ f)(a)$$
$$= (g^{-1} \circ f)(a)$$
$$= g^{-1}(f(a))$$

$g^{-1}(f(a)) = \dfrac{4}{3}$에서 $f(a) = g\left(\dfrac{4}{3}\right)$

따라서 $g\left(\dfrac{4}{3}\right) = \dfrac{\frac{8}{3}-1}{\frac{4}{3}-1} = 5$이므로

$f(a) = 5$에서 $\sqrt{2a-2}+1 = 5$, $\sqrt{2a-2} = 4$

$2a-2 = 16$, $2a = 18$ $\qquad \therefore a = 9$

---

01 $8\sqrt{2}$	**02** ⑤	**03** ④	**04** ②	**05** ③	**06** 2
07 $-\dfrac{13}{4} < a < -3$	**08** ③	**09** $\dfrac{1}{5}$	**10** $\dfrac{49}{4}$	**11** $\dfrac{135}{8}$	
12 10	**13** ⑤	**14** 24	**15** 11	**16** 44	**17** ⑤
18 ③	**19** ②	**20** ④	**21** $\dfrac{121}{16}$	**22** 1	**23** 42

01 답 $8\sqrt{2}$

$x \geq 4$일 때, $f(x) = \sqrt{x-4}$

$x < 4$일 때, $f(x) = \sqrt{-(x-4)}$

함수 $y = \sqrt{|x-4|}$의 그래프와 직선 $y = ax$
가 서로 다른 두 점에서 만나려면 그림과
같이 $a > 0$인 직선 $y = ax$가 함수
$y = \sqrt{x-4}$의 그래프에 접해야 한다.
이때 접점을 P라 하면 점 P의 x좌표는
$\sqrt{x-4} = ax$에서 양변을 제곱하면
$x - 4 = a^2 x^2$ $\quad \therefore a^2 x^2 - x + 4 = 0$
이 이차방정식의 판별식을 D라 하면

$D = 1 - 16a^2 = 0$에서 $a^2 = \dfrac{1}{16}$ $\quad \therefore a = \dfrac{1}{4}$ $(\because a > 0)$

즉, $\sqrt{x-4} = \dfrac{1}{4}x$이므로 양변을 제곱하면

$x - 4 = \dfrac{1}{16}x^2$, $x^2 - 16x + 64 = 0$, $(x-8)^2 = 0$ $\quad \therefore x = 8$

또 함수 $y = \sqrt{-(x-4)}$의 그래프와 직선 $y = \dfrac{1}{4}x$가 만나는 점 Q의 x좌
표는

$\sqrt{-(x-4)} = \dfrac{1}{4}x$에서 양변을 제곱하면

$-(x-4) = \dfrac{1}{16}x^2$, $x^2 + 16x - 64 = 0$ $\quad \therefore x = -8 + 8\sqrt{2}$ $(\because x > 0)$

따라서 $p = 8$, $q = -8 + 8\sqrt{2}$이므로
$p + q = 8\sqrt{2}$

02 답 ⑤

$x > 3$일 때, $f(x) = \dfrac{2x+3}{x-2} = \dfrac{7}{x-2} + 2$

$x \leq 3$일 때, $f(x) = \sqrt{-(x-3)} + a$

(가)에서 함수 f의 치역은 $\{y | y > 2\}$이고, (나)에
서 함수 f가 일대일함수이므로 함수 $y = f(x)$
의 그래프는 그림과 같아야 한다.

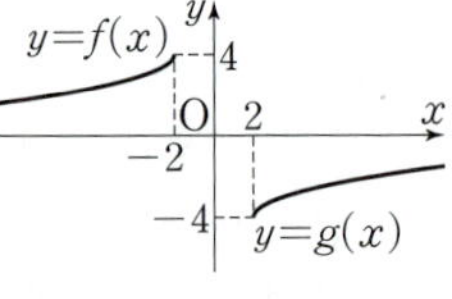

즉, $f(3) = 9$이므로 $a = 9$

$\therefore f(x) = \begin{cases} \dfrac{2x+3}{x-2} & (x > 3) \\ \sqrt{3-x} + 9 & (x \leq 3) \end{cases}$

$f(2) = 1 + 9 = 10$이므로 $f(2)f(k) = 40$에서
$10f(k) = 40$ $\qquad \therefore f(k) = 4$

$x > 3$일 때, $f(x) = \dfrac{2x+3}{x-2} < 9$이므로

$\dfrac{2k+3}{k-2} = 4$, $2k+3 = 4k-8$

$2k = 11$ $\qquad \therefore k = \dfrac{11}{2}$

03 답 ④

$f(x) = -\sqrt{kx+2k}+4$, $g(x) = \sqrt{-kx+2k}-4$라 하자.

ㄱ. $-f(-x) = -(-\sqrt{-kx+2k}+4) = \sqrt{-kx+2k}-4 = g(x)$
즉, 두 곡선은 서로 원점에 대하여 대칭이다.

ㄴ. $f(x) = -\sqrt{k(x+2)}+4$,
$g(x) = \sqrt{-k(x-2)}-4$
이때 $k < 0$이면 두 곡선은 그림과 같으
므로 만나지 않는다.

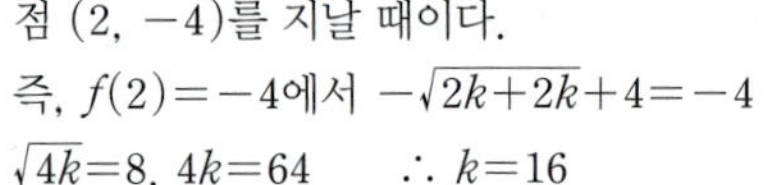

ㄷ. ㄱ에서 두 곡선은 원점에 대하여 대칭이므
로 $k > 0$일 때, 두 곡선이 서로 다른 두 점
에서 만나도록 하는 k의 최댓값은 그림과
같이 곡선 $y = f(x)$가 곡선 $y = g(x)$ 위의
점 $(2, -4)$를 지날 때이다.

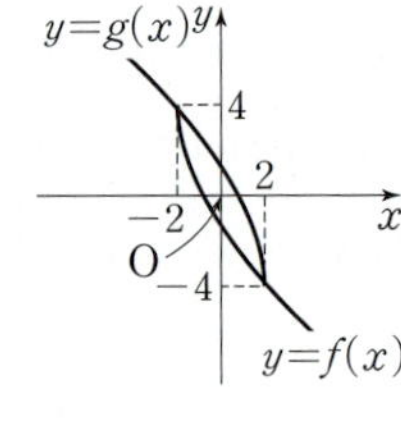

즉, $f(2) = -4$에서 $-\sqrt{2k+2k}+4 = -4$
$\sqrt{4k} = 8$, $4k = 64$ $\qquad \therefore k = 16$

따라서 보기에서 옳은 것은 ㄱ, ㄷ이다.

> **개념 NOTE**
>
> 두 함수 $y = f(x)$, $y = g(x)$의 그래프가 서로
> (1) x축에 대하여 대칭 ➡ $f(x) = -g(x)$
> (2) y축에 대하여 대칭 ➡ $f(x) = g(-x)$
> (3) 원점에 대하여 대칭 ➡ $f(x) = -g(-x)$

04 답 ②

함수 $y = f(x)$의 그래프는 그림과 같다.

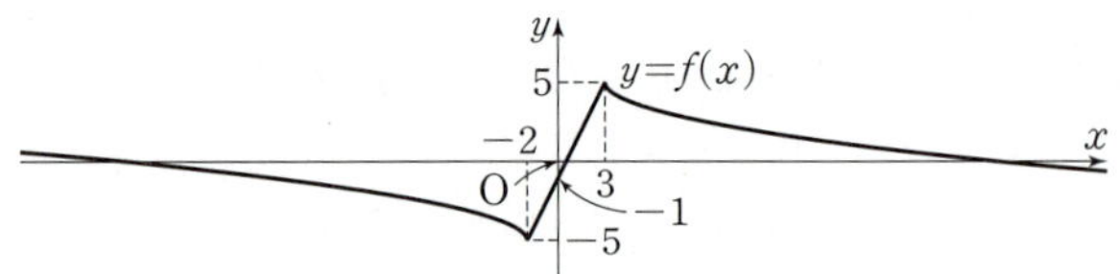

직선 $y = t$와 함수 $y = f(x)$의 그래프의 교점의 개수가 $g(t)$이므로

$$g(t) = \begin{cases} 1 & (t < -5) \\ 2 & (t = -5) \\ 3 & (-5 < t < 5) \\ 2 & (t = 5) \\ 1 & (t > 5) \end{cases}$$

$x \leq -2$일 때, 함수 $y = f(x)$의 그래프가 x축과 만나는 점의 x좌표는
$0 = \sqrt{-x-2} - 5$에서 $\sqrt{-x-2} = 5$

양변을 제곱하면 $-x-2=25$ $\quad\therefore x=-27$

$-2<x<3$일 때, 함수 $y=f(x)$의 그래프가 x축과 만나는 점의 x좌표는

$0=2x-1$ $\quad\therefore x=\dfrac{1}{2}$

$x\geq3$일 때, 함수 $y=f(x)$의 그래프가 x축과 만나는 점의 x좌표는

$0=-\sqrt{x-3}+5$에서 $\sqrt{x-3}=5$

양변을 제곱하면 $x-3=25$ $\quad\therefore x=28$

직선 $x=t$와 함수 $y=f(x)$의 그래프의 교점 중에서 y좌표가 양수인 점의 개수가 $h(t)$이므로

$$h(t)=\begin{cases}1 & (t<-27)\\ 0 & \left(-27\leq t\leq\dfrac{1}{2}\right)\\ 1 & \left(\dfrac{1}{2}<t<28\right)\\ 0 & (t\geq28)\end{cases}$$

즉, $g(t)+h(t)=4$를 만족시키는 경우는 $g(t)=3$, $h(t)=1$일 때이다.

따라서 $g(t)=3$인 t의 값의 범위 $-5<t<5$에서 $h(t)=1$인 t의 값의 범위를 구하면 $\dfrac{1}{2}<t<5$이므로 구하는 정수 t는 1, 2, 3, 4의 4개이다.

05 답 ③

$f(x)\geq g(x)$일 때, $|f(x)-g(x)|=f(x)-g(x)$이므로

$h(x)=\dfrac{3}{2}\{f(x)+g(x)+f(x)-g(x)\}=3f(x)=3\sqrt{-x+2}$

$f(x)<g(x)$일 때, $|f(x)-g(x)|=-f(x)+g(x)$이므로

$h(x)=\dfrac{3}{2}\{f(x)+g(x)-f(x)+g(x)\}=3g(x)=3|x|$

두 함수 $f(x)=\sqrt{-x+2}$, $g(x)=|x|$의 그래프의 교점의 x좌표는

$\sqrt{-x+2}=|x|$에서 양변을 제곱하면

$-x+2=x^2$, $x^2+x-2=0$

$(x+2)(x-1)=0$ $\quad\therefore x=-2$ 또는 $x=1$

그림에서 $x<-2$일 때 $f(x)<g(x)$,

$-2\leq x\leq1$일 때 $f(x)\geq g(x)$,

$x>1$일 때 $f(x)<g(x)$

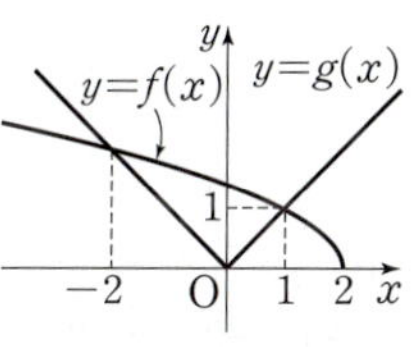

즉, $h(x)=\begin{cases}-3x & (x<-2)\\ 3\sqrt{-x+2} & (-2\leq x\leq1)\\ 3x & (x>1)\end{cases}$이므로

함수 $y=h(x)$의 그래프는 그림과 같다.

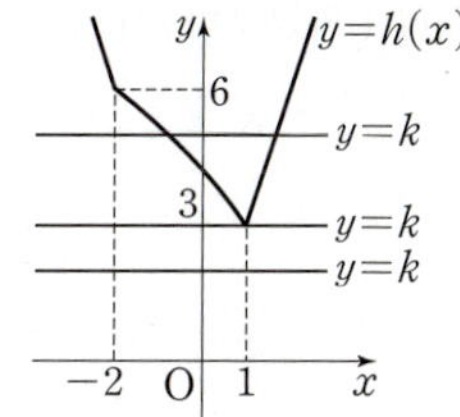

따라서 $l(k)=\begin{cases}0 & (k<3)\\ 1 & (k=3)\\ 2 & (k>3)\end{cases}$이므로

$l(2)+l(3)+l(4)+l(5)=0+1+2+2$
$=5$

06 답 2

$f(x)=\sqrt{2x+4}-2$에서

$g(x)=\sqrt{2(x-k)+4}-2+k$

(i) $k=1$일 때,

$g(x)=\sqrt{2(x+1)}-1$이고,

$g(0)>0$, $g(3)<3$이므로 그림과 같이 함수 $y=g(x)$의 그래프는 사각형 OABC의 네 변과 두 점에서 만난다.

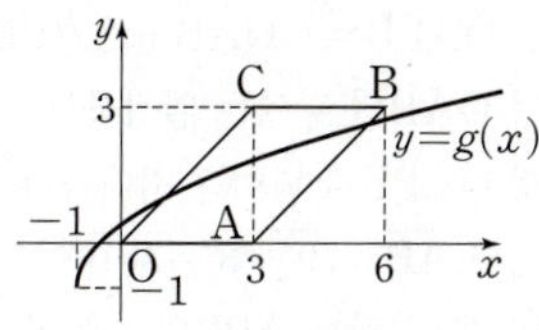

(ii) $k=2$일 때,

$g(x)=\sqrt{2x}$이고, $g(3)<3$이므로 그림과 같이 함수 $y=g(x)$의 그래프는 사각형 OABC의 네 변과 세 점에서 만난다.

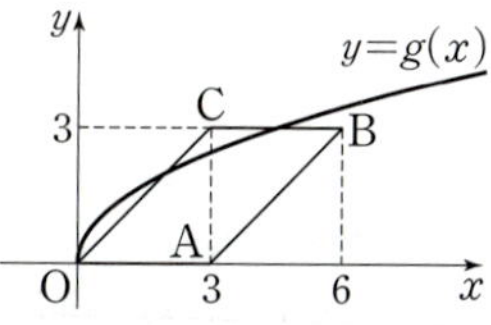

(iii) $k=3$일 때,

$g(x)=\sqrt{2(x-1)}+1$이고, $g(3)=3$이므로 그림과 같이 함수 $y=g(x)$의 그래프는 사각형 OABC의 네 변과 두 점에서 만난다.

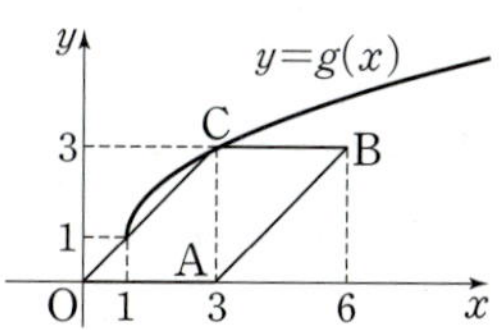

(iv) $k\geq4$인 자연수일 때,

함수 $y=g(x)$의 그래프는 그림과 같이 사각형 OABC의 네 변과 한 점에서 만나거나 만나지 않는다.

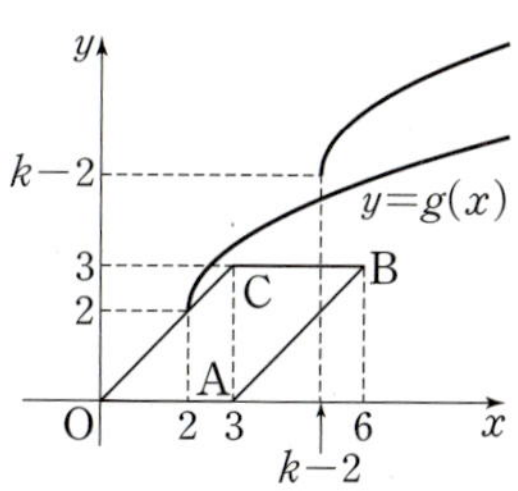

(i)~(iv)에서 구하는 자연수 k의 값은 2이다.

07 답 $-\dfrac{13}{4}<a<-3$

함수 $y=\dfrac{4x+13}{x+2}=\dfrac{5}{x+2}+4$의 그래프는

그림과 같고, 두 점 $\left(-\dfrac{13}{4},\ 0\right)$, $\left(0,\ \dfrac{13}{2}\right)$을 지난다.

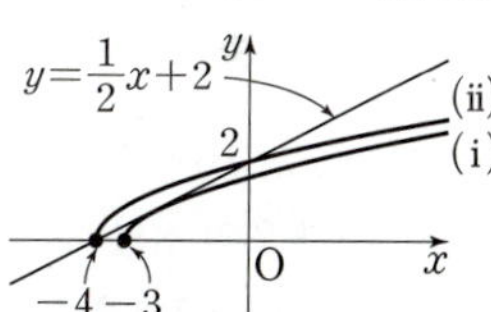

따라서 함수 $y=\sqrt{x-a}$의 그래프가 함수

$y=\dfrac{4x+13}{x+2}$의 그래프와 한 점에서 만나도록 하는 상수 a의 값의 범위는

$a>-\dfrac{13}{4}$ $\quad$ …… ㉠

(i) 함수 $y=\sqrt{x-a}$의 그래프가 직선 $y=\dfrac{1}{2}x+2$에 접할 때,

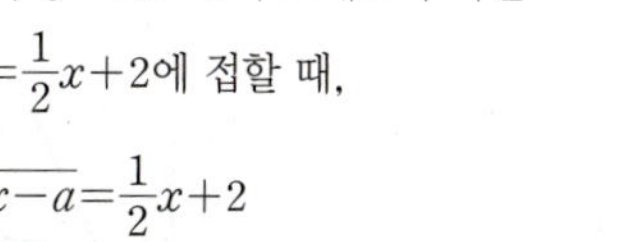

$\sqrt{x-a}=\dfrac{1}{2}x+2$

양변을 제곱하면

$x-a=\dfrac{1}{4}x^2+2x+4$

$\therefore x^2+4x+16+4a=0$

이 이차방정식의 판별식을 D라 하면

$\dfrac{D}{4}=4-16-4a=0$에서

$4a=-12$ $\quad\therefore a=-3$

(ii) 함수 $y=\sqrt{x-a}$의 그래프가 점 $(-4,\ 0)$을 지날 때,

$0=\sqrt{-4-a}$ $\quad\therefore a=-4$

(i), (ii)에서 함수 $y=\sqrt{x-a}$의 그래프와 직선 $y=\dfrac{1}{2}x+2$가 서로 다른 두 점에서 만나도록 하는 상수 a의 값의 범위는

$-4\leq a<-3$ $\quad$ …… ㉡

㉠, ㉡에서 구하는 상수 a의 값의 범위는

$-\dfrac{13}{4}<a<-3$ 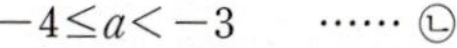

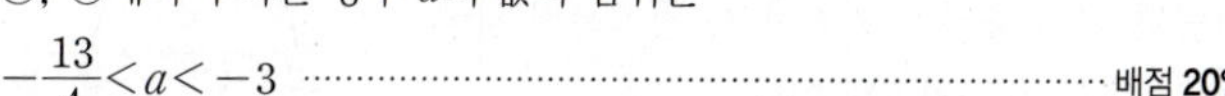

Ⅲ. 함수와 그래프

무리함수 $y=\sqrt{x-p}$의 그래프와 직선 $y=x+k$의 위치 관계
(1) 서로 다른 두 점에서 만난다.
 $\iff$ 직선 $y=x+k$는 (i)과 (ii) 사이에 있거나 (ii)이다.
(2) 한 점에서 만난다.
 $\iff$ 직선 $y=x+k$는 (i)이거나 (ii) 아래쪽에 있다.
(3) 만나지 않는다. $\iff$ 직선 $y=x+k$는 (i) 위쪽에 있다.

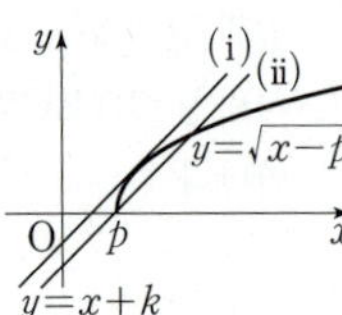

08 답 ③

$x\geq k$일 때, $y=x+(x-k)=2x-k$
$x<k$일 때, $y=x-(x-k)=k$

$$\therefore y=x+|x-k|=\begin{cases}2x-k & (x\geq k)\\ k & (x<k)\end{cases}$$

즉, 이 함수의 그래프는 점 $(k,\ k)$에서 꺾이는 모양이고, 이 점은 직선 $y=x$ 위에 있다.

(i) ① 직선 $y=2x-k$가 함수 $y=\sqrt{2x+5}$의 그래프에 접할 때,
$2x-k=\sqrt{2x+5}$의 양변을 제곱하면
$4x^2-4kx+k^2=2x+5$
$4x^2-2(2k+1)x+k^2-5=0$
이 이차방정식의 판별식을 D라 하면
$\dfrac{D}{4}=(2k+1)^2-4(k^2-5)=0$에서 $4k=-21$ $\therefore k=-\dfrac{21}{4}$

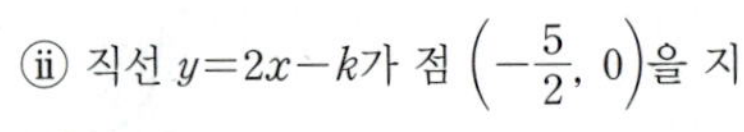

② 직선 $y=2x-k$가 점 $\left(-\dfrac{5}{2},\ 0\right)$을 지날 때,
$0=-5-k$ $\therefore k=-5$

①, ②에서 $-\dfrac{21}{4}<k\leq-5$

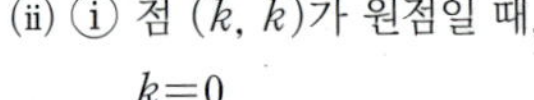

(ii) ① 점 $(k,\ k)$가 원점일 때,
$k=0$

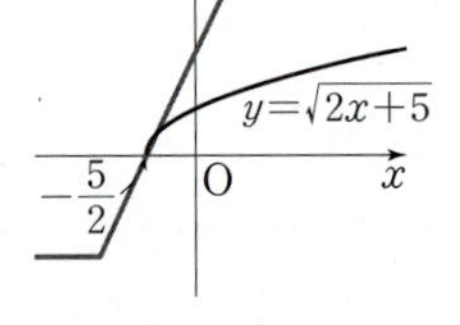

② 점 $(k,\ k)$가 함수 $y=\sqrt{2x+5}$의 그래프가 위의 점일 때,
$k=\sqrt{2k+5}$의 양변을 제곱하면
$k^2=2k+5$, $k^2-2k-5=0$
$\therefore k=1+\sqrt{6}\,(\because k>0)$

①, ②에서 $0\leq k<1+\sqrt{6}$

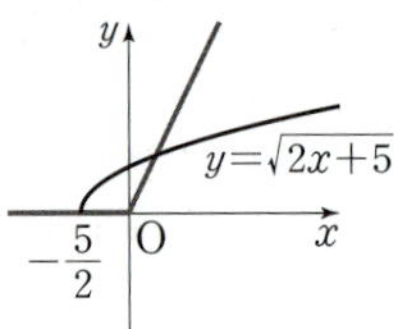

(i), (ii)에서 두 함수 $y=\sqrt{2x+5}$, $y=x+|x-k|$의 그래프가 서로 다른 두 점에서 만나도록 하는 k의 값의 범위는
$$-\dfrac{21}{4}<k\leq-5 \text{ 또는 } 0\leq k<1+\sqrt{6}$$
따라서 구하는 정수 k는 -5, 0, 1, 2, 3의 5개이다.

09 답 $\dfrac{1}{5}$

(가)에서 $f(x)=\sqrt{4-x^2}\geq 0$
$y=\sqrt{4-x^2}$이라 하고 양변을 제곱하면
$y^2=4-x^2$ $\therefore x^2+y^2=4\,(y\geq 0)$
$-2\leq x\leq 2$에서 함수 $y=\sqrt{4-x^2}$의 그래프는 그림과 같이 중심이 원점이고, 반지름의 길이가 2이면서 $y\geq 0$인 반원이다.

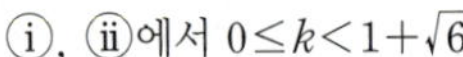

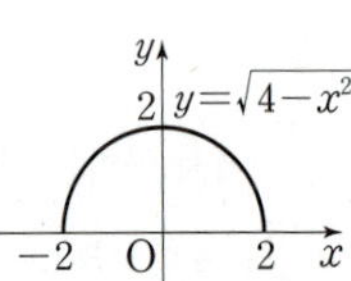

$f(x)=f(4-x)$에서 함수 $y=f(x)$의 그래프는 직선 $x=2$에 대하여 대칭이고, $f(x)=f(-x)$에서 함수 $y=f(x)$의 그래프는 y축에 대하여 대칭이므로 함수 $y=f(x)$의 그래프는 그림과 같다.

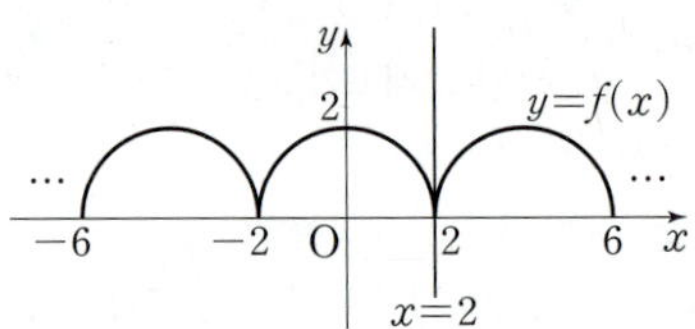

이때 직선 $y=mx+2$는 m의 값에 관계없이 항상 점 $(0,\ 2)$를 지나고 $m>0$이므로 함수 $y=f(x)$의 그래프와 직선 $y=mx+2$의 교점의 개수가 6이 되려면 그림과 같이 직선 $y=mx+2$가 점 $(-10,\ 0)$을 지나야 한다.

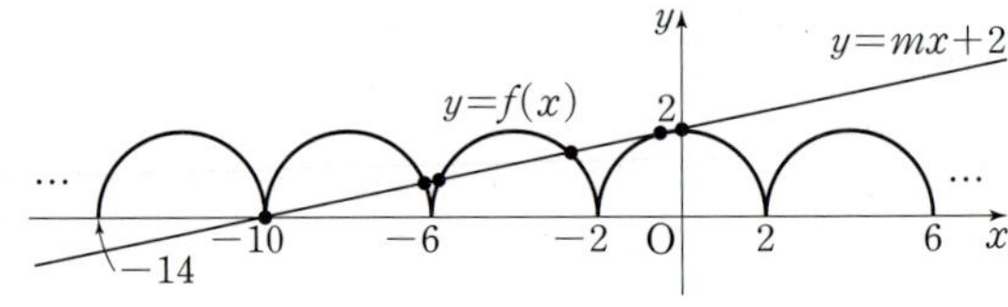

따라서 $0=-10m+2$이므로 $m=\dfrac{1}{5}$

10 답 $\dfrac{49}{4}$

$f(x)=\sqrt{x+3}-3$, $g(x)=\sqrt{3-x}-3$이라 하자.
$f(-x)=\sqrt{-x+3}-3=g(x)$이므로 두 함수 $y=f(x)$, $y=g(x)$의 그래프는 y축에 대하여 대칭이다.
즉, 그림과 같이 두 함수 $y=\sqrt{x+3}-3$, $y=\sqrt{3-x}-3$의 그래프와 직선 $y=-3$으로 둘러싸인 부분에 내접하고, 한 변이 직선 $y=-3$ 위에 있는 직사각형도 y축에 대하여 대칭이다.

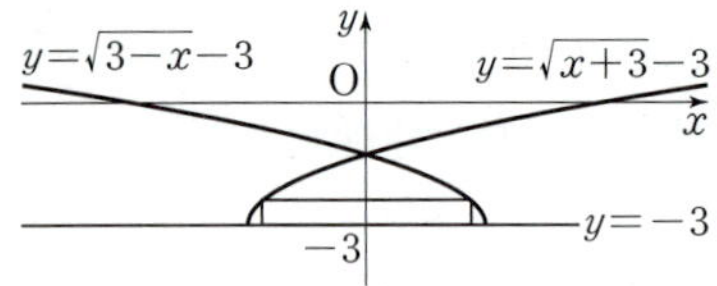

함수 $y=\sqrt{3-x}-3$의 그래프가 y축과 만나는 점은 $(0,\ \sqrt{3}-3)$이므로 직사각형의 세로의 길이를 $a\,(0<a<\sqrt{3})$라 하면
함수 $y=\sqrt{3-x}-3$의 그래프와 직사각형이 만나는 점의 x좌표는
$-3+a=\sqrt{3-x}-3$에서 $a=\sqrt{3-x}$
양변을 제곱하면 $a^2=3-x$ $\therefore x=3-a^2$
직사각형의 둘레의 길이를 l이라 하면
$l=4(3-a^2)+2a=-4\left(a-\dfrac{1}{4}\right)^2+\dfrac{49}{4}$
따라서 $a=\dfrac{1}{4}$일 때, l의 최댓값은 $\dfrac{49}{4}$이다.

11 답 $\dfrac{135}{8}$

$A(9,\ 0)$, $B(0,\ 3)$이므로 삼각형 OAB의 넓이는
$\dfrac{1}{2}\times\overline{OA}\times\overline{OB}=\dfrac{1}{2}\times 9\times 3=\dfrac{27}{2}$

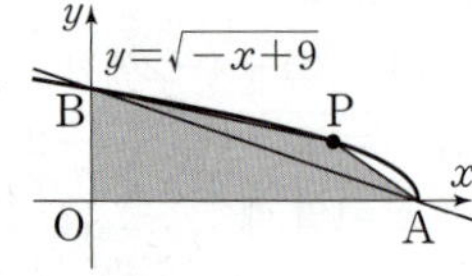

$\square OAPB=\triangle OAB+\triangle APB$이고, 삼각형 OAB의 넓이는 일정하므로 삼각형 APB의 넓이가 최대일 때, 사각형 OAPB의 넓이는 최대가 된다.
이때 $\overline{AB}=\sqrt{9^2+3^2}=3\sqrt{10}$이므로 점 P와 직선 AB 사이의 거리가 최대일 때, 삼각형 APB의 넓이가 최대이다.

두 점 A, B를 지나는 직선의 방정식은

$$\frac{x}{9}+\frac{y}{3}=1 \qquad \therefore x+3y-9=0$$

점 P의 y좌표를 $a\,(0<a<3)$라 하면 $a=\sqrt{-x+9}$

양변을 제곱하면 $a^2=-x+9 \qquad \therefore x=9-a^2$

이때 점 $P(9-a^2,\ a)$와 직선 $x+3y-9=0$ 사이의 거리는

$$\frac{|9-a^2+3a-9|}{\sqrt{1^2+3^2}}=\frac{|-a^2+3a|}{\sqrt{10}}=\frac{\left|-\left(a-\frac{3}{2}\right)^2+\frac{9}{4}\right|}{\sqrt{10}}$$

즉, $a=\dfrac{3}{2}$일 때 최댓값이 $\dfrac{9}{4\sqrt{10}}=\dfrac{9\sqrt{10}}{40}$이므로 삼각형 APB의 넓이의

최댓값은 $\dfrac{1}{2}\times 3\sqrt{10}\times\dfrac{9\sqrt{10}}{40}=\dfrac{27}{8}$

따라서 사각형 OAPB의 넓이의 최댓값은 $\dfrac{27}{2}+\dfrac{27}{8}=\dfrac{135}{8}$

12 답 10

함수 $y=\sqrt{x}$의 그래프는 함수 $y=x^2\,(x\le 0)$의 그래프를 y축에 대하여
대칭이동한 후 직선 $y=x$에 대하여 대칭이동한 것과 같고, 점 A를 같
은 방법으로 대칭이동하면 점 B로 이동한다.

즉, 그림에서 빗금 친 부분의 넓이는 서로
같으므로 구하는 넓이는 삼각형
AOB의 넓이와 같다.

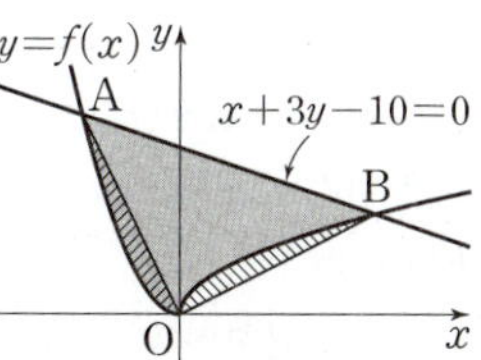

$\overline{AB}=\sqrt{(4+2)^2+(2-4)^2}=2\sqrt{10}$

원점 O와 직선 $x+3y-10=0$ 사이의 거

리를 d라 하면 $d=\dfrac{|-10|}{\sqrt{1^2+3^2}}=\dfrac{10}{\sqrt{10}}=\sqrt{10}$

따라서 구하는 넓이는 $\dfrac{1}{2}\times\overline{AB}\times d=\dfrac{1}{2}\times 2\sqrt{10}\times\sqrt{10}=10$

13 답 ⑤

$y=\begin{cases} a\sqrt{x} & (x\ge 0) \\ a\sqrt{-x} & (x<0) \end{cases}$이므로 함수

$y=a\sqrt{|x|}$의 그래프는 그림과 같다.

$b=a\sqrt{|x|}$에서 양변을 제곱하면

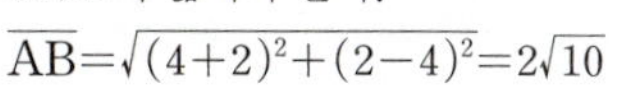

$b^2=a^2|x|,\ |x|=\dfrac{b^2}{a^2}$

$$\therefore x=-\frac{b^2}{a^2} \text{ 또는 } x=\frac{b^2}{a^2}$$

이때 $\overline{AB}=\dfrac{2b^2}{a^2}$이므로 $\overline{OH}=\dfrac{\sqrt{3}}{2}\overline{AB}=\dfrac{\sqrt{3}}{2}\times\dfrac{2b^2}{a^2}=\dfrac{\sqrt{3}b^2}{a^2}$

즉, $b=\dfrac{\sqrt{3}b^2}{a^2}$이므로 $a^2 b=\sqrt{3}b^2$

$b(a^2-\sqrt{3}b)=0 \qquad \therefore b=0 \text{ 또는 } a^2=\sqrt{3}b$

그런데 $b>0$이므로 $a^2=\sqrt{3}b \qquad \therefore b=\dfrac{a^2}{\sqrt{3}}$

정삼각형 OAB의 넓이는 $\dfrac{1}{2}\times\overline{AB}\times\overline{OH}=\dfrac{1}{2}\times\dfrac{2b^2}{a^2}\times b=\dfrac{b^3}{a^2}$

따라서 $b=\dfrac{a^2}{\sqrt{3}}$이므로 $\dfrac{b^3}{a^2}=\dfrac{\left(\dfrac{a^2}{\sqrt{3}}\right)^3}{a^2}=\dfrac{a^6}{3\sqrt{3}a^2}=\dfrac{\sqrt{3}}{9}a^4$

$\therefore k=\dfrac{\sqrt{3}}{9}$

한 변의 길이가 a인 정삼각형의 높이는 $\dfrac{\sqrt{3}}{2}a$, 넓이는 $\dfrac{\sqrt{3}}{4}a^2$

14 답 24

두 함수 $y=\sqrt{2x+t}-t$,
$y=\sqrt{2x-t}+t$의 그래프는 함수
$y=\sqrt{2x}$의 그래프를 평행이동하면 겹
쳐지므로 두 함수의 그래프에 동시에
접하는 직선 l은 함수 $y=\sqrt{2x}$의 그
래프에 접한다.

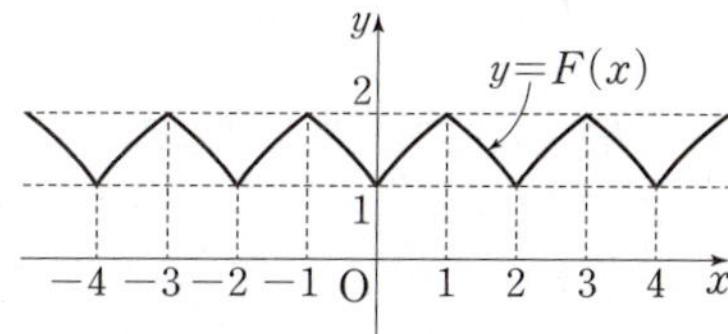

한편 두 함수 $y=\sqrt{2x+t}-t$,
$y=\sqrt{2x-t}+t$의 그래프의 시작점

$\left(-\dfrac{t}{2},\ -t\right),\ \left(\dfrac{t}{2},\ t\right)$를 지나는 직선의 기울기가 $\dfrac{t+t}{\dfrac{t}{2}+\dfrac{t}{2}}=2$이므로 두

함수의 그래프에 동시에 접하는 직선 l의 기울기도 2이다.

직선 l의 방정식을 $y=2x+a\,(a$는 상수$)$로 놓으면 직선 l은 함수
$y=\sqrt{2x}$의 그래프에 접하므로

$\sqrt{2x}=2x+a$에서 양변을 제곱하면

$2x=4x^2+4ax+a^2 \qquad \therefore 4x^2+2(2a-1)x+a^2=0$

이 이차방정식의 판별식을 D라 하면

$\dfrac{D}{4}=(2a-1)^2-4a^2=0$에서 $-4a+1=0 \qquad \therefore a=\dfrac{1}{4}$

즉, 직선 l의 방정식은 $y=2x+\dfrac{1}{4} \qquad \therefore 8x-4y+1=0$

이때 두 점 A, B 사이의 거리는 두 점 $\left(-\dfrac{t}{2},\ -t\right),\ \left(\dfrac{t}{2},\ t\right)$ 사이의 거

리와 같으므로

$\overline{AB}=\sqrt{\left(\dfrac{t}{2}+\dfrac{t}{2}\right)^2+(t+t)^2}=\sqrt{5}\,t$

또 원점 O와 직선 $8x-4y+1=0$ 사이의 거리를 d라 하면

$d=\dfrac{|1|}{\sqrt{8^2+(-4)^2}}=\dfrac{1}{\sqrt{80}}=\dfrac{\sqrt{5}}{20}$

$\therefore S(t)=\dfrac{1}{2}\times\overline{AB}\times d=\dfrac{1}{2}\times\sqrt{5}\,t\times\dfrac{\sqrt{5}}{20}=\dfrac{t}{8}$

따라서 $S(t)=3$이므로 $\dfrac{t}{8}=3 \qquad \therefore t=24$

15 답 11

$-1\le x\le 0$일 때, $g(x)=-x$이므로
$F(x)=(f\circ g)(x)=f(g(x))=f(-x)=\sqrt{-3x+1}$

$0\le x\le 1$일 때, $g(x)=x$이므로
$F(x)=(f\circ g)(x)=f(g(x))=f(x)=\sqrt{3x+1}$

㈐에서 함수 $y=F(x)$의 그래프는 $-1\le x\le 1$에서의 그래프가 반복되
므로 그림과 같다.

$-4\le x\le 4$에서 정수 a에 대하여

(i) a의 값이 $-3,\ -1,\ 1,\ 3$일 때,

$\quad F^1(a)=F(a)=2,$

$\quad F^2(a)=(F\circ F)(a)=F(F(a))=F(2)=1,$

$\quad F^3(a)=(F\circ F^2)(a)=F(F^2(a))=F(1)=2,$

$\quad F^4(a)=(F\circ F^3)(a)=F(F^3(a))=F(2)=1,\ \cdots$

(ii) a의 값이 -4, -2, 0, 2, 4일 때,
$F^1(a)=F(a)=1$,
$F^2(a)=(F \circ F)(a)=F(F(a))=F(1)=2$,
$F^3(a)=(F \circ F^2)(a)=F(F^2(a))=F(2)=1$,
$F^4(a)=(F \circ F^3)(a)=F(F^3(a))=F(1)=2$, $\cdots$
따라서 $F^1(a)+F^2(a)+F^3(a)+\cdots+F^k(a)=11$이 되려면
$11=2+1+2+1+2+1+2$이어야 하므로 이를 만족시키는 a의 값은
-3, -1, 1, 3의 4개이고, 이때 k의 값은 7이다.
$\therefore 4+7=11$

참고 a의 값이 -4, -2, 0, 2, 4일 때, 주어진 식의 값은
$1+2+1+2+1+2+1+\cdots$이므로
$F^1(a)+F^2(a)+F^3(a)+\cdots+F^k(a)$의 값은 11이 될 수 없다.

16 답 44

함수 $y=f(x)$의 그래프와 그 역함수
$y=f^{-1}(x)$의 그래프의 교점은 함수
$y=f(x)$의 그래프와 직선 $y=x$의 교점과
같다.

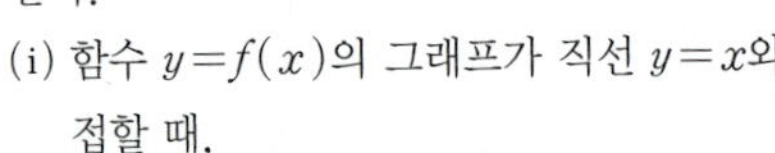

(i) 함수 $y=f(x)$의 그래프가 직선 $y=x$와
접할 때,
$\dfrac{k}{12}=a$라 하면
$x=\sqrt{2x-6}+a$에서 $x-a=\sqrt{2x-6}$
양변을 제곱하면 $x^2-2ax+a^2=2x-6$
$\therefore x^2-2(a+1)x+a^2+6=0$
이 이차방정식의 판별식을 D라 하면
$\dfrac{D}{4}=(a+1)^2-(a^2+6)=0$에서 $2a-5=0$ $\therefore a=\dfrac{5}{2}$
즉, $\dfrac{k}{12}=\dfrac{5}{2}$이므로 $k=30$

(ii) 함수 $y=f(x)$의 그래프가 직선 $y=x$와 점 $\left(3, \dfrac{k}{12}\right)$에서 만날 때,
$\dfrac{k}{12}=3$이므로 $k=36$

(i), (ii)에서 함수 $y=f(x)$의 그래프가 직선 $y=x$와 서로 다른 두 점에서
만나기 위한 k의 값의 범위는 $30<k\le36$이므로 정수 k는 31, 32, 33,
34, 35, 36의 6개이다.
한편 함수 $y=f(x)$의 그래프와 직선 $y=x$의 두 교점을 A, B라 하면
$k=36$일 때, $\overline{AB}$의 길이는 최대이므로
$\sqrt{2x-6}+3=x$에서 $\sqrt{2x-6}=x-3$
양변을 제곱하면 $2x-6=x^2-6x+9$
$x^2-8x+15=0$, $(x-3)(x-5)=0$
$\therefore x=3$ 또는 $x=5$
즉, 두 교점 A, B의 좌표는 $(3, 3)$, $(5, 5)$이므로
$\overline{AB}=\sqrt{(5-3)^2+(5-3)^2}=2\sqrt{2}$
따라서 $m=6$, $n=2\sqrt{2}$이므로
$m^2+n^2=36+8=44$

17 답 ⑤

함수 $y=f(x)$의 그래프와 역함수 $y=f^{-1}(x)$의 그래프는 직선 $y=x$에
대하여 대칭이므로 점 A와 점 C, 점 B와 점 D도 각각 직선 $y=x$에 대
하여 대칭이다.

ㄱ. D$(5, 1)$이면 B$(1, 5)$
즉, $f(1)=5$이므로 $k=5$
ㄴ. 두 함수 $y=f(x)$, $y=f^{-1}(x)$의 그래프가 만날 때, 그 교점은 직선
$y=x$ 위의 점이다.
원 $(x-3)^2+(y-3)^2=8$과 직선 $y=x$의 교점의 x좌표는
$2(x-3)^2=8$, $(x-3)^2=4$
$\therefore x=1$ 또는 $x=5$
이때 두 함수 $y=f(x)$, $y=f^{-1}(x)$의 그래프가 점 $(1, 1)$에서 만나
면 점 A와 점 C가 일치하고, 점 $(5, 5)$에서 만나면 점 B와 점 D가
일치한다.
즉, 점 A와 점 C가 일치하면 $f(1)=1$이므로 $k=1$
ㄷ. A$(\alpha, k\sqrt{\alpha})$, B$(\beta, k\sqrt{\beta})$라 하면
C$(k\sqrt{\alpha}, \alpha)$, D$(k\sqrt{\beta}, \beta)$
즉, 직선 AB의 기울기와 직선 CD의 기울기의 곱은
$\dfrac{k\sqrt{\beta}-k\sqrt{\alpha}}{\beta-\alpha} \times \dfrac{\beta-\alpha}{k\sqrt{\beta}-k\sqrt{\alpha}}=1$
따라서 보기에서 옳은 것은 ㄱ, ㄴ, ㄷ이다.

18 답 ③

함수 $f(x)=k\sqrt{x}\,(k>0)$의 그래프와 역함수 $y=f^{-1}(x)$의 그래프의 교
점은 함수 $f(x)=k\sqrt{x}\,(k>0)$의 그래프와 직선 $y=x$의 교점과 같으므로
$k\sqrt{x}=x$
양변을 제곱하면 $k^2x=x^2$
$x(x-k^2)=0$ $\therefore x=0$ 또는 $x=k^2$
이때 점 P는 원점 O가 아니므로 P(k^2, k^2)
점 Q는 선분 OP를 3 : 1로 내분하는 점이고, 점 R는 선분 OP를 1 : 3
으로 내분하는 점이므로
Q$\left(\dfrac{3k^2}{4}, \dfrac{3k^2}{4}\right)$, R$\left(\dfrac{k^2}{4}, \dfrac{k^2}{4}\right)$
점 A의 y좌표는 점 Q의 y좌표와 같으므로 $\dfrac{3k^2}{4}$
$\dfrac{3k^2}{4}=k\sqrt{x}$에서 $\sqrt{x}=\dfrac{3k}{4}$
$\therefore x=\dfrac{9k^2}{16}$ $\therefore$ A$\left(\dfrac{9k^2}{16}, \dfrac{3k^2}{4}\right)$
삼각형 ABQ는 $\overline{AQ}=\overline{BQ}$인 직각이등변삼각형이고,
$\overline{AQ}=\dfrac{3k^2}{4}-\dfrac{9k^2}{16}=\dfrac{3k^2}{16}$이므로 삼각형 ABQ의 넓이는
$\dfrac{1}{2} \times \overline{AQ} \times \overline{QB}=\dfrac{1}{2} \times \left(\dfrac{3k^2}{16}\right)^2=\dfrac{9k^4}{512}$
점 D의 x좌표는 점 R의 x좌표와 같으므로 $\dfrac{k^2}{4}$
$\therefore f\left(\dfrac{k^2}{4}\right)=k\sqrt{\dfrac{k^2}{4}}=\dfrac{k^2}{2}$ $\therefore$ D$\left(\dfrac{k^2}{4}, \dfrac{k^2}{2}\right)$
삼각형 CDR는 $\overline{DR}=\overline{CR}$인 직각이등변삼각형이고,
$\overline{DR}=\dfrac{k^2}{2}-\dfrac{k^2}{4}=\dfrac{k^2}{4}$이므로 삼각형 CDR의 넓이는
$\dfrac{1}{2} \times \overline{DR} \times \overline{CR}=\dfrac{1}{2} \times \left(\dfrac{k^2}{4}\right)^2=\dfrac{k^4}{32}$
따라서 삼각형 ABQ와 삼각형 CDR의 넓이의 합이 $\dfrac{25}{2}$이므로
$\dfrac{9k^4}{512}+\dfrac{k^4}{32}=\dfrac{25}{2}$에서 $\dfrac{25k^4}{512}=\dfrac{25}{2}$
$k^4=256$, $(k^2-16)(k^2+16)=0$
$(k+4)(k-4)(k^2+16)=0$ $\therefore k=4\,(\because k>0)$

두 점 $A(x_1, y_1)$, $B(x_2, y_2)$에 대하여 선분 AB를 $m:n(m>0,\ n>0)$으로 내분하는 점의 좌표는

$$\left(\frac{mx_2+nx_1}{m+n},\ \frac{my_2+ny_1}{m+n}\right)$$

19 답 ②

곡선 $y=f(x)$가 삼각형 ABC와 점 B(7, 1)에서 만날 때, 실수 k의 값은

$1=\sqrt{7-k}$에서 $1=7-k$

$\therefore k=6$

즉, $k>6$일 때 곡선 $y=f(x)$는 삼각형 ABC와 만나지 않으므로 곡선 $y=f(x)$가 삼각형 ABC와 만나도록 하는 실수 k의 값의 범위는 $k\leq 6$이다.

$y=\sqrt{x-k}$라 하고, 양변을 제곱하면

$y^2=x-k \qquad \therefore x=y^2+k$

x와 y를 서로 바꾸면 $y=x^2+k$

$\therefore f^{-1}(x)=x^2+k\ (x\geq 0)$

함수 $y=f^{-1}(x)$의 그래프가 삼각형 ABC와 점 A(1, 6)에서 만날 때, 실수 k의 값은

$6=1+k \qquad \therefore k=5$

즉, $k>5$일 때 함수 $y=f^{-1}(x)$의 그래프는 삼각형 ABC와 만나지 않으므로 함수 $y=f^{-1}(x)$의 그래프가 삼각형 ABC와 만나도록 하는 실수 k의 값의 범위는 $k\leq 5$이다.

따라서 곡선 $y=f(x)$와 함수 $y=f^{-1}(x)$의 그래프가 삼각형 ABC와 만나도록 하는 실수 k의 값의 범위는 $k\leq 5$이므로 최댓값은 5이다.

20 답 ④

두 함수 $f(x)$, $g(x)$는 서로 역함수 관계이므로 두 함수 $y=f(x)$, $y=g(x)$의 그래프가 만나는 점 A는 함수 $g(x)=\frac{1}{2}(x^2-3)\ (x\geq 0)$의 그래프와 직선 $y=x$가 만나는 점과 같다.

$\frac{1}{2}(x^2-3)=x$에서 $x^2-2x-3=0$, $(x+1)(x-3)=0$

$\therefore x=3\ (\because x\geq 0) \qquad \therefore A(3, 3)$

점 C는 점 $B\left(\frac{1}{2}, 2\right)$를 직선 $y=x$에 대하여 대칭이동한 점이므로

$C\left(2, \frac{1}{2}\right)$

$\therefore \overline{BC}=\sqrt{\left(2-\frac{1}{2}\right)^2+\left(\frac{1}{2}-2\right)^2}=\sqrt{\frac{9}{2}}=\frac{3\sqrt{2}}{2}$

점 $B\left(\frac{1}{2}, 2\right)$를 지나고, 기울기가 -1인 직선 l의 방정식은

$y-2=-\left(x-\frac{1}{2}\right)$, $x+y-\frac{5}{2}=0$

$\therefore 2x+2y-5=0$

점 A(3, 3)에서 직선 $2x+2y-5=0$에 내린 수선의 발을 H라 하면

$\overline{AH}=\frac{|6+6-5|}{\sqrt{2^2+2^2}}=\frac{7\sqrt{2}}{4}$

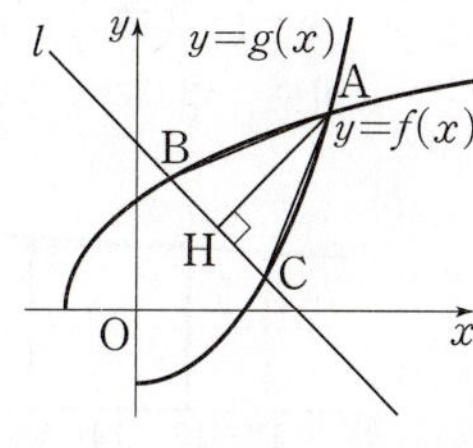

따라서 삼각형 ABC의 넓이는

$\frac{1}{2}\times\overline{BC}\times\overline{AH}=\frac{1}{2}\times\frac{3\sqrt{2}}{2}\times\frac{7\sqrt{2}}{4}=\frac{21}{8}$

21 답 $\dfrac{121}{16}$

정사각형 ACBD의 넓이가 최소일 때 대각선 AB의 길이도 최소이다.

즉, 점 A와 직선 $y=x$ 사이의 거리가 최소일 때이므로 기울기가 1인 직선과 함수 $f(x)=-\sqrt{-x-3}$의 그래프의 접점이 A일 때이다.

······· 배점 30%

기울기가 1인 접선의 방정식을 $y=x+a\ (a$는 상수$)$라 하면

$-\sqrt{-x-3}=x+a$

양변을 제곱하면 $-x-3=x^2+2ax+a^2$

$\therefore x^2+(2a+1)x+a^2+3=0$

이 이차방정식의 판별식을 D라 하면

$D=(2a+1)^2-4(a^2+3)=0$에서

$4a-11=0 \qquad \therefore a=\frac{11}{4}$

즉, 기울기가 1이고, 함수 $y=f(x)$의 그래프에 접하는 접선의 방정식은

$y=x+\frac{11}{4}$

······· 배점 30%

점 A와 직선 $y=x$ 사이의 거리의 최솟값은 점 $(0, 0)$과 직선 $y=x+\frac{11}{4}$, 즉 $4x-4y+11=0$ 사이의 거리와 같으므로

$\frac{|11|}{\sqrt{4^2+(-4)^2}}=\frac{11}{4\sqrt{2}}=\frac{11\sqrt{2}}{8}$

정사각형 ACBD의 대각선 AB의 길이의 최솟값은

$2\times\frac{11\sqrt{2}}{8}=\frac{11\sqrt{2}}{4}$

따라서 정사각형 ACBD의 넓이의 최솟값은

$\frac{1}{2}\times\left(\frac{11\sqrt{2}}{4}\right)^2=\frac{121}{16}$

······· 배점 40%

22 답 1

함수 $y=f(x)$의 그래프와 역함수 $y=f^{-1}(x)$의 그래프의 교점은 함수 $y=f(x)$의 그래프와 직선 $y=x$의 교점과 같으므로

$\sqrt{-x+5}-1=x$에서 $\sqrt{-x+5}=x+1$

양변을 제곱하면 $-x+5=x^2+2x+1$

$x^2+3x-4=0$, $(x+4)(x-1)=0 \qquad \therefore x=-4$ 또는 $x=1$

그런데 두 함수 $f(x)$, $f^{-1}(x)$의 정의역의 공통 범위는 $-1\leq x\leq 5$이므로

> $f(x)=-\sqrt{-x+5}-1$의 치역 $\{y|y\geq -1\}$이므로 $f^{-1}(x)$의 정의역 $\{x|x\geq -1\}$

$x=1 \qquad \therefore A(1, 1)$

㉮, ㉯에서 $g(x)=-x+a\ (a$는 상수$)$로 놓으면 → $g(x)=g^{-1}(x)=-x+a$

함수 $y=g(x)$의 그래프가 점 A를 지나므로

$1=-1+a \qquad \therefore a=2$

즉, $g(x)=-x+2$이므로 $g(0)=2$

$\therefore B(0, 2)$

따라서 삼각형 OAB의 넓이는

$\frac{1}{2}\times 2\times 1=1$

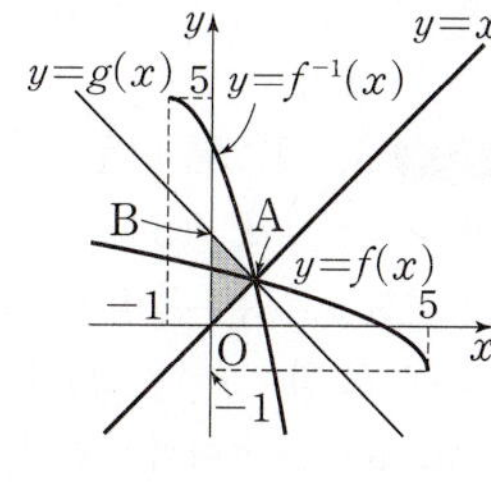

23 답 42

$h(x)=(g\circ f^{-1})^{-1}(x)=(f\circ g^{-1})(x)=f(g^{-1}(x))$

$g(x)=\sqrt{x-3}+4$의 치역은 $\{y|y\geq 4\}$

$y=\sqrt{x-3}+4$라 하면 $y-4=\sqrt{x-3}$

양변을 제곱하면 $y^2-8y+16=x-3$

$\therefore x=y^2-8y+19$

107

Ⅲ. 함수와 그래프

x와 y를 서로 바꾸면 $y=x^2-8x+19$

$\therefore g^{-1}(x)=x^2-8x+19=(x-4)^2+3\,(x\geq4)$

$x\geq4$일 때, 두 함수 $y=f(x)$, $y=g^{-1}(x)$의 그래프는 x의 값이 커질수록 y의 값도 커진다.

즉, $6\leq x\leq9$에서 함수 $g^{-1}(x)$는 $x=9$일 때 최댓값 28을 갖고, $x=6$일 때 최솟값 7을 가지므로 함수 $h(x)=f(g^{-1}(x))$는 $x=9$일 때 최댓값 $f(28)=\sqrt{58}$을 갖고, $x=6$일 때 최솟값 $f(7)=4$를 갖는다.

따라서 $M=\sqrt{58}$, $m=4$이므로

$M^2-m^2=58-16=42$

STEP 3 **최고난도** 문제 | 103~105쪽

01 ③	**02** 65	**03** ①	**04** 36	**05** ①	**06** ②
07 5	**08** 4	**09** ②	**10** 13		

01 답 ③

1단계 두 방정식 $f(x)=\alpha$, $f(x)=\beta$가 실근을 갖는 경우 알기

방정식 $\{f(x)-\alpha\}\{f(x)-\beta\}=0$에서

$f(x)=\alpha$ 또는 $f(x)=\beta$ $\quad\cdots\cdots$ ㉠

㈏에서 $f(\alpha)=\alpha$, $f(\beta)=\beta$이고, ㈎에서 방정식 ㉠의 실근이 α, β, γ 뿐이므로 $f(\gamma)=\alpha$ 또는 $f(\gamma)=\beta$

즉, 방정식 $f(x)=\alpha$의 실근은 α, γ이고 방정식 $f(x)=\beta$의 실근은 β 뿐이거나 방정식 $f(x)=\alpha$의 실근은 α뿐이고 방정식 $f(x)=\beta$의 실근은 β, γ이다.

2단계 곡선 $y=f(x)$와 직선 $y=\beta$의 교점의 좌표 구하기

방정식 $f(x)=\alpha$의 실근은 α, γ이고 방정식 $f(x)=\beta$의 실근은 β뿐이라 하자.

방정식 $f(x)=\alpha$의 실근이 α, γ이므로 곡선 $y=f(x)$와 직선 $y=\alpha$는 서로 다른 두 점에서 만나고 두 교점의 x좌표는 각각 α, γ이다.

또 방정식 $f(x)=\beta$의 실근이 β뿐이므로 곡선 $y=f(x)$와 직선 $y=\beta$는 오직 한 점에서 만나고 이 점의 x좌표는 β이다.

이때 곡선 $y=f(x)$와 x축에 평행한 직선이 한 점에서 만나려면 만나는 점의 좌표는 $(a,\,b)$이어야 한다.

즉, 점 $(a,\,b)$는 점 $(\beta,\,\beta)$와 같으므로

$a=b=\beta$ $\quad\cdots\cdots$ ㉡

3단계 α, γ를 β를 이용하여 나타내기

한편 $f(\alpha)=\alpha$, $f(\beta)=\beta$에서 곡선 $y=f(x)$와 직선 $y=x$는 두 점 $(\alpha,\,\alpha)$, $(\beta,\,\beta)$에서 만나므로 함수 $y=f(x)$의 그래프는 그림과 같고, $\alpha<\beta<\gamma$이어야 한다.

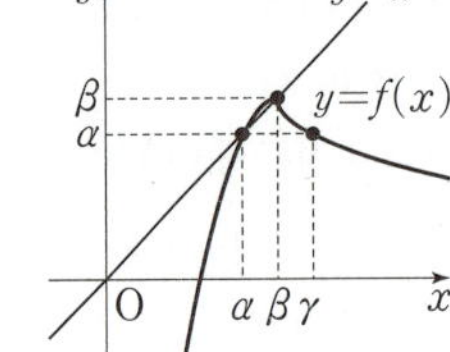

$f(x)=x$에서 $-(x-a)^2+b=x$

㉡을 대입하면 $-(x-\beta)^2+\beta=x$

$(x-\beta)^2+(x-\beta)=0$, $(x-\beta)(x-\beta+1)=0$

$\therefore x=\beta$ 또는 $x=\beta-1$

$f(\alpha)=\alpha$이고, $\alpha\neq\beta$이므로 $\alpha=\beta-1$

$f(\gamma)=\alpha$이고, $\gamma>\beta=a=b$이므로

$-\sqrt{\gamma-a}+b=\alpha$에서 $-\sqrt{\gamma-\beta}+\beta=\beta-1$

$\sqrt{\gamma-\beta}=1$ $\quad\therefore \gamma=\beta+1$

4단계 $f(\alpha+\beta)$의 값 구하기

이때 $\alpha+\beta+\gamma=15$이므로

$(\beta-1)+\beta+(\beta+1)=15$, $3\beta=15$ $\quad\therefore \beta=5$

$\therefore \alpha=\beta-1=4$, $\gamma=\beta+1=6$

따라서 ㉡에서 $a=b=5$이고, $f(x)=\begin{cases}-(x-5)^2+5 & (x\leq5) \\ -\sqrt{x-5}+5 & (x>5)\end{cases}$이므로

$f(\alpha+\beta)=f(9)=-\sqrt{9-5}+5=3$

참고 방정식 $f(x)=\alpha$의 실근은 α뿐이고 방정식 $f(x)=\beta$의 실근은 β, γ인 경우에도 같은 방법으로 $f(\alpha+\beta)=3$이다.

02 답 65

1단계 $y=\dfrac{\sqrt{x+3}}{2}$이 자연수가 되는 자연수 x의 값 찾기

$y=\dfrac{\sqrt{x+3}}{2}$이 자연수가 되도록 하는 자연수 x의 값은

1, 13, 33, 61, 97, ... → $4y^2-3=x$에 $y=1, 2, 3, \ldots$을 대입한다.

2단계 x의 값의 범위에 따라 $f(n)$ 구하기

한 변의 길이가 $\sqrt{5}$ 이하인 정사각형은 다음과 같이 5가지이다.

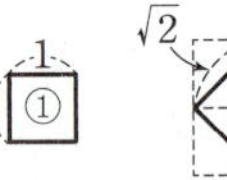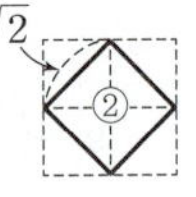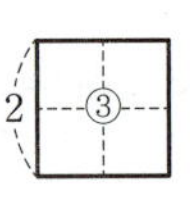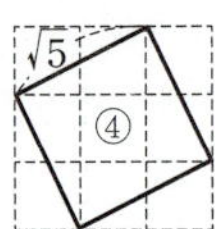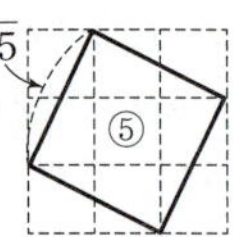

(i) $n=1$일 때,

주어진 조건을 만족시키는 정사각형은 존재하지 않는다.

$\therefore f(1)=0$

(ii) $2\leq n\leq13$일 때,

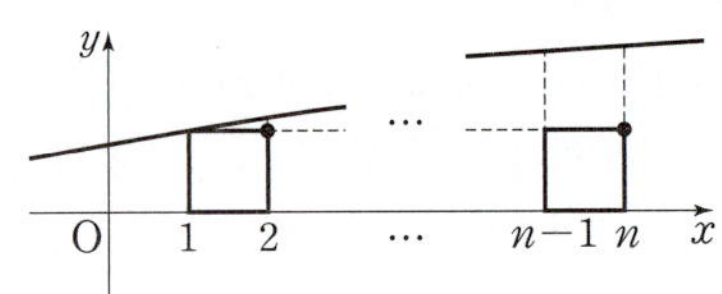

①과 같은 정사각형의 오른쪽 꼭짓점 중 윗쪽의 점의 좌표는

$(2,\,1)$, $(3,\,1)$, $(4,\,1)$, $\ldots$, $(n,\,1)$

이므로 정사각형은 $(n-1)$개

따라서 $f(n)=n-1$이므로

$f(13)=12$

(iii) $14\leq n\leq33$일 때, 새로 생기는 정사각형은

ⓘ ①과 같은 정사각형의 오른쪽 꼭짓점 중 윗쪽의 점의 좌표는

$(14,\,1)$, $(15,\,1)$, $(16,\,1)$, $\ldots$, $(n,\,1)$,

$(14,\,2)$, $(15,\,2)$, $(16,\,2)$, $\ldots$, $(n,\,2)$

이므로 정사각형은 $2(n-13)$개

ⓘ

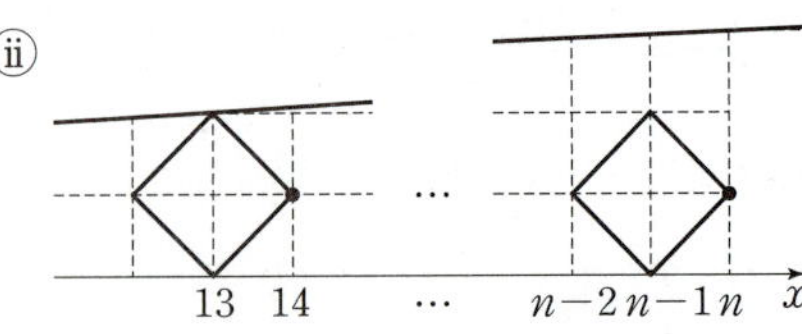

②와 같은 정사각형의 오른쪽 꼭짓점의 좌표는

$(14,\,1)$, $(15,\,1)$, $(16,\,1)$, $\ldots$, $(n,\,1)$

이므로 정사각형은 $(n-13)$개

ⓘ

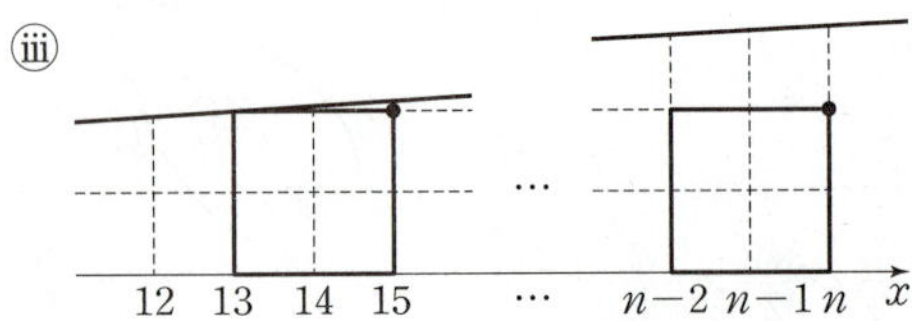

③과 같은 정사각형의 오른쪽 꼭짓점 중 윗쪽의 점의 좌표는
$$(15, 2), (16, 2), (17, 2), ..., (n, 2)$$
이므로 정사각형은 $\{(n-13)-1\}$개

ⓘ, ⓘ, ⓘ에서 정사각형의 개수는
$$4(n-13)-1=4n-53$$
따라서 $f(n)=4n-53+f(13)$이므로
$$f(33)=79+12=91$$

(iv) $34 \le n \le 61$일 때, 새로 생기는 정사각형은

ⓘ ①과 같은 정사각형의 오른쪽 꼭짓점 중 윗쪽의 점의 좌표는
$$(34, 1), (35, 1), (36, 1), ..., (n, 1),$$
$$(34, 2), (35, 2), (36, 2), ..., (n, 2),$$
$$(34, 3), (35, 3), (36, 3), ..., (n, 3)$$
이므로 정사각형은 $3(n-33)$개

ⓘ ②와 같은 정사각형의 오른쪽 꼭짓점의 좌표는
$$(34, 1), (35, 1), (36, 1), ..., (n, 1),$$
$$(34, 2), (35, 2), (36, 2), ..., (n, 2)$$
이므로 정사각형은 $2(n-33)$개

ⓘ ③과 같은 정사각형의 오른쪽 꼭짓점 중 윗쪽의 점의 좌표는
$$(34, 2), (35, 2), (36, 2), ..., (n, 2),$$
$$(35, 3), (36, 3), (37, 3), ..., (n, 3)$$
이므로 정사각형은 $\{2(n-33)-1\}$개

ⓘ
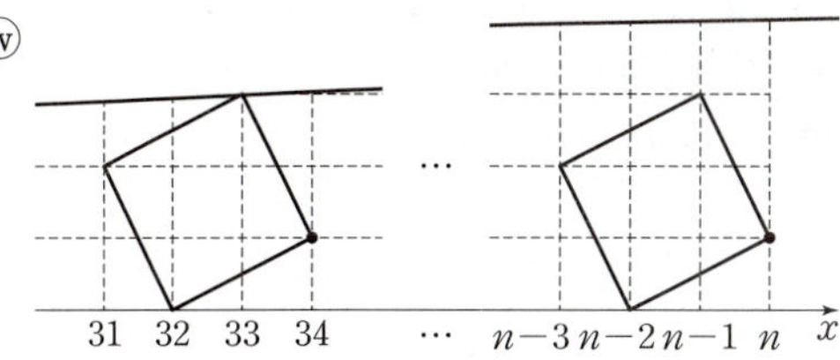

④와 같은 정사각형의 오른쪽 꼭짓점의 좌표는
$$(34, 1), (35, 1), (36, 1), ..., (n, 1)$$
이므로 정사각형은 $(n-33)$개

ⓥ
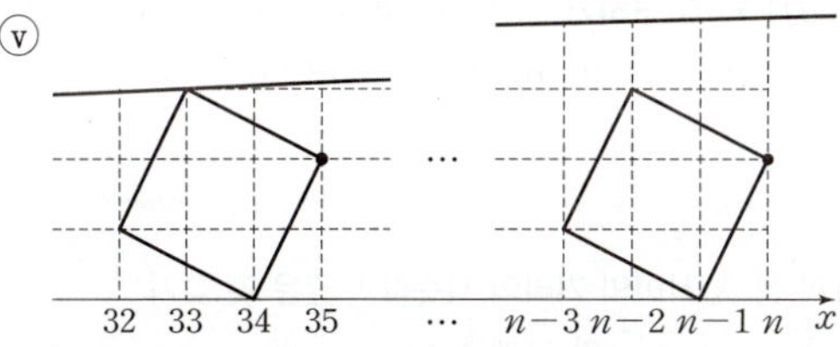

⑤와 같은 정사각형의 오른쪽 꼭짓점의 좌표는
$$(35, 2), (36, 2), (37, 2), ..., (n, 2)$$
이므로 정사각형은 $\{(n-33)-1\}$개

ⓘ~ⓥ에서 정사각형의 개수는
$$9(n-33)-2=9n-299$$
따라서 $f(n)=9n-299+f(33)$이므로
$$f(61)=250+91=341$$

(v) $62 \le n \le 97$일 때, 새로 생기는 정사각형은

ⓘ ①과 같은 정사각형의 오른쪽 꼭짓점 중 윗쪽의 점의 좌표는
$$(62, 1), (63, 1), (64, 1), ..., (n, 1),$$
$$(62, 2), (63, 2), (64, 2), ..., (n, 2),$$
$$(62, 3), (63, 3), (64, 3), ..., (n, 3),$$
$$(62, 4), (63, 4), (64, 4), ..., (n, 4)$$
이므로 정사각형은 $4(n-61)$개

ⓘ ②와 같은 정사각형의 오른쪽 꼭짓점의 좌표는
$$(62, 1), (63, 1), (64, 1), ..., (n, 1),$$
$$(62, 2), (63, 2), (64, 2), ..., (n, 2),$$
$$(62, 3), (63, 3), (64, 3), ..., (n, 3)$$
이므로 정사각형은 $3(n-61)$개

ⓘ ③과 같은 정사각형의 오른쪽 꼭짓점 중 윗쪽의 점의 좌표는
$$(62, 2), (63, 2), (64, 2), ..., (n, 2),$$
$$(62, 3), (63, 3), (64, 3), ..., (n, 3),$$
$$(63, 4), (64, 4), (65, 4), ..., (n, 4)$$
이므로 정사각형은 $\{3(n-61)-1\}$개

ⓘ ④와 같은 정사각형의 오른쪽 꼭짓점의 좌표는
$$(62, 1), (63, 1), (64, 1), ..., (n, 1),$$
$$(62, 2), (63, 2), (64, 2), ..., (n, 2)$$
이므로 정사각형은 $2(n-61)$개

ⓥ ⑤와 같은 정사각형의 오른쪽 꼭짓점의 좌표는
$$(62, 2), (63, 2), (64, 2), ..., (n, 2),$$
$$(63, 3), (64, 3), (65, 3), ..., (n, 3)$$
이므로 정사각형은 $\{2(n-61)-1\}$개

ⓘ~ⓥ에서 정사각형의 개수는 $14(n-61)-2=14n-856$
$$\therefore f(n)=14n-856+f(61)=14n-856+341=14n-515$$

 자연수 n의 최댓값 구하기

즉, $14n-515 \le 400$에서 $14n \le 915$ $\therefore n \le 65.3\cdots$
따라서 자연수 n의 최댓값은 65이다.

03 답 ①

 조건이 나타내는 의미 파악하기

방정식 $f(x)=g(x)$의 서로 다른 두 실근 α, β에 대하여 $f(\alpha) \ne 0$, $g(\beta) \ne 0$이 되려면 두 함수 $f(x)=\dfrac{ax+6}{x+2}$, $g(x)=\sqrt{bx+8}$의 그래프는 x축 위의 점이 아닌 서로 다른 두 점에서 만나야 한다.

 두 함수 $y=f(x)$, $y=g(x)$의 그래프의 개형 파악하기

$f(x)=\dfrac{ax+6}{x+2}=\dfrac{a(x+2)-2a+6}{x+2}=\dfrac{-2a+6}{x+2}+a$이므로 함수 $y=f(x)$의 그래프의 점근선의 방정식은 $x=-2$, $y=a$이고, 두 점 $(0, 3)$, $\left(-\dfrac{6}{a}, 0\right)$을 지난다.

이때 $-2a+6>0$, 즉 $a<3$인 경우와 $-2a+6<0$, 즉 $a>3$인 경우로 나누어 그래프를 그려야 한다.

또 $g(x)=\sqrt{bx+8}=\sqrt{b\left(x+\dfrac{8}{b}\right)}$이므로 함수 $y=g(x)$의 그래프는 두 점 $\left(-\dfrac{8}{b}, 0\right)$, $(0, 2\sqrt{2})$를 지난다.

 $a<3$인 자연수일 때, 순서쌍 (a, b)의 개수 구하기

(i) $a<3$인 자연수일 때,

$0<-2a+6 \le 4$이고,

$-6 \le -\dfrac{6}{a}<-2$이므로 그림과 같이

$-\dfrac{8}{b}<-\dfrac{6}{a}$일 때 두 함수 $y=f(x)$,

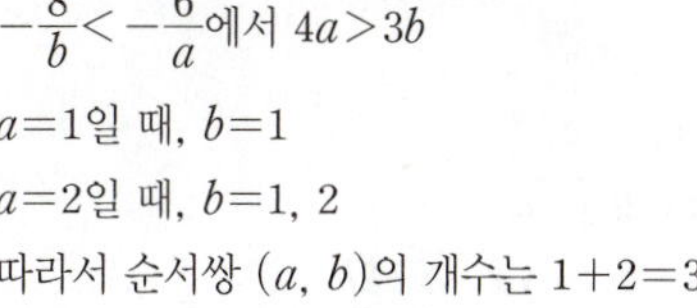

$y=g(x)$의 그래프는 x축 위의 점이

아닌 서로 다른 두 점에서 만난다.

$-\dfrac{8}{b}<-\dfrac{6}{a}$에서 $4a>3b$

$a=1$일 때, $b=1$

$a=2$일 때, $b=1, 2$

따라서 순서쌍 (a, b)의 개수는 $1+2=3$

 $3<a<10$인 자연수일 때, 순서쌍 (a, b)의 개수 구하기

(ii) $3<a<10$인 자연수일 때,

$-14<-2a+6<0$이고,

$-2<-\dfrac{6}{a}<-\dfrac{3}{5}$이므로 그림과 같이

$-\dfrac{8}{b}<-\dfrac{6}{a}$일 때 두 함수 $y=f(x)$,

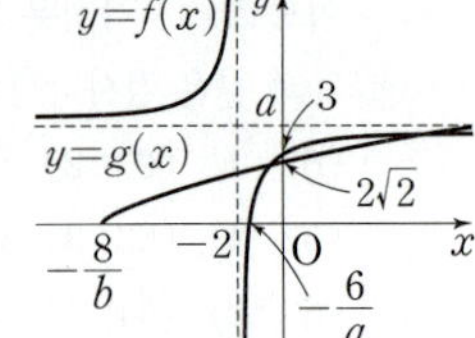

$y=g(x)$의 그래프는 x축 위의 점이 아

닌 서로 다른 두 점에서 만난다.

$-\dfrac{8}{b}<-\dfrac{6}{a}$에서 $4a>3b$

$a=4$일 때, $b=1, 2, 3, 4, 5$

$a=5$일 때, $b=1, 2, 3, 4, 5, 6$

$a=6$일 때, $b=1, 2, 3, 4, 5, 6, 7$

$a=7$일 때, $b=1, 2, 3, 4, 5, 6, 7, 8, 9$

$a=8$일 때, $b=1, 2, 3, 4, 5, 6, 7, 8, 9$ ┐

$a=9$일 때, $b=1, 2, 3, 4, 5, 6, 7, 8, 9$ ┘ b는 10 이하의 자연수이다.

따라서 순서쌍 (a, b)의 개수는

$5+6+7+9+9+9=45$

 순서쌍 (a, b)의 개수 구하기

(i), (ii)에서 구하는 순서쌍 (a, b)의 개수는

$3+45=48$

04 답 36

 함수 $y=g(x)$의 그래프의 개형 파악하기

함수 $f(x)=\sqrt{-x+a}-b$의 그래프는 함수 $f(x)=\sqrt{-x}$의 그래프를 x축의 방향으로 a만큼, y축의 방향으로 $-b$만큼 평행이동한 것이다.

(i) $b\leq0$일 때,

① $x\leq a$이면

$g(x)=|f(x)|+b=f(x)+b=\sqrt{-x+a}$

② $x>a$이면

$g(x)=-f(-x+2a)+|b|$

$\qquad=-(\sqrt{-(-x+2a)+a}-b)+|b|$

$\qquad=-\sqrt{x-a}+b-b=-\sqrt{x-a}$

즉, 함수 $y=g(x)$의 그래프는 그림과 같다.

이때 함수 $y=g(x)$의 그래프와 직선 $y=t$

의 교점의 개수는 항상 1이므로 $h(t)=1$이

다.

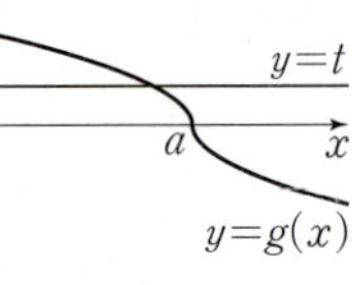

따라서 ㈎에서 $h(\alpha)\times h(\beta)=4$를 만족시키지 않는다.

(ii) $b>0$일 때,

함수 $f(x)=\sqrt{-x+a}-b$의 그래프와 x축의 교점의 x좌표는

$0=\sqrt{-x+a}-b$에서 $\sqrt{-x+a}=b$

양변을 제곱하면 $-x+a=b^2$ $\quad\therefore x=a-b^2$

즉, 함수 $y=f(x)$의 그래프는 그림과 같다.

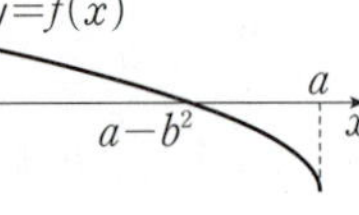

① $x\leq a-b^2$이면 $f(x)\geq0$이므로

$g(x)=|f(x)|+b=f(x)+b$

$\qquad=\sqrt{-x+a}$

② $a-b^2<x\leq a$이면 $f(x)<0$이므로

$g(x)=|f(x)|+b=-f(x)+b=-\sqrt{-x+a}+2b$

③ $x>a$이면

$g(x)=-f(-x+2a)+|b|$

$\qquad=-(\sqrt{-(-x+2a)+a}-b)+|b|$

$\qquad=-\sqrt{x-a}+b+b=-\sqrt{x-a}+2b$

$\therefore g(x)=\begin{cases}\sqrt{-x+a} & (x\leq a-b^2)\\ -\sqrt{-x+a}+2b & (a-b^2<x\leq a)\\ -\sqrt{x-a}+2b & (x>a)\end{cases}$

즉, 함수 $y=g(x)$의 그래프는 그림과 같다.

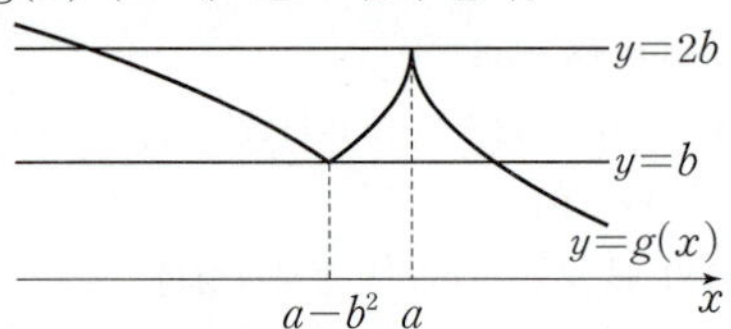

 실수 α, β의 값을 b를 이용하여 나타내기

이때 $h(t)\leq3$이고, $h(\alpha)\times h(\beta)=4$에서 $h(\alpha)=h(\beta)=2$이므로

㈎를 만족시키는 실수 α, β의 값은

$\alpha=b$, $\beta=2b$ $(\because \alpha<\beta)$

 함수 $g(x)$ 구하기

㈏에서 x에 대한 방정식 $\{g(x)-\alpha\}\{g(x)-\beta\}=0$의 서로 다른 실근은 함수 $y=g(x)$의 그래프와 두 직선 $y=\alpha$, $y=\beta$의 교점의 x좌표이므로 방정식의 서로 다른 실근의 개수는 4이다.

즉, x에 대한 방정식 $\{g(x)-\alpha\}\{g(x)-\beta\}=0$의 서로 다른 실근 중 최솟값은 함수 $y=g(x)$의 그래프와 직선 $y=2b$의 교점의 x좌표 중 a가 아닌 값이고, 최댓값은 함수 $y=g(x)$의 그래프와 직선 $y=b$의 교점의 x좌표 중 $a-b^2$이 아닌 값이다.

따라서 $-30<a-b^2<a<15$이고, $g(-30)=2b$, $g(15)=b$이므로

$g(-30)=2b$에서 $\sqrt{30+a}=2b$

$30+a=4b^2$ $\quad\therefore a-4b^2=-30$ $\quad\cdots\cdots$ ㉠

$g(15)=b$에서 $-\sqrt{15-a}+2b=b$

$-\sqrt{15-a}=-b$, $15-a=b^2$ $\quad\therefore a+b^2=15$ $\quad\cdots\cdots$ ㉡

㉠, ㉡을 연립하여 풀면 $a=6$, $b=3$ $(\because b>0)$

$\therefore g(x)=\begin{cases}\sqrt{-x+6} & (x\leq-3)\\ -\sqrt{-x+6}+6 & (-3<x\leq6)\\ -\sqrt{x-6}+6 & (x>6)\end{cases}$

 $\{g(150)\}^2$의 값 구하기

$\therefore \{g(150)\}^2=(-\sqrt{150-6}+6)^2=(-12+6)^2=36$

05 답 ①

 점 M과 점 A 사이의 거리의 최솟값과 같은 것 찾기

그림과 같이 함수 $y=2\sqrt{x}$의 그래프 위의 임의의 점 P와 직선 $y=x+2$ 위를 움직이는 점 Q에 대하여 점 P에서 직선 $y=x+2$에 내린 수선의 발을 H라 하자.

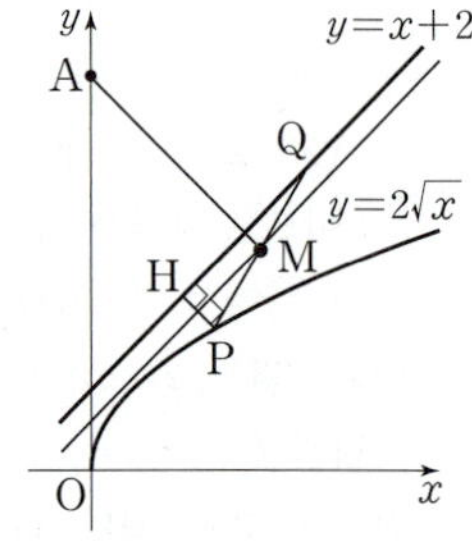

이때 선분 PQ의 중점 M은 선분 PH의 수직이등분선 위에 있으므로 두 점 M, A 사이의 거리의 최솟값은 직선 $y=x+2$와 선분 PH의 수직이등분선 사이의 거리의 최솟값과 점 A와 직선 $y=x+2$ 사이의 거리의 합과 같다.

 직선 $y=x+2$와 선분 PH의 수직이등분선 사이의 거리의 최솟값 구하기

직선 $y=x+2$와 선분 PH의 수직이등분선 사이의 거리의 최솟값은 점 P와 직선 $y=x+2$ 사이의 거리의 최솟값의 $\dfrac{1}{2}$과 같다.

$P(a, 2\sqrt{a})$라 하면 점 P와 직선 $y=x+2$, 즉 $x-y+2=0$ 사이의 거리는

$\dfrac{|a-2\sqrt{a}+2|}{\sqrt{1^2+(-1)^2}}=\dfrac{|(\sqrt{a}-1)^2+1|}{\sqrt{2}}$

즉, 점 P와 직선 $y=x+2$ 사이의 거리의 최솟값은 $a=1$일 때 $\dfrac{\sqrt{2}}{2}$이다.

이때 직선 $y=x+2$와 선분 PH의 수직이등분선 사이의 거리의 최솟값은
$$\dfrac{1}{2} \times \dfrac{\sqrt{2}}{2} = \dfrac{\sqrt{2}}{4}$$

3단계 점 A와 직선 $y=x+2$ 사이의 거리 구하기

점 $A(0, 8)$과 직선 $y=x+2$, 즉 $x-y+2=0$ 사이의 거리는
$$\dfrac{|-8+2|}{\sqrt{1^2+(-1)^2}} = \dfrac{6}{\sqrt{2}} = 3\sqrt{2}$$

4단계 두 점 M, A 사이의 거리의 최솟값 구하기

따라서 두 점 M, A 사이의 거리의 최솟값은
$$\dfrac{\sqrt{2}}{4} + 3\sqrt{2} = \dfrac{13\sqrt{2}}{4}$$

06 답 ②

1단계 원의 중심 C의 좌표 구하기

점 $Q(3, 5)$는 원 $(x-c)^2+(y-2)^2=13$ 위의 점이므로

$(3-c)^2+(5-2)^2=13$에서

$c^2-6c+5=0$, $(c-1)(c-5)=0$

$\therefore c=1$ 또는 $c=5$

그런데 $c=5$이면 함수 $y=\sqrt{ax+b}+6$에서 $y\geq 6>2+\sqrt{13}$이므로 원과 만나지 않는다.

$\therefore c=1 \qquad \therefore C(1, 2)$

2단계 점 P의 좌표 구하기

$y=\sqrt{ax+b}+2$이므로 그림과 같이 두 점 P, Q에서 직선 $y=2$에 내린 수선의 발을 각각 D, E라 하자.

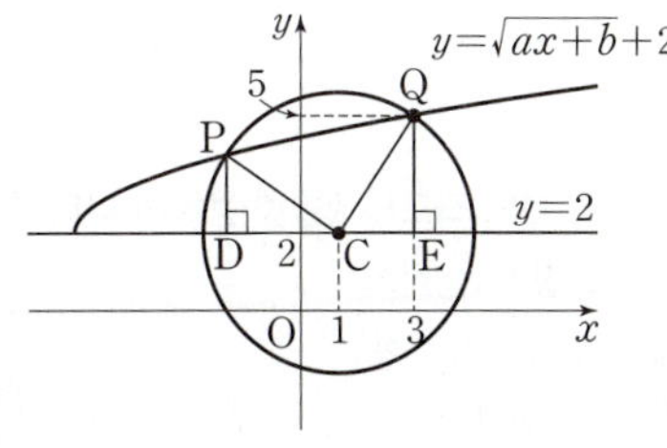

원의 반지름의 길이가 $\sqrt{13}$이므로

$\overline{PC}=\overline{QC}=\sqrt{13}$

삼각형 PCQ에서 $\overline{PQ}=\sqrt{26}$이므로

$\overline{PQ}^2=\overline{PC}^2+\overline{QC}^2$

즉, 삼각형 PCQ는 $\angle PCQ=90°$인 직각삼각형이다.

두 삼각형 PDC, CEQ에서

$\angle PDC=\angle CEQ=90°$, $\overline{PC}=\overline{CQ}$, $\angle CPD=\angle QCE$이므로

$\triangle PDC \equiv \triangle CEQ$ (RHA 합동)

이때 $\overline{CE}=2$, $\overline{QE}=3$이므로 $\overline{PD}=2$, $\overline{CD}=3$

따라서 점 P의 좌표는 $(1-3, 2+2)$

$\therefore P(-2, 4)$

3단계 $a+b+c$의 값 구하기

함수 $y=\sqrt{ax+b}+2$의 그래프가 두 점 $P(-2, 4)$, $Q(3, 5)$를 지나므로

$4=\sqrt{-2a+b}+2$, $5=\sqrt{3a+b}+2$에서

$\sqrt{-2a+b}=2$, $\sqrt{3a+b}=3$

두 식의 양변을 각각 제곱하면

$-2a+b=4$, $3a+b=9$

두 식을 연립하여 풀면

$a=1$, $b=6$

$\therefore a+b+c=1+6+1=8$

07 답 5

1단계 집합 B를 (x, y)로 나타내기

$(x, y)\in A$, $(y, x)\in B$이므로 집합 B는 함수 $y=\sqrt{x+n^4}-n^2$ $(x\geq 0)$의 역함수의 그래프 위의 점들을 원소로 갖는다.

$y=\sqrt{x+n^4}-n^2$에서 $y+n^2=\sqrt{x+n^4}$

양변을 제곱하면 $y^2+2n^2y+n^4=x+n^4$

$\therefore x=y^2+2n^2y$

x와 y를 서로 바꾸면 $y=x^2+2n^2x$ $(x\geq 0)$

$\therefore B=\{(x, y)\,|\,y=x^2+2n^2x,\ x\geq 0\}$

2단계 점 Q_n의 좌표 구하기

$A\cap B=\{(0, 0)\}$이므로 $x\geq 0$에서 두 함수 $y=\sqrt{x+n^4}-n^2$, $y=x^2+2n^2x$의 그래프는 점 $(0, 0)$에서만 만난다.

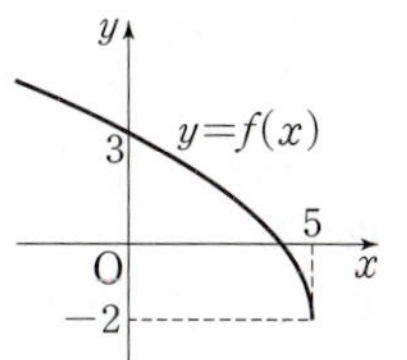

$Q_n\in(B\cap C)$이므로

$x^2+2n^2x=-x+2n^2+2$에서

$x^2+(2n^2+1)x-(2n^2+2)=0$

$(x-1)(x+2n^2+2)=0 \qquad \therefore x=1\ (\because x\geq 0)$

$\therefore Q_n(1, 2n^2+1)$

3단계 점 P_n의 좌표 구하기

점 P_n은 점 Q_n과 직선 $y=x$에 대하여 대칭이므로

$P_n(2n^2+1, 1)$

4단계 n의 값 구하기

$\therefore \overline{P_nQ_n}=\sqrt{(2n^2+1-1)^2+(1-2n^2-1)^2}=2\sqrt{2}n^2$

따라서 $\overline{P_nQ_n}=50\sqrt{2}$이므로

$2\sqrt{2}n^2=50\sqrt{2}$, $n^2=25 \qquad \therefore n=5\ (\because n$은 자연수$)$

08 답 4

1단계 $(g\circ f)(x)$의 값이 최소가 되는 경우 파악하기

두 함수 $f(x)=\sqrt{-5(x-5)}-2$, $g(x)=(x-3)^2+a$의 그래프는 그림과 같으므로 $(g\circ f)(x)=g(f(x))$에서 $f(x)$의 값이 3에 가까워질수록 $g(f(x))$의 값은 작아진다.

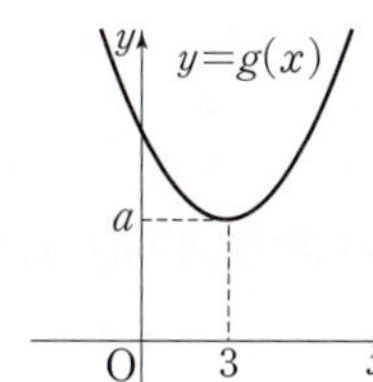

즉, $x=0$일 때 $f(x)=3$이므로 함수 $(g\circ f)(x)$의 정의역에 0이 포함되어 있으면 최솟값은 a이다.

2단계 t의 값의 범위에 따른 $h(t)$ 구하기

$|x-t|\leq 1$에서 $t-1\leq x\leq t+1$

(i) $t-1>0$, 즉 $1<t\leq 4$일 때,

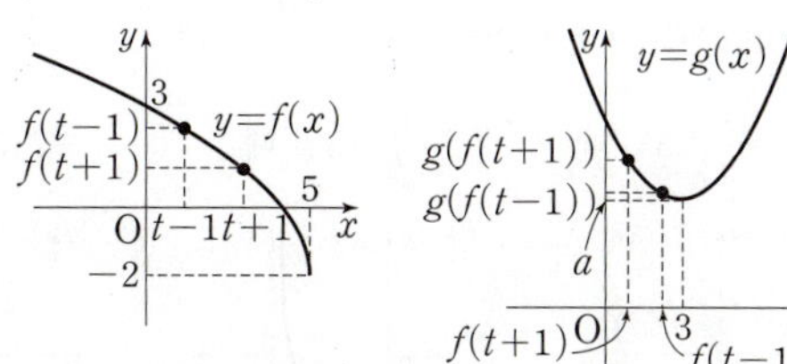

$g(f(x))$의 최솟값은 $x=t-1$일 때이므로

$h(t)=g(f(t-1))$

(ii) $t-1\leq0\leq t+1$, 즉 $-1\leq t\leq1$일 때,

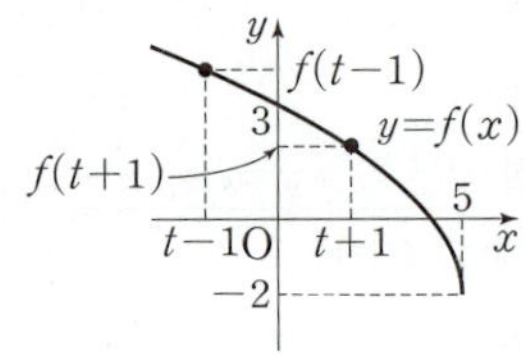 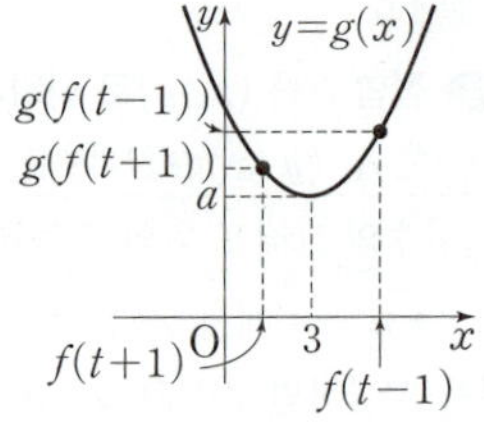

$g(f(x))$의 최솟값은 $x=0$일 때이므로
$$h(t)=g(f(0))=g(3)=a$$

(iii) $t+1<0$, 즉 $t<-1$일 때,

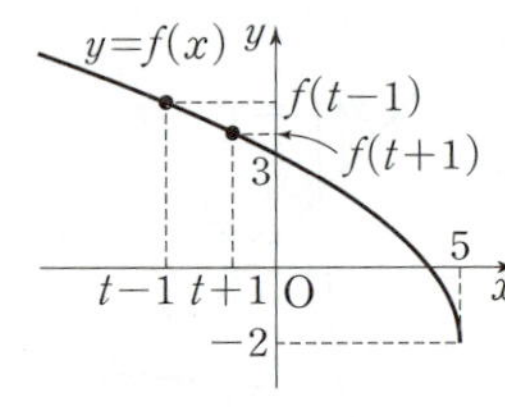 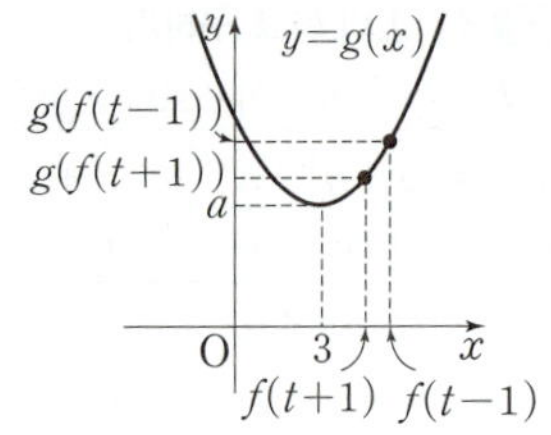

$g(f(x))$의 최솟값은 $x=t+1$일 때이므로
$$h(t)=g(f(t+1))$$

(i), (ii), (iii)에서
$$h(t)=\begin{cases} g(f(t+1)) & (t<-1) \\ a & (-1\leq t\leq1) \\ g(f(t-1)) & (1<t\leq4) \end{cases}$$

3단계 abc의 값 구하기

$h(t)$의 t의 값의 범위에서
$b=-1$, $c=1$
이때 $h(-16)=21$이므로
$g(f(-15))=21$
즉, $f(-15)=\sqrt{25-5\times(-15)}-2=8$이므로
$g(8)=21$
따라서 $25+a=21$이므로
$a=-4$
$\therefore abc=-4\times(-1)\times1=4$

09 답 ②

1단계 역함수가 존재하기 위한 조건 파악하기

함수 $f(x)$의 역함수가 존재하기 위해서는 함수 $f(x)$가 일대일대응이어야 한다.

2단계 $px+q<0$에서 함수 $y=f(x)$의 그래프 개형 그리기

(i) $px+q<0$일 때,
$$f(x)=\frac{-2x+5}{x-3}=\frac{-2(x-3)-1}{x-3}=-\frac{1}{x-3}-2$$이므로 함수
$y=f(x)$의 그래프는 그림과 같다.

ⓘ $p>0$일 때, $px+q<0$에서 $x<-\dfrac{q}{p}$

① $-\dfrac{q}{p}<3$일 때　② $-\dfrac{q}{p}=3$일 때　③ $-\dfrac{q}{p}>3$일 때

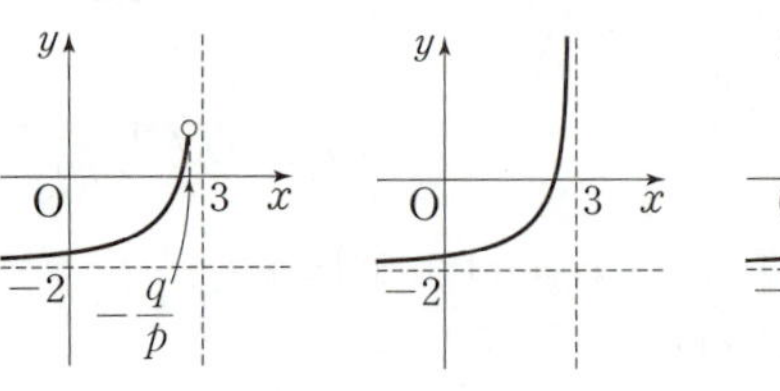

(ii) $p<0$일 때, $px+q<0$에서 $x>-\dfrac{q}{p}$

① $-\dfrac{q}{p}<3$일 때　② $-\dfrac{q}{p}=3$일 때　③ $-\dfrac{q}{p}>3$일 때

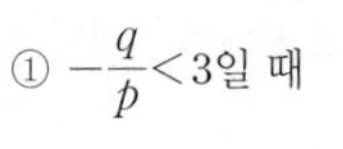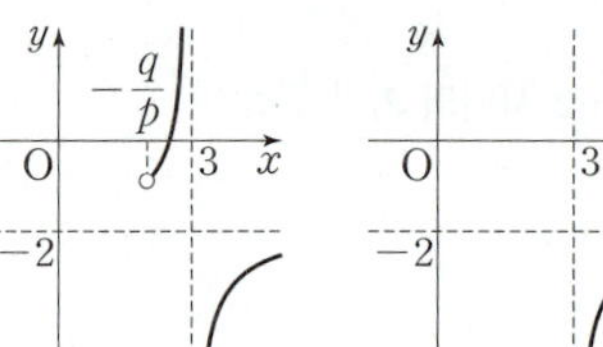 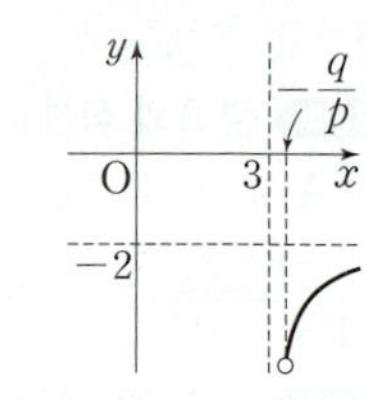

3단계 $px+q\geq0$에서 함수 $y=f(x)$의 그래프 개형 그리기

(ii) $px+q\geq0$일 때,
$$f(x)=\sqrt{px+q}+r=\sqrt{p\left(x+\frac{q}{p}\right)}+r$$이므로 함수 $y=f(x)$의 그래프는 그림과 같다.

ⓘ $p>0$인 경우　　　　ⅱ $p<0$인 경우

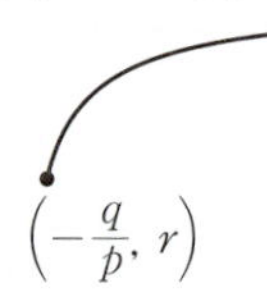　　　　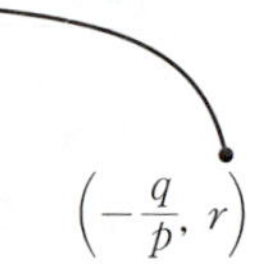

$\left(-\dfrac{q}{p},\,r\right)$　　　　$\left(-\dfrac{q}{p},\,r\right)$

4단계 $\dfrac{qr}{p}$의 값 구하기

그림과 같이 (i), (ii)에서 함수 $f(x)$는 $px+q<0$일 때 $p<0$, $-\dfrac{q}{p}=3$이고, $px+q\geq0$일 때 $p<0$, $r=-2$이면 일대일대응이다.

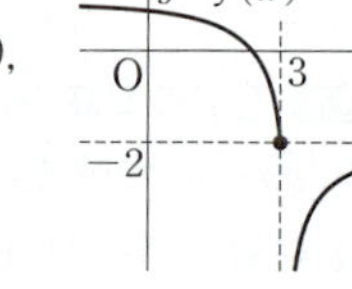

따라서 $\dfrac{q}{p}=-3$, $r=-2$이므로 $\dfrac{qr}{p}=\dfrac{q}{p}\times r=6$

10 답 13

1단계 네 점 A, B, C, D의 좌표를 k를 이용하여 나타내기

점 A와 점 D, 점 B와 점 C는 직선 $y=x$에 대하여 대칭이므로 사각형 ABCD는 등변사다리꼴이다.

$B(0,\sqrt{k}-4)$이므로 $C(\sqrt{k}-4,\,0)$

선분 BC의 중점의 좌표는
$$\left(\frac{\sqrt{k}-4}{2},\,\frac{\sqrt{k}-4}{2}\right)$$

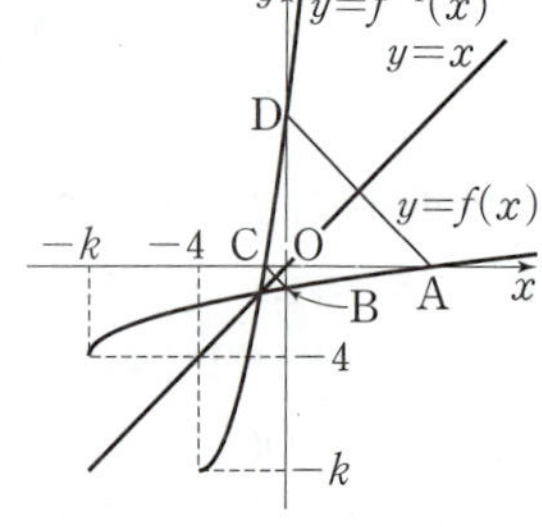

$A(16-k,\,0)$이므로 $D(0,\,16-k)$

선분 AD의 중점의 좌표는 $\left(\dfrac{16-k}{2},\,\dfrac{16-k}{2}\right)$

2단계 사각형 ABCD의 넓이를 k를 이용하여 나타내기

따라서 선분 BC와 선분 AD 사이의 거리는
$$\sqrt{2\left(\frac{16-k}{2}-\frac{\sqrt{k}-4}{2}\right)^2}=\sqrt{2}\left(\frac{20-k-\sqrt{k}}{2}\right)\ (\because 7<k<16)$$이고,

$\overline{BC}=\sqrt{2(\sqrt{k}-4)^2}=\sqrt{2}(4-\sqrt{k})\ (\because 7<k<16)$,

$\overline{AD}=\sqrt{2(16-k)^2}=\sqrt{2}(16-k)\ (\because 7<k<16)$이므로

사각형 ABCD의 넓이는
$$\frac{1}{2}\times\{\sqrt{2}(4-\sqrt{k})+\sqrt{2}(16-k)\}\times\sqrt{2}\left(\frac{20-k-\sqrt{k}}{2}\right)$$
$$=\frac{(20-k-\sqrt{k})^2}{2}$$

3단계 $n+k$의 값 구하기

이때 사각형 ABCD의 넓이가 $2n^2$이므로
$$\frac{(20-k-\sqrt{k})^2}{2}=2n^2$$

$(20-k-\sqrt{k})^2=4n^2=(2n)^2$

$20-k-\sqrt{k}=\pm2n$　　$\therefore k+\sqrt{k}=20\pm2n$ 　……　㉠

이때 우변이 정수이므로 좌변도 정수이어야 한다.

즉, $k+\sqrt{k}$의 값이 정수이어야 하므로

$k=9$ ($\because 7<k<16$)

이를 ㉠에 대입하면

$9+3=20\pm2n$　　$\therefore n=4$ ($\because n$은 자연수)

$\therefore n+k=4+9=13$

01 4	02 18	03 8	04 56	05 1	06 ②
07 2	08 ②	09 ①	10 2	11 2	12 ④
13 70	14 3	15 41	16 11		

01 답 4

$$(f\circ f)(x)=\begin{cases}-2f(x)+2 & (0\le f(x)<1)\\ \dfrac{3}{2}f(x)-\dfrac{3}{2} & (1\le f(x)\le2)\end{cases}$$

(i) $0\le x\le\dfrac{1}{2}$일 때,

$1\le f(x)\le2$이므로 $(f\circ f)(x)=\dfrac{3}{2}(-2x+2)-\dfrac{3}{2}=-3x+\dfrac{3}{2}$

(ii) $\dfrac{1}{2}<x\le1$일 때,

$0\le f(x)<1$이므로 $(f\circ f)(x)=-2(-2x+2)+2=4x-2$

(iii) $1<x<\dfrac{5}{3}$일 때,

$0<f(x)<1$이므로 $(f\circ f)(x)=-2\left(\dfrac{3}{2}x-\dfrac{3}{2}\right)+2=-3x+5$

(iv) $\dfrac{5}{3}\le x\le2$일 때,

$1\le f(x)\le\dfrac{3}{2}$이므로 $(f\circ f)(x)=\dfrac{3}{2}\left(\dfrac{3}{2}x-\dfrac{3}{2}\right)-\dfrac{3}{2}=\dfrac{9}{4}x-\dfrac{15}{4}$

(i)~(iv)에서 $(f\circ f)(x)=\begin{cases}-3x+\dfrac{3}{2} & \left(0\le x\le\dfrac{1}{2}\right)\\ 4x-2 & \left(\dfrac{1}{2}<x\le1\right)\\ -3x+5 & \left(1<x<\dfrac{5}{3}\right)\\ \dfrac{9}{4}x-\dfrac{15}{4} & \left(\dfrac{5}{3}\le x\le2\right)\end{cases}$

따라서 함수 $y=(f\circ f)(x)$의 그래프와 직선 $y=\dfrac{3}{8}x$의 교점이 4개이므로 방정식 $(f\circ f)(x)=\dfrac{3}{8}x$의 서로 다른 실근의 개수는 4이다.

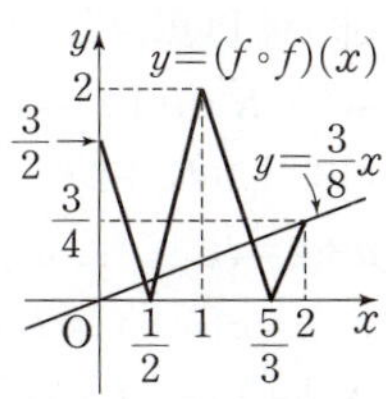

02 답 18

$(f\circ f)(a)=f(a)$에서 $f(a)=t$로 놓으면 $f(t)=t$이므로

$t<5$일 때, $2t-1=t$에서 $t=1$

$t\ge5$일 때, $t^2-13t+49=t$에서 $t^2-14t+49=0$

$(t-7)^2=0$　　$\therefore t=7$

(i) $t=1$인 경우

① $a<5$일 때,

$f(a)=1$에서 $2a-1=1$

$\therefore a=1$

② $a\ge5$일 때,

$f(a)=1$에서 $a^2-13a+49=1$

$a^2-13a+48=0$

이 이차방정식의 판별식을 D라 하면

$D=169-192=-23<0$

즉, $f(a)=1$을 만족시키는 실수 a의 값이 존재하지 않는다.

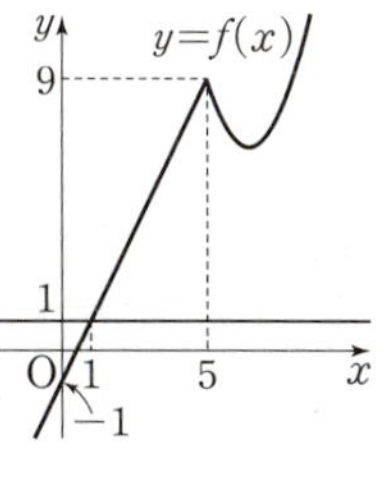

(ii) $t=7$인 경우

① $a<5$일 때,

$f(a)=7$에서 $2a-1=7$

$\therefore a=4$

② $a\ge5$일 때,

$f(a)=7$에서 $a^2-13a+49=7$

$a^2-13a+42=0$

$(a-6)(a-7)=0$

$\therefore a=6$ 또는 $a=7$

(i), (ii)에서 $(f\circ f)(a)=f(a)$를 만족시키는 모든 실수 a의 값의 합은

$1+4+6+7=18$

03 답 8

㈏에서 역함수 $f^{-1}(x)$가 존재하므로 함수 $f(x)$는 일대일대응이다.

㈐에서 $f(x)+f^{-1}(x)$의 최솟값이 3이므로

$f(a)+f^{-1}(a)=3$이라 하면

$f(a)=1$, $f^{-1}(a)=2$ 또는 $f(a)=2$, $f^{-1}(a)=1$

$\therefore f(a)=1$, $f(2)=a$ 또는 $f(a)=2$, $f(1)=a$

(i) $a=1$인 경우

$f(1)=1$, $f(2)=1$ 또는 $f(1)=2$, $f(1)=1$이므로 ㈏를 만족시키지 않는다.

(ii) $a=2$인 경우

$f(2)=1$, $f(2)=2$ 또는 $f(2)=2$, $f(1)=2$이므로 ㈏를 만족시키지 않는다.

(iii) $a=3$인 경우

① $f(3)=1$, $f(2)=3$일 때,

$f(x)+f^{-1}(x)$의 최댓값이 10이려면 <u>$f(4)=5$, $f(5)=4$</u>
<u>$f(5)=5$일 때는 항상 $f(2)<f(5)$이므로 이 경우는 생각하지 않는다.</u>

이때 함수 $f(x)$는 일대일대응이므로 $f(1)=2$

그런데 $f(2)<f(5)$이므로 ㈎를 만족시키지 않는다.

② $f(3)=2$, $f(1)=3$일 때,

$f(x)+f^{-1}(x)$의 최댓값이 10이려면 $f(4)=5$, $f(5)=4$

이때 함수 $f(x)$는 일대일대응이므로 $f(2)=1$

그런데 $f(2)<f(5)$이므로 ㈎를 만족시키지 않는다.

(iv) $a=4$인 경우

① $f(4)=1$, $f(2)=4$일 때,

$f(x)+f^{-1}(x)$의 최댓값이 10이려면 $f(3)=5$, $f(5)=3$

이때 함수 $f(x)$는 일대일대응이므로 $f(1)=2$　→ $f(2)>f(5)$

② $f(4)=2$, $f(1)=4$일 때,

$f(x)+f^{-1}(x)$의 최댓값이 10이려면 $f(3)=5$, $f(5)=3$

이때 함수 $f(x)$는 일대일대응이므로 $f(2)=1$

그런데 $f(2)<f(5)$이므로 ㈎를 만족시키지 않는다.

(v) $a=5$인 경우

$f(5)=1$, $f(2)=5$ 또는 $f(5)=2$, $f(1)=5$이므로 (다)를 만족시키지

않는다. $\quad \rightarrow f(2)+f^{-1}(2)$의 최댓값은 10이 될 수 없고,
$\qquad\qquad f(1)+f^{-1}(1)$의 최댓값도 10이 될 수 없다.

(i)~(v)에서

$f(1)=2$, $f(2)=4$, $f(3)=5$, $f(4)=1$, $f(5)=3$

$\therefore f(1) \times f(2)=2 \times 4=8$

04 답 56

함수 $y=f(x)$의 그래프는 그림과 같다.

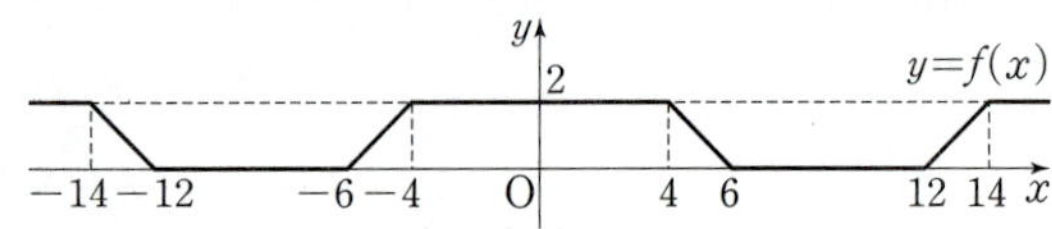

$x>0$에서 $\dfrac{2|x|}{x}=2$, $x<0$에서 $\dfrac{2|x|}{x}=-2$이므로

$$g(x)=\begin{cases} 2n+2 & (x>0) \\ 2n & (x=0) \\ 2n-2 & (x<0) \end{cases}$$

함수 $g(x)$의 치역은 $\{2n-2,\ 2n,\ 2n+2\}$

실수 전체의 집합에서 함수 $(f \circ g)(x)$가 상수함수이려면

$f(2n-2)=f(2n)=f(2n+2)$

즉, 연속인 세 짝수에 대하여 $f(x)$의 값이 같아야 한다.

연속인 세 짝수에 대하여 $f(x)$의 값이 같은 경우는

$n=1$일 때, $f(0)=f(2)=f(4)=2$

$n=4$일 때, $f(6)=f(8)=f(10)=0$

$n=5$일 때, $f(8)=f(10)=f(12)=0$

$n=8$일 때, $f(14)=f(16)=f(18)=2$

$n=9$일 때, $f(16)=f(18)=f(20)=2$

$n=10$일 때, $f(18)=f(20)=f(22)=2$

$\qquad\vdots$

함수 $y=f(x)$의 그래프는 $0 \le x \le 18$에서의 함수 $y=f(x)$의 그래프가

반복되므로 100 이하의 자연수 n의 값은

$n=1+9 \times k$ $(k=0,\ 1,\ 2,\ 3,\ 4,\ 5,\ 6,\ 7,\ 8,\ 9,\ 10,\ 11)$

$n=4+9 \times k$ $(k=0,\ 1,\ 2,\ 3,\ 4,\ 5,\ 6,\ 7,\ 8,\ 9,\ 10)$

$n=5+9 \times k$ $(k=0,\ 1,\ 2,\ 3,\ 4,\ 5,\ 6,\ 7,\ 8,\ 9,\ 10)$

$n=8+9 \times k$ $(k=0,\ 1,\ 2,\ 3,\ 4,\ 5,\ 6,\ 7,\ 8,\ 9,\ 10)$

$n=9+9 \times k$ $(k=0,\ 1,\ 2,\ 3,\ 4,\ 5,\ 6,\ 7,\ 8,\ 9,\ 10)$

따라서 구하는 100 이하의 자연수 n의 개수는

$12+11 \times 4=56$

05 답 1

(가)에서 이차함수 $y=f(x)$의 그래프는 직선 $x=3$에 대하여 대칭이고,

(나)에서 함수 $g(x)$의 정의역과 치역이 모두 실수 전체의 집합이고, 함수

$g(x)$의 역함수가 존재하므로 함수 $g(x)$는 일대일대응이다.

즉, 함수 $y=g(x)$의 그래프의 개형은 그림과 같다.

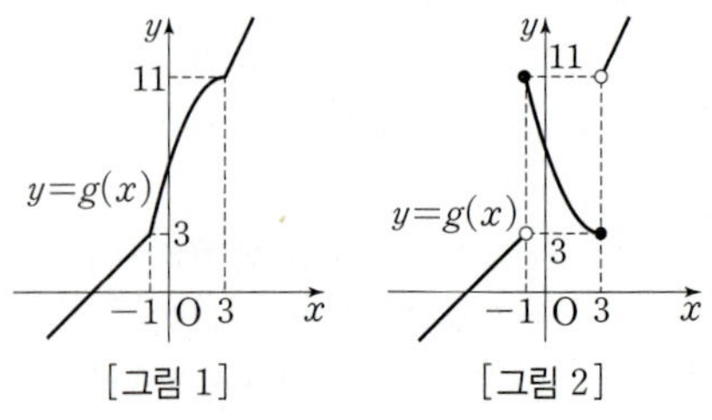

[그림 1]과 같이 $g(-1)=f(-1)=3$, $g(3)=f(3)=11$인 경우는

$(g \circ g)(3)=g(g(3))=g(11)=27$이므로 (다)를 만족시키지 않는다.

[그림 2]와 같이 $g(-1)=f(-1)=11$, $g(3)=f(3)=3$인 경우는

$(g \circ g)(3)=g(g(3))=g(3)=3$이므로 (다)를 만족시킨다.

$f(x)=a(x-3)^2+b\ (a>0)$라 하면

$f(-1)=11$, $f(3)=3$에서

$16a+b=11$, $b=3$ $\quad\therefore a=\dfrac{1}{2}$, $b=3$

$\therefore f(x)=\dfrac{1}{2}(x-3)^2+3$

$-1 \le x \le 3$일 때, $3 \le g(x)=f(x) \le 11$이므로

$g^{-1}(5)=k\,(-1 \le k \le 3)$라 하면 $g(k)=f(k)=5$

따라서 $\dfrac{1}{2}(k-3)^2+3=5$이므로 $(k-3)^2=4$

$k-3=\pm 2$ $\quad\therefore k=1\ (\because -1 \le k \le 3)$

06 답 ②

두 점 P, Q는 함수 $f(x)=\dfrac{k}{x}$의 그래프 위의 점이므로

$\mathrm{P}\left(a,\ \dfrac{k}{a}\right)$, $\mathrm{Q}\left(a+m,\ \dfrac{k}{a+m}\right)$

(가)에서 직선 PQ의 기울기가 -1이므로

$\dfrac{\dfrac{k}{a+m}-\dfrac{k}{a}}{a+m-a}=-1$에서 $\dfrac{k}{a+m}-\dfrac{k}{a}=-m$

$\dfrac{-mk}{a(a+m)}=-m$ $\quad\therefore k=a(a+m)$

즉, $f(a)=\dfrac{k}{a}=a+m$, $f(a+m)=\dfrac{k}{a+m}=a$이므로

$\mathrm{P}(a,\ a+m)$, $\mathrm{Q}(a+m,\ a)$

(나)에서 $\mathrm{R}(-a,\ -a-m)$, $\mathrm{S}(-a-m,\ -a)$

이때 직선 PS의 기울기는

$\dfrac{a+m-(-a)}{a-(-a-m)}=1$,

직선 RS의 기울기는

$\dfrac{-a-m-(-a)}{-a-(-a-m)}=-1$,

직선 QR의 기울기는

$\dfrac{a-(-a-m)}{a+m-(-a)}=1$이므로

사각형 PQRS는 직사각형이다. $\rightarrow \overline{\mathrm{PQ}} /\!/ \overline{\mathrm{RS}},\ \overline{\mathrm{PS}} /\!/ \overline{\mathrm{QR}},\ \overline{\mathrm{PQ}} \perp \overline{\mathrm{PS}}$

한편 $\overline{\mathrm{PQ}}=\sqrt{\{(a+m)-a\}^2+\{a-(a+m)\}^2}=m\sqrt{2}$이므로

$m\sqrt{2}=4\sqrt{2}$ $\quad\therefore m=4$

$\overline{\mathrm{PS}}=\sqrt{\{(-a-4)-a\}^2+\{-a-(a+4)\}^2}=2\sqrt{2}(a+2)$이므로

사각형 PQRS의 넓이는

$4\sqrt{2} \times 2\sqrt{2}(a+2)=16(a+2)$

따라서 $16(a+2)=16\sqrt{6}$이므로

$a+2=\sqrt{6}$ $\quad\therefore a=\sqrt{6}-2$

$\therefore k=a(a+4)=(\sqrt{6}-2)(\sqrt{6}+2)=2$

$\therefore k+m=2+4=6$

07 답 2

점 $\mathrm{B}(\alpha,\ \beta)$가 곡선 $y=\dfrac{4}{x}\ (x>0)$ 위의 점이므로

$\beta=\dfrac{4}{\alpha}$ $\quad\therefore \alpha=\dfrac{4}{\beta}$ $\qquad\cdots\cdots\ \bigcirc$

두 점 B, C가 직선 $y=x$에 대하여 대칭이므로
$C(\beta, \alpha)$
$\therefore \overline{BC}=\sqrt{(\beta-\alpha)^2+(\alpha-\beta)^2}$
$\qquad =\sqrt{2}(\beta-\alpha) \ (\because 0<\alpha<\beta)$
직선 BC와 직선 $y=x$가 서로 수직이므로 직선 BC의 기울기는 -1이고, 이 직선이 점 B를 지나므로 직선 BC의 방정식은
$y-\beta=-(x-\alpha)$
$\therefore x+y-(\alpha+\beta)=0$
점 A와 직선 BC 사이의 거리를 h라 하면 이는 원점과 직선 BC 사이의 거리와 같으므로
$h=\dfrac{|-(\alpha+\beta)|}{\sqrt{1^2+1^2}}=\dfrac{\alpha+\beta}{\sqrt{2}} \ (\because \alpha>0, \beta>0)$
따라서 삼각형 ACB의 넓이는
$\dfrac{1}{2}\times\overline{BC}\times h=\dfrac{1}{2}\times\sqrt{2}(\beta-\alpha)\times\dfrac{\alpha+\beta}{\sqrt{2}}=\dfrac{\beta^2-\alpha^2}{2}$
이때 삼각형 ACB의 넓이가 $\dfrac{15}{2}$이므로
$\dfrac{\beta^2-\alpha^2}{2}=\dfrac{15}{2}$
$\therefore \beta^2-\alpha^2=15 \qquad \cdots\cdots ⓛ$
㉠을 ⓛ에 대입하면 $\beta^2-\dfrac{16}{\beta^2}=15$
$\beta^4-15\beta^2-16=0, (\beta^2+1)(\beta^2-16)=0$
$\therefore \beta^2=16$
그런데 $\beta>0$이므로 $\beta=4$
이를 ㉠에 대입하면 $\alpha=1$
$\therefore \alpha+\dfrac{4}{\beta}=1+\dfrac{4}{4}=2$

08 답 ②

⑺에서 $|f(x)|=m$이므로
$f(x)=m$ 또는 $f(x)=-m$
즉, 곡선 $y=f(x)$는 두 직선 $y=m$ 또는 $y=-m$과 한 점에서 만난다.
이때 곡선 $y=f(x)$가 x축과 평행한 직선과 만나는 점의 개수는 점근선을 제외하면 모두 1이므로 두 직선 $y=m$, $y=-m$ 중 하나는 곡선 $y=f(x)$의 점근선이다.
이때 곡선 $y=f(x)$의 점근선이 직선 $y=4$이므로
$m=4 \ (\because m>0)$
$f(m)+2=f(4)+2=0$에서
$\dfrac{a}{4}+4+2=0, \dfrac{a}{4}=-6 \qquad \therefore a=-24$
따라서 $f(x)=-\dfrac{24}{x}+4$이므로
$f(8)=-\dfrac{24}{8}+4=1$
$\therefore f(8)+m-a=1+4-(-24)=29$

09 답 ①

함수 $f(x)=-\dfrac{1}{x+1}+k$의 그래프의 점근선의 방정식은
$x=-1, y=k$
함수 $g(x)=\dfrac{1}{2x}-k$의 그래프의 점근선의 방정식은
$x=0, y=-k$

(i) $k>0$일 때,
두 함수 $y=f(x)$, $y=g(x)$의 그래프는 그림과 같으므로 두 함수 $y=f(x)$, $y=g(x)$의 그래프의 교점 중 x좌표가 음수인 점의 개수는 1이다.

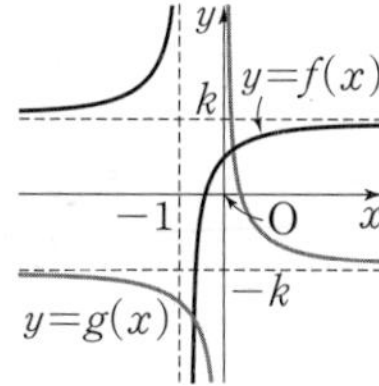

(ii) $k=0$일 때,
두 함수 $y=f(x)$, $y=g(x)$의 그래프는 그림과 같으므로 두 함수 $y=f(x)$, $y=g(x)$의 그래프의 교점 중 x좌표가 음수인 점의 개수는 1이다.

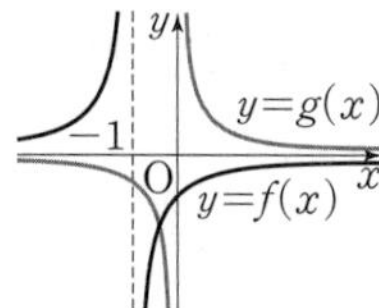

(iii) $k<0$일 때,
두 함수 $y=f(x)$, $y=g(x)$의 그래프는 그림과 같으므로 두 함수 $y=f(x)$, $y=g(x)$의 그래프의 교점 중 x좌표가 음수인 점의 개수는 2이다.

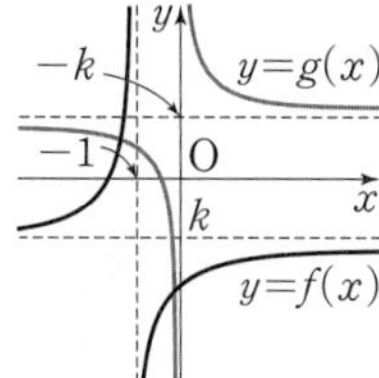

(i), (ii), (iii)에서
$$h(k)=\begin{cases} 2 \ (k<0) \\ 1 \ (k\geq 0) \end{cases}$$
연속하는 세 정수 k, $k+1$, $k+2$에 대하여 등식
$h(k)+h(k+1)+h(k+2)=5$가 성립하려면 $h(k)=2$, $h(k+1)=2$, $h(k+2)=1$이어야 한다.
따라서 $h(-2)=2$, $h(-1)=2$, $h(0)=1$이므로 구하는 정수 k의 값은 -2이다.

10 답 2

함수 $y=f(x)$의 그래프는 그림과 같다.

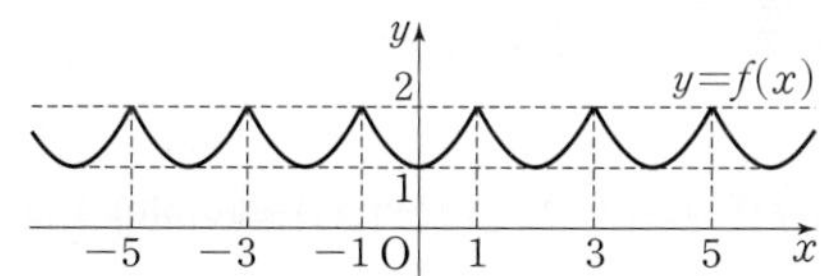

$y=\dfrac{ax}{x+1}=\dfrac{a(x+1)-a}{x+1}=-\dfrac{a}{x+1}+a$이므로 함수 $y=\dfrac{ax}{x+1}$의 그래프의 점근선의 방정식은
$x=-1, y=a$
이때 이 함수의 그래프는 점 $(0, 0)$을 지난다.

(i) $a<0$일 때,

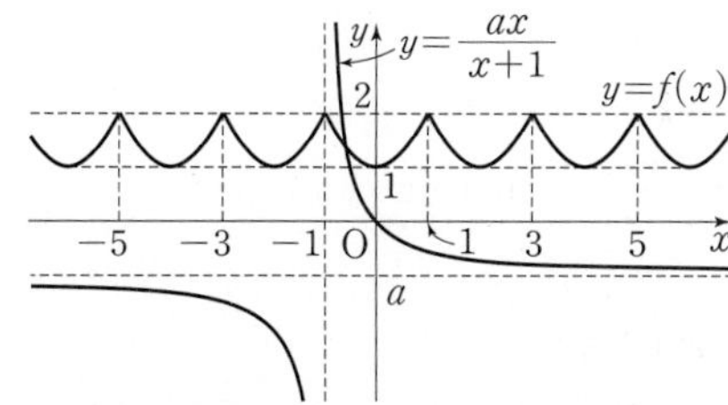

두 함수 $y=f(x)$, $y=\dfrac{ax}{x+1}$의 그래프의 교점의 개수는 1이다.

(ii) $a=0$일 때,
$y=\dfrac{ax}{x+1}$에서 $y=0$이므로 두 함수 $y=f(x)$, $y=\dfrac{ax}{x+1}$의 그래프는 만나지 않는다.

(iii) $a>0$일 때,

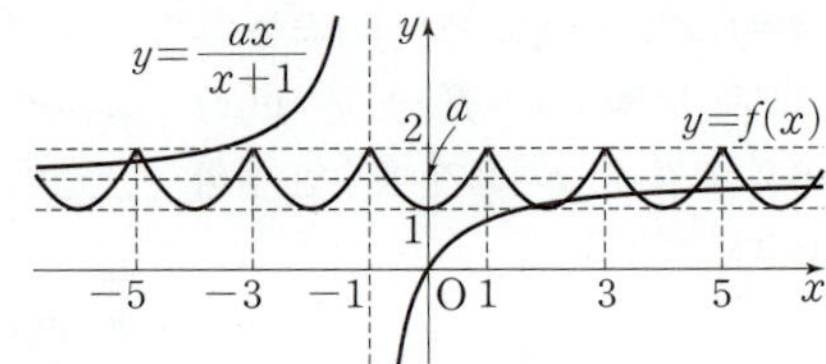

두 함수 $y=f(x)$, $y=\dfrac{ax}{x+1}$의 그래프의 교점의 개수가 무수히 많도록 하는 a의 값의 범위는
$$1\leq a\leq 2$$
(i), (ii), (iii)에서 $1\leq a\leq 2$
따라서 구하는 정수 a는 1, 2의 2개이다.

11 답 2

함수 $f(x)=\dfrac{3}{x-4}+1\,(x<4)$의 그래프는 그림과 같으므로 함수 $f(x)$는 $x<4$에서 x의 값이 커지면 $f(x)$의 값은 작아진다.
$$\therefore f(t)>f(t+3)$$

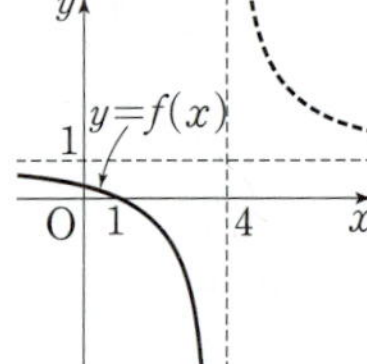

(i) $t<0$일 때, $h(t)=g(f(t+3))$

함수 $g(x)$는 $x=f(t+3)$에서 최댓값을 가지므로 그림과 같이 함수 $y=g(x)$의 그래프의 꼭짓점의 x좌표는 $f(t+3)$보다 작다.

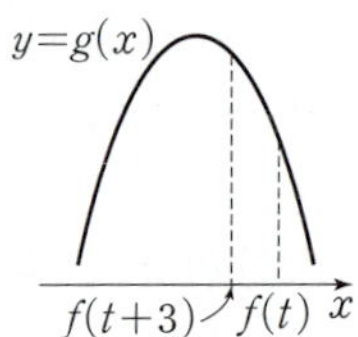

(ii) $0\leq t<1$일 때, $h(t)=4$

함수 $g(x)$는 최댓값 4를 가지므로 그림과 같이 $f(t+3)\leq x\leq f(t)$에 함수 $y=g(x)$의 그래프의 꼭짓점의 x좌표가 포함되어야 하고, 이때 꼭짓점의 y좌표는 4이어야 한다.

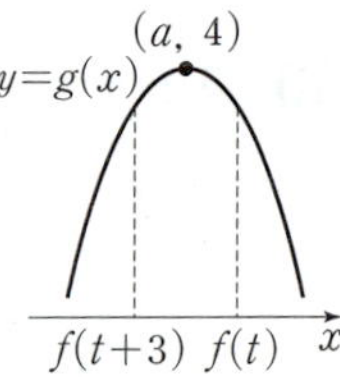

(i), (ii)에서 $h(t)$는 $t=0$일 때 $g(f(t+3))=4$이어야 한다.
$g(f(0+3))=4$에서
$g(f(3))=4$
이때 $f(3)=\dfrac{3}{3-4}+1=-2$이므로
$g(-2)=4$
즉, 함수 $g(x)$는 $g(x)=a(x+2)^2+4\,(a<0)$로 놓을 수 있다.
㈐에서 $h(-2)=2$이므로
$g(f(-2+3))=2$
$\therefore g(f(1))=2$
이때 $f(1)=\dfrac{3}{1-4}+1=0$이므로
$g(0)=2$
즉, $4a+4=2$이므로
$4a=-2$ $\therefore a=-\dfrac{1}{2}$
$\therefore g(x)=-\dfrac{1}{2}(x+2)^2+4=-\dfrac{1}{2}x^2-2x+2$
따라서 $a=-\dfrac{1}{2}$, $b=-2$, $c=2$이므로
$abc=2$

12 답 ④

함수 $f(x)=\sqrt{x-k}$의 그래프가 사각형 ABCD와 점 B$(8, 2)$에서 만날 때, 실수 k의 값은
$2=\sqrt{8-k}$에서 $4=8-k$
$\therefore k=4$
즉, $k>4$일 때 함수 $y=f(x)$의 그래프는 사각형 ABCD와 만나지 않으므로 함수 $y=f(x)$의 그래프가 사각형 ABCD와 만나도록 하는 실수 k의 값의 범위는 $k\leq 4$이다.
$y=\sqrt{x-k}$라 하고, 양변을 제곱하면
$y^2=x-k$ $\therefore x=y^2+k$
x와 y를 서로 바꾸면 $y=x^2+k$
$\therefore f^{-1}(x)=x^2+k\,(x\geq 0)$
함수 $y=f^{-1}(x)$의 그래프가 사각형 ABCD와 점 A$(2, 7)$에서 만날 때, 실수 k의 값은
$7=4+k$ $\therefore k=3$
즉, $k>3$일 때 함수 $y=f^{-1}(x)$의 그래프는 사각형 ABCD와 만나지 않으므로 함수 $y=f^{-1}(x)$의 그래프가 사각형 ABCD와 만나도록 하는 실수 k의 값의 범위는 $k\leq 3$이다.
따라서 함수 $y=f(x)$의 그래프와 함수 $y=f^{-1}(x)$의 그래프가 사각형 ABCD와 만나도록 하는 실수 k의 값의 범위는 $k\leq 3$이므로 최댓값은 3이다.

13 답 70

두 함수 $f(x)$, $g(x)$는 서로 역함수 관계이므로 두 함수 $y=f(x)$, $y=g(x)$의 그래프가 만나는 점 A는 함수 $g(x)=-x^2+6\,(x\geq 0)$의 그래프와 직선 $y=x$가 만나는 점과 같다.
$-x^2+6=x$에서 $x^2+x-6=0$
$(x+3)(x-2)=0$ $\therefore x=2\,(\because x\geq 0)$
$\therefore$ A$(2, 2)$
점 C는 점 B$(-10, 4)$를 직선 $y=x$에 대하여 대칭이동한 점이므로
C$(4, -10)$
$\therefore \overline{BC}=\sqrt{(4+10)^2+(-10-4)^2}=14\sqrt{2}$
점 B$(-10, 4)$를 지나고, 기울기가 -1인 직선 l의 방정식은
$y-4=-(x+10)$
$\therefore x+y+6=0$
점 A$(2, 2)$에서 직선 $x+y+6=0$에 내린 수선의 발을 H라 하면

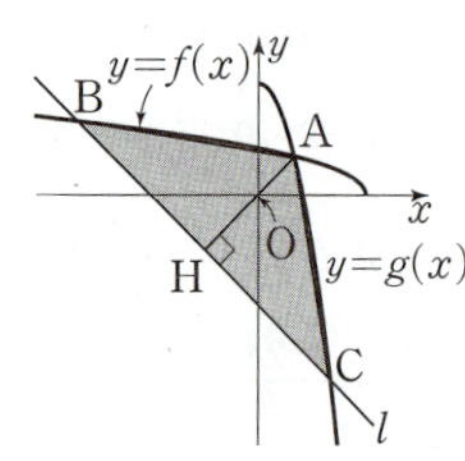

$\overline{AH}=\dfrac{|2+2+6|}{\sqrt{1^2+1^2}}=\dfrac{10}{\sqrt{2}}=5\sqrt{2}$
따라서 삼각형 ABC의 넓이는
$\dfrac{1}{2}\times\overline{BC}\times\overline{AH}=\dfrac{1}{2}\times 14\sqrt{2}\times 5\sqrt{2}=70$

14 답 3

방정식 $\{f(x)-2\beta\}\{f(x)-2\gamma\}=0$에서
$f(x)=2\beta$ 또는 $f(x)=2\gamma$ $\cdots\cdots$ ㉠
㈏에서 $f(\beta)=2\beta$, $f(\gamma)=2\gamma$이고, ㉮에서 방정식 ㉠의 실근이 α, β, $\gamma\,(\alpha<\beta<\gamma)$뿐이므로
$f(\alpha)=2\gamma$
즉, 방정식 $f(x)=2\beta$의 실근은 β뿐이고 $f(x)=2\gamma$의 실근은 α, γ이다.

방정식 $f(x)=2\gamma$의 실근이 α, γ이므로 곡선 $y=f(x)$와 직선 $y=2\gamma$는 서로 다른 두 점에서 만나고 두 교점의 x좌표는 각각 α, γ이다.

또 방정식 $f(x)=2\beta$의 실근이 β뿐이므로 곡선 $y=f(x)$와 직선 $y=2\beta$는 오직 한 점에서 만나고 이 점의 x좌표는 β이다.

이때 곡선 $y=f(x)$와 x축에 평행한 직선이 오직 한 점에서 만나려면 만나는 점의 좌표는 $(a,\ b)$이어야 한다.

즉, 점 $(a,\ b)$는 점 $(\beta,\ 2\beta)$와 같으므로

$a=\beta$, $b=2\beta$ $\quad\cdots\cdots$ ㉠

한편 $f(\beta)=2\beta$, $f(\gamma)=2\gamma$에서 곡선 $y=f(x)$와 직선 $y=2x$는 두 점 $(\beta,\ 2\beta)$, $(\gamma,\ 2\gamma)$에서 만나므로 함수 $y=f(x)$의 그래프는 그림과 같다.

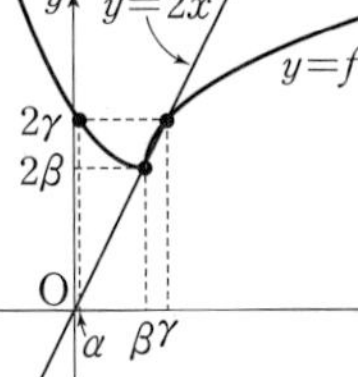

$f(x)=2x$에서 $\sqrt{x-a}+b=2x$

$\sqrt{x-a}=2x-b$

㉠을 대입하면 $\sqrt{x-\beta}=2x-2\beta$

$x-\beta=4(x-\beta)^2$, $(x-\beta)(4x-4\beta-1)=0$

$\therefore x=\beta$ 또는 $x=\beta+\dfrac{1}{4}$

$f(\gamma)=2\gamma$이고, $\beta\neq\gamma$이므로 $\gamma=\beta+\dfrac{1}{4}$

$f(\alpha)=2\gamma$이고, $\alpha<\beta=a$이므로

$(\alpha-a)^2+b=2\gamma$에서 $(\alpha-\beta)^2+2\beta=2\beta+\dfrac{1}{2}$

$\therefore \alpha=\beta+\dfrac{1}{\sqrt{2}}$ 또는 $\alpha=\beta-\dfrac{1}{\sqrt{2}}$

그런데 $\alpha<\beta$이므로 $\alpha=\beta-\dfrac{1}{\sqrt{2}}$

이때 $\alpha+\beta+\gamma=\dfrac{5-\sqrt{2}}{2}$이므로

$\left(\beta-\dfrac{1}{\sqrt{2}}\right)+\beta+\left(\beta+\dfrac{1}{4}\right)=\dfrac{5-\sqrt{2}}{2}$에서

$3\beta+\dfrac{1}{4}-\dfrac{1}{\sqrt{2}}=\dfrac{5-\sqrt{2}}{2}$

$3\beta=\dfrac{9}{4}$ $\quad\therefore \beta=\dfrac{3}{4}$

따라서 ㉠에서 $a=\dfrac{3}{4}$, $b=\dfrac{3}{2}$이고,

$f(x)=\begin{cases}\left(x-\dfrac{3}{4}\right)^2+\dfrac{3}{2} & \left(x\leq\dfrac{3}{4}\right)\\ \sqrt{x-\dfrac{3}{4}}+\dfrac{3}{2} & \left(x>\dfrac{3}{4}\right)\end{cases}$ 이므로

$f(2a+b)=f(3)=\sqrt{3-\dfrac{3}{4}}+\dfrac{3}{2}=\dfrac{3}{2}+\dfrac{3}{2}=3$

15 답 41

$y=\dfrac{\sqrt{x+5}}{2}$가 자연수가 되도록 하는 자연수 x의 값은

$11,\ 31,\ 59,\ 95,\ \ldots$ $\longrightarrow 4y^2-5=x$에 $y=2,\ 3,\ 4,\ \ldots$를 대입한다.

한 변의 길이가 $\sqrt{2}$ 이상 $\sqrt{5}$ 이하인 정사각형은 다음과 같이 4가지이다.

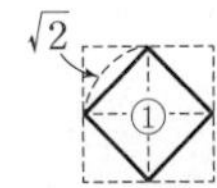 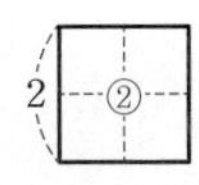 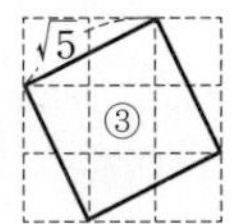 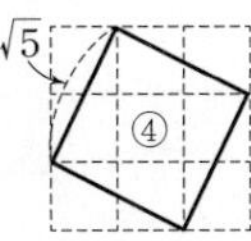

(i) $1\leq n\leq 11$일 때,

주어진 조건을 만족시키는 정사각형은 존재하지 않는다.

$\therefore f(11)=0$

(ii) $12\leq n\leq 31$일 때,

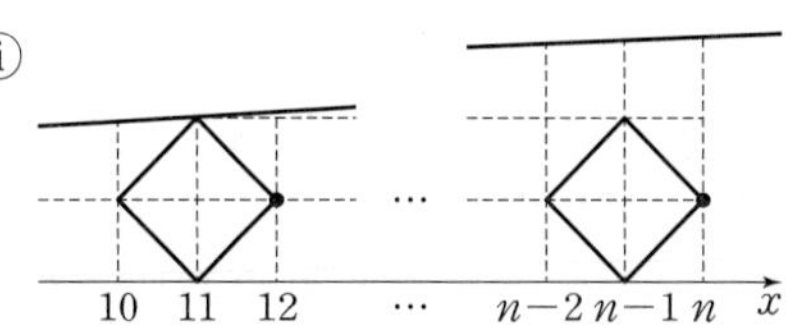

①과 같은 정사각형의 오른쪽 꼭짓점의 좌표는

$(12,\ 1),\ (13,\ 1),\ (14,\ 1),\ \ldots,\ (n,\ 1)$

이므로 정사각형은 $(n-11)$개

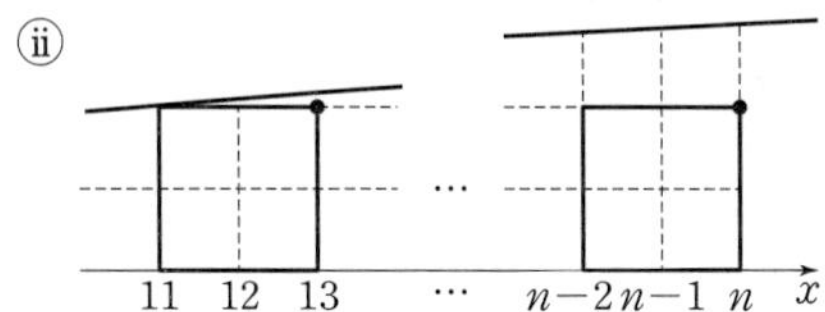

②와 같은 정사각형의 오른쪽 꼭짓점 중 윗쪽의 점의 좌표는

$(13,\ 2),\ (14,\ 2),\ (15,\ 2),\ \ldots,\ (n,\ 2)$

이므로 정사각형은 $\{(n-11)-1\}$개

①, ②에서 정사각형의 개수는

$2(n-11)-1=2n-23$

따라서 $f(n)=2n-23$이므로

$f(31)=39$

(iii) $32\leq n\leq 59$일 때, 새로 생기는 정사각형은

① ①과 같은 정사각형의 오른쪽 꼭짓점의 좌표는

$(32,\ 1),\ (33,\ 1),\ (34,\ 1),\ \ldots,\ (n,\ 1)$,

$(32,\ 2),\ (33,\ 2),\ (34,\ 2),\ \ldots,\ (n,\ 2)$

이므로 정사각형은 $2(n-31)$개

② ②와 같은 정사각형의 오른쪽 꼭짓점 중 윗쪽의 점의 좌표는

$(32,\ 2),\ (33,\ 2),\ (34,\ 2),\ \ldots,\ (n,\ 2)$,

$(33,\ 3),\ (34,\ 3),\ (35,\ 3),\ \ldots,\ (n,\ 3)$

이므로 정사각형은 $\{2(n-31)-1\}$개

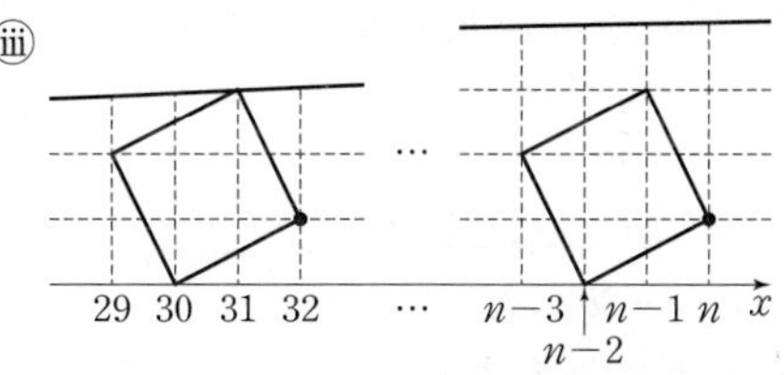

③과 같은 정사각형의 오른쪽 꼭짓점의 좌표는

$(32,\ 1),\ (33,\ 1),\ (34,\ 1),\ \ldots,\ (n,\ 1)$

이므로 정사각형은 $(n-31)$개

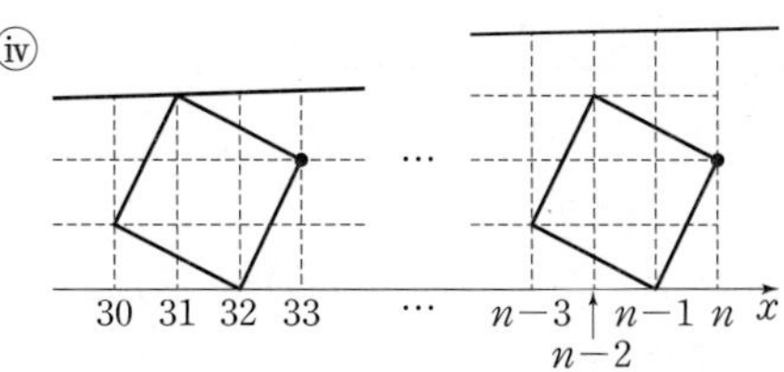

④와 같은 정사각형의 오른쪽의 꼭짓점의 좌표는

$(33,\ 2),\ (34,\ 2),\ (35,\ 2),\ \ldots,\ (n,\ 2)$

이므로 정사각형은 $\{(n-31)-1\}$개

① ~ ④에서 정사각형의 개수는

$6(n-31)-2=6n-188$

$\therefore f(n)=6n-188+f(31)=6n-188+39=6n-149$

즉, $6n-149\leq 100$에서 $6n\leq 249$ $\quad\therefore n\leq 41.5$

따라서 자연수 n의 최댓값은 41이다.

16 <답> 11

함수 $f(x)=\sqrt{x-a}+b$의 그래프는 함수 $f(x)=\sqrt{x}$의 그래프를 x축의 방향으로 a만큼, y축의 방향으로 b만큼 평행이동한 것이다.

(i) $b\geq0$일 때,

  ① $x\geq a$이면

$$g(x)=|f(x)|-b=f(x)-b=\sqrt{x-a}$$

  ② $x<a$이면

$$\begin{aligned}
g(x)&=-f(-x+2a)+|b|\\
&=-(\sqrt{(-x+2a)-a}+b)+|b|\\
&=-\sqrt{-x+a}-b+b\\
&=-\sqrt{-x+a}
\end{aligned}$$

즉, 함수 $y=g(x)$의 그래프는 그림과 같다.

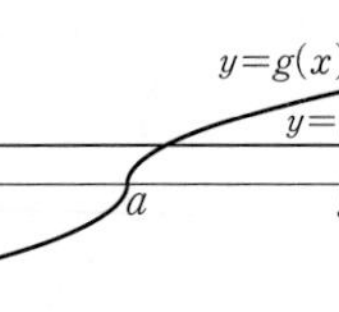

이때 함수 $y=g(x)$의 그래프와 직선 $y=t$의 교점의 개수는 항상 1이므로 $h(t)=1$이다.

따라서 ㈎에서 $h(\alpha)\times h(\beta)=4$를 만족시키지 않는다.

(ii) $b<0$일 때,

함수 $f(x)=\sqrt{x-a}+b$의 그래프와 x축의 교점의 x좌표는

$0=\sqrt{x-a}+b$에서 $\sqrt{x-a}=-b$

양변을 제곱하면 $x-a=b^2$

$\therefore x=a+b^2$

즉, 함수 $y=f(x)$의 그래프는 그림과 같다.

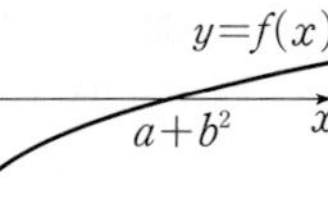

  ① $x\geq a+b^2$이면 $f(x)\geq0$이므로

$$g(x)=|f(x)|-b=f(x)-b=\sqrt{x-a}$$

  ② $a\leq x<a+b^2$이면 $f(x)<0$이므로

$$g(x)=|f(x)|-b=-f(x)-b=-\sqrt{x-a}-2b$$

  ③ $x<a$이면

$$\begin{aligned}
g(x)&=-f(-x+2a)+|b|\\
&=-(\sqrt{(-x+2a)-a}+b)+|b|\\
&=-\sqrt{-x+a}-b-b\\
&=-\sqrt{-x+a}-2b
\end{aligned}$$

$$\therefore g(x)=\begin{cases}\sqrt{x-a} & (x\geq a+b^2)\\ -\sqrt{x-a}-2b & (a\leq x<a+b^2)\\ -\sqrt{-x+a}-2b & (x<a)\end{cases}$$

즉, 함수 $y=g(x)$의 그래프는 그림과 같다.

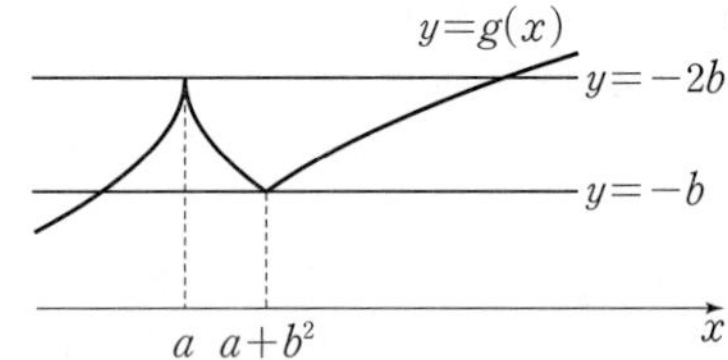

이때 $h(t)\leq3$이고, $h(\alpha)\times h(\beta)=4$에서 $h(\alpha)=h(\beta)=2$이므로

㈎를 만족시키는 실수 α, β의 값은

$\alpha=-b$, $\beta=-2b$ $(\because \alpha<\beta)$

㈏에서 x에 대한 방정식 $\{g(x)-\alpha\}\{g(x)-\beta\}=0$의 서로 다른 실근은 함수 $y=g(x)$의 그래프와 두 직선 $y=\alpha$, $y=\beta$의 교점의 x좌표이므로 방정식의 서로 다른 실근의 개수는 4이다.

즉, x에 대한 방정식 $\{g(x)-\alpha\}\{g(x)-\beta\}=0$의 서로 다른 실근 중 최솟값은 함수 $y=g(x)$의 그래프와 직선 $y=-b$의 교점의 x좌표 중 $a+b^2$이 아닌 값이고, 최댓값은 함수 $y=g(x)$의 그래프와 직선 $y=-2b$의 교점의 x좌표 중 a가 아닌 값이다.

따라서 $-14<a<a+b^2<66$이고,

$g(-14)=-b$, $g(66)=-2b$이므로

$g(-14)=-b$에서 $-\sqrt{14+a}-2b=-b$

$-\sqrt{14+a}=b$, $14+a=b^2$

$\therefore a-b^2=-14$ …… ㉠

$g(66)=-2b$에서 $\sqrt{66-a}=-2b$

$66-a=4b^2$ $\therefore a+4b^2=66$ …… ㉡

㉠, ㉡을 연립하여 풀면

$a=2$, $b=-4$ $(\because b<0)$

$$\therefore g(x)=\begin{cases}\sqrt{x-2} & (x\geq18)\\ -\sqrt{x-2}+8 & (2\leq x<18)\\ -\sqrt{-x+2}+8 & (x<2)\end{cases}$$

따라서 $g(-7)=-\sqrt{-(-7)+2}+8=5$,

$g(6)=-\sqrt{6-2}+8=6$이므로

$g(-7)+g(6)=5+6=11$

visang

문제부터 해설까지 자세하게!
Full수록

2026
수능대비
503제 30일 완성!
Full수록
수능기출문제집
풀수록 보이는 수능 유형 / 풀수록 커지는 수능力 / 풀수록 수능 1등급
국어
문학
visang

2026
수능대비
Full수록
수능기출
문제집
국어 문학

Full수록

수학의 신

보다 더 강력해진, 1등급을 위한 필수 코스 〈수학의 신〉

대표전화 1544-0554
주소 경기도 과천시 과천대로2길 54(갈현동, 그라운드브이)